世 紀 心 理 學 叢 書

台灣東華書局（繁體字版）
浙江教育出版社（簡體字版）

台灣東華書局出版之《世紀心理學叢書》，除在台發行繁體字版外，並已授權浙江教育出版社以簡體字版在大陸地區發行。本叢書有版權（著作權），非經出版者或著作人之同意，本叢書之任何部分或全部，不得以任何方式抄錄發表或複印。

台 灣 東 華 書 局 謹識
法律顧問蕭雄淋律師

願爲兩岸心理科學發展盡點心力

―― 世紀心理學叢書總序 ――

　　五年前一個虛幻的夢想，五年後竟然成爲具體的事實；此一由海峽兩岸合作出版一套心理學叢書以促進兩岸心理科學發展的心願，如今竟然得以初步實現。當此叢書問世之際，除與參與其事的朋友們分享辛苦耕耘終獲成果的喜悅之外，在回憶五年來所思所歷的一切時，我個人更是多著一份感激心情。

　　本於一九八九年三月，應聯合國文教組織世界師範教育協會之邀，決定出席該年度七月十七至二十二日在北京舉行的世界年會，後因故年會延期並易地舉辦而未曾成行。迄於次年六月，復應北京師範大學之邀，我與內子周慧強教授，專程赴北京與上海濟南等地訪問。在此訪問期間，除會晤多位心理學界學者先進之外，也參觀了多所著名學術機構的心理學藏書及研究教學設備。綜合訪問期間所聞所見，有兩件事令我感觸深刻：其一，當時的心理學界，經過了撥亂反正，終於跨越了禁忌，衝出了谷底，但仍處於劫後餘生的局面。在各大學從事心理科學研究與教學的學者們，雖仍舊過著清苦的生活，然卻在摧殘殆盡的心理科學廢墟上，孜孜不息地奮力重建。他們在專業精神上所表現的學術衷誠與歷史使命感，令人感佩不已。其二，當時心理科學的書籍資料甚爲貧乏，由於資金短缺與出版事業艱困，高品質學術著作之出版發表殊爲不易；因而教師缺乏新資訊，學生難以求得新知識。在學術困境中，一心爲心理科學發展竭盡心力的學者先生們，無不深具無力感與無奈感。特別是有些畢生努力，研究有成的著名心理學家，他們多年來的心血結晶若無法得以著述保存，勢將大不利於學術文化的薪火相傳。

返台後，心中感觸久久不得或釋。反覆思考，終於萌生如下心願：何不結合兩岸人力物力資源，由兩岸學者執筆撰寫，兩岸出版家投資合作，出版一套包括心理科學領域中各科新知且具學術水平的叢書。如此一方面可使大陸著名心理學家的心血結晶得以流傳，促使中國心理科學在承先啟後的路上繼續發展，另方面經由繁簡兩種字體印刷，在海峽兩岸同步發行，以便雙邊心理學界人士閱讀，而利於學術文化之交流。

顯然，此一心願近似癡人說夢；僅在一岸本已推行不易，事關兩岸必將更形困難。在計畫尚未具體化之前，我曾假訪問之便與大陸出版社負責人提及兩岸合作出版的可能。當時得到的回應是，原則可行，但先決條件是台灣方面須先向大陸出版社投資。在此情形下，只得將大陸方面合作出版事宜暫且擱置，而全心思考如何解決兩個先決問題。問題之一是如何取得台灣方面出版社的信任與支持。按初步構想，整套叢書所涵蓋的範圍，計畫包括現代心理科學領域內理論、應用、方法等各種科目。在叢書的內容與形式上力求臻於學術水平，符合國際體例，不採普通教科用書形式。在市場取向的現實情況下，一般出版社往往對純學術性書籍素缺意願，全套叢書所需百萬美元以上的投資，誰人肯做不賺錢的生意？另一問題是如何邀請大陸學者參與撰寫。按我的構想，台灣出版事業發達，外匯充裕，心理科學的研究與教學較易引進新的資訊。將來本叢書的使用對象將以大陸為主，是以叢書的作者原則也以大陸學者為優先考慮。問題是大陸的著名心理學者分散各地，他們在不同的生活環境與工作條件之下，是否對此計畫具有共識而樂於參與？

對第一個問題的解決，我必須感謝多年好友台灣東華書局負責人卓鑫淼先生。卓先生對叢書細節及經濟效益並未深切考量，只就學術價值與朋友道義的角度，欣然同意全力支持。至於尋求大陸合作出版對象一事，迨至叢書撰寫工作進行到中途，始經由北京師範大學教授林崇德先生與杭州大學教授朱祖祥先生介紹，開始進行。浙江教育出版社社長曹成章先生，經過兩位教授先生介紹之後，幾乎與卓先生持同樣的態度，在未曾見及叢書樣本書之前，僅憑促進中國心理科學發展及加強兩岸學術交流之一念，迅即慨然允予合作。這兩位出版界先進所表現的重視文化事業而不計較投資報酬的出版家風範，令人敬佩之至。

至於邀請大陸作者執筆撰寫一事，正式開始是我與內子一九九一年清明節第二次北京之行。提及此事之開始，我必須感謝北京師範大學教授章志光先生。章教授在四十多年前曾在台灣師範大學求學，是高我兩屆的學長。由章教授推荐北京師範大學教授張必隱先生負責聯繫，邀請了中國科學院、北京大學及北京師範大學的多位心理學界知名教授晤談；初步研議兩岸合作出版叢書之事的應行性與可行性。令人鼓舞的是，與會學者咸認此事非僅為學術界創舉，而且對將來全中國心理科學的發展，更是意義深遠。對於執筆撰寫工作，亦均表示願意排除萬難，全力以赴。此事開始後，復承張必隱教授、林崇德教授、吉林大學車文博教授暨西南師範大學黃希庭教授等諸位先生費心多方聯繫，我與內子九次往返大陸，分赴各地著名學府，訪問講學之外特專誠拜訪知名學者，邀請參與為叢書撰稿。惟在此期間，一則因行程匆促，聯繫困難，二則因叢書學科所限，以致尚有多位傑出學者，未能訪晤周遍，深有遺珠之憾。四年來所經歷的邀稿、簽約、催稿、審核等一切過程，遠較事前預估者為順利。為此我特別感謝四位教授先生的協助與全體作者先生的合作與支持。

　　心理科學是西方的產物，自十九世紀脫離哲學成為一門獨立科學以來，其目的在採用科學方法研究人性並發揚人性中的優良品質，俾為人類社會創造福祉。中國的傳統文化中，雖也蘊涵著豐富的哲學心理學思想，惟惜未能隨時代演變轉化為現代的科學心理學理念；而二十世紀初西方心理學傳入中國之後，卻又未能受到應有的重視。在西方，包括心理學在內的社會及行為科學是伴隨著自然科學一起發展的。從近代西方現代化發展過程的整體看，自然科學的亮麗花果，事實上是在社會及行為科學思想的土壤中成長茁壯的；先由社會及行為科學的發展提升了人的素質，使人的潛能與智慧得以發揮，而後才創造了現代的科學文明。回顧百餘年來中國現代化的過程，非但自始即狹隘地將"西學"之理念囿於自然科學；而且在科學教育之發展上也僅祇但求科學知識之"為用"，從未強調科學精神之培養。因此，對自然科學發展具有滋養作用的社會科學，始終未能受到應有的重視。從清末新學制以後的近百年間，雖然心理學中若干有關科目被列入師範院校課程，且在大學中成立系所，而心理學的知識既未在國民生活中產生積極影響，心理學的功能更未在社會建設及經濟發展中發揮催化作用。國家能否現代化，人口素質因素重於物質條件。中國徒有眾多人口而欠缺優越素質，未能形成現代化動力，卻已構成社會沈重負擔。近年來兩岸不斷喊出同一口號，謂廿一世紀是中國人的世紀。中國人能否做為未來世界文化的領導者，則端視中國人能否培養出具有優秀素質的下一代而定。

　　現代的心理科學已不再純屬虛玄學理的探討，而已發展到了理論、方法、實踐三者統合的地步。在國家現代化過程中，諸如教育建設中的培育優良師資與改進學校教學、社會建設中的改良社會風氣與建立社會秩序、經濟建設中的推行科學管理與增進生產效率、政治建設中的配合民意施政與提升行政績效、生活建設中的培養良好習慣與增進身心健康等，在在均與人口素質具有密切關係，而且也都是現代心理科學中各個不同專業學科研究的主題。基於此義，本叢書的出版除促進兩岸學術交流的近程目的之外，更希望達到兩個遠程目的：其一是促進中國心理科學教育的發展，從而提升心理科學研究的水平，並普及心理科學的知識。其二是推廣心理學的應用研究，期能在中國現代化的過程中，發揮其提升人口素質進而助益各方面建設的功能。

　　出版前幾經研議，最後決定以《世紀心理學叢書》作為本叢書之名稱，用以表示其跨世紀的特殊意義。值茲叢書發行問世之際，特此謹向兩位出版社負責人、全體作者、對叢書工作曾直接或間接提供協助的人士以及台灣東華書局編審部工作同仁等，敬表謝忱。叢書之編輯印製雖力求完美，然出版之後，疏漏缺失之處仍恐難以避免，至祈學者先進不吝賜教，以匡正之。

張春興　謹識
一九九六年五月於台灣師範大學

世紀心理學叢書目錄

主編 張春興
台灣師範大學教授

心理學原理
張春興
台灣師範大學教授

中國心理學史
燕國材
上海師範大學教授

西方心理學史
車文博
吉林大學教授

精神分析心理學
沈德燦
北京大學教授

行為主義心理學
張厚粲
北京師範大學教授

人本主義心理學
車文博
吉林大學教授

認知心理學
彭聃齡
北京師範大學教授
張必隱
北京師範大學教授

發展心理學
林崇德
北京師範大學教授

人格心理學
黃希庭
西南師範大學教授

社會心理學
時蓉華
華東師範大學教授

學習心理學
張必隱
北京師範大學教授

教育心理學
張春興
台灣師範大學教授

輔導與諮商心理學
陳秉華
台灣師範大學教授
鄔佩麗
台灣師範大學副教授

體育運動心理學
馬啟偉
北京體育大學教授
張力爲
北京體育大學副教授

犯罪心理學
羅大華
中國政法大學教授
何爲民
中央司法警官學院教授

特殊兒童心理與教育
吳武典
台灣師範大學教授

工業心理學
朱祖祥
杭州大學教授

管理心理學
徐聯倉
中國科學院研究員
陳龍
中國科學院研究員

消費者心理學
徐達光
輔仁大學副教授

實驗心理學
楊治良
華東師範大學教授

心理測量學
張厚粲
北京師範大學教授
龔耀先
湖南醫科大學教授

心理與教育研究法
董奇
北京師範大學教授
申繼亮
北京師範大學教授

工業心理學

朱 祖 祥

杭州大學教授

東華書局 印行

自 序

　　早在二十世紀三十年代，我國曾有少數心理學家從事工業心理學研究，但當時的中國社會正處於科學不發達，工業極落後的景況，當然，工業心理學研究也就因缺乏有利的生長環境，而一直無法進展。七十年代以後，由於我國工業起步而且迅速發展，使工業心理學枯木逢春，重新吐芽長枝，並獲得相當的成就。現在雖還不能說達到根深葉茂的程度，但已爲今後更好的前景打下了堅實的基礎。

　　工業心理學起源於西方國家，在二十世紀二十年代前後，心理學在工業上的應用，主要是運用心理學的方法選拔並培訓工作人員；研究工作也以客觀環境條件與提高工作效率的關係爲主要領域。自三十年代美國心理學家從霍桑實驗中發現工作動機、工作氣氛和人際關係等因素對工作效率具有比照明等物質環境因素更爲明顯的作用後，探求這些因素的作用就成爲西方工業心理學研究的主要內容。但對這方面的研究，在我國則一般冠以管理心理學的名稱。直至今日，西方的工業心理學者仍偏重從人文和組織管理的角度研究企業中的心理學問題，而很少涉及工作環境、人機關係和工作過程問題的研究。我國學者則認爲工業心理學應有更廣濶的研究內容。工業生產是一項複雜的系統工作，它包括產品的設計、製造、銷售和管理等多方面的工作。做好這些工作的關鍵是要建立人的因素之觀點。所謂人的因素，是指要從生產者與使用者兩方面加以考慮，既要充分發揮產品生產者的作用，也要充分滿足產品使用者的要求。要發揮生產者的作用，就要研究職工的選拔、訓練與考核的方法與制度，研究工作動機及工作條件與工作效率的關係，以及研究管理方法、領導作風、人際關係等與職工工作積極性的關係等多方面的問題。要滿足產品使用者的要求，就要研究產品的結構、功能與使用者身心行為特點的匹配關係，要使用戶使用產品時效率高、安全可靠、稱心如意。因此，工業心理學的研究內容，除了工業管理心理學和組織行為學外，同時還應包括人機關係、工作環境、勞動過程和工作方法等的研究。也就是說，工程心理學、勞動心理學、工作環境心理學、企業人事心理學甚至消費心理學等都可以歸入工業心理學的分支學科。近年來國外和國內的工效學界有人提出宏觀工效學的概念，即把工效學的研究範圍擴大，把管理中的人的因素問題也包括在工效學的範圍之內。這正與我們對工業心理學的認識不謀而合。作者本著對工業心理學的上述理解，構建了本書的內容體系。讀者可通過本書對我國工業心理學的範圍和基本內容有一個概括的認識。當然，對於整個工業心理學科來說，本書只是一個導論。讀者若要深入工業心理學的殿堂，可進一步閱讀工業心理學各個分支領域的專著。

　　工業心理學是偏重於應用的學科。它只有在研究工業生產中的心理學問題的基礎上才能得到發展。發展我國的工業心理學，只能依靠中國工業心理學家自己的研究。我國工業心理學的研究雖然歷史尚短，但已取得不少研究成果。我國學者的研究成果是撰寫本書的基礎。自然，建設中國本土化的工業心理學與借鑒外國工業心理學並不矛盾。有些工業發達的國家，工業心理學研究已積累了許多成功的經驗，其中有許多值得我們借鑒和學習。特別在一些我國尚未開展研究的領域，更需從外國學者研究中吸取對我有用的內容。在本書撰寫中參考了多種國內外學者的著作。在此，謹向所引用資料的國內外作者深表謝意。

談及本書的撰寫與出版，首先我要感謝臺灣師範大學教授張春興先生與台灣東華書局負責人卓鑫淼先生以及浙江教育出版社曹成章社長。張教授為推動兩岸學術交流，策劃出版《世紀心理學叢書》，近年來多次往返兩岸，邀約各地心理學者共襄其事，我也得以應邀撰寫此《工業心理學》一書。卓先生不惜巨資鼎力贊助，使這套叢書得以順利出版，復授權浙江教育出版社在大陸地區發行簡體字版；曹社長全力支持，而使繁簡兩種字體版本前後相繼發行。這套兩種字體版本的《世紀心理學叢書》之問世，不特為加強兩岸心理學學術交流作出了重大貢獻，也必將對中國心理學的進一步發展產生深遠的影響。

本書撰寫過程中得到杭州大學心理學系同仁的許多幫助，由於他們的熱忱鼓勵和支持，使我得以順利完成這部專書；此外張雲女士幫助本書書稿的計算機文字輸入工作，謹在此一併表示由衷的感謝。

由於本人水平有限，書中難免缺失和疏漏之處，懇請讀者賜教指正。

朱祖祥 謹識
一九九七年六月於杭州大學

目 次

世紀心理學叢書總序 ··· iii
世紀心理學叢書目錄 ··· viii
自　序 ·· xiii
目　次 ·· xvii

第一編　工業心理學導論

第一章　工業心理學的學科性質
　第一節　什麼是工業心理學 ···································· 5
　第二節　工業心理學的目的與作用 ·························· 8
　第三節　工業心理學的內容 ···································· 11
　第四節　工業心理學的發展 ···································· 15
　本章摘要 ··· 20
　建議參考資料 ··· 21

第二章　工業心理學的研究方法
　第一節　研究方法概述 ··· 25
　第二節　觀察法 ··· 30
　第三節　訪談法 ··· 34
　第四節　問卷法 ··· 39
　第五節　心理測量與測驗 ······································· 44
　第六節　實驗與模擬 ·· 55
　本章摘要 ··· 63
　建議參考資料 ··· 65

第三章　工業心理學的生理學基礎

第一節　神經系統 ································ 69
第二節　肌肉和骨骼系統 ·························· 71
第三節　呼吸系統和血液循環系統 ··················· 73
第四節　人體尺寸和力量 ·························· 76
本章摘要 ······································ 86
建議參考資料 ·································· 88

第四章　工業心理學的心理學基礎
　　　　　──人的信息加工

第一節　人的信息接收能力 ························ 91
第二節　人的信息傳遞 ···························· 98
第三節　信息的中樞加工㈠
　　　　──知覺和記憶過程 ······················ 104
第四節　信息的中樞加工㈡
　　　　──思維與決策 ························· 115
第五節　人的信息輸出 ··························· 131
本章摘要 ····································· 140
建議參考資料 ································· 142

第二編　企業中人力資源的開發和利用

第五章　職務分析與人員選用

第一節　職務分析 ······························· 147
第二節　個體差異與人員選擇 ····················· 157
第三節　人員選錄程序和方法 ····················· 161
第四節　人員選錄決策方法 ······················· 170
第五節　人員選錄決策準確性 ····················· 173
本章摘要 ····································· 178

建議參考資料 ·················· 180

第六章　職工培訓

　　第一節　職工培訓概述 ················ 183
　　第二節　培訓需求分析 ················ 185
　　第三節　培訓對象與目標 ··············· 187
　　第四節　培訓原則 ·················· 190
　　第五節　培訓方式與方法 ··············· 196
　　第六節　培訓評估 ·················· 201
　　本章摘要 ······················ 203
　　建議參考資料 ···················· 204

第七章　職工考評

　　第一節　職工考評的意義 ··············· 207
　　第二節　考評內容和資料來源 ············· 209
　　第三節　考評方法 ·················· 212
　　第四節　考評結果反饋 ················ 219
　　第五節　控制影響考評的因素 ············· 222
　　本章摘要 ······················ 225
　　建議參考資料 ···················· 226

第八章　行為動機與工作士氣

　　第一節　動機概述 ·················· 229
　　第二節　動機強度及其影響因素 ············ 234
　　第三節　激勵理論 ·················· 236
　　第四節　提高職工士氣的原則 ············· 250
　　本章摘要 ······················ 255
　　建議參考資料 ···················· 257

第三編　設備設計與使用中人的因素

第九章　人機系統

　　第一節　人機系統概述 …………………………………… 263
　　第二節　人機界面 ………………………………………… 267
　　第三節　人機系統分析 …………………………………… 272
　　第四節　人機匹配 ………………………………………… 276
　　第五節　人機系統的可靠性 ……………………………… 280
　　第六節　人機系統評價 …………………………………… 285
　　本章摘要 …………………………………………………… 287
　　建議參考資料 ……………………………………………… 290

第十章　視覺特性和視覺顯示器的設計

　　第一節　視覺基本特性概述 ……………………………… 293
　　第二節　視覺顯示器的種類及設計原則 ………………… 309
　　第三節　視覺顯示器的信息編碼 ………………………… 311
　　第四節　表盤-指針式儀表設計中的人因素 …………… 318
　　第五節　電子顯示器設計和使用中的人因素 …………… 326
　　第六節　信號燈光顯示的人因素 ………………………… 333
　　第七節　字符標誌設計的人因素 ………………………… 336
　　本章摘要 …………………………………………………… 340
　　建議參考資料 ……………………………………………… 344

第十一章　聽覺特性和聽覺顯示器的設計

　　第一節　聽覺特性概述 …………………………………… 347
　　第二節　聽覺報警顯示器的設計要求 …………………… 354
　　第三節　言語通訊 ………………………………………… 357
　　本章摘要 …………………………………………………… 367
　　建議參考資料 ……………………………………………… 370

第十二章　控制器設計的人因素

第一節　控制器概述 ……………………………………… 373
第二節　控制器設計和使用的原則 ……………………… 375
第三節　控制器的位置安排 ……………………………… 379
第四節　控制器與顯示器的兼容性 ……………………… 382
第五節　手和足控制器的設計要求 ……………………… 387
第六節　聲音與言語控制器 ……………………………… 395
本章摘要 …………………………………………………… 396
建議參考資料 ……………………………………………… 398

第十三章　計算機設計和使用的人因素

第一節　人-計算機界面概述 …………………………… 401
第二節　計算機輸入設計的人因素 ……………………… 403
第三節　計算機視覺顯示終端設計的人因素 …………… 411
第四節　計算機軟件界面設計的人因素 ………………… 417
第五節　程序設計的人因素 ……………………………… 425
本章摘要 ……………………………………………………428
建議參考資料 ……………………………………………… 430

第四編　作業負荷與生產安全

第十四章　作業研究和操作合理化

第一節　作業研究概述 …………………………………… 435
第二節　工作進程分析 …………………………………… 442
第三節　產品流程分析 …………………………………… 446
第四節　操作分析 ………………………………………… 450
第五節　動作分析 ………………………………………… 456
第六節　操作時間研究 …………………………………… 465
本章摘要 ……………………………………………………478

建議參考資料 ····· 480

第十五章　體力工作負荷與能耗

第一節　人體能量代謝與供能系統 ····· 483
第二節　活動能耗測量與計算 ····· 486
第三節　影響活動能量消耗的因素 ····· 490
第四節　體力工作負荷及測量 ····· 494
第五節　勞動強度分級和最大可接受工作負荷 ····· 500
第六節　制定勞動定額 ····· 507
本章摘要 ····· 510
建議參考資料 ····· 513

第十六章　心理負荷與應激

第一節　心理負荷概述 ····· 517
第二節　心理負荷的身心效應 ····· 519
第三節　影響心理負荷的因素 ····· 525
第四節　心理負荷評定 ····· 530
本章摘要 ····· 541
建議參考資料 ····· 543

第十七章　工作疲勞與厭煩

第一節　疲勞概述 ····· 547
第二節　疲勞的機制 ····· 549
第三節　影響疲勞的因素 ····· 551
第四節　疲勞測評 ····· 555
第五節　工作單調與厭煩 ····· 559
第六節　防止疲勞與厭煩 ····· 561
本章摘要 ····· 568
建議參考資料 ····· 570

第十八章　生產安全與事故預防

　　第一節　安全與事故模型·····················573
　　第二節　安全與人的差錯·····················577
　　第三節　安全分析和危險性評價················582
　　第四節　事故分析··························588
　　第五節　事故預防··························596
　　本章摘要································599
　　建議參考資料······························602

第五編　工作環境與效率

第十九章　工作空間

　　第一節　活動空間概述·····················607
　　第二節　個人空間··························611
　　第三節　工作空間設計的一般要求··············614
　　第四節　工位設計··························617
　　本章摘要································627
　　建議參考資料······························629

第二十章　照明與色彩

　　第一節　照明光源性質與視覺工效················633
　　第二節　照明強度和亮度對比與視覺工效··········637
　　第三節　顏色的生理心理效應·····················645
　　第四節　色彩調配··························648
　　本章摘要································652
　　建議參考資料······························655

第二十一章　噪聲與振動及溫度

　　第一節　噪聲與噪聲測量·····················659

第二節　噪聲效應和噪聲控制……………………………………663
　第三節　振　動…………………………………………………670
　第四節　温　度…………………………………………………677
　本章摘要…………………………………………………………691
　建議參考資料……………………………………………………693

第二十二章　企業中的社會環境

　第一節　企業中的組織環境……………………………………697
　第二節　群體及其對個體行為的影響…………………………702
　第三節　企業中的人際關係……………………………………707
　第四節　企業文化環境…………………………………………713
　本章摘要…………………………………………………………716
　建議參考資料……………………………………………………718

參考文獻……………………………………………………………719

索　引

㈠漢英對照索引……………………………………………………733
㈡英漢對照索引……………………………………………………754

第 一 編

工業心理學導論

這是本書的第一編。在這一編中，將主要討論本學科中帶有普遍意義的三個基本問題：工業心理學研究的對象、工業心理學的科學基礎、工業心理學的研究方法。讀者讀完這一編後，將會對工業心理學的性質和特點，工業心理學研究的主要領域，以及它與其他人體科學的關係獲得初步的了解。

　　工業心理學主要研究人的心理活動與生產活動的關係。生產活動與人的心理活動是互相制約、互相促進的。生產活動要通過人的活動來實現，而人的活動受心理活動的制約，因此人的心理活動自然對生產活動的進程及其結果產生重要的影響。另一方面，生產活動對人的心理活動也有重要的影響。人的心理活動一方面制約著人的生產活動，同時又被生產活動所制約。人在生產關係中的地位，生產活動中所使用的方法，以及生產活動的環境都在促使人的心理朝著一定的方向發生變化。不論是人的心理對生產的影響，還是生產對人的心理的影響，都有積極作用的一面和消極作用的一面。工業心理學的目的不僅要研究和了解生產活動與人的心理活動相互作用的關係，而且要設法使兩者朝著互相促進的方向發展。

　　工業心理學是心理學在工業生產中的應用，是心理學與工業生產相結合的產物。工業心理學的研究者需要具有對研究領域的有關科學知識，其中包括技術的、自然的和社會人文等方面的基礎知識。工業心理學研究的是生產中人的活動。人所以能進行生產活動，主要在於它是一個自然界中獲得最高發展的生物體。人的身體機構，包括神經系統、感官系統、軀體和手足器官及能源供應系統等是人藉以進行生產活動的體質基礎；人的認知活動和個性則是人能藉以進行生產活動的心理基礎。因而解剖學、生理學、人體測量學和心理學等自然成為工業心理學所賴以建立的重要科學基礎。其中普通心理學、認知心理學、實驗心理學的研究成果和方法往往被直接或間接地應用於工業心理學。因此，一個優秀的工業心理學者，首先應該是一個心理學家，同時還應該對生理學、人體測量學、生產技術科學、管理科學、社會學、經濟學等自然科學、工程技術科學和社會科學的基本知識均有相當的了解。當然，本書只是學習工業心理學的入門，構成工業心理學科學基礎的知識，本書只能作有選擇的介紹。

　　本編的第二章主要討論了工業心理學的研究方法。這些方法都是工業心理學各種研究中經常使用的基本方法。其中如觀察與調查、測量與測驗、有控制的實驗等方法不只是工業心理學使用它，心理學的其他分支學科也都使用它。自然在將這些方法具體使用於心理學的不同分支學科時，要根據各分支學科的內容特點進行不同的設計。問卷法與模擬實驗是工業心理學研究中用得最多的方法。例如在工業管理心理學、消費心理學和人事心理學的研究中，無不以問卷作為最基本的方法，而在工程心理學的研究中則普遍採用模擬實驗方法。這裏需要說明兩點：其一，我們不能把工業心理學的研究方法局限於本編所介紹的幾種。研究方法是為研究目的服務的，而且它隨研究內容不同而變化。在研究各種具體問題時，應根據研究的需要，不僅要採用現有各種方法，更要著力於創立新的研究方法。科學的發展往往是與方法的拓新密切聯繫的。其二，科學研究的方法一般分為兩類，一類是搜集事實的方法，另一類是整理事實的方法。整理事實的方法在不同學科之間具有更大的共同性。在大學的心理學教學中，一般都設置心理統計學課程專門講授整理和分析心理學研究事實的方法。本書礙於篇幅，只介紹了搜集心理事實的基本方法。

第一章

工業心理學的學科性質

本章內容細目

第一節　什麼是工業心理學
一、工業心理學研究的對象　5
二、人是工業心理學研究的中心環節　6

第二節　工業心理學的目的與作用
一、提高工作效率、增進生產效益　8
二、防止事故、保障生產安全　9
三、創造健康舒適的工作條件　10

第三節　工業心理學的內容
一、企業人事心理學　11
二、工業管理心理學　12
三、工程心理學　12
四、勞動心理學　13

五、消費心理學　13
六、本書的範圍　14

第四節　工業心理學的發展
一、工業心理學溯源　15
二、工業心理學的興起　16
三、霍桑研究及其對工業心理學發展的影響　16
四、工程心理學的崛起　17
五、工業心理學發展的新趨勢　18
六、中國工業心理學的發展　18

本章摘要

建議參考資料

任何一門學科的讀者在剛接觸這門學科時,都會很自然地希望知道這門學科是研究什麼的?為什麼要研究它?研究的內容涉及那些領域?這就是一般所說的學科研究的對象、目的和範圍問題。本章作為全書的開始,也將從討論這個問題開始。

雖然每個人都有心理活動,且在清醒狀態時無時無刻不伴有各種不同的心理活動,但人們對心理學卻了解得很少。工業心理學的發展歷史很短,人們對這門學科更是缺乏了解。許多從事工業活動的人,不論是管理人員還是技術人員或生產工人,對心理學與工業聯在一起,感到不可思議。特別當有人說到工程技術設計與心理學的密切關係時,更會發出懷疑與詫異的眼光。因此,在我國的工廠和工業管理機關中,至今仍很少有人從事工業心理學的工作。在我國的高等工業院校中,仍沒有普遍開設有關工業心理學的課程。這主要是由於人們對工業心理學還缺少認識的緣故。因此在本書的開卷章對工業心理學研究的對象、目的和範圍作一簡要地敘述,目的是使初讀者對本學科的性質、意義和作用,以及對它的發展變化有一個概括的了解。自然,讀者在閱讀了全書後將會對工業心理學這個學科有更深入的認識。

工業心理學是工業發展的產物。工業心理學研究的內容及其在工業活動中的作用將會繼續隨著工業的發展和社會技術的進步而不斷變化。實踐將會證明工業心理學將在今後的工業生產和技術發展中發生愈來愈大的作用。

本章是全書的引論。希望讀者讀了本章以後,能對以下各點獲得較明確的認識。

1. 工業心理學的學科特點和性質。
2. 研究工業心理學為什麼要樹立以人為中心的主導思想。
3. 研究工業心理學的目的和意義。
4. 工業心理學的學科範圍和主要領域。
5. 工業心理學的起源和歷史發展。

第一節　什麼是工業心理學

一、工業心理學研究的對象

　　一個企業要發展生產，必須具備人、財、物三方面的條件。人盡其才、物盡其用、貨暢其流，三者充分發揮作用，才能使企業發展起來。而在三者中，人是最重要的，它是生產中最活躍的因素。財與物都靠人去運轉。同樣的財與物，在不同的人手裏，可以產生不同的作用和效益。有的人能使一個瀕臨倒閉的企業起死回生，但也有人由於不善經營，會使一個好端端的企業陷於破產境地。一個成功的企業家，一般都能懂得人的因素在企業興衰中的作用。

　　要充分發揮人在生產中的作用，就需要處理好與人有關的三類關係，即人與人的關係，人與財的關係，人與物的關係。人與人的關係，一般稱人際關係 (interpersonal relations)，它包括領導與下屬的關係，組織、團體與個人的關係，以及組織、團體內成員之間的關係等。人與財的關係，主要包括工資、獎金以及其他福利分配關係等。人與物的關係主要指人與機具設備的關係和人與工作環境的關係。生產過程中，人的思想、情緒、行為表現、工作績效都必然要受以上幾種關係的影響。一個企業，只有理順以上各類關係，才能使職工高效率地工作。一個企業是否能處理好以上三類關係，一般可根據以下各種表現加以判斷：(1) 給工人提供良好的機具。若工具殘缺，或使用陳舊多故障的機器，就不可能高效率地工作；(2) 要創造合適的工作環境。若工作場地狹窄而妨礙工作，或高熱而無降溫措施，或夜班工人白天沒有一個可以安靜睡眠休息的地方，一句話，工作環境條件不好也是無法使人高效率地工作；(3) 應根據職工的工作成績提供工資、獎金或其他報償，使他們能得到與其勞動支付和貢獻大小相應的實際得益。假使利益分配不公平，搞平均主義，或賞罰不明，做多做少一個樣，就不能提高職工工作的積極性；(4) 需要維持良好的工作氣氛。在一個生產組織內，同事間應協力合作，相互支持。反之，一個人若處在鉤心鬥角、互相傾軋的人際關係中是不可能高效地工作的；(5) 要建立良好的組織。一個組織機構完善、工作制度健全、工作目標方向明確、崗位設置合理的企業就能夠快速發展；(6) 要有善於組織生產和善於鼓勵職工積極性的領導。一個企業中，職工是基礎，領導是關鍵。各種條件的創造，上下屬關係的梳理，主要取決於領導。領導關心職工，職工擁護領導，就能上下一心，把企業辦好。若領導與其下屬鴻溝隔裂，矛盾重重，情緒對立，就會嚴重挫傷職工的工作熱情，企業自然就不可能辦好。

　　為了處理好上述種種與人有關的關係，就需要對這種種關係進行研究。**工業心理學** (industrial psychology) 就是以企業中的**人-機關係** (man-machine interrelation)、**人際關係**和**人-工作環境關係** (man-work environment interrelation) 作為研究對象的學科。

二、人是工業心理學研究的中心環節

　　在企業中，人是最關鍵的因素。工業心理學在研究上述三類關係時，都把人放到中心的位置來考慮。處理人際關係，以人為中心是不言自明的。研究處理人-物關係和人-財關係時也應堅持以人為中心。

　　如前所說，企業中人與物的關係主要表現為人與機具設備的關係和人與物理環境因素的關係。人與機具設備的關係一般稱為人機關係。人和機按照一定的方式所構成的工作系統稱為**人機系統** (man-machine system)。對如何看待人機關係中人的地位和作用問題有不同的回答。有一種觀點認為人機關係中起主導作用的是機，人從屬於機器，為機器服務，因此，人應圍著機器轉。可把這種看法叫做"機器中心論"。在機器中心論思想主導下，於人機系統設計中就會片面地強調機器的地位和要求，而很少考慮人的特點和要求，即所謂"見物不見人"。另一種觀點與此相反，認為在人機關係中起主導作用的是人，機器是為人服務並由人駕馭的，應使機器服從於人的要求。根據這種觀點，**系統設計** (system design) 與機器設計中，自然就要突出人的地位和要求。隨著社會的進步，人們的價值觀發生了很大變化，人本身的價值也越來越受到重視。機器中心論越來越不易為人們所接受。工業心理學強調人在人機系統中的主導地位，要求在系統設計中處理人機關係時突出**人的因素** (human factors)。強調人的因素，主要出於三種理由：第一、因為人是生產活動中的組織者和勞動的主體。在人機系統中，機器是由人來操縱的。即使是自動化的系統，仍將置於人的監控下才能可靠而安全地運轉。第二、人與機相比，人比較脆弱，人的**工作效率** (work efficiency) 和**人的可靠性** (human reliability) 很容易受各種因素（包括自然的和社會的因素）的影響。因此，工業生產中發生的大多數事故是由於人的原因引起的。機器工作比較刻板，但它的工作可靠性不易受外部物理因素和社會因素的影響。要提高**人機系統的可靠性** (man-machine system reliability)，自然有必要對系統中可靠性較低的人這個環節給以更多的關注和研究。第三、由於人機系統的效率、可靠性，除了分別依賴於人和機兩方面的效率和可靠性外，還取決於**人機匹配** (man-machine match) 程度。人機匹配得好，系統的效率和可靠性可以提高；匹配得不好，系統的效率和可靠性就會降低。實現人機匹配，一般有兩種做法，一種是通過人的選拔與訓練，使人去適應機器的性能特點。這種做法能使人機達到一定程度的匹配。但人機系統發展的歷史證明，光依靠這條途徑人機不可能達到很好匹配。因為隨著科學技術的發展，機器的性能發展很快且無止境，而人的身心能力素質的改變、提高是有限度的。對人的要求若超過它的能力限度，就會產生**負效應** (negative effect)。實現人機匹配的另一種做法，是要求機器去適應人的特點與要求，或者說要根據人的身心能力素質特點去設計機器，把機器設計成人使用起來方便、省力、效率高、差錯少。由於機器是由人來設計的，只要樹立以人為中心的思想，總是可以通過不斷試驗，不斷改進，找到能同人的身心能力素質特點實現最優匹配的設計方案。現在，在許多工廠中還可看到這樣或那樣與上述人機匹配思想相違背的工程技術設計產品。用戶是帝王，在市場經濟條件下，若工業產品的設計不為用戶著想，不考慮使用者的特點與要求，無疑會失去競爭力。因此，在企業管理人員和工程技術人員中學習工業心理學的知識，對企業發展是不無好處的。

第二節　工業心理學的目的與作用

　　生產活動是以人為主體的活動。在生產活動中開展以人為中心的心理學研究，對提高工業生產效益、優化工程技術設計和改進工作方法，都有其特殊的作用。工業心理學的研究目的和作用主要表現在以下幾個方面：

一、提高工作效率、增進生產效益

　　一個企業要想效益好，必須效率高。企業的生產效率取決於多種因素，其中最重要的因素是技術裝備條件和人。性能好的機具設備，自然比性能差的機具設備效率高。機械作業的效率超過手工操作。自動化生產的效率又會超過機械化作業。不過機具設備的效率還依賴於操作者的素質。若使用設備的人不認真工作，性能先進的設備仍不能發揮其優越性。有些企業設備條件很好，但由於經營無方，職工積極性低落，導致生產陷入困境的例子時有所聞。技術設備條件不好，但由於領導得法，職工齊心協力，因而獲得迅速發展的企業也屢見不鮮。一個工廠若能在技術設備條件、管理水平與職工生產積極性方面都處於令人滿意的狀態，自然就具有很大的競爭力。開展工業心理學的研究，可以為企業合理利用人力資源和正確進行生產管理提供心理學的原理與策略。另外，生產效率的提高還有賴於人-機關係和人-環境關係的正確處理。在生產過程中，人和機器是相互依靠又相互制約的。如前面所指出的，人-機系統的效率高低，在很大程度上取決於人與機的匹配程度。人們之間在體格、能力和其他身心素質上存在著差異，人使用的勞動工具或機器，當它們與使用者的身心特點相匹配時，用起來就方便省力，效率就高。兩者若不匹配，不僅費力，低效，而且操作時容易發生差錯。例如搬運重物勞動，讓體力小的人去搬運重的物體，或讓體力大的人去搬運輕的物體，工作效率都不會高。比如說，按一個人的體力，一次可搬運 40 斤，若搬運一件重物需要 1 分鐘，則搬運每件正好 40 斤的重物，1 小時可搬運 60 件共 2400 斤。現在如果讓他去搬運每件 20 斤的重物，1 小時內就不可能搬運 120 次，因而搬運不了 2400 斤。同樣，一條裝配線，若使其運動速度與操作者的操作速度配合得恰到好處，效率就高；若裝配線的運動速度超過操作者的裝配工作速度，就會使操作者過度緊張，較快發生疲勞，降低工作效率，影響裝配質量；若裝配線的運動速度過慢，則操作者就會放慢工作節奏，會引起注意渙散，甚至產生厭倦，這種情況下，不僅降低效率，而且容易發生差錯。同樣的道理，工作環境也是影響工作效率的因素，要提高工效，就要把環境因素控制在與人的感受能力相適應的水平上。工業心理學通過人機環境匹配研究，能為工程技術和工作的優化設計提供心理學的依據。

二、防止事故、保障生產安全

人的性命是最可珍惜的，任何人都會本能地同危害性命的現象作鬥爭。因此在企業生產過程中，應十分重視安全問題。有的企業只追求工作效率，產量產值提高很快，但對安全問題漠然視之，事故叢生，這樣的企業不能算好企業。工程技術設計中，若只重視機器技術性能的提高，而對操作安全因素缺少考慮，設計製造的機器，技術性能可能很好，運轉速度很快，但事故頻發，這樣的機器自然也稱不上是好機器。國內外的大量調查資料表明，生產中的大部分事故都與人的因素有關。管理混亂、安全觀念淡薄、違反操作規程、工作情緒波動、身心疲勞、機具設計不符人的特點等都可能成為事故的原因。而在與人有關的事故中，大量事故又是由於技術設計和工作設計中對安全問題缺少考慮造成的。例如汽車司機駕駛室座椅，若高度過高，或煞車踏板距離過大，就會使矮個子司機在踏板上用力不足而延遲制動停車，有的車禍就出在這煞車制動的咫尺之差。若在設計汽車駕駛室時能考慮到此種情形，使司機座位與煞車踏板距離調整得適合不同高度的人使用，這類事故就可能避免。同樣的道理，飛機的信息顯示器的設計，必須考慮飛行員在飛行過程中對瞬時信息顯示進行接收加工的能力。若飛機信息顯示設計得與人的視覺信息加工特點不一致，就容易發生誤認或誤判信息而導致飛行事故。例如飛行高度表，早期的設計採取圖 1-1(a) 的形式，用短、中、長三根同軸指針分別指示千、百、十公尺的飛行高度。在第二次世界大戰中，這種飛行高度表引起不少飛行事故，其原因就在飛行情境中，飛行員容易混淆三針讀數。後來通過**工程心理學** (engineering psychology) 研究，把高度顯示設計成圖 1-1(b)、(c) 的方式，用開窗式數字顯示與指針指示相結合，窗中第一位第二位數字分別代表高度萬公尺、千公尺，指針指示的數字刻度表示十公尺，這種顯示方式符合人的**訊息處理**(或信息加工) (information processing) 特點，很少發生誤讀誤判，因而大大減少了由於高度誤讀所發生的飛行事故。眾所周知的美國三里島核電站大事故，其主要原因也是由於中央控制室的顯示與控制系統設計沒有遵照人機匹配的原理。實踐證明，通過工業心理學關於人的因素與生產安全關係的研究，可以為防止事故和保障安全提供心理學對策。

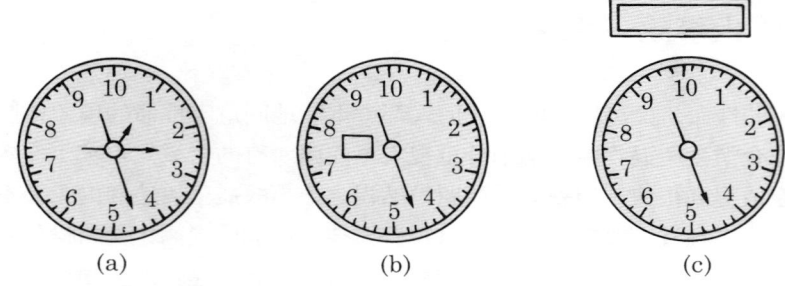

圖 1-1 航空高度表的幾種類型

三、創造健康舒適的工作條件

提高人的**工作生活品質** (quality of work life) 是工業心理學研究的另一個重要目的。隨著生產的發展和社會的進步，人們對工作生活品質的要求日益提高，價值觀的內容和標準也在不斷變化和發展。在生活水平較低的情形下，人們對工作的選擇多從經濟物質利益方面權衡取捨。在生活水平達到一定程度，物質生活要求容易得到滿足後，精神生活要求的滿足度在人們選擇工作時越來越具有重要的作用。例如，若讓人有可能在工作內容豐富、工作環境比較優越而報償較少的工作與工作單調乏味、工作環境不好而報償比前者優厚的工作之間進行抉擇，有越來越多的人寧願選擇前一種工作。這就要求在現代企業管理和工作設計中，必須重視對健康、舒適性、工作時間安排、休假等各種非物質報償的考慮。工業心理學研究的一個重要目的就是要為企業創造健康而舒適的工作條件提供心理學依據。例如，通過**工作負荷** (workload) 與**疲勞** (fatigue) 關係的研究，可以找到既能提高工作效率，又能把操作者的疲勞度控制在人們願意接受的範圍以內。再如通過照明、噪聲、振動、溫濕度等物理環境因素對工作效率及舒適度的關係的研究，可為優化物理環境設計提供科學參數，還可通過研究工作姿勢變化與能量消耗的關係和通過研究工位與機具尺寸特點與操作舒適度和方便性的關係，設計出使人能健康、舒適地使用的產品。

第三節　工業心理學的內容

人所從事的一切活動都離不開心理活動。社會生活中發生的各種變化，也無不滲透著人的心理活動的結果。心理學的研究領域廣闊，應用範圍不斷擴大，並已形成了許多分支學科。工業心理學是心理學的一個重要分支，它的研究涉及企業生產管理、組織變革發展、人力資源利用、工程技術設計、工作環境控制、產品銷售使用等多方面的內容。因而工業心理學又可區分成不同的分支領域。這裏對其中的幾個主要分支領域作一概述。

一、企業人事心理學

工業生產必須依靠人來實現。一個工廠不僅要有直接從事生產作業的工人，而且還要有組織生產的管理者。工人有工種的不同，管理人員也有職能的分工。不同工種和不同職能崗位對從業人員都有其特有的要求，並非所有的人都能勝任各種工作。因為人們之間不僅存在身體形態尺寸和體魄力量上的區別，更有知識、能力、個性等心理素質上的差異。心理學不僅要研究人類共同心理活動規律，同時也要研究人們心理上的差別。**差異心理學** (differential psychology) 就成為科學地篩選和使用人力資源的科學基礎。企業中人力資源的篩選、使用、管理是企業**人事心理學** (personnel psychology) 的主要任務。通過人事心理學的研究，可以處理好企業中人與事的關係，使之做到事得其人，人適其事。

企業人事心理學的研究內容主要是：對企業中的各種工作崗位進行**工作**

分析 (或職務分析) (job analysis)，通過職務分析，了解各種崗位的工作內容、特點及其對職務執行者的身心素質要求；以差異心理學的理論為指導，對願意從事不同工作崗位的求職者進行甄別選拔，把那些在身心素質上具有能與職務要求相一致的求職者進行擇優錄取；對職工進行職業培訓和職業再教育，通過培訓，使他們具有從事崗位工作的知識技能；對職工的工作業績進行考核、評價，為企業進行職工升遷、工資福利調整等人事問題決策提供依據。

二、工業管理心理學

工業管理心理學 (industrial management psychology) 又稱組織心理學 (organizational psychology)。企業生產活動不僅要有人，而且要把人以一定的方式組織起來。人力資源若不加以精心組織，就如散沙一盤，各行其事，雜亂無章，不僅造成很大浪費，而且還會矛盾叢生，阻礙生產發展。工業管理心理學的任務是為優化企業組織機構、協調企業人際關係、鼓勵職工工作積極性提供心理學的理論原則和策略。其研究內容主要包括：職工工作態度與滿意感；企業的組織變革與發展；企業中的團體及其對職工行為的影響；企業的領導行為、領導作風及領導者的心理素質要求；企業內的人際關係協調和信息溝通，等等。工業管理心理學與思想政治工作目標一致，兩者互相滲透，互相補充。處理好兩者的關係，對調整好企業內的人際關係和激勵職工生產積極性具有重要作用。

三、工程心理學

工程心理學 (engineering psychology) 主要研究人與設備的關係和人與工作環境的關係。在生產過程中，作為操作者的人總是通過操縱機具設備從事生產活動的。人和機具結合構成人機系統。人機系統的工作效能不僅依賴於人的身心素質和機具的特性，而且取決於人和機的配合。一個高度複雜的機器，若超過人的操縱能力限度，機器的性能就不能充分發揮。如何使機具設備設計得適合於人使用，使人能安全、有效和方便、省力地操縱機具，是現代人機系統設計中迫切需要解決的一個重要問題。另外，人的工作效能與工作環境條件有密切關係。工作環境勢必影響人機系統的工作效能，因而有人提出人-機-環境系統 (man-machine-environment system) 這個概念。一個良好的人-機-環境系統，除了處理好人機關係外，同時還要使環境因素控制在人所能承受的限度內，最好把它控制在最有利於提高人的工作效能的最佳點上。隨著現代科學技術的迅速發展，人類的生活空間正在伸向宇宙空間和海洋深處，生產、勞動、工作、學習、交往，以及衣、食、住、行等各種活動的內容與方式，都在日新月異地變化。這些變化，必將對人-機-環境系統的設計提出新而又新的問題和要求。工程心理學也必將隨著科學技術和人類生活的進步，得到不斷的發展。

四、勞動心理學

人的工作效率與勞動性質、工作內容及作業方法等有密切關係。因此，工業心理學除了研究人際關係、人機關係、人與工作環境關係外，還需要研究勞動作業的內容、方式、方法與人的工作效能的關係問題，這是**勞動心理學** (labor psychology) 的任務。勞動心理學包括多方面的研究內容。例如工作規劃，操作流程設計，工作場地安排，工作定額測定與評價，操作時間動作分析，工作方法合理化，操作程序標準化，工作負荷與職業緊張，疲勞與休息，工作時與輪班制，勞動安全與事故分析等，都是勞動心理學的研究內容。

五、消費心理學

生產的目的是為了滿足人們不斷增長的物質需要與精神需要。企業生產的產品若不能滿足顧客的需要，就會滯銷、積壓、甚至造成企業倒閉。企業只有生產適銷對路的產品，才具有競爭力。要使產品適銷對路，就必須經常對市場情況和消費者的需要進行調查、分析，為新產品開發或調整工藝設計提供依據，因而就產生了**消費心理學** (consumer psychology)。企業生產了產品後，還需要通過各種形式把產品介紹給顧客和用戶。廣告就是宣傳產品的慣用形式。企業把大量經費投入廣告。每天的電視、廣播、報紙、雜誌，無不充滿廣告。為了提高廣告的作用，就需要對廣告的設計、傳播作心理學研究，因而**廣告心理學** (advertising psychology) 就應運而起。它為廣告設計製作提供心理學的原理與策略。其他如產品包裝、產品使用說明書的編製等，若能運用心理學的原理與知識，都可達到事半功倍的作用。

六、本書的範圍

　　工業心理學的上述各分支，都做過相當廣泛深入的研究，並已積累了豐富的資料。在本書的有限篇幅內不可能涉及工業心理學各分支研究的一切問題。本書只能從浩瀚資料中選取部分有代表性的研究作為例子，對工業心理學作一概括的介紹。

　　全書二十二章，歸為五編。第一編導論中主要討論了兩方面的問題：其一、討論工業心理學的研究對象、目的和發展簡史，並簡要地介紹工業心理學的一般研究方法；其二、扼要介紹作為工業心理學的某些生理學和心理學的基礎知識。在第二編中有選擇地敍述有關企業人力資源利用的若干問題。其中有關人員選拔、培訓、考核等是人事心理學的內容，而動機、激勵和工作態度等則屬組織管理心理學的範圍。由於這兩方面的目的都主要著重於發揮職工的工作潛能，因而把它們合為一編。第三編主要討論人機系統問題，是工程心理學的主要內容。這裏概略地介紹有關視覺和聽覺顯示器及手足控制器等人機界面設計的心理學原則。計算機軟、硬件設計中的心理學問題也在這一編作簡略介紹。第四編對勞動心理學中有關作業、負荷、疲勞及安全等方面的心理學問題作了概述。最後一編是有關工作空間設計和工作場所的物理環境因素設計和社會環境的工效學問題。這本書不是工業心理學百科全書，但工業心理學大多數分支領域的基本內容在本書中都有概括的反映。讀者若要對本書所涉及的問題作深入研究，可進一步參閱本書所列舉的參考文獻和其他有關著作。

第四節　工業心理學的發展

一、工業心理學溯源

　　工業心理學的發展可追溯到 19 世紀末少數企業管理學者與心理學者的工作。被奉為科學管理之父的泰勒 (Frederick Winslow Taylor, 1856～1915)，最早採用科學方法研究工人的工作效率問題。他在美國伯利恒鋼鐵廠對工人實行嚴格管理，並用計件獎勵工資激勵工人努力生產。他研究了勞動工具與工作方法對勞動效績的關係，並對勞動過程的時間進行精細的測量與分析。工人按他設計的工具和操作方法進行勞動，工作效率成倍提高。例如工人用手工搬運生鐵，每天平均搬運 16 噸，採用了泰勒設計的工作方法後，每天搬運量提高到 59 噸。泰勒的時間分析法與他同時期的吉爾布雷斯 (Frank B. Gilbreth, 1868～1924) 創立的操作動作分析法都是研究操作活動的基本方法。有人把兩者的操作時間分析與動作分析結合起來，稱為**時動研究**(或**時間-動作研究**) (time-motion study)，至今仍被人沿用。

　　工業心理學的另一淵源是 19 世紀末、20 世紀初少數心理學家的工作成就。馮德 (Wilhelm Wundt, 1832～1920) 於 1879 年在德國來比錫創立了世界上第一個心理實驗室，它使心理學脫離哲學而成為一門獨立的科學。此後，就有心理學家致力於把**實驗心理學** (experimental psychology) 的方法應用於工業生產領域，開展有關提高工作效率和改善勞動條件的研究。美國心理學家巴倫 (Bryan, 1887) 發表有關報務員技能研究的論文。1904 年在他就任美國心理學會主席時，倡導把生產領域的心理學研究發展成專門的心理學分支。斯科特 (Scott, 1908) 發表的《廣告心理學》，開創了廣告心理學與商業心理學研究的先河。德國的工業心理學先驅閔斯脫勃格 (Hugo Münsterberg, 1863～1916) 是一個實驗心理學者，他把實驗心理學方法用於工廠選拔、訓練工人，研究改善勞動環境。他不僅重視研究如何提高工作效率，而且強調應使工人從工作中得到愉快和喜悅。他發表的《心理學與工業效率》(Münsterberg, 1913)，被看作是工業心理學的先聲。

二、工業心理學的興起

　　第一次世界大戰期間，軍需物資生產與兵員選拔上的需要推動了工業心理學的發展。當時交戰國的男性青壯年大量應徵入伍。工廠由於缺乏熟練工人，除雇用大量婦女外，還不得不採取加班加點、延長工作時間等辦法來增加生產。但延長勞動時間，增加了工人的疲勞，因而還是達不到提高工作效率的目的。這就引起對疲勞的研究。例如英國就專門設立了疲勞研究所。另外，各交戰國為了有效地使用兵員資源，需要對應徵入伍的大量兵員進行甄別、選拔。這有力地推動著心理學的人員測評研究。例如第一次世界大戰期間，美國就有很多心理學家被徵召從事兵員的選拔工作。戰後，心理學家設計的人事測評方法很快被應用於工業界，成為選拔工人的重要手段。工業心理學一時成為工業界的寵兒，英、美、德、日等國創辦了許多公辦或公司辦的工業心理學研究機構，前蘇聯也在20年代建立了幾十個勞動研究所。

三、霍桑研究及其對工業心理學發展的影響

　　在20世紀20年代後期，一批美國工業心理學家在美國西方電氣公司霍桑工廠中進行研究。當時參加研究的心理學家試驗照明等物理環境條件對工作效績的影響。按一般的想法，提高工作照明水平有利於提高工效。試驗初期，研究者確實觀察到工人的工作效績隨照明的增加而提高。但在繼續的試驗中，發現照明不提高時，工人的工作效績仍在提高，有時甚至在照明變得對工作不利的情形下，能觀察到工效仍有提高的現象。這說明還存在著其他有更大作用的因素在影響著工人的工作效績。後來發現，試驗工作本身產生了激勵工人積極工作的作用。因為試驗工作改變了情緒、氣氛和動機，也使同事關係和上下關係發生了變化。由於這些因素的變化，對工作積極性和工效產生了有力的促進作用。這就是所謂霍桑效應(Hawthorne effect)。霍桑研究是工業心理學發展中的一個重要轉折點。從這時起，工業心理學開始重視研究企業中的人際關係，把生產者的需要、動機、滿意感等個體因素及團體、組織等因素列為重要研究內容。管理心理學和組織行為學就是在這一研究基礎上發展起來的。

四、工程心理學的崛起

　　第二次世界大戰推動了工業心理學的進一步發展。這主要表現在兩個方面：一方面，仍與第一次世界大戰時期相似，由於戰爭中各種兵員選拔、任用的需要，推動了工業心理學的發展。例如美國**陸軍通用分類測驗** (或普通分類測驗) (Army General Classification Test，簡稱 AGCT) 就是在大戰期間制定的。另一方面，戰爭推動了人機關係的研究。以往，在如何使人掌握好複雜的軍事裝備問題上，心理學家多著力於研究使用已成武器裝備的技能培訓工作，也就是說，訓練人去適應已經研製出來的武器裝備。但在第二次大戰中，由於科技進步，武器裝備發展很快，交戰國家競相研製複雜的高性能的武器。由於人的適應能力有一定的限度，即使經過嚴格選拔和充分訓練的操作人員，也往往難以適應武器性能日新月異的發展。武器性能很好，但人操縱不了，高性能的裝備發揮不了應有的作用，甚至反而容易引起操作差錯而發生機毀人亡或誤擊目標等事故。慘痛的教訓，使人們認識到人機關係間的矛盾，不能僅靠選拔與訓練去解決，而應把研究方向從人適應機改變為使機適應人。這是工業心理學發展史上的又一個重大的轉折點。40 年代末到 50 年代初，美國的**工程心理學**、**人機工程學** (human-machine engineering) 或者**人類因素工程學** (human factors engineering) 以及英國的**工效學** (ergonomics) 就是在這一轉折基礎上發展起來的。這些學科，雖然名稱各異，實際研究內容是基本一致的。它們都主要研究人機匹配關係。由於人機匹配關係研究適應工業技術發展的需要，因而獲得迅速發展。研究領域從軍用擴大到民用。參與研究的學科和人員從心理學擴大到生理學、醫學、人體測量學和工程技術科學。從 50 年代起，美、英、法、德、日、蘇及其他工業發達國家都廣泛開展了工程心理學或工效學的研究，建立了許多研究機構和學術團體，出版了大量研究報告和書籍。恰普尼斯 (Chapanis, 1949) 的《應用實驗心理學》和麥考密克 (McCormick, 1957) 的《人機工程學》就是反映 50 年代左右這方面研究成果的教科書。在 1959 年成立了**國際工效學聯合會** (International Ergonomics Association，簡稱 IEA)。這個組織每兩年舉行一次學術會議，它對各國工程心理學和工效學的發展起著重要的促進作用。

五、工業心理學發展的新趨勢

最近二、三十年來，工業心理學進入一個新的發展階段。在這個時期，工業心理學除了研究一些傳統的問題外，又不斷向人類生活領域的廣度與深度進軍。現代高科技的發展，不僅引起生產過程的深刻變化，而且使人類生活條件和生活方式也發生了重大改變。這不能不引起工業心理學研究內容的變化。例如，隨著計算機技術和自動控制技術日益普遍地應用於生產、辦公和生活等各個方面，極大地改變著人們的工作方式。人力作業逐漸為自動化系統所代替；人在生產系統中的作用從操作者轉為監控者；人機信息交往越來越普遍地採用人-計算機對話 (human-computer dialogue) 形式；日益完善的各種智能技術系統，將逐步替代人的智能活動；人類的生活空間也將從陸地擴大到海洋深處和宇宙空間。這一切變化必將為工程心理學和工效學開闢全新的研究領域。

科技與生產的進步以及生活方式的改變，必然會引起人們思想觀念的更新。在食不飽，衣不暖的時候，人們主要關心的是溫飽，做到豐衣足食，就心滿意足。而在現代工業發達的社會中，物質生活已達到相當富裕的地步，這引起人的需要、工作動機和價值觀的變化。人們這時關心的不只是物質福利，同時要求獲得精神上的滿足。企業組織如何適應人們心態上和觀念上的這種變化？如何滿足企業職工的如此多樣和多層次的需要？能否正確地回答和解決這些問題，對企業的成敗都有重要的意義。要回答這些問題，就必須重視開展**工作動機** (job motivation)、**工作滿意感** (job satisfaction)、**工作生活品質** (quality of work life)、**工作充實法 (或工作豐富化)** (job enrichment) 和**組織文化** (organizational culture) 等內容的研究。工業心理學研究的目的，不僅要研究如何使職工為企業多生產價廉物美的產品，同時也要研究如何使企業成為職工發展個性，舒展才能並能從中感受工作與生活樂趣的集體。

六、中國工業心理學的發展

工業心理學是工業發展的產物。在 20 世紀 20 年代以前，曾有人把泰勒在 1911 年出版的《科學管理原理》介紹到中國來。1935 年，陳立出版了《工業心理學概觀》，是我國心理學家論述工業心理學的第一本著作。陳立和周先庚等還在北京、無錫等地開展有關工作疲勞、勞動環境、擇工測驗、庫存管理等內容的研究。但由於當時中國工業落後，加上戰亂重重，這些研究均被迫中斷。直至 50 年代，隨著我國工業生產的發展，工業心理學才開始受到重視。北京和杭州等地的心理學者深入工廠企業，結合生產實際開展操作合理化、事故分析、職工培訓、技術革新創造等內容的研究。當時這些研究都是在勞動心理學名義下進行的。到了 60 年代，我國工業已具有相當規模，各種機具由仿造轉向自行設計。這促進了我國工程心理學的發展。例如，在這個時期我國心理學家結合鐵路信號顯示制式改革的需要，開展了一系列有關閃光信號的研究；結合我國電站建設，開展有關電站中央控制室的人機關係問題和儀表設計中人的因素問題的研究。在這個時期，我國開始自行設計製造飛機，**航空心理學** (aviation psychology) 的研究也就應運而起。但是在"文化大革命"的政治風暴中我國的心理學受到嚴重的衝擊，已經興起的工程心理學研究，也難免遭受夭折和停頓的厄運。

在 70 年代後期，我國開始進入一個新的歷史時期。經濟建設成為全國一切工作的中心。科學技術被奉為國家建設的關鍵。國家實行改革、開放政策，工業迅猛發展，這一切就為我國工業心理學的發展創造了極為有利的機會。不僅工程心理學和勞動心理學獲得比以往任何時期更快的發展，而且長期以來被視為禁區的人事心理學和管理心理學這時也枯木逢春，得到企業界的重視，迅速發展起來。許多企業管理幹部接受了管理心理學的培訓，很多高等學校開設管理心理學課程。1980 年，中國心理學會成立了工業心理學專業委員會，杭州大學設置了工業心理學專業招收工程心理學和管理心理學碩士、博士研究生，為全國高校和有關管理部門及研究單位培養了大批工業心理學專業人才。我國工業心理學的發展，還對 80 年代我國人類工效學和行為科學的發展起了有力的促進作用。

本 章 摘 要

1. 工業心理學是研究工業生產條件下人的心理活動規律的科學。它是一門應用性學科，也是一門多學科交叉的學科。
2. 人是企業成敗的關鍵因素，**工業心理學**的研究應以人為中心。要充分發揮人在生產中的作用，就需要處理好與人有關的幾類關係：人與人的關係，即**人際關係**；人與財的關係，即利益分配關係；人與物的關係，即人與機器及其他生產工具的關係；人與工作環境的關係。
3. 工業心理學在生產中可達到三方面的作用：提高工作效率，增進生產效益；防止事故，保障生產安全；創造健康舒適的工作條件。
4. 工業心理學的研究內容涉及企業生產管理、組織變革發展、工程技術設計、工作環境控制、勞動作業測定、產品行銷服務等多種領域。工業心理學的分支學科有**工業管理心理學、企業人事心理學、工程心理學、勞動心理學、消費心理學**等。
5. **工業管理心理學**和**企業人事心理學**均研究企業中的**人際關係**和人力資源利用的心理學問題。兩者的區別主要在於工業管理心理學側重於研究優化企業組織機構、協調企業內部的**人際關係**、鼓勵職工工作積極性等問題；而企業人事心理學則側重於研究企業中人力資源的選拔、培訓、使用、考核、管理中的心理學問題。
6. **工程心理學**主要研究人與設備和人與工作環境的關係，其目的是為**人機系統**的設計與使用和工作環境的控制提供人-機和人-環境優化匹配的心理學原則。
7. **勞動心理學**主要研究勞動過程和作業的方式方法同工作效能的關係。其中包括製定工作計畫和工作制度、操作程序與操作方法設計、工作負荷測定與工作定額製定、生產安全與事故分析等方面的心理學問題。
8. **消費心理學**主要研究顧客購買行為、產品推銷宣傳、廣告設計等方面的心理學問題。
9. 工業心理學的發展可分為四個時期。19 世紀末到 20 世紀初是工業心理學的萌芽期。這時期主要研究手工操作勞動的效率問題。第一次世界大戰開始至 20 年代為工業心理學的初興期。這時期主要是配合戰爭的需要，心理學開展了人員甄別選拔工作，在此基礎上發展了勞動人事心理學。
10. **霍桑效應**開創了工業心理學的一個新時期。從此開始了企業中的**人際關係**問題的研究，管理心理學就是在此基礎上發展起來的。
11. 第二次世界大戰期間，由於軍事裝備複雜，開展了**人機關係**的研究，工程心理學應運而起。工程心理學的研究內容隨技術發展而變化，50 年代前後集中於開關、儀表設計中的心理學研究，80 年代則興起了**人-計算機對話**的研究。今後它將繼續隨技術發展而變化。
12. 工業心理學在中國起步較晚，隨著我國工業生產和技術的迅速發展，80 年代初以來，工程心理學和工業管理心理學等分支已有長足的發展。

建議參考資料

1. 朱祖祥 (主編) (1990)：工程心理學。上海市：華東師範大學出版社。
2. 張春興 (1992)：現代心理學。台北市：東華書局 (繁體字版)。(1994) 上海市：辭書出版社 (簡體字版)。
3. 梁寶林 (編) (1988)：論人-機-環境系統工程。北京市：人民軍醫出版社。
4. 陳　立 (主編) (1988)：工業管理心理學。上海市：上海人民出版社。
5. 盧盛忠 (主編) (1985)：管理心理學。杭州市：浙江教育出版社。
6. Muchinsky, P. M. (1993). *Psychology applied to work* (4th ed.). Pacific Grove, Brooks/Cole Publishing Company.
7. Schultz, D. P. (1978). *Psychology and industry today*. New York: Macmillan Publishing Co., Inc.

第 二 章

工業心理學的研究方法

本章內容細目

第一節　研究方法概述
一、科學方法的重要性　25
二、心理學研究方法的多樣性　26
三、心理學研究的基本原則　27
　㈠　科學性
　㈡　客觀性
　㈢　驗證性

第二節　觀察法
一、觀察的重要性　30
二、觀察的類型　30
　㈠　控制觀察與自然觀察
　㈡　結構觀察與非結構觀察
　㈢　參與觀察和非參與觀察
三、觀察的要求　32

第三節　訪談法
一、訪談法的特點　34
二、訪談方式　34
　㈠　結構訪談與非結構訪談
　㈡　直接訪談與間接訪談
　㈢　個別訪談與集體訪談
三、訪談設計　36
　㈠　明確訪談目的
　㈡　設計訪談問題
四、訪談注意事項　37

第四節　問卷法
一、問卷法的特點　39
二、問卷的組成與編製　40
　㈠　問卷組成
　㈡　問卷編製

三、問卷題設計　41
四、答題方式設計　43

第五節　心理測量與測驗
一、心理測量與量表　44
　㈠　類別測量
　㈡　順序測量
　㈢　等距測量
　㈣　比例測量
二、心理測驗　47
　㈠　智力測驗
　㈡　能力測驗
　㈢　成就測驗
　㈣　個性測驗
三、心理測驗的編製　50
四、測驗的信度和效度　51
　㈠　信　度
　㈡　效　度

第六節　實驗與模擬
一、實驗法的特點和類型　55
二、實驗室實驗設計　56
　㈠　自變量、因變量和無關變量的控制
　㈡　被試間設計與被試內設計
　㈢　多因素實驗設計
三、現場實驗與準實驗設計　59
　㈠　時間序列設計
　㈡　等時間取樣設計
　㈢　不等同控制組設計
四、模擬實驗　61

本章摘要

建議參考資料

科學不同於常識，常識來自經驗，科學知識的獲取依賴於科學方法。因此任何科學在確定研究對象之後，首先考慮的就是方法問題。要想透徹了解科學知識，就不能只滿足於了解人類已獲得什麼知識，還應知道這些知識是怎麼獲得的。科學研究者之所以不同於一般讀者，不僅在於他擁有系統的知識，更重要的還在於他懂得如何去獲取這些知識。要獲取科學知識，不僅要堅持實事求是的科學態度，更要有揭示客觀規律的具體研究方法。科學研究的方法論原則，在各學科間存在著較大的共同性，而具體研究方法則在不同學科中具有明顯的特異性。人的心理是非常複雜的現象，它既受人自然性一面的影響，又受人社會性一面的制約，加上人的心理是研究者與被研究者所共同具有的現象，這就使心理學的研究方法不僅有其特異性，而且具有多樣性。它不只採用自然科學的研究方法，而且也採用社會科學的研究方法，同時還使用種種心理學獨有的方法。工業心理學是心理學的一個分支，心理學的一般研究方法自然適用於工業心理學的研究。本章將著重就心理學研究中常用的基本方法進行扼要的介紹。

心理學研究方法可以分成兩大類，一類是搜集事實數據的方法，另一類則是整理事實數據的方法。整理事實數據的方法一般稱為心理統計方法。本章由於篇幅所限，只介紹工業心理學研究中幾種用以搜集事實數據的常用方法。討論的問題主要有以下幾個方面：

1. 心理學研究的方法論原則及其意義。
2. 科學觀察的特點和要求。
3. 訪談法與問卷法的意義及設計要求。
4. 心理測量和心理測驗的功用及量表編製。
5. 心理實驗的特點與設計要求。
6. 模擬法在工業心理學研究中的作用。

第一節　研究方法概述

一、科學方法的重要性

　　知識有常識與科學之分。一個人若只有常識而缺乏科學知識是難以做好工作的。常識往往只是有關事物表面現象的認識，它不僅是粗淺的，而且還可能與事物變化規律相矛盾。例如，地球與太陽的運動關係，若從人們所感受的表面現象看，太陽繞著地球轉，這是根據人的感性經驗而產生的常識。它與地球繞著太陽轉的科學知識是相矛盾的。所以，若只按常識行動，有時可能發生錯誤，導致失敗。只有掌握科學知識，才能提高人對事物變化的預測能力，把人引向成功之路。科學知識之所以高於常識，主要在於兩者來自不同的途徑。常識是在生活中根據感性經驗產生的，因而它往往停留於事物的表面認識，而科學知識則是對感性認識進行去粗取精、去偽存真、由表及裏、由此及彼的分析、綜合和抽象概括的功夫後形成的，因而它所反映的是事物間的內在聯繫和事物變化發展的規律。顯然，人之所以能認識事物的內在聯繫和發展規律，主要得力於科學的方法。因此，科學家一般都十分重視科學研究的方法。科學的發展是與科學研究方法的進步分不開的。科學上許多新領域的出現或一些重大問題的突破，往往是研究方法上引進重大革新的結果。例如，顯微鏡的製造成功對微生物學、細胞學的發展產生了重大的推動作用；電子顯微鏡和 X 線衍射儀的使用又進一步推動了分子生物學的發展。望遠鏡技術的進步，推動著天文學的發展。心理學的發展同樣也是與研究方法的發展密切相聯繫的。

　　心理學在很長時間內停留在採用思辨方法探索人的心理現象，因而長期依附於哲學。直至 19 世紀 70 年代，馮德提出用客觀的方法研究心理問題，並於 1879 年建立世界上第一個心理學實驗室以後，才使心理學從哲學走向科學。從此，**實驗法** (experimental method) 就成為心理學研究的基本方法。70 年代以來電子計算機的迅速發展對心理學的研究產生了重大的影響。計算機現在已成為心理學許多研究的重要工具，它在實驗控制、數據處理、工作情境和心理過程模擬等方面發揮著越來越重要的作用。特別在工程心理學的研究中，計算機不僅是無可替代的重要研究手段，而且計算機設計和使用中的人機關係問題已成為工程心理學研究的重要內容。**人-計算機相互作用**，計算機視覺顯示終端 (visual display terminal) 和**軟件心理學** (software psychology) 等都是心理學與計算機研究結合後發展起來的新領域。

二、心理學研究方法的多樣性

人的心理是極複雜的現象。它是自然物質發展的最高產物。自然界的發展從簡單到複雜，由無機物到有機物，由有機物發展到有生物，由單細胞生物發展到高等動物，最後發展到人類。人的大腦是世間一切物質系統中結構最複雜、功能最精巧的系統。在約 2000 平方厘米的大腦皮層中包含著約 140 億功能不同的神經細胞。人有了大腦才能進行思維。正是由於人類具有思維能力，才可能創造出光輝燦爛的人類物質文明和精神文明，使人成為萬物之靈。人的心理不僅是自然物質發展的產物，而且是社會生活的產物。它除了服從物理的、化學的和生命的物質運動規律以外，還受社會因素的制約。人的社會生活因素，特別是家庭、學校教育和各種社會交往關係，對形成人的心理起著重要的作用。人的任何心理活動都受自然和社會兩個方面的因素所制約。因此，人的心理服從自然物質運動規律又高於自然物質運動形態；它是人類社會生活的產物，但又不同於一般社會現象。人的心理是一種特別複雜的現象。它有獨特的活動形式與規律。心理活動是在頭腦中進行的活動，它不僅不能像頭腦外的客觀現象那樣可以通過眼、耳、鼻、舌、手等直接感觸到，而且也無法用顯微鏡或任何先進的透視技術觀察到。因此有人把人腦的心理活動比喻為無法打開的**黑箱** (black box)。從這個意義上，可以說心理學研究的對象要比任何其他科學研究的對象複雜得多。心理學現在沒有能夠取得像物理學、化學、生物學那樣大的進步，不能不說與心理現象特別複雜有直接的關係。

心理現象的複雜性決定著心理學研究方法的多樣性。由於人的心理是自然物質運動和社會生活過程交互作用的產物，因此對它的研究就不僅要採用自然科學的方法，而且也要採用社會科學的方法。心理現象具有與一般自然現象和社會現象不同的特點，因此，心理學還需要有與一般自然科學方法與社會科學方法不同的方法。只有採用不同的方法從不同側面對心理現象進行多層次的系統研究，才有可能逐步把心理活動的黑箱打開。

三、心理學研究的基本原則

任何科學研究都必須堅持科學性、客觀性和可重複性。心理學的研究自然不能例外。

(一) 科學性

堅持科學性是科學研究重要的原則，也是對科學工作者最基本的要求。科學研究是為了探求客觀的真理，或者說是為了認識研究現象的變化發展規律。因此科學研究貴在求真。真的對立面是偽，偽是科學所大忌的。科學研究不僅要著力於求真，而且還需注意於防偽和證偽。求真與證偽兩者相輔相成，相得益彰。求真與證偽都必須從事實出發，並以事實為依據。因此尊重事實是科學研究的一個重要特點。所謂**科學性**(scientificity)，首先就表現在研究是否建立在科學事實的基礎上。不以科學事實為基礎的研究不能稱為科學研究；沒有科學事實作證明的理論不是真正的理論。人們可能經歷到各種各樣的事實，但並不是人所經歷到的各種事實都可用來構成科學的基礎。科學事實是指通過科學方法所獲得的事實，例如通過有計畫的觀察記錄到的事實。獲取科學事實是科學研究工作的重要任務。獲取科學事實的途徑、方法和技術也是評價研究工作科學性的重要依據。

科學除了重視搜集科學事實外，還必須對科學事實進行理論概括。科學是事實與理論的統一。只有事實，沒有理論，不成其為科學。因此，科學研究不能停留在事實的搜集上面，必須對搜集到的事實採用一定的方法加以整理，使之上升為科學理論。科學理論不僅需要以堅實的科學事實作為基礎，還要有嚴格的論證和嚴密的科學表述方式。表述愈嚴密，愈禁得起驗證的理論，科學性愈高。

研究工作能否滿足科學性要求，關鍵在於是否能做到"嚴"字當頭。堅持科學性，需要做到三嚴：即對待研究工作要有嚴肅的態度；對研究方法和研究過程要嚴密的設計；對研究的結果和結論要禁得起嚴格的檢驗。科學研究若做不到這三嚴，是很難取得有科學價值的結果的。

(二) 客觀性

客觀性 (objectivity) 是指任何科學研究都必須堅持客觀性原則。客觀性原則是指研究者對研究中發生的現象及對研究結果的解釋要採取客觀的態度。事物或現象變化的規律，是客觀存在的。人按客觀規律辦事就能取得成功，違背客觀規律就會碰壁、失敗。堅持客觀性原則就是要尊重客觀事實。與客觀性對立的是主觀性。主觀性在科學研究中表現為對研究現象的解釋不是從客觀實際出發，而是從主觀想像出發的；不是從客觀的事實分析中引出結論，而是按照主觀願望取捨事實材料，作出推論。心理學研究的是心理現象，它是研究者和被研究者所共同具有的。因此，對心理學研究缺少訓練的人，容易用自己的心態去猜度別人的心態，以自己的心理感受或體驗去解釋別人的行為表現。這樣，就難以對所研究的心理現象作出客觀的分析，自然也就難以作出符合客觀實際的結論。大家知道在動物行為的研究中要反對**擬人論** (anthropomorphism)，因為擬人論是建立在主觀臆測基礎上的。在研究別人的心理時，則需防止"以己之心，度人之腹"的擬己論，因為擬己論也是以主觀臆測為依據，同樣違背科學研究的客觀性原則。

　　心理學的研究，不僅要求研究者堅持客觀性，防止對研究現象作主觀臆測的解釋，同時也要求被研究者堅持客觀性，防止主觀性。因為人能敏銳地感受周圍人的態度，也能對自己的行為活動有意識的進行主動控制與調整。因此對人心理的研究與對物和動物的研究不同。物可以被任意擺佈，動物需要馴服，研究人的心理、行為，則需要受試人樂意接受試驗並能做到客觀地如實反映心理狀態。這就需要受試者真誠合作，密切配合。要做到這一點，就需要研究者與被研究者在認識上與感情上能互相溝通，彼此尊重。研究者若不注意這一點，就不容易取得真實的結果。有的受試者會猜度、迎合研究者的意圖作出不真實的反應。有時甚至會引起受試者故意暗中作難，使研究結果受到嚴重污染。

　　要防止主觀性的影響，自然最重要的是要提高研究者的素質。研究者一方面要有嚴謹的、實事求是的科學態度，另一方面要在辨假證偽、去偽存真上下功夫。科學研究過程中獲得的材料往往由於各種原因摻雜著多樣假的事實。例如，**訪談法和問卷法**是許多工業心理學者獲取事實材料的常用方法。

這種方法所獲取的事實，一方面取決於研究者研究的技術和訪談、問卷內容的設計，同時也受調查對象的經驗、知識、判斷標準、理解能力、認真程度等多方面因素的影響，因此不可避免地摻雜著種種與事實不符的成分。若不善於去偽存真，就會魚龍混雜，使研究結果的價值大受影響。

使用**客觀評價標準** (objective criterion for evaluation) 和測試手段，對防止主觀性因素的干擾也具有重要作用。人受刺激作用所發生的反應，有的容易作自我控制，有的不易受自我控制。一般說，由受試者掌握評價或判斷標準的研究，其反應自然易為受試者的願望、態度等主觀因素所影響，而人的生理反應一般不易進行自我控制，例如瞳孔反應、生理電反應、生化成分變化等都不易為主觀願望所左右。因此，此類生理變化往往被用作評價人對客觀事物反應的客觀指標。在心理學研究中，為了減少主觀因素的干擾，除了提高專業素養，嚴密研究設計外，還應儘量使評價標準客觀化，要多採用不受或少受人為主觀因素影響的客觀指標。

（三） 驗證性

驗證性(或**檢驗性**) (verifiability) 任何科學理論和科學研究結果都要經受得起檢驗。真正反映客觀規律性的理論與結果是經得起檢驗的。對研究結果的檢驗一般表現為兩種情形：一種是通過實際應用來檢驗。人們把某種理論與研究結果應用於生產或生活實際，若能取得預期的成果，就證明這種理論或研究結果是符合客觀實際的，因而是正確的。反之，若把某種理論或研究結果應用於實際，不能取得成功或只能取得部分的成功，就說明這種理論或研究結果是不正確的或不是完全正確的。檢驗研究結果的另一種標準是**可重複性** (repetitiveness)。一個研究者在研究中得到某種結果後，若別人在同樣條件下進行研究，也能得到相同的結果，就說明這種研究結果是能夠重複的，因而也是經得起檢驗的。在工業心理學研究中，上述兩種檢驗形式都是經常使用的。工業管理心理學的研究多採用實際應用效果為檢驗標準，工程心理學或**認知工程** (cognitive engineering) 的研究除了從實際應用中檢驗研究結果外，還經常用重複進行試驗的方式檢驗研究結果的可靠性。

第二節　觀察法

一、觀察的重要性

觀察法 (observational method) 是通過觀察與調查以獲取科學事實的方法。觀察是通過感官和觀察工具以獲取信息的過程。人的知識可區分為直接知識與間接知識。直接知識的獲得離不開觀察。日常生活中，人們吃飯聞香味、出門看天氣、上街逛商店、乘車認路線、旅遊賞風景等，可說隨時隨地都在觀察自身周圍所發生的變化。人若不對各種日常事物或現象作觀察，就會缺乏常識，難以適應社會生活。科學研究自然更需要通過觀察去積累事實材料。自然，各種科學由於其研究對象的不同，對觀察的依賴程度也有所差異。例如，自然科學的數學，主要依靠抽象思維，很少依賴於觀察，而天文學則主要依賴於天文現象的觀察。對大多數科學來說，不論是自然科學還是社會人文科學，在研究中都需要依靠觀察。許多實驗科學的事實材料來自實驗，但對實驗結果的獲取仍離不開觀察，實驗就是控制條件下的觀察。自然，科學觀察不同於日常觀察。科學觀察是為了一定的研究目的對特定對象的有計畫的觀察。日常觀察往往事先沒有明確目的，也無預定計畫，是一種隨意的觀察。隨意觀察只能獲取零碎的、片段的知識。只有科學觀察才有可能獲得系統的知識。科學觀察不僅要通過感官活動，而且在多數情況下還要依靠種種觀察工具或儀器。觀察工具，不論是簡單的或是複雜的，從功能上說，都是擬人感官的延伸。望遠鏡、顯微鏡等有似人眼睛的延伸；微音器、聲譜儀等有似人耳朵的延伸。人們利用各種觀測儀器，就可觀察到千差萬別的現象。通過觀察與控制，人類才能成為萬物的主宰。

二、觀察的類型

觀察可以有各種分類，下面幾種是常見的分類：

(一) 控制觀察與自然觀察

觀察看它是否在有控制的條件下進行而分為**控制觀察** (controlled observation) 和**無控制觀察** (noncontrolled observation)。實驗條件下的觀察是控制觀察的典型例子。控制觀察由於被觀察者處於種種的人為限制下，他的行為表現會受到一定的干擾。無控制觀察，又稱為**自然觀察** (naturalistic observation)。它是對處於自然狀態下人的行為活動進行觀察。在自然觀察過程中，被觀察者並不意識到自己正在被觀察，因而其行為活動不受拘束，觀察到的情形真實性高。

(二) 結構觀察與非結構觀察

結構觀察 (structural observation) 是觀察者在觀察前作好觀察計畫，規定了觀察的項目、內容，設計了觀察步驟和記錄方法的觀察。**非結構觀察** (unstructural observation) 一般只確定觀察的目的與任務，而沒有對觀察內容、項目、記錄等進行具體的計畫。非結構觀察的內容往往因觀察時的情況而定，它比有結構觀察靈活，觀察的結果主要取決於觀察者的臨場處理能力。在研究的對象和實際情境不甚了解的場合，一般採用非結構觀察。

(三) 參與觀察和非參與觀察

參與觀察 (participant observation) 是指觀察者參加到被觀察者所從事的活動情境中，對設定的對象進行觀察。**非參與觀察** (nonparticipant observation) 是觀察者處於局外人的地位從中進行公開的或隱蔽的觀察。參與觀察又因參與程度的不同可分為全參與觀察和半參與觀察。全參與觀察是觀察者作為被觀察者團體中等同的一員完全參與到被觀察者活動的情境中去。例如一個人類學者為了觀察一個土著民族的風習特點而參加到該民族的人群中；作家為了寫作一本小說或演員為了演好某一角色而深入生活實際進行觀察和體驗生活；工業心理學者為了研究工人的工作情緒而參與工人群體與他們一起工作，等等。在半參與觀察中觀察者只是有限度地參與到所觀察的情境中去進行觀察。有時為了觀察到真實的情形，觀察者不僅需要完全參與，而且還需要作隱蔽觀察，猶似古代清官體察民情，微服私訪，或似破案人員便衣偵查。參與觀察和非參與觀察難分優劣。採用何者為宜，取決於觀察的內容與要求。

三、觀察的要求

每個人在生活和工作中，無時無刻不在觀察著他所接觸的各種事物和現象。但有時在同樣的條件下對同樣的現象可能得到不同的觀察結果。要有效地進行觀察，必須注意以下幾點要求：

1. 目的明確　觀察的效果首先取決於是否有明確的目的。譬如，住在三樓無電梯可乘的人，每天上下樓梯多少遍，但很少有人能回答從一到三樓有多少級階梯。因為他們在上下樓時，雖然每次都一級級跨過台階，但由於沒有確立觀察台階數的目的，因而無法回答台階有多少。一旦確立了要觀察台階數的目的，只要步行一次就能知道多少台階。觀察其他事物也是如此。所謂心不在焉，視而不見。只有確立明確的目的，才能使觀察指向目的物。目的愈明確，觀察效果愈好。

2. 計畫具體　觀察的計畫性也是影響觀察效果的重要因素。科學觀察的對象有的很簡單，有的很複雜。在觀察複雜的對象時或要求在有限的時間內觀察較多的內容時，必須在觀察前做好計畫，即事前把觀察內容、觀察重點、觀察順序、觀察工具、記錄方法等都考慮好。這樣就容易做到有條不紊地觀察，並容易從觀察中獲得較豐富的事實材料。

3. 仔細記錄　觀察不作記錄，好比竹籃盛水，邊走邊漏。記錄可以採用多種方法。最常用的是紙筆記錄。帶一個本子，在觀察過程中，隨時作記錄，使用起來靈活、方便，費用也低。但在許多觀察場合，必須依靠儀器進行記錄。照相、錄影、錄音都是心理學觀察中常用的記錄方法。用儀器作記錄雖然比較費時、費錢，但它具有真切、具體和便於分析的優點。特別是錄影技術，在工業心理學的研究中是不可缺少的。為了避免使被觀察者的心理與行為受到干擾，有時需要採取隱蔽的方式進行觀察、記錄。

4. 善作思考　觀察過程中常常會有客觀與主觀兩方面的因素影響觀察結果的真實性和精確性。從客觀方面說，人的感官所接觸到的現象一般是事物的表面現象。表面現象往往有真有假，真假混雜。人的心理活動與行為表現，一般是統一的，但有時出於某種原因，可能作出與真實的意圖、目的不一致的甚至相反的表現。觀察者在觀察過程中要分清真象與假象，否則容易受假象迷惑、矇騙，達不到認識事物的目的。分清真象與假象，不僅要通過感官的仔細觀察，更需要在觀察過程中進行思考。要善於分析、比較，要作批判的審查。觀察引發思考，思考促進觀察。通過不斷的觀察、思考，推動認識的深入發展。

5. 防止偏見　人在觀察過程中，不僅容易為假象所矇騙，而且也容易受主觀偏見的影響。有了主觀偏見就會引起觀察結果失真。正如戴上紅色眼鏡看世界，看到的景象都成紅色的一樣。一個人若抱著某種偏見去觀察別人的行為，就容易曲解別人行為的意義。我國有一則寓言，講一個人丟失了一件東西，懷疑是隔壁鄰居偷的，他帶著這個懷疑的眼光去觀察鄰居的行動，鄰居越看越像小偷。後來，丟失的東西在他自己家裏找到了，再去看鄰居的行動，就看不出鄰居像小偷了。這雖然是一則寓言，但此類事例在日常生活和工作中經常可以碰到。例如教師把一個學生看成好學生後，就容易多看到這個學生行為中好的方面，不易看到他行為的不良方面。對自己認為表現不良的學生，總是從差的方面去看他的行為表現。為了使觀察免受主觀偏見的影響，第一、要求觀察者樹立實事求是的態度；第二、要在觀察前客觀地確定觀察的標準；第三、要儘量採用自動觀測記錄技術。在集體觀察、評價的場合，為了減輕主觀偏見的影響，一般採用去掉高低極端評價分數後求平均分數的方法。

6. 捕捉機遇　在科學史上有許多由於偶然機遇而導致重大科學發現的例子。例如 X 射線、鈾的放射性、青黴素等都是在研究別的問題中偶然發現的。但是機遇不是能任意捕捉到的，只有具有敏銳洞察力和善於在觀察中提出問題的人才能在觀察中捕捉住科學發現的機遇。例如，細菌學家弗萊明 (Fleming, 1928) 在一次偶然的機會，看到培養葡萄球菌的器皿裏長了綠黴而看不到培養基。葡萄球菌的繁殖現象而導致他發現青黴素。以前，曾有別的生物學家和細菌學家碰見過同樣的情況，但他們都把它看作是一次由於操作不慎，培養基被污染的結果，而未予重視。但弗萊明對此意外現象提出了疑問：是不是綠黴具有某種能殺死葡萄球菌的作用？他帶著這個問題進行了研究，結果發現了青黴素。他由於這一重大發現，於 1945 年獲得了諾貝爾獎金。X 射線發現的情形也與此相似。在工業心理學研究中著名的**霍桑效應**(見第一章第四節) 也是一個意外的發現。當然，我們不能寄望於依靠機遇來發展科學。但可以相信，在科學研究中不輕易放過偶然出現的意外現象而又善於提出問題的人，在科學探索的道路上無疑可得到更多的收獲。

第三節　訪談法

一、訪談法的特點

訪談法 (interview method) 是研究者有目的地通過與被訪者的口頭交談以搜集研究資料的方法。許多學科的研究中都採用訪談法。心理學以人的心理為研究對象，每個人都能意識到自己的心理活動，並能用言語作自我表述，因此在心理學的研究中廣泛地採用訪談法。訪談法在了解人的思想、觀點、意見、態度、動機以及人的主觀感受等心態時，更具有獨特的作用。

科學研究的訪談不同於親朋或同事間的日常談話或聊天。親朋同事間的談話，往往是出於自發地溝通思想、交流感情、互通信息，在交談前沒有明確的目的，是一種隨意的自由交談。科學研究的訪談則具有明確的目的，訪談的對象和交談的內容都取決於研究的目的。為了達到訪談的目的，必須製定訪談的計畫，選用適當的訪談方法。訪談如同講課，它能否取得成功，不僅依賴於它的內容，更取決於訪談的方法與技巧。

訪談方法不同於觀察、問卷等方法的一個重要特點在於訪談是研究者與被訪談者相互作用的過程。交談的內容不僅取決於研究者事前的準備程度，而且也取決於被訪談者的態度、心情、願望及其回答問題的情形。訪談中需要根據即時反饋情形對訪談內容進行不斷的動態調整，因而要求訪談者具有隨機應變的能力。

二、訪談方式

訪談可以按訪談的內容、進行的方式等特點加以分類。一般可分為如下幾種類型：

（一） 結構訪談與非結構訪談

結構訪談 (structured interview) 是標準化訪談。它的主要特點是訪談的問題和內容，提問題的方式與順序以及回答的方式等都事先作了規定。訪談時，訪談者按照預先的計畫逐項與被訪談者交談。由於結構訪談是以相同的問題去與不同的被訪者進行交談，使搜集到的資料在內容與形式上比較統一，便於比較，且便於統計分析。**非結構訪談** (unstructured interview) 對訪談的問題、回答的方式和談話順序等不作明確規定，訪談者可以根據訪談時的實際情況對訪談的問題和方式進行調整。非結構訪談比較靈活，有利於作深入訪談。但由於非結構訪談對不同被訪談者所談的問題內容及回答方式無統一規定，訪談結果不容易作定量分析。

（二） 直接訪談與間接訪談

直接訪談 (direct interview) 指訪談者與被訪談者面對面的交談。它是最常用的訪談方式。直接訪談不僅可以聽其言，而且可以察顏觀色，能夠看到表情、動作、手勢，可加深對談話內容的理解和感情上的溝通，獲得更多更真切的信息。**間接訪談** (indirect interview) 是訪談者通過一定的中介物與被訪談者進行交談。信函、電話是最常見的中介物。信函需要書寫，而且往返費時，一般不願多作。電話方便、省時，但過長的訪談不宜通過電話進行。不熟悉的人之間，或對社會地位較高的人用電話訪談不及登門造訪來得鄭重，容易被推托拒絕。因此電話訪談最好用在熟人之間。

（三） 個別訪談與集體訪談

訪談按同一時間內被訪談的對象是一個人還是多個人而區分為個別訪談和集體訪談。**個別訪談** (individual interview) 雖然比較費時，但被訪人的回答不會受其他被訪者的影響。在談話內容涉及與別人有關的問題時，被訪者顧慮較少，容易吐露真情。**集體訪談** (collective interview) 一般採取座談會的形式。它的優點是同時有多人參加座談，可以節省時間，可以在較短的時間內搜集到不同人的看法，且與會者在座談中能夠互相啟發，有時還可展開討論，使談話內容更為充實。不過多人在一起座談也有其局限性，例如有時在有些比較敏感的問題上，多人座談時容易產生顧慮。

三、訪談設計

訪談的成效，主要取決於訪談前的訪談設計和訪談技巧的運用。訪談設計主要包括訪談目的、訪談對象、訪談內容、問題編製、訪談記錄等。下面主要就訪談目的及問題設計作一簡述。

（一）明確訪談目的

如前所說，訪談不同於一般的閒談，主要在於它是有目的的談話。訪談的內容、對象、方式等均須服從於訪談的目的。訪談目的越明確，訪談準備工作就越容易進行，訪談也越容易取得成效。因此，訪談設計的第一項要求就是要明確訪談的目的。在作訪談前，首先要問一問：為什麼要作這一次訪談？總的目的要求確定後，還要考慮訪談的可能結果，為訪談的每一步工作確定具體目的。例如為了解一個工廠的改革情況，可以通過向工廠的不同工作部門和不同層次的管理人員與工人進行訪談。不同的被訪者由於從事的工作不同，所了解的情況自然有所差別。訪談者應根據不同部門和不同層次被訪者的特點確定不同的具體訪談目的與內容。對人事管理人員的訪談要以了解工廠的人事管理改革情況為目的。生產管理改革情況應主要向生產管理人員了解。財務改革情況，要多向財務管理人員了解。總之，訪談的具體目的要隨不同的訪談對象而有所區別。

（二）設計訪談問題

在訪談時，交談雙方一般採用問答形式，由求訪者提出問題，被訪者回答問題。訪談能否取得預期效果，主要看求訪者向被訪者提出什麼樣的問題以及如何提出問題。

設計訪談問題，首先需要考慮問題內容。問題內容自然取決於研究者的目的與要求。應把研究者企圖通過訪談獲取的資料，細分成不同項目，把每一項目設計成問題形式。要求了解的內容多，訪談問題自然也多。訪談的問題需要隨被訪對象的地位、職業、工作內容不同而變化。

問題內容確定後，就要考慮問題的表述形式。訪談問題通常採用開放式與閉合式兩種形式。開放式問題不限定答案的範圍，被訪者可以根據自己對問題的理解自由作出回答。閉合式問題則在問題中限定被訪者在設定的範圍內選擇答案。例如，假使在訪談時求訪者向一個被訪者提問："你對工廠實行廠長責任制有什麼看法？"對另一個被訪者提問："你認為廠長責任制適合在你所服務的工廠試行嗎？"顯然前者是一個開放式問題，後者則屬閉合式問題。開放式問題有利於被訪者充分表達自己的看法，可以了解到較多的情況。它的缺點主要是不同被訪者的回答可能五花八門，難以定量計分，結果的處理和分析比較複雜。閉合式問題則便於計分，結果容易量化，處理比較方便，其缺點是被訪者不能充分表述意見。問題採用什麼形式，要看訪談具體目的要求和被訪者的情形而定。一般說，如果對被訪者的有關情況不了解，或者對所研究問題的有關情況不夠明確時，多採用開放式問題。若訪談的內容明確，答案可在限定範圍內進行選擇，或需要作定量回答時，一般取閉合式問題。

訪談問題還有直接問題和間接問題的區別。直接問題是求訪者把所要了解的問題直接向被訪者提出，要求被訪者明確表示自己的態度，直截了當地回答問題。但有時由於種種原因，求訪者不便把所要了解的問題直接向被訪者提出，或被訪者不願正面回答的問題，就要旁敲側擊，採取迂迴提問的策略，求訪者可以從被訪者對某一個問題的回答中推論出他對另一不便直接提問的問題的態度或答案。這種問題就叫間接問題。在訪談中用直接問題難以得到真實材料的場合，一般都採用間接問題的方式。

設計訪談問題時還要考慮問題的組織與編排。什麼問題先談，什麼問題後談，都得斟酌。同樣一些訪談的問題，編排不同，效果就會不一樣。一般說，訪談問題的先後編排順序由一般問題到具體問題，由較大問題到較小問題。在訪談開始時要談一些較輕鬆的、有利於建立信任感的問題。對於那些可能使被訪者感到為難和不容易回答的問題要放在訪談的後期。要使訪談的前後問題具有較順當的關係，使談話內容由一個問題轉向另一個問題時，使人感到比較自然。

四、訪談注意事項

訪談並不是確定了內容和編製好問題後就一定能夠取得成功。因為訪談與講課一樣，除了要有正確的內容外，還必須講究方法。下面幾點對訪談效果會產生影響，值得注意。

1. 消除顧慮 訪談中求訪者帶著許多問題要求被訪者回答，被訪者處於被了解的地位，對訪談容易產生顧慮，在雙方互不熟悉的情況下，更是如此。有了顧慮，自然不會談真心話。求訪者要善於發現被訪者的顧慮，並設法消除之。要讓被訪者知道訪談的目的和意義，並使之認識到他的意見在完成研究中的作用。若能在這一點上與被訪者取得一致的認識，顧慮自然就會消除。

2. 平等待人 求訪者在與被訪者的直接、間接交往過程中，必須平等待人，待人以誠，要謙虛地聽取被訪者的意見。被訪者在傾訴困難時，要寄以同情，使被訪者感到求訪者是一個真誠善意、可以信賴的人。這樣就容易取得被訪者的真誠配合。

3. 妥擬問題 訪談一般都事先擬好訪談提綱或問題，但被訪者並非人人都能完全按求訪者的預定計畫來交談。因此，訪談既要有計畫地進行，但也要有一定的靈活性。有時要聽一點被訪者的離題話，以活躍談話氣氛。在訪談過程中求訪者要善於引導。所謂引導有兩層意思，一是要引導被訪者把他能提供的情況、意見談出來；二是當被訪者談興很濃，離題太遠時善於把話拉回正題上來。

4. 語言易懂 要儘量少用被訪者不易理解的專用術語。對被訪者不願回答或不能回答的問題，不要追問，以免引起反感。

5. 及時記錄 若使用錄音機，應先徵得被訪者同意。單人求訪時，要善於處理好談話與記錄的配合，不要因記錄影響談話過程。來不及記錄時應儘量利用速記符號、關鍵詞、縮略語等，等訪談結束後及時加以整理。

第四節　問卷法

一、問卷法的特點

　　問卷法(questionnaire method) 是以書面問卷形式向受測者搜集研究資料的方法。問卷要求受測者對問卷中的每個項目按規定方式作書面回答。問卷法與訪談法相比，具有兩個顯著的特點：其一，訪談法的成效在很大程度上取決於求訪者的口頭交談能力與臨場應變能力。問卷法則在問卷發出後研究者就不可能再去調控受測者的反應，其測定結果完全取決於問卷項目設計的質量。因此研究者都在問卷設計上下功夫。一般在設計問卷前要先對有關問題作調查，問卷設計後要進行效度、信度檢驗。問卷的問題和答案要採取標準化設計。因此問卷法使用起來雖不具有訪談法那樣的靈活性，但它比訪談內容設計得具體、細緻、精確。問卷結果不僅可進行定性分析，而且還能進行定量分析。即使是有關人的態度、觀點、看法等也可通過統計處理，探求其變化的規律。其二，問卷採用書面答卷方式，能在較短時間搜集到大樣本的數據。由於問卷法具有以上特點，因此它不僅是心理學研究中的一種基本方法，而且在管理科學、社會學、經濟學及其他社會科學的研究中也被廣泛採用。

　　問卷按其對答案的限定程度可區分為**結構問卷**(structured questionnaire) 與**非結構問卷**(unstructured questionnaire)。非結構問卷不對受測者規定答案範圍，受測人可以根據對題意的理解自由回答。結構問卷對答案範圍作了限定，一般是為每個問卷題提供若干可能的答案，被測者根據自己的看法選擇其中的一個答案。例如，有這樣兩個問題：

　　1. 你對自己所在單位的領導作風有什麼意見？
　　2. 你所在單位的領導作風屬哪一種？
　　　　☐民主的　　☐獨裁的

第 1 題屬非結構問卷題，第 2 題則為結構問卷題。

結構問卷由於問題具體、答案簡單，受測者完成問卷不需要花太多的時間，容易為一般人所接受，因而有較高的回收率。而且結構問卷採用一定的答案格式，數據便於統計。但結構問卷難以使受測者充分表達自己的觀點、看法。非結構問卷不具有結構問卷的優點，但卻具有可使受測者充分表達意見的優點。因此許多研究的問卷設計中往往把兩者結合起來，即在一份問卷中先作結構問卷，在作完結構問卷後再作幾個非結構問題。兩者取長補短，可以獲得更充實的數據資料。

二、問卷的組成與編製

（一） 問卷組成

一份問卷，一般包括問卷標題、前言、問卷填寫說明、問題和答案、後記等部分。

問卷標題是被問人在問卷中首先看到的部分。標題應以最簡潔明確的詞語概括出整個問卷的主題，使人看了一目了然。

前言是對問卷的目的、意義的簡要說明，使被問人讀了後能消除顧慮，引起重視，積極配合。前言文字要寫得簡要明確，語氣要誠懇、謙虛，並寫明對回答結果保密，被問人可以不填寫姓名。

問卷一般是研究者不在場的情況下填寫的，因此在前言之後，必須具體說明如何填寫問卷。要使沒有填寫問卷經驗的人讀了說明後也能無困難地填寫問卷。必要時，可以舉上一、二個例題作示範。

問題和答案是問卷的主要部分。問題可分為兩類。第一類問題是了解被問人個人的基本情況，如性別、年齡、婚姻狀況、教育程度、職業、工種、工齡，等等。這類問題一般採用填充法。問卷中包括這類問題的一個主要目的是為了把這類問題所提供的情況作為自變量以分析它們與其他問題答案之間的關係。第二類問題是了解被問者對問卷中有關對己、對人、對事、對工作、對組織、對工作環境等問題的態度和意見。這是問卷中最重要的內容。研究的目的、理論構思和所要搜集的事實主要反映在這部分問卷中。研究者在設計問卷時主要應在這部分內容上花功夫。

後記一般是由研究者寫的。主要記錄問卷實施情況和存在的問題，以及被測者對問卷調查的意見等。

（二） 問卷編製

通過問卷搜集到的數據資料能提供多少有科學價值的內容，主要取決於問卷的質量。編製一份好的問卷並不是容易的事。有人把編製問卷看得很簡單，認為把想到的一些問題彙編在一起就是一份問卷。這是對問卷的一種誤解。實際上編製問卷是一項嚴肅的科學工作。編製問卷的人需要有一定的專業訓練。問卷編製需要按照一定的步驟進行，一般要經歷下列幾步工作：

1. 編製前的準備 問卷內容必須針對研究的目的和圍繞研究的問題。因此問卷設計者在編製問卷前必須先對有關情況進行調查，為問卷設計提供資料準備。例如要編製一個研究企業某種新的管理方法對促進企業發展作用的問卷，問卷編製者就需要先對這種新管理方法的特點及其在企業中的試行情況進行調查。有關情況了解得愈具體愈全面，編製的問卷愈能做到切合實際，有的放矢。

2. 問卷設計 設計問卷時，一般先根據研究的目的和了解的情況作問卷的總體構思。總體構思中要考慮問卷所要達到的目的、問卷的結構、問卷所包括的項目變量、題目和答案的表述方式以及問卷的對象等。總體構思完成後，需要把它具體化，即把總體構思中的各個方面逐項分解成具體內容，再把這些內容按照問卷編寫格式要求，逐項做成規範化的問卷題，並按一定的順序加以編排。最後把問卷的各部分組合在一起，形成一份完整的問卷。

3. 測試 問卷編製出來後，要進行測試。測試一般選用三、五十人的樣本。測試樣本應從所要研究的群體中選取。要對測試的結果進行數據處理和分析。通過測試不僅可以檢驗問卷的信度和效度，而且能夠了解到每個問卷題的敏感度及文字表述等方面的問題。

4. 修正 根據試測中發現的問題，對問卷中不適當之處進行修改，形成一分可用於研究的正式問卷。

三、問卷題設計

問題和答案是問卷最重要的部分。問題的質量是決定問卷成敗的關鍵，因此必須十分重視問卷題的設計。設計問卷題要把下面各點處理好：

1. 選擇問題表述方式 問卷題的表述通常有三種方式，即直述式、選擇式和自由式。直述式是被測人表述某種答案確定的問題表述方式，一般採用填空題形式。例如：

　　你的年齡＿＿＿＿，工作單位＿＿＿＿＿＿，
　　　職業＿＿＿＿，職務＿＿＿＿。

選擇式問卷題對每個問題要提出幾種供選擇的答案。例如：

　　你對自己的工作 (1) 很滿意 (2) 滿意 (3) 尚滿意 (4) 不滿意 (5) 很不滿意。

自由式又稱開放式，是指對受測人回答不作限制的問題。例如：

　　你對工廠目前進行的管理改革有什麼意見？

問卷中的問題採用什麼表述方式，取決於問題的內容和研究者立題的目的。例如，要被測人提供他個人或周圍的情況，就可以採用直述式；測定對某種事件的感受程度或評價等級時，一般採用選擇式；要求被測人自由反映意見、看法時，應採用開放式問題。

2. 運用不同提問策略 問卷中的問題，可能會由於與被測人存在著不同的利害關係而引起他們對這些問題抱有不同的態度。他們對有些問題無所顧慮，樂意直接回答，而對另一些問題則存在著種種的顧慮，不願直接回答。這就要求研究者在設計不同內容的問題時使用不同的策略。對於那些被測人能夠無顧慮進行回答的問題，可採用直接提問的方式，例如，問卷中那些反映個人基本情況，以及對工作、對事件、對周圍環境條件等表示態度、願望、意見的項目，都可以直接提問。對那些被測者直接回答有顧慮，不敢或不願直接說出自己真實意見的項目，例如對國家方針政策的態度、對上級領導的意見、對個人的經濟收入、對兩性關係問題等則要採取間接提問的方式。例如有的工人對領導有意見，但怕報復，不敢直接回答。這時可以要求他回答多數人對廠領導有什麼意見。也就是說，讓被測人借別人的名義來表述自己想講而又不敢直接講的意見。

3. 推敲問題詞語 表述問題的詞語是否用得貼切，會對被測人的心態及答題產生一定的影響。因此，在設計問卷時，必須對表述問題使用的詞語仔細推敲。

問卷使用的詞語必須涵義明確、通俗易懂，能為被測人所理解。雙重或多重涵義的詞語，或者不同的被測者可能從不同的涵義上使用的詞語在問卷中應避免使用。過於專業性的用語一般人不易理解，也應儘量少用。有些涵義較泛的概念，也會因發生不同的理解而影響結果，在用詞上也必須慎加推敲。例如對"文化水平"一詞，可以理解為最後學歷，也可理解為實際達到的文化知識水平；對"月收入"可以被理解為月工資收入，也可理解為月總收入。諸如此類內容含糊的詞語都需要換用涵義更確定的詞語。問卷題的設計還應控制語句的長度和語氣。要儘量用短句；要用肯定句，不用反問句；要避免使用帶有傾向性的或引導性的語句。

4. 恰當編排問題 一份問卷包括幾十甚至幾百個問題。問題編排得好壞，會對結果發生不同影響。大家都有過參加考試的經歷，一份考卷，其中的題目有難易差別，假使採用先難後易、先易後難、難易隨機等三種題序分別考試，它們對一班人的考試成績會產生明顯不同的影響。根據一般經驗，先易後難的效果優於其他兩種題序，題目較多時，這種題序效應尤為明顯。問卷的編排也有與此類似的效應。

問卷題的編排，一般需遵循以下幾點：

(1) 在難度上應由淺入深、由易而難；
(2) 在大小層次上，應由大而小，由一般而具體；
(3) 敏感性問題應排在後面；
(4) 開放性問題，一般排在閉合式問題之後。

四、答題方式設計

問卷題的回答方式，通常分為下列幾類：

1. 是否式 是否式適用於互相排斥的兩擇一問題，被測人或者作肯定回答，或者作否定回答，例如：

你是工人嗎？　　是□　　否□

2. 選擇式 對問題提供多種可能的答案，被測人從中選擇一個與自己想法一致的答案。例如：

你認為哪一種分配方式最能激勵工人生產積極性？
　　□固定工資　　□按勞分配　　□浮動工資

3. 排序式 列出多種問題答案，要求被測人根據某種標準排出等級順序。例如：

下面這些職業，請按你喜愛的程度排出順序，最喜愛的排 1，其次排 2，依次類推。
　　醫生□　　教師□　　工廠經理□　　作家□

4. 量表式 要被測者根據自己對某種事件或現象的主觀評價，在規定的量表上作出相應的反應。例如，對不同工種工人連續工作 4 小時後用 10 點量表測定疲勞感受度。

請你按自己的感受標出工作後的疲勞程度。
　　0 1 2 3 4 5 6 7 8 9 10

問卷還可以根據問題內容和被問人的不同情形採用填空式、表格式、圖畫式等回答方式。答題方式的確定應從屬於問卷研究的目的與要求。只要有利於實現研究目的，有利於被測人充分表達意見和便於資料處理的答題方式都可以採用。

第五節　心理測量與測驗

一、心理測量與量表

測量 (measure) 是科學研究獲取數據的基本途徑。心理學的研究離不開**心理測量** (psychological measurement)。在工業心理學研究中通常需要作三類測量。第一類是**刺激變量**(或**刺激變項**) (stimulus variable) 測量,包括作為**自變量**(或**自變項**) (independent variable) 的視、聽、觸、味、嗅等各種感官刺激物的強度、速度等的度量;第二類是**因變量**(或**依變項**) (dependent variable) 測量,包括由刺激變量引起的人的**反應變量**(或**反應變項**) (response variable),如作業績效測量和生理效應與心理效應的測量;第三類是對人的**心理特性**(或**心理特徵**) (psychological characteristic) 的測量,如**智力測量** (intelligence measure)、**能力測量** (ability measure)、**個性測量**(或**人格測量**) (personality measure),等等。心理測量的範圍很廣,它包括上述後兩類測量中有關心理變量的測量,從簡單感覺的度量到複雜思維決策能力以及個性心理特徵的測定,都屬心理測量。**心理測驗** (psychological test) 一般限定為對智力與個性特徵的測量,是心理測量的主要組成內容。也有人把心理測量與心理測驗作為等效概念來使用。

一切測量都具有兩個共同特點:一是使用一定的測量工具,二是用數值表示測量結果。例如測量長度用尺,測量重量用磅秤,測量溫度用溫度計。心理測量和心理測驗,自然也需要有適當的測量工具。心理測量或心理測驗一般用**量表法** (scaling) 作工具。心理量表因制定量表時所用的單位和參照點的種類不同,可分為四類,即類別量表、順序量表、等距量表和等比量表。這四類量表代表著四種不同水平的測量。

(一) 類別測量

類別測量是按一定的規則或標準將事物進行歸類。例如把圖片按顏色分類或按形狀歸類,把人按性別歸類。用於類別測量的量表稱為**類別量表**(或**名義量表**) (nominal scale)。類別測量是最簡單的測量,它的測量結果只用於對事物進行定性分析。

(二) 順序測量

順序測量是指按一定的要求或標準將事物進行排序,例如按重要程度排序,按大小程度排序,按成績高低排序等等。用於順序測量的量表稱**順序量表**(或**等級量表**) (ordinal scale)。順序測量通常採用**等級排列法** (ranking method) 或**對偶比較法**(或**配對比較法**) (paired comparison method),例如工廠擬生產某種新產品，設計了五種不同外型的樣本，要決定人們對五種樣品的喜愛程度，就可採用等級排列法。測定時要每個受測者以五級量表將五個樣品排出等級，最喜愛的為 1 級，第二喜愛的為 2 級，其餘類推。可以對每個樣品求出受測者的平均喜愛度等級，再根據平均喜愛度等級大小排出五個樣品的喜愛度等級順序。若採用對偶比較法則要對五種樣品進行喜愛度的兩兩比較，受測者要在每一配對中指出他對哪一個樣品更喜愛。通過計算可以求得五種樣品設計的喜愛等級順序。順序測量所得的排序數字，在統計上只能用**非參數統計法** (non-parametric statistics method) 處理。

（三） 等距測量

等距測量是無絕對零點而具有相等單位所作的測量。例如用攝氏溫度計測量甲、乙兩盆水的溫度，測得甲盆的水溫為 8℃，乙盆的水溫是 16℃，兩者是用了相同的單位進行測量，但兩者測量值都不是以絕對溫度零度作起點的溫度。用於等距測量的量表稱**等距量表** (equal interval scale)。用等距量表測得的結果，可以進行加減運算，因而可以作多種統計處理。用等距量表顯然比類別量表及等級量表精確。因而在心理測量與心理測驗研究中，研究者在可能時總是把量表設計成等距量表。例如，對聲音頻率變化與音高感受性變化的關係，可以作成音高等距量表。同樣，也可通過照明強度與主觀明度感覺的關係製作光照明度等距量表。通常在心理測量與測驗中使用的 5 點量表、7 點量表、100mm 線量表等都是等距量表的例子。

（四） 比例測量

比例測量是在有相等測量單位，又具有絕對零點時進行的測量。測量結果不僅能反映出差別量，而且能反映測量值間的比例關係，因此它比等距測量更加精確。打個比方，等距測量與比例測量好像觀測遠處的兩座樓房，若兩座樓房的下面部分被遮住只露出上面部分，觀測者就只能看出一座樓房比另一座樓房高出多少層，但不能知道前者與後者高度的比例關係，就是說它只是一種等距測量，而不是比例測量。假使觀測者能對兩座樓房從一樓到頂層都能觀測到，則他不僅能知道兩者相差多少層，而且能測得兩者的比值，即知道一座樓房的高度是另一座的幾倍或幾分之幾。這就是比例測量。用於比例測量的量表稱為**比例量表** (或**等比量表**) (equal ratio scale)。用等比量表測量的結果可以作加減乘除四則運算。

二、心理測驗

心理測驗 (psychological test) 是用標準化的測驗題測量人的行為特點和心理特徵的心理測量方法。心理測驗可作多種分類。例如按測驗的方式，可作**個別測驗** (individual test) 與**團體測驗** (group test) 的區分；按測驗的材料，可分為**文字測驗** (verbal test) 與**非文字測驗** (nonverbal test) 或**操作測驗** (performance test)；按測驗的應用範圍，則有**教育測驗** (educational test)、**職業測驗** (vocational test)、**臨床測驗** (clinical test)；按測驗對象年齡，則有兒童測驗和成人測驗。而最為常見的是按測驗的內容與功能分類，把測驗分為智力測驗、能力測驗、成就測驗和個性測驗等。

（一） 智力測驗

智力 (intelligence) 指人的認知能力的綜合。它包括觀察力、記憶力、判斷力、推理力等，其核心是分析綜合能力。**智力測驗** (intelligence test) 有兒童智力測驗與成人智力測驗之區分。工業心理學中採用的是成人智力測驗。在成人智力測驗中，常用的有**韋克斯勒成人智力量表** (Wechsler Adult Intelligence Scale，簡稱 WAIS) 和**瑞文推理測驗** (Raven's Progressive Matrices，簡稱 RPM)。智力量表一般分列若干分測驗。例如，韋氏成人智力量表分語言和操作兩大類內容，由 11 個分測驗組成，其語言量表部分包含常識、理解、算術、類同、數字廣度和詞彙等 6 個分測驗；操作量表部分包含數字符號、圖形補缺、積木圖案、圖片排列和圖形拼配等 5 個分測驗。每個分測驗包含一定數量的問題。每個分測驗均可單獨記分。80 年代初龔耀先根據我國情況對韋氏量表進行了修訂，稱**修訂韋氏成人智力量表** (Wechsler Adult Intelligence-Revised in China，簡稱 WAIS-RC)。修訂後的量表分為城市和農村兩式。兩式的項目難易排列順序和計算量表分數的標準不同。

（二） 能力測驗

能力測驗 (ability test) 也稱**性向測驗** (aptitude test)。能力性向是指

學習知識技能的潛在能力。能力測驗通常有**普通能力測驗** (general ability test) 或**多項能力測驗** (multiple ability test) 和**特殊能力測驗** (special ability test) 的區分。普通能力測驗包含多種性質不同的內容，能測定一個人多方面的能力。它不但可以反映一個人的能力水平高低，而且可用來分析一個人的能力偏向，其測驗結果可為選拔人員和擇業提供參考。例如美國勞工部職業安全局組織編製的**普通能力性向成套測驗** (General Aptitude Test Battery，簡稱 GATB)，就屬普通能力測驗。普通能力測驗中的各分測驗應從同一群體中取樣建立**常模** (norm)，使分測驗的結果可以比較。普通能力測驗雖具有能測驗多種能力的優點，但由於每種能力的測驗項目不可能多，因而不能對所包含的各種能力進行精細的測定。在實際使用中普通能力測驗一般用作能力的粗測或初測。要對一個人的各種不同能力作深入而精細的測量就要採用特殊能力測驗。

人所從事的活動是多種多樣的。不同的活動，往往需要不同的能力去完成。例如從事音樂活動，要有相應的音樂能力，從事美術活動需要有繪圖能力，從事體育活動則需要有運動能力。每種特殊能力測驗都包含著一系列構成該種特殊能力的基本因素。例如機械能力測驗應包含感覺動作能力、空間知覺能力、機械理解能力、雙手協調能力、眼手協調能力，以及手指運動靈敏性、手部運動準確性、手臂穩定性等能力因素。人們之間在能力上存在著明顯的差異。甲可能具有特別高的機械能力，乙可能具有特異的數學能力，丙則可能長於言語文書能力。通過特殊能力測驗可以了解各人能力之高低。因此在工業心理學研究和實際應用中，特殊能力測驗便成為進行人力資源管理、特殊工種人員選拔、鑒別的重要工具。

(三) 成就測驗

成就測驗 (achievement test) 是用來評定受測者目前達到的知識技能程度的測驗。它和智力測驗、能力測驗不同。智力測驗、能力測驗多用於預測，成就測驗多用於評價、鑒定。成就測驗常用於學校教育中。通過成就測驗，不僅可了解學生掌握知識和能力的程度，而且可以檢查教育質量，評價課程設置和教學內容。它對全面提高教育與教學質量具有積極的意義。在工業管理和行政管理中，可利用成就測驗評價領導行為，鑒定職工的專業技能學習效果和考核職工的工作成績。

(四) 個性測驗

個性測驗(或**人格測驗**)(personality test) 是測定個體心理特徵的總和測驗。個性心理特徵是多樣的，例如需要、動機、興趣、愛好、性格、氣質、能力、態度、價值觀等都是個性特徵。個性測驗就測驗內容說可分為個性綜合測驗和單項個性特徵測驗兩類。個性綜合測驗中包含多項個性特徵。能力測驗、個人偏好測驗、興趣測驗、氣質測驗、性格測驗等都是單項個性測驗。

個性綜合測驗通常採用如下幾種方法：

1. 量表法 個性測驗多採量表法 (scaling) 且多用問卷形式，因此也可稱個性問卷測驗。目前流行的個性問卷測驗名目很多，但被普遍公認並經我國學者試用或修訂成適合於我國使用的主要有下面幾種：

(1) **艾森克個性問卷** (Eysenck Personality Questionnaire，簡稱 EPQ)：這是一種自陳式測驗，有成人和青少年兩種型式。成人型問卷包括 90 題，青少年型 81 題。每種型式都包含 4 個分量表，即 E、N、P、L。E 為測驗內向外向特性的量表；N 為測驗神經質或情緒性特性的量表；P 為測驗精神質或倔強性特性的量表；L 測驗掩飾、假托或自身隱蔽等情況，它是艾森克個性問卷中的效度量表。艾森克個性問卷經陳仲庚、龔耀先在我國試用，認為問卷項目內容比較適合我國使用。

(2) **明尼蘇達多相個性檢查表** (Minnesota Multiphasic Personality Inventory，簡稱 MMPI)：包括 13 個分量表，共 566 題，其中 16 題為重複題。13 個分量表，其中 10 個量表為臨床量表，3 個為效度量表。80 年代初宋維真等曾結合我國情形進行修訂和試用。

(3) **卡特爾 16 種個性因素問卷** (Sixteen Personality Factor Questionnaire，簡稱 16PF)。包括的 16 種個人因素是：樂群性、聰慧性、穩定性、持強性、興奮性、有恆性、敢為性、敏感性、懷疑性、幻想性、世故性、憂慮性、實驗性、獨立性、自律性、緊張性。卡特爾 16 種個性因素問卷我國也有人試用過，一般認為較適用於人才選拔工作。

2. 投射測驗 投射測驗 (projective test) 主要用於探測個體深層的、

隱蔽的態度、動機、願望等。**羅夏墨漬測驗** (Rorschach Inkblot Test) 和**主題統覺測驗** (Thematic Apperception Test，簡稱 TAT) 是兩種用得最多的個性投射測驗。羅夏墨漬測驗是用 10 張無意義和不定型的墨漬圖讓受測者觀看，然後要他回答從衆圖上看到了什麼，圖上的墨漬像什麼？受測者在回答時自然會把他自己的傾向、觀點、願望、態度等個性特徵投射到墨漬圖的解釋上。主題統覺測驗是用一些內容不明確的人物、風景圖片，要求受測者看圖編故事，每看一張圖片編一個故事，要求故事編得生動。受測者在編故事時往往會不自覺地把隱藏在內心的願望、衝突、欲望等投射在故事情節中。投射測驗結果的記錄、評分、解釋是非常細緻的事，使用這種測驗工具的人必須經受特殊的專業訓練。

三、心理測驗的編製

編製測驗量表是一項細緻的工作，一般需要遵照如下的程序：

1. 明確編製目的 編製測驗必須首先明確目的和測驗對象，即編製測驗是做什麼用的，是測能力，還是測個性，是用來預測，還是用作診斷。同時要確定編製的測驗是用來測驗誰的。不同的目的和不同的對象需要編製不同的測驗。

2. 確定測驗內容 不同測驗有不同的內容。不僅智力測驗與個性測驗內容不同，而且在智力測驗和個性測驗中，又分別因智力構成因素及個性特徵的差異而分成各種不同的分測驗。例如韋克斯勒成人智力測驗就分成 11 個分測驗，艾森克個性問卷分成 4 個分測驗。確定測驗內容需以一定的心理學理論作指導。

3. 編寫測驗題目 每個測驗內容都需要編寫一定量的測驗題。題目的質量對測驗結果有很大影響。選題不僅要有代表性，而且要難易適度，並需考慮題目的表述方式，還要斟酌用詞的恰當性。同時還要確定回答的方式和計分的方法。

4. 試測 測驗題編好後先在小範圍內進行試測，以檢驗其適用性。試測的對象應在今後擬測的同類群體中選擇。要對試測結果進行統計分析，檢查題目的難度和區分度，檢驗測驗的信度和效度，找出所編製的量表存在的問題，並加以修改。有時需要經過多次試測和修正，才能使量表達到使用的要求。

5. 建立常模 在可能使用所編測驗的對象總體中選擇有代表性的樣本按規定的方法步驟進行施測，並將所得結果加以統計處理，得出此樣本的測驗分數分佈。這個樣本的分數平均數，即為所編測驗的**常模** (norm)。

四、測驗的信度和效度

信度和**效度**是評價測量方法優劣的重要指標。只有信度和效度高的測量方法才具有科學價值和實際使用意義。設計或採用一種心理測量方法時，也必須對它的信度和效度是否滿足使用要求進行認真的考慮。

（一）信　度

信度 (reliability) 是指測量的可靠性或穩定性。一種測量方法，若在相同條件下重複施測而得到不一致的結果，就說明這種測量方法的信度低。例如用秤稱一重物，第一次稱得 10 斤，第二次稱得 9.5 斤，這桿秤就不可靠。當然對個體的心理測量工具即使做得很標準，也不可能做到像通常用的磅秤稱重物那樣高的穩定性，但仍不能沒有信度要求。假使用一個智力測驗量表去測量一個 10 歲兒童的智力，第一次測量，得到相當於 9 歲智力年齡的結果，若過了半月一月，用同一量表，按同樣施測方法對同一兒童作第二次測量，得到相當於 11 歲智力年齡的結果，就表明所用量表不可靠。

信度的高低用**信度係數** (coefficient of reliability) 表示。在實際測量中，信度係數 (r) 是以同一樣本所得的兩組測量結果的相關係數來表示。$r=1$，表示測量完全可靠，$r=0$ 表示完全不可靠。信度高低與測量誤差大小有密切關係。測量誤差越小，測量信度越高。測量沒有誤差是做不到的。對心理測驗來說，一般認為能力測驗與成就測驗，信度係數 0.90 就達到要求而被接受。性格、興趣、價值觀等個性測驗，信度係數達到 0.80～0.85 就可以被接受。測驗信度係數在 0.7～0.80 時，就不宜用來評價個人了。

檢評測驗信度常用的方法有下列幾種：

1. 重測信度 一個測驗，在一定時間間隔 (1 個月左右) 前和後對同一組受測人進行兩次測驗,兩次施測結果的相關係數即為**重測信度係數** (test-retest reliability coefficient)。它反映測驗結果的穩定程度,故又稱**穩定性係數** (coefficient of stability)。兩次施測結果的相關係數可用下式計算:

$$r_{xx} = \frac{\Sigma x_1 x_2 / N - \overline{x}_1 \overline{x}_2}{S_1 \cdot S_2}$$

$x_1 \cdot x_2$:同一受測人的兩次測驗分數
$\overline{x}_1 \cdot \overline{x}_2$:兩次測驗的平均分數
$S_1 \cdot S_2$:兩次測驗的標準差
N:受測人數

用重測法評估信度的缺點是容易受練習和記憶的影響,若前後兩次間隔時間太短,重測時記憶猶新,影響結果。因此兩次間隔時間應不少於一個月,但也不宜間隔過長。

2. 折半信度 在施測後將測驗題按奇、偶項或其他方法分成對等的兩半,以兩半部分的測驗分數的相關係數來評定其信度,稱為**折半信度** (split-half reliability)。

使用折半法求得測驗兩半部分的相關只是表明半個測驗的信度。在其他條件相等的情況下,測驗信度一般受測驗長度的影響,長的測驗比短的測驗信度高。因此折半信度須用**斯皮爾曼-布朗公式** (Spearman-Brown formula) 加以校正。式中 r_{nn} 為測驗兩半分數的相關係數。

$$r_{xx} = \frac{2r_{nn}}{1 + r_{nn}}$$

3. 內部一致信度 內部一致信度 (internal consistent reliability),也稱同質性信度 (homogeneity reliability),是指測驗項目構成的內部結構的一致性程度。一般在需要用測驗結果驗證心理學理論構思時,需要檢評測驗的內部一致信度。內部一致信度通常用**庫德-理查森公式** (Kuder-Richardson formula) K－R20 進行計算:

$$r_{\text{K-R20}} = \left(\frac{K}{K-1}\right)\left(\frac{S^2 - \Sigma p_i q_i}{S^2}\right)$$

K：測驗項目數
S：測驗總分的標準差
p_i：測驗中第 i 項目通過的人數比例
q_i：第 i 個項目未通過的人數比例

庫德-理查森公式只適用於是否式回答的測驗，而不適用於多種答案作選擇的測驗。有人提出另一種內部一致性係數——α 係數，其計算公式為：

$$r_\alpha = \left(\frac{K}{K-1}\right)\left(1-\frac{\Sigma S_i^2}{S^2}\right)$$

K：測驗項目數　　S_i：第 i 項目的標準差
S：整個測驗總分的標準差

（二）效　度

效度 (validity) 是指一種測量能夠測出它所要測的東西的準確程度。例如一個智力測驗，若能測出一個人的實際智力高低，就說明效度高。有的測量方法，信度可能很高，但效度不高。效度不高自然不是好的測驗。效度以信度為前提，無信度必無效度；但信度高，不一定效度也高。例如一根能穩定測量長度的尺，它的重複性好，信度高。但若一根尺，每次都把 10 尺長的東西測成 9 尺半，雖然它的重複性和穩定性好，仍只能說它是一根效度很低的尺。在心理測量中，效度也和信度一樣，是評價測量方法的最基本的指標。

測量的效度是以測量的結果與一定的外部標準之間的關係來評價的。因此評價心理測量的效度，必須先選擇適當的**效度標準** (validity criterion)。效標的選擇必須根據測量的目的。檢驗一個機械能力測驗的效度，應以受測者在從事機械工作方面的實際成績作為比較的標準，若以受測者在學習語文方面的成績作效標，就檢驗不出機械能力測驗的效度。

心理測量可以從多方面檢測其效度。通常使用較多的是下面幾種效度：

1. 內容效度　**內容效度** (content validity) 指測量的項目或題目在多

大程度上測量了所要測量的內容。一個測驗的項目內容對所測目標內容範圍的代表性大，內容效度就高，反之，內容效度就低。比如一個智力測驗量表若只有數與語言方面的項目，它所測定的結果，就不能很全面地反映所測對象的智力水平。要想編製一個內容效度高的心理測驗，編製者必須首先對所要測定的心理特性及其行為表現有全面的認識。內容效度一般請有經驗的專家進行評定。**內容效度比** (content validity ratio，簡稱 CVR) 是評定內容效度的常用指標。它的計算公式為：

$$CVR = \frac{n_e - N/2}{N/2}$$

　　CVR：代表內容效度比
　　N：代表參加評判的總人數
　　n_e：代表參加評價中認為某項目能很好反映測驗內容的評判人數

2. 預測效度　　預測效度 (predictive validity) 是指測量結果與受測者以後取得的實際表現相一致的程度。用於人才選拔的測驗都要求具有預測效度。檢驗一個測驗的預測效度，關鍵在於要找到合適的效標。學習成績、工作績效是常用的檢驗預測效度的效標。例如用入學後的學習成績作為檢驗兒童智力測驗預測效度的效標，或將專業人員的工作成績作為檢驗用於人才選拔的特殊能力性向測驗的預測效度的效標。一般用測驗結果與測驗後一定時期內的學習、工作成績或行為表現的相關係數作為評價預測效度的指標。

3. 結構效度　　結構效度 (或構思效度、構念效度)(construct validity) 是指測驗結果能驗證理論構想的程度。心理學者有時要通過測驗為理論構思提供事實材料，這時就要求使用具有構思效度的測驗。例如對人的智力問題可作種種理論假設，如假設智力水平與年齡、學習成績、遺傳等因素有密切關係。按此理論設想編製的智力測驗，若施測結果表明測驗分數確實隨受測對象的年齡增大而提高，受測者的測驗分數與學業成績存在顯著正相關，同卵雙生子的測驗成績的相關高於非同卵雙生子，就證明這是一個構思效度高的測驗。構思效度的評定比較複雜。內容效度有時可作為構思效度的印證。還可通過對測驗內容項目的相關進行因素分析，找出對測驗項目結果發生作用的因素，用這些因素與理論構想概念的一致性來評價測驗的構思效度。

第六節　實驗與模擬

一、實驗法的特點和類型

實驗是自然科學發展的基礎。離開科學實驗，人類就無法深入認識自然現象。實驗也是揭示人類心理活動規律的最基本的途徑。眾所周知，心理學有很長的歷史，它幾乎與哲學同樣古老，但是直到 19 世紀後期，心理學家們把實驗方法引入心理學的研究後，才使心理學從哲學中分離出來成為一門獨立的科學。現代心理學的發展，更離不開實驗。不僅僅偏重於自然科學的**認知心理學** (cognitive psychology)、**生理心理學** (physiological psychology)、**工程心理學** (engineering psychology)、**兒童心理學** (child psychology) 等分支心理學都需要依靠**實驗法** (experimental method)，而且**社會心理學** (social psychology)、**人事心理學** (personnel psychology)、**管理心理學** (managerial psychology) 等偏重於社會科學的心理學分支的研究，也日益借助於實驗法。

科學實驗與其他研究方法的主要區別在於條件的控制。科學實驗是在人為控制條件下觀察研究對象的活動與變化。人為控制條件下的研究具有其他方法所不具有的優點：

1. 可以控制或排除干擾因素或無關因素對實驗結果的影響，使對所研究的事物或現象間的因果關係與變化規律更加容易看清楚。

2. 可以按照研究的需要隨時引起研究對象的變化，這使人對研究對象的認識處於非常主動的地位。

3. 可以創設條件，引出實際生活中不存在的或在實際生活中存在但難以觀察研究的現象，例如人在超重、失重、超壓、缺氧等狀態下的心理、生理狀態的測定和瞬時感知記憶的信息加工過程的研究，不通過嚴格控制的實驗要認識其變化規律是不可能的。

4. 可使研究的現象重復發生，便於反復觀測、驗證，使人類能在較短時間內對研究對象有深入的認識。

　　心理學實驗可以從不同的角度加以分類。例如按實驗情境特點，可以分為**實驗室實驗** (laboratory experiment)、**現場實驗** (field experiment) 和**模擬實驗** (simulated experiment)；根據實驗所研究的自變量的多少可分為**單因素實驗** (single factor experiment) 和**多因素實驗** (multifactor experiment)；根據實驗設計的不同特點，可分為**真實驗** (true experiment) 和**準實驗** (quasi experiment)。一般說，按真實驗設計的心理實驗要求在嚴格控制的實驗室條件下進行，在現場實驗研究中，則多採用準實驗設計。

二、實驗室實驗設計

（一）　自變量、因變量和無關變量的控制

　　實驗室實驗的最大特點和優點，在於它可以根據研究需要嚴格控制實驗中的各種變量(或變項) (variable)。心理實驗中一般有三類變量，即**自變量** (independent variable)、**因變量** (dependent variable) 和**無關變量** (irrelevant variable)。在心理實驗中，這三類變量都必須加以控制。設計實驗，必須首先根據問題的性質與研究者的理論構思確定自變量與因變量。實驗的直接目的就在揭示自變量與因變量間的變化關係。為了揭示這種關係，必須進行三方面的控制：(1) 對自變量與因變量進行定性控制，使自變量和因變量的性質特點穩定在實驗所要求的範圍內；(2) 對自變量與因變量進行定量控制，即控制自變量與因變量的強度或數量，使之按照實驗要求發生變化；(3) 控制其他因素對自變量與因變量的影響，即控制無關變量對實驗進程的干擾。由於自變量、因變量與無關變量在實驗中扮演著不同的角色，具有不同的作用，因而對它們的控制也有不同的要求。對自變量的控制應盡可能使其變化範圍大一些。因自變量變化範圍大，就容易顯示出它與因變量變化間的規律性關係。例如研究照明水平與閱讀效率的關係，假使照明水平只在幾十勒克斯的小範圍內變化，就很難了解它與閱讀效率之間存在什麼有規律的關係。若照明水平變化範圍擴大到從 10～1000 勒克斯，實驗就可能反映出閱讀效率有隨照明強度增大而提高的變化趨勢。若照明水平在 10～

10000 勒克斯範圍變化，就可能做出照明水平與閱讀效率之間存在著倒 U 字形關係。這說明在心理實驗中，自變量變化範圍的控制宜大不宜小。實驗中除了自變量與因變量之外，還有無關變量。無關變量若不加控制，就會對實驗產生干擾作用。實驗的成敗在很大程度上取決於能否有效地控制無關變量。無關變量控制得愈嚴格，實驗結果愈精確。實驗室研究的最主要的特點就在它能對無關變量實行嚴格控制。實驗設計時應盡力排除無關變量的影響，若不能徹底排除，也應把它的影響控制在最小限度以內。

心理實驗中下列諸方面的無關變量都可能成為對實驗結果產生干擾的因素：(1) 環境因素：例如光亮、聲響、冷熱、振動、電磁感應和工作氣氛等等；(2) 測試工具誤差過大和性能不穩定會降低實驗結果的準確性；(3) 被試者個體因素：例如性別、年齡、文化水平、知識經驗、動機、態度等可能影響實驗結果。此類個體因素中，有的是比較穩定的，可以通過取樣加以控制，有的是容易變化的，要通過訓練、獎勵等方法加以控制；(4) 主試人方面的因素：例如主試者的語言、表情、態度、行動等都會對被試發生影響。因此，心理實驗中的主試，也必須經過一定的訓練。

對實驗中的無關變量，一般採用如下控制方法：

1. 消除法 (elimination method)　將發生干擾作用的因素排除在實驗之外。例如在暗室內作實驗以消除環境光的干擾作用；在隔音室內作實驗以消除環境聲響的干擾作用。

2. 限定法 (constrained method)　當實驗中的干擾因素無法消除時可採用將干擾因素加以限制，使之限定在某種恆定的狀態。例如，若在實驗中無法消除環境噪音的影響時，可設法控制這種噪聲使之在整個實驗過程中都發生作用。這樣做雖然沒有排除干擾因素，但由於它常定地發生作用，不會對實驗中自變量與因變量的關係起掩蓋作用。

3. 納入法 (building-it-into method)　即把某種可能對實驗結果發生干擾作用的無關變量在實驗設計時作為自變量來處理，分析它與因變量的變化關係，判定它對實驗的影響程度。採用納入法時，實驗需要採用多變量實驗設計。

4. 配對法 (matched-pairs procedure)　這是對被試者個體有關的干擾因素進行控制的方法。研究者把條件相等或相近的被試者配成對，並把成對的被試者分開並隨機地分配到實驗組與控制組中。例如在研究不同訓練方法對掌握某種操作技能的影響時，為了控制被試者體質和知識經驗等因素的影響，往往採用配對法。

5. 隨機法 (randomization)　這種方法從被試者群體中隨機地選擇實驗被試者並把他們隨機地分配到實驗組與控制組。這是實驗室實驗中最常用的控制被試者個體因素發生干擾作用的方法。通過隨機法選擇被試者，可以消除來自被試者個體因素引起的系統誤差。

(二)　被試間設計與被試內設計

實驗設計 (experimental design) 是實驗研究成敗的關鍵。一個實驗採用什麼實驗設計，取決於研究內容和被試者的情況。在實驗室實驗中，常用的實驗設計有下列幾種：

1. 被試間設計　採用**被試間設計** (between-subjects design)，每個被試者只接受一種自變量處理，不同的自變量由不同的被試者接受處理。採用這種設計時，接受不同自變量處理的被試條件應盡可能相等或相似。被試可採用配對法安排，或按隨機法安排。被試間設計又可區分為後測設計、前後測設計、後測與前後測混合設計等幾種類型。

2. 被試內設計　採用**被試內設計** (within-subjects design)，每個被試者需接受全部自變量處理。在被試者的個體差異較大，或被試者人數較少時，往往採用這種設計。被試內設計由於在用相同的被試做不同自變量的實驗，可以提高工作效率。但取這種設計時需防止不同自變量間的相互干擾。

(三)　多因素實驗設計

實驗室有**單因素實驗** (single factor experiment) 和**多因素實驗** (multi-factor experiment) 的區別。單因素實驗只有一個自變量，實驗設計與結果分析都比較簡單。若一個實驗中同時對兩個或多個自變量與因變量的關係進行研究時，就得採用**多因素實驗設計** (multifactor experiment design)。多因素實驗設計及其結果分析要比單因素實驗複雜些。自變量因素越多，實驗設計與結果分析也越複雜。在多因素實驗設計中，二因素實驗設計和三因素實驗設計是最常用的。

1. 二因素實驗設計　包含有兩個自變量的實驗，需要採用二因素實驗設計(或二因子設計)(two-factor design)。在二因素實驗中，每個因素都可能有幾種水平。2×2 設計是最簡單的二因素設計，如圖 2-1 所示，它需作四種實驗處理。從 2×2 實驗設計的實驗結果中不僅可以判定兩個自變量對因變量變化影響的差別，而且還可判定兩個自變量對因變量影響中的交互作用。

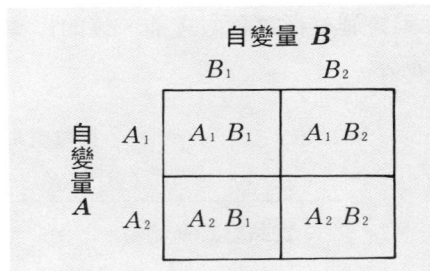

	自變量 B	
	B_1	B_2
自變量 A　A_1	$A_1 B_1$	$A_1 B_2$
A_2	$A_2 B_1$	$A_2 B_2$

圖 2-1
最簡單的二因素實驗處理

2. 三因素實驗設計　三因素實驗設計中含有三個自變量。這種設計至少有 2×2×2 共 8 種實驗處理，實驗結果的分析自然要比二因素實驗設計複雜得多。例如在對結果作方差分析時，最簡單的 A、B 二因素實驗設計 (2×2)，只要作 F_A、F_B、$F_{A×B}$ 三項分析，而最簡單的 A、B、C 三因素實驗設計 (2×2×2)，需要進行 F_A、F_B、F_C、$F_{A×B}$、$F_{A×C}$、$F_{B×C}$、$F_{A×B×C}$ 等七項分析。

三、現場實驗與準實驗設計

現場實驗 (field experiment) 是指在實際的現實情境中進行的實驗。與實驗室實驗相比，它具有真實、自然的特點，其研究結果的**生態效度** (bionomic validity) 和**外部效度** (external validity) 高，更適合於實際應用，因此在工業心理學研究中廣泛地採用現場實驗。

現場實驗研究由於被試條件和變量控制上受到許多限制，需要採用不同於實驗室研究的實驗設計。現場實驗研究一般採用準實驗設計。

準實驗設計 (quasi-experiment design) 是為適應**現場研究** (或**實地研究**) (field study) 的需要而提出的。在現場研究中，不能像在實驗室實驗中那樣進行嚴格的控制。對被試條件也不可能像在實驗室實驗中那樣的隨機取樣。因此準實驗設計自有其與實驗室實驗不同的特點。下面舉幾種較常用的準實驗設計：

(一) 時間序列設計

時間序列設計 (time series design) 是對在同一組被試的正常作業過程中，對實施某種實驗處理前、後的作業績效進行系列測量。其實驗過程如圖 2-2 所示：

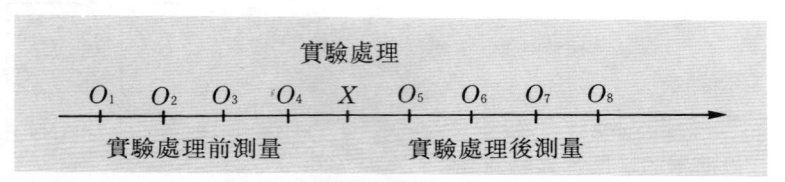

```
                    實驗處理
    O₁  O₂  O₃  O₄   X   O₅  O₆  O₇  O₈
    └─── 實驗處理前測量 ───┘  └─── 實驗處理後測量 ───┘
```

圖 2-2　時間序列設計圖示

分析實驗處理前後測量結果的變化，就可判定實驗處理的有效性。若實驗處理 (X) 前後測量結果呈連續變化趨勢，表明實驗處理無效，若實驗處理後的測量結果比實驗處理前有跳躍式的變化，就說明實驗處理是有效的。

(二) 等時間取樣設計

等時間取樣設計 (equal-time sampling design) 是在被試的作業過程中，抽取兩個相等的時間段，在一個時間段給以實驗處理，在另一時間段不進行實驗處理。實驗過程中可以抽取若干這樣的時間段組。通過比較每個時間段組兩次測量結果的差異，可以判斷實驗處理的效果。這種設計的一般模式如圖 2-3 所示。

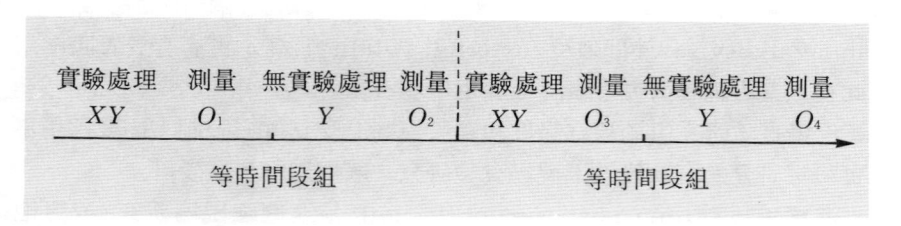

```
實驗處理  測量   無實驗處理  測量 ┊ 實驗處理  測量   無實驗處理  測量
   XY    O₁       Y       O₂ ┊   XY    O₃       Y       O₄
   └──────── 等時間段組 ────────┘ └──────── 等時間段組 ────────┘
```

圖 2-3　等時間取樣設計圖示

（三） 不等同控制組設計

不等同控制組設計 (nonequivalent control group design) 是在現場條件下設置被試條件可能不相等的實驗組和控制組，通過前、後測結果比較以探求實驗處理的作用的準實驗設計。不等同控制組設計模式如圖 2-4 所示。在這種設計中，先通過前測以了解實驗組與控制組的不等同程度。如果發現兩組被試條件不等度大，就需要對被試進行必要的配對，使控制組與實驗組條件基本一致。從實驗組與控制組的前後測結果變化的比較，可以判定實驗處理的作用。

	前測	實驗處理	後測
實驗組：	O_1	X	O_2
控制組：	O_3		O_4

圖 2-4　不等同控制組設計圖示

四、模擬實驗

如上面所討論的，實驗室實驗設計具有嚴格控制變量，容易揭示因果關係的優點，但同時帶來實驗的外效度低，研究結果不能在實際中直接加以應用的缺點。準實驗設計雖能適應現場研究的要求，但存在著無關變量難以控制，實驗容易受到干擾的缺點。能否創設一種兼具實驗室實驗和現場實驗的優點，而又能克服或消除兩者缺點的新的研究途徑呢？**模擬實驗** (simulation experiment) 研究正是向實現這一目標而提出的研究途徑。

模擬 (simulation) 或**模仿** (imitation) 是對實際事物或現象的仿真。在心理學研究中，通過模擬技術創造出與所研究問題實際情形相同或相似的情境，使被研究者產生處於實際情境時同樣的心理活動狀態。它的外部效度高，實驗結果更適用於實際。心理學的模擬實驗是使被試在與實際工作相同或相似的情境條件下接受試驗。在模擬實驗中，研究者不僅可以根據研究需要控制自變量和無關變量，而且可以根據研究要求選擇被試者。它還可進行重複試驗和驗證。總之，心理模擬實驗研究兼具有現場實驗研究和實驗室實驗研究的優點，是一種比較理想的研究方式。它在心理學的許多研究領域，特別在工程心理學研究中得到廣泛的應用。

　　模擬研究的效果在很大程度上取決於模擬的逼真度。逼真度越高，得到的結果越接近於實際情形。心理模擬研究的逼真度主要包含以下幾個方面：(1) **設備逼真度** (equipment fidelity)，指模擬情境中的器物的外觀和功能特點同實際情況中使用的器物相似的程度；(2) **環境條件逼真度** (environment fidelity)，指模擬情況中的物理環境因素與實際的環境因素相似的程度；(3) **作業活動逼真度** (task fidelity)，指研究中的工作任務和作業活動與實際工作任務與活動內容相似的程度；(4) **心理感受逼真度** (psychological fidelity)，指被試在模擬情境中心理上感到與真實情境中進行作業活動時在心理感受上的相似的程度。高度逼真的模擬研究需要在這四方面有高的逼真度。四者中心理感受逼真度對研究結果尤具有重要的作用。心理逼真度的高低取決於兩方面的因素，一方面取決於模擬實驗情境中的器物、環境因素和作業任務的逼真度。在模擬實驗中，被試雖然知道面臨的不是真實的情形，但在情境中的設備器物、環境、活動任務具有高逼真度的情形下，容易產生逼真的心理感受。另一方面，心理逼真度取決於被試在實驗時的認真程度或心理上投入的程度。它好比演戲，演員進入角色就能演出好戲來，若演員心理上不進入角色，即使場景再真實，也演不出好戲。

　　心理模擬研究的方式與模擬的逼真度是隨模擬技術水平而發展的。特別是計算機技術的發展，對心理模擬研究發生重大的影響。例如供研究和訓練用的飛機駕駛模擬器，早先採用機械齒輪傳動帶動儀表及控制裝置，後來計算機技術的發展，使飛機設計師在飛機製造出來以前，就可以從顯示屏上看到所設計飛機性能的直觀表現。目前正在迅速發展起來的**虛擬技術** (virtual technique)，將使飛行員在地面就可以做到駕機與敵機格鬥，其情境幾乎同在空中所進行的真實格鬥的情形一樣。現在工業心理學中有關人-機關係、人-環境關係，以及企業管理中的許多問題都可利用計算機進行模擬。

本 章 摘 要

1. 研究方法對科學發展至關重要。科學知識之所以高於常識,主要在於兩者來自不同的途徑。常識來自日常經驗,科學則採用科學方法對客觀對象進行有目的研究。因而科學能深入事物的本質,達到對客觀規律的認識。心理學於十九世紀末,由於引入自然科學的**實驗方法**,才使它從哲學走向科學。

2. 人的心理受人的自然性與社會性雙重屬性的制約。因而心理學研究需要同時採用自然科學與社會科學的方法。由於心理現象具有與一般自然現象和一般社會現象不同的特點,使心理學在研究方法上又有其特異性。

3. 心理學研究必須堅持**科學性**、**客觀性**和**驗證性**。由於心理現象是研究者與被研究者所共有的,在研究中特別要防止以己擬人和主觀武斷。只有堅持客觀態度,以科學事實為依據,重視實踐檢驗,才能使心理學真正成為科學。

4. 有目的有計畫的觀察是心理學獲取研究事實的基本途徑。觀察中不僅要堅持客觀態度,防止偏見,而且要勤加記錄,多作思考,並善於捕捉機遇。在科學研究中不輕易放過意外出現的現象而又善於提出問題的人,無疑可取得更多的收獲。

5. **訪談法**是心理學研究的常用方法。訪談必須有目的、有計畫的進行。訪談方式可分為**結構訪談**與非結構訪談、**直接訪談**與間接訪談、個別訪談與**集體訪談**。訪談的成功主要取決於求訪者的談話技巧。

6. **問卷法**是以書面問題形式搜集資料的方法。通過問卷可以在較短時間內搜集到大樣本數據。問卷法的成敗取決於問卷的編製。問卷編製中必須在斟酌問題內容、選擇問題表達方式、考慮提問策略、推敲字詞語氣和編排問題順序上下功夫。問卷編製一般需要經歷編製前的準備、問卷設計、試測、修正等步驟。

7. **心理測量**是獲取心理事實的基本途徑。心理學研究中,一般需對刺激變量、依變量和心理特性進行測量。**心理量表**是心理測量中常用的方法。心理測量一般分為四類：**類別測量、順序測量、等距測量和比例測量**。
8. **心理測驗**是用標準化的測驗題測量人的行為特點和心理特徵的方法。心理測驗通常按測驗的內容和功能分成**智力測驗、能力測驗、成就測驗和個性**(或人格)**測驗**。
9. 智力測驗有兒童智力測驗和成人智力測驗之分。**韋克斯勒成人智力量表** (WAIS) 和瑞文測驗 (RPM)，我國均已引入並根據中國實際情況進行了修訂。
10. 能力測驗分**普通能力測驗**和**特殊能力測驗**兩類。智力測驗屬普通能力測驗。在人員選拔中，一般需要普通能力測驗與特殊能力測驗相結合，用普通能力測驗進行粗測後，再作特殊能力測驗。
11. **個性**(或人格)測驗就測驗內容可分個性綜合測驗和單項個性特徵測驗。個性綜合測驗通常採用**量表法**或投射測驗。常用的個性問卷有**艾森克個性問卷** (EPQ)、**明尼蘇達多相個性檢查表** (MMPI)、**卡特爾 16 種個性因素問卷** (16PF)。個性投射測驗中常用的有羅夏墨漬測驗和**主題統覺測驗** (TAT)。
12. **信度和效度**是評價心理測量和心理測驗的重要指標。信度指測量的可靠性，用信度係數表示。信度有**重測信度、折半信度、內部一致信度**等多種。效度指測量的準確性。效度可分為**內容效度、預測效度、結構效度**等。
13. **實驗法**是心理學研究中使用得最多最普遍的方法。心理實驗按實驗情境特點可分為**實驗室實驗、現場實驗**和**模擬實驗**；按自變量數量可分為**單因素實驗**和**多因素實驗**；按實驗設計特點可分**真實驗**和**準實驗**。
14. **實驗室實驗**的最大特點和優點在於它可以根據研究需要嚴格控制變量。心理實驗中有三類變量，即**自變量、因變量、無關變量**。實驗是為了揭示自變量與因變量的變化關係。實驗中必須嚴格控制無關變量對實驗過程的干擾。
15. 在實驗室實驗設計中通常採用**被試間設計**或**被試內設計**。在被試間設計中，每個被試只接受一種自變量處理，一般採用配對法或隨機法安排。在被試內設計中，每個被試接受全部自變量處理，採用這種設計時要謹防不同自變量之間發生相互干擾。

16. **現場實驗**具有真實、自然的特點，實驗結果有較高外部效度。現場實驗一般採用**準實驗設計**。準實驗設計可採用**時間序列設計**、**等時間取樣設計**和**不等同控制組設計**等多種方式。
17. **模擬實驗**兼具實驗室實驗與現場實驗的優點，是工程心理學研究中常用的研究方法。模擬研究的效度主要取決於模擬的逼真度。模擬的逼真度包括設備逼真度、環境條件逼真度、作業活動逼真度和心理感受逼真度等。四者中心理感受逼真度對研究結果尤具重要影響。

建議參考資料

1. 王重鳴 (1990)：心理學研究方法。北京市：人民教育出版社。
2. 宋維真、張瑤 (主編) (1991)：心理測驗。北京市：科學出版社。
3. 楊國樞、文崇一、吳聰賢、李亦園 (1987)：社會及行為科學研究法。台北市：東華書局。
4. 楊治良 (主編) (1988)：基礎實驗心理學。蘭州市：甘肅人民出版社。
5. 董奇、申繼亮 (1997)：心理與教育研究法。台北市：東華書局。
6. Anastasi, A. (1982). *Psychological testing* (5th ed.). New York: Macmillan Publishing Co., Inc.
7. Campbell, D. T., & Stanley, J.C. (1963). *Experimental and quasi-experimental designs for research.* Chicago: Rand McNally College Publishing Company.
8. Chapanis, A. (1959). *Research techniques in human engineering.* Baltimore: Johns, Hopkins Press.

第三章

工業心理學的生理學基礎

本章內容細目

第一節　神經系統
一、中樞神經系統　69
二、外周神經系統　70
三、神經系統對人活動的調節作用　71

第二節　肌肉和骨骼系統
一、肌肉組織　71
二、骨　骼　72
三、關　節　73

第三節　呼吸系統和血液循環系統
一、呼吸系統　73
　(一) 肺通氣量
　(二) 肺換氣
二、血液循環系統　74
　(一) 心輸出量
　(二) 血流量

第四節　人體尺寸和力量
一、人體尺寸　76
　(一) 靜態人體尺寸
　(二) 功能人體尺寸
　(三) 人體模板
二、人體力量　81
　(一) 握　力
　(二) 推力和拉力
　(三) 耐　力

本章摘要

建議參考資料

人體是生理和心理的統一體。人的活動既要依靠身體組織的支持，同時也要依賴心理上的控制與調節。而人體的生理和心理兩個方面又是互相影響和相互制約的。生理活動是心理活動的基礎，任何心理活動都離不開生理活動，而心理活動又能對生理活動發生調節作用。因而學習心理學需要懂得一定的人體生理學與解剖學的基礎知識。

人體是一個很複雜的系統。它是由許多子系統構成的。各子系統有不同的結構和功能，它們在人的生存與活動中分別發揮著各不相同的重要作用。例如，神經系統主宰全身各子系統的協調活動，人的行為也無不受神經系統的支配。呼吸、消化、血液循環等系統為維護生命和各種活動提供養料與能源。肌肉、骨骼系統則是人的用力機構，只有憑藉肌肉、骨骼系統才能進行各種活動。生殖系統起著繁衍後代、延續種族的作用。在人體各系統中，對人的工作效率具有直接影響的是神經、肌肉、骨骼、呼吸、血液循環和內分泌等系統。這些系統成為人從事各種體力活動和腦力活動的生理基礎。生產工具的設計、生產場地的佈設、生產任務的安排、勞動強度的規定、工作環境的控制、勞動力的組織和勞動制度的制訂等，都必須考慮工作人員的人體生理條件。人是重要的生產力量，在生產活動中應儘量利用人的體能條件，以提高生產效能，但同時要看到人的體能條件的侷限性，避免使人的工作負荷超出他的體能限度。這就要求企業管理者和工程設計者對人體某些方面的結構與機能特點有一定的了解。本章的目的就在對工作效能有較大關係的人體生理因素作扼要而有選擇的介紹。希望讀者通過本章的閱讀與討論，能對以下各項人體生理特點有所認識：

1. 神經系統的基本構成和主要功能。
2. 肌肉組織的工作原理。
3. 骨骼和關節的結構和功能特點。
4. 呼吸、血液循環系統的工作原理及其對人的工作能力的關係。
5. 人體靜態尺寸與功能尺寸的基本數據及應用。
6. 人體基本力量的測定。

第一節　神經系統

一、中樞神經系統

人體的**神經系統** (nervous system) 一般區分為**中樞神經系統** (central nervous system) 和**外周神經系統** (peripheral nervous system) 兩大類。中樞神經系統又分**腦** (brain) 和**脊髓** (spinal cord) 兩部分。腦分**大腦半球** (cerebral hemisphere)、**小腦** (cerebellum)、**間腦** (diencephalon)、**中腦** (midbrain)、**腦橋** (pons)、**延腦** (medulla)，後面四部分又合稱為**腦幹** (brainstem)。脊髓位於脊椎裏面。在中樞神經系統中，大腦是高級中樞，它分左右兩個半球。兩半球由**胼胝體** (corpus collosum) 連接。大腦外層稱**大腦皮層** (cerebral cortex)。皮層由裂和溝分成不同的區域，如圖 3-1 所示。**中央溝** (central fissure) 的前面為**額葉** (frontal lobe)，中央溝後頂枕裂前為**頂葉** (parietal lobe)，外側裂下方為**顳葉** (temporal lobe)，頂枕裂後面為**枕葉** (occipital lobe)。大腦皮層的不同區域有不同的功能，體表感覺區是皮膚的觸、壓、冷、溫、痛等感覺在大腦皮層上的投射區，位於中央後回。肌肉、關節運動和位置的感覺投射區位於中央前回。視覺區位於枕葉。聽覺區位於顳葉。大腦皮層的有些區對不同感覺輸入信息或運動具有整合作用，它們對人的學習、思維和言語活動有重要意義。

間腦位於大腦兩半球之間，包括**丘腦** (thalamus) 和**下丘腦** (hypothalamus)。丘腦是很重要的感覺中樞，各種感覺傳入都需在丘腦進行初步加工後再傳入大腦皮層。下丘腦控制**自主神經系統** (autonomic nervous system) 的活動，主要功能是調節內臟和內分泌系統，是飢、渴、性和情緒反應的中樞。中腦是上、下行傳導神經的集中處，也是光、聲探究反射和瞳孔、眼球肌肉調節和控制的中樞。延髓是調節循環、呼吸、腸胃、唾液、汗腺分泌等活動的中樞。小腦的主要功能在於調節肌肉緊張度和軀體運動，維持軀體姿勢與平衡狀態。小腦受損會引起運動失調，使隨意運動發生障礙。

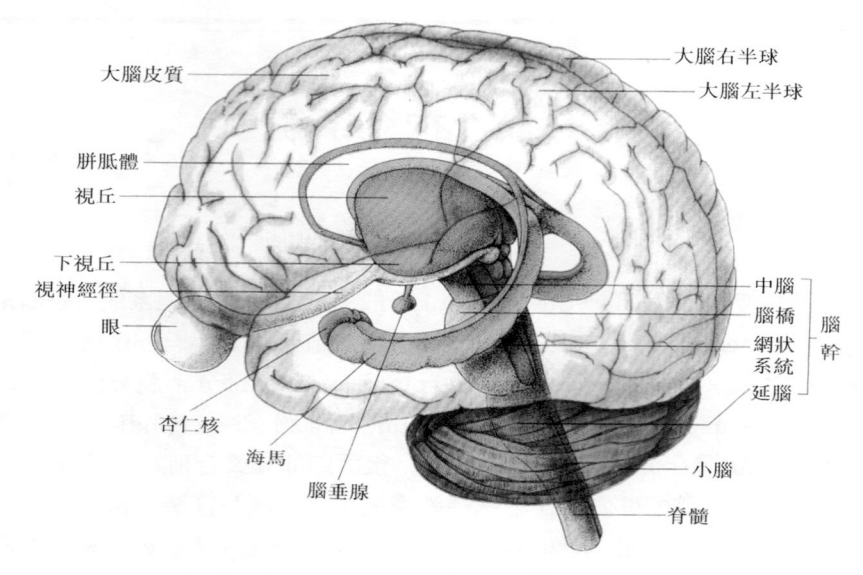

圖 3-1　腦部透視略圖

二、外周神經系統

　　神經系統中除了腦和脊髓以外的部分，統稱外周神經系統。其中從腦幹發出的稱**腦神經** (cranial nerve)，發自脊髓的稱**脊神經** (spinal nerve)。腦神經和脊神經中包含有兩類神經纖維：一類神經纖維傳導來自軀體和內臟的**神經衝動** (neural impulse)，稱為**感覺神經纖維** (sensory nerve fiber)，另一類神經纖維傳導來自腦或脊髓用以控制肌肉和腺體活動的神經衝動，稱為**運動神經纖維** (motor nerve fiber)。外周神經系統也可按其聯繫的身體器官的功能，區分為**軀體神經系統**(或**體神經系統**) (somatic nervous system) 和**自主神經系統**(或**自律神經系統**) (autonomic nervous system)。軀體神經系統的纖維主要分布於軀幹、四肢、感覺器官和面部等處，它支配著骨骼肌的活動，是人的隨意運動的神經傳導通路。自主神經系統的纖維分布於內臟、心血管和各種腺體，它支配著平滑肌、心肌和腺體的活動。自主神經系統又分為**交感神經系統** (sympathetic system) 和**副交感神經系統** (parasympathetic system)，兩者在功能上具有拮抗性。譬如，交感神經興奮時，發生心率加快、血壓升高、瞳孔放大等反應；而副交感神經興奮時，則發生心率減慢、血壓降低、瞳孔收縮等反應。正是由於兩者的拮抗作用，使受支配的內臟器官的活動能夠自主地進行調節。

三、神經系統對人活動的調節作用

　　神經系統對人的身體活動和心理活動起著整合和調節作用。只有神經系統健全的人，才能使身體各部分進行正常的活動。例如，當體外有某種對人體安全有威脅的事物發生時，人的感受器官接收到這種信息後，分布於感受器官中的神經纖維末梢就引起神經衝動，神經衝動通過傳入神經傳向中樞神經系統直至大腦皮層的相應功能區進行加工。大腦加工後的信息又以神經衝動的形式經傳出神經傳向肌肉，使肌肉骨骼系統作出反應活動。在肌肉和關節中的動覺感受器又將反應狀態通過傳入神經傳向中樞，經中樞加工後，再傳向肌肉骨骼系統。如此循環往復直至達到目的。另一方面，人體在中樞神經系統的支配下，通過植物性神經系統的作用，調節呼吸、心血管、內分泌腺等體內器官的活動，使血壓、心率、呼吸、內分泌等發生相應的變化，以適應軀體活動對能量供應的需求。可以說，人的一切行為活動都是受神經系統的調節和控制的。

第二節　肌肉和骨骼系統

　　肌肉、骨骼是人賴以實現操作活動的系統。了解肌肉和骨骼的結構和功能，對設計人的作業活動和改良勞動工具設計具有重要意義。

一、肌肉組織

　　肌肉 (muscle) 是人體中數量最多的組織。肌肉分**橫紋肌** (striated muscle)、**平滑肌** (smooth muscle) 和**心肌** (cardiac muscle)。橫紋肌附著在

骨骼上，因而又稱**骨骼肌** (skeletal muscle)。人體運動是依靠橫紋肌的作用。肌肉組織的細胞細而長，稱為**肌纖維** (muscle fiber)。肌纖維收縮時產生的拉力，是人體力量的表現。

肌肉收縮分向心收縮、離心收縮和等長收縮。向心收縮又稱縮短收縮。當肌肉收縮產生的張力大於外加阻力時，肌肉纖維縮短，並牽動著骨作向心運動。向心收縮是肢體發生曲肘、提腿、揮臂等基本動作的基礎。離心收縮又稱拉長收縮。當肌肉收縮產生的張力小於外加阻力時，肌肉被拉長。人在慢慢放下提舉的重物時的肌肉收縮就是離心收縮。離心收縮在實現軀體運動中也是不可缺少的。有很多操作活動都需要通過肌肉的向心與離心兩種收縮的協調配合才能完成。若肌肉收縮產生張力但肌肉長度保持不變，這時的收縮稱為等長收縮。肌肉作等長收縮時軀體相應部分處於靜止狀態，因此它是一種靜力性收縮。人依靠肌肉的等長收縮，才能保持固定的姿式。

二、骨　骼

人體骨骼系統由 200 多塊骨組成。骨骼按其結構和功能可分為顱骨、軀幹骨和四肢骨三類。顱骨分**腦顱骨** (cranium cerebralle) 和**面顱骨** (ossa-faciei)。腦顱骨構成顱腔，腦髓位於其中，起著保護腦髓的作用。面顱骨構成眼眶、鼻腔和口腔。軀幹骨包括**椎骨** (vertebrae)、**胸骨** (sternum) 和**肋骨** (oscostale)。椎骨構成**脊柱** (columna vertebralis)，支持和保護脊髓組織。胸骨和肋骨形成胸廓，對肺、心、肝、膽等內臟起著支持和保護作用。在骨骼系統中，脊柱與四肢骨與操作活動的關係特別密切。

脊柱是由**椎骨**、**骶骨** (os sacrum)、**尾骨** (os coccyges) 組成。椎骨分**頸椎** (vertebrae cervicales)、**胸椎** (vertebrae thoracales) 和**腰椎** (vertebrae lumbales)。椎骨中有孔，前後椎骨孔相連形成椎管，脊髓位於其中。前後椎骨間有椎間盤連接。椎間盤堅韌富有彈性，因而既能承受較大重力，又能作一定的活動。腰椎的椎間盤較厚，能作較大幅度的活動。許多操作活動都需要腰椎的活動。但腰椎不能受力太劇烈，否則會導致椎間盤脫出。

四肢骨又分**上肢骨** (ossa extremitatis superioris) 和**下肢骨** (ossa extremitatis inferioris)。上肢骨包括鎖骨、肩胛骨、肱骨、橈骨、腕骨、掌骨、指骨等。下肢骨包括髖骨、股骨（大腿骨）、脛骨和腓骨（兩者構成小腿骨)、跗骨、跖骨、趾骨等。

三、關節

關節 (articulatio) 是骨間進行連接的主要組織。人體四肢骨的各骨之間普遍由關節連接。上肢骨間的關節主要有肩關節、肘關節、橈腕關節、腕掌關節、掌指關節等。下肢骨間的關節有髖關節、膝關節、踝關節及足部各關節。關節的功能主要是使肢體可作曲伸、環繞、旋轉等運動。若沒有關節的參與，人甚至連走步、握物等簡單動作也很難實現。患有關節炎的人行動就會發生困難。關節中分布著多種神經末梢，關節活動時這些神經末梢就會產生神經衝動，衝動傳入大腦皮層投射區，經加工後又以神經衝動形式傳向肌肉，引起肌肉收縮，使肌肉附著的骨及相應的關節發生運動。

第三節　呼吸系統和血液循環系統

一、呼吸系統

人必須有氧氣才能維持生命。活動量較大時需氧量也要相應增加。**呼吸系統** (respiration system) 的主要功能就是為人體從空氣中吸取氧氣和排出人體產生的二氧化碳。呼吸系統包括鼻孔、鼻腔、氣管和肺。肺是呼吸系統中最重要的部分。它是身體對體內外的氧氣和二氧化碳進行交換的地方。

(一) 肺通氣量

肺的工作效率用**肺通氣量** (ventilation) 來衡量。肺通氣量一般按每分鐘呼氣量計算。人若一分鐘呼吸 30 次，每次呼氣量為 0.25 升，則肺通氣量為 7.5升／分，肺通氣量隨人的工作負荷而變化。一般人靜息時的肺通氣量約為 6～7升／分，劇烈運動時肺通氣量可增加到靜息時的 10～12 倍。

肺通氣量與吸氧量有關。每分鐘通氣量與吸氧量的比值稱為呼吸當量。安靜時和中等體力工作時的呼吸當量約為 20～25，即從 20～25 升通氣量中吸取 1 升氧。在最大體力工作負荷時，呼吸當量可達 40 左右。肺通氣量還與年齡有關，15 歲前，肺通氣量隨年齡增大而急劇增加，以後增加量逐漸減小，至 20 歲左右，肺通氣量達到最大，而後隨著年齡增大而呈下降趨勢。

(二) 肺換氣

肺換氣 (pulmonary ventilation) 是指體外吸入的氧和血液中的二氧化碳在肺泡-毛細血管膜（又稱呼吸膜）進行交換。呼吸膜兩側的氣體分壓不同，氣體從分壓高的一側向分壓低的一側擴散。氣體的分壓大小與其濃度成比例，由於肺泡氣中的氧分壓高於毛細血管血液中的氧分壓，肺泡氣中的二氧化碳分壓又低於毛細血管血液中的二氧化碳分壓，因而氧從肺泡向毛細血管擴散，二氧化碳從毛細血管向肺泡擴散，這樣就實現了肺換氣過程。人在進行體力活動時，肺換氣量明顯地增大。我國成人安靜時的肺的氧擴散容量為 33 毫升／分·毫米汞柱，運動中耗氧量為 4 升／分時，氧擴散容量約為 60 毫升／分·毫米汞柱。

二、血液循環系統

血液循環系統 (blood circulation system) 或稱心血管系統，包括有心臟、動脈血管、靜脈血管和毛細血管。血液在心臟搏動推動下沿著動脈血管流到全身，再通過毛細血管在組織間隙中同細胞進行物質交換後流向靜脈，最後返回心臟，形成血液循環流動。人體發生不同程度活動時，心輸出量和血流分配都會發生變化。

(一) 心輸出量

心輸出量 (cardiac output) 是心血管系統工作效率的重要標誌。人在靜息狀態時代謝率低，心輸出量少。正常人靜息時的心輸出量約為 4～6 升／分。人活動時代謝率高，心輸出量增多。一個有訓練的長跑運動員劇烈運動時的心輸出量可達 30 升／分。心輸出量是**心每搏輸出量** (stroke volume) 與心率 (heart rate) 的乘積。心每搏輸出量與心率均隨人體活動量的增加而提高。一個未經訓練的男性成人，安靜直立時的心每搏輸出量一般約為 60～80 毫升，在運動時可提高到每搏 110～120 毫升，有運動訓練的人可以有更大的搏出量。心率也是如此，正常成人安靜時的心率約在 60～80 次／分範圍內，但在作劇烈運動時最大心率可高達 200 次／分。心率另外還受環境溫度、個體情緒等因素的影響。人在高溫時或心情緊張時心率都會加快。心率容易測定，因此在工業心理學研究中，心率常被用作評價心理工作負荷和體力工作負荷強度的指標。

(二) 血流量

從心臟中輸出的血液通過血管流至全身各器官組織。血管中的**血流量** (bloodflow volume) 不僅取決於心輸出量多少、血壓差高低、血管阻力大小等因素，而且隨各器官活動狀態不同而發生變化。一個器官組織在活動強度高時比活動強度低時流過的血量就多。例如體力活動時各器官組織的血流量分配與在安靜時的血流量分配有很大的差別。安靜時的心輸出量中只有約 15% 的血液分配給肌肉，而在作最大運動時，則有 85% 的心輸出量分配給活動中的肌肉。表 3-1 是人體安靜時和最大運動時各器官組織血流量的

表 3-1　人體安靜時與最大運動量時各器官組織的血流量分配

器官	安靜 %	安靜 升／分	運動 %	運動 升／分
腦	15	0.9	4	1.2
心	5	0.3	4	1.2
腎	25	1.5	2	0.6
肝	25	1.5	3	0.9
骨骼	20	1.2	85.5	25.65
皮膚	5	0.3	0.5	0.15
其他	5	0.3	1	0.3
合計	100	6.0	100	30

(採自王步標、華明、馮煒權譯；運動生理學，第 101 頁)

分配比例變化。正是由於身體各組織中血流量分配隨活動狀態而變，才使它們能及時獲得活動所需要的氧與其他養分。

第四節　人體尺寸和力量

在人機系統中人的活動需要一定的空間。人在這個空間中以一定的肢體形態從事規定的工作。人機系統工作空間的設計必須滿足人的肢體活動的需要。人的肢體形態主要取決於人體尺寸、工作姿勢及動作特點。下面作一簡要介紹。

一、人體尺寸

人體尺寸 (body dimension) 是人力資源的基礎數據，也是許多工業產品和工程設計的依據。很多國家都定期進行本國的人體尺寸測量工作。在工業設計中主要需要兩類人體尺寸數據，一類是靜態人體尺寸，另一類是動態人體尺寸或功能人體尺寸。

(一) 靜態人體尺寸

靜態人體尺寸 (static human dimensions) 是人在標準測量狀態時測定的身體尺寸。靜態人體尺寸有立姿、坐姿、卧姿的不同。人體尺寸最常見的測量項目有幾十種。表 3-2 是我國 80 年代中期測量的全國 18～60 歲（女 55 歲）男女成人常用項目的測量結果。

從表 3-2 數據可知人體尺寸顯然存在著性別差異。除了腰圍和臀寬、臀圍幾項女性尺寸數據大於男性外，其他各項尺寸數據幾乎全是男性大於女性。人體尺寸還隨年齡增長而變化。眾所周知，兒童和青少年時期的尺寸每年都有較大的增長。人到成人後，身體尺寸仍有些許變化，例如女性身高一般到 18 歲停止增長，男性一般到 20 歲停止增長。此後，隨著年齡增大身高逐漸有所減低，而體重和腰圍、胸圍等尺寸在成年後的相當長時間內仍

表 3-2　中國男女成人靜態人體尺寸測量數據 (1988 年) (單位 cm)

項 目		男 (18～60 歲)			女 (18～55 歲)		
		P_5*	P_{50}	P_{95}	P_5	P_{50}	P_{95}
立姿	身高	158.3	16.7	177.5	148.4	157.0	165.9
	眼高	147.4	156.8	166.4	137.1	145.4	154.1
	肩高	128.1	136.7	145.5	119.5	127.1	135.0
	肘高	95.4	102.4	109.6	89.9	96.0	102.3
	手功能高	68.0	74.1	80.1	65.0	70.4	75.7
	上臂長	28.9	31.3	33.8	26.2	28.4	30.8
	前臂長	21.6	23.7	25.8	19.3	21.3	23.4
	大腿長	42.8	46.5	50.5	40.2	43.8	47.6
	小腿長	33.8	36.9	40.3	31.3	34.4	37.6
	脛骨點高	40.9	44.4	48.1	37.7	41.0	44.4
	會陰高	72.8	79.0	85.6	67.3	73.2	79.2
坐姿	坐高	85.8	90.8	95.8	80.9	85.5	90.1
	眼高	74.9	79.8	84.7	69.5	73.9	78.3
	肩高	55.7	59.8	64.1	51.8	55.6	59.4
	肘高	22.8	26.3	29.8	21.5	25.1	28.4
	大腿厚	11.2	13.0	15.1	11.3	13.0	15.1
	膝高	45.6	49.3	53.2	42.4	45.8	49.3
	小腿加足高	38.3	41.3	44.8	34.2	38.2	40.5
	臀膝距	51.5	55.4	59.5	49.5	52.9	57.0
	下肢長	92.1	99.2	106.3	85.1	91.2	97.5
水平尺寸	胸寬	25.3	28.0	31.5	23.3	26.0	29.9
	胸厚	18.6	21.2	24.5	17.0	19.9	23.9
	最大肩寬	39.8	43.1	49.6	36.3	39.7	43.8
	臀寬	28.2	30.6	33.4	29.0	31.7	34.6
	坐姿臀寬	29.5	32.1	35.5	31.0	34.4	38.2
	坐姿兩肘間寬	37.1	42.2	48.9	34.8	40.4	47.8
	胸圍	79.1	86.7	97.0	74.5	82.5	94.9
	腰圍	65.0	73.5	89.5	65.9	77.2	95.0
	臀圍	80.5	87.5	97.0	82.4	90.0	100.0
頭手足尺寸	頭全高	20.6	22.3	24.1	200	21.6	23.2
	頭圍	53.6	56.0	58.6	520	54.6	57.3
	手長	17.0	18.3	19.6	15.9	17.1	18.3
	手寬	7.6	8.2	8.9	7.0	7.6	8.2
	足長	23.0	24.7	26.4	21.3	22.9	24.4
	足寬	8.8	9.6	10.3	8.1	8.8	9.5
體　　重 (kg)		48	59	75	42	52	66

*P_5、P_{50}、P_{95} 分別表示測量中的第 5 百分位、第 50 百分位、第 95 百分位的測量數據。
(採自國家標準《中國成年人人體尺寸》)

有增長趨勢。表 3-3 舉出我國成人不同年齡階段人體尺寸變化的情形。

表 3-3　我國男女成人不同年齡階段身體尺寸變化舉例　(單位：cm)

項目	男 18～25歲	男 26～35歲	男 36～60歲	女 18～25歲	女 26～35歲	女 36～50歲
身高	168.6	168.3	166.7	158.0	157.2	156.0
坐高	91.0	91.1	90.4	85.8	85.7	85.1
大腿長	46.9	46.6	46.2	44.1	43.8	43.4
胸圍	84.5	86.9	88.5	80.2	82.3	85.9
腰圍	70.2	73.4	78.2	72.4	77.5	83.6
體重 (kg)	57	59	61	49	51	55

(採自國家標準《中國成年人人體尺寸》)

表 3-4　我國六大地區男女成人身高、體重、胸圍尺寸比較

項目	男 東北華北	男 西北	男 東南	男 華中	男 華南	男 西南	女 東北華北	女 西北	女 東南	女 華中	女 華南	女 西南
身高(cm)	169.3	168.4	168.6	166.9	165.0	164.7	158.6	157.5	157.5	156.0	154.9	154.6
體重(kg)	64	60	59	57	56	55	55	52	51	50	49	50
胸圍(cm)	88.8	88.0	86.5	85.3	85.1	85.5	84.8	83.7	83.1	82.0	81.9	80.9

(採自國家標準《中國成年人人體尺寸》)

人體尺寸在不同地區或不同種族、民族的人中也存在著一定的差異。例如我國東北、華北、西北、華南、西南等區域男女成人的身體尺寸均有一定的差別。表 3-4 是我國各大地區身高、體重和胸圍尺寸的數據。表 3-5 是我國男女成人與美國男女成人身體尺寸的比較。

(二) 功能人體尺寸

功能人體尺寸 (functional human dimensions) 是指人的肢體向四周空間伸展時所能達到的尺寸。人主要依靠手從事各種操作活動，因此上肢的功能尺寸在工業設計中有特別重要的意義。表 3-6 是我國男女成人取立、坐、俯臥、跪、爬等姿勢時的上肢功能尺寸。

表 3-5　中國與美國男女成人身體尺寸比較　(單位：cm)

項目	男 (P_{50}) 中國人	美國人	中-美差值	女 (P_{50}) 中國人	美國人	中-美差值
身高	168.7	173.5	−5.7	157.0	159.8	−2.8
體重(kg)	59	76	−1.7	52	83	−11
眼高	156.8	164.3	−7.5	145.4	153.2	−7.8
坐高	90.8	90.7	+0.1	85.5	84.8	+0.7
小腿加足高	41.3	43.9	−2.6	38.2	39.9	−1.7
會陰高	79.0	83.8	−4.8	73.2	74.4	−1.2
膝高(坐)	49.3	54.4	−5.1	45.8	49.8	−4.0
下肢長(坐)	99.2	106.7	−7.5	91.2	96.0	−4.8
臀膝距(坐)	55.4	59.2	−3.8	52.9	56.9	−4.0
肩寬	37.5	45.5	−8.0	35.1	39.9	−4.8
臀寬(坐)	32.1	35.6	−3.5	34.4	36.3	−1.9
胸圍	86.7	99.1	−12.4	82.5	87.1	−4.6

中國數據來源：國家標準《中國成年人人體尺寸》
美國數據來源：Woodson, 1981

表 3-6　我國男女成人上肢功能尺寸　(單位：cm)

	項目	男 (18〜60 歲) P_5	P_{50}	P_{95}	女 (18〜55 歲) P_5	P_{50}	P_{95}
立姿	雙手上舉高	197.1	210.8	224.5	184.5	196.8	208.9
	雙手功能上舉高	186.9	200.3	213.8	174.1	186.0	197.6
	雙手左右平展寬	157.9	169.1	180.2	145.7	155.9	165.9
	雙臂功能平展寬	137.4	148.3	159.3	124.8	134.4	143.8
	雙肘平展寬	81.6	87.5	93.6	75.6	81.1	86.9
坐姿	前臂手前伸長	41.6	44.7	47.8	38.3	41.3	44.2
	前臂手功能前伸長	31.0	34.3	37.6	27.7	30.6	33.3
	上肢前伸長	77.7	83.4	89.2	71.2	76.4	81.8
	上肢功能前伸長	67.3	73.0	78.9	60.7	65.7	70.7
	雙手上舉高	124.9	133.9	142.6	117.3	125.1	132.8
跪姿	體長	59.2	62.6	66.1	55.3	58.7	62.4
	體高	119.0	126.0	133.0	113.7	119.6	125.8
俯臥姿	體長	200.0	212.7	225.7	186.7	198.2	210.2
	體高	36.4	37.2	38.3	35.9	36.9	38.4
爬姿	體長	124.7	131.5	138.4	118.3	123.9	129.6
	體高	76.1	79.8	33.6	69.4	73.8	78.3

(採自國家標準《工作空間人體尺寸》)

(三) 人體模板

為了便於推廣人體尺寸的應用，可把人體尺寸製成**人體模板**(templetes of human body)。它是以人體尺寸數據為依據用膠木板或其他板料做成關節可活動的二維人體模型。人體模板造型直觀形像，結構簡單，使用方便，是設計工作空間和操作位置的有效輔助設計工具。圖 3-2 是坐姿人體二維模板側視圖。

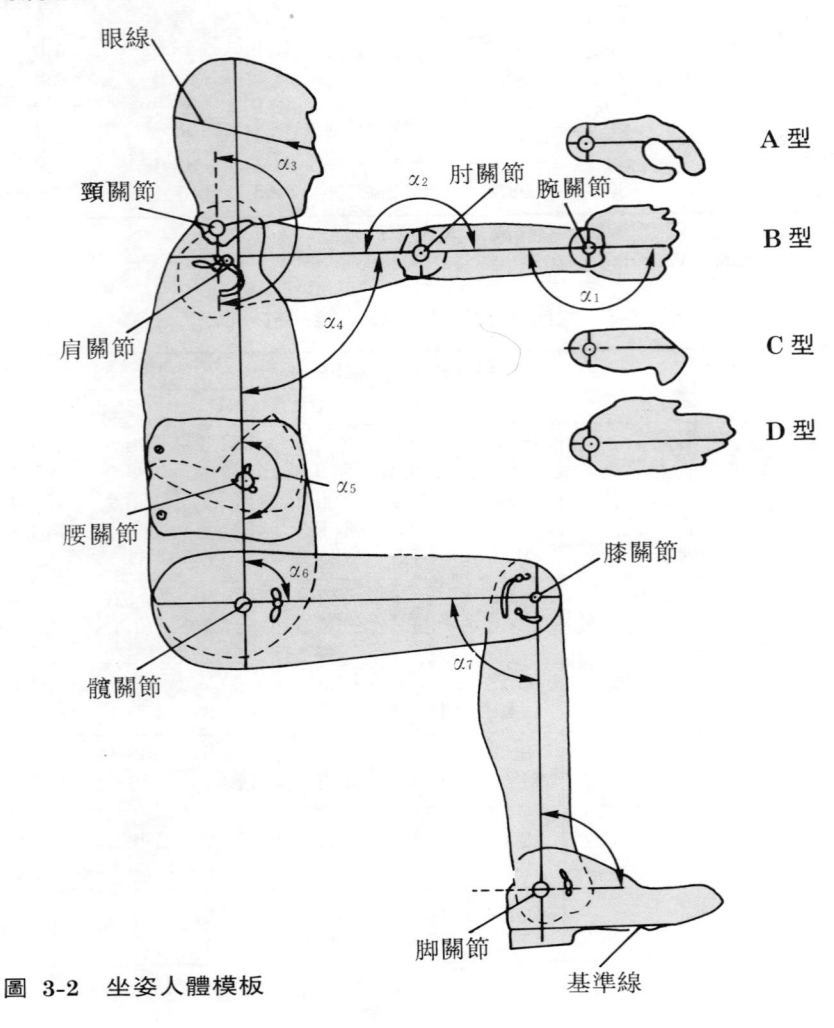

圖 3-2　坐姿人體模板

人體模板由體表輪廓尺寸和骨骼關節尺寸複合而成。模板的設計和製作主要應掌握三項要素：給出模板設計所需的基本尺寸數據；確定模板的關節點；確定模板的基準線。關節點代表轉動的軸心，是模板活動的支點。模板間通過關節點連接起來，並使各段模板可以分段作前後向活動。關節點的活動角度標記在模板上，在模板活動時可方便地讀出。

人體模板一般分級設計製作。肖惠等人參照德國做法將我國成人人體模板設計所需的人體數據分成四個身高等級。即以女性第 5 百分位身高尺寸代表矮小女性；把尺寸相近的女性第 50 百分位和男性第 5 百分位身高尺寸合為一個等級，代表中等女性和矮小男性；把尺寸相近的第 95 百分位女性和第 50 百分位男性尺寸合為一個等級，代表高大女性和中等男性；以第 95 百分位男性尺寸代表高大男性的尺寸等級。表 3-7 是供我國四個等級身高的人體二維模板設計的基本數據。

二、人體力量

人從事各種活動都需要一定的力量。不同的活動對人的體力有不同的要求。在許多工作中，操作人員的體力大小對工作效率和操作安全都會發生重要的影響。因此了解人體力量，對有效地利用人力資源是十分必要的。

人體力量可以根據肌肉產生位移的情形分為兩類，即**靜態力量**(static strength) 與**動態力量**(dynamic strength)。靜態力量也稱等長力量，即肌肉作等長收縮時所具有的力量。它是人體賴以保持特定姿勢或保持固定位置所必需的。動態力量是指肌肉收縮，其長度發生變化時產生的力量。根據肌肉收縮時長度縮短與伸長的變化趨勢，分向心收縮與離心收縮。向心收縮產生起動或加速動作的力量，離心收縮產生制動或減速力。工作中的大部分操作活動都需要靜態力量與動態力量的配合與協調。

人體力量可按人體施力部位而分為手部力量、腿部力量、背部力量和頸部力量等。人的操作活動大多數是由手、手腕和手臂完成的，因此手部力量在工作中起著更為重要的作用。

(一) 握　　力

握力 (grip strength) 是一種重要的手部力量。它與手部的其他力量有

表 3-7　中國成人二維人體模板設計基本尺寸數據　　(單位：cm)

項　目		人體身高等級			
		1. 矮小女性	2. 中女小男	3. 大女中男	4. 高大男性
上下尺寸	身高	151.0	161.0	170.0	180.0
	眼高	140.0	150.5	159.0	169.0
	頸關節高	123.0	133.0	141.0	150.0
	肩高	122.2	130.7	139.2	147.7
	肩關節高	119.0	127.0	135.0	143.5
	胸區關節高	100.4	108.0	114.9	122.4
	肘關節高	95.5	101.0	107.5	114.0
	腰椎關節高	84.8	90.7	96.8	103.3
	髖關節高	79.0	84.3	90.1	96.3
	髖關節至坐平面垂距	7.3	7.5	7.7	8.0
	膝高	45.3	48.7	51.7	55.2
	膝關節高	44.0	47.0	49.5	53.0
	踝關節高	9.0	9.5	10.0	10.5
	足尖關節高	2.2	2.4	2.6	2.8
	肩肘關節距	24.0	26.0	27.5	29.5
	肩腕關節距	44.0	48.0	51.0	54.5
	肩關節至手抓握徑	50.5	55.5	58.5	62.0
	肩關節至手中指指尖	60.5	65.5	69.0	73.0
	頭全高	21.0	21.5	22.5	23.0
左右尺寸	最大肩寬	38.3	39.7/41.6	40.8/43.0	44.6
	肩關節間距	31.5	32.5	33.0	34.0
	臀寬	30.6	31.7/29.4	33.0/30.6	31.9
	頭寬	14.8	15.1	15.4	15.7
	瞳孔間距	6.0	6.1	6.2	6.4
	髖關節間距	15.0	15.4	15.8	16.2
	鞋寬	9.6	10.4	10.6	10.9
	腿軸線至鞋內側距離	3.4	3.6	3.7	3.8
前後尺寸	胸厚	20.0	20.5	21.0	22.0
	頭長	17.5	18.2	18.3	18.4
	眼枕間距	17.0	17.4	17.6	17.7
	身體軸線至背(後)部	9.0	9.5	10.0	10.0
	身體軸線至臀(後)部	10.5	10.5	10.9	11.3
	上肢前伸長	72.5	79.4	83.2	87.5
	臀膝距	50.5	52.3	55.4	58.7
	足間關節至鞋後跟	17.1	18.2	19.4	20.6
	鞋長	25.3	27.0	28.7	30.5

說明：(1) 表中涉及的高度尺寸統一增加 2.5cm 鞋的高度；(2) 表中斜線左側數據為女性尺寸，右側為男性尺寸

(採自肖　惠、滑東紅，1993)

較大的相關。因此許多有手部力量要求的工作，常把握力作為挑選操作人員的測定項目。人的握力隨年齡、性別、體質、姿勢和持續時間等因素不同而有很大的差別。表 3-8 是不同年齡男女左右手的平均握力。這個表的數據表明：(1) 握力隨年齡增大而提高，男性在 20～30 歲年齡時達到最大，女性在 30～35 歲時握力最大，男、女分別在 30 歲和 35 歲後握力開始下降；(2) 男性的左、右手握力均大於女性；(3) 右手握力大於左手。

表 3-8　不同年齡男女握力　　　　　　(單位：牛頓*)

年齡	男 左手	男 右手	女 左手	女 右手
5 歲	34	38	21	28
10 歲	116	126	80	95
15 歲	277	299	210	231
20～24 歲	393	425	231	249
25～29 歲	394	426	237	252
30～34 歲	379	422	255	268
35～39 歲	372	399	242	250

*力的國際用單位為牛頓，符號為 N；1 公斤力≒9.8 牛頓。

(二)　推力和拉力

在生產操作中不時需要使用**推力** (push force) 或**拉力** (pull force)。人的推力、拉力除了因坐、立姿勢而不同外，還與手臂的朝向與方位角有關。表 3-9 是美國有關人類工效學手冊和教科書中常被引用的坐姿測量數據。從中可以看出上肢用力姿勢與用力方向對拉力、推力的影響。用力時的坐姿如圖 3-3 所示。

顯然，中國與美國大學生的手力會有所不同，表 3-9 數據可作為我們理解人的左右手向不同方向用力大小的大致情形。可以看到：(1) 推力一般大於拉力，推力、拉力又大於向左、向右、向上、向下的操作力；(2) 推、拉、向上、向下等方向用力均右手大於左手；而向左和向右方向用力時，則向左方向的力右手大於左手，向右方向的力左手大於右手；(3) 手臂的肘角大小對用力大小有明顯影響，總的趨勢是推力、拉力隨肘角增大而提高；向左、向右的力隨肘角增大而降低；向上、向下的力肘角 120° 時最大，肘角大於或小於 120° 時向上向下用力均有所減弱。

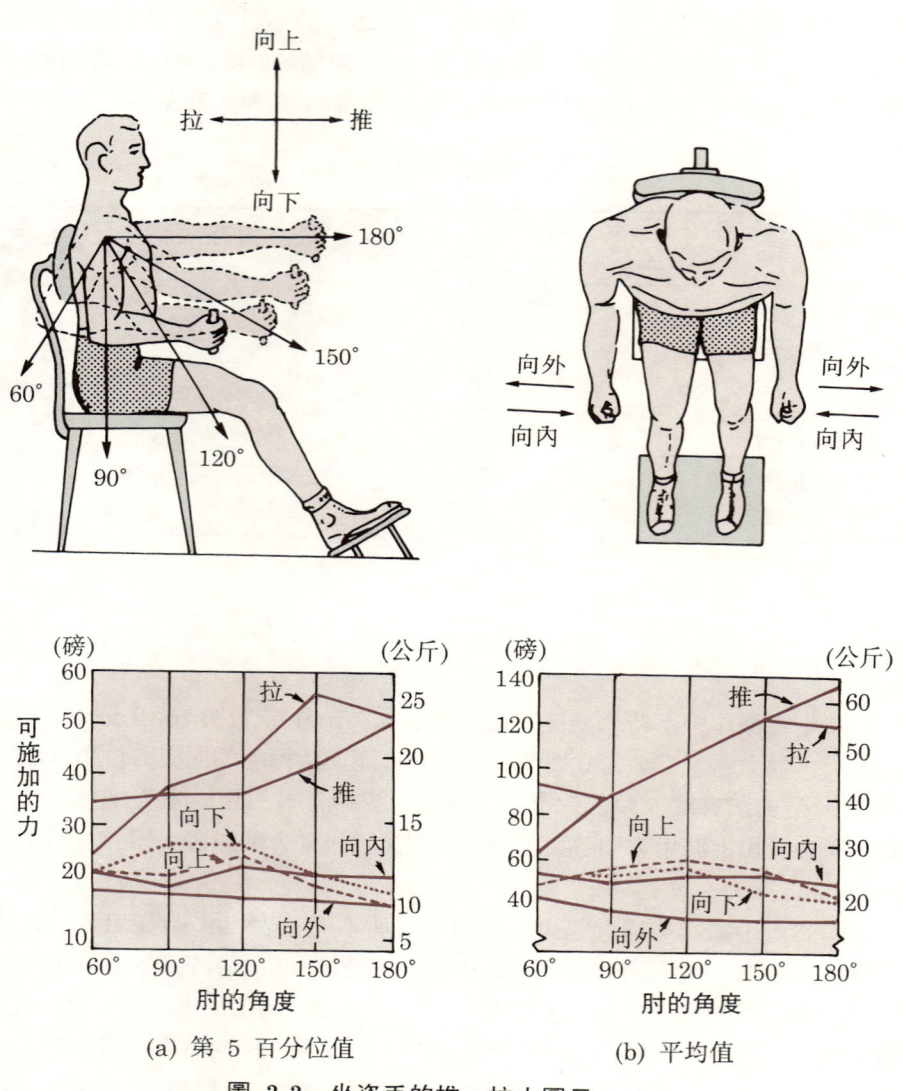

圖 3-3　坐姿手的推、拉力圖示
(採自 McCotmick & Sarders, 1982)

表 3-9　美國男性大學生坐姿手的最大力量第 50 百分位數據　(單位：牛頓*)

手　臂		用　力　方　向 (手取垂直抓握)					
		推	拉	向左	向右	向上	向下
左手	60°	351	285	142	222	196	205
	90°	369	356	147	214	231	218
	120°	440	418	133	200	240	227
	150°	494	498	129	209	231	182
	180°	561	516	133	191	182	156
右手	60°	409	280	231	187	218	227
	90°	383	391	222	165	249	236
	120°	458	463	236	151	267	258
	150°	547	543	240	147	249	209
	180°	614	534	222	151	191	182

*原作中力的單位為磅，引用時換算成牛頓。1 磅力＝4.448 牛頓。

(採自：Woodson, 1981)

(三)　耐　力

　　人體力量大小與用力時間長短有密切關係。一般說，人只能在幾秒鐘內保持最大的用力，超過這一時間限度，力量就發生先快後慢地下降。一般把人在一定時間內保持某種用力水平的能力稱為**耐力** (endurance)。人體耐力與人的瞬時力量大小並不存在比例關係。有些人瞬時力量很大，而耐力可能不大，另一些人可能瞬時力量不大，但卻有較好的耐力。實際工作對人力量的要求也因工作內容而不同，有的工作要求從事者有較大的瞬時力量，有的工作則需要從事者有較大的耐力。例如跑步，瞬時力量大的人更適合訓練作短跑運動員，耐力大的人則更適宜訓練作中、長跑運動員。對多數工作說，都需要有較長的持續時間，因而既需要有一定的瞬時力量，更需要有較持久的耐力。為了有效而安全地進行工作，在人機系統的設計中不僅需要考慮操作人員的瞬時力量，同時必須考慮到人的耐力限度。

本 章 摘 要

1. 在人體各組織系統中，神經、肌肉、骨骼、呼吸、血液循環、內分泌等系統的活動與人的工作有特別密切的關係。這些人體組織系統的結構和功能是人的工作的生理基礎。
2. 人的心理和行為活動受**神經系統**的支配和調節。人體的神經系統包括兩大部分，即**中樞神經系統**和**外周神經系統**。
3. 中樞神經系統包括有腦和脊髓兩大部分。人腦由**大腦**、**間腦**、**中腦**、**小腦**、**腦橋**、**延腦**等組成。大腦外層稱**大腦皮層**，是神經系統中構造最複雜、功能最精細的部分，對人的心理和行為有最重要的作用。
4. 外周神經系統包括**軀體神經系統**和**自主神經系統**兩大部分。軀體神經系統分布於軀幹、四肢、感官和面部等處，是隨意運動的神經傳導通路。自主神經系統包括**交感神經系統**和**副交感神經系統**，兩者在功能上具有拮抗性。它們分布於內臟、心血管和各種腺體中。
5. 肌肉分為**橫紋肌**、**平滑肌**和**心肌**。橫紋肌附著在骨骼上。人體運動依靠橫紋肌及其附著骨骼的作用。
6. 肌肉由**肌纖維**組成。肌纖維收縮時產生拉力。肌肉收縮分向心收縮、離心收縮和等長收縮。人的許多操作活動需要肌肉的向心收縮和離心收縮的協調配合。人體依靠肌肉的等長收縮才能保持靜態平衡。
7. 人體骨骼系統包括顱骨、軀幹骨和四肢骨。軀幹骨包括**椎骨**、**胸骨**和**肋骨**。椎骨構成**脊柱**。人的操作活動主要是依靠肌肉與椎骨以及四肢骨的活動。
8. **關節**是骨間進行連接的組織。關節的主要功能是使肢體可作曲伸、環繞和旋轉等運動。
9. 人體依靠**呼吸系統**吸取空氣中的氧氣和排出二氧化碳。肺中的呼吸膜是由體外吸入的氧氣和體內二氧化碳進行交換的地方。**肺通氣量**是衡量肺工作效率的重要指標。肺通氣量與吸氧量有關，兩者均隨人的工作負荷高低而變化。
10. **血液循環系統**包括心臟、動脈血管、靜脈血管和毛細血管。**心輸出量**是評價心血管系統工作效率的重要指標。心輸出量是**心每搏輸出量與心率**的乘積。每搏輸出量與心率均隨人體活動量增加而提高。心率常被用作評價人的工作負荷水平的重要指標。
11. **血流量**在人體各器官組織中的分配隨器官組織的活動強度不同而發生變化。一個器官組織活動強度大時比活動強度小時流過的血流量多。
12. **人體尺寸**分**靜態人體尺寸**和**功能人體尺寸**。它們是設計產品和工作空間尺寸的重要依據。人體尺寸因性別、年齡、種族、地區而不同。成年人的身體各項尺寸，除了腰圍、臀圍、臀寬等少數項目女性大於男性外，大多數項目均為男性大於女性。我國東北、華北、西北地區的人體尺寸明顯大於華南和西南地區。
13. 為便於人體尺寸的應用，可根據人體尺寸數據製成**人體模板**。根據男女身高情形，一般把人體模板分成矮小女性、中女小男、大女中男、高大男性等四個等級。
14. 人體力量分為**靜態力量**和**動態力量**。靜態力量是肌肉作等長收縮所產生的力量。動態力量是肌肉收縮引起肌纖維長度變化時所產生的力量。人的大量操作活動需要靜態力量與動態力量的協調配合才能實現。
15. 體力操作中經常用到**握、推、拉**等力量。這些力量均隨年齡、性別、用力方向及左右手而不同。一般說，男性力量大於女性，右手力量大於左手，男性 20～30 歲、女性 30～35 歲時握力達到最大。
16. 人體力量大小與用力時間長短有關。最大用力一般只能保持幾秒鐘。人的最大力量與**耐力**並不存在比例關係。有人瞬時力量大，但耐力不大，也有人瞬時力量不大而耐力大。若能根據個體的力量特點安排工作，有利於提高工作效率。

建議參考資料

1. 上海第一醫學院（主編）(1978)：人體生理學。北京市：人民衛生出版社。
2. 王步標、華　明、馮煒權（譯）(1981)：運動生理學。長沙市：湖南師範學院體育系編印。
3. 朱祖祥（主編）(1994)：人類工效學。杭州市：浙江教育出版社。
4. 肖　惠、滑東紅 (1993)：人體尺寸開發利用研究——人體二維模板產品設計與開發。北京市：中國標準化與信息分類編碼研究所研究報告。
5. 邵象清 (1985)：人體測量手冊。上海市：上海辭書出版社。
6. 奚振華（譯）(1983)：人體測量手冊。北京市：中國標準出版社。
7. 曹　琦（主編）(1991)：人機工程。成都市：四川科學技術出版社。
8. 運動生理學教材編寫組 (1986)：運動生理學。北京市：高等教育出版社。
9. Woodson, W. E. (1981). *Human factors design handbook*. New York: McGraw-Hill Book Company.

第四章

工業心理學的心理學基礎

——人的信息加工

本章內容細目

第一節　人的信息接收能力
一、信息與信息量　91
二、人的信息加工過程模型　92
三、人的信息輸入　94
　(一) 感受器與感覺閾限
　(二) 人對刺激的感受能力

第二節　人的信息傳遞
一、信息傳遞率　98
二、影響信息傳遞能力的因素　99
　(一) 信道容量
　(二) 信息編碼維度
　(三) 信息的熟悉程度
　(四) 覺醒狀態
　(五) 疲　勞

第三節　信息的中樞加工(一)
　　　　——知覺和記憶過程
一、知覺信息加工過程　104
　(一) 整體加工與局部加工
　(二) 自上而下加工與自下而上加工
二、信息存儲　107
　(一) 感覺記憶存儲
　(二) 短時記憶存儲
　(三) 長時記憶存儲
三、信息提取　112
　(一) 短時記憶信息提取
　(二) 長時記憶信息提取

第四節　信息的中樞加工(二)
　　　　——思維與決策
一、思維的基本特點　115

二、思維的類型　116
　(一) 動作思維、形象思維和抽象思維
　(二) 聚斂式思維和發散式思維
　(三) 複製性思維與創造性思維
　(四) 算法式思維和啟發式思維
三、求解問題的思維過程　119
　(一) 問題涵義
　(二) 問題解決方法
　(三) 影響問題求解的因素
四、決　策　127
　(一) 決策過程
　(二) 確定性決策與不確定性決策
　(三) 決策的個體差異

第五節　人的信息輸出
一、人的信息輸出類型　131
　(一) 按反應器特點分類
　(二) 按操作要求分類
二、信息輸出速度　133
　(一) 反應時
　(二) 定位運動速度
　(三) 重復運動速度
三、信息輸出精確性　135
　(一) 精確性的涵義
　(二) 定位運動精確性
　(三) 手的運動方向對運動精確性
　　　的影響
四、速度-精確性互換特性　137

本章摘要
建議參考資料

做工作不僅要有健全的體魄，而且要有良好的心理素質。心理素質涉及知、情、意、個性特徵等多方面的內容。它們對人的工作都會產生多方面的影響，其中認知因素和能力因素對工作成敗尤具有重要意義。現代心理學多從信息加工的觀點來看待人的認知能力問題。人的**信息加工**(或**訊息處理**) (information processing) 過程可分為信息輸入、信息存儲和提取、信息中樞加工、信息輸出等基本環節。它把人的感覺、知覺、記憶、思維、行為反應等串成一個系統。人的活動，不論是簡單的或是複雜的，幾乎都包括著上述信息加工的全過程。例如，當我們騎車想穿過十字路口，突然見到信號燈由綠光轉為紅光時馬上停車。從看紅燈到停車只不過幾秒鐘時間，但從人的信息加工說，卻包含著信息加工的全過程。看到紅燈亮是信息的感覺輸入；見紅燈該停車，是記憶中儲存的信息；決定停車是根據輸入信息與記憶中提取的信息進行分析比較作出的判斷與決策；最後把決策信息輸向運動器官才作出停車的行動。信息的中樞加工過程，包括知覺辨認、信息存取、決策運算等。以往被認為是不可打開的黑箱，現在正成為認知心理學最熱門的研究內容。近幾十年來認知心理學對人的信息加工的研究，取得了許多研究成果。人在工作中的各種行為都是在信息加工的基礎上發生的，因此**認知心理學** (cognitive psychology) 已成為工業心理學特別是工程心理學的重要基礎。本章將從以下幾個方面對人的信息加工過程的基本概念和基本事實作有選擇的介紹：

1. 人的信息加工過程的基本環節及其相互關係。
2. 人的信息接收、傳遞能力及影響這些能力的因素。
3. 知覺及其信息加工過程。
4. 記憶及信息的儲存和提取過程。
5. 思維過程的基本特點和問題求解過程。
6. 人的決策過程及其個體差異。
7. 信息輸出的基本方式和效能。

第一節　人的信息接收能力

一、信息與信息量

　　人在工作和活動中必須對外界的**信息**(或訊息) (information) 進行預測。變化人對外界信息作用的預測能力依賴於他對信息的了解程度。假使某種信息對人發生作用的概率為 1，就是說這種信息必然對人發生作用，那就不需要人作預測，因而也反映不出人對這種信息作用的預測能力。如果信息對人發生作用的概率不是 1，即它的發生與否是不確定的，這時人若要及時地精確地對這種信息的作用作出回答，就需要對它發生的可能性進行預測。信息發生的不確定性愈大，需要人的預測能力愈高。人對信息作用所掌握的知識愈多，對信息的預測能力也愈高。譬如有兩個人進行某種競賽，要你預測那一個人會取得勝利，這時你若對這兩個人的競技情形都有所了解，就能作出較精確的預測。若有四個人參加競賽，要你預測誰將獲得第一，就必須對這四個人的競技情形有所了解。若有八個人參加競賽，就必須掌握這八個人的競技情形才有可能較有把握地預測誰將獲得第一。現在假使有甲、乙、丙三人，甲只能精確預測二人競技時的獲勝者，乙能精確預測四人競技時的優勝者，丙則能精確預測八人競技中的優勝者，那麼，這三個人對這種競技取勝的預測能力，自然是丙最高，乙次之，甲更次之。人對一種事件的預測能力是直接與人掌握該事件有關的信息多少有關的。因此人們往往用掌握信息的多少來判斷一個人對有關事件的預測能力。掌握的信息愈多，預測能力就愈高。這樣就把人的知識能力與**信息論**(或訊息理論) (information theory) 中的**信息量** (amount of information) 概念聯繫起來。就是說，可以把人的能力用他所能處理的信息量作量化表示。在信息論中用**比特** (bit) 作為計算信息量的單位。1 比特相當於發生概率各為 0.50 的兩個互相獨立的等概率事件之一發生時所提供的信息量。例如投擲一枚勻質硬幣，出現正面和出現反面的概率相等，各為 0.50，投擲硬幣不論出現正面還是出現反面，這時它所提供的信息量就是 1 比特。信息論中用以 2 為底的對數計

算事件發生所提供的信息量。如果有幾個等概率發生的事件,每個事件所包含的信息量計算式如下:

$$H = \log_2 n$$

H:代表每事件包含的信息量

n:代表概率事件數

若每個事件發生的概率不相等,各事件所包含的信息量按下式計算:

$$H_i = \log_2 \frac{1}{P_i}$$

H_i:代表事件 i 包含的信息量

P_i:代表事件 i 發生的概率

若要計算幾個概率不等事件的平均信息量,可按下式計算:

$$H_{ave} = \sum_{i=1}^{n} P_i \log_2 \frac{1}{P_i}$$

或

$$H_{ave} = - \sum_{i=1}^{n} P_i \log_2 P_i$$

H_{ave}:代表平均信息量

P_i:代表事件發生的概率

n:代表事件數

二、人的信息加工過程模型

人對外界信息作用的反應一般需要經過感覺(sensation)、知覺(perception)、記憶(memory)、決策(decision-making)、運動反應(motor reaction)等環節。這些環節聯成一個前後連貫、相互作用的信息加工系統。圖 4-1 是表示人的信息加工的一個簡化模型。這個模型簡明地描述了人的信息加工各基本環節間的關係。圖中的方框代表信息加工的各個基本環節,箭頭表示信息流動的方向。

感覺登記(或感官收錄)(sensory register) 是人對信息進行加工的第一個基本環節。這個環節的信息加工過程主要在外周感受器官內進行。信息

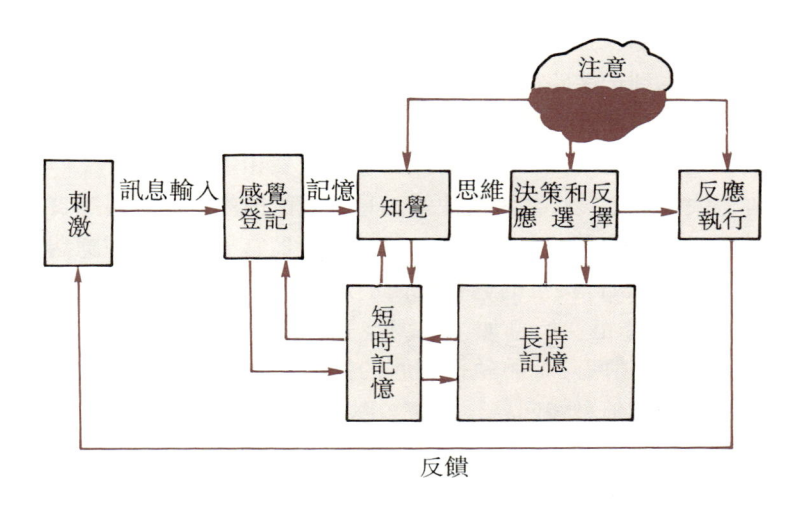

圖 4-1　人的信息加工過程模型

在這裏加工的時間很短，例如信息在視覺感受器官內保持的時間一般不到一秒。若不作進一步加工，就會很快衰減直至完全消除。若感覺加工後的信息具有一定的強度，它就流向大腦中樞，引起**知覺** (perception) 加工過程。信息的知覺加工過程是在感覺信息基礎上進行的，要比感覺登記複雜。知覺加工過程中還有**記憶** (memory) 的作用。在知覺加工過程中，把從感覺中進入的信息同存儲在記憶中的有關信息進行比較，並把它與已有經驗聯繫起來，這樣就可加速對進入知覺過程的信息的識別。正是由於記憶或經驗的作用，使知覺形象具有概括性和整體性的特點，使人能夠把具有多樣外觀特點的形象信息作出相同的反應。例如人可把不同大小、不同顏色和不同形體或不同傾斜方向的字母 A，都知覺成 A；也可在一個物品只有部分特性的感覺信息傳向知覺過程時把它們知覺成一個完整的物品。知覺的這種概括性和整體性就是通過每次接觸具體對象時對其形象信息儲存在記憶中的結果。正由於知覺加工有記憶參與其中，才使人在碰到任何一個物體時，一看就知道是什麼東西。

信息經過知覺加工後，或存入記憶中，或進入思維過程作進一步加工。**思維**自然是更為複雜的信息加工過程。思維過程不僅需要在感知覺和記憶的基礎上進行，而且還需要進行複雜的分析、綜合、抽象、概括、判斷、推理和決策。**決策**是人的認知活動中最高級和最複雜的活動。即使作出最簡單的決策，如司機開車到十字路口碰到黃燈閃亮時，他要作出加速強行通過還是停車等待的決策，也需要有較多的知識經驗。人在作出一項重大的行動決策時，往往需要動用他所掌握的全部有關知識和花費相當多的時日。

信息經過決策加工後，或者將決策信息存入記憶中，或者付諸實行。實行決策，就是把決策信息輸向手、口、足等執行器官，作出各種應對的**反應** (reaction)。當然人執行決策的過程往往不是一次信息輸出就能完成，而要經過多次的調整或修正。信息加工的調整需要依賴**信息反饋** (information feedback)。通過反饋回路，將執行狀態的信息輸向感受器官，並進入中樞進行加工，再將決策信息輸向執行器官，以改變或修正執行過程，如此循環反復，直至達到最後目的。

在進行上述信息加工過程中都離不開**注意** (attention)。注意的功能是使人把信息加工過程指向並集中於某種信息內容。它對信息加工起著導向和支持作用。人的注意能力是有限度的。一個人不可能同時集中注意於多個對象。有人表面看起來好像在同時做兩種活動，但這不能證明他能同時把注意集中在幾種活動上。因為人只有在兩種活動中的一種活動或兩種活動都達到熟練的情形下才可能同時進行。已經熟練的活動只要在注意邊緣作用下就可持續進行。

三、人的信息輸入

（一） 感受器與感覺閾限

信息輸入 (information input) 是信息加工的第一個階段。信息接收能力的高低對信息加工全過程都有重要意義。各種**感受器** (receptor) 是接收信息的專門裝置。來自外界和人自身的各種信息以一定的刺激形式作用於感受器，引起分布於感受器的神經末梢發生興奮性衝動，這種衝動沿著神經通路傳到大腦皮層感覺區，產生感覺。人的感受器有視、聽、觸、味、嗅等區分。每一種感受器只對一種性質的刺激作用特別敏感。每種感受器特別敏感的刺激，稱為該感受器的**適宜刺激** (adequate stimulus)。例如視覺感受器（眼）的適宜刺激是一定波長範圍的電磁波，聽覺感受器（耳）的適宜刺激是一定頻率範圍的聲波，機械壓力是觸覺感受器的適宜刺激，空氣中的氣味物質微粒是嗅覺感受器的適宜刺激，等等。各種感受器對適宜刺激的接收在強度上有一定的限制。若刺激強度太小，就不能引起人的感覺。若刺激強度太大，就會超過感受器的承受能力，使感受器遭受機能上或機構上的損傷。這就是說每種感受器的適宜刺激，必須處於一定的強度範圍時才能進行正常有效的信息接收活動。這個能剛剛引起感覺的最小刺激強度稱為感覺的**絕對閾限** (absolute threshold)。人對絕對閾限刺激的感受能力稱為**絕對感受性**(或**絕對敏感性**) (absolute sensitivity)。人對大於感覺閾限以上的刺激，不僅能感受到它的存在，而且還能感受到刺激強度的差異。不過對刺激強度差異的感受也有其閾限範圍。剛剛能引起差別感覺的刺激間的最小差別量稱為感覺的**差別閾限** (difference threshold)，又稱為**最小可覺差別** (just noticeable difference，簡稱 j.n.d)。人對刺激間最小差別量的感受能力稱**差別感受性** (difference sensitivity)。人的感覺差別閾限的絕對差值是隨比較刺激的強度而變化的。例如，1000g 重量與 1030g 重量比較，剛剛能感覺到有差別。但若 10000g 重量與 10030g 重量相比較，人就感覺不到兩者有差別。一般要把後者增加到 10300g 時才開始感覺到它與 10000g 有差別。這就是說，表示差別閾限的差別量不是絕對值，而是一個比例常數。在這個重量差別感覺的例子中，這個比例常數就是百分之三。差別閾限的比例常數稱為**韋伯定律** (Weber's Law)。其表示式為

$$\frac{\triangle I}{I} = K$$

I：代表刺激初始量
$\triangle I$：代表剛引起差別感覺時所需的刺激增量
K：代表常數

每種感受器的適宜刺激在中等強度範圍時，韋伯定律一般都是適用的。各種感覺都有各自的感覺絕對閾限和感覺差別閾限。

(二) 人對刺激的感受能力

人的各種感受器都各有其感受特殊刺激的能力。下面列舉視、聽、觸、嗅四種感受器感受適宜刺激的能力。

1. 視覺　眼是人的視覺感受器。可見光是**視覺** (visual sense) 的適宜刺激。眼球內**視網膜** (retina) 上的**視桿細胞** (rod cell) 和**視錐細胞** (cone cell) 是感受光刺激作用的細胞。視桿細胞對光刺激比視錐細胞敏感，但視錐細胞具有對色調的感受能力。網膜**中央凹** (或**中央窩**) (fovea) 是視錐細胞最集中的地方，具有分辨物體細節的能力。視覺的感光能力，主要表現在以下各個方面：

(1) 光亮度感受範圍：$(10^{-5} \sim 10^4) \times 3.1831$ cd／m^2
(2) 光亮差別感覺閾，即 $\triangle I／I：1／70$
(3) 光譜波長感受範圍：400～700 nm
(4) 閃光頻率感受限度：50 Hz 以下
(5) **視敏度** (visual acuity) 是對物體細部辨別的能力，有靜態與動態之分：

靜態視敏度 (static visual acuity) 隨視標對比度不同而變化：

視標對比度	靜態視敏度 (′)
2.8%	16′
5.0%	4′
8.0%	2′
45.0%	1′

動態視敏度 (dynamic visual acuity) 隨視標運動的速度不同而變化。若以運動速度為零時（即靜態視標）的視敏度為基準，計作 100，則不同運動速度時的視敏度相對值如下：

運動速度(°)/s	視敏度相對值（以靜態時為100）
0	100
50	58
100	30
150	19
200	10

2. 聽覺　耳是人的聽覺感受器。聲波是**聽覺** (auditory sense) 的適宜刺激。**耳蝸** (cochlea) 內**基底膜** (basilar membrane) 上的毛細胞是感受聲波的細胞。當聲波振動**鼓膜** (ear drum) 時，通過聽小骨的作用使耳蝸內的淋巴液受振而引起基底膜上毛細胞發生神經衝動，產生聽覺。聽覺感受聲波作用的能力，主要表現為：

(1) 聲波頻率，感受範圍：20～20000 Hz

(2) 聲波振幅的感受範圍隨頻率不同而變化。對頻率為 1000 Hz 純音的感受範圍一般為 0～120 dB

3. 觸覺　觸覺 (sense of touch) 的感受器是分布皮膚淺層的長圓柱狀小體。它由特殊的細胞與神經末梢纏繞一起。壓力是觸覺的適宜刺激。觸覺感受細胞在人體不同皮膚區域分布不勻，因而身體不同區域觸覺的絕對閾限值也有很大差別，例如：

身體皮膚部位	觸覺絕對閾限(g/mm^2)
手指尖	3
手指背側	5
前臂內側	8
手背	12
下腹部	26
前臂外側	33

4. 嗅覺　嗅覺 (smell) 感受器是鼻腔上的**嗅粘膜** (或嗅覺皮膜) (olfactory epithelium)。氣味分子是嗅感受器的適宜刺激。嗅粘膜上的嗅細胞，受氣味分子刺激而產生神經衝動，傳至大腦，引起嗅覺。嗅覺的靈敏度因氣味不同而異。例如，香草醛在每立方米容積中只要有 $2×10^{-7}$ 毫克人就能感覺到它的存在，乙醚在每立方米空氣中放入 1 毫克時，也能引起人對它的感覺。

第二節　人的信息傳遞

一、信息傳遞率

人在單位時間內所能傳遞的信息量被稱為人的**信息傳遞率**(rate of information transmission)，亦稱人的**傳信通道容量**(或信道容量)(information channel capacity)。按理論推算，人的信息傳遞能力是很大的。根據生理學的研究，視神經纖維的反應期為 1 毫秒，即視神經一秒內最多可發出 1000 個反應。按神經活動的"全或無"定律，神經的每個反應又可在"有"與"無"兩種可能狀態中選取其一，即每個反應含有 1 比特信息。1000 個反應就可傳遞 1000 比特信息，已知人約有 10^6 根視神經，因而視覺感受器可以傳遞的信息量約為 10^9 比特／秒。但是實際上人傳遞信息的能力不可能這麼大，因為在信息傳遞過程中，傳信能力在每一階段都要受到種種主客觀因素的影響而降低。有人推斷從感受器到長時記憶各階段的信息傳遞率變化如下：

信息加工過程	最大信息流量(比特／秒)
感受器接收階段	1,000,000,000
神經連結階段	3,000,000
認知階段	16
永久存儲階段	0.7

研究表明，人傳遞信息所耗費的時間與傳遞的信息量有密切關係。墨克爾 (Merkel, 1885) 做過一個選擇反應時實驗，他用阿拉伯數字 1、2、3、4、5 和羅馬數字 I、II、III、IV、V 作刺激，要求被試用右手的五個手指分別對五個阿拉伯數字作反應，用左手的五個手指分別對五個羅馬數字作反應，得到的結果如表 4-1 所示。可見反應時間隨刺激數目增加而增長。後來，希克 (Hick, 1952)、海曼 (Hyman, 1953) 等人又分別做了類似的實

表 4-1　供選擇反應的刺激數目與反應時間

選擇刺激數目	1	2	3	4	5	6	7	8	9	10
選擇反應時間(毫秒)	187	316	364	434	487	532	570	603	619	822

驗，得到相似的結果。他們提出反應時間與刺激的平均信息量之間存在著線性關係，其關係式為

$$RT = a + bH$$

或

$$RT = a + b \log N$$

RT：代表選擇反應時間
H：代表刺激的平均信息量
N：代表等概率出現的刺激數目
a,b：代表根據實驗條件確定的常數

從上式可見，刺激信息量與反應時間之比例是一個常數。這種關係不僅存在於視覺－動作反應系統中，而且在聽覺、觸覺及其他感覺信息傳遞中也可見到。

二、影響信息傳遞能力的因素

人的信息傳遞能力會受到多種因素的影響而發生變化。下面是對信息傳遞能力有重要影響的幾種因素。

(一) 信道容量

信道容量是指傳信通道傳送信息的最大速率。人從刺激發生作用到作出反應，其傳信通道需要經歷三個階段。第一階段是感覺輸入，即信息從各種感官到大腦，這是信息傳遞的輸入通道；第二階段是中樞加工，即信息在大腦中的加工，在這裏對信息作出辨別、判斷、決策；第三階段是運動輸出，即從大腦到各種運動器官，這是信息傳遞的輸出通道。人的各種信息輸入通道與輸出通道在信息傳遞能力上有明顯的差異。傳信通道的信息傳遞能力主要受兩方面因素的影響，一是通道的傳信速度，二是通道的信息辨別力。不

同通道的傳信速度一般用簡單反應時來衡量。不同通道的簡單反應時如表 4-2 所示，有很大的差別。

表 4-2　不同信道的簡單反應時

信　道	反應所需時間 (毫秒)
觸　覺	117～182
聽　覺	120～182
視　覺	150～225
嗅　覺	210～300
味　覺	308～1082
痛　覺	400～1000

　　在選擇反應時研究中或更複雜的活動中，人必須對傳入的信息進行辨認和判斷後才能作出反應。因此，其傳信能力還要受到信息辨認力的影響。人對信息的辨認隨信息載體或刺激的特點而不同。例如人的視覺辨別能力遠高於聽覺、觸覺。人能正確分辨出十幾種分別呈現的色調刺激，但只能正確辨認出幾種分別呈現的不同音調。在相等的時間內人能辨認的刺激愈多，傳信能力就愈大。這表明反應時間與能辨認的刺激數目對信道容量具有不同的關係：信道容量隨辨認的刺激數目增多而增大，隨反應時間的增長而減小。因而一般用下式計算人的信道容量：

$$C = \frac{n \log_2 N}{T}$$

　　C：代表信道容量
　　N：代表辨認的刺激數目
　　n：代表單位時間內能正確辨認的刺激數目
　　T：代表正確辨認一個刺激所需的時間

　　研究表明，人的信道容量不僅因感覺性質不同而異，例如視覺與聽覺的信道容量不一樣，而且在同性質的感覺中，還隨刺激內容不同而有差別，例如在視覺中，人對亮度的信道容量就不同於對色度的信道容量。表 4-3 是根據不同學者對不同感覺的單維刺激所作絕對判斷 (absolute judgement)

表 4-3　在絕對判斷中感覺信道對單維刺激的通道容量

信道	刺激維度	能絕對辨認的刺激數目	信道容量(比特)
視覺	在直線上點的位置	10	3.2
	方塊大小	5	2.2
	顏色(主波長)	9	3.1
	亮度	5	2.3
	面積	6	2.6
	直線長度	7～8	2.6～3.0
	直線傾斜度	7～11	2.8～3.3
	弧度(弦不變)	4～5	1.6～2.2
聽覺	純音強度(音響)	5	2.3
	純音頻率(音高)	7	2.5
味覺	食鹽水濃度	4	1.9
振動覺	振動強度	4	2.0
	振動持續時間	5	2.3
	振動位置	7	2.8
電擊	電擊強度	3	1.7
	電擊持續時間	3	1.8

(採自 Van Cott & Warrick, 1972)

研究結果所推算的不同感覺信道的信道容量。

(二)　信息編碼維度

　　信息編碼維度是指用來傳遞信息的編碼刺激可以獨立變化的特性。例如視覺刺激可以在形狀、大小、顏色、明度等特徵上分別加以變化，聲音刺激可以在音高、響度、音色、延續時間等方面加以變化。每一種可獨立變化的特徵就是一個維度。只有一個特徵可以變化的刺激稱為**單維刺激** (single dimension stimulus)，有二個以上可以變化的特徵複合的刺激稱為**多維刺激** (multi-dimension stimulus)。例如，若有一個視覺刺激可以在形狀和色度兩項特徵上進行變化，它就是二維視覺刺激。若這個刺激的形狀與色度特徵都可以作三種變化，那麼它就可以作出九種變化，可用以對九種不同的信息進行編碼。刺激所包含的維度數愈多，可以對愈多的信息進行編碼。

用以編碼的刺激維度數對人的信息傳遞能力有明顯的影響。一般說，用多維度編碼的信號刺激比單維度編碼的信號刺激能使人傳遞更多的信息，但人對多維度信號刺激的信息傳遞能力要小於這些維度單獨編碼的信息傳遞能力之和。這個結論已為許多學者的實驗所證明。表 4-4 是絕對判斷實驗中幾種多維度刺激傳遞信息的通道容量。

表 4-4 絕對判斷中感覺信道對多維刺激的信道容量

信道	刺激維度	能絕對辨認的刺激數目	信道容量(比特)
視覺	大小、明度、色調	18	4.1
	等亮度顏色(色調、飽和度)	13	3.6
	點在方形中的位置	24	4.6
聽覺	響度、音高	9	3.1
	頻率、強度、間斷率、延續時間、空間位置	150	7.2

(採自 Van Cott & Warrick, 1972)

(三) 信息的熟悉程度

人對信息的熟悉程度對信息傳遞能力有明顯的影響。不熟悉的信息傳遞效率低，熟悉的信息傳遞效率高，對信息傳遞的影響主要表現為反應速度或反應準確性的提高。例如，人對數字作相應的按鍵反應，開始時反應時間較長，平均每秒能對 1.5 個數字作出準確反應，其信息傳遞率相當於 5 比特／秒。經過幾個月的訓練後，反應速度可提高到每秒 3 個數字，相當於 10 比特／秒。一個對打字非常熟練的人，打字的信息傳遞率可以達到 22 比特／秒。若用速示器隨機呈現數字或字母，由被試人作口頭辨認反應，則數字的傳遞率可達 58 比特／秒，字母可高達 91 比特／秒，比辨認一般圖形符號的傳遞率要高得多。其原因就在字母、數字是人經多少年長期使用，其熟悉度要比一般圖形符號高得多。這說明人對信息的傳遞能力可隨訓練而提高。當然，這種提高仍然是有限度的，當訓練達到高度熟悉水平後，即使再繼續訓練，傳遞率也不可能再有明顯的提高，但是可以提高其信息傳遞率的鞏固度。

(四) 覺醒狀態

人的**覺醒狀態**(wakefulness) 會影響信息傳遞的效率。人在睡眠時，大腦處於抑制狀態，這時不僅不能對信息進行加工，而且也幾乎停止信息傳遞。只有在大腦處於一定的覺醒水平時才可能進行信息傳遞。一般說，覺醒水平較高時，信息傳遞率也較高，但在覺醒水平超過一定限度後，信息傳遞率就不僅不再隨覺醒水平提高而增大，而且還會隨覺醒水平提高而減小。也就是說，人的覺醒水平與信息傳遞率之間存在著倒 U 字形關係。

在正常情形下，人的覺醒水平有隨晝夜節律而變化的趨向。人在白天多處於活動狀態，夜晚多處於靜休狀態。在長期的晝夜交替過程中，形成了白晝覺醒水平高，夜間覺醒水平低的節律變化。人的覺醒水平還與作業狀態有關。若在工作中獲取的信息太少，或工作處於一種單調重複的狀態，覺醒水平就會降低。反之，人若受到意外的刺激，或工作處於高度緊張，覺醒狀態就會高過正常水平。覺醒狀態低於一定水平或高於某種水平，都會對信息的傳遞和加工產生消極影響。

(五) 疲　勞

人處於**疲勞**(fatigue) 狀態時，會對信息傳遞和信息加工過程產生不利影響。長時間的持續工作或超負荷工作都會使人產生疲勞。疲勞會降低人的覺醒水平，使人感受刺激作用的靈敏性降低，並使反應動作變得遲鈍，從而導致信息傳遞速度放慢和信息加工精確性的降低。人在疲勞時容易發生操作事故，其主要原因就在這裏。

第三節 信息的中樞加工（一）
——知覺和記憶過程

經過感受器加工後的信息輸入到大腦，並在大腦中進行進一步的認知加工。大腦中的認知加工包括知覺、記憶、思維等。這些加工過程一個比一個複雜。雖然認知心理學家對它們進行了多年的研究，但由於人們無法直接對它們進行觀測，因此對這些信息加工過程，至今仍然了解得不深。

一、知覺信息加工過程

知覺是刺激直接作用於人的感官時對刺激形象的綜合反映。在客觀對象直接作用於感官時，它的各種物質屬性刺激感官中的神經末梢，引起神經衝動，這時把物理過程轉變為生理過程。神經衝動傳至大腦皮層，人意識到物質屬性的刺激時，就引起感覺。感覺是心理過程的開端，是人認識過程中最簡單的過程。知覺是在感覺基礎上產生的。它與感覺的主要區別在於感覺所反映的是刺激物的各別屬性，而知覺所反映的是刺激物的綜合形象。但知覺的信息加工過程要比感覺複雜得多。

知覺的信息加工過程主要涉及兩個問題，一個是整體加工和局部加工的關係問題，另一個是自上而下加工和自下而上加工的關係問題。

（一） 整體加工與局部加工

知覺對象都作為一個整體而存在。整體是由部分組成的。任何一個整體都可分解成不同的部分，每部分又可以分解成更小的部分。層層分解，直至分解到最基本的成分。例如一座房子，可分解為牆壁、房頂、門、窗等，牆壁、門、窗又可分解為磚、瓦、木條、玻璃等，磚瓦等還可再分解出線條、角度、色度、灰度、材料質地等。再如漢語閱讀材料可分解為句，句可分解為詞或字，字又可分解成偏旁、部首等構字部件，部件還可分解成筆劃，等等。據研究，中樞神經元對外部刺激的作用有很精細的分工。諸如豎線條、横線條、斜線、彎角等都有不同的神經元分別對它們進行反應。這些神經元被稱為**特徵覺察器** (feature detector)。特徵覺察器的發現說明知覺對各種精細成分的信息加工都有其神經生理學基礎。對一個客觀對象的知覺信息加工過程中，整體與部分存在著什麼關係呢？是先知覺其整體，再知覺其部分呢，還是先知覺其部分，在對部分進行信息加工的基礎上再形成對整體的知覺呢？對這個問題有兩種看法，一種看法認為在外界對象的知覺過程中，要先分析對象的特徵，而後將感受到的特徵加以綜合而產生整體知覺。另一種看法認為當客觀對象作用於人時，先引起整體知覺，而後知覺到對象的組成部分。奈文 (Navon, 1977) 曾對這個問題做過一系列實驗，證明知覺**整體特徵** (global feature) 知覺快於**局部特徵** (local feature) 知覺，而且當人在注意整體特徵時知覺加工不受局部特徵的影響，而在知覺整體中的局部特徵時卻要受整體特徵的影響。這裏舉出他的一個實驗為例。奈文設計了如圖 4-2 所示的實驗材料。圖中有 H、S 和長方形等三類大的字符，每一類大字符又分成分別由小的 H、S 和小長方形構成的三種情形。圖中大字符的

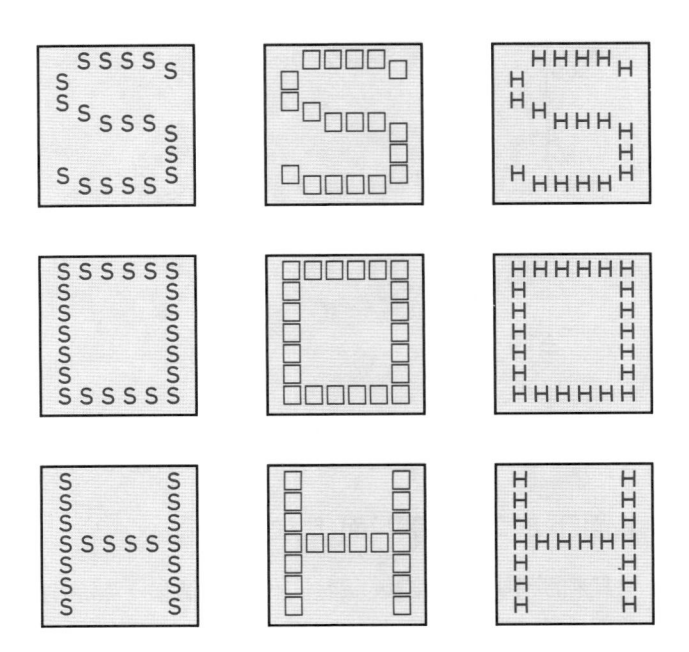

圖 4-2 奈文實驗中用的整體與部分關係的材料

最長直徑為 28mm，構成視角 3°12′，小字符的大小為大字符的八分之一。實驗材料分為兩組，第一組採用圖中第一行與第三行的六種字符，要求被試在刺激呈現時注意看整體，並要求他們指出所看到的大字符是 H 還是 S。第二組實驗採用圖中第一列與第二列的字符，要求被試注意看部分，並要他們指出看到的小字母是 H 還是 S。刺激在螢光屏上呈現 40ms。兩組實驗結果如圖 4-3 所示。顯然，大字母比小字母識別得快，而且在大小字符一致、無關、衝突三種情形下大字母的識別反應時沒有明顯差異，說明大字母的知覺很少受小字符的影響。而對小字母的識別反應時在大小字符衝突時明顯增長，說明小字母的知覺明顯受大小字符一致性水平的影響。從這裏可以推斷，對整體的知覺不受或很少受其構成部分的影響，而知覺整體中的構成部分時，卻明顯要受整體特點的影響。

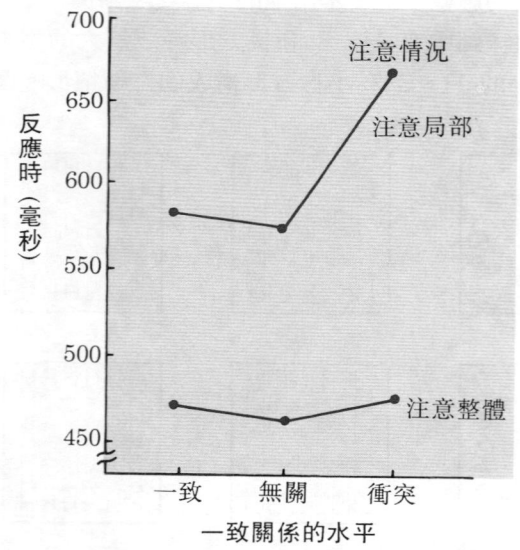

圖 4-3　知覺中整體特徵與局部特徵的關係

（二）　自上而下加工與自下而上加工

知覺既是現實刺激作用與知識經驗共同作用的結果，那麼知覺過程自然就包含著相互聯繫的兩方面的信息加工過程。一方面是對現實刺激的信息加工，例如一個漢字作用時，對其字形結構特徵進行有層次的分析，把一個漢字分解成輪廓、部件和筆劃等特徵。把這種分析結果與記憶中的漢字信息相對照，達到對漢字的識別。認知心理學家把這種信息加工稱為**自下而上加工 (或由下而上處理)** (bottom-up processing) 或者叫做**數據驅動加工** (data-driven processing)。另一方面，有來自已有知識開始的信息加工，就是由知識或概念引導對刺激進行信息加工。例如對一個熟悉的對象，由於已有知識的引導，可以很快地從其他對象中把它識別出來。人們把由知識引導知覺信息加工過程叫做**自上而下加工 (或由上而下處理)** (top-down processing) 或者稱為**概念驅動加工** (conceptually-driven processing)。一般認為客觀對象作用於人時，需要通過自上而下加工與自下而上加工的相互作用才能實現對象的整體形象反映。一般說，一個對象對人多次作用後，它的構成特徵和整體形象就會在人的記憶系統中以某種編碼形式形成相應的構型，有人稱之為**模板** (template)。這種模板是對象多次知覺的基礎上形成的，它反映著對象的基本特徵及特徵間的關係。模板形成後，當現實刺激中包含有某種模板的組成內容時，記憶中的這些模板就會被激活。經過這些模板與現實刺激的比較或匹配，使人確認發生作用的刺激是什麼東西。當然，對一個熟悉的對象，模板的激活、匹配和確認的過程都發生得很快，因此往往刺激發生作用的瞬時，人就能立即知道它是什麼。但對一個從來沒有接觸過的對象，情形就不一樣。記憶中沒有儲存著相應的模板，人不知它為何物，這時人就會從不同角度感知它，這時的信息加工多採取自下而上的方式。經過一定的信息加工後，就會形成與之相應的模板儲存於記憶系統中。記憶中的模板自然不可能包含一個對象每次作用中的一切具體細節的信息，模板中所包含的一般是一種對象或一類對象的形象中那些比較穩定的特徵和特徵組合關係的信息。所以知覺過程不僅有記憶的參與，而且還具有形象概括的特點。

二、信息存儲

人的記憶系統猶如電子計算機中的存儲器。人能把輸入並經過加工的信息在記憶系統中儲存起來，到需用時再把它們提取出來。記憶就是信息的**存儲 (或貯存)** (storage) 和**提取 (或檢索)** (retrieval)。

根據現代心理學研究，人的記憶系統可以分為**感覺記憶、短時記憶**和**長時記憶**三部分。記憶的這三個部分既有區別又有密切聯繫。它們的關係如

圖 4-4 所示。信息首先保持在感覺記憶中。信息在感覺記憶中保存的時間很短，若不經重復作用，就會很快喪失。重復作用的信息進入短時記憶。短時記憶中的信息可來自感覺記憶，也可來自長時記憶。信息不論來自何方，在短時記憶中都只能保持較短的時間，若不進行**復述** (或**復習**) (rehearsal)，信息也會很快喪失。短時記憶中的信息，通過復述可以保持較長的時間並進入長時記憶。長時記憶中的信息不易喪失，需要時可以把它提取到短時記憶中，但長時記憶中的信息若長期不提取，也會逐漸淡化，直至完全**遺忘** (forgetting)。

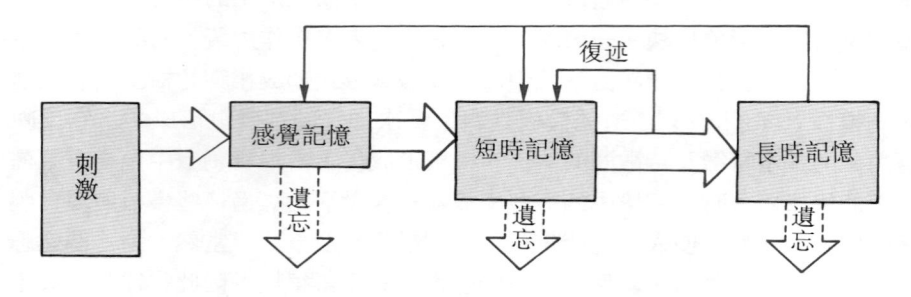

圖 4-4 人的記憶系統模型

（一） 感覺記憶存儲

感覺記憶 (sensory memory) 也稱為**感官收錄** (sensory register，簡稱 SR)，是指外部刺激引起的感性形象在刺激作用停止後的很短時間內仍保持不變的狀態。這種記憶由於保持的時間以毫秒計，因此又稱為**瞬時記憶** (或**即時記憶**) (immediate memory)。目前，感覺記憶的研究主要集中在視覺和聽覺方面。視覺的感覺記憶稱**圖像記憶** (或**映像記憶**) (iconic memory)，聽覺的感覺記憶稱**聲像記憶** (或**餘音記憶**)(echoic memory)。由於存在圖像記憶，人就會把時間間隔很短的刺激知覺成連續的刺激。電影就是利用感覺記憶的這個特點，使靜止的分割的畫面看成是連續的運動畫面。據研究，圖像記憶中信息的保持時間約為 300 毫秒。其記憶容量以字母為例，至少在九個以上。聲像記憶的保持時間比圖像記憶長，約為 4 秒，其記憶容量則比圖像記憶少，約能記住五個項目。

（二）短時記憶存儲

1. 短時記憶存儲量　短時記憶 (short-term memory，簡稱 STM) 是指信息保持時間不長於幾十秒的記憶。例如從電話本上查到一個電話號碼，打了電話後這個號碼就記不起來，就是因為這個電話號碼當時只儲存在短時記憶中而沒有轉入長時記憶的緣故。短時記憶往往是人在即時活動中所要求的，是操作性的，因此又稱為**工作記憶** (或運作記憶) (working memory，簡稱 WM)。例如打字員打字時逐字逐句記住所看到的文字，飛機駕駛員觀看儀表時記住某個儀表指針的變化狀態，借書時查閱圖書編號等，都屬於短時記憶。活動任務一完成，原來被記住的信息也就遺忘了。短時記憶容量有一定的限度，一般能記住七個不相關聯的項目。例如人記無意義聯繫的數字串或字母串時，一般不能超過九個數字或字母。但若把記憶的項目換成有組織的材料，如記憶有意義的英文單詞或記憶有一定意義聯繫的組合數字，那麼所能記住的字母或數字就要比記憶無關聯的字母或數字多得多。例如字母串 REGVTKHRPCASU，一般人看一遍之後就能記住的字母最多不過 5～9 個 (即 7±2)，但若把這些字母按照與上面相反的順序排列成 USACPR-HKTVGER，那麼一個略懂英文的人就可不費勁地記住全部 13 個字母。因為這時他可以把這些字母分別組成 USA CPR HK TV GER 等縮略詞，即分別組成已熟悉的**組塊** (或意元集組) (chunk)。所謂組塊是指把若干小的單位按某種規則組合成熟悉的較大的單位。短時記憶容量是以組塊為計算單位的。組塊可小可大。字母是由筆劃構成的組塊，單詞是由字母構成的組塊，詞組是由單詞組成的組塊，句子又是由詞組構成的更大的組塊。一般說，短時記憶容量為 7±2 個組塊。但組塊的增大，會使短時記憶容量有所減小。例如據喻柏林 (1985)、張武田 (1986) 等人對漢語字詞的短時記憶容量研究表明，單字詞、雙字詞和四字詞的短時記憶容量分別為七、六、五個組塊。而英語的單音節詞、雙音節詞、雙字詞、八字詞的短時記憶容量分別為七、七、四、三個組塊。

組塊的組合方式依賴於人的知識經驗。同樣的一些記憶材料不同的人可根據自己的知識經驗組合成不相同的組塊，例如 49532781 這組數字，一個人按他的經驗以四個數字一組把它組成 4953，2781 兩個組塊，另一個人則按二個數字一組組成 49，53，27，81 四個組塊。組塊不同記憶的效果就會有差異。有人對象棋大師、一級棋手和新手對棋局布子的短時記憶進行比較，要他們對 25 個棋子組成的棋局看 5 秒後根據記憶進行復盤，結果表明象棋大師正確復位的棋子最多，一級棋手次之，新手最少。其原因就在象棋大師的經驗豐富，他能把棋子布局納入較多的組塊，而新手卻缺少這種把棋子分布組成組塊的經驗。記憶能手所掌握的種種記憶術，有很多就是利用他的知識經驗巧妙地把記憶材料組織成便於記憶的各種組塊來實現的。

2. 短時記憶編碼 記憶中的**編碼** (encoding) 是指信息以什麼代碼形式保存在記憶中。在感覺記憶中，信息一般按與物理刺激特性相似的形式進行編碼，例如視覺以圖像形式、聽覺以聲像形式進行編碼。短時記憶的編碼形式要比感覺記憶的複雜。考雷特 (Conrad, 1964) 認為短時記憶中信息主要以聽覺形式編碼，因為在以字母的視覺刺激形式的短時記憶實驗中，被試特別容易在聲音相似的字母間發生混淆，如將 B 誤為 V，將 S 誤為 F，將 D 誤為 T，等等。這似乎說明短時記憶中的信息代碼是以聽覺聲音的**聲碼** (acoustic code) 形式存在的，即使作用於人的是視覺刺激，在短時記憶中仍轉換為聲碼。但有人對此提出疑問，認為人的言語系統可能參與對視覺刺激的信息加工。特別在字詞閱讀中，一般都借助內部言語來進行。言語必伴有言語運動器官的活動。內部言語雖然沒有發出聲音，但言語運動器官的活動仍然存在。發音相似的字母，不僅聲音相近，而且也有近似的言語運動器官的活動。因此人在接收字母視覺閱讀材料的作用時，將伴有視、聽和發音器官運動等多種形式代碼的信息加工。實驗表明，對字母視覺材料的短時記憶中，除了聲音和言語運動相近的字母 B−V，S−X，F−S 之間有較多的混淆外，那些在形狀、聲音與言語運動上相近似的字母，如 M−N，B−P 之間往往會有更多的混淆。看來，在短時記憶中並不只是存在聽覺代碼，同時也存在視覺、言語動覺和語意等代碼。莫雷 (1986) 對漢字材料用**信號檢測法** (signal detection method) 研究了短時記憶編碼方式，結果表明漢字短時記憶是以形狀編碼方式為主的，不過在不同特點的漢字中也包含有意碼或聲碼。看來短時記憶的編碼方式存在著隨記憶材料的性質和特點不同而變化的情形。

（三） 長時記憶存儲

短時記憶中的信息，經過一定的復述之後可以進入長時記憶。**長時記憶**

(long-term memory，簡稱 LTM) 是一個巨大的信息庫。人的知識經驗就是儲存在長時記憶中的信息。知識經驗隨著人的學習和生活經歷的增多而越來越豐富，因此，長時記憶的容量幾乎是沒有限制的。長時記憶中儲存的信息在時間上很可能是永久性的。因此有人把長時記憶稱為**永久記憶**(permanent memory)。

1. 長時記憶類型 儲存在長時記憶中的信息一般分為兩類，一類是**程序性記憶**(procedural memory)，另一類為**陳述性記憶**(declarative memory)。

程序性記憶儲存的是有關活動先後順序的信息。工作中掌握的各種操作程序、方法、技能都需要程序性記憶。程序性記憶是經過學習獲得的。學習一種操作方法，往往不是接觸一次就能掌握。如初學騎自行車的人，總要經過許多次練習才能學會。程序性信息熟練掌握後，就會成為自動的過程，一經激發，就會自動連續發生。

陳述性記憶所儲存的是有關事實材料的信息。例如地名、人名、歷史事件、公式定理等均屬陳述性信息。陳述性記憶又可按所儲存的信息性質區分為**情節性記憶**(episodic memory) 和**語意性記憶**(semantic memory)。

情節性記憶儲存的是個人親身經歷的與特定的時間、地點、情景有關的信息。例如一個人第一次遊覽一處風景名勝的情景，第一次離家到遠地上學的情景，第一次同異性朋友談戀愛的情景，第一次上戰場與敵人戰鬥的情景等，都是印象特別深刻，伴有強烈情緒體驗的情節性記憶。語意性記憶是通過語言對語詞、概念、規律、規則等的記憶。語意記憶儲存有關事物意義的信息，具有概括和抽象的特點。情節性記憶與語意性記憶相比，前者容易受各種因素的干擾而發生變化，而語意性記憶一般不依個人的具體情境不同而變化，它不易受干擾，比較穩定，較易提取。情節性記憶儲存的是個人經歷的具體事件的信息，很難以它作推理。語意性記憶儲存的是具有概括性的信息，可用以進行推理，因此它與人的智力活動有更密切的關係。自然，這兩類記憶的區分也只能是相對的。在人的實際記憶中，情節性記憶與語意性記憶往往交織在一起，兩者互相支持，互相促進。

2. 長時記憶的編碼 長時記憶採用什麼編碼形式？一般認為長時記憶中的語意性記憶是用**意碼**(semantic code) (即語文代碼) 儲存信息的。它主要表現為字詞形式的儲存。字詞都有一定的意義，例如筆指的是專用來進行書寫和繪畫的東西，動物指的是一切能進食而長有皮膚的生命體。"筆"、"動物"兩個詞就成為它們所指事物的代碼。長時記憶中的大量信息，就是以字詞形式儲存的。長時記憶除了言詞編碼外，還有**表象**(或表徵)(representation) 形式的編碼。人的許多情節性記憶，就是以視覺表象或聽覺表象的形式進行編碼的。自然，在人的長時記憶中，言詞編碼與視、聽表象編碼不是截然分割，互不相關的。人在回憶往事時往往不僅想起事情的內容，而且也會引出相應的視、聽表象來。

三、信息提取

(一) 短時記憶信息提取

短時記憶中儲存的信息可以隨時被提取出來。對短時記憶中提取信息的過程，不同的學者提出不同的想法。有所謂**系列掃描模型** (serial scanning model)、**直通模型** (direct access model) 和系列掃描與直通接合的雙重模型。持系列掃描模型者認為短時記憶中的信息提取是通過對儲存中的項目逐個進行掃描比較來實現的，因此儲存項目較多時，提取信息所需要的時間就較長。但系列掃描模型不能解釋記憶項目較多或記憶材料快速呈現時，被試立即提取位於材料開始部分和末尾部分的項目，比其他位置的項目更快的系列位置效應現象。直通模型論者認為信息提取不是通過掃描比較，而是對需要的項目直接進行提取的。他們認為短時記憶中的各個項目都有一定的痕跡強度或熟悉值，同時人對短時記憶中的項目有一個判定標準，當提取項目的熟悉值高於這個標準時就會作出肯定的反應，若提取項目的熟悉值低於這個標準時就會作出否定的反應。提取項目的熟悉值愈是偏離(高於或低於)這個標準時作出反應也愈快。這個模型可以解釋系列位置效應，但不能解釋信息提取時間隨儲存項目增多而增長的現象。雙重模型論者把上述兩種模型結合起來，認為人在信息提取中有兩個判定標準，一個是高標準，還有一個是低標準。若要求提取項目的熟悉值達到或高於高標準，就會迅速作出肯定反應；若要求提取項目的熟悉值達到或低於低標準，就會迅速作出否定反應。這兩種情形下信息都按直通模型進行提取。而對於熟悉值處於高、低標準之間的項目，則要經過系列掃描才能作出反應，因而反應時就比上面兩種直通情況的來得長。看來，這個雙重模型能夠更好地解釋短時記憶信息提取中的許多現象。

(二) 長時記憶信息提取

人的長時記憶的容量十分巨大，人所掌握的信息幾乎全都儲存在這個信息庫中。當需用長時記憶中的信息時，需把信息臨時從長時記憶信息庫中提取到短時記憶或工作記憶中。使用過程中得到的新的信息又送回到長時記憶信息庫中。因此長時記憶的信息提取對人的工作和活動有很重要的影響。長時記憶中提取信息要比短時記憶中提取的過程複雜。因為長時記憶中儲存的信息由於數量巨大，或信息久存不用，給提取過程帶來兩點不如短時記憶的現象：其一，提取速度快慢不一，經常使用的那些信息能較快地提取，那些不常用或很少用到的信息提取過程比較慢，往往需要想一想才能回憶起來，有時甚至一再想也想不起來。其二，信息容易**失真** (或變相) (distortion)。信息失真的原因一方面是由於儲存的信息多，其中包含有許多具有不等相似度的信息，提取時容易發生混淆；另一方面是由於儲存時間久，有些信息有所丟失，使提取的信息有所缺損或變形。因此，如何提高信息提取的效果是長時記憶研究中的一個重要問題。

根據研究，記憶材料的組織特點對信息提取的效果有明顯的影響。鮑爾 (Bower, 1969) 等人的實驗證明，回憶有組織的材料比回憶無組織材料的效果好。他們在實驗中要求被試記憶四個層次序列圖中的全部單詞。其中的一個層次圖如圖 4-5 所示。呈現給被試的層次序列圖有兩種情形：一種是四個圖中所列舉的單詞都是像圖 4-5 那樣按其內容特點加以組織的；另一種情形是四個層次序列圖中的單詞是隨機安排的，無組織的。每個圖的單詞讓識記一分鐘。被試識記過四個圖後要求他們按自己的回憶方法儘量把單詞回憶出來。每種情形共經過四次識記－回憶測定，結果如表 4-5 所示。單詞按內容作層次組織的被試組回憶出來的單詞數，明顯多於單詞隨機安排的被試組。產生這種差異的主要原因在於有組織的材料在回憶中容易進行**聯想** (association)。由於把內容相近的名詞放在同一層次框內，只要回憶起一個就可聯想到其他的。

回憶的**線索** (cue) 對回憶效果有重要影響。線索對回憶發生導向作用。

```
                           ┌──────┐
                           │ 礦物 │
                           └──────┘
                           ╱      ╲
                     ┌──────┐    ┌──────┐
                     │ 金 屬│    │非金屬│
                     └──────┘    └──────┘
```

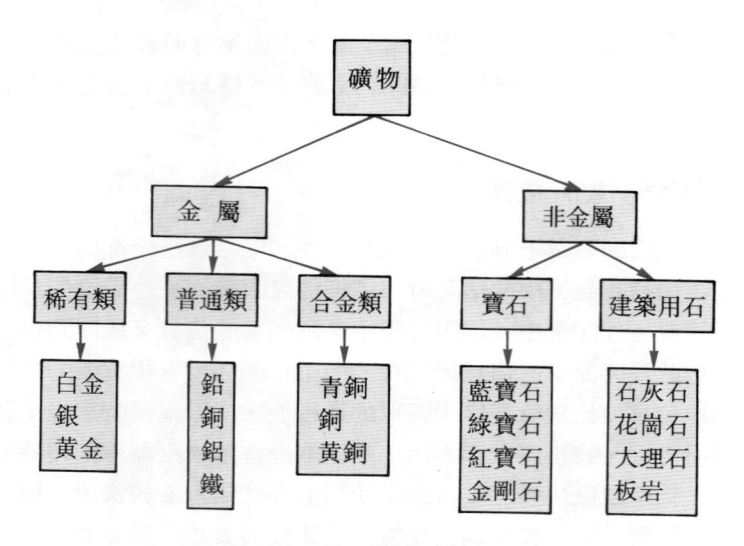

圖 4-5 有組織單詞層次圖示

表 4-5 記憶材料有組織安排和隨機安排的回憶結果比較

試驗次數	回憶出來的單詞數	
	有組織安排	隨機安排
1	73.0	20.6
2	106.1	38.9
3	112.0	52.8
4	112.0	70.1

例如我們早年時代經歷的事，由於時間久很難想得起來，但看了一場當年拍攝的電影，就可以使我們回想起許多往事來。電影中的鏡頭成了引導回憶的線索。回憶線索可以是別人提供的，上面說的電影提供的線索就來自別人。人也可以為自己提供這樣或那樣的回憶線索。例如當我們回憶中學時代的同班同學的名字時，可以找出畢業時全班同學合影的照片作線索，看到照片就容易想起照片中人的名字。在忘記了某個歷史事件的年代時，可以通過回憶與此事件有聯繫的別的事件發生的時間而聯想到該歷史事件的發生年代。由

於線索對記憶提取具有導向作用,因此不同的線索自然會導出不同內容的回憶。羅夫蒂斯 (Loftus, 1979) 曾做過一個實驗。實驗中先讓被試看一段有關兩車相撞的車禍影片,看完後回答問題。向一組被試提問:"據你們估計,兩車撞毀的當時,其車速為多少哩?"向另一組被試提問:"據你們估計,兩車相撞的當時,其車速為多少哩?"向兩個組提的問題只有一字之差,但這一字,卻導向兩組被試從記憶中提取的內容發生相當大的差別。第一組被試回答的車速為每小時 40 哩以上,第二組被試回答的車速為每小時 30 哩以上。一星期後,問兩組被試:"根據你們的回憶,上次影片中的交通事故,汽車上有沒有撞碎的玻璃?"結果第一組被試 50 人中有 16 人,即 32% 的人回答有撞碎的玻璃,而第二組 50 人中只有 7 人即 14% 的人作出同樣的回答。其實,被試看的電影片中的汽車根本沒有撞碎玻璃。這一方面表明人從記憶中所提取的內容會有扭曲或失真的成分,同時也說明這種失真或扭曲並不一定是當事人有意造成的。在要求別人提供回憶時,要特別注意提問的導向作用。

第四節 信息的中樞加工(二)
——思維與決策

一、思維的基本特點

思維(或思考)(thinking) 是人類認識活動中最高級的心理過程。通過感知覺只能認識事物的表面現象,通過思維則能認識事物的本質特性和事物變化的規律性。例如,我們感知到太陽每天早上從東邊升起,傍晚在西邊落下,似乎太陽繞著地球轉。實際與此相反,不是太陽繞地球轉,而是地球繞太陽轉。太陽的東升西落,地球上的晝夜變化,都不是太陽運動的結果,而是地球自轉運動造成的。地球相對於太陽的運動及其與晝夜變化的規律性關係,不可能直接感知到,只有通過思維才能獲得這種認識。

為什麼感知覺所不能反映的事物的本質屬性和規律性能夠通過思維認識到呢？或者說，通過思維為什麼能反映感知覺所不能反映的東西呢？這是因為思維具有兩大功能特點：其一是間接反映的特點，即通過中介物來間接反映事物的特點。人在思維中能根據已知的因素，通過中介而達到對未知因素的認識。例如"月暈而風，礎潤而雨"，風、雨雖未感知到，但從月暈和礎潤可推知風雨即將到來。這種間接認識的功能是思維所特有的。思維所以能有這種間接反映的功能是與它的另一個基本特點有關，這個特點就是思維的概括性。所謂概括的反映，是指所反映的是一類事物的共同特性。決定事物性質的本質特性，必定也是同性質各事物所共同具有的特性。例如，具有書寫功能是筆的本質特性。任何工具，不論其長短、大小、顏色和質料等如何變化，只要具有書寫功能的就叫做筆。也就是說，書寫功能概括了所有筆的共同屬性。人對共同屬性的概括是在多次經歷的基礎上產生的。一個只用鉛筆學寫字而且只看到過別人用鉛筆寫字的兒童，他只知道鉛筆能用來寫字，而不知道毛筆和其他筆也能用來寫字。這時他對寫字功能的概括只局限在鉛筆上面。後來看到別人用毛筆、鋼筆等寫字，或自己有了用毛筆、鋼筆等寫字的經驗以後，才認識到具有寫字功能的還有鋼筆、毛筆等等。這樣，就把書寫功能這個特徵概括的範圍進一步擴大了，直至最後認識到凡是筆都具有書寫的功能，而凡是具有書寫功能的東西都叫做筆。這就達到了對筆的本質特點的認識。有了這種概括認識後，就能進行推理，作出間接的反應。

二、思維的類型

　　思維可以從不同的角度加以分類。下面是幾種常見的分類：

（一）　動作思維、形象思維和抽象思維

　　思維按其表徵方式，可以區分為動作思維、形象思維和抽象思維。**動作思維** (action thinking) 是通過操作動作進行思維，例如學前兒童用擺弄積木的形式或以遊戲的形式進行的思維，就屬動作思維。成人在探索一個裝置發生故障的原因時，也往往伴有動作思維。例如收音機突然不響時，人往往會打開機匣用萬用表的活動筆試探某些線路接點處的電壓，邊測量邊分析，直至找出原因所在。電器修理、機械修理一般都離不開這種動作思維。

形象思維(imaginal thinking) 是以表象形式進行的思維。例如建築師在設計建築物時一般先在頭腦中進行想像，邊想像邊構思，根據想像作出草圖，而後繪出建築物的設計圖。文學家在創作小說時的思維，畫家在作畫過程中的思維，都屬形象思維。

　　抽象思維(abstract thinking) 是用符號或詞語形式進行的思維。例如數學家在演算難題過程中用各種數學符號進行推導，哲學家闡述哲理，地質學家根據鑽探結果對地層結構進行分析等，都屬抽象思維。

　　在一個人的思維活動中，上述三類思維方式是互相滲透，互相聯繫的。我們很難找到一個人只用抽象思維或只用形象思維來思考問題的。即使數學家在思考解答很抽象的數學難題時也不可能純粹脫離形象。同樣，一個藝術家在創作藝術作品也需要有詞語形式的抽象思維活動。因此，只能說數學家偏重以抽象思維為主的思維，藝術家偏重以形象思維為主的思維。三類思維方式並無優劣之分，它們能在不同的工作中發揮各自的優勢作用。

(二) 聚斂式思維和發散式思維

　　聚斂式思維(或**聚斂性思考**) (convergent thinking) 是指人根據已有的知識經驗，按照一般的邏輯程序去尋求解決問題方案時所表現的思維。例如教師在課堂上用一個例題講解解題的方法、步驟，學生解習題時就按照教師講的方法進行解題就屬聚斂式思維。聚斂式思維使人的思維指向於一個方向或一種解決方案。**發散式思維**(或**擴散性思考**) (divergent thinking) 是指人在碰到問題時能從各種不同方向去探求解決問題時所表現的思維方式。發散式思維是一種比較活躍的思維方式。具有這種思維方式的人，往往能提出各種很不相同的解題方案。富有創造性的人一般比較習慣於用發散式思維去思考問題。

(三) 複製性思維與創造性思維

　　思維可按其思維方法與其結果的新穎性而區分為**複製性思維**(reproductive thinking) 和**創造性思維**(creative thinking)。複製性思維是按已經學到的方法或用現成的方案解決問題時的思維。這種思維缺乏獨創性，不可能依靠它去獲得創新的結果。創造性思維是指方法或結果上具有獨創或創新意義的思維。一般說，人在學習過程中多以複製性思維為主，因為一個人只有通過複製性思維，才能較快地從不知到知。創造就要擺脫書本或已有經驗的束縛，提出前人沒有提出過的新思路，做出別人沒有做出過的新成果。沒有創造性思維，就不可能獲得創新的成果。

在人的實際思維活動中，複製性思維與創造性思維是不能截然分開的。一個人不可能只使用複製性思維而無創造性思維，也不可能只有創造性思維而無複製性思維。學習雖然是接受書本上的知識或教師講述的內容，但要真正掌握已有的知識，也需要有創造思維參與。教師舉其一，學生反其三，才是真正掌握。能做到舉一反三，就有一定的創造性。至於學生能跳出教科書和教師講的框子，想出用其它的方法解題，即使他所想到的方法是別人已經找到了的方法，對他來說仍不失是一種創造性思維。

（四） 算法式思維和啟發式思維

思維按其策略，可分為**算法式思維**(或定程式思維) (algorithmic thinking) 和**啟發式思維**(或直斷式思維) (heuristic thinking)。算法式思維的特點是把解決問題的各種算式都羅列出來，按一定的算法程序逐一加以嘗試，直至問題解決。一個有正確答案的問題，按規定的算法程序，總是可以求得答案的。譬如一個人要去看一個多年不見的朋友，只記得這個朋友住在某個街道，但忘記了門牌號碼，這時可採取逐戶探問的方法去找，只要這個朋友還住在這個街道，通過逐戶探問總是可以找到的。這種方法雖能保證找到答案，但很費時，效率低。因此一般不採用算法式思維去解決問題。與算法式思維相對的是啟發式思維。人在解決問題時，特別在解決較複雜的問題時，一般採用啟發式思維。啟發式思維的特點是不完全按照某種固定的程序去思考問題，而是根據已有的經驗尋找解決問題的線索與方案。採用啟發式思維解決問題雖然不像算法式思維那樣費時，但不能保證問題一定得到解決。看來，算法式思維與啟發式思維各有利弊。在實際解決問題過程中，要根據問題特點，把算法式思維與啟發式思維結合使用才能使問題得到較快的解決。

三、求解問題的思維過程

(一) 問題涵義

人的思維主要表現在問題解決的過程中。所謂**問題** (problem)，是指包含下列三種情形的情境：其一，給出一定的信息或已知條件；其二，要求達到一定的目標；其三，存在實現目標的障礙。一個人只有當他遇到上述情境，並要求自己實現情境所提出的目標時，才會引起他求解問題的思維活動。因此解決問題過程具有以下特點：(1)具有明確的目的；(2)有達到目的的方法和步驟；(3) 在運用解題方法中進行分析、綜合、抽象、概括、比較、推理等活動。具有以上三個特點的活動就是問題求解活動。有些活動雖有明確目的，也有一定的方法和步驟，但只要按記憶中已有的知識就可以直接實現的活動不能算作問題解決活動。解決問題必須同思維活動相聯繫。一種問題情境對一個無現成知識經驗的人，由於沒有現成的方法可利用，他要達到目的，就必須通過思維活動，這時他的活動就是解決問題的活動。這個人經過實踐有了這種解決問題的知識經驗後，下次再碰到這種情境時，對他來說就不再是問題情境了，因為這時他只要通過記憶活動就能達到目的。所以，許多對成人不構成問題的事，對缺乏知識經驗的兒童，往往需要有一番解決問題的過程才能夠完成。一個熟練的技術能手能夠隨手實現的事，對一個新手可能就構成問題。教師若不了解這一點，就會把自己一目了然不成問題的事，以為學生也不會成問題，這樣就會使教學脫離實際，收不到好的教學效果。

(二) 問題解決方法

問題解決(或**問題索解**) (problem solving) 是一個從問題情境的初始狀態開始，通過思維活動達到目標狀態的過程。要將問題的初始狀態轉變到目標狀態，必須經過多種不同的中間狀態。解決問題就是要尋求能將初始狀態過渡到目標狀態的各種中間狀態。尋找中間狀態的關鍵在於方法。這裏介紹幾種常用的方法。

1. **嘗試錯誤法**　在對問題解決缺乏有關知識的情況下，往往採用**嘗試**

錯誤 (trial error) 方法去求解問題。既是嘗試，對是否能取得成功，自然心中無數。一種嘗試失敗，就做另一種嘗試，再失敗就作第三種嘗試，直至獲得成功。因此，這是一種成功率較低、費時較多的方法。這種方法在兒童解決問題過程中常可看到。成人在對問題解決感到無從下手時也會採用嘗試錯誤方法。例如求解下面這道密碼題：

已知 D=5，請將下式中的字母轉換成數字，使第三行數字必須等於第一行和第二行數字之和。

$$\begin{array}{r} DONALD \\ +GERALD \\ \hline ROBERT \end{array}$$

這道題一時看起來會感到無從下手，有的人就採用嘗試錯誤法。但用試誤法解決這個問題是很困難的。因為題中所包含的 10 個字母中，只已知字母 D 等於 5，其他 9 個字母都不知道是什麼數字。若用試誤法，可能的嘗試就有 362,880 次。所以依靠試誤法是很難解決問題的。

2. 探索法 在問題解決時，若事先能得到有關如何可較好地達到目標的某些信息，人就會循著這些信息去探索達到目標的途徑。這時採用的就是**探索法**(或**直斷法**) (heuristics)。以上面舉的解密碼題為例，先從已經提供的 D=5 這個線索開始探索。

(1) 已知 D=5，第六列中 D+D =T，即 5+5=10，因逢十進位，則知 T=0。
(2) 第二列 O+E=O，E 不可能等於 0，因 T 已等於 0。設想另一種可能情況──第三列逢十進位，則 O+E+1=O，得 E=9。
(3) 第四列 A+A=E，A+A 應為偶數，已知 E=9，則可推論第五列有進位，即 A+A+1=9，得 A=4。
(4) 第五列 L+L=R，由 (3) 知 L+L 有逢十進位，所以 L+L+1 大於 10 (1 為第六列進位)，L 必然大於 4，但不可能是 5 或 9 (因 D=5，E=9)，也不可能是 6 或 7 (從 D+G=R 看，已知 D=5，R 必然大於 5，若 L=6 或 7，都不可能使 L+L 的個位大於 5，從而可推論 L=8，R=7，並可推知 G=1。

(5) 目前只剩下 B、N、O 三個字母和 2，3，6 三個數字。N 不可能是 2 或 3 (因已知 R=7，若 N=2，則 B=9，若 N=3，則 B=0，顯然都與已知 E=9，T=0 相矛盾)，N 只能是 6，進而得知 B=3，O=2。

(6) 最後，字母式轉換的數字式如下：

```
  DONALD              526485
 +GERALD            +197485
  ──────             ──────
  ROBERT             723970
```

從這個例子可見用探索法解題比嘗試錯誤法有效得多。成人在問題解決中大多不採用嘗試法而採用這種探索法。

3. 手段-目的分析法 手段-目的分析法 (means-end analysis method) 也稱**演繹推理** (deductive reasoning)，是指通過分析問題解決的目標與當前狀態所存在的差異，採取適當方式逐漸縮小這種差異，直至達到目標的方法。手段-目的分析的關鍵是把解題的總目標分解成一層扣一層的子目標，通過逐步解決小目標去逼近最後目標。下面舉一個解決**河內塔問題** (或**漢諾塔難題**) (Tower of Hanoi Puzzle) 為例。這個問題如圖 4-6 所示。有 1、2、3 三根豎立的圓柱，還有 A、B、C 三個 (或四個) 大小不同可串在圓柱上的圓盤。要求解題人把圓柱 1 上的上小下大串疊的三個圓盤，設法移到圓柱 3 上，圓盤每次只能移動一個，而且圓柱上放置的圓盤必須較小的放在較大的上面。

這個問題的解題過程可以用手段-目的分析法作如下分析：

問題的總目標是把 A、B、C 三個圓盤按規定法則，全部移至圓柱 3。

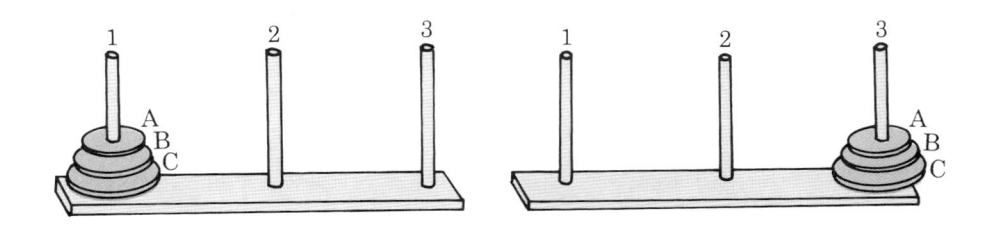

圖 4-6 河內塔問題圖示

但現在 A、B、C 都在圓柱 1 上，無法直接達到目標。要達到這個目標必須分成下列五個子目標：

第一子目標：將 B、A 二盤分別移至圓柱 2、3 上
第二子目標：將 A 盤自圓柱 3 移至圓柱 2 (B 盤之上)
第三子目標：將 C 盤自圓柱 1 移至圓柱 3
第四子目標：將 A 盤自圓柱 2 移至圓柱 1
第五子目標：將 B、A 盤分別自圓柱 2、1 移至圓柱 3 (C 盤之上)

這種解決問題的方法，用在企業管理上就叫做目標管理。企業中的目標管理就是將總的生產目標層層分解成子目標。總的生產目標分解成各子目標後，就可層層落實到各部門、各班組，執行起來就具體、明確，容易操作。可使一時看起來很難完成的生產總目標，變得容易實現。

4. 倒推法 倒推法 (backward inference method) 是從目標出發向反方向推導問題解決途徑的方法。一個從初始狀態出發可以有多種途徑，而最後只有一條途徑能到達目標的問題，最適合用倒推法求解。在求證幾何問題時，使用倒推法，常可較快地解決問題。例如圖 4-7 所示的三角形 ABC 的 $\angle B$ 和 $\angle C$ 的平分線交於 O 點，過 O 點作平行於底邊 BC 的直線，交 AC 邊於 D 點，交 AC 邊於 E 點。求證 DE＝DB＋EC。解這個題一般採用倒推法。其分析步驟是：

第一步：若 DB＝DO, EC＝EO
　　　　則 DE＝DO＋EO＝DB＋EC
第二步：因 BO 平分 $\angle B$，則 $\angle 1=\angle 2$
　　　　CO 平分 $\angle C$，則 $\angle 4=\angle 5$

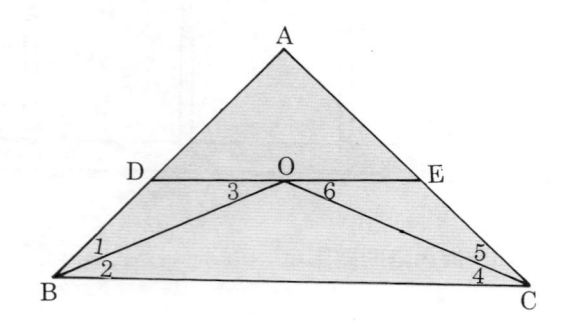

圖 4-7　幾何求證題

第三步：因 DE//BC，由平行線內錯角相等定理
　　　　得 ∠2＝∠3，∠4＝∠6
第四步：由上知 ∠1＝∠3，∠5＝∠6
　　　　得證 △DOB，△EOC 均為等腰三角形
第五步：故 DB＝DO，EC＝EO 得證
　　　　則 DE＝DO＋EO＝DB＋EC

(三) 影響問題求解的因素

人解決問題時的思維易受多種因素的影響。其中有的因素能促進問題的解決，有的因素對問題解決起阻礙作用，有的因素對解決問題起什麼作用取決於問題的情境。下面討論幾種常見的影響問題解決的因素。

1. 定勢作用　人從事一定的活動後，會在一定時間內保持相應的心理準備狀態，它影響或決定著同類後繼活動的趨勢，這種現象稱之為**心理定勢**(或心向) (mental set)。人解決問題時的思維活動也存在著這種定勢作用。在解決問題過程中，若後繼問題與先前問題的解決方法一致時，思維的定勢會對解決後繼問題起促進作用，使問題解決得更快更好，若後繼問題與先前問題的解決方法不一致時，思維的定勢就會對解決後繼問題產生妨礙作用。盧奇斯 (Luchins, 1946) 的一個用水桶量水的實驗，常被用作說明解決問題受思維定勢影響的例子。這個實驗的條件和要求如表 4-6 所示。對每道題被試都可以利用所提供的 A、B、C 三種水桶量出所要求的水量 D。

表 4-6　解決問題定勢作用實驗題例

題序	水桶容量 A	水桶容量 B	水桶容量 C	要求量出的水量 D
1	21	127	3	100
2	14	163	25	99
3	18	43	10	5
4	9	42	6	21
5	20	59	4	31
6	23	49	3	20
7	28	76	3	25

(採自 Luchins, 1946)

可以看到，在 7 道題中，題 1～5 按 D＝B－A－2C 的方法能得到最好的解決，就是説這 5 道題都需要用上 A、B、C 三個水桶。題 6 和題 7 都只要用 A、C 兩個水桶就能得到最好的解決。但實驗結果表明，參加實驗的大學生在解決了前 5 題後，幾乎全都看不出解決 6、7 題可用更逕捷的方法，而仍採用解前 5 題的方法。在解題 7 時，有三分之二的被試在採用前 5 題的方法而不能量出所要求的水量後放棄解題。產生這種現象的原因就是由於被試在解決了前面 5 道題後，對解決類似的題產生了定勢作用，束縛了思路，使他們看不出有更逕捷的方法去解決後面兩道題。

2. 功能固著　功能固著 (functional fixedness) 的作用與定勢作用相類似。它指解決問題時情境中可使用的物件，由於受某種既有功能的影響，使人想不著可用它來解決問題的現象。既有的功能越重要，就越使人想不到它還可用來解決問題。亞當森 (Adamson, 1952) 做過這樣的實驗：用三個紙盒子，分別裝有火柴、圖釘、蠟燭，還有豎著放的一塊木屏，要求被試把點燃的蠟燭像壁燈一樣放置在木屏上。這個問題並不複雜，只要用圖釘把任一個盒子釘在木屏上，再把燃著的蠟燭放到固定於木屏的盒子上，問題就能解決。被試分成兩組，其中向一組被試提供的是分別裝有火柴、圖釘、蠟燭的三個盒子。向另一組被試提供這些材料時，把裝在盒子裏的火柴、圖釘、蠟燭都倒出來放在桌子上。兩組被試得到不一致的結果。雖然兩組被試最後都會想出解決問題的方法，但第一組被試所花費的解題時間要比第二組被試明顯增長。為什麼兩組結果會產生這種差別呢？原因就在功能固著的作用。第一組被試看到紙盒子都裝著東西，因而只把紙盒子看成是裝東西的用具，不容易想到盒子還可用圖釘固定在木屏上作為平台。提供給第二組被試的是空的盒子，少受功能固著的影響，因而能較容易地想到利用盒子作平台來解決問題。

3. 認知框架的作用　認知框架 (或認知基模) (cognitive scheme) 指每個人在生活中形成對待事物的較穩定的框框。用這種框框去對待與以往所遇相同或相近的問題時，熟門熟路，問題很容易解決。但若碰到的問題只是某些特徵與以往解決的問題相似而實際要求並不同時，他往往仍會以原有的老框子去對待。用老框框去解決新問題，自然此路不通。只有拋開老框子，從新角度去看問題才能找到解決問題的正確方法。例如衆所周知的用六根火柴擺成四個等邊三角形問題，有的人習慣於從二維平面上擺幾何圖形，受這種框架的束縛，從平面上去思考擺法，結果百思不得其解。因為從平面上擺出四個等邊三角形，至少需要九根火柴。但若能擺脫平面的局限性而從三維立體考慮，這個問題就不難解決。再如一個九點方陣，見圖 4-8(a)，要求用筆作不重復的四條直線把九個點全部連接起來。這個問題也會使很多人感到困難。因為他們只從封閉圖形的角度去思考此題，從封閉角度把九個點都連上，至少需要有五條直線。但若擺脫封閉圖的框子，把連線延伸至封閉圖之外，如圖 4-8(b) 所示，問題就很容易獲得解決。

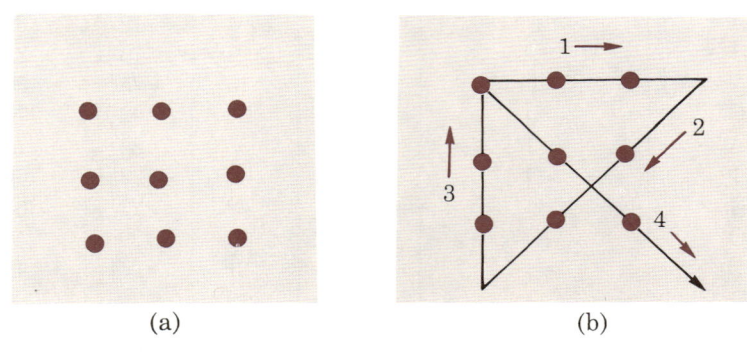

圖 4-8　用四條直線連接九點圖

4. 氣氛作用　人在進行推理時，思維活動會受前提氣氛的影響。例如在三段推論中若兩個前提都是全稱肯定，就容易把不是全稱肯定的結論錯誤地判斷為全稱肯定結論。例如下面的三段推論。(1) 所有 X 都是 Y；(2) 所有 Z 都是 Y；(3) 故所有 X 都是 Z。未受過形式邏輯訓練的被試中有 58% 的人認為這個推論是成立的。若把題改為：(1) 所有 X 都是 Y；(2) 所有 X 都是 Z；(3) 所以＿＿Y＿＿Z。要求被試填寫結論中的空格，結果有 78% 的被試把結論填寫成"所有 Y 都是 Z"。顯然這種錯誤主要是由於被試的思維受二個前提都是全稱肯定的氣氛影響所造成的。武德沃斯和賽爾 (Woodworth & Sells, 1935) 曾對解題中的邏輯氣氛影響作過研究，結果如表 4-7 所示。總的看來，邏輯推理過程中前提氣氛對被試的影響具有如下趨勢：前提為肯定時，較易接受肯定結論；前提為否定時，較易接受否定結論；前提中一個為否定，一個為肯定時，較易接受否定結論；前提為全稱時，較易接受全稱結論；前提為特稱時，較易接受特稱結論；前提為一特稱一全稱時，較易接受特稱結論。

表 4-7　三段推論過程中，前提氣氛對結論的影響

前提的命題形式	前提氣氛對之有利的結論	錯誤結論的命題形式			
		A	E	I	O
AA	A	58	14	63	17
EE	E	21	38	25	34
II	I	27	9	72	38
OO	O	14	16	38	52
AE	E	11	51	13	63
EA	E	8	64	12	69
AI	I	33	4	70	32
IA	I	36	15	75	36
AO	O	15	26	42	76
OA	O	13	33	28	75
EI	O	8	40	22	62
IE	O	11	42	22	63
EO	O	13	29	29	44
OE	O	15	31	24	48
IO	O	12	19	31	64
OI	O	11	23	33	71

註：A—全稱肯定判斷　E—全稱否定判斷　I—特稱肯定判斷　O—特稱否定判斷
(採自 Woodworth & Sells, 1935)

5. 靈感作用　人在創造活動或問題求解中常會碰到一些一時想不出解決辦法的難題。這時若把它放一放，先去做其他的事或去度假休息，有時會在某個時刻突然閃現出原來久思不得其解問題的解決方法，所謂豁然貫通，這就是一般所説的**靈感作用** (inspiration effect)。人處在靈感狀態時，記憶中忘卻了的東西會突然回憶起來，平時想不到的情景會翩然在腦海中呈現。這時情緒高漲，思維活躍。許多創造性的觀念和難題解決方法都是在靈感狀態中產生的。貝弗里奇在談到數學家高斯 (Karl F. Gauss, 1777～1855) 突然解決自己求證數年而不得解決的一個問題時説："終於在兩天以前我成功了……像閃電一樣，謎一下解開了。我自己也説不清楚是什麼導線把我原先的知識和使我成功的東西連接了起來"(陳捷譯，1983)。許多大科學家都有過從靈感狀態中解開他們長久思索未解問題的體會。

靈感中解決問題看起來好像突如其來，從天而降，其實靈感狀態的到來是長期醞釀孕育的結果。靈感總是表現在一個人長久思考而未獲解決的問題

上。對沒有艱苦思考過的問題，不會產生豁然貫通的靈感。靈感為什麼會在對問題放下不去想它的時候突然來臨呢？有人用巴甫洛夫 (Ivan Petrovich Pavlov, 1849～1936) 的大腦神經過程**相互誘導** (reciprocal induction) 來解釋。按照這個規律，大腦皮層不同部位的興奮、抑制兩種狀態能發生相互誘導，提高一個部位的興奮狀態，會加深其他部位的抑制狀態。一個人思考問題時，思考所及的大腦皮層相應部位處於優勢興奮狀態，思考越深，相應部位的優勢興奮越強。一個部位的興奮越強，其他部位被誘導的抑制狀態就越深。這時若解決問題正確方法的思路所藉以進行的大腦上的有關神經通路正處於優勢興奮中心以外的部位，它就會由於誘導而處於抑制狀態，因而想不出答案。這時若能暫時放棄原來的思考而進行休息或從事其他的活動，使原來思考的優勢興奮性降低甚至暫時被抑制，原來被抑制的部位就會解除抑制，這樣就容易引出解題的新思路，使問題很快得到解決。

靈感中產生新觀念或解決新問題，有的是突然湧現的，有的是受到別的事物的啟發而想到的。特別有些創造發明的原理，發明者經長久思考不得解決，後來從其他事物中偶然看到了某種相似現象而得到了啟發。例如牛頓從蘋果落地悟到了萬有引力定理，阿基米德從入浴盆洗澡中悟出了測定王冠中含金量的難題。許多發明家的生動事例都說明了這種現象。中國科學院的心理學工作者在發動工人進行革新的群眾運動中，在對工人提出各種革新任務後，向工人提供各種同技術革新任務有關的各種機械原型圖，實踐證明這種做法啟發了工人的創造思路，促進了技術革新的深入發展。

四、決　策

決策 (decision making) 是人確定行動目標、選擇行動方案並將方案付之實施的過程。人在決策過程中需要根據已有的知識經驗和客觀條件對解決面臨問題的可能性和可行性進行分析，作出決斷。決策是複雜的思維過程。人的行動是決策的執行，因此決策的優劣直接關係到行動的成敗。決策過程是心理學中研究得最少的領域之一。

(一)　決策過程

決策不論它們涉及的是什麼內容，一般都包含著如圖 4-9 所列舉的幾個環節，說明如下：

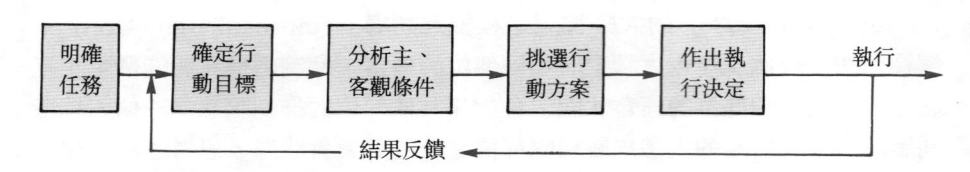

```
明確任務 → 確定行動目標 → 分析主、客觀條件 → 挑選行動方案 → 作出執行決定 → 執行
                    ← 結果反饋 ←
```

圖 4-9　決策過程圖示

　　第一步，明確任務。任務可以由決策者自己提出，也可以來自客觀的要求。人只有明確自己應該做的任務後，才有可能去為完成任務進行決策。任務越明確，對決策越有利。

　　第二步，確定行動的目標。一個較大的行動往往需要作出一系列具體行動。行動目的也需要進行分解，即把總的目的分成若干分目的，每個分目的還可有子目的。不論任務是簡單還是複雜，也不管確立多少層次目的，目的都必須十分明確。目的越明確，越有利於順利進行決策。

　　第三步，分析達到目的、完成任務的條件。這種條件包括客觀方面的條件，如物質條件、人力和技術條件等。還有決策者主體方面的條件，如知識經驗等。不僅要分析已有的條件，還要分析必需的但尚有待提供的條件。那些條件是必不可少的，那些條件是最急需的，那些條件是現成的，那些條件是需要自己創造的，決策者都要做到心中有數。

　　第四步，選擇行動方案。行動方案有時可能有多個，不同方案各有其優點和缺點，這時就要權衡利弊進行選擇，把最有利於達到目的的行動方案挑選出來。

　　第五步，實施方案。方案選定後，可以作出立即付之實施的決定，也可能由於條件不成熟而還不能立即付之實施。這時就只有把方案暫時放一下，等待時機成熟後再實施。什麼時候最有利於將方案付之實施？這需要根據情況變化加以判斷。在決策實施過程中，又會碰到新情況，出現新問題。決策者要根據反饋回來的信息，對原來的方案進行調整，或作出新的決策。如此往復，直至任務完成。

(二) 確定性決策和不確定性決策

確定性決策 (decision-making under certainty) 是指具有確定的客觀要求和條件,選擇方案明確具體,決策結果能夠確切預測時的決策。例如一個人購買機床,假使有兩種型號的機床可供選擇,其中一種型號的機床式樣較舊,功率較小,但價格便宜;另一種型號機床是改進型產品,式樣較新,功率較大,但價格較貴。這兩種機床的條件都是明確的,優缺點也很清楚,購買者可直接進行比較後根據生產發展需要和購買能力等因素決定購買那一種型號的產品。這種情況下沒有什麼不確定的因素。**不確定性決策** (decision-making under uncertainty) 是指作決策所需要的某些條件不明確,或提供的信息不確定,決策者對決策結果不能確切預測時的決策。這種決策由於包含不確定的因素,因而比確定性決策要困難一些。例如假設一個工廠要試製一種新產品,設計了三種方案,用方案 A,試驗成功可獲利 100 萬元,若失敗要損失 40 萬元;方案 B,成功可獲利 70 萬元,失敗則損失 30 萬元;方案 C,成功可得利 50 萬元,失敗要損失 10 萬元。A、B、C 三種方案成功的概率分別為 50%、60% 和 40%。由於每種方案都可能成功,也都存在失敗的可能性,因此採取任何一種方案,都難以確切預計結果。也就是說作這種不確定性決策,要冒失敗的風險。成功的概率越小,冒的風險就越大。為了減小不確定性決策的風險度,決策時一般都要計算得失期望值,以便選取得益期望值大的方案。例如上例新產品的 A、B、C 三個試製方案,在確定其中某一個方案前可以先分別計算它們的損益期望值:

方案 A：$100 \times .5 - 40 \times .5 = 30$ 萬元
方案 B： $70 \times .6 - 30 \times .4 = 30$ 萬元
方案 C： $50 \times .4 - 10 \times .6 = 14$ 萬元

從損益期望值可知方案 A、B 比 C 的得益期望值大得多,因此方案 C 首先被淘汰。A、B 兩方案的損益期望值相等,何者為優?決策者一般傾向於選 B 不選 A,因為方案 B 取得成功的概率比較大,冒的風險度比較小。在幾種方案損益期望值大致相等,但成功率不等時,人們一般傾向於選擇風險小的方案。若不同方案損益期望值和成敗概率都相等或相當時,一般說會採取有風險的決策。例如,一露天建設工程,若不按合同規定如期完工，要罰款 2 萬元。天晴無雨剛可完成，若遇雨天，無法施工。若要不受雨天影響就需搭防雨棚，多支出 1 萬元搭棚費。氣象預測工期遇雨概率為 50%。工程承包人將如何決策？這裏有兩種可供選擇的方案：方案 A，搭棚施工；方案 B，露天施工。方案 A 要多支付 1 萬元，方案 B 要冒罰款風險，風險費為 1 萬元 (2×0.5)。因此兩者的損益期望值相等。這種情況下，承包人一般會傾向於作有風險的決策，即選 B 不選 A。

(三) 決策的個體差異

決策除了受客觀因素制約外，同時也受決策者個性因素的影響。決策者掌握有關決策內容的知識經驗愈豐富，愈有利於作出正確的決策。即使同樣有知識，仍有能力的差異，有人善於決策，有人不善於決策。決策過程中，對決策因素的分析，行動方案的選擇，決策結果的預測，以及決策付之實施時機的判斷等，都與決策者的思維能力有關。由於人們的知識、能力存在著差異，因此不同的人對同樣一個問題可能作出很不相同的決策。成功的企業家一般都是善於作出正確決策的人。有人說決策就是管理，或者說管理就是決策，這種說法雖過於簡單，但從決策對於企業成敗的決定性作用說，仍不失為擊中要害之言。

人們對成功與失敗的態度可以有很大的差別。有的人追求成功的動機強於避免失敗的動機，這種人往往對損失反應不很敏感，而對得利反應非常敏感，他們在風險決策中比較大膽，敢冒較大風險。也有人避免失敗的動機強於追求成功的動機，他們對損失的敏感性大於對得益的敏感性。這種人做事特別謹慎，寧願少得益，不願多冒險，在作決策時總是傾向於作出不冒風險的決策。這兩類人，前者雖未免要遭受失敗的風險，但他們進取心較強，事業上較有可能作出不同於衆的成就。後者雖然不易取得突出成就，但工作穩實，做事步步為營，往往能立於不敗之地。在實際生活中，特別具有劇烈競爭的市場經濟環境中，要完全無風險地經營企業是不大可能的。一個明智的決策者應該重視客觀情況分析，善於判斷發展趨向，既不作無根據的冒險，但在必要時能大膽作出有一定風險的事。任何改革都有一定風險，重要的是對風險要足夠重視，設法使風險降至最小限度。

人的性格類型也是影響決策過程的因素。例如，人對自己成敗的原因有兩種不同的歸因 (attribution)。有的人把工作的成敗主要歸因於自己的能力、知識和努力等內在原因。這種人往往把決策好壞的責任歸之於決策者個人。也有的人把工作成敗主要歸因於客觀條件等外部因素。這兩類性格傾向對決策過程有不同的影響。傾向作內在歸因的人比傾向作外在歸因的人在決策過程中更注意尋求有助於作出正確決策的信息，在決策過程發生困難時能更主動、積極地去排除困難，且更多地注意決策付之實施後的信息反饋。

在**人機系統** (man-machine system) 中，人是系統的決策者。人的決策水平對確保系統安全有效地運行具有重要作用。在人機系統的設計中，既要考慮通過選拔和訓練提高操作人員的決策能力，同時也要看到人的決策能力的局限性，在具有較高要求的情況下，應為操作人員提供決策輔助工具。

第五節　人的信息輸出

信息從中樞向運動器官傳送的過程，稱之為**信息輸出** (information output)。信息輸出表現為人的各種反應活動。下面就人的信息輸出形式、信息輸出速度和準確性問題作一簡要介紹。

一、人的信息輸出類型

（一）　按反應器特點分類

信息輸出必須通過人體各種反應器官。可按反應器官將信息輸出區分為手動輸出、足動輸出、言語輸出、眼動輸出等多種形式。手動輸出和足動輸出主要表現為如下八種基本動作：

1. 彎曲：使肢體屈曲，或使圍繞某關節點的肢體構成角的角度減小。
2. 伸展：肢體伸直，或使圍繞某關節點的肢體構成角的角度增大。
3. 內收：上肢或下肢朝向身體中線移動。
4. 外展：上肢或下肢背離身體中線移動。
5. 中旋：上肢或下肢朝向身體中線轉動。

6. 側旋：上肢或下肢背離身體中線移動。
7. 俯轉：轉動前臂使掌心朝下。
8. 仰轉：轉動前臂使掌心朝上。

人的各種操作活動，一般由上列八種肢體動作組成。肢體的每種動作都有其可能達到的範圍限度，操作活動若超越每種動作的範圍限度，不僅會降低活動效率，而且容易造成肢體勞損。

言語是信息輸出的又一基本形式。言語輸出主要通過喉頭和口腔等發聲器官來實現。人的言語反應可以作很大的變化。中樞信息加工的結果都可用言語加以輸出。人們不僅通過言語輸出形式進行思想交流，而且還可通過言語輸出實現人機交互作用。現在人與計算機之間已經實現了視覺-手控式的對話。目前信息科學界正在研究利用自然語言進行人與計算機對話。言語輸出形式由於簡單、方便而且實用，今後將越來越成為人的信息的重要輸出形式，並將在人機系統設計中得到廣泛應用。

長期以來，人們只把眼睛看作是人體的一個信息輸入器官。隨著眼動技術和計算機技術的發展，眼睛的信息輸出作用已日益顯示出它的優越性。現在不僅可通過眼動輸出研究人的信息加工的特點，而且還可通過眼睛注視點的變化向機器發出不同的控制信息。眼動式人-計算機信息交互作用的人機系統正在成為工程心理學的重要研究內容，並已在計算機的多媒體技術研究中得到了初步應用。

（二） 按操作要求分類

按操作要求，信息輸出活動可作如下分類：

1. 定位運動(positioning movement)　手或足從一處移動到另一處，例如在使用按鍵控制器時就需要進行定位運動。

2. 連續運動(continuous movement)　需要進行不斷調整的運動，某些手控追踪運動如汽車駕駛員操縱方向盤的運動就是連續運動的例子。

3. 序列運動(sequential movement)　把若干分開的獨立的動作按一定的順序組織起來形成一個序列的運動。例如駕駛員啟動汽車和工人啟動機器時所做的運動，就是按操作規程規定的順序作出的序列運動。

4. 重復運動(repetitive movement)　即一次又一次地重復進行某一種

動作的運動，例如用手鋸鋸木板，用榔頭把釘子敲入木頭，用手轉動手輪等運動。

5. 靜態調節(static adjustment) 是一種沒有外顯動作的肢體緊張狀態。由於靜態調節，使人的肢體能在一定時間內保持某種姿勢。例如某些體操動作，雜技動作都需要作靜態平衡運動。這類動作看起來沒有什麼運動，實際上肌肉的緊張度要比許多外顯運動高得多。

二、信息輸出速度

(一) 反應時

速度和準確性是評價信息輸出質量的主要指標。信息輸出的速度一般用**反應時**(reaction time，簡稱 RT) 測量。一般將刺激出現到反應完成之間的時間稱為反應時。其實這個時間包括兩部分：第一部分是從刺激開始到反應開始之間的時間，稱為反應潛伏時間，有的研究者把這反應潛伏時間叫做反應時；第二部分是從反應開始到反應完成的時間，稱為運動時間。反應時有簡單反應時和選擇反應時的區分。如果刺激只有一個，只要在這個刺激出現時作出規定的反應，這時所測定的反應時稱為**簡單反應時**(simple reaction time)。如果呈現的刺激不只一個，要求對各個刺激出現時作出不同的反應，這時所測定的反應時稱為**選擇反應時**(choice reaction time)。選擇反應時由於要對刺激作出辨認與判斷，同時要對反應進行選擇，因此它比簡單反應時要長得多。反應時的長短受許多因素的影響。例如刺激性質、感覺通道、刺激強度、刺激呈現時間的不確定性程度等都會引起反應時的變化。

(二) 定位運動速度

定位運動的速度受多種因素影響。費茨 (Fitts, 1954) 曾研究定位運動速度 (所需時間) 與運動距離及定位精度要求的關係。在實驗中要求被試用鐵筆在兩鋼片之間來回敲擊。手臂運動距離在 7.6 厘米至 30.5 厘米內變化。定位的精確度要求 (通過鋼片的寬度變化控制) 在 0.3～2.5 厘米內變化。結果發現，當定位精確度不變時運動時間隨定位距離的對數值呈線性增長；若定位距離不變，則運動時間隨定位精確度要求的對數值呈線性增長。

費茨根據這一研究得到的結果稱為**費茨定律** (Fitts' Law)，其關係式如下：

$$MT = a + b\log_2 \frac{2D}{W}$$

MT：代表運動時間
D：代表定位運動距離
W：代表定位目標的寬度
a、b：代表常數

（三） 重復運動速度

許多操作活動都包含著肢體一定部位的重復運動。重復運動的速度有一定的限度。例如用手指作重復敲擊運動的最大速度一般不超過每秒五次。不同手指的敲擊速度也有所不同。表 4-8 列舉了人在 15 秒內左、右手各手指的最高敲擊速度。可見食指敲擊得最快，其次是中指和無名指，小指的速度最慢。

表 4-8　手指敲擊最大速度 (15 秒敲擊次數)

手指別	左手	右手
食指	66	70
中指	63	89
無名指	57	62
小指	48	56

打字和計算機鍵盤輸入的效率取決於擊鍵速度。一個中等速度的英文打字員每分鐘平均能打出 50 個英文單詞，大約每秒鐘能打出 4.17 個印刷字符。一個優秀的打字員每分鐘能平均打出 75 個單詞，約每秒打出 6.25 個印刷字符。這個速度已高於大多數人的單指敲擊最大速度。打字是一種多指操作。多指敲擊的速度比單指敲擊高。秦脫納爾 (Gentner, 1981) 對職業打字員打字速度進行了研究。他測定了三種情形下打字員連續敲擊二個字母的時間間隔：(1) 用同一手指連續敲擊二個字符 (如 d 與 e)；(2) 用同一手的二個不同手指敲擊二個不同字符 (如 t 與 e)；(3) 用不同手的手指敲擊二個字符 (如 p 與 e)。結果如表 4-9 所示，用同一手指連續敲擊二個

字符的間隔時間最長，用不同手的二個手指敲擊二個字符的間隔時間最短，用同一手的二個手指敲二個字符的間隔時間處於前兩種情形的結果之間。

表 4-9　打字員用同手指、同手異手指、不同手異手指敲擊二個字符鍵間隔時間比較　（單位：毫秒）

被試	同指	同手異指	不同手異指
1	180	103	94
2	225	176	132
3	164	147	103
4	167	132	115
5	209	190	145
6	176	119	117
平均	187	145	118

(採自 Gentner, 1981)

三、信息輸出精確性

（一）　精確性的涵義

精確性是評價信息輸出質量的又一個重要指標。在許多場合，運動精確性比運動速度具有更為重要的意義。

輸出的精確性有兩重涵義。其一，是正確性，其對立面是反應錯誤，例如按錯開關，講錯話，做錯動作等。反應錯誤主要有兩類原因：一是由於作了錯誤的決策，輸出了不準確的信息，導致發生錯誤的反應，例如工人把送風管道的關閉狀態誤認作開啟狀態，因而在要求他關閉通風管道時錯誤地打開了原來關閉的管道。這種錯誤反應是由錯誤的判斷和決策引起的。另一類錯誤反應是由疏忽或不在意的動作造成的，例如書寫中的筆誤，操作中按錯了相鄰的按鍵，開車遇緊急情況煞車時錯踏了油門踏板等，都屬於這一類錯誤。其二，精確性的另一涵義是指精度。同是正確的反應可以有精度上的差別。例如打靶，靶子區有 10 環，打中最外一環只能得 1 分，打中第 10 環可得 10 分，雖然都是打中靶子，但差別很大。同是打中第 10 環，仍有精度差別，有的正中靶心，有的接近環線。機床加工也有精度差別，同是合格產品,達到的精度級別可不一樣。信息輸出要正確,這是起碼的要求。做不正確,就是失誤。達到了正確以後還有個精度要求。精益求精,沒有止境。技術上的高低,主要看精度。正確是一切工作共同的要求。精度要求則隨工作而不同。有的工作精度要求高一些,有的工作精度要求低一些。這要看具體任務而定。

(二) 定位運動精確性

定位運動一般都有較高的精確性要求。定位運動的精確性受多種因素的影響。運動距離、方向和速度是影響定位運動精確性的重要因素。施米特等人 (Schmidt et al., 1978) 曾對快速定位運動的精確性進行過研究。他們以運動終點分布的標準差作為衡量精確性的指標。結果發現,垂直方向和水平方向的運動精確性均隨運動時間增長而提高,但精確性隨著運動距離的增加而下降。他提出了如下的關係式,有人稱此關係式為**施米特定律** (Schmidt's Law):

$$We = a+b\frac{D}{MT}$$

We :代表運動終點分布的標準差
D :代表運動距離
MT:代表運動時間
a、b:代表常數

在人機系統中,有時要求人在沒有視覺參與的情形下對位於不同地方的多種不同控制器進行操作。這時就需要進行**盲目定位運動** (blind positioning movements)。費茨 (Fitts, 1947) 曾對盲目定位運動的準確性做過一個研究。他要求雙目用布矇住的被試用鐵筆去碰觸位於圍繞左、中、右三側地方的靶標。靶標分上、中、下三層,每層排列 6~7 個靶標。每一層的各個靶標分別位於被試正前方,左右各 45°,左右各 90° 及左右各 135° 的地方。每個靶標上畫出多層同心圓,並劃分成四個象限區。擊中靶心記錯誤為 0,落在靶外記錯誤為 6,擊中其餘各圓的,按圓由小到大分別記錯誤為 1、2、3、4、5。結果如圖 4-10 所示,位於被試正前方的靶標精確性最高,位於左右各 135° 的靶標擊中的精確性最低。三層靶標中,下層擊中的精確性最高，上層靶標的精確性最差，中層靶標的精確性介於上、下層之間。左、右側相比，右側靶標的精確性比左側高。

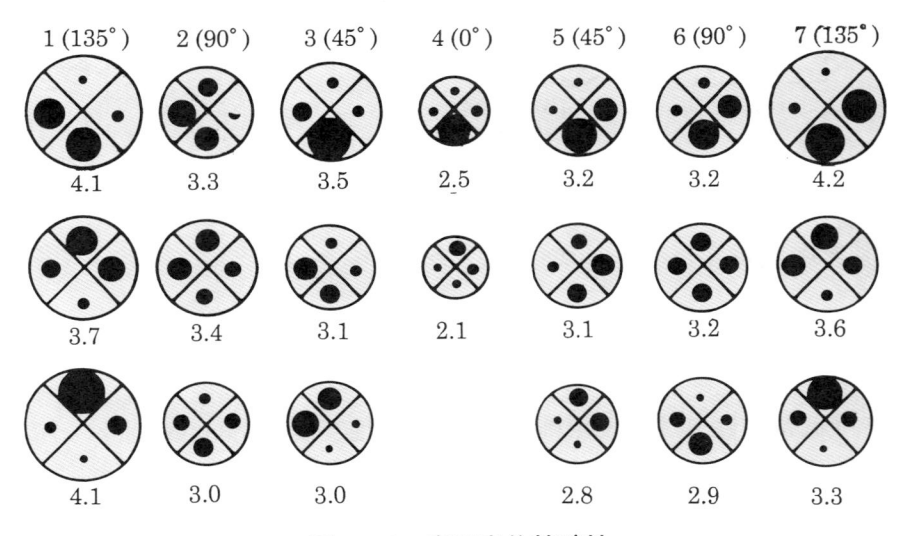

1 (135°)　2 (90°)　3 (45°)　4 (0°)　5 (45°)　6 (90°)　7 (135°)
4.1　　3.3　　3.5　　2.5　　3.2　　3.2　　4.2

3.7　　3.4　　3.1　　2.1　　3.1　　3.2　　3.6

4.1　　3.0　　3.0　　　　　2.8　　2.9　　3.3

圖 4-10　盲目定位精確性
說明：圖中圓的大小表示準確性的高低，圓越小準確性越高。每個圓中的四個黑圓點的大小同靶區四個象限內的錯誤成比例。
（採自 Fitts, 1947）

（三） 手的運動方向對運動精確性的影響

手或手臂的不同運動方向對運動的精確性有不同的影響。例如米德和賽浦遜 (Mead & Sampson, 1972) 曾做過一個研究。他們要求被試用手將一個帶鉤的鐵筆沿著一條處於水平面或垂直面的狹槽運動。鐵筆碰到槽邊時作為錯誤被記錄下來。圖 4-11 表示狹槽的位置及實驗中發生鐵筆碰到槽邊的次數。它表明不論在水平面或垂直面上作向內外或向前後運動時所發生的錯誤要比水平面上作左右運動和垂直面上作上下運動時的錯誤多得多。

四、速度-精確性互換特性

人們都希望操作做到既快又好。但實際上，好與快存在著一定的矛盾。所謂好，主要指精度要高。要操作精確性高就會放慢速度，要加快操作速度

138　工業心理學

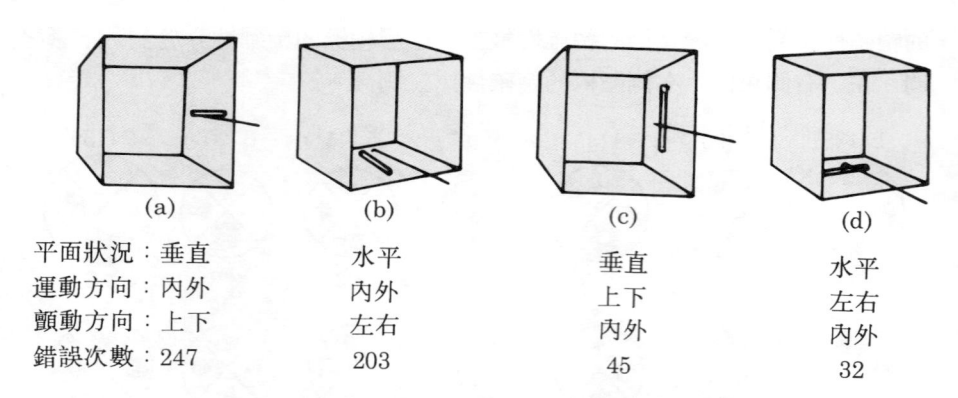

(a)	(b)	(c)	(d)
平面狀況：垂直	水平	垂直	水平
運動方向：內外	內外	上下	左右
顫動方向：上下	左右	內外	內外
錯誤次數：247	203	45	32

圖 4-11　手臂運動方向對運動精確度的影響
(採自 Mead & Sampson, 1972)

就會降低精確性。這種現象稱為**速度-精確性互換** (speed-accuracy trade off)。波斯納等 (Posner et al., 1973) 作過實驗。實驗中要求被試看到顯示屏上呈現一個目標時用手做按鍵反應。實驗中的刺激與反應關係有兼容與不兼容兩種情形。刺激-反應兼容是指目標出現在顯示屏左側時用左手反應，出現在右側時用右手反應，不兼容指目標出現在顯示屏左側時用右手反應，出現在右側時用左手反應。在目標呈現前給以間期不等的預備信號。信號與目標之間的間隔分 5 檔，分別為 50、100、200、400、800 毫秒。結果如圖 4-12 所示。圖中 (a) 是預備信號各種間期時的反應時結果，可見反應時與預備信號間期長短關係的曲線呈 U 字形變化。圖中 (b) 是預備信號各種間期時的反應正確性結果，可見反應的錯誤率與預備信號間期長短的關係曲線呈倒 U 字形變化。這結果表明反應速度與準確性間存在互補關係，即反應速度快時準確性降低，反應速度減慢時準確性提高。圖 4-13 描述**速度-準確性操作特性曲線** (speed-accuracy operating characteristic curve，簡稱 SAOC)。圖中曲線呈負加速變化趨勢，即隨著反應時放慢，操作準確性提高。開始時準確性提高得多，當準確性提高到一定程度後，反應時延長對準確性提高起的作用變小。根據兩者的這一關係，在實際操作中應對操作速度與準確性的要求權衡輕重。若過於追求精度或過於追求速度，都會得不償失，降低效益。

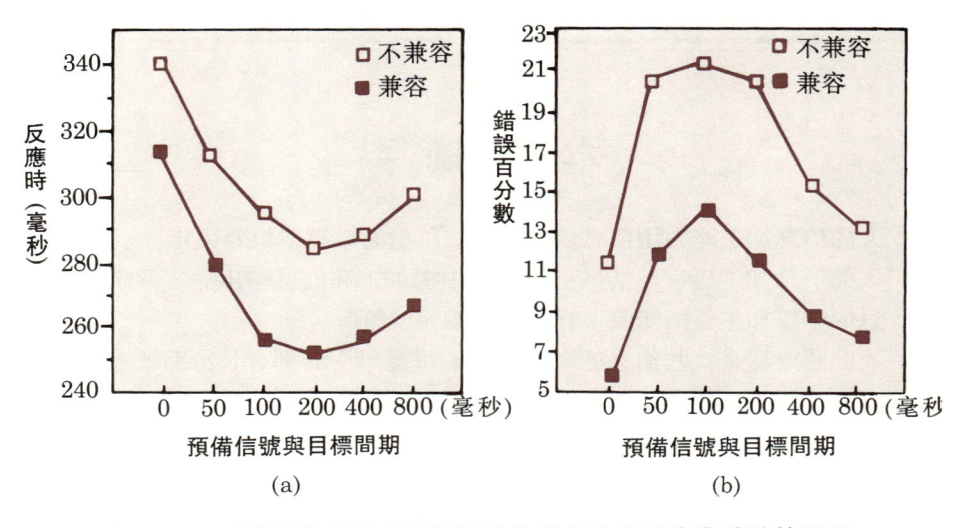

圖 4-12　不同準備信號時間間隔時的反應時與反應準確性的關係
(採自 Posner et al., 1973)

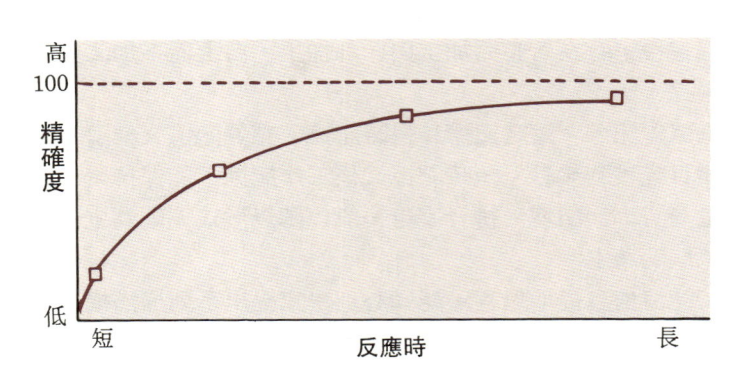

圖 4-13　速度-準確性操作特性曲線
(採自 Wickens, 1984)

本 章 摘 要

1. 人的信息加工能力用信息量計算。信息量的計算單位為**比特**。
2. 人的信息加工過程包括信息輸入、中樞加工和信息輸出等三個階段。信息的中樞加工包括**知覺、記憶、思維、決策**等。
3. 人的感受器是接收信息的專門裝置。每種感受器都有其特別敏感的**適宜刺激**。能引起感覺的最小刺激強度稱為感覺的**絕對閾限**,能引起差別感覺的刺激最小差別量稱為感覺的**差別閾限**。感覺的差別閾限是一個比例常數。
4. 人傳遞信息所需要的時間隨傳遞的信息量增大而增長。表示兩者的關係的函數關係式稱為**希克-海曼定律**。影響人的信息傳遞率的因素還有**信道容量**、信息編碼維度、對信息的熟悉度、**覺醒狀態**和**疲勞**的程度等。
5. 在知覺過程中,存在著整體加工與局部加工,**自上而下加工與自下而上加工**的過程。
6. 記憶分為**感覺記憶、短時記憶**和**長時記憶**。感覺記憶又稱**瞬時記憶**,只能保持幾百毫秒到幾秒。短時記憶又稱**工作記憶**,能保持幾十秒。短時記憶容量為 7 ± 2 組塊。拼音字母一般以聽覺形式編碼為主,漢字則以視覺形象編碼為主。
7. 對於短時記憶信息提取過程,認知心理學家提出**系列掃描模型**或**直通模型**。綜合兩者的雙重模型能更廣泛地解釋短時記憶信息提取現象。
8. 長時記憶包括**程序性記憶**與**陳述性記憶**兩類,後者又可分情節性記憶和**語意性記憶**。在人的實際活動中,情節性記憶與語意性記憶往往交織在一起。語意性記憶主要以意碼編碼,情節性記憶則主要用**表象**編碼。材料的組織特點和回憶的**線索**對長時記憶的信息提取有明顯影響。
9. 思維是反映事物本質特性和規律性的過程。它具有間接反映和概括反映的特點。
10. 思維可從不同角度進行分類,一般區分為**動作思維**、形象思維和**抽象思維**;**聚斂式思維與發散式思維**;**複製性思維與創造性思維**;算法式思維與啟發式思維。
11. 思維在問題解決過程中得到集中的表現。**嘗試錯誤法、探索法、手段-目的分析法、倒推法**等是解決問題的常用方法。
12. 解決問題的過程容易受定勢作用、功能固著、認知框架、邏輯氣氛、靈感作用等因素的影響。
13. 決策分**確定性決策**和**不確定性決策**。作不確定性決策有一定的風險性。在有多種決策方案時，要計算得失期望值，選擇其中得益期望值較大，風險性較小的方案。
14. 決策過程受決策者知識經驗、成敗態度、性格特點等個體因素的影響。追求成功動機強於避免失敗動機的人容易作出冒險的決策。在決策過程中傾向內在歸因的人比傾向外在歸因的人更注意尋求決策的有關信息。
15. 人的信息輸出形式按反應器官特點可分為手動輸出、足動輸出、言語輸出、眼動輸出等；按操作特點可分為**定位運動**、**連續運動**、**序列運動**、**重復運動**、**靜態調節**等輸出形式。
16. 人的手指重復敲擊速度，左右手均為食指最高，中指次之，無名指與小指較慢。鍵盤擊鍵輸入速度，不同手異指快於同手異指，同手異指又快於同手同指。
17. 人的定位運動速度和定位運動距離及定位運動精確度要求呈線性函數關係，其關係式稱**費茨定律**。
18. 人手的**盲目定位運動**的精確性與定位的方位有關。正前方定位精確度最高，隨左右側角度增大，定位精確度降低。以上肢平伸面為中心的上、中、下定位運動的精確度，下位高於中位，中位高於上位。
19. 人的操作速度與準確性之間存在一定矛盾。提高操作精度會降低操作速度，提高操作速度會降低精度，稱**速度-精確性互換**。

建議參考資料

1. 王甦、汪安聖 (1992)：認知心理學。北京市：北京大學出版社。
2. 朱祖祥 (主編) (1994)：人類工效學。杭州市：浙江教育出版社。
3. 江安聖 (主編) (1992)：思維心理學。上海市：華東師範大學出版社。
4. 孫曄、王甦等(譯) (1987)：人的信息加工——心理學概論。北京市：科學出版社。
5. 張春興 (1991)：現代心理學。台北市：東華書局 (繁體字版)。上海市：上海人民出版社 (1994) (簡體字版)。
6. 張述祖、沈德立 (1987)：基礎心理學。北京市：教育科學出版社。
7. 楊治良 (1997)：實驗心理學。台北市：東華書局 (繁體字版)。杭州市：浙江教育出版社 (1997) (簡體字版)。
8. Best, J. B. (1989). *Cognitive psychology* (2nd ed.). New York: West Publishing Company.
9. Hilgard, E. R., Atkinson, R. L. & Atkinson, R. C. (1979). *Introduction to psychology* (7th ed.). New York: Harcourt Brace Jovdnovich Inc.

第 二 編

企業中人力資源的開發和利用

在本書的第一章中我們討論了企業發展必須具備的人、財、物三大基本條件。三者中人是最重要的，它是決定企業成敗的最主要因素。一個企業，在善於經營的人手裏，可以得到很快的發展；相反，若經營無方，就會很快陷入破產境地。因此，當今成功的企業無不重視用人之道，把人才的引進、培養和人力資源的開發、利用置於優先的地位。

人力資源問題所以如此被重視，不僅因為沒有人不能辦事，而且還由於並非有了人就一定能把事辦成。人多力量大，在用人得法的情形下這句話無疑是正確的。但若用人無方，人多了就會增多矛盾，增加負擔，反而成為企業生存發展的包袱。要做到用人得法，就須承認人們之間身體素質和能力、興趣、價值觀、工作態度、工作作風等心理素質上存在的差異；要承認同樣的工作任務，具有不同身心素質的人，在工作效率上會表現出很大的差異。有的人工作做得好做得快，有的人做得慢做得差。造成效率差異的原因，又可能因人而不同，有的人可能由於能力不足，也有人可能由於對工作缺乏熱情，用力不夠，還有人可能兩者兼而有之。承認此等差異，就可根據差異用人，做到用人之長，避人之短，使具有不同特點的人在適合於他的工作崗位上充分發揮其作用。因此，做好人力資源的開發、利用，不僅可提高企業的效益，同時也有利於充分發揮人的聰明才智。

開發、利用人力資源是企業人事心理學研究的中心問題，也是企業人事心理學工作的主要任務。人力資源開發利用是一項系統工程，它包括職務分析，人員選錄與培訓，工作考核與評價，以及積極性調動等一系列工作。本篇將對它們逐章進行討論。我們不僅要明確這些工作的意義和作用，而且還要了解這些工作的內容，掌握這些工作的原則和方法。在這些工作中，首先需要做好職務分析工作。一個企業只有經過認真的職務分析,才能了解企業內人和事的匹配情形,才能知道企業內有多少事,需要多少人,需要什麼樣的人,有多少事和人達到了人-事適配,有多少人和事處於失配狀態,需要招收多少新人員,招收的新人員需要具備什麼條件,等等。有了這種分析,企業主管部門和企業領導就能對人力使用做到心中有數,可以就企業內人力資源的開發利用作出長期的規劃。職務分析是企業選人用人的基礎,人員選錄、職工培訓必須以職務分析結果為依據。考核和評價自然要在職工做了一定的工作以後才能進行。做好選錄、培訓、考核、評價是使企業保有良好素質職工隊伍的重要保證。

人的工作效率在很大程度上受工作積極性的制約。能力與工作積極性可以互相補償。但兩者相比,積極性可能是更為重要的因素。一個能力不高而積極、努力工作的人一般都能取得較好的成績,所謂勤能補拙。但若一個人對工作沒有積極性或積極性很低,那麼即使他再有能力也無濟於事。因此,一個好的企業領導人都十分重視保護職工的工作積極性。許多工業心理學者也在激勵工作積極性問題上做文章,提出了各種激勵工作積極性的理論觀點和原則、方法。我國在調動企業職工的積極性方面積累了許多行之有效的經驗。我們要重視學習國外企業提高工作效率的理論與方法,更應重視總結我國企業在提高職工積極性工作中所積累的豐富經驗。

第五章

職務分析與人員選用

本章內容細目

第一節 職務分析
一、職務分析的意義和作用　147
　（一）什麼是職務分析
　（二）職務分析的作用
二、職務分析的內容　149
　（一）工作任務分析
　（二）職務描述
　（三）人員要求分析
三、職務分析方法和職務分類　151
　（一）職務分析方法
　（二）職務分類

第二節 個體差異與人員選擇
一、為什麼要進行人員選擇　157
二、人員選擇與個體差異測量　158
三、效標選擇　160
　（一）選擇效標的要求
　（二）防止偏見污染

第三節 人員選錄程序和方法
一、選錄前的準備　161
　（一）制定選錄計畫
　（二）求人與求職的信息溝通

二、人員選錄一般程序　162
　（一）審查應徵者資料
　（二）對應徵者進行測量
　（三）確定錄用標準
　（四）試用及選錄效度檢驗
三、人員選錄方法　163
　（一）分析應徵者個人經歷資料
　（二）推薦書
　（三）面　談
　（四）測　驗

第四節 人員選錄決策方法
一、複合分數法　170
　（一）多重相關法
　（二）多元迴歸法
二、多項截止法　172
三、多重篩選法　173

第五節 人員選錄決策準確性
一、選錄決策準確性　173
二、選錄決策成功率　175

本章摘要

建議參考資料

一個企業是否能生存和發展，很大程度上取決於人力資源是否得到很好的利用。為了有效地利用人力資源，就必須做好職務分析。職務分析是選人、用人的依據。每個人在企業組織中都擔任一定的職務。每個職務對任職者都有其特殊的要求。從差異心理學的研究可知人的知識、才能、個性都存在著明顯的差別。有人長於此者而短於彼，有人長於彼而短於此。用人之道就在善於使人適其職，職得其人。因此，職務分析乃是有效利用人力資源的基礎。

　　決定一個企業成敗的關鍵因素是管理人員與工人的素質。企業經理及各部門主管人員的素質對企業發展更具有重要作用。一個優秀的廠長、經理，可以把一個瀕臨倒閉的企業辦得生機盎然，蓬勃發展。一個好端端的企業，若交給一個不善於經營的人去承辦，可能很快走向破產絕境。因此任何企業在完成職務分析後，就要考慮為各種職務工作選擇合適的任職人員。什麼人適合做經理，什麼人適合管生產，什麼人適合做推銷，以及各種不同的生產崗位應該挑選什麼樣的人去做，等等，不可隨意決定，必須加以認真選擇。要從眾多的求職者中把最能勝任職務工作的求職者挑選出來，並把他們安排到最合適的職務崗位上去。人員選用是否準確，主要看被選者工作上的成功率。人員選擇的成功率取決於許多因素。要做好人員選錄工作，不僅要有可供選擇的後備人力資源，而且要具有人員選擇工作知識經驗的專業人員去做這項工作。只有確立正確的選人標準和採用有效的方法，才可能選錄出符合要求的人員。本章主要討論下列幾方面的問題：

1. 什麼叫職務分析？為什麼要進行職務分析？
2. 職務分析包含哪些內容？
3. 如何進行職務分析。
4. 為什麼必須做好人員選錄工作？
5. 人員選錄應該有什麼樣的標準？
6. 人員選錄應該按什麼程序進行。
7. 應該採用什麼方法去選錄人員。

第一節　職務分析

一、職務分析的意義和作用

(一)　什麼是職務分析

任何組織都包含人、事、物三方面的因素。三者中人是中心，因為事要人去做，物要人去用。用人得當是一個組織成功的關鍵，用人不當是許多組織導致失敗的重要原因。所謂用人是否得當，就看是否做到事得其人，人適其事，使人與事得到適配。要實現人與事適配，需要做好兩方面的工作，一是要了解其事，二是要了解其人。兩者缺一不可。**職務分析**(或**工作分析**)(job analysis)就是了解其事的工作。一個企業要辦好，需要做好各方面的事，其中有管理工作、技術工作、生產工作、營銷工作、服務工作，等等。每方面的工作又可分成範圍較小的若干方面。例如，管理工作又可分會計財務管理、現金出納管理、產品質量管理、人事管理、物資管理，等等。管理還可劃分為各種車間管理，車間下又有班組管理等。一個企業的總體任務，通過不同方面層層分解，可分成許多不同的職務和崗位。明確了職務崗位，就可以分析人員配備的數量要求和質量要求。一般情形下，人員配備應做到因崗設人，一崗一人，但對實行輪班制的工作或某些特殊的場合，需作一崗多人配置。一個崗位配什麼樣的人取決於這個崗位做什麼樣的事。要實現人事適配，就不僅要對每一個職務崗位的工作性質、工作任務、作業內容、操作方法、工作條件等進行具體分析，同時還要分析從事每種職務崗位工作的人員必須具備的個體素質條件。素質條件包括身體的(如性別、身體尺寸、體型、力量、速度、生物力學特點等)、心理的(如意識、情感、意志、思維、感知特性、智力水平、能力、態度、興趣、愛好、性格類型等)、知識經驗的(如專業知識、技能、文化水平等)。人們之間在個體素質上有很大的差異。人們對不同崗位工作的適合性也會有很大差別。在對每個職務崗位任職者的個體素質要求加以分析和確定後，才可能在人員選拔時做到有的放矢,把符合要求的人挑選出來,並把他們分別安排到各自最適合的職務崗位上去。只有做好職務分析才有可能使人力資源得到最有效的利用。

(二) 職務分析的作用

上面的討論表明職務分析是企業中很重要的工作。職務分析是做好人事管理工作的基礎,人事管理的許多工作都要利用職務分析的結果。因為只有通過職務分析,才能計算出需要設置多少不同的職務崗位,才能確定承擔不同崗位職責人員必須具備的身心素質條件。一個組織只有根據職務分析所提供的資料,才能做好人員選錄、培訓、職務升遷等工作。

職務分析可為制定人員選錄標準提供根據。如前所說,人的身心素質差別懸殊,應該選用具有什麼樣身心素質的人,只能根據職務工作的性質、特點及要求。例如一個工廠,需要選配的人員包括經理、秘書、財會、產品設計、行銷、採購、生產操作、設備維修、後勤服務等各種人員,他們的工作性質、工作內容和需要的知識、能力很不相同。選錄這些人員,應該有不同的選錄標準。不能用選錄生產工人的辦法去選錄管理人員,也不可對技術設計人員與財務管理人員採用相同的選錄標準。即使同是選錄生產工人,也要根據工種不同而有不同的要求。若沒有職務分析的資料,就無法確立各種不同工作的選錄標準。

職務分析對企業人員培訓 (personnel training) 和業績考評 (performance appraisal) 也同樣具有重要作用。因為通過職務分析,對每個職務的任務、內容、條件,及其任職者所應具備的知識、技能和其他身心素質要求都有明確而具體的了解。這樣就可對任職者進行有針對性的考評和培訓,也使職工提高業務水平有明確的方向。

職務分析還可以為工作設計、設備設計和操作方法的改進提供合理化建議。由於職務分析是對工作內容和操作過程的全面分析,它不僅涉及職務工作的內容範圍和任職者的身心素質要求,而且也必然要涉及工作過程、工作方法、工具設備和工作環境等設計的合理性問題。通過職務分析,既可以發掘和總結先進的工作方法和優良的工作設計原則,又能發現工作過程、操作方法、工具設備、環境設計上存在的不合理的地方。因此它對改進工作、改革設備、改善環境等都具有重要的促進作用。

人力資源是最重要的資源,若人力利用不合理,就會造成人力資源的浪費。在許多地方，還經常可以看到人浮於事和因人設事的現象，這不僅會造成人力資源的浪費，而且人員過多後還容易產生工作職責不清、辦事互相推諉的弊端。若能重視職務分析工作，人事錄用任免安排都能以職務分析結果為依據，任職者就能各司其職，各謀其事，此類弊端就可以消除，工作效率和企業效益就容易提高。

二、職務分析的內容

職務分析主要包括兩方面內容，一是分析每個職務的工作任務，二是分析對任職人員的要求。每一方面都包含著一系列具體內容。職務分析者的任務就是要通過調查研究，為確定企業中每個職務的上述兩方面要求提出具體的內容。

(一) 工作任務分析

工作任務分析 (task analysis) 主要包括下列各項內容：

1. 工作內容 分析每個職務的職責範圍，明確每個職務需要做哪些事情，這些事情有什麼特點，每件事情應達到什麼標準，做每件事要花多少時間，做這些事需要有多少人參加，等等。

2. 工作方法 分析每個職務需要使用什麼設備和工具，需要採用什麼方法和操作程序，掌握這些設備和方法需要具有什麼知識，需要掌握什麼技能，等等。

3. 環境條件 環境條件包括有物理環境條件和社會環境條件，**物理環境** (physical environment) 條件包括工作空間要求、照明、空氣成分、溫度、濕度、噪音，以及其他有關工作安全的物理因素。**社會環境** (social environment) 條件包括工作氣氛、工作制度、群體組織、同事關係、學習條件、工資報酬、獎懲制度、福利待遇、晉升機會、勞保條件，等等。

4. 行為表現 分析工作人員的活動性質、活動方式、工作姿勢、工作強度、速度、操作頻次、人機匹配程度、人員間協作與溝通情形，等等。

（二）　職務描述

　　職務分析一般用文字描述其結果，即所謂**職務描述**(或**工作描述**) (job description)。職務描述要求具體、準確。對每個職務或每項工作都要具體敘述"是什麼"、"做什麼"、"為什麼"、"如何做"。文字描述受文字表述能力的影響，同樣一件事，一個文筆好又善於表達的人能夠把它描述得淋漓盡致，看起來一清二楚；但在一個缺少訓練不善於表達者的筆下可能三言兩語，文不達意，或寫了一大篇，主次不分，把重要的信息掩沒在與職務分析無關的敘述之中。在職務分析的描述中，既要防止華而不實的詞藻堆砌又要避免概念化、簡單化。為了防止這兩種傾向，有人提出用一種統一的句法結構去對職務分析結果進行描述。例如使用下面的句型表達工作人員的某種具體活動內容："操縱車床加工齒輪"、"駕駛卡車運送貨物"、"會見顧客徵求意見"等等。此類句子用"動詞＋直接賓語＋不定式短語"這樣的句法結構，表達了工作人員做什麼和為什麼做的具體內容。當然，用以描述工作人員活動的句法結構不一定如此呆板，但其設法使用簡明的表述方式去對職務分析結果進行樸實描述的想法是很可取的。

（三）　人員要求分析

　　職務分析的另一基本內容是分析工作人員應具備的條件。不同的職務有不同的工作任務和工作條件，承擔每種職務工作的人員應具有能勝任這些工作的**個體條件**(或**工作須備條件**) (job requirement)，其中包括身體的、心理的和知識經驗等方面的條件。

　　1. 身體素質　包括身體尺寸、體型、力量大小、耐力、以及身體健康狀況等。

　　2. 心理素質　包括視覺、聽覺等各種感、知覺能力，例如辨別顏色、明暗、距離、大小細節等能力，辨別音調、音色及分辨語聲的能力，辨別氣味的能力等；記憶、思維、言語、操作活動能力、應變能力；以及興趣、愛好、性格類型等個性特點等。

　　3. 知識、經驗　包括一般文化修養、專業知識水平、實際工作技能和經驗等。

4. 職業品德　從職人員除了必須具有遵紀守法和一般公德外，還要對職業所需要的**職業品德**(或**職業倫理**)(work ethic)要求有所修養。例如，教師要熱愛學生、教書育人。銷售人員要童叟無欺，待顧客如上賓。財物保管人員要公私分明，非己之物，分毫不沾。

對從職人員要求的分析應限於為保證完成職務工作所必需的個體條件。這些條件不僅要有定性的要求，而且要有定量的要求。要求不能降低，但也不可把它規定得過高。對人員要求的標準定得過高，不僅大才小用，浪費人力資源，而且不一定有利於做好工作。因為當一個人不能在工作中施展才能時，或者工作要求遠遠超過他的能力而很難完成工作任務時，就會對工作缺乏興趣和熱情，不安心工作，若處理不當還會產生矛盾。因此，一般中專畢業生能夠勝任的工作，就不安排大學畢業生去做。同樣也不要把需要大學專業知識才能做好的工作分配中專畢業生去做。用人要求過與不及都不可能合理利用人力資源，不利於做好工作。只有在人-職適配，即工作要求與工作人員的個體要求配合得好時才能使人力資源得到充分有效的利用。

三、職務分析方法和職務分類

(一)　職務分析方法

職務分析工作不僅需要具有多學科基礎知識，而且還要善於運用各種方法。下面是職務分析中常用的幾種方法。

1. 談話法　談話法(或訪問調查)(interview survey)是各種職務分析中普遍使用的方法。正在各種職務崗位上工作的人員，情況熟悉，有切身體驗，最有發言權，對他們作訪談是獲取工作情況信息的重要途徑。許多用其他方法不能獲得的信息可以從與現職人員的交談中得到。訪談的效果往往取決於訪談者的技能。訪談者對使用談話法應有一定的訓練，並在訪談前作好必要的準備。在職務分析的訪談中，特別要防止信息失真。有的從職人員由於要顯示自己工作的重要性，或認為職務分析結果會對他的某種利益發生影響，他可能會自覺或不自覺地對自己所從事的工作的意義和責任作出過分的描述。因此訪談者要對談話內容進行分析，善於辨別誇大不實之詞，去偽存真。為了從訪談中取得可靠的信息，除了訪談現職人員外，還應同比較熟悉該職務工作的其他有關人員進行談話。

2. 職務分析問卷　職務分析問卷是根據職務分析目的要求制定的。在**問卷** (questionnaire) 中提出大量與職務分析內容有關的項目或問題。一套問卷中包括的項目有時可能多達幾百項。

職務分析問卷可以分為**工作定向問卷** (job-oriented questionnaire) 和**人員定向問卷** (worker-oriented questionnaire) 兩類。工作定向問卷強調工作任務的特點和工作的結果。人員定向問卷則強調從職者為完成職務工作所必需的知識、能力、技能、體質、體力等個體身心素質條件。工作定向問卷在內容上很少有共同之處，這種問卷只能採用手工方式逐個編制。人員定向問卷不大受特定職務內容的限制，它具有較大的適應性，因此可以採用標準化形式，使之可以在多種職務分析中使用。表 5-1 和表 5-2 是以工作定向和以人員定向兩類職務分析問卷的假想例子。表 5-1 是工作定向職務分析表，其操作內容隨職務工作而變。表 5-2 是人員定向職務分析表，表中列舉了多項有關從事管理職務工作所需要的心理素質特性。在對每種管理職務進行職務分析時，可要求從職人員或其他有關人員從這個分析表挑出該職務工作所需要的心理素質特性及其重要性程度。這種問卷可用於多種不同的職務分析。

表 5-1　任務分析表格式舉例

工作任務：××××			
內容項目	是否包含此項操作	耗費時間 (或發生的次數) (√)	重要性程度 (1. 很不重要；2. 不重要；3. 較重要；4. 重要；5. 很重要)
1.…… 2.…… 3.…… 4.…… 5.…… ……… ………			

(朱祖祥，1997)

表 5-2　任職人員身心特性要求分析表舉例

身心特性	是否需要	工作中的重要性					備註
		1.不重要	2.稍重要	3.較重要	4.重要	5.很重要	
1. 力量							
2. 握力							
3. 耐力							
4. 大小細節辨別力							
5. 辨色力							
6. 深度知覺能力							
7. 手足協調性							
8. 反應靈敏性							
9. 聽力							
10. 注意力							
11. 記憶力							
12. 理解力							
13. 創造性							
14. 決策能力							
15. 計算能力							
16. 口頭表達能力							
17. 文字表達能力							
18. 應變能力							
19. 自我控制力							
20. 社交能力							
21. 合作共事							
22. 事業心							
23. 責任心							
24. 工作態度							
25. 自知能力							
26. 民主作風							
27. 廉潔性							
⋮							

職務：××××

3. 現場觀察 訪談和問卷所得的資料，雖然來自從職人員或有關人員的口述筆答，但對職務分析者來說，仍只是通過間接方式得到的資料。它不像直接觀察那樣認知得具體、生動。有些從職人員不善於用口頭與書面筆答方式把自己所做的工作情形充分反映出來。因此職務分析者還需要通過直接觀察來了解各種職務工作的情形。為了獲得切身體驗，職務分析者有時還可通過不同程度的直接參與以獲取某些職務工作資料。在職務分析採用**觀察法** (observational method) 時，要充分利用錄像等現代記錄技術。

4. 記事法 記事法是由從職人員把自己工作的情形和體驗用文字記述下來。這種記述可以設計成表格的形式，在執事者完成一項任務後如實逐項填寫。記事法不僅能為職務分析提供很具體的資料，而且能對從職人員改進自己的工作起促進作用。但這種方法需要從職人員花費時間，因而有些人不大願意接受。

5. 關鍵事件法 關鍵事件法 (critical incident technique) 是指對取得成功或遭受失敗的關鍵事件和活動情況進行了解，以分析職務的關鍵特徵和從職人員的行為特點。從職人員的知識、能力、技能等個體素質的作用和需求，會在處理關鍵事件的過程中比較集中的顯露出來。通過對較多數量關鍵事件的分析，可以對從事某種職務工作的行為方式和要求作出概括。

（二） 職務分類

職務分析結果的一個重要用處，是用來進行**職務分類**(或**工作分類**) (job classification)。職務可按其工作性質及其對任職者個體條件要求的共同性或近似性加以分類。可把職務性質相同、對任職者身心素質要求相近的職務歸成一類。職務分類能為人員選拔、任用、專業技能培訓、工作業績考核、工資分級等各種工作帶來很多方便，對提高人力資源管理工作的效率也有重要作用。

在職務分類中，一般傾向於按各種職務所要求的能力的**共通性**(或**共同性或近似性**) (communality) 作依據進行歸類。例如，有一種職務分類方法將完成職務工作能力特性分成一般智力、語言、數字計算、空間形象、形狀知覺、書寫材料感知、運動協調、手指靈活和手工靈巧等九種。將每種能力對完成該職務工作的重要性作五級打分，並對各種職務工作的打分結果加以比較，以分析它們的共通性或近似程度。不同職務能力要求的近似性可用

圖 5-1 所示的**心理圖示**(或**心理圖析**)(psychogram) 法加以分析。採用這種方法時,計算出各種能力在每種職務分析中按統一評分標準所得的重要性分數,並把每種職務所需的各種能力分數點用線連接起來形成職務能力心理圖。假設有四種職務所需能力的心理圖如圖 5-1 所示,就可以判定職務 I 和職務 II 的能力需求有很高相似性,可歸為一類;職務 III 和職務 IV 可歸為另一類。如果不同職務的能力分數沒有表現出明顯可見的變化一致性,就

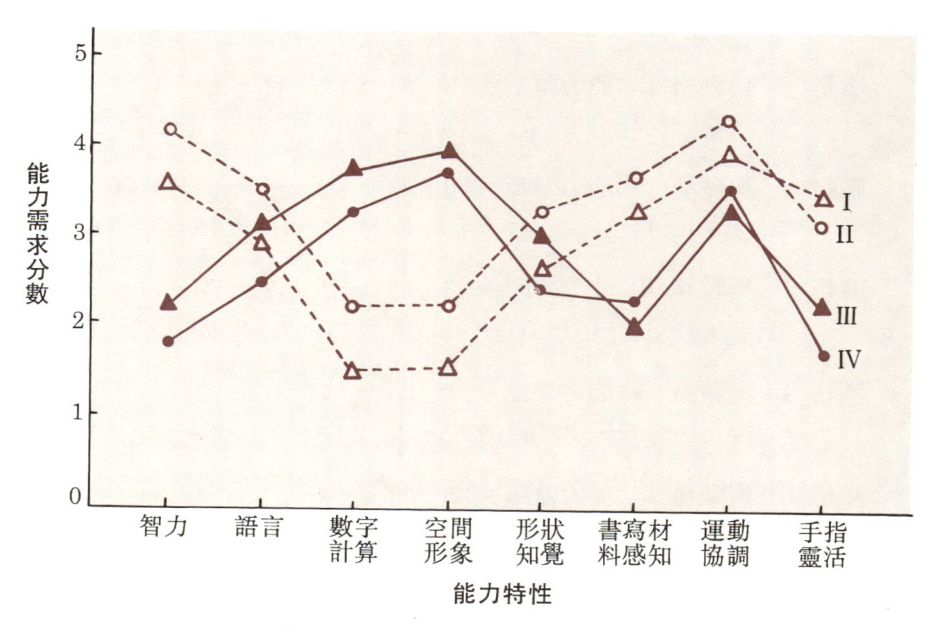

圖 5-1 職務能力要求心理圖示

表 5-3 四種職務所需九種能力得分

職務＼能力	智力	語言	數字計算	空間形象	形狀知覺	書寫材料	運動協調	手指靈活	手工靈巧
I	3	2	3	5	4	2	4	3	2
II	3	1	3	2	4	3	5	3	3
III	5	4	4	3	3	5	2	3	2
IV	2	3	4	5	4	4	2	3	3

較難進行職務歸類。這時可以根據不同職務間能力分數差距大小確定職務歸類。能力分數差距越小的職務彼此越相近似。

假設職務 Ⅰ、Ⅱ、Ⅲ、Ⅳ 的九種能力分數如表 5-3 所示，可按下法分別計算出四種職務的九種能力分數差異值：

職務 Ⅰ 與職務 Ⅱ 能力差距＝|3−3|＋|2−1|＋|3−3|＋|5−2|＋|4−4|＋|2−3|＋|4−5|＋|3−3|＋|2−3|＝7

職務 Ⅰ 與職務 Ⅲ 能力差距＝|3−5|＋|2−4|＋|3−4|＋|5−3|＋|4−3|＋|2−5|＋|4−2|＋|3−3|＋|2−2|＝13

職務 Ⅰ 與職務 Ⅳ 能力差距＝|3−2|＋|2−3|＋|3−4|＋|5−5|＋|4−4|＋|2−4|＋|4−2|＋|3−3|＋|2−3|＝8

職務 Ⅱ 與職務 Ⅲ 能力差距＝|3−5|＋|1−4|＋|3−4|＋|2−3|＋|4−3|＋|3−5|＋|5−2|＋|3−3|＋|3−2|＝14

職務 Ⅱ 與職務 Ⅳ 能力差距＝|3−2|＋|1−3|＋|3−4|＋|2−5|＋|4−4|＋|3−4|＋|5−2|＋|3−3|＋|3−3|＝11

職務 Ⅲ 與職務 Ⅳ 能力差距＝|5−2|＋|4−3|＋|4−4|＋|3−5|＋|3−4|＋|5−4|＋|2−2|＋|3−3|＋|2−3|＝9

從以上四種職務的能力分數差距，可以看到職務 Ⅰ 與 Ⅱ 所需能力水平的差異最小，因此可把兩者歸為一類。

第二節　個體差異與人員選擇

一、爲什麼要進行人員選擇

　　人員選拔，自古有之。中國古代就有選賢舉能的做法。沿襲一千多年的科舉考試制度，就是我國封建統治者選拔官吏而設置的選人制度。現代社會中的種種考試、測驗，也大都是為了選擇各種工作人員而舉辦。工作人員為什麼要進行選擇呢？簡單說，就是因為人們之間存在著**個體差異**(或**個別差異**) (individual differences)。人在身體外貌、體質和生理、心理上都存在著明顯的差異。例如有的人高大，有的人瘦小，有的人爆發力大，有的人耐久力好，這是體質上的差異。又如有的人善於形象思維，而另有人長於抽象推理；有些人擅長詩文，另一些人擅長工藝；有人有音樂能力，有人有繪畫才能，這是人們在能力上的差異。再如有的人性格開朗，善於交際，而另一些人腼腆，不善言談；有的人膽大粗心，有的人小心謹慎；有的人辦事果斷，有的人優柔寡斷；有的人外向，有的人內向，這是性格上的差異。個體之間在身心上存在著此類差異，自然會對工作產生不同的影響。如在職務分析中所說的，各種職務工作內容千差萬別，不同的職務對從職人員有不同的要求。搬運工作需要強壯的體魄，企業經理需要有組織、判斷、決策能力，公關工作需善於詞令，秘書工作則需有較好的文書處理能力。人們之間存在個體差異，不同工作對人又有不同要求，這就需要在人職之間進行匹配。要使具有某種身心素質的人能夠有機會去從事適合於他做的事，或使各種職務能夠配上符合要求的人。人職獲得匹配，可使人的潛力得到最大發揮，使人力資源得到最有效的利用。要使人職匹配得好，就要對從職人員進行選擇。在激烈競爭的市場經濟環境中，企業求得發展的最關鍵一著就是要做好從職人員的選拔工作。

二、人員選擇與個體差異測量

如上所說,人員選擇是為了實現人職匹配。實現人職匹配,首先就要對人、職兩個方面有充分的了解。前章所討論的職務分析,是對職的了解。對人則要了解個體差異。了解人的個體差異,需要通過測量。任何事物,不經過測量,就難以辨別異同。兩條繩子不經過測量就不能知孰長孰短,兩塊磚頭不經過稱斤兩就不能論孰輕孰重。同樣,人的身心素質特點也只有經過測量才能了解其差異。

人的個體身心素質差異主要表現在體質、生理和心理三個方面。人們在體質上有身體尺寸、力量大小和速度快慢的差異,這種個體差異主要用體質人類學的方法進行測量。人的生理上的差異主要表現為人體各種器官的結構及其機能的差別,這種差異主要用**醫學**和**生理學**的方法進行測量。人的心理上的差異主要表現在個性和知識技能水平上,心理上的差異要依靠心理測量的方法去了解。

任何測量都有**信度**和**效度**要求。就是說,測量方法和工具要求準確、可靠,測量的結果要求與實際情形相符。對人心理素質的測量由於不像測量長度、重量那樣容易得到公認的和容易操作的客觀標準,就更要重視測量的信度和效度。尺和磅秤是否準確、可靠,容易檢查,只要重複測量幾次,把它們的測量結果與一個標準的尺或磅秤所測的結果比較一下就可以知道。但人的心理素質不是有形的東西,它不可能像身高、體重那樣進行直接測量,只能通過行為活動作間接測量。人的行為活動表現,容易受種種主客觀因素的影響而變化。要使心理素質的測量具有較高的信度、效度,不是輕易可以達到的。人員選拔測量要求具有良好的**預測作用** (predictability)。就是說要求通過測量篩選出來的人員在任職後的工作成功率高。人員選拔測量能否具有良好的預測作用,主要取決於它是否具有良好的信度和效度。一個測量工具或一種測量方法,用來測同一的對象,若每次測量都得到相同或一致的結果,這種測量工具或方法就是**信度** (reliability) 高的。信度高低用**信度係數** (coefficient of reliability) 表示。信度當然越高越好,理想的信度其係數為 1。但在實際測量中,任何測量工具和方法,其測量信度都不可能達到 1。用於人員選拔的心理測量一般要求有 0.70～0.80 的信度。

效度 (validity) 是評價人員選拔測量的另一個重要標準。心理測量效度有**內容效度** (content validity)、**預測效度** (predictive validity)、**同時效度** (concurrent validity)、**構思效度** (或構念效度) (construct validity) 等區分。一個人員選拔測量，必須具有良好的預測效度。預測效度是指一種測量的結果能夠用來成功地判斷被測者將會達到某種狀態的程度。例如大學用入學考試分數作為錄取考生的依據。這裏面就包含著一個這樣的假定：入學考試分數高低可以預測考生入學後學習成績的優劣。這種預測的準確性有多大呢？若事實證明學生入學後，入學考試分數高的學生，學習成績也高，入學考試分數低的學生，學習成績也低，就表明採用這種入學考試作為選錄大學生的方法很有效，具有很好的預測效度。評價預測效度必須先確定衡量預測效果的標準。上面大學生選錄測量的例子中，大學期間的學習成績就是評價入學選錄測量效果的標準，這種標準一般稱為**效標** (validity criterion)。測量分數與效標分數的相關值，稱**效度係數** (coefficient of validity)，用它表示預測效度的高低。人員選拔測量一般要求有 0.30～0.40 的預測效度。顯然，一種測量的預測效度隨效標不同而變化。而效標需隨不同的測量目的而變化。例如企業經理與技術工人，職責與工作內容不同，他們的工作成效應該用不同的標準去評價。假使選擇測量的目的是為了選拔經理，就應該用評價經理工作成效的標準作效標，若測量目的是為了選拔技工，就應該用評價技工成效的標準作效標。用這兩種不同的效標去檢測某種選拔測驗的預測效度，可能有下列四種結果：(1) 該測驗若符合兩種效標的預測效度，表明它對選錄經理與選錄技工都適用；(2) 該測驗對經理效標的效度高，對技工效標的效度低，表明它適用於選錄經理，不適用於選錄技工；(3) 該測驗對經理效標的效度低，而對技工效標的效度高，表明可用它來選錄技工而不宜用於選錄經理；(4) 該測驗對經理與技工兩種效標的效度都達不到要求，表明它對經理與技工兩類人員的選錄都不適用。因此評價一個測量可否用來選錄某類人員時，首先要檢查一下選用的效標是否恰當。在效標恰當的情形下，若一種測量的預測效度達不到要求，就表明這種測量對選拔該類人員是不適用的，這時就要對這種測量加以修改，或者改用其他的測量，直至找到合用的測量。

三、效標選擇

從上面的分析，可知在人員選拔測量中效標是否恰當是人員選拔成敗的關鍵。因此在制定或選擇測量方法時，必須十分重視效標的選擇。

(一) 選擇效標的要求

1. 相關性 相關性 (relativity) 是指測量必須選用與實現職務工作目標有關的內容作效標。例如錄用後達到工作熟練所花的時間，完成產品的數量、質量，工作態度、敬業精神、出勤率，領導與同事的評價和考核的成績等都可用作效標。應該盡可能選擇那些最能表明工作成效的內容作效標。一般認為，用入選的工作人員在工作一段時間以後（半年或一年）所達到的業務水平或工作實績作效標是比較合適的。

2. 可靠性 效標測量必須能滿足信度要求，亦即要求有較高的**可靠性** (reliability)。工作效績的測量結果，容易受多方面因素的影響，一個學習好的人參加多次考試，不能保證每次都考得好分數。企業領導人對某個下屬人員的評價，有時可能評得高一些，有時可能評得低一些，不同領導成員對某個下屬的工作作出不同評價更是常有的事。另外，一個人的工作成效的表現，可能是多維的，有的人主要表現在這個方面，有的人主要表現在那個方面。這一切表明效標不能只用一個人的一時一事的測量結果為依據。採用多種效標測量的綜合結果，無疑有利於提高效標測量的可靠性。

3. 靈敏性 效標**靈敏性** (sensitivity) 指效標測量能夠反映出任職人員工作成效大小差別的程度。在工作成效發生一定差別時，一個靈敏度高的效標測量能把這種差別反映出來。效標的靈敏度容易受許多主、客觀因素的影響。靈敏度要求越高，效標選擇需要做得越精細。對效標靈敏度的要求應根據測量目的加以確定。

4. 適用性 適用性 (usability) 指效標測量一般是要通過在職人員的工作來進行。若對效標測量方法考慮不周或時間安排不當，會對工作帶來不便，因而不容易像人員選擇測量那樣受到重視和支持，有時甚至還會被誤解而遭到拒絕。因此進行效標測量不僅要使有關人員了解其意義，而且還應盡可能與企業的工作結合起來，使之有利於企業目標和個人工作目標的實現。

(二) 防止偏見污染

效標測量容易受某些因素的影響而受到污染。在影響效標測量結果的因素中，有的是偶發的，有的是穩定發生作用的。偶發因素引起的污染很難防止，但可以通過增多測量次數等辦法來減低其污染程度。在穩定的污染因素中，特別要防止**偏見 (prejudice)** 的污染。效標測量中往往會碰到多種形式的偏見。例如一個頂頭上司在評價下屬人員的工作時，把同自己關係比較親近的人評得比實際情況好一些，而對一個沒有好感的下屬評得比實際情況低一些，這是一種感情因素產生的偏見。有些評定人由於被評定人對某件事情的處理給他留下良好的或不好的印象，因而對被評人的其他方面也作出比實際情況高或低的評價，這種現象稱為**光環效應 (或成見效應)** (halo effect)，也是一種污染效標的偏見。在體育比賽裁判評分中的印象分就屬對評分的污染因素。為了克服這種偏見影響，通常在計算平均得分時採用去掉最高分和最低分的辦法。有時被評人的學歷、經歷也會成為效標污染的因素，例如有的評定人較重視大學的知名度，認為著名大學畢業生強於一般大學畢業生，對來自非著名大學者工作人員評得低一些。各種對效標的偏見都會使人員測量的預測效度降低，在人事選拔測量中應力求防止。

第三節　人員選錄程序和方法

一、選錄前的準備

(一)　制定選錄計畫

選拔工作人員包括一系列互相聯繫的工作。這些工作都必須有計畫地進行。企業組織作出選招工作人員的決策後，第一件事就是制定計畫。選錄計畫至少需要規定以下各方面的內容：

1. 確定選錄的職務及需要選錄的人數；
2. 應徵人員必須具備的條件；
3. 估計人力資源的供求情況，確定選錄面範圍；
4. 確定選錄工作開始和完成的時間；
5. 確定執行選錄工作的人員，或建立臨時的、相應的選錄工作機構；
6. 確定選錄應徵者的程序；
7. 經費預算及來源。

(二) 求人與求職的信息溝通

　　人員選錄是否能順利完成，一要看求人者與求職者是否相遇，二要看求人者與求職者是否能互相滿足對方的要求。雙方為了實現自己的目的，都需要尋找或創造與對方相遇的機會，並設法使對方了解自己的需求和能夠提供的條件。雙方都需要依靠信息媒介進行溝通。因此人員選招單位在作出選招工作計畫後就應及時利用報紙、電台廣播、電視台等信息媒介，發布選招通知，介紹有關材料，做好與廣大求職者的信息溝通。

　　人員選錄只是在應徵者超過擬招人數時才有選擇餘地。應徵者與擬徵的人數比率愈大，選擇的餘地也愈大，就越有可能選擇到符合要求的求職者。人員選招信息溝通工作的主要任務就是要設法提高這個比率，使盡可能多的求職者來報名應徵。如何向求職者提供真實而具有吸引力的信息，是人員選招中需要認真對待的問題。

二、人員選錄一般程序

　　選招信息發出，有求職者報名後，就應開始進入對求職者的選擇工作。從求職者中選擇出符合稱職的人員，一般需要經歷如下過程：

(一) 審查應徵者資料

　　以職務分析中確定的任職者應具備的個體身心素質條件作參照，對應徵者提供的求職申請表、推薦書及個人履歷等資料進行審查。有些工作還需對求職者進行常規的或特殊的體格檢查。通過這個審查，對求職者進行初步篩選，把明顯不符合要求的求職者排除掉。

（二） 對應徵者進行測量

使用談話、問卷、測驗等方法對通過初步篩選的求職者進行測量。問卷和測驗量表應是經過信度、效度檢驗而符合要求的。

（三） 確定錄用標準

應徵者的資料與測量結果，必然是參差不齊的。在這些參差不齊的應徵者中錄用誰呢？要有一個錄取的標準。根據標準，擇優錄用，是人員選錄工作的一條重要原則。標準定高還是定低，要看應徵者人數多少和測量分數的分布情形。應徵者多，就可把標準定得高一些。測量分數普遍較高時，也可把標準定得高一些。

（四） 試用及選錄效度檢驗

人員選錄過程，一般都是到錄用這一階段為止。但實際上選招工作還沒有完成。因為人員選用的目的是要達到人職良好匹配。因此人員錄用後，還要進一步考察被錄用的人員是否真正能夠勝任工作。就是說，被選中的人還需要有一個試用階段。

被企業錄用的人員，一般要經歷三個月到一年的試用期間。在試用期間內，給錄用人員以必要的訓練，同時考察他們是否能適應所分配的工作，若不適應，就要調整。人員選錄工作者應在試用期內搜集被錄用人員的工作成績與表現，把它們與錄用時的預測結果進行比較，並計算兩者的相關以判定預測程序及測量方法的預測效度。若預測效度高，表明所用的人員選錄程序與方法是正確的，可繼續使用。若預測效度低，就要分析原因，吸取教訓。

三、人員選錄方法

選錄工作人員，必須設法搜集有關求職者的信息。有關求職者的信息通常採用分析個人經歷資料與推薦書和通過面談、問卷、測驗等方法獲得。下面就如何運用這些方法搜集有關求職者的信息問題作一討論。

(一) 分析應徵者個人經歷資料

每個人的身心素質條件都有一個發展過程。了解一個人的以往經歷和表現，有助於預測其未來的發展。因此求職者個人經歷資料中的有關內容常被用作人員選錄的一種依據。

求職申請表是人員選錄工作使用較多的個人經歷資料。申請表的內容可以根據人員選錄的目的和需要進行設計，少則幾十項，多則可能有幾百項。一般包括年齡、性別、住所、婚姻、眷屬情況、健康狀況、學歷、經歷、特長、興趣愛好、以及其他需要的項目。申請表可以採用填充、問答形式。申請表上提供的各項信息對選錄的職務工作有不同的作用。對求職申請表提供的信息，可以採用按重要性加權計分的方法算出每個求職者的總分。各項信息內容的權值可以通過分析現有工作人員各項內容與工作成效的關係加以確定。例如，把工作人員按工作成效高低分成兩組，計算具有每項信息內容的人員在兩組中的分佈比例，而後參照各項內容在高成效組所占的百分比值來確定權值。表 5-4 是對教育程度、工作經驗、婚姻狀況三項信息內容計算權重值的例子。

(二) 推薦書

推薦書是熟悉求職者情況的單位或個人向選人者提供求職者情況時所採用的方式。推薦書主要是推薦者對被推薦者的工作能力、專業水平等的評價意見。推薦者一般是求職者的導師或以前求職者工作單位的領導人或具有其他身份的人。作為求職者的推薦人，應滿足以下條件：(1) 對被推薦者的有關情況有足夠的了解；(2) 具有對推薦內容作正確評價的能力；(3) 願坦率地對求職者作出實事求是的評價。缺少任何一個條件，都會降低推薦意見的價值。通常推薦人都是由求職者自己確定的。求職者往往尋求能為自己美言者作推薦人。推薦人礙於情面等原因，在評價中也容易存在隱惡揚善，多講好話的偏向。推薦書的效度一般都不高。因此推薦書一般只能作為選錄工作人員的參考。

(三) 面　談

面談 (interview) 是人員選錄中常用的方法。它是求人者與求職者當面

表 5-4　以個體條件在高低效工作中的人數百分數計算權重方法舉例

個體條件		調查人數			高效者百分數	權重值
		總數	低效	高效		
教育程度	小　學	30	25	5	17	2
	初　中	60	38	22	37	4
	高　中	80	41	39	49	5
	大　學	70	24	46	66	7
	研究生	30	7	23	77	8
	合　計	270	135	135		
工作經驗	無	20	12	8	40	4
	管理工作	70	25	45	64	6
	設計工作	60	33	27	45	5
	秘書工作	50	24	26	52	5
	推銷工作	30	15	15	50	5
	生產操作	40	26	14	35	3
	合　計	270	135	135		
婚姻狀況	未　婚	100	60	40	40	4
	已　婚	150	60	90	60	6
	離　婚	20	15	5	25	3
	合　計	270	135	135		

(朱祖祥，1997)

雙向溝通信息的活動。面談方法比較靈活，可根據談話情況提出原先未想到的問題。通過面談，還可搜集到用其他方法無法獲得的信息，例如求職者外表、口頭表達能力、臨場應變能力等，只有通過面談才能觀察到。求職者對工作的期望、要求和應徵的動機等也能夠在談話中得到比較深入的了解。當然，面談方法在實際使用中也有其局限性。最明顯的一點是面談的效果容易受交談人的談話技巧和交談時的態度所影響。求職人的舉止言談態度也會影響交談人對他的評價。此外，談話的結果還會受交談人的性別、風度、前後談話者的對比效應、信息的積極或消極性質等多種因素的影響，因此在人員選錄中的面談，應挑選有經驗的人員去做。若能有幾名交談者分別或同時與相同的求職者進行面談，自然能得到更有效的結果。

(四) 測　驗

測驗 (test) 是人員選錄中普遍使用的方法。企業人員選錄中最常用的是智力測驗、特殊能力測驗和個性測驗。

1. 智力測驗　智力測驗 (intelligence test) 被用於人員選錄測驗，主要是由於各種工作的成敗與工作人員的智力水平有關。智力較高的工作人員比智力較低的人容易取得更好的成績。當然，智力高的人在工作中並非必然能夠取得成功，因為智力水平只是影響工作成效的一個因素。不同的工作對人的身心素質要求可能很不相同。一些工作對智力的要求高，而另一些工作對體力的要求高，還有一些工作可能需要具有某些特殊的生理與心理素質。智力高的人往往不安心去做只要中等智力水平就能勝任的工作。智力測驗可以了解求職者的智力水平，使人員錄用工作中能避免發生智力與工作要求不適配的現象。人員選錄中用的智力測驗有多種，例如**韋克斯勒成人智力量表**(或**魏氏成人智力量表**) (Wechsler Adult Intellingence Scale，簡稱 WAIS)，**瑞文測驗**(或**瑞文氏彩色圖形智力測驗**) (Raven's Colored Progressive Matrices Test，簡稱 CPM)，**韋斯曼人員分類測驗** (Wesman Personnel Classification Test)，**溫德立人事測驗** (Wonderlic Personnel Test)，**適性測驗** (Adaptability Test) 等都有人使用。在把各種智力測驗應用於選用工作人員時，應先對其信度、效度進行檢驗。

2. 特殊能力測驗　人的能力可以分為兩大類，一類是綜合性的能力，即上面討論的智力。還有一類是**特殊能力** (special ability)，指能特別順利完成某種活動的能力。特殊能力一般按活動特點分類，如機械能力、繪畫能力、音樂能力、運動能力、寫作能力、計算能力，等等。許多工作需要選擇具有相應特殊能力的人去做。但特殊能力並非人皆有之。一個人是否具有某種特殊能力，可通過特殊能力測驗加以鑒別。特殊能力有多種多樣，每種特殊能力又包含著多種能力因素。心理測驗學者為測量各種特殊能力編製了各式各樣的測驗。在人員選錄中要根據職務分析結果，對選錄不同工作人員，選用不同的特殊能力測驗。下面是幾種工業選錄中常用的能力測驗：

(1) 機械能力測驗　機械能力測驗主要涉及空間關係的知覺、想像和有關機械組合、機械運動和機械原理的理解、推理,以及手眼協調等能力。例如在有的機械能力測驗中用幾何圖形拼板測驗被測人的空間關係想像力,或者要求被測人把雜亂放置的不同形狀的木塊分別放入形狀與之相應的空穴,以測定其空間形狀辨認能力。在有的測驗設計中,用反映各種機械原理的圖畫,要求被測人回答規定的問題,以測驗其對機械原理的理解能力。

(2) 心理運動能力測驗 心理運動能力包括有對視、聽信號的反應速度(簡單反應時,選擇反應時)、肢體運動速度、手和手指動作的靈活性、手臂的穩定性、眼手協調、雙手協調、手足協調、速度控制、動作精確性控制等。這些心理運動能力因素彼此間相關不高,需分別加以測量。許多手工操作的效率與操作者的心理運動能力有較大關係。在工業操作人員的選擇中,可以根據操作活動的要求,設計不同心理運動能力測驗。例如有的心理運動能力測驗中,設計如下方法測驗手指與手的靈巧性:第一次要求受試者把釘子放入一塊板的小孔中,先分別用右手和左手做,而後同時用兩手做,以此測量手的操作靈巧度;第二次要求受試者把釘子同小環、墊圈一起放到小孔中去,以此測量手指操作的靈巧性。手與手指操作靈巧性不同的受試者在完成這類操作的時間上會表現出差異來。

(3) 感覺能力測驗 有些工作要求任職者具有特別好的感覺能力,例如印染工作者須具有良好的顏色分辨能力,飛行員要對身體姿勢變化有靈敏的感覺能力(平衡感),話務員要求具有分辨語音變化的聽覺能力。良好的視覺能力更是許多職務工作所需要的。視覺能力測驗包括視敏度(視力)、辨色、立體知覺、視野範圍、深度知覺、眼斜視、夜視力(暗適應)等多種視覺功能的測量。可根據不同工作對視覺能力的不同要求,選擇不同的測量項目。例如汽車、行車與起重機駕駛員的深度知覺和距離判斷能力對工作質量有重要影響,在選錄此類駕駛人員時,除了測定視力、色覺等常規項目外,必須對深度知覺能力進行測驗。

特殊能力測驗種類繁多,文書、繪畫、音樂、閱讀、口語、數學、運動等都可根據其對心理素質的要求編製相應的測驗。選用特殊能力測驗,也和選用其他心理測量方法一樣,必須檢驗其信度和效度。只有滿足信度、效度要求的特殊能力測驗才能用於選拔特殊要求的人才。

3. 個性測驗 個性測驗(或人格測驗)(personality test) 包括能力、氣質、性格、興趣、愛好、動機、態度、價值觀等內容。這些個性特性,可以單獨測量，也可以多種個性特性合在一起測量，把多種個性特性測量結果綜合起來表述一個人的個性。

個性測驗也有多種方法。個性問卷調查和**投射測驗** (projective test) 是最常用的方法。第二章曾對這兩種個性測驗方法作過介紹，不再重述。但這裏有必要對個性測驗應用於人員選錄的局限性問題作一討論。一個人參加求職選錄時對待個性測驗的心情與態度可能同求助人事諮詢或職業指導時有很大區別。在求助人事諮詢或職業指導時，一個人為了得到符合自己情況的回答，對個性測驗中有關的內容會真實地作出反應。而在參加求職申請的測驗中，由於想求得最大錄取可能性，求職者會有意無意地用求人者所要尋求的那種人的個性特點來反應。就是說，在參加求職測驗的情境中，求職者提供的個性測驗反應存在著虛假的可能性。有的研究表明這種虛假現象確實存在。人員選錄個性測驗回答中的虛假現象很可能是因人而異的。可以採用如下方法去識別與防止這種虛假現象：在個性問卷中設置某些識別虛假現象的項目，那些對問卷作出誠實反應的受試者很少選擇這些項目，而有意作虛假反應的受試者卻經常對這些項目作出反應。也可對用於人員選錄的個性問卷作效度檢驗，只選擇與效標測量一致的項目加以記分，用作選錄的依據。

個性測驗除了使用問卷調查與投射測驗之外，還有人採用**紙筆誠實測驗** (paper-pencil test)、**測謊器** (lie detector)、筆跡學等方法。

4. 工作樣本測驗 **工作樣本測驗** (work sample test) 是在現場實際工作或模擬實際工作的情境中，測定受測者的實際工作能力。例如選錄秘書人員時，可以設置某種秘書職務所應處理的具體事務，要求求職者盡自己所能去處理這些事務，或者要求他們提出處理這些事務的方案。選錄機械操作人員時，可以利用操作現場，或設計一定的機械操作任務，要求求職者去完成。各種工作人員幾乎都可以採用工作樣本測驗加以選擇。工作樣本測驗預測效度比其他預測方法高。人員選錄中採用這種方法，不僅使選人者能更直接而確切地了解求職者的實際能力，而且也使求職者可以對錄取後所從事的工作有實際的了解，有利於他們對所爭取的工作是否適合自己的要求作出自我評價。這樣可使那些認為工作不適合自己胃口的求職者，主動放棄入選機會。有的研究證明，通過工作樣本測驗後錄用的人員，要比採用其他預測方法錄用的人員離職率低，更安於職守。

上面討論了多種人員選錄的方法。這些方法在各種職務的人員選錄中具有不同的作用。其中有些方法適合在較多的職務人員選錄中使用，有些方法則只對某些有限職務人員選錄有效。有人對七種不同方法用於各種人員選錄的預測效度進行比較研究，統計了每種方法用於各種人員選錄中的預測效度係數 (以工作達到的水平為效標) 達到或大於 0.50 的百分比率，得到如圖 5-2 所示的結果。可見傳記信息的方法能在多數使用場合取得較高的效度。其次為工作樣本測驗法，使用中有 40% 以上的預測效度可達 0.50 以上。而使用空間關係能力測驗的預測效度達 0.50 以上的僅占 3%。自然，我們不可因而在人員選錄中只重視使用傳記信息和工作樣本測驗方法而忽略其他方法的作用。因為每種方法都有自己的優點，也各有其局限性。一種方法可能較適合用於選錄這一類工作人員，另一種方法可能較適用於選錄另一類人員。在人員選錄中，要根據職務工作的要求和實際情形決定採用什麼測驗方法。人員選錄一般很少採用單一方法。

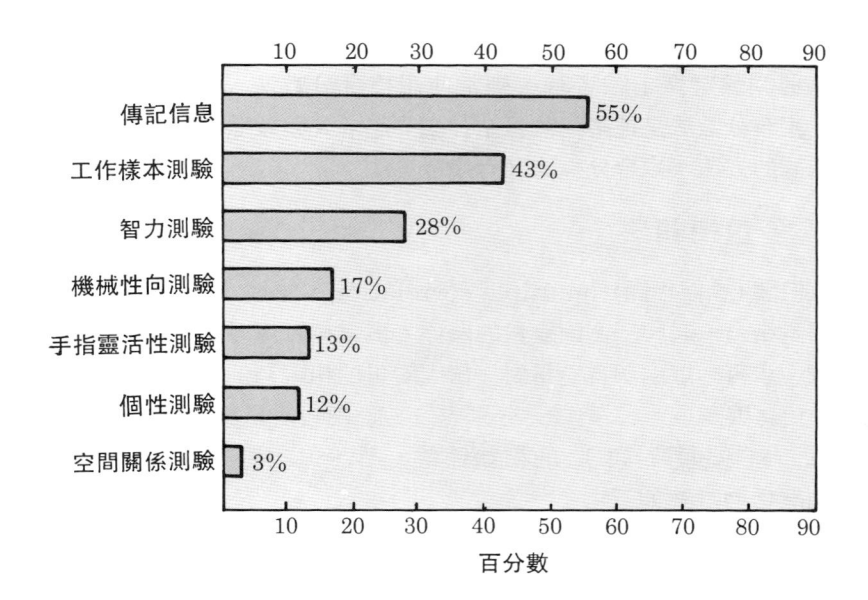

方法	百分數
傳記信息	55%
工作樣本測驗	43%
智力測驗	28%
機械性向測驗	17%
手指靈活性測驗	13%
個性測驗	12%
空間關係測驗	3%

圖 5-2　七種人員選錄方法使用中效度達 .50 以上的百分比例
(採自 Ghiselli, 1966)

第四節　人員選錄決策方法

人員選錄決策隨職務要求和測驗數據量的多少而不同。假使某種職務只要求選用具有某種心理素質（例如某種能力）的人任職，決策過程就比較簡單，主要根據求職者此項心理素質測驗分數的高低作決策。假使職務要求任職人員具有多種心理素質，並對求職者進行相應的多項測驗，每個求職者都獲得了多項不同的測驗分數，這種情況下，怎樣去作出選用這些人而不選用那些人的決策呢？這時可根據不同情況採用下面幾種方法。

一、複合分數法

用多種測驗選擇求職者時，經常使用**複合分數法** (compound scores) 作決策。複合分數法是把多種測驗結合在一起求其與效標的關係，為選人決策提供依據的方法。複合分數法又有幾種算法：

(一) 多重相關法

多重相關（或**複相關**）(multiple correlation，簡稱 R)，它表示兩個或多個自變量結合一起與一個因變量的關係。多重相關可以從各自變量與因變量的相關中求得。以兩個自變量對一個因變量的相關為例，設 j、k 為兩個自變量，i 為因變量，r_{ij} 與 r_{ik} 分別為 j、k 兩自變量與因變量 i 的相關係數，r_{jk} 為自變量 j 與 k 的相關係數，則 j、k 兩自變量對 i 因變量的多重相關係數計算如下：

$$R^2_{i \cdot jk} = \frac{r^2_{ij} + r^2_{ik} - 2r_{ij}r_{ik}r_{jk}}{1 - r^2_{jk}}$$

若 j、k 兩自變量完全獨立，即 $r_{jk} = 0$，則上式成為

$$R^2_{i \cdot jk} = r^2_{ij} + r^2_{ik}$$

在人員選擇中，可以應用上述方法計算兩個或兩個以上預測變量與效標變量的多重相關。對參加測驗的每個求職者都可以計算出他的多重相關係數 R 值，並可根據招收名額與求職者 R 值大小作出選錄的決策。

(二) 多元迴歸法

多元迴歸(或**複迴歸**) (multiple regression) 是從兩個或兩個以上自變量來預測一個因變量的常用方法。多元迴歸分析為確定每個自變量在計算複合分數中的權重提供了統計方法。用多元迴歸作預測時有兩個假設：(1) 假設自變量與因變量之間呈線性關係，即自變量值增大時，因變量值也隨之增大；(2) 各個自變量之間可以互相補償，即一個自變量值的減小可從其他自變量值的增大中得到補償，以使因變量值保持不變。下式是最簡單的多元迴歸方程：

$$Y = a + b_1 x_1 + b_2 x_2 + \cdots\cdots + b_k x_k$$

其中 a、b_1、b_2、……、b_k 均為常數，Y 為因變量，x_1、x_2、……、x_k 為自變量。把多元迴歸應用於人員選擇決策時，以不同的預測因素為自變量，以效標為因變量。通過計算迴歸方程，求出不同的求職者的 Y 值。根據 Y 值大小作出錄用誰的決策。例如，設有一個組織擬招收工作人員 5 名，對 15 名求職者進行 A、B 兩種個體因素的測驗。各人在 A、B 兩個測驗中的分數 x_1 與 x_2 如表 5-5 所示。已求得 A、B 因素對效標 C 的二元迴歸方程的 a、b_1、b_2 常數分別為 0、4、2，得到如下方程：

$$Y = 4x_1 + 2x_2$$

按上式可求得 15 名求職者從 A、B 兩測驗分數預測可能達到的效標分數如表 5-5 中 Y 值所示。可根據 Y 值大小作出錄用 1、9、11、13、15 各編號求職者的決策。

也可用別的方法計算不同測驗分數的權重。例如，由專家評定各項測驗的權重。這種方法使用起來比較簡便，但其結果主要取決於專家的經驗與主觀的判斷。例如**單位權重法**(或**單位權值法**)(method of unit weight value)，即每個測驗都作為 1 個單位，加權 1.00。採用這種方法，要先把所有測驗分數轉換成相等的單位，一般是轉化為標準分數單位，再將加

表 5-5　從 15 名求職者兩個不同測驗分數預測工作成績

求職者編號	測驗 A 分數 X_1	測驗 B 分數 X_2	預測工作成績 Y
1	50	0	200
2	0	50	100
3	30	15	150
4	15	45	150
5	20	30	140
6	30	5	130
7	25	20	140
8	10	30	100
9	25	40	180
10	5	40	100
11	45	20	220
12	15	35	130
13	35	20	180
14	28	24	160
15	18	50	172

(朱祖祥，1997)

權後的各測驗分數相加，求出複合分數。在樣本小於二百人時，單位權重法是比較適宜的。

二、多項截止法

在某些工作中，任職者的某些身心素質要求不能互相補償，例如選拔飛行員，求職者只要患色盲或平衡覺嚴重障礙，那麼，不管其他素質如何優越都不能入選。也就是說，當一種或幾種因素的某種限度是工作成敗的關鍵，而它們又不可能互相補償或由別的因素替代時，人員選錄決策中就不可一開始就採用多元迴歸方法，而應先採用單項或**多項截止法** (multiple cutoff)，把那些有任何一項測驗低於截止點分數的求職者排除在外。這種方法不需作任何計算，易於操作。但有兩個問題，一是要為每項測驗確立一個截止點分數，並要為確立截止點找依據；二是這種方法只能確定可供選擇的求職者範圍，而無法為確定優先選擇對象提供決策依據。因此，在錄用求職者時，最好把多項截止法與多元迴歸法或單位權重法結合起來。先採用多項截止法把不符合要求的求職者篩選掉，而後採用多元迴歸法或單位權重法計算剩下的求職者的複合分數。這樣就能較好地做出人員選錄的決策。

三、多重篩選法

多重篩選法 (multiple hurdle) 是把預測因素排成一定的順序，把篩選過程分成若干階段，分步篩選求職者的方法。在需要經過較長時間和較為複雜的培訓後才能作出錄用決策的工作，採用這種方法最為適合。選拔企業經理或選拔飛行員、傘兵、太空人、潛水員等殊特要求的人員時往往需要採用這種方法。使用這種方法一般是對求職者先進行初選，先篩掉那些明顯不符合要求的求職者。對留下來的求職者作進一步篩選。多重篩選有兩種做法：一是分階段逐步測定與評價，每一步淘汰一部分人，最後留下每一步審查都通過的求職者；二是確定測驗高、低分截止點，高分者錄用，低分者篩去，剩下的被暫時接受，經過一定培訓後再作進一步篩選。使用多重篩選法的主要優點是用人者可以更有把握地選擇到符合要求的人員。這種選錄方法的局限性是要花較長的時間和較大的費用。因此一般只在選錄公司經理等管理人員和選拔某些特殊工作人員時使用。

第五節　人員選錄決策準確性

一、選錄決策準確性

用人者希望人員選錄決策盡可能作得準確。選人決策的準確性高，求職者在錄用後在工作中獲得成功的可能性就大。選人決策準確性主要受三個因素的影響：(1) 預測法（例如測驗）的效度；(2) 錄用截止分數；(3) 評價工作成功的標準。這三個因素對人員選錄準確性的影響可用圖 5-3 來說明。

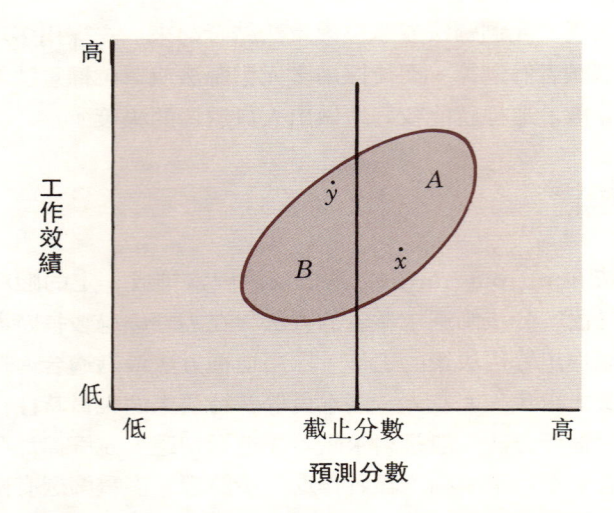

圖 5-3 錄用人員求職預測分和效標分分布圖示

圖中橢圓形表示使用具有一定效度的測驗後全體求職者都錄取時其預測分數與工作效績分數的對應點分布。假使錄用者只是參加預測驗的一部分人時，就要對截止分數作出決策。從圖可見，截止分數把參加預測的求職者分為兩部分，位於截止分數線右側(A)的求職者被錄用，但是位於截止分數線左側(B)的求職者被淘汰。被錄用數量與全體求職者之比率稱為選擇率。顯然選擇率的大小取決於截止分數線的位置。截止分數線愈移向橢圓的右側，選擇率愈小；截止分數線愈移向左側，選擇率愈大。因此，截止分數與選擇率是相反相成的。變化截止分數可以改變選擇率。而截止分數的高低又為選擇率大小所制約。求職者多選擇率小時，截止分數可以取得高；求職者少選擇率大時，截止分數只能取得低。

　　選錄決策的準確性表現為能在求職者中把取得滿意工作效績的人篩選出來加以錄用。要做到這一點很不容易。從圖 5-3 上可知，不論截止分數選在那一點，在截止分數線右側的求職者中有一部分人的工作效績較低，在截止分數線左側的求職者中，有一部分人的工作效績可以超過截止分數線右側的某些人。例如圖中位於 A 中的 x，其效績低於位於 B 中的 y。也就是說，根據截止分數線錄用求職者時，總是會發生這樣的情形：錄用了一部分工作不能令人滿意的人，同時又淘汰了一部分工作使人滿意的人。若確定一個工作效績滿意度標準，這時就會出現如圖 5-4 所示的四種不同情形。選擇的準確率 (P_{ac}) 可按下式表示：

$$P_{ac} = \frac{a+c}{a+b+c+d}$$

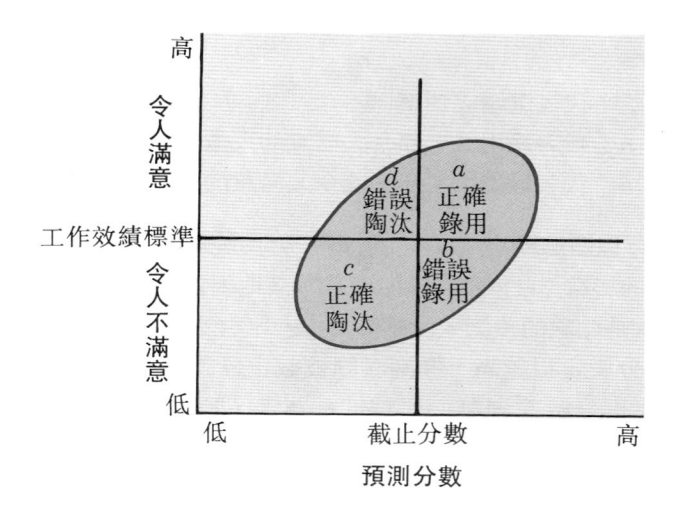

圖 5-4　人員選錄決策準確性圖示

從 5-4 圖中可知，要提高人員選錄決策的準確性，必須擴大 a、c 範圍，或縮小 b、d 範圍。這可以通過提高測驗的預測效度來達到。圖中的橢圓形狀隨預測的效度高低而變化。預測效度變高時，橢圓變扁，效度愈高橢圓愈扁，效度為 1 時，成為一條直線。預測效度變低時，橢圓變寬，預測效度為零時，成為圓形，即毫無預測作用。因此人員選擇中使用測驗的預測效度，是影響求職者錄用決策準確性的決定性因素。

二、選錄決策成功率

在人員選錄中，測驗等預測方法，其預測效度不可能達到 1，因而根據預測分數所作的錄用決策，不可能達到完全準確的程度。錯誤錄用一部分人和錯誤淘汰一部分人在實際選錄工作中是難以避免的。一般說，錯誤錄用比錯誤淘汰造成更大的損失。因此用人者一般不去關心錯誤淘汰問題,而對錄用者的工作成效問題頗為關心。他們希望被錄用者中有更多的人能在工作中取得令人滿意的成績。也就是說,希望作出成功率高的選人決策。選錄成功率指錄用後工作令人滿意的人數占所有被錄用人數的比率。其表示式為。

$$P = \frac{a}{a+b}$$

P:代表選錄成功率
a:代表錄用後工作令人滿意的人數
b:代表錄用後工作不能令人滿意的人數

選錄的成功率可以通過縮小圖 5-4 橢圓內 b 的範圍而提高。b 區域變化受下列三種因素的影響:(1) 橢圓形的形狀。其他因素不變時,橢圓形狀越扁 b 越小,也就是測驗的預測效度越高 b 越小;(2) 截止分數。若效績標準不變,則截止分數定得越高,橢圓右側被截止分數截切部分中 b 區域所占比例越小,截止分數達到某一點後,b 為零,這時選錄成功率達到 100%。不過,實際上只有當參加預測的求職者人數遠超過錄用人數時,才能提高截止分數。求職者越多,選擇率越小時,截止分數可以取得愈高,選錄的成功率愈大;(3) 效績標準。在其他因素不變時,在截止分數線右側橢圓部分中 b 區域所占的比例隨效績標準的高低而變化。顯然,效績標準定得越高,b 區域所占比例越大,選錄的成功率越小。反之,效績標準定得越低,b 區域所占比例越小,選錄成功率就越大。而效績標準則是由用人者決定的。

企業用人者對人員選錄成功率的要求一般都以企業內現有工作人員達到成功的人數比率作參照。假設現有工作人員中有 40% 人員的工作效績達到效標就算令人滿意,那麼用人者自然就會要求使用預測方法選錄人員時成功率不低於 40%。美國人事心理學家泰勒和羅素 (Taylor & Russell, 1939) 曾對測驗效度、選擇率及現職人員工作成功率三項因素對使用測驗選錄新人員的成功率的影響進行研究,製成有名的**泰勒-羅素函數表** (Taylor-Russell Tables)。人事管理者可從泰勒-羅素函數表查到測驗效度、選擇率、現職人員工作成功率的各種組合情形下所能得到的錄用人員成功率。例如,假定一個工廠用一項預測效度為 0.40 的人事選拔測驗去測人數為招工額 5 倍的

求職者 (選擇率為 0.20)，工廠現職人員中有一半人的工作效績是令人滿意的 (成功率 50%)。可根據這 3 項數據從泰勒-羅素函數表查得通過這一測驗選錄的求職者中將有 73% 的人會得到令人滿意的工作效績。可見，通過測驗錄用的人員，其工作成功率將比現有人員成功率高達 23%。在其他條件相同時，現有人員的工作成功率越低，通過測驗錄用人員成功率的提高愈顯著。表 5-6 的數字反映了這種變化。表中對現有人員成功率與經測驗後選錄人員成功率進行了比較。這裏用的測驗的預測效度為 0.40，求職者選擇率為 0.30。

表 5-6 用泰勒-羅素表得到的測驗選錄人員與原有人員成功率的比較

A 未採用測驗的原有 人員的成功百分數	B 經測驗選錄人員 的成功百分數	A、B 兩項 之差	B 項比 A 項增 加百分數
10	19	9	90
20	34	14	70
30	47	17	57
40	59	19	48
50	69	19	38
60	78	18	30
70	85	15	21
80	92	12	15
90	97	7	8

(採自 Taylor & Russell, 1939)

本章摘要

1. **職務分析**是人事管理工作的重要組成部分，是實現人-職適配的前提。企業只有做好職務分析工作，才有可能使人力資源得到最有效的利用。
2. 職務分析對人事管理工作的作用是：為制定人員選錄標準提供依據；為**人員培訓**和**業績考核**提供指導；為工作設計和設備改進提供實際資料。
3. 職務分析包括兩方面的涵義，一是指工作任務的分析；二是指從職人員的身心素質要求的分析。
4. 工作**任務分析**主要包括工作內容、工作方法、工作的**物理環境**和**社會環境**、行為表現等。其中每一項目又可包括若干子項目。
5. 人員要求分析主要包括：身體素質 (如人體尺寸、體型、力量、健康狀況等)；心理素質 (如感知、記憶、思維、文字與口頭語言的表達能力、工作態度、事業心與責任心、廉潔性、合作共事、民主作風、興趣、愛好、性格特點等)；知識經驗 (如一般文化修養、專業知識水平、實際操作技能等)；職業品德 (如公私分明等)。
6. 職務分析需要採用多種不同方法。常用的方法有**訪談法**，**職務分析問卷**，**現場觀察**，**記事法**和**關鍵事件法**等。
7. 職務可按其工作性質及對任職者個體條件要求的共同性或近似性進行分類。職務分類可以為人員選拔、任用、培訓、考核等人力資源管理工作提供方便。
8. 職務分類若以對任職人員的能力的共同性或近似性為依據，可以採用**心理圖示**進行分析，也可採用職務能力分數差距大小作職務分類依據。
9. 各種職務對從職人員有不同要求，而人的身心素質存在著**個體差異**。人員選錄是實現人-職匹配的基本途徑。
10. 人的**個體差異**主要表現為體質的、生理的和心理的。在企業從職人員的選錄中，需根據職務內容和要求，對應徵者進行這三個方面的測量。
11. 人員選拔測量方法必須進行**信度**、**效度**檢驗。正確選錄效標是人員選錄成功的關鍵。效標選擇必須滿足相關性、可靠性、靈敏性和**適用性**等要求。人員測量要慎防**光環效應**和其他**偏見**的影響。

12. 人員選錄必須有計畫地進行。人員選錄的準備工作包括：確定需要選錄人員的職務及選錄人數，明確擬定錄用人員應具備的條件，分析人力資源供求情況，制定選錄工作程序和選錄方法，建立執行選錄工作組織機構，發布招聘人員的信息。

13. 人員選錄程序包括：審查應徵者提交的書面材料，採用適當方法對應徵者進行身心素質測量，評定測量結果，確定錄用標準，測定被錄用者的工作效績，檢驗選錄的結果。

14. 人員選錄通常採用的方法有：分析個人經歷傳記材料，專家或知情者推薦，面談，心理素質測定（包括智力測驗、特殊能力測驗和個性測驗），工作樣本測驗，以及人員錄用決策方法等。

15. 人員錄用決策可以採用**複合分數法，多項截止法**和**多重篩選法**等。**多重相關，多元迴歸**和**單位權重法**是使用**複合分數法**進行錄用決策時常用的方法。

16. **多項截止法**易於操作，但只能用以確定應徵者可供選擇的範圍，在決策中應與多元迴歸或單位權重法結合使用。

17. **多重篩選法**適用於應徵者需要經過較長時間與較複雜訓練後才能作出錄用決策的人員選錄工作。它較多的用於企業經理和某些特殊工作人員的選錄工作。

18. 人員選錄準確性可用正確錄用與正確淘汰人數與全體待選人數的比例表示。它主要受測量的預測效度、效績評價標準和錄取分數截止點等因素的影響。測量的預測效度是影響人員錄用準確性的決定性因素。效績評價標準降低或截止點分數提高都可提高人員錄用的準確性。

19. 人員選錄成功率用人員錄用後工作取得成功的人數占被錄用人員的比率表示。選錄成功率也受測量的預測效度、效績評價標準和錄取分數截止點高低三因素的影響。預測效度和截止分數提高，或效績標準降低都能提高人員錄用的成功率。

20. 人員選錄成功率與人員選擇率高低有關。可利用**泰勒-羅素函數表**，從已知的人員選錄測驗的預測效度、人員選擇率和現職人員成功率三因素預測錄用人員的成功率。

建議參考資料

1. 王極盛 (1987)：人事心理學。瀋陽市：遼寧人民出版社。
2. 王重鳴 (1988)：勞動人事心理學。杭州市：浙江教育出版社。
3. 吳諒諒 (1988)：勞動人事心理學。北京市：知識出版社。
4. 徐聯倉、凌文輇 (主編) (1991)：組織管理心理學。北京市：科學出版社。
5. 傅肅良 (1985)：人事心理學。台北市：三民書局。
6. 劉余善 (1991)：勞動人事心理學。北京市：機械工業出版社。
7. Cascio, W. F. (1987). *Applied psychology in personnel management.* Englewood Cliffs, NJ: Prentice-Hall.
8. McCormick, E. J., & Ilgen, D. R. (1985). *Industrial and organizational psychology* (8th ed.). Englewood Cliffs, NJ: Prentice-Hall.
9. Muchinsky, P. M. (1993). *Psychology applied to work* (4th ed.), *Section two: Personnel psychology.* Pacific Greve, CA: Brooks/Cole.

第六章

職工培訓

本章內容細目

第一節　職工培訓概述
一、職工培訓的意義　183
二、職工培訓的特點　184
三、職工培訓的基本環節　184

第二節　培訓需求分析
一、組織分析　185
二、職務分析　186
三、人員分析　187

第三節　培訓對象與目標
一、確定培訓對象　187
二、設定培訓目標　188
　（一）目標要明確
　（二）目標要有層次
　（三）目標要難易適度
　（四）提高實現目標的自覺性

第四節　培訓原則
一、激發學習動機　190
二、實施因材施教　191
三、學用密切結合　191
四、結果及時反饋　192
五、進行獎懲強化　193
六、促進學習遷移　194
　（一）內容相似性的作用
　（二）關係相似性的作用
七、循序漸進學習　196

第五節　培訓方式與方法
一、職工培訓方式　196
　（一）職前培訓
　（二）在職培訓
　（三）脫產培訓
　（四）業餘培訓
二、職工培訓方法　198
　（一）講演法
　（二）視聽技術
　（三）程序教學與計算機輔助教學
　（四）模擬訓練
　（五）案例分析
　（六）榜樣示範
　（七）敏感性訓練

第六節　培訓評估
一、評估標準　201
　（一）受訓者的反映
　（二）學習效果標準
　（三）行為變化標準
　（四）成本-效益比
二、評估方法　202

本章摘要

建議參考資料

一個企業或一個組織的效益好壞很大程度上取決於工作其中的人員在各自的職務崗位上能發揮多大的效能。工作人員發揮的效能，一方面取決於工作態度或工作積極性的調動，另一方面取決於他們的知識技能條件。這兩方面的條件都需要依靠職工培訓工作。一個人對待工作的態度同他是否熱愛自己從事的專業工作有很大關係。任何人對自己熱愛的工作都會積極主動去做。因此，教育職工熱愛自己從事的工作是職工培訓工作的一項重要任務。職工培訓的另一個任務是提高職工的文化知識素養和專業技能水平。現代社會，企業間的競爭愈演愈烈，而企業競爭中最重要的是科技競爭。生產發展的關鍵在於科技，科技發展的關鍵在於科技人才的培養。科技人才的培養與教育，有兩條基本途徑：一條途徑是通過正規的學校教育系統，例如各類職業學校和中等技術專業學校培養初級與中級專業技術人才，各類專科學院與大學培養高級專業技術人才；另一條培養科技人才的途徑是在職培養，即對已經工作的職工進行培養與教育，職工可以離開崗位到正規學校去接受教育，但主要是在職培訓和業餘培訓。前一條途徑是由國家或社會承辦的，後一條途徑主要由企業承辦。有遠見的企業領導，無不重視職工科技知識技能的培訓。他們在人才培訓上給以足夠的重視與投入。所謂人力資源或人才的投資，主要表現在職工的培訓上面。人員訓練已成為現代工廠企業人力資源利用和人事管理的最重要任務之一。

職工培訓包括一系列工作，必須有計畫地進行。本章將對職工培訓問題進行有選擇的討論。主要包括如下各項內容：

1. 為什麼要進行職工培訓？
2. 職工培訓與學校教育有什麼區別？
3. 如何考慮職工的培訓需求？應如何確立培訓的目標？
4. 職工培訓應遵循什麼原則？
5. 職工培訓採用什麼方法？
6. 應如何評估培訓的效果？

第一節　職工培訓概述

一、職工培訓的意義

　　人員培訓 (personnel training) 對企業的生存發展具有十分重要的意義。在現代市場經濟條件下，誰家工廠生產的產品質優、價廉，誰就能贏得顧客，占有市場。但要使產品達到質優價廉是不容易的事。因為它受許多因素的制約，其中最重要的因素是職工的素質，特別是職工的知識技術水平和工作態度。譬如說，製造產品就必須進行產品設計。有些工廠生產的產品性能好、材料省、造型精美，用戶喜愛；而另一些工廠生產的同類產品卻是性能差、材料費、造型難看。究其原因，在於兩者的設計人員的水平有懸殊差別。具有競爭力的產品，除了要求設計優良外，還必須加工工藝精細。這就要依靠生產工人的技藝水平。工人的技藝水平，又往往依賴於工人的知識經驗和技能的熟練程度。熟練工人生產的產品，在產品質量和產量上要比不熟練工人強得多。自然，一個工廠要求得發展，除了要有優秀的設計人員和熟練工人以外，還必須有優秀的管理人員。有優秀的管理人員才能運籌帷幄，對企業經營作出正確的決策，並把企業職工的生產積極性調動起來。總之，企業發展需要依靠優秀的管理人員、技術人員和熟練工人。那個企業擁有的優秀職工水平高、數量多，那個企業就能在競爭中立於不敗之地。優秀職工從何而來？一是通過擇優錄用，二靠培訓。前面一章討論了從職人員的選擇與錄用問題。但僅靠選錄工作還不足以保證錄用的人員都能勝任工作。因為最好的選錄方法也不可能有完全的**預測效度** (predictive validity)。不管錄用工作做得多麼嚴格認真，仍會有一部分不符合要求的求職者被錄用進來。這部分人先天不足，若不加嚴格訓練，不可能做好工作。即使那些符合選錄標準而被正確選錄的人員，也要經過一定的職業訓練後才能熟悉工作內容，適應工作要求。不僅企業新錄用的人員需要進行培訓，而且已經工作多年的老職工也需要培訓。因為科學技術日新月異，生產手段更新周期短，產品品種規格變化快，若不重視培訓，職工的技術水平不能提高，企業也就不可能保有一支優秀的職工隊伍。有遠見的企業家都十分重視職工培訓工作。

二、職工培訓的特點

企業培訓對象是職工，他們具有顯著不同於學校青少年學生的地方。其一，職工是成年人，他們理解力強，但記憶力往往不如年輕人；他們年齡跨度大，從青年、壯年到老年，相差幾十歲，個體間在身心素質和生活經歷上存在較大的差異。其二，企業培訓的對象一般都是在工作上已經定位或即將定位的人。他們的學習目的明確而具體，學習動機強烈，學習自覺性高，這些都是學習成功的重要條件。但由於他們的主要任務是做好工作，因此在精力上、時間上不如學校學生那樣集中。其三，企業在位職工的培訓是一種再教育或再學習過程，他們一般對培訓內容已具有一定的實踐經驗。培訓中若能善於利用職工原有的基礎，就容易收到事半功倍之效。

職工培訓與學校教育在學習內容和教育方式方法上也有很大差別。**學校教育** (schooling) 對學生有統一的要求，同類型的學校所學的內容基本一致。而職工培訓的要求、內容、方式、時間等，都要根據企業的需要和條件來確定。同一個企業內，不同工作性質的不同人員要採取不同的培訓方案。例如對經理等高層管理人員應著重其整個企業經營決策和管理能力的培訓，中層管理人員則應按其所承擔的業務管理內容給以相應的培訓，生產工人則應著重生產技能的培訓。職工培訓可以採取離職集中培訓，也可採取在職邊做邊學，有些工作還可採取師徒制的個別培訓方式。總之，企業培訓職工不能拘於一格。只有從實際出發，因地制宜，靈活多樣，才能做好職工培訓工作。

三、職工培訓的基本環節

職工培訓是一項複雜的任務，培訓方案應包括如圖 6-1 所示的一些基本環節。不論對什麼人進行培訓，不管培訓的要求和內容多麼不同，一般都要經歷這幾個基本環節。只有把每個環節的工作設計好，才可能使培訓工作取得成功。

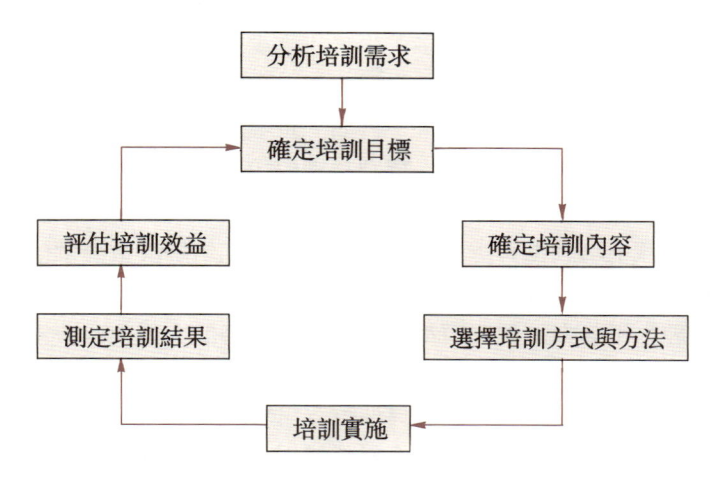

```
              ┌──────────────┐
              │  分析培訓需求  │
              └──────┬───────┘
                     ↓
              ┌──────────────┐
         ┌───→│  確定培訓目標  │───┐
         │    └──────────────┘   │
         │                        ↓
  ┌──────────────┐        ┌──────────────┐
  │  評估培訓效益  │        │  確定培訓內容  │
  └──────────────┘        └──────┬───────┘
         ↑                        ↓
  ┌──────────────┐        ┌──────────────────┐
  │  測定培訓結果  │        │ 選擇培訓方式與方法 │
  └──────┬───────┘        └──────┬───────────┘
         │                        ↓
         │       ┌──────────────┐
         └───────│   培訓實施    │←──┘
                 └──────────────┘
```

圖 6-1　培訓過程圖示

第二節　培訓需求分析

根據實際需要培訓是企業職工培訓的一條基本原則。因此，培訓工作首先要從分析培訓需求入手。對培訓需求，一般從組織、任務、人員三個方面進行分析。

一、組織分析

組織分析 (organizational analysis) 著眼於整個組織狀況的分析，它包括組織目標，實現目標的人、財、物、環境等條件，以及達到目標的途徑和基本措施等。通過組織分析可以從整體上看清一個企業的優勢和弱點。了解企業所面臨的問題，找出企業發展中的薄弱環節，分析職工培訓在緩解或克服企業發展中可能起的作用等，對職工培訓決策無疑都是必要的。

組織分析可從多方面入手。為職工培訓所進行的組織分析，通常都要首先分析企業的人力使用情況。例如一個企業內有許多工作部門，由於工作任務變化,不同部門常會發生事多人少,或事少人多,或人員素質與變化的工作要求不相適應等現象。企業應掌握這種人事動態變化信息,以便及時發現問題,通過調整或培訓加以解決。再如,企業或組織應從長遠發展著眼,去分析不同層次工作人員的需求,特別是規模較大的企業,更需要對人力的長遠需求及培訓進行分析,以便對人員培訓作出長遠規劃。企業的工作效率和效益分析對職工培訓也有重要意義,它可為職工培訓決策提供依據。工作效率或效益低必有其原因。產品質量、生產費用、事故、銷售、缺勤率、工作態度、管理水平等方面的問題都可能導致效益降低。而這些因素大都受職工的思想認識及知識技能的影響,可以通過職工培訓獲得改善。例如產品質量差、次品率高,就可以對有關人員進行質量管理培訓;事故多,就可進行有關生產安全與勞動保護的培訓;原材料耗損大、浪費嚴重,則要進行提高原材料利用率和厲行節約、杜絕浪費的教育;若管理無方,職工工作積極性受到抑制,則需培訓管理人員,提高管理水平,改進管理作風;若主要問題在於產品不適銷對路,式樣、花色品種不能滿足用戶要求,則應著重培訓產品設計人員,改變其設計思想,提高其設計能力。組織分析不只是為了培訓的需要,組織分析中揭示的問題也不是都靠培訓所能解決的,但可以肯定,一個企業中的大量問題都是與工作人員的思想、作風、工作態度、知識、能力等有密切關係的。因此,許多問題都可通過職工培訓得到改善。

二、職務分析

　　一個職工應該具有什麼知識技能和其他必備條件,主要取決於他的職務需要。因此職務分析是制定職工培訓方案的基礎。**職務分析**中必須對企業內每個職務任職者必備的身心素質條件進行具體的分析。不僅要分析任職者需要具有什麼條件,還要分析每項條件應達到的要求。例如對一個經常需要搬運重物的操作工,就要以搬運物可能達到的最大重量作為體力要求的標準;對一個辦公室秘書,要規定文稿書寫和打字速度的要求。不同性質的工作,對任職者有不同的要求,有時同一個職務,由於工作條件不同也會對任職人員提出不同的要求。例如,對秘書工作者的要求,應同辦公室的自動化程度相適應;對操作工的作業要求,要隨工作的機械化程度不同而有所區別。一個企業要定期進行職務分析,為職工培訓決策提供必要的信息。

三、人員分析

　　培訓只是對那些還不具備或不完全具備職務要求的職工是必要的。因而在做培訓方案之前，必須對每個職工進行人員分析。分析他們完成任務的情形。了解那些職工是稱職的，那些職工是不稱職的，那些職工工作效率低，完成任務情況不能令人滿意。對那些不稱職的和工作效績不夠要求的職工要進一步分析其原因。若原因在於客觀因素，就要採取措施消除或改善這些客觀因素。若原因在於職工主觀因素，就要通過培訓加以克服。因此，只有對職工的工作情形進行分析後才能確定什麼人需要培訓和需要什麼樣的培訓。

　　對職工培訓需求的了解可採用多種方法。**考核** (appraisal) 是一般常用的方法，即由上級對下屬的工作進行考核。考核的方式可用筆試，也可用口試，還可用操作表現，也可檢查和查閱職工完成任務數量和質量情況的統計資料。通過考核，可對職工的工作情況有較全面的了解。問卷調查也是獲取職工培訓需求信息的有效方法。問卷調查中可以要求被調查的人就與他工作直接有關的三方面人的訓練需求作出回答：一是被調查者自己的培訓需求；二是自己上級的培訓需求；三是自己下屬的培訓需求。通過此類問卷調查，組織內的每一個人的培訓需求都會受到來自本人、上級、下屬三個層面的評估。可據此作出更符合實際情形的培訓決策。

第三節　培訓對象與目標

一、確定培訓對象

　　企業培訓對象可分兩類，一類是新職工，另一類是已有多年在廠工齡的職工。新職工剛進入企業，企業內的一切對他們幾乎都是陌生的。他們進入企業後必須接受培訓。培訓內容包括熟悉企業環境，了解企業發展歷史，學習企業的各項規章制度,熟悉本職的工作程序或操作規程,掌握工具和操作方法,等等。培訓時間長短根據企業性質和工作特點而定,短則數月,長者一年,一般是3~6個月。新職工起點一致,培訓的時間、內容都比較容易安排,主要採取集中方式:在職職工的培訓工作要比培訓新職工複雜得多。在職職工在年齡、工齡、知識經驗、專業技能、工作態度等方面往往存在較大的個別差異,培訓需求不像新職工那樣一致。誰需要培訓?誰需要優先培訓?都要首先作出抉擇。在職職工中,一般需要對下列幾種情形優先進行培訓:(1) 由於基礎差,能力低,不能順利完成工作任務的的職工;(2) 由於新的生產技術發展,需要更新知識、掌握新技術才能適應生產發展需要的職工;(3) 準備提昇到高一級工作崗位任職的職工。後一種職工是一些在現職崗位上表現出工作能力強,成績優異的職工,但他們對新職務尚缺少知識經驗,需要經過一定培訓後再上崗。上述三類對象都是在分析培訓需求的基礎上確定的。他們雖然都需要進行培訓,但由於培訓的目的、要求不一樣,培訓內容和培訓方式自然也需要分別加以考慮。

二、設定培訓目標

　　企業培訓職工需要設定培訓目標。確定培訓目標的作用有二:其一,對培訓工作的組織者而言,培訓目標是考慮各種培訓工作的依據。只有培訓目標確立後才能決定培訓的內容、選擇培訓的方式和確定培訓所需要的時間。因此,在進行培訓需求分析和確定培訓對象後,首先需要確定培訓目標。其二,培訓目標對受訓者具有很大的作用。培訓目標一旦為受訓者所接受,它將轉化為個人的學習動機,成為推動個人學習的動力。一個人想通過體育活動健身時,他才會堅持進行體育鍛鍊。一個運動員則只有當他確立要在運動競賽中爭取奪獎牌爭名次的目標時,他才會自覺地刻苦訓練。企業職工也只有在他具有學習的願望或動機,想通過學習實現提高自己的知識技能水平的目標時,才會自覺地接受培訓。因此,職工培訓中應設法使受訓者把企業確定的培訓目標轉化為自己的行動目的。沒有這個轉化,受訓者就會處於被動接受培訓的狀態,這樣就會事倍功半。為了促進這種轉化,在設定培訓目標時,要注意以下幾點。

（一）目標要明確

目標是行動的指南，不可含糊。明確的目標比籠統的目標更能凝集人的注意力，並具有更大的激勵作用。一個企業要求職工提高效率增加產量，若只向職工提出"超額完成任務"的要求，就顯得過於籠統，其激勵作用不如明確要求超額 5% 或超額 10% 來得大。因為超額 5% 或超額 10% 是一個比較具體可操作的目標。若能把超額指標要求進一步用月產量或日產量數值表示，就更具有可操作性。例如一個工人加工某種部件，原來月產 250 個，平均日產 10 個（按每月 25 個工作日計算），現在要求從月產 250 個提高到 275 個。對這個增產目標，可以有下列不同表述：(1) 把月產量提高 10%；(2) 月產量從 250 個提高到 275 個；(3) 日產量從 10 個增加到 11 個。第三種表述比其他二種表述更為具體，容易操作，更有利於月目標的實現。

（二）目標要有層次

目標比較大或完成目標的時間比較長時，應把目標加以分解，把大的目標或長遠的目標分解為較小的目標，分步實現。目標可按時間加以分解，例如把年目標任務分解為月目標任務，把月目標任務分解為週或日目標任務。上面舉的就是把月產目標任務分解成日產目標任務的例子。目標任務也可按內容分解，比如說培訓複雜技能，一般都要把它分解成若干組成部分，使每一部分成為一個培訓單元，分別加以練習，最後把各部分連接起來，進行整體練習。這樣做，可把難點分散，容易收效。

（三）目標要難易適度

本書作者 (1964) 曾在一個機器廠結合勞動競賽對生產指標作用方式和指標高低對工人生產行為的影響做過試驗。結果證明目標設定得過難或過易都會降低激勵作用。例如一名車床工人加工軸承襯套，原定每天生產 5 個產品。這個目標工人很容易達到。開展同班組競賽時，把每天指標提高到 20 個產品。他表示這個目標不可能實現，對完成目標沒有信心，在操作活動上也沒有表現出與往日不同的變化。後來對他的指標改為日產 12 個，他認為這個目標經努力後可以實現。這使他的操作行為發生明顯變化。他調整了車速,操作動作節奏加快,產品的完成時間從原來的每個耗時 51 分鐘縮短到 34 分鐘。

(四) 提高實現目標的自覺性

組織設定的目標只有當它被人真正接受時才能激勵他為實現目標作出努力。要使組織設定的目標轉化為當事者個人追求的目標,就必須使當事者對設定目標的意義和作用有正確的認識。因此,職工培訓要重視目標教育,通過教育不斷強化目標意識。若情況允許,還應盡可能讓職工參與設定目標的討論。通過討論,組織的目標就會較自然地轉化為職工個人的目標。

第四節　培訓原則

人員培訓,不論是培訓知識、技能或行為規範,都屬學習活動。心理學對學習問題做過很多研究,提出了各種不同的學習理論,確立多樣的學習原則。其中有的學習理論與學習原則不僅適用於學校教育,而且也適用於企業職工培訓。在培訓工作中若能自覺地遵循和應用這些理論和原則,無疑可以縮短培訓時間,提高培訓效果。下面簡要地介紹幾條為人們所公認的行之有效的學習原則。

一、激發學習動機

學習有主動與被動的區分。主動學習與被動學習相比,具有積極、持久和創造性等特點。因而主動學習的效果要比被動學習好得多。不論在兒童和青少年的學習中,或在成人培訓中都要設法使被動學習變為主動學習。

被動學習 (passive learning) 是指缺乏動機或意向的學習,與主動學習的最大區別在於**學習動機** (motivation to learn)。人有了一定的學習動機就會為自己設定學習的目標。自覺地為實現目標而進行的學習就是**主動學習** (active learning)。父母答應假日去兒童樂園遊玩或得到一件他嚮往的玩具可能成為兒童學習的動機。在這種動機驅使下，兒童會表現出為爭取優秀成績而學習的主動性。有些差等生，學習成績差的原因不在於他們沒有學習能力，而在於他們沒有形成學習的動機而使學習處於被動的狀態。成人學習一般都出於一定的動機，有比較明確的目的，但學習動機的力度在不同人之間表現出很大的差異。動機根源於**需要(或需求)** (need)，需要愈迫切，動機力度就愈大。職工只有當他們對學習的重要性有充分認識，並清楚意識到自己的知識技能現狀與職務要求不相適應，不學習難以立足或難以發展時，才會引起學習需要，萌發學習動機。一個優秀教師在學習中所以能吸引學生的注意，調動起學生學習的熱情，其成功之道首先在於他善於激發其強烈的學習動機。

二、實施因材施教

人的學習能力有個體差異。**個體差異** (individual difference) 的原因有來自先天的素質因素，也有源於生後的教育與生活經歷。企業職工之間由於教育水平和生活經歷的多樣性，學習上會表現出很大的個體差異。例如有的人基礎好，有的人基礎差；有的人悟性高，學得快，有的人悟性低，學得慢；有的人實踐經驗豐富，有的人缺少實踐經驗，等等。因此貫徹因材施教原則，在成人培訓中比兒童學習中顯得更有必要。職工培訓的內容、方法，不僅要隨工種與職務而有所不同，而且也要因人而異。培訓形式可以靈活多樣，培訓時間可有長有短，只有從受訓者的實際情況出發，因材施教，才能收到良好的培訓效果。

三、學用密切結合

為用而學，學用結合，以用促學，這是一切學習普遍適用的教學原則。學校教學著重於基礎知識和基本能力的學習。要使學生能真正掌握知識與能力，除了教師講述和示範外，還需學生不斷地實踐與使用。例如，幼小兒童不通過扳手指或數玩具很難學會計數，小學生中學生不做作文練習很難學會寫作，大學生不上機實習不可能真正學會計算機程式設計。職工培訓出於工作需要，培訓目的是為了提高工作效能，自然更需強調學用結合。職工培訓必須針對工作上的需要，要做到工作中需要用什麼就培訓什麼，培訓對象缺什麼就學什麼。要把工作中最有用的知識技能作為培訓的重點內容。實踐證明，培訓中學用結合，能提高職工學習的積極性，並使理論學習建立在感性經驗的基礎上，不僅受訓者容易理解，便於記憶，而且有利於開發職工的創造力，促使他們多為企業技術改造與管理改革提出合理化建議。

四、結果及時反饋

　　結果反饋 (results feedback) 又稱**結果知識** (knowledge of results)，它是指通過一定的方式使人知道自己進行某種活動的結果。心理學的研究表明，一個人知道自己學習的結果，其學習效果要比不知道自己學習結果的人好得多。例如一個人練習寫字或練習發音，若不知道自己每次寫的字或每次發的音是否正確，即使他堅持天天練習，也不會有多大的進步。同樣，一個練習射擊的人，若不知道自己每次射擊的結果，即使練習千百次，也不會比開始練習時的成績好多少。陳立、朱作仁 (1959) 曾對棉紡織廠新工人接紗線頭操作方法的培訓中對有無結果反饋的訓練法進行過對照試驗。他們把 30 名新招入廠的女工分成三組。三組都在同樣的時間和同樣的條件下進行接線頭練習。第一組逐日測定練習結果，並讓受訓者知道自己當天達到的接線頭數量；第二組也逐日測定，並告訴受訓者當天接線頭與前一天相比達到的百分數；第三組受訓者不知道自己每天練習的結果。練習七天後進行接線頭速度的測定，結果接每個線頭的平均時間第一組為 30 秒，第二組為 32 秒，第三組為 55 秒。表明結果反饋對提高練習效果有明顯的促進作用。結果反饋能對練習產生強化作用。成功的結果，產生**正強化作用** (positive reinforcement)，使成功的學習經驗得到鞏固。失敗的結果，產生**負強化作用** (negative reinforcement)，它使導致失敗的學習方式方法受到抑制。因此，不論是成功的結果或是失敗的結果，都應該讓學習的人知道。特別要使人知道失敗的結果。從失敗中受到的教訓會給人以特別深刻的印象。

　　結果反饋，貴在及時。及時反饋才能產生最大的強化作用。例如練習某種技能動作，最好馬上讓練習者知道練習的結果。知道自己做錯，就可及時檢查原因，使錯誤得到改正。若學生不能及時知道自己動作的錯誤，就會一錯再錯，練多了就會形成不正確的動作習慣，很難改正。

五、進行獎懲強化

　　實驗結果與生活經驗都證明，在學習、訓練過程中，當學習者作出某種行為反應或獲得某種學習結果時，以一定的形式給以獎賞或懲罰，能對所作出的反應或學習引起加強或抑制作用。**獎賞** (reward) 引起**正強化作用**，**懲罰** (punishment) 則引起**負強化作用**。正負強化是適用於動物與人類學習的普遍有效的原則。馴獸者通過正負強化使動物受其指揮。家長、教師採用正負強化**塑造** (shaping) 兒童的行為方式，使之按預定的要求成長。實際上一個人在其整個生命活動中，其行為方式都是在正負強化作用的影響下形成和變化的。一個人按一定的方式進行活動或採用一定方法從事某種工作，獲得了成功，達到了目的，這種活動方式或工作方法就得到了正強化。以後就會按此方式方法進行工作。相反，當一個人按某種方式或方法從事工作而遭到失敗，受到挫折，就產生負強化作用，他就會吸取教訓，改用別的方式方法去從事工作。所謂"經一塹，長一智"，人類就是在不斷經歷成功與失敗的過程中求得發展的。

　　對動物來說，一般以食物和傷害性刺激物作為強化物。巴甫洛夫、桑戴克 (Edward L. Thorndike, 1870～1949)、斯肯納 (Burrhus F. Skinner, 1904～1990) 等有關動物學習的經典研究中，都表明食物是訓練動物**習得性行為** (acquired behavior) 的最有效的強化物。馴獸師也用食物和電棒馴服獅、虎等猛獸學會各種馬戲表演。促進人類學習的強化物要比動物複雜多樣得多。食物對幼小的兒童仍是學習的主要強化物。但隨著年齡的增大和生活的豐富化，食物作為學習強化物的力量相對減弱，其他形式的強化物發生重要的作用。對人來說，**強化物** (reinforcer) 有物質形式的和精神形式的，有直接的和間接的。各種獎金、獎品，不同形式的贊許、表揚，種種榮譽稱號，以及進修、休假機會，職務提升等，都是常用的強化形式。在學校教學或職工培訓中，教師若能根據學生的情形，善於使用各種強化方式，就可收到良好的教學效果。

　　強化物作用受多種因素的影響。首先，個體需求度影響強化物作用的強度。食物在動物飢餓時比飽食時更具有強化的力量。因此有經驗的馴獸師總是在動物飢餓時去訓練動物。用動物研究學習問題的心理學者一般也都在動物處在飢餓狀態時進行實驗。原因就在動物在飢餓狀態時更需要食物。對人來說也是如此，不管用什麼東西做學習的強化物，只有當其能滿足學習者的需要時才能對學習產生有力的**強化作用** (reinforcement)。因此，在**教學和訓練**中，對強化物和強化方式都應有所選擇。個體需要因人而異，有的人喜歡得到物質獎勵，有的人則更想得到精神表彰。一個教師若能根據學生的需要及其變化，善於施以不同的強化物和強化方式，就能不斷調動他們的學習積極性。其次，強化作用也受強化物特點的影響。例如強化物的數量、質量特點就影響著強化力量。一包糖果，一件玩具，對兒童容易產生有力的激勵作用，但對中學生或對成人的學習不會產生多大的促進作用。許多學生為了獲取獎學金努力學習，而獎學金的激勵作用強度與其金額的大小有密切的關係，獎學金額越高，強化程度越大。第三，強化時間對強化作用也有明顯影響。在學生取得某種進步時，及時給以讚揚或施以其他強化方式一般會發生有效的強化作用。

六、促進學習遷移

學習遷移 (learning transfer) 是指學習一種知識、技能或方法後能對學習其他知識、技能或方法發生積極或消極的影響，使後者學習顯得更為容易或變得更為困難的現象。一種學習對另一種學習的促進現象稱為**正遷移** (positive transfer)。一種學習對另一種學習的干擾稱為**負遷移** (negative transfer)。例如，學會甲語言後，在學習乙語言時顯得更為容易，而對學習丙語言時增加了困難，這就表現甲語言學習對乙語言學習發生正遷移作用，而對丙語言學習發生了負遷移作用。有時一種學習對另一種學習可能同時存在著正的和負的遷移，即甲學習中的某些成分對乙學習中的某些成分有正遷移作用，而兩者的另一些成分則存在負遷移作用。教學和培訓，應設計得使之盡可能產生較大或較多的正遷移作用，盡可能避免或減小負遷移作用。要達到這個目的，首先必須了解發生正、負遷移的條件。一般說，學習的遷移程度主要取決於以下兩方面**相似性** (similarity)。

（一）內容相似性的作用

假使兩種學習，內容上有共同的地方，一般容易發生遷移。這種遷移主要表現為兩種學習中的共同內容，在一種學習中掌握了之後，在另一種學習中就可以現成搬用，或只要稍加學習就可適應於新的學習任務。兩種學習任務間共同的內容愈多，遷移作用也愈大。例如學會了英文打字的兩組人學習計算機漢字鍵盤輸入，甲組學習用拼音法輸入，乙組學習用王碼五筆畫法輸入。甲組學習要比乙組學習容易得多。原因就在英文打字與計算機漢字拼音輸入，不論在輸入字符結構和字符鍵位編排上都有很多相同之處，因而英文打字中學會的技能會在學習計算機漢字拼音輸入法時發生正遷移作用；而漢字五筆劃鍵盤輸入，在字符結構和字符鍵位編碼上與英文打字有很大差別，因而在學習漢字五筆劃輸入時，從已學會的英文打字技能中所得到的正遷移作用要比拼音輸入法所得到的正遷移小得多。

有時，兩種學習中的相同成分具有不同的涵義或要求作出不同的反應。這時一種學習往往對另一種學習產生負遷移。例如英語與俄語中，都有字母"H"，它在英語與俄語中的發音完全不同。學了英語的人初學俄語時，對這個字母的發音常會受到干擾。兩種學習中對相同的刺激要作出相悖的反應時，會發生最大的負遷移作用。例如電器的開關方向，在沒有嚴格標準化的情形下，不同廠家或不同國家設置的開關方向可能正好相反，一個習慣於開關向上或向下扳表示關的人，當去學習一種開關扳動方向對關、閉狀態的關係完全與前述相反的操作任務時，就常常會發生誤操作。了解這種關係，對設計某些用於技能培訓的模擬器有重要意義。

（二） 關係相似性的作用

任何一個整體事物的存在，不僅由於它包含著一定的組成要素，而且還由於這些要素間保持著多樣的關係。組成要素的改變或組成要素間的關係的變化都會引起事物性質的改變。一副積木所以能使兒童百玩不厭，就在於它可以通過變化積木塊間的關係組合成種種不同涵義的事物。對任何知識技能的學習，都包含著對組成要素及組合關係的掌握。組成要素一般是具體的，而關係則較為抽象。關係的認識與具體要素的認識相比更具有概括性。因此掌握關係比掌握具體組成要素要困難些，但關係一旦掌握後就會發生更大的遷移作用。假使讓一個三歲兒童從甲、乙兩個灰色盒子中作取食遊戲，兩個盒子的灰度甲比乙深。每次遊戲時食物總是藏在灰度較深的盒子裏。兒童並不能一開始就有選擇地從深灰盒子中取食，他有時選淺灰盒子，有時選深灰盒子,即取食選擇帶有試誤性質。但經若干次取食遊戲並每一次都只在深灰盒子中才得到食物後,他就能學會逕往深灰盒子取食。這時若把甲盒換成灰度比乙盒更淺的丙盒,再讓兒童去取食,他就會對乙盒而不是對丙盒作出取食反應。這表明兒童此時已從甲乙盒子取食遊戲中學會了根據盒子灰度關係作出取食反應,並把這種掌握了的關係遷移到具有相似關係的情境中去。優秀的教師所以能教會學生舉一反三、靈活地運用知識,其關鍵就在於他們善於教會學生去掌握事物間的關係,並根據這種關係去認識其他的事物。

七、循序漸進學習

科學知識都自成系統。在知識系統中各構成部分之間存在著一定的階梯式的邏輯聯繫。階梯的每一層知識都以它下面一層的知識為基礎。例如兒童學數學,首先要學會認讀基數,再學會掌握序數,先教會加、減,再以加減知識為基礎去學習乘、除法。學會四則運算後才可能學習初等代數,掌握初等代數後才能學習高等代數。學習語文也是先教識字,再學組詞,而後學習聯詞成句、聯句成文。技能訓練同樣也需要把一個完整的技能活動分解成不同的基本動作,並先學會其中最基礎性的動作,再學習由基本動作組成的複雜動作。斯肯納根據他對學習的實驗結果,提出了程序教學。**程序教學** (或**編序教學**) (programmed instruction,簡稱 PI) 的最基本特點就是把學習內容分解成許多小單元,把這些小單元按其內在聯繫,一步一步地循序漸進地學習。實踐證明,循序漸進地學習,看似費時,實際上一步一個腳印,能真正學到紮實的知識與技能。

第五節　培訓方式與方法

一、職工培訓方式

職工培訓要根據不同情形採取不同的方式。幾種較為常見的培訓方式包括職前培訓、在職培訓、脫產培訓和業餘培訓。分別說於下：

(一) 職前培訓

在進入新的工作崗位前進行的培訓稱**職前培訓** (prejob training)。錄取的職工在未進入工作崗位以前，或已經工作的職工在轉入一個新的工作崗位之前，都要進行職前培訓。這種培訓一般是短期的，幾天或一、二週，也有比較長期的，幾個月或半年等。短期職前培訓主要對新職工進入工作崗位前向他們介紹公司、企業的歷史、現狀，熟悉工作環境，了解工作方法，使其對工作單位和工作崗位有一定的認識。有時為了使新職工掌握今後在本單位可能用得上的基本知識、技能，在他們進入工作崗位前給以比較長時間的基本功訓練。例如汽車司機或其他較複雜工種的職工都要進行較長時間的職前培訓後才能取得合格證。

(二) 在職培訓

職工不脫離工作所進行的培訓稱為**在職培訓** (on job training)。這種培訓可以在業餘時間進行，也可按個別方式進行。後者如師傅帶學徒，熟手帶新手。在工作過程中，師傅可對學徒進行隨機檢查，發現問題可隨時給以指導，例如織布廠擋車新工人在老師傅指導下邊做邊學的情形；或者在師傅嚴密監視下邊做邊學，例如飛行員培訓過程中由地面培訓轉入空中試飛學習階段的情形。在職培訓或在崗培訓，真刀真槍，學得快，效果好。若在職培訓的是新手，一般都要經過隨崗見習、實習和獨立操作等階段。

(三) 脫產培訓

有時為了不影響正常作業，需要對職工進行**脫產培訓** (off-the-job training)。接受脫產培訓者的情況可能很不一樣。有的人可能是由於將要提升或更換工作崗位，相當於職前培訓。有的人可能由於工作不熟練或由於更換新技術設備，需要經受一定的脫產培訓才能勝任工作。還有一種屬輪換進修，以提高職工的基礎理論與專業知識。脫產培訓的時間長短和方式取決於培訓的目的與要求。在技術迅速發展的今天，對職工定期地進行脫產培訓是非常必要的。

(四) 業餘培訓

利用工作外的業餘時間進行培訓稱**業餘培訓** (sparetime training)。例如有的企業創辦夜大學為職工提供學習機會。上夜大學的職工白天上班，夜晚到校聽課；有的單位組織職工接受函授學習，都是利用業餘時間進行學習的方式。職工培訓是經常性工作。由於企業需要正常運轉，因此在一定時間內脫產培訓的職工總只是少數。大多數職工都採用在職培訓或業餘培訓。

二、職工培訓方法

培訓職工有許多種方法。不同的方法有不同的作用，有的方法適用於培訓操作工人，有的方法較適用於培訓管理人員。培訓中應按培訓內容和目的選擇培訓方法。下面是幾種職工培訓中常用的方法。

(一) 講演法

講演法(或講解式) (expository) 是一般採用的授課方式，主要由教師講，受訓人聽。這種方法適用於對較多的受訓人講解新知識，或用於學習總結等場合。在採用大班講課時，不可能時時處處照顧到各受訓人之間的個別差異，講授過程中受訓人的參與活動也受到限制，因此它較少用於能力學習和角色體驗等學習。

(二) 視聽技術

為了適應大量職工培訓的需要，許多企業組織開始採用電視、電影、錄像 (影)、等視、聽技術。視、聽技術對講解不便在現場觀摩的內容時特別適用。例如人體內臟動態活動，水下作業，高速運動過程，以及用其他方法無法進行示範的情境都可利用視、聽技術反復進行觀摩。由於錄像技術的發展，這種方法已廣為人們所採用。若把視、聽技術與講演法結合起來，更易取得良好的培訓效果。

(三) 程序教學與計算機輔助教學

程序教學是一種個體化的教學方法。它與在上述講演法或視、聽技術中受訓者完全處於被灌輸的情形不同，在程序教學中，受訓者主要通過自己的參與活動進行學習。這種方法運用學習心理學的循序漸進、因材施教、主動參與、及時反饋等原理。它的最大優點是能引導受訓者按照自己控制的進度進行學習。學得快的人不必為等待學得慢的人浪費時間。它能充分發揮受訓人的學習潛力，節省受訓的時間。有人認為它比一般學習方法可節省三分之一的時間。由於程序教學是個別進行的教學，每個受訓者需要有一套學習裝置，在受訓人數較少的情況下，費用比較昂貴。現在由於計算機技術的迅速發展，程序教學原理與計算機技術結合而發展成**計算機輔助教學**(或**電腦輔助教學**) (computer-assisted instruction，簡稱 CAI)，使學習更能適應個體的需要。

(四) 模擬訓練

模擬訓練 (simulated training) 是讓受訓者在與實際相似的情境中進行訓練的方法。操作管理和領導能力的學習都可採用模擬法進行。模擬法的最大特點是使受訓者可在不影響現場實際工作的情形下進行與現場教學相同或相似的教學。一些複雜的操作技能，例如飛行員、核電站監控員、危險崗位作業等一般都要先進行模擬訓練。為了使受訓者在模擬訓練中形成的操作技能最大限度地正遷移到現場實際操作活動中去，模擬訓練應儘量設計得與實際的操作要求相一致。一般稱這種一致性為**逼真度** (fidelity)。模擬訓練的效果在很大程度上取決於模擬訓練的逼真度。模擬訓練的逼真度越好，訓練結果的正遷移作用越大。模擬訓練的逼真度又可分為**設備逼真度** (equipment fidelity)、**環境逼真度** (environment fidelity) 和**心理逼真度** (psychological fidelity)。心理逼真度對訓練結果的正遷移具有特別重要的作用。

模擬訓練除了用於操作技能訓練之外，管理和經營工作也可通過模擬法進行訓練。例如角色扮演就是常用的培訓管理人員的方法。在角色扮演中，每個參加者在一個模擬情境中扮演著某個事先計畫好的角色。一個人在不同的訓練場合可以扮演不同的角色。上級可以扮演下級角色，護士可以扮演病人角色，售貨員可扮演顧客角色，教師可扮演學生角色，等等。**角色扮演** (role-playing) 就似演戲，扮演者不僅要投入角色，而且可以通過扮演角色體驗到處於不同工作崗位工作中的甜酸苦辣滋味。管理競賽就是一種角色模擬法的例子。商場如戰場，管理競賽中的參與者是在典型的假想對手之間進行競賽。作這種演習時,訓練者對不同的參加者提出種種問題並給以必須的信息,如資產、庫存、營利成本、市場需求、利率變化等。然後參加者組隊參與競賽,由他們自選經理及分管人員,自行作出經營決策。訓練者對參與競賽各方的決策效果進行評定。這種方法為受訓者提供了一種實踐機會,可使受訓者全面了解對一個企業作經營決策時可能碰到的各種因素及其相互制約的關係,有利於培養受訓者的分析、判斷和決策能力。

(五) 案例分析

對具有一定知識經驗的受訓者,可以通過**案例分析** (case analysis) 提高其解決問題的能力。這種方法是把一個真實的或假設的個案詳細地呈現給受訓者,讓他們進行分析和提出解決問題的方法。案例分析既可用於個別受試者,然更適合於團體培訓。在團體培訓時,一般先各別地閱讀個案資料,了解事實,找出解決問題的方案,而後組織共同參加者進行討論。在討論中各人把解決問題的方案擺出來,陳述提出自己方案的理由,通過討論找出解決問題的最合理方案。

(六) 榜樣示範

人的許多行為都是從模仿別人的行為中學到的。培訓時要充分利用榜樣行為的作用。榜樣行為一般有兩類,一類是以英雄模範人物作學習榜樣。實際上各行各業都有值得學習的優秀人物。在培訓中應挑選與受訓的內容或與受訓者工作崗位相應的榜樣行為。例如在經理訓練班上應挑選事業上卓有成就的優秀的經理作學習典型,操作人員訓練班則宜選擇優秀的操作技巧工為榜樣。還有一類是論事不論人的榜樣行為。訓練者可以把優秀管理者成功的行為特點或優秀操作工的操作行為特點提取出來進行分析、示範。訓練中,也可把受訓者的行為與榜樣行為作對照,指出其成敗的關鍵。此法不論在訓練人際關係、領導能力或操作技能上都有積極的作用。

(七) 敏感性訓練

敏感性訓練(或感受訓練) (sensitivity training) 指通過鬆散的小組討論,使受訓者在人際相互作用過程中提高對自我的認識和對他人行為的敏感性的訓練方法。在這種訓練中,人數一般 10 人左右,時間約幾天,最多

一、二週。訓練開始時,要求參加者討論某一個問題,或者連討論問題也不作規定,只要求他們自行議論。討論時不指定主持人,也無一定的計畫和日程安排,一切皆由參加受訓者商討決定。在這種訓練中受訓者們是在無組織的情形下相互發生影響。這就難免會使他們產生焦慮和緊張。不同受訓者會產生不同的反應。有的人可能默默無言,靜觀他人反應;有的人比較活躍,試探性地交談某種問題;或許有人會提出推舉一個組長來主持討論。在討論中,大家會無拘束地發表意見,進行辯論。在這種交互作用情境中,受訓者容易看到自己和別人的長處與短處,提高對態度與行為的自我認識,增加對其他人的態度、行為的感受性與理解能力。這種方法對有的受訓者會產生較大壓力,有的受訓者會產生異常激動的情緒,甚至會引起精神上的創傷。因此應用此法應該特別慎重。

上述各種訓練方法在達到某一特定目標上都可能勝過其他方法。因此我們不必過於看重它們的優劣長短的比較,而應著重去分析和研究各種方法最適用的場合,使每種方法都能發揮它們最有效的作用。

第六節 培訓評估

一、評估標準

職工培訓需要投入。投入與產出獲得平衡或產出高於投入,培訓工作才有意義。只有對職工培訓進行評估,才能了解培訓的效果。培訓評估需要確立標準,常用的標準有如下幾類:

(一) 受訓者的反映

受訓者對訓練的感受能在一定程度上反映培訓工作的效果。受訓者的反映一般通過問卷來得到。例如受訓者對培訓內容是否適合自己的需要?培訓對自己的工作是否有幫助?培訓的方式方法效果如何?等等,受訓者都會有所感受，能夠作出評價。

(二) 學習效果標準

主要用來評價受訓者培訓中學到了多少知識、技能。一般用考查或考試方法加以測量。這種測量可以在受訓的某個階段進行，例如學完一個單元內容或幾個單元內容時舉行考試。也可在受訓過程中隨時進行，例如用程序教學培訓時，學習結果的測量已貫穿在每一步學習之中。

(三) 行為變化標準

用來評價受訓者在培訓前後的行為是否發生了變化和發生了多大變化。例如出勤率、廢品率、對安全問題態度等的變化。

(四) 成本-效益比

通常用培訓的成本與獲得的效益進行評價，即所謂**成本-效益比** (cost benefit ratio)。例如，在其他因素不變的情形下，通過培訓使產量提高了5%，獲得純收益 10 萬元，而培訓所花費用為 3 萬元，則其培訓的成本-效益比為 3：10，或者說收到三倍多的效益。有時這種培訓效益比很難準確計算，因為一個企業的效益是由許多因素決定的，很難把培訓的作用單獨分離出來。

二、評估方法

對培訓的評估，不論採用什麼方法，最重要的是要使所作出的評價確實是針對培訓結果的。為了做到這一要求，需要對評價過程進行設計。最常用的設計是設置培訓組與控制組。培訓組接受訓練，控制組不接受訓練。兩組的其他條件應力求一致。兩組的評估測定如圖 6-2 所示。開始時，兩組均進行相同測定，而後培訓組進行培訓處理，控制組不接受培訓。再在培訓組結束培訓後對兩組進行相同的測定。從各組前後測定的變化和兩組後測定的差異的比較中可以判斷培訓的效果。自然，上述設計並不能排除事後測定的結果變化是由於安排了事前測定所引起的。為了排除這一可能存在的影響，可以採用如圖 6-3 的設計，即在圖 6-2 設計的兩個組外再加上一個無前測的培訓組和一個無前測的控制組。通過四個組的結果比較，就可確定所產生的實際效果。

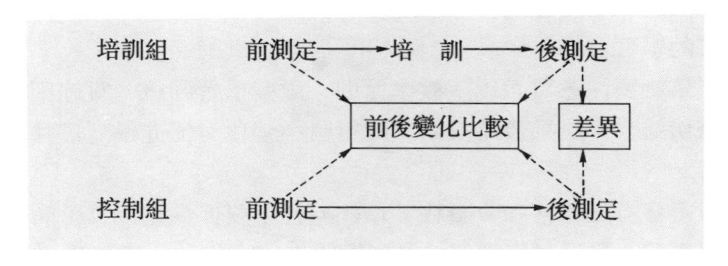

```
培訓組    前測定 ——→ 培    訓 ——→ 後測定
                    ↘            ↙
                     前後變化比較    差異
                    ↗            ↖
控制組    前測定 ——————————————→ 後測定
```

圖 6-2　培訓組與控制組前後測評估設計

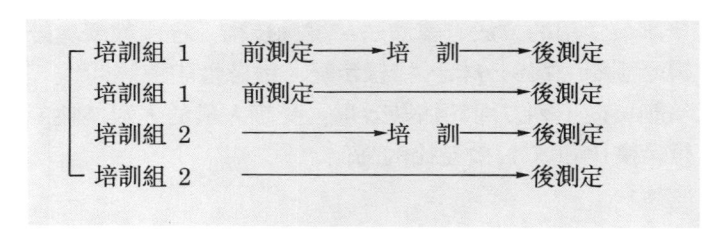

```
 ┌ 培訓組 1    前測定 ——→ 培    訓 ——→ 後測定
 │ 培訓組 1    前測定 ————————————————→ 後測定
 │ 培訓組 2    ——————→ 培    訓 ——→ 後測定
 └ 培訓組 2    ————————————————————→ 後測定
```

圖 6-3　二個培訓組與二個控制組中各有一組無前測定的設計

本　章　摘　要

1. 職工培訓是提高企業水平，增進企業效益的基本途徑。要發展企業必須重視職工培訓，切實做好培訓工作。
2. 企業職工具有不同於普通學生的特點。職工培訓在內容、時間、方式、方法上都必須考慮企業條件和職工的特點。
3. 職工培訓必須有計畫地進行。培訓計畫應包括分析培訓需求、設定培訓目標、確定培訓內容、選擇培訓方式與方法、測定培訓結果和評估培訓效益等基本環節。

4. 培訓需求分析主要包括**組織分析**、**職務分析**和**人員分析**。
5. 職工培訓目標必須根據企業發展需要與職工實際情況確定。目標必須明確、具體，層次分明，難易適度。要努力把企業的培訓目標轉化為職工個人的學習目的。
6. 職工培訓要注意貫徹以下教學原則：激發學習動機；實施因材施教；學用密切結合；結果及時反饋；進行獎懲強化；促進學習遷移；循序漸進學習。
7. **學習遷移有正遷移和負遷移**。培訓過程中要促進正遷移，防止負遷移。學習遷移受學習材料**相似性**的影響。內容愈相似，遷移作用愈大。
8. 職工培訓形式有**職前培訓**、**在職培訓**、**脫產培訓**、**業餘培訓**等。職前培訓一般適用於新選錄的職工和調任新職的職工。
9. 職工培訓最常用的方法有講演法、視聽技術、程序教學與計算機輔助教學、模擬訓練、案例分析、榜樣示範、敏感性訓練等。
10. 職工培訓可從下列方面評估其效果：受訓人員的主觀反映，學習效果測定，行為變化和成本-效益比的高低。

建議參考資料

1. 吳諒諒 (1988)：勞動人事心理學。北京市：知識出版社。
2. 邵瑞珍 (主編) (1983)：教育心理學。上海市：上海教育出版社。
3. 周　謙 (主編) (1992)：學習心理學。北京市：科學出版社。
4. 時　勘 (1990)：現代技術培訓心理學。昆明市：雲南教育出版社。
5. 張春興 (1995)：教育心理學——三化取向的理論與實踐。台北市：東華書局 (繁體字版)。杭州市：浙江教育出版社 (1997) (簡體字版)。
6. Craig, R. L. (Ed.) (1976). *Training and development handbook* (2nd ed.). New York: McGraw-Hill.
7. Goldstein, I. L. (1974). *Training: Program development and evaluation.* Monterey, CA: Brooks/Cole.

第七章

職工考評

本章內容細目

第一節 職工考評的意義
一、利於發現人才 207
二、為調薪升職提供依據 207
三、明確職工培訓需要 208
四、有助於對企業進行診斷 208
五、為人事選拔測驗提供檢驗標準 209

第二節 考評內容和資料來源
一、考評內容 209
　(一)工作成效
　(二)職工行為特點
　(三)個體心理品質
二、考評數據來源 211
　(一)作業數據
　(二)人事資料
　(三)主觀評定資料

第三節 考評方法
一、等級量表法及其差誤 213
　(一)等級量表法
　(二)等級量表法的常見差誤
二、人員比較法 214
　(一)等第排列法
　(二)成對比較法
　(三)強迫歸類法
三、行為檢核表 216
　(一)關鍵事件法
　(二)加權檢核表
　(三)行為定位評級表
　(四)行為觀察量表
　(五)混合標準量表

第四節 考評結果反饋
一、考評反饋的意義 219
二、考評反饋的反應 220
　(一)反饋結果認知
　(二)接受反饋信息
　(三)作出改變現狀的決策
　(四)執行行動計畫
三、考評反饋面談 221
　(一)實事求是並有的放矢
　(二)肯定成績且指出缺點
　(三)積極參與並共同討論

第五節 控制影響考評的因素
一、影響考評結果的因素 222
　(一)評定人因素
　(二)被評人因素
　(三)組織因素
　(四)考評方法
二、評定人培訓 224
　(一)樹立正確的評定態度
　(二)掌握評定方法
　(三)提高信息反饋能力

本章摘要

建議參考資料

何人做事都希望獲得好結果，學生上學希望學到知識，農民種田期求有個好的收成，工人做工冀望造出優質機器。但一個人在工作中是否取得好的成績，不由主觀願望決定，也不是憑自己說了就能算數的，它必須由別人來作評價。為了使評價作得公平、合理，就需要對被評價的工作進行考核。

對職工進行**效績考評**(performance appraisal) 是企業組織為了了解所屬職工的作業效績、能力、品德等必須採取的管理措施。企業職工被招聘分配工作後，由於種種主、客觀原因，工作表現各有不同，有的人成效大，有的人成效小，有的人進步快，有的人進步慢。由於職工們對企業發展所作貢獻不同，企業組織自然應給以不同的獎賞，做到論功行賞，獎其當賞者，懲其當罰者。要做到獎罰分明，首先必須了解各人的工作和表現情形。考評不僅是組織了解其下屬人員工作情形的基本手段，而且也對端正工作態度具有促進作用。企業、學校、機關、部隊、家庭和其他有組織的人群都離不開考評，但由於不同群體的活動性質和任務要求各異，考評的目的、內容、方式和方法也不盡相同。企業考評職工主要為了做好職工的升遷、提拔、更換、賞罰等工作，同時也可通過考評了解企業發展中存在的問題。考評工作涉及職工的切身利益，職工對此十分關切，要求考評工作做得客觀、公正。但要做到這一點不是容易的事。許多工業及組織心理學家都為創設客觀而公正的職工考評方法進行研究。本章主要討論以下有關職工考評的問題：

1. 為什麼要對職工進行考評，它的目的和作用是什麼？
2. 對職工考評什麼，考評信息來自何處？
3. 考評職工應採用什麼方法？
4. 如何使考評方法做到客觀、公正？
5. 為什麼要把考評結果反饋給被評人？應如何進行反饋？
6. 有哪些因素會影響考評結果，如何防止這種影響？

第一節　職工考評的意義

企業對職工進行**考評**(或**評鑒**)(evaluation)有多方面的作用。它不僅是職工培訓、人員調配、工資獎酬、提升職務等人事管理決策工作的基礎，而且可以診斷組織中存在的問題，促進企業改進工作；還可為職工提供工作反饋，明確努力方向。因此職工考評是企業組織的一項十分重要的工作。做好了，可以穩定人心，鼓舞士氣，調動職工的工作積極性。做得不好，就會擾亂人心，損害團結，增多矛盾，影響工作。概言之，它對企業發展有下述各項作用：

一、利於發現人才

企業組織可以通過考評對職工的作業成績、工作能力、勞動態度和思想品質有一個比較客觀的認識，從中發現每個職工的所長和所短。人的長處和短處各有不同，企業用人要取長避短，使每個人在工作中都能發揮自己的長處。發現人的長處，也就是發現人才。一個組織若能了解所屬成員每人的長處，並使他們的長處都得到發揮，這個組織就會人才濟濟，事業興旺。有的企業對新職工實行試用期。先試用一年半載，觀察其工作表現，了解其專業特長，而後把他們安排到最適合的工作崗位。管理人員和操作工人，都可先行試用。

二、爲調薪升職提供依據

按勞付酬、按貢獻大小給予獎賞，是企業組織的人事工資政策的基本原則。企業招收新職工，開始時同一工種職工的工資、待遇一般多相同。但在工作過程中，由於各人素質和工作態度上的不同，工作成效發生差別。有的人工作快、質量高，超額完成任務；有的人工作平平，只能完成一般工作要求；有的人上班疏懶，得過且過，事故頻生。他們對企業的貢獻很不一致。通過考評就可明確職工中存在的此類差別。一般對工作成效不同的職工給以不同的工資獎金、物質享受或榮譽，對疏懶者給以批評教育、減發工薪，甚至辭退工作，對勤快超產者提高獎酬，甚至提前晉級。這無疑能起到樹立榜樣、鼓勵先進、鞭撻落後的作用。

考評可以區分為單項的和全面的。全面考評應該包括工作成績、工作態度、思想作風、敬業精神等多方面的內容。全面考評中的優秀者無疑應多予獎賞。但全面領先，很不容易。有些職工雖不能通過全面考評，但却能在某個單項方面有出色表現，這也值得贊許，應予以適當的獎賞。

三、明確職工培訓需要

如前章所説，企業要求得生存、發展，必須不斷對職工進行培訓。培訓職工不可能一蹴而就，也不能一哄而上，必須根據工作需要與職工的工作情形有計畫有步驟地進行。一般情況下，最需要培訓的是兩種人，一種是即將調任或提拔擔任新工作的人，另一種是工作上有困難、不培訓就不能順利完成任務的人。對這兩種人都需要通過考評才能明確其培訓的需求。對前面一種人，需要通過考評明確他們對新工作崗位來說缺少什麼，以確定培訓的重點。對後一種情形的人則需首先通過考評確定誰不能適應工作要求，即首先通過考評確定培訓的對象，而後根據培訓對象的特點確定培訓的要求。後一種人通過科學的、公正的考評，使他們了解自己的問題所在，認識到接受培訓的必要性，無疑能對培訓工作發生促進作用。

四、有助於對企業進行診斷

一個人要了解自己的健康狀況，需要定期或不定期地到醫院進行常規健康檢查。醫生根據檢驗結果，對受檢人的健康狀況作出判斷。一個企業是否健康地發展，一個職工是否能勝任工作，也同樣需要用科學的方法進行診斷(diagnosis)。考評是企業組織對職工和對企業本身進行診斷的主要手段。人是生產力中最活躍的因素，誰擁有一支好的職工隊伍，誰就贏得生產主動權，誰就會在市場競爭中立於不敗之地。若企業對自己的職工隊伍的素質不能瞭如指掌，就不可能統率他們向生產的深度和廣度進軍。考評是企業了解職工隊伍素質狀況的最便捷有效的途徑。每個職工也可從參加考評中了解自己的狀況。人貴有自知之明，組織也是如此。知道自己的優勢和劣勢，就能揚長避短，或做到對症下藥，突出重點，改變劣勢。因此，考評不只是為了了解職工，用作人事管理工作的依據，而且也是為使企業能診斷自身組織的狀況，使企業在市場經濟競爭中求得不斷發展的有效措施。

五、爲人事選拔測驗提供檢驗標準

　　在人事研究中，一般需要通過人員的實際工作成效來檢驗各種研究方法的有效性。例如編製一個人事選拔測驗，若不用實際效果作標準進行檢查，就不能確定用這個測驗選拔的人員能在多大程度上滿足工作的需要。因此職工考評結果往往成為評價選拔測驗的效標，被應用於許多人事研究項目。職工考評也是考查人力資源管理計畫、制定人事決策方案和檢驗人事決策效用的重要依據。

第二節　考評內容和資料來源

一、考評內容

　　考評職工的工作成效與行為表現，是相當複雜的事情，它包含著多方面的內容。有時，從單項內容看是可行的，但從多項內容看是不可行的。例如兩個人完成同樣的工作任務或取得同樣的工作結果，並不說明兩個人具有相同的工作動機，也不表示兩人作出同樣大的努力。對人進行考評，不能只考其事，不評其人，對人也不可只聽其言而不觀其行，也不能只觀其表現而不問其思想與動機。人的各種工作表現和身心行為品質在對個人成效及對企業組織的貢獻上有不同的作用。這都是在職工考評工作中不能不有所考慮的問題。因此確定職工考評內容應以職務分析為基礎。職務分析，不僅規定著工作內容，而且也表述了對工作者的身心行為要求。在職工考評中要依據職務分析中所描述的內容、要求，制定出考核標準。有了考核內容和考核標準，就能區分職工的優劣。

　　職工考評內容一般包括如下幾個方面：

(一) 工作成效

　　職工的**工作成效** (performance) 係表現在工作結果的數量與質量的統一上。任何工作不能只求數量不求質量，同樣也不可只講質量不問數量。若只求數量不講質量，不僅會造成浪費，而且容易釀成事故，造成禍患。但若只有質量而不能滿足數量要求，就會造成成本高、效益低，企業難以發展。一般說，數量具體易見，容易計算，而質量不經仔細檢查，不易分清優劣。職工在生產中往往數量觀念強於質量觀念，容易產生追求數量忽視質量的傾向。一個由成千上萬部件組成的工程，往往由於一個部件質量不合要求而導致重大事故，這在一些高新工程技術製造中屢見不鮮。1988 年美國航天飛機 (太空梭) 升空爆炸，就是一例。因此在對職工的工作成績考評中必須數量與質量兼顧。一般應要求在保證質量的前提下爭取更多的數量。

(二) 職工行為特點

　　工作成績，不論質量和數量都是個體活動的結果。考評職工的工作，不可只求結果而不問工作過程。因為職工的工作結果往往會受到多種原因的影響。工作方法、設備新舊、條件優劣等都是影響職工工作效能的因素。一個水平高、方法好的人可以在使用一般設備的情形下獲得高產優質的結果，一個能力平平的人由於使用精良設備，也可能得到同樣好的結果，但兩者却有明顯的差別。這兩個人若使用同樣的技術設備，就會顯示出不同的結果。一個使用強制手段的經理可能會和一個具有民主管理作風的經理都能使企業獲得好的效益，但不能說這兩位經理的工作具有同樣值得贊許的價值。因此對職工的考評內容應該包括職工的個體行為表現。

(三) 個體心理品質

　　職工個體心理品質對企業、組織的發展能發生一定的影響。有的人愛廠如家，很關心企業的發展，經常能向組織提出改革建議，但也有人只顧追求個人利益，很少想到企業發展；有的人能團結互助，幫助別人；也有人不願助人。其他如工作態度、責任感、自覺性、勤儉作風等個體心理品質在職工中間都會有多樣的差別。若在考評中能對個性心理品質有所考慮，無疑會對形成良好班風、廠風發生積極的作用。

上述各類考評內容在考評中雖然都應有所考慮，但並不等於說它們都有相同的作用。在考評中應根據企業的特點和考評的目的，對不同內容給以不同的權重。根據各項考評內容的權重計算出它們的得分，最後求得每個接受考評職工的分數。

二、考評數據來源

職工考評的數據主要來自三個方面：**客觀作業數據、人事資料和主觀評定數據**。

（一） 作業數據

每個職工，不論是管理人員或是生產工人，其工作成效都應及時記錄。例如記錄工人每天是否完成了規定的數量、質量指標，生產了多少正品，有多少次品或廢品；設計人員完成了多少設計項目；管理人員完成多少職責範圍內的工作；銷售人員推銷了多少產品，等等。此類數據或逐日記錄，或按週按月進行統計，它是考評職工工作成績的重要資料來源。當然有許多工作是不能進行定量記錄的，或者雖然能定量，但無法按數量進行比較。例如秘書起草文稿，經理對外洽談業務或籌辦開發新產品，科技人員進行試製新工藝流程或研究工藝原理等，都是很難用數量、甚至也很難用質量指標加以表示的。因為此類工作的得失成敗不完全取決於個人的努力。在採用**作業數據**(performence data) 作考評指標時不能不注意此類問題。這也說明單憑一個人的產出情形不足以對他作出全面的考評。

（二） 人事資料

職工的工作情形，不僅表現在工作數量和質量上，而且也表現在工作行為上。例如缺勤率、事故率、遲到早退情形等都是工作行為。這類行為不僅直接影響本人的工作，而且也對周圍的人群產生影響。此類行為記錄也是考評職工優劣的重要資料。在這類**人事資料** (personal file) 中，缺勤率是反映職工工作態度的一個較靈敏的指標。一些責任心強，工作勤奮的職工很少缺勤，而一些工作馬虎、責任心不強或不安心於現職工作的職工，往往缺勤多。事故、遲到早退等行為也往往與工作責任心和工作態度有關。當然，不論是缺勤率、事故、遲到早退等行為都要分析其原因。有些人缺勤是由於不可控制的疾病或天災人禍，這種缺勤是免不了的。另一些人可能由於找個額外收益而缺勤，這種缺勤不僅可以控制，而且是不能允許的。事故與遲到早退等情形也與此類似，都必須區分為可避免的和不可避免的。事故雖均非職工所願，但却有責任事故與非責任事故之區分。離職情形過去在我國甚少，現在也逐漸增多。當然離職也有正當與不正當之分。有的人跳槽頻繁，勢必影響工作。

(三) 主觀評定資料

上級或其他有關人員對職工工作的主觀評價是對職工考評的另一種資料來源。**主觀評價** (subjective assessment) 幾乎能應用於各種工作，因此它被廣泛地使用。主觀評定多採用量表方法。評定者以上級管理人員為主，因為上級管理人員對下屬的工作情形比較熟悉，而且他最有可能從組織的目標去考察每個下屬。由於上級管理人員往往對工資、提升、賞罰等人事管理決策有其直接作用，因此也就有可能將考評結果與對職工的獎懲聯繫起來。但是上級管理人員對下屬工作的評定仍有一定的局限性，因為他不是完全生活在職工中，對下屬的許多情形他不一定了解，特別對下屬的專業技術水平高低，管理人員較難作出中肯的評價。因此還需要通過被評定人的同事或同行專業者來評定。有時可由下級評定上級領導，由工人評定管理人員。下級對上級的領導作用一般都有切身體會，容易作出符合實際的評價。自然，主觀評定容易受評定者的知識經驗或偏見的影響，因此評定人應有一定的數量。特別是下級對上級的評定，吸取較多的具有不同代表性的不同部門的職工參加評定，是非常必要的。

第三節　考評方法

職工考評要評得公正、合理是不容易的事。工業人事心理學家對此作了許多研究。目前較為流行的考評方法有下列幾種：等級量表法，人員比較法和行為檢核法。每種方法又有多種變式。下面對這幾種方法作一簡要介紹。

一、等級量表法及其差誤

(一) 等級量表法

　　等級量表法(或**評定量表**)(rating scales)是工作考評中最為簡便和廣為流行的方法。評定人按評定內容在量表規定的等級中判斷被評定人屬於哪個等級。一般多採用 5 點或 7 點量表。對工作的數量、質量、知識技能水平、人際關係、思想品質等都可以用等級量表法進行評價。等級量表有多種形式，圖 7-1 是其中的一些例子。

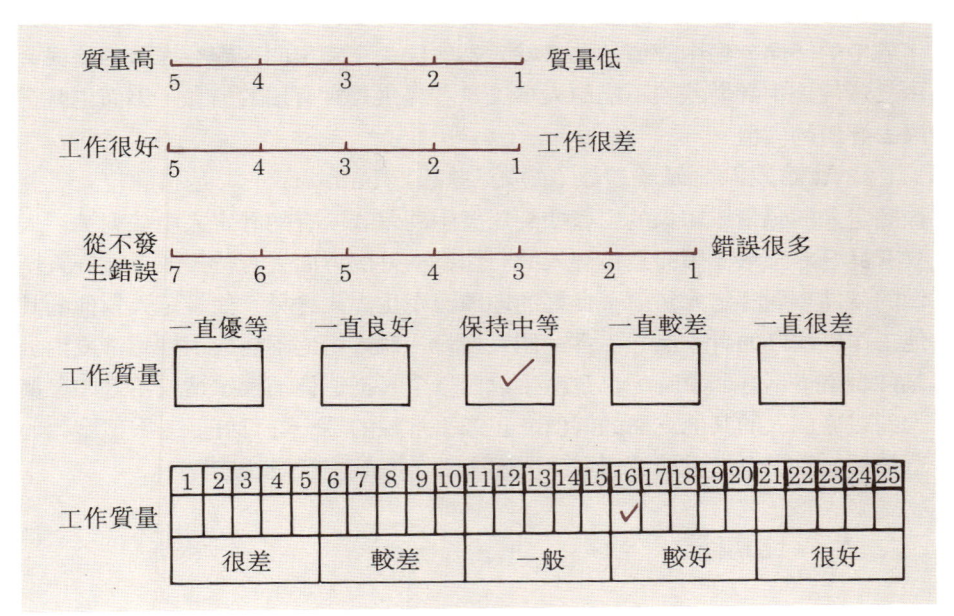

圖 7-1　工作質量評定等級量表形式舉例
(朱祖祥，1997)

(二) 等級量表法的常見差誤

　　在使用等級量表法評價職工工作時，容易受評定人的某些主觀偏向影響而造成評價結果的差誤。這類差誤主要有以下幾類：

1. 寬大差誤 在工作或作業評定中往往存在著這樣的情形，有的評定人對評定的標準掌握得過寬，他們總是把被評人往好的方向評價，使被評人的等級分數評得過高，產生評級過寬的偏誤。有的評定人則與此相反，他們對評定標準掌握得過嚴，把被評人工作成績的等級分數往往評得過低，產生評級過嚴的偏誤。這種過寬或過嚴的偏誤稱為**寬大差誤** (leniency errors)。過寬偏誤稱為**正寬大效應** (或仁慈效應) (positive leniency effect)，過嚴偏誤稱為**負寬大效應** (negative leniency effect)。在職工的考評中應盡可能防止或縮小這種寬大差誤。

2. 趨中差誤 **趨中差誤** (central-tendency errors) 指由於評定人不大願意作高分或低分評價，而趨向於對絕大多數人作出中等或接近中等的評價。當評定人對被評定人的情況不大了解而又不得不作出評定時，就容易發生趨中的傾向。趨中評價的結果就人為地抹去了職工間客觀存在著的差異。由於這種趨中評價差誤不能給人事決策者提供真實有用的信息，因而也就會失去評價的價值。

3. 暈輪差誤 **暈輪差誤** (或成見差誤) (halo errors) 是指評定人受對被評定人的感情或印象的影響使評定發生的差誤。有的評定人由於對被評人具有良好的感情，因而對被評人的一切都從好的方面去看待，或者被評人所做的某件事對評定人留下了良好的印象而產生先入之見，使評定人對他的其他工作也往好的看。反之，當一個人對另一個人產生不滿的消極感情或由於某件事留下不好印象時，也會產生以偏概全，把這種消極感情或不好印象擴大到對這個人的其他方面的評價。正像平常說的"一好百好，一壞俱壞"。這種暈輪效應自然也使評價發生明顯失真，應該儘量設法避免。

二、人員比較法

等級評定法容易產生上述種種差誤的原因主要由於它是由評定人根據個人對標準的掌握對被評人進行絕對判斷之故。一般說，絕對判斷不如相對判斷準確。因為相對判斷可以同時在被判斷的對象之間進行互相比較。因此，在對職工工作評定中可以採用對職工作比較的**人員比較法** (employee comparison methods)。人員比較法主要有以下幾種：

(一) 等第排列法

等第排列法(或**等級法**)(rank-order method)是按一定評定內容將所有被評定的人作出從最好到最差或從最低到最高的次序排列。具體評定時可以按高低順序，首先選出最好的職工，再選出次好的職工，如此以往直到最差的職工。也可採用好與差對應交替選擇，從好、差兩端同時相向排序，即先選出最好與最差的職工，再選出第二好和第二差的職工，直至將全部被評職工排列完畢。不論用哪一種選擇方法，都要求將每一個被評人與其他人作比較。這種方法在被評人數量不大時，簡便易行，但在人數很多時，選擇起來就比較費時。

(二) 成對比較法

成對比較法(或**配對比較法**)(paired-comparison method)是將被評人進行兩兩比較，在每次比較時把較好的選出，讓他與另一個進行比較，選出其較優者，如此以往，直至全部比較完畢，而後按被選次數的多少排出等第順序。這種方法所得結果比較準確，需要比較的次數為 $n(n-1)/2$。最適合在被評人數較少的情況下使用。在被評人數較多、工作量大、費時太多時就不便使用。

(三) 強迫歸類法

在被評人數眾多的情況下，可以使用**強迫分配法**(forced-distribution method)。它要求評價內容在職工中成**正態分布**(或**常態分配**)(normal distribution)。一般做法是先按正態分布框架畫分成 5～7 類，每類的百分率如圖 7-2 虛線所示。而後評定人將被評定人按其在評定內容上的表現，強迫歸入某一類。使用這種方法時不必將職工的表現作過細評價，只要粗略判斷就可以。由於它的每一類別是一個較寬的範圍，因此有利於減小評價時產生寬大差誤和趨中差誤。

上述幾種人員比較法總的優點是方法簡單，易於操作，而且都能有利於控制評定人的寬大和趨中差誤。但同時也存在一個共同的問題，即評定結果僅提供相互間的等第的信息，而缺少對實際內容的具體評價，因此不容易對職工的工作和行為發生具體的指導作用。

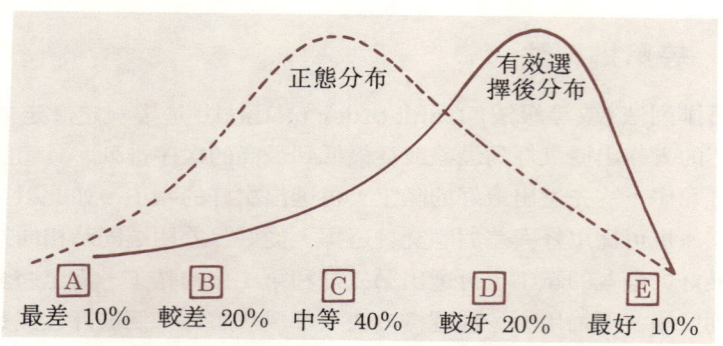

圖 7-2　作業成績強迫歸類分配法圖示
(採自葉椒椒、時　勘、王新超，1991)

三、行為檢核表

行為檢核表 (behavioral checklist) 為評定人提供一系列用文字說明的有關工作的行為描述表，評定人把被評人的行為與之對照後判斷屬於檢核表中的哪一種。行為檢核表主要有下列幾種：

（一）　關鍵事件法

關鍵事件法 (critical incidents method) 是通過記錄與職工工作成敗密切有關的事件，對職工進行評價的方法。使用這種方法必須先提取關鍵事件，編製關鍵行為記錄表。評定人帶著這種關鍵行為記錄表去觀察被評定人在工作中的行為，一旦發現職工發生某一正的或負的關鍵行為，就在關鍵行為記錄表的相應項內打上記號。把一定時間內（一週或一個月）所觀察到的關鍵事件進行分析，根據其關鍵行為的性質、次數和程度作出評價。這種方法提供的信息具體，內容明確，有助於對職工行為的了解。但它費時，不可能在評定眾多職工時使用。

（二）　加權檢核表

加權檢核表 (weighted checklists) 是在關鍵事件法基礎上對職工作業進行數量化評定的方法。它是在關鍵事件表製定後，由管理人員或專家對每一事件進行評級，確定其標準分數。它反映各事件對工作的重要性。在評價時，將每個職工在關鍵事件表中的事件分數相加，就是對他的評價結果。

（三）　行為定位評級表

行為定位評級表 (behaviorally anchored rating scales) 是將行為檢核表中對行為事件的具體描述和評級量表的數量化結合在一起的行為評價方法。它用量表評價其行為等級，用行為事件對量表等級進行定位，因而集中了兩者的優點，克服了兩者的不足，是一種比較好的方法。設計行為定位評級表的一般過程是把參加者分成幾個組，作如下安排：(1) 由第一組熟悉某一工作的職工和主管人員討論，並確定該工作對職工要求的盡可能多的獨立維度，例如確定從事某一工作的職工需要的知識、能力、人際關係、管理等幾個方面達到某種要求；(2) 由第二組職工列舉出每一維度能說明工作好壞的行為項目例子以確定好、中等、差的標準，例如對人際關係維度，"好"係指一個人總是願意幫助別人，因而他與其他人相處得很好；"差"係指一個人不與別人往來，或喜怒無常，使別人不敢同他接近；(3) 讓第三組職工把前兩組職工確定的工作維度及行為項目重新分配其歸屬並列出一覽表，如果某個行為事例在所從屬的維度上不能取得 60% 以上的一致意見，就被刪去；如果某一維度沒有歸屬於它的行為項目，這個維度也應刪除；(4) 第四組職工把經過上述過程後保留下來的各維度的行為項目（通常要有 20 個以上項目）進行 5 點、7 點或 9 點評定。1 點表示非常差，5 點（或 7 點、9 點）表示非常好，中點表示中等。給每個行為項目打上分數後，求出其均值，即為該項目標準分；(5) 各行為項目按所屬維度及分數高低順序排列，形成行為定位評級量表。圖 7-3 是評定職工動機維度的行為定位評級量表的例子。製定這種量表要求有較多人參加，對不同的工作必須採取不同的量表，做起來比較費時。

（四）　行為觀察量表

行為觀察量表 (behavioral-observation scales) 也是以關鍵事件法為基礎的行為檢核表。它要求評定人對被評人的工作進行一段時間的觀察後，對被評人出現的關鍵行為出現的頻次作出評價。行為觀察量表的製作過程同行為定位評級量表的製作過程基本相同。只是行為觀察量表的 5 點或 7 點量表的計分是以某種行為發生的頻次來評定的。若用 5 點量表，則 1 表

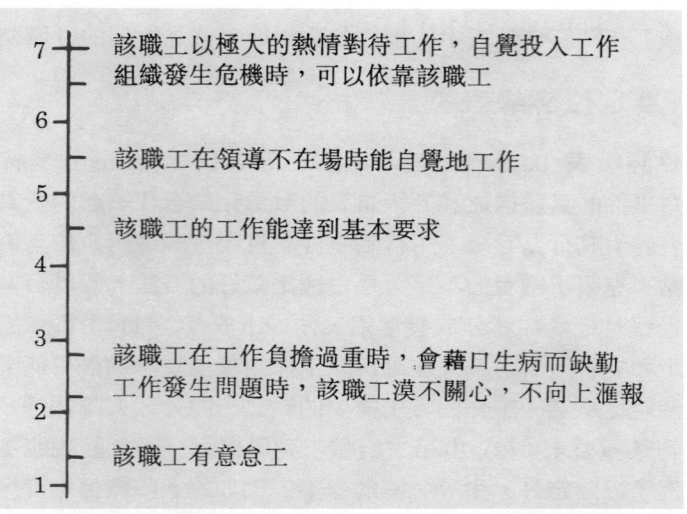

```
7 ─┤ 該職工以極大的熱情對待工作，自覺投入工作
   │ 組織發生危機時，可以依靠該職工
6 ─┤
   │ 該職工在領導不在場時能自覺地工作
5 ─┤
   │ 該職工的工作能達到基本要求
4 ─┤
   │
3 ─┤ 該職工在工作負擔過重時，會藉口生病而缺勤
   │ 工作發生問題時，該職工漠不關心，不向上滙報
2 ─┤
   │ 該職工有意怠工
1 ─┤
```

圖 7-3　評定工作動機水平的行為定位評級量表舉例
(採自葉椒椒、時　勘、王新超，1991)

示很少發生這種行為，5 表示經常發生這種行為，3 表示適中次數發生這種行為。表 7-1 是一個評定管理人員對克服組織變革阻力的行為觀察量表的例子。

表 7-1　行為觀察量表舉例 (評定管理人員克服組織變革阻力的行為)

(1) 向下級詳細介紹組織變革的情形	
從來沒有 ├─┼─┼─┼─┼─┼─┤	經常介紹
(2) 解釋組織變革的必要性	
從來沒有 ├─┼─┼─┼─┼─┼─┤	經常解釋
(3) 傾聽職工對組織變革的意見	
從來沒有 ├─┼─┼─┼─┼─┼─┤	經常聽取
(4) 讓職工參與組織變革的工作	
從來沒有 ├─┼─┼─┼─┼─┼─┤	經常參與
(5) 討論組織變革的情形	
從來沒有 ├─┼─┼─┼─┼─┼─┤	經常討論

(朱祖祥，1997)

(五) 混合標準量表

　　混合標準量表 (mixed-standard rating scales) 也需要先由熟悉工作的人按一定的過程確定工作的基本維度，然後分別為每一維度列出好、一般、差三種關鍵事件作標準。對每一維度所列舉的關鍵事件隨機排列，評定人不知道每個關鍵事件的好壞。評定人必須按照每一關鍵事件與被評人的行為進行對照，並作出被評人的行為是否高於、低於、一致於每一關鍵事件。若判斷高於關鍵事件記"＋"，低於記"－"，一致記"0"。其得分如表 7-2 所示。使用這種方法發生差誤很小，並能發現評定人的邏輯錯誤，使用起來也較簡便。

表 7-2　混合標準評級記分方法

關鍵事件：好	關鍵事件：一般	關鍵事件：差	得分
＋	＋	＋	7
0	＋	＋	6
－	＋	＋	5
－	0	＋	4
－	－	＋	3
－	－	0	2
－	－	－	1

第四節　考評結果反饋

一、考評反饋的意義

　　考評的目的是為了改進工作，調動職工的工作積極性，使企業取得更好的發展。要達到這個目的，就必須把考評結果反饋給職工本人。**考評結果反**

饋 (feedback of appraisal results) 主要有兩個方面的目的：一是把工作考評結果告訴被評人，使被評人知道自己的工作好在哪裏，差在哪裏；二是激勵職工改進工作，並制定改進措施。信息反饋的方式方法會對反饋效果產生直接影響。一般人都喜歡聽好話，不願意聽人講自己的缺點。但人不可能沒有缺點，職工在工作中也總會有或多或少的缺點。通過考評不僅可了解職工的工作成績，也可暴露職工工作中的缺點。知道好的成績有鼓舞作用，但也容易使人自我陶醉，固步自封，知道不足才能激勵變革。因此考評得到的結果，不論是成績還是問題、是優點還是缺點，都應設法以一定的方式告訴被評定的職工，並教育他們勝不驕，敗不餒，總結經驗和教訓，為進一步提高工作效績而繼續努力。

二、考評反饋的反應

職工對考評結果反饋的反應，一般包括下列四個方面：

(一) 反饋結果認知

職工對自己的評定結果，有一個認識過程。成績和缺點的反饋信息都會被敏感地知覺到。知覺後自然會在情緒上產生反應，聞褒則喜，聞貶則憂，乃人之常情。對反饋的結果信息有了初步認知後，就會作進一步的分析。

(二) 接受反饋信息

職工對考評結果一般不會馬上全部加以接受，特別對自己的缺點的評價不大會輕易接受。這時一般是引起對考評結果的思考。或者把反饋信息與自己的表現相對照，對自己有一番新的認識；或者對考評結果的公平性加以懷疑，或對考評工作的可信性打上問號。只有當他認為評定人或領導對他工作的了解是公平合理時，才會打消疑慮，認可反饋的信息。

(三) 作出改變現狀的決策

職工接受了考評結果，若不付諸行動，就不能達到改變行為和改進工作的目的。職工接受了反饋信息，認可了考評結果後，需要對是否決心改變現狀作出決定。有的職工可能很快作出改變現狀的決策，立即著手擬訂改變現狀的計畫。也有職工可能躊躇不定,裹足不前,很難下此決心。這其中可能有各種主觀的和客觀的原因。企業或管理者應了解原因所在,用不同的鑰匙開不同的鎖,對不同情況的問題採取不同的方法去解決。

(四) 執行行動計畫

做到這一步,才使考評目的落實。作出改變行為的計畫和行動,職工之間也不會是毫無差別的。有的職工做的計畫可能好一些,容易付之行動,有的職工可能不善於做出有效的實施計畫。這時管理者就要因勢利導,提供條件,幫助解決困難,使每個職工都能從考評結果的反饋中取得進步。

三、考評反饋面談

考評結果反饋可以使用多種方式,一般以**面談** (interview) 方式為主。反饋面談的效果受面談技巧的影響。在反饋面談中應注意如下三點:

(一) 實事求是並有的放矢

反饋面談必須實事求是,不可誇誇其談,漫無邊際;不能只談原則,不講具體事實;不可就事論事,見物不見人;不能只談成績,避談問題;也不應只談缺點不講成績。正確的做法應是立足考評事實,提高受評人對考評結果的認識。不僅要使受評人對自己的缺點問題有正確的認識,而且也要使其對自己的成績有正確的認識。如何面談?要因人而異。例如有的職工對成績沾沾自喜,驕傲自滿,面談時就要在肯定成績的同時要講取得成績雖然主要靠個人努力,但切不可忘記其中包含著組織和別人的支持和幫助。若有人對自己的缺點或問題重視不夠,應講清其對個人工作的危害,不去克服,會釀成禍害。反之,若有人對缺點背上沉重的包袱,抬不起頭來,就要開導他,人不可能沒有缺點,可貴的是要聞過則喜,有過必改,改掉就好。面談只有結合對方實際,避免教條、僵化,才能收到好的效果。

(二) 肯定成績且指出缺點

喜歡報喜不報憂的職工,害怕揭短,很怕同事或領導談他們的缺點,受批評時容易產生牴觸情緒,批評越重,牴觸情緒越大。為了使他們在反饋面談中易於聽取意見，反饋面談者特別要注意創造良好氣氛。要先談受評人的工作成績和優點，指出他的主流和對企業的貢獻，加以表揚。在此基礎上再向他指出人不可能無缺點，問題在於是否能正視缺點。而後向他提出問題，分析缺點，並鼓勵革除缺點、改進工作，求取更大進步。對人一分為二，先表揚成績、優點，再揭示其問題的反饋面談方法，能消除職工的緊張，減輕他們的牴觸情緒，收到較好的效果。對那些問題多的職工，更要注意善於挖掘他們工作中的成績和優點，鼓勵他們樹立克服缺點、改進工作的信心，切不可一味譴責或批評。

(三) 積極參與並共同討論

反饋面談的目的是要把考評結果告訴職工本人。在面談中應該多讓受評人參與討論。參與愈多，效果愈好。曾有人比較三種反饋面談形式，第一種是單純地勸說，告訴職工考評結果，說明應該怎樣改進；第二種是告訴受評人的長處與短處，然後要求他自己說如何改進；第三種是讓受評人積極參與討論，樹立新的工作目標。結果表明職工對第三種面談方式最為滿意，積極性也最高。第三種方式所以能有較大效果，主要原因就在它使職工感到更為親切，體會到領導與自己的目標一致，因而使反饋真正成為促進自我改進的一種動力。

第五節　控制影響考評的因素

一、影響考評結果的因素

考評工作往往受多種因素的影響。要使考評得到正確的結果，必須對這些因素作一定的控制。影響考評結果的主要因素有下列幾類：

(一) 評定人因素

評定人對考評工作缺乏知識，是使評定結果不能反映真實情形的一個重要因素。特別對一些專業性較強的工作，一定要有懂得該項專業的行家參加考評工作。

評定人的態度也對評定結果產生明顯的影響。例如有的人礙於情面，或出於私心，對熟悉的人就評得寬一些，評得好一些，對不熟悉的人或交情不深的人就評得嚴一些，差一些。有這種不公正的態度，就會做出不正確的評定。前面提到過的寬大差誤、趨中差誤、暈輪差誤等也都是主要由評定人的偏見引起的。一個對人對事有嚴格要求的評定人，會把別人的工作結果評得低一些，而一個對人對事採取寬容態度的評定人，則會把別人的工作成績評得高一些。一個容易受先入之見影響的人，在評定中容易產生暈輪效應。總之，評定人的心理品質是影響評定結果的重要因素。

(二) 被評人因素

被評人的個體身心特點、年齡、性別、外表、性格等特點也會使評定結果受到影響。例如具有同樣工作成績的兩個人，一個是年輕人，另一個是年長人，一般容易把年輕人評得比年長人好一些。具有同樣成績的男女兩人，則容易把女性評得好一些。外表容貌端正，逗人喜愛的人，尤其是女性，也往往容易比同成績的人取得更好的評定結果。被評人的性格也會影響別人對他的評價，例如外向型性格的人容易比內向型性格的人討人喜歡。有時被評人的職務特徵也會影響評定結果，處於高位的人容易得到比低位的人更有利的評價。

(三) 組織因素

人事評定結果容易受企業規模、工種性質、產量產值、利潤高低、組織氣氛、環境特點等因素的影響。這些因素主要是由企業組織決定的。一個在先進單位的職工容易得到較好的評分。例如常有這樣的情形：兩個具有同樣工作結果或研究成果的職工，一個處在有名的企業中，另一個則處在一個不出名的企業中，前者的成果容易比後者得到較好的評價。

(四) 考評方法

前面討論的各種評定方法都各有其優缺點。由於採用的方法不同，自然對評定結果會產生不同的影響。例如採用圖示式評級量表法，就容易發生寬大差誤或趨中差誤。若採用混合標準量表，這類差誤就可較好地得到控制。

二、評定人培訓

　　上述各種因素都是通過評定人對評定結果發生影響的。因此訓練評定人是克服這些因素影響的最有效的措施。曾有人對訓練的結果進行研究，把 60 名管理人員隨機分成三組，第一組通過聲像系統向他們演示正確評定的方法和程序後，讓他們討論種種降低評定差誤的方法；第二組通過討論使他們掌握評定方法；第三組為控制組，不給以培訓。半年後要三組管理人員都對錄像中的"標準員工"進行評定。結果是第一組的評定很少發生偏差，其次為第二組，最差的是未接受培訓的控制組。這不僅說明對評定人的事前培訓十分重要，而且表明不同培訓方法具有不同的效果。

　　對評定人的培訓，主要應從三方面著手：

（一）　樹立正確的評定態度

　　許多評定中的偏向和差誤都主要來自不端正的態度。評定人應該具有實事求是，秉公而斷的態度。要通過培訓使評定人員明確認識到評定人態度的重要性，尤其要分析那些影響評定態度的條件與具體情形。

（二）　掌握評定方法

　　掌握評定方法是對評定人培訓的基本內容。評定方法中最重要的是掌握標準和操作程序。標準看起來簡單，真正掌握它並不容易。在培訓中不僅要講解方法，而且要進行討論，更重要的是要進行實踐。實踐是檢驗正確性的標準，許多似乎明確而實未明確的問題會在實踐中暴露無遺。只有通過實踐才能使評定人看到自己掌握的程度，才能較徹底地糾正不正確的東西。

（三）　提高信息反饋能力

　　考評信息反饋是一項重要工作。信息反饋工作做得好能調動職工的積極性，做得不好會使職工積極性受到挫折。要通過信息反饋，把工作好的和工作差的職工的積極性都調動起來。使工作好的更好，工作差的努力趕上。要達到這個要求，就需要講究反饋的技巧，提高反饋面談的能力。我國企業在做職工思想工作方面已積累了許多很有成效的經驗，可供評定人學習。

本 章 摘 要

1. 職工考評是做好職工培訓、人員調配、工資獎酬、職務提升等人事管理工作的基礎。做好職工考評有利於發現人才，並對診斷企業存在的問題有重要作用。
2. 職工考評內容應以職務分析為依據。考評內容主要包括職工工作成效、職工行為特點、個體心理品質等。
3. 職工考評的數據有三個主要來源：完成工作數量、質量的記錄數據；缺勤、事故、遲到早退、離職等人事考核資料；主觀評定資料。
4. 對職工的主觀評價主要來自三類意見：上一級管理人員、同級同事、下屬職工。這三方面評定意見來自不同側面，可以互相補充和互相驗證。
5. 職工考評常用的方法有：**等級量表法、人員比較法和行為檢核表**。
6. 使用等級量表法要注意防止**寬大差誤、趨中差誤和暈輪差誤**等評定差誤的產生。
7. 在**人員比較法**中通常用得較多的是**等第排列法、成對比較法和強迫歸類法**。等第排列法和成對比較法適用於人數較少的場合，被評定的人數較多時可以採用強迫歸類法。人員比較法容易操作，但它只提供被評人的排序信息，缺乏對工作內容的具體評價，較難據此對職工的工作行為進行指導。
8. **行為檢核表法**是把被評人的工作行為與標準行為進行比較的方法。常用的行為檢核表有**關鍵事件法、加權檢核表、行為定位評級表、行為觀察量表、混合標準量表**等。
9. **行為定位評級表**是將行為事件的描述與等級數量化評定相結合的評定方法。它兼有兩者的優點。制定行為定位評級量表要有較多的人參加，對不同工作須採用不同的量表，做起來比較費時。
10. 採用**行為觀察量表**要求評定人對被評人的工作行為做一定時間的觀察後

對關鍵行為出現頻次作出評價。一般採用 5 點或 7 點計分。
11. **混合標準量表**是先將工作的每個基本維度列舉好、中、差三種關鍵事件作標準,再將每一關鍵事件與被評人的行為進行對照,作出評價。這種方法差誤小,使用方便。
12. 考評結果要向職工反饋。考評反饋通常採用**面談**方式。反饋面談中最關鍵的是要設法使考評中暴露問題較多的職工正視自己的問題。
13. 職工考評容易受評定人、被評人、組織特點、考評方法等因素的影響而作出高於或低於實際水平的評價。其中評定人因素尤為重要,其他因素往往是通過評定人的折射對評價結果發生影響的。因此職工評定前必須對評定人進行培訓。
14. 培訓評定人的目的和內容應以樹立正確的評定態度、掌握評定方法和提高反饋面談能力為中心。

建議參考資料

1. 于子明 (1986):現代人力資源開發與管理。北京市:中國展望出版社。
2. 王極盛 (1987):人事心理學。瀋陽市:遼寧人民出版社。
3. 葉椒椒、時勘、王新超 (1991):勞動心理學。北京市:北京經濟學院出版社。
4. 趙履寬 (主編) (1986):人事管理學概要。北京市:勞動人事出版社。
5. Landy, F. J., & Trumbo, D. A. (1980). *Psychology of work behavior*. Pacific Grove, CA: Brooks/Cole.
6. Muchinsky, P. M. (1993). *Psychology applied to work* (4th ed.). Pacific Grove, CA: Brooks/Cole.

第八章

行為動機與工作士氣

本章內容細目

第一節 動機概述
一、動機的意義 229
二、動機的分類 230
　㈠ 自然性動機與社會性動機
　㈡ 主導動機與輔助動機
　㈢ 內在動機與外來動機
　㈣ 短近動機與長遠動機
三、動機與行為表現 232

第二節 動機強度及其影響因素
一、需要迫切性 234
二、個性特點 234
三、誘因強度 235
四、習慣力量 235

第三節 激勵理論
一、需要理論 236
　㈠ 需要層次論
　㈡ 生存-關係-成長理論

　㈢ 成就需要理論
二、雙因素理論 241
三、期望理論 243
　㈠ 期望理論的幾個概念
　㈡ 運用期望理論的注意點
四、公平理論 246
五、強化理論 248

第四節 提高職工士氣的原則
一、妥善處理各種關係 250
　㈠ 內因與外因結合
　㈡ 物質因素與精神因素結合
　㈢ 獎勵與懲罰結合
二、因人制宜適應個體差異 253
三、職工參與決策和擴大自主權 254

本章摘要

建議參考資料

職工士氣或工作積極性是決定企業發展的主要因素。一個企業要取得成功，就必須在提高職工士氣或工作積極性上面下功夫。人的**工作士氣**(morale of work) 受個體內部因素與外部環境因素的影響，是內外因素共同作用的結果。環境不僅指物理環境因素，同時也包括國家政策、企業管理、人事關係、福利、獎賞、工資待遇、家庭情況等社會環境因素。任何人都處於一定的環境之中，他的思想和行為活動時刻受到各種環境因素的影響。因而處於不同環境中的人，其行為和工作積極性會有不同的表現。企業領導人的一個重要任務就在盡最大可能造成有利於提高職工工作積極性的良好企業環境。自然，對個人來說，環境只是影響工作積極性的外部因素，個體的需要、動機、目的等則是制約工作積極性的內部因素。外因是條件，內因是根據。外部環境因素只有通過個體的內因才能對職工的工作積極性起作用。在個體內部因素中，動機尤是行為活動的驅動力。人的任何行為都為一定的動機所驅動，都可以從動機上找到原因。

　　動機對人行為的作用主要取決於兩個方面。一是動機的性質與內容，二是動機的強度。動機從其性質和內容說，自然有好壞的區別。有所謂利己的動機和利他的動機。一個人若完全為利己動機所支配，就容易做出損人利己的事。社會上的許多糾紛和民事、刑事官司其源皆出於此。自然，人不可能沒有利己的動機，重要的是要使利己動機有所節制，不可任其泛濫，聽其危害社會。利己與利他是對立的，要克制利己的動機，就要倡導利他動機。利他動機不是自然長成的，而是要通過教育發展起來。家庭、工廠企業和各種社會組織都負有培育人的利他動機的責任。所謂思想工作，其主要目的正在於此。人的工作積極性自然也取決於動機的水平。工作動機強，工作積極性就高。因此，企業管理者應盡力設法激發職工的工作動機，提高他們的動機水平。激發職工工作動機和提高職工士氣或工作積極性是本章討論的中心問題。其主要內容有：

1. 動機及其在人的行為活動中的作用。
2. 影響動機強度的因素。
3. 需要與動機的關係。
4. 激勵職工工作士氣或工作積極性的種種理論。
5. 提高工作積極性的原則與方法。

第一節　動機概述

一、動機的意義

　　人因饑餓而覓食，因寒冷而增衣，因知識缺乏而進行學習。人的行為都有一定的原因，但任何原因都只有在人的頭腦中獲得反映時，才能激發人去進行行動。例如饑餓只有在頭腦中得到反映，使人想到需要獲取食物來充饑時，才會發生覓食活動。同樣，人只有感到知識缺乏而不能滿足工作或生活的要求時，才會激發他去學習。這種存在於頭腦中的激發人去行動的主觀原因稱為**動機** (motivation)。

　　人的活動均有其內在的或外在的原因。外在原因一般是人意識到的。內在原因則有兩類情形，一類是人自己能意識到的，另一類是人自己不能意識到的。例如人的機體是一個穩態系統。這個系統依靠各子系統的不斷自動調整保持穩態平衡。當這個穩態系統由於某種原因使內部的平衡狀態受到破壞時，就會發生恢復穩態的調整活動。這種調整活動，有的是自動進行的，它在意識閾下不受意識的控制，有的是通過意識控制的。例如人的體溫一般維持在 37℃ 左右。不論環境溫度往高或往低變化，都會通過一定的調整活動，使體溫保持在這個水平上。維持體溫的調節活動是通過意識閾下體內系統的自動調整過程和意識控制兩方面的活動完成的。例如當環境溫度高於某一溫度（比如說高於體溫）時，為了散發體內新陳代謝所產生的熱量，汗腺就會活動起來分泌汗水，毛細血管也會發生擴張，這樣就可通過汗水蒸發和增大毛細血管的血液流量，使體內多餘的熱量得到散發。反之，當環境溫度低於某一溫度時，汗腺就會停止分泌汗水，毛細血管也會縮小，以減少體內熱量的流失。這種調整過程是在意識閾下自動進行的。這種自動調整活動當然無動機激發可言。但調整活動還有意識控制的一面，即在環境溫度較高或較低體內熱量散發不夠快時，就會發生神經衝動，把信息傳向大腦，這時人就會產生熱或冷的感覺，會產生排熱或保暖的需要，同時會引起情緒上一定程度的緊張或不安。這時就會產生一種滿足需要的**欲望** (或**願望**) (desire)。

欲望推動著人去進行滿足需要的活動時就成為動機。就是說，動機是推動人去從事滿足**需要**(或**需求**)活動的主觀欲望。它是人的行為的動力。人的任何有意識的行為都有其動機，並且都是為動機所驅動的。

人的行為不僅受個體需要和動機等內部因素的推動，而且也受外部因素的制約。因為個體的需要必須通過獲得一定的對象才能得到滿足。滿足個體需要的對象一般都存在於體外。例如，體內水分缺少時需要飲水，饑餓時需要進食，寒冷時需要增衣或取火，缺乏知識時需要讀書，孤寂時需要有人談心，如此等等，都表明人的需要要從獲取體外的對象來求得滿足。這些滿足需要的身外之物，就成為激勵人進行行動的**目標** (goal)。需要與目標是產生人的行為活動的不可缺少的基本因素。有需要而無目標，正如有目標而無需要一樣，都不可能激勵人去進行有意識的活動。所以，人的行為是內外因素共同作用的結果。

二、動機的分類

人的動機是多種多樣的。不同的人有不同的動機，同一個人的動機也是不斷變化的。一般把動機分成下面幾類：

(一) 自然性動機與社會性動機

自然性動機 (natural motivation) 主要是由生理和生存需要引起的動機，例如求食的動機、性行為動機、防禦行為動機，以及其他一切本能行為動機。自然性動機往往出於機體內部的生物學需要，所以又稱為**內在動機** (instrinsic motivation)。**社會性動機** (social motivation) 是指由人的社會性需要引起的動機。一個人生活在社會中，必須滿足社會對他提出的要求，即必須遵守社會規定的規約、習俗和道德，必須承擔應盡的社會義務。當這些社會要求為個體所接受並轉化為個人的需要時，就構成人的社會性需要。社會性需要是生活中習得的外來需要。因而社會性動機自然也都是在社會生活過程中形成的。許多社會性動機是教育的結果。社會性動機一般有是非之分，與社會要求一致的動機是好的，不一致的動機是不好的。許多見義勇為，為國為民不惜奉獻一切的行為，都有其高尚的動機。自然性動機出於生理上的需要，一般無是非之分，但當自然性動機激勵人去從事違背社會公德的行為時,就不能任其泛濫。所以自然性動機仍要受社會性動機的約束。

(二) 主導動機與輔助動機

一個人身上一般總是存在著多種動機。這些動機在強度上有其差別。有的動機比較強,有的動機比較弱。最強的動機就成為**主導動機**(或優勢動機)(dominative motivation)。主導動機對人的行為起支配作用,其他動機都得服從於它,稱為**次要動機**(或輔助動機) (assistant motivation)。主導動機與輔助動機利害關係一致時,就會互相加強,更有利於提高人的行為活動的積極性。例如,一個人主要想通過積極工作贏得別人的尊重,同時也想從積極工作中獲得較多的物質利益。這時,兩種動機的利益一致,對提高工作積極性有更大的激勵作用。若主導動機與次要動機利害關係不一致或相悖,就會引起思想鬥爭,次要動機會削弱主導動機的激勵作用。有些人對決定要做的事情猶豫觀望,拖延不做或做得不夠堅決,動機間的衝突是一個重要原因。一個人想獲取兩個事物而兩者又不可兼得時,就會發生動機鬥爭,鬥爭中獲勝的動機就成為主導動機。

(三) 內在動機與外來動機

人的行為動機中有些是機體本身固有的,如求食的動機、求生的動機、性行為動機、避寒暑的動機、求安全的動機等,都出自機體生存的需要,是自發產生的。此類動機的驅動力主要來自機體內部,稱為**內在動機** (intrinsic motivation)。人有許多由外來因素引起的行為,例如學習行為,體育競賽,登高探險,深海尋寶,義務勞動,以及從事種種艱苦的工作等,開始時都是在某種外部原因作用下發生的行為,其行為動機源於外部,稱之為**外來動機** (extrinsic motivation)。由外來動機引發的行為有自願和非自願的區別。例如為了獲取某種獎賞而發生的行為一般是自願的,為逃避懲罰而發生的行為不是自願的。自願行為容易調動積極性,非自願的行為自然無積極性可言。因此調動工作積極性,要多用獎賞,避用或少用懲罰。

外來動機與內在動機相比,內在動機不僅激發力大,而且穩定持久,因此由內在動機激發的行為會不斷重復發生。外來動機容易變化,激發力量也不像內在動機那樣穩定、持久。人不會吃了一頓飯後不想再吃第二頓、第三頓飯。一個健康的人,每天都有食物的需要和取食進食的行為,一生中日復一日,不會有停止的時候。而由獎賞引起的動機則不僅因人而異,在同一個人身上也會因情況變化而不同。若要持續地保持人的行為的積極性,就必須設法培養人的內在動機。外來動機激發的行為在適當的條件下可以轉化成由內在動機所激發。例如一個原來對學習並不感興趣的人,開始時只是為了應付父母的要求而進行學習。但他在學習過程中逐漸認識到學習的意義並嘗到了學習獲得成功時的樂趣,從而對學習產生了濃厚的興趣,甚至達到廢寢忘食的地步。這時他的學習行為就從原來由外來動機激發轉化成由內在動機激發。人的許多習慣行為和由愛好與信仰驅使的行為,開始時都是由外來動機所激發,只是在活動中形成了習慣、興趣與信仰後才使行為轉化為由內在的動機所激發。所謂"習慣成自然",做慣了的事不做就會感到不舒服,就是因為習慣行為已產生了內在驅動力的緣故。

(四) 短近動機與長遠動機

短近動機 (short-term motivation) 是指激勵人去實現近期目標時的動機。短近動機的力量是一時性的,目標達到,動機就消退。例如一個學生非常用心做一份作業,其動機是為了獲得教師的好評或取得一個高分。這個動機是短時的,它只在做作業時起作用,隨作業完成而消失。**長遠動機** (long-term motivation) 是一種長期持續產生激勵作用的動機,其激勵作用不像短近動機那樣集中在某一具體行動,而是對一系列持續行為發生作用。例如一個學生勤奮刻苦學習的動機是為了做一個有名的科學家。做科學家不是一日之功,而是要長期努力奮鬥才能實現的。這顯然是一種長遠動機。它不只對完成一次作業或學習一門功課發生影響,而是激勵著一個人的十年甚至幾十年的整個學習活動。在許多情形下,長遠動機與短近動機緊密相連,長遠動機制約著短近動機,短近動機為了實現長遠動機。一個人的工作若沒有長遠動機的激勵,就只能是短期行為。光有短期行為是成不了事業的。

三、動機與行為表現

人的**行為** (behavior) 由動機激發,但動機與**行為表現** (behavior performance) 並不存在一一對應的關係。一種動機可以有不同的行為表現。例如,工人為了獲取更多的獎金,就必須增加生產,他可以採用延長工作時間、加快操作速度、或進行技術革新等不同的方法來增加生產。這就是一種動機多種表現。反之，同一種行為表現可以由不同的動機所激發，例如工人延長工作時間增加產量，其動機可以是為了獲得較多的獎金，也可以是為了取得主管的信任，或為了使自己能在同事中建立較高的威信。由於動機與行為表現之間存在著如此一與多的關係，因而在評價人的行為時應特別謹慎，不可只看行為表現而不問動機，也不能只問動機而不顧行為表現。只有對行為表現和行為動機都了解後，才能對行為作出公正的評價。公正評價或公正對待，對提升人的工作積極性是非常重要的。一個優秀的企業管理者或人事工作者，不僅善於觀察職工或下屬的行為表現，而且善於分析行為表現後面的動機，因而他能實事求是地、公平地處理好職工或下屬的人事、獎懲和工作等關係，使職工或下屬的工作積極性得到很好的提升。

　　行為是由動機支配的。任何行為活動始終都離不開動機的作用。動機對行為主要有三方面的作用：(1) 啟動作用。即行為是由動機發動的，一個不想做任何事情的人是不會去做任何事情的。(2) 指向作用。動機使行為活動具有一定的方向。假如有甲、乙、丙三個工人有三種不同的工作動機，甲的動機是想多得獎金，乙的動機是想取得職務晉升，丙的動機是想使企業發展得更快一些。三個人的動機不同，就會使他們的行為向不同的方向發展。甲的行為就容易被獎金所左右，他往往會挑選獎金多的工作去做，或獎金多的工作多做，獎金少的工作少做。乙的行為會受是否有利於職務提升的影響，他選擇工作不是優先考慮獎金的多少，也不多考慮所選擇的工作在企業發展中的作用大小，而往往會著眼於那些有利於職務提升的工作。丙由於他主要關心的是企業的發展，因此他的行為就會表現得與甲、乙很不相同。他對工作的態度是以對企業發展的利益為標準。對企業發展利益大的他多做，對企業利益少的他就少做或不做。具有這種動機的人不大會去計較獎金多少和職務的高低。有時為了企業的利益他可以去做獎金很少甚至沒有獎金的工作。(3) 使行為活動持續地進行，直至達到目的。人的行為在沒有達到目的以前，動機總是起著作用的。正是由於動機的激勵作用，使人遇到困難時也能把行動堅持下去。可以說，動機是和行為同始終的，行為自動機始，行為也要到動機消除時才結束。因此要強化行為就要先強化動機，要轉變行為也需先轉變動機。企業管理者要把企業辦好，就要在了解和引導職工的工作動機上多下功夫。

第二節　動機強度及其影響因素

動機是激勵人的行為的驅動力(或驅力) (drive)。動機愈強，激勵作用愈大，行為的積極性愈高。因此動機強度對調節行為積極性有重要作用。以下對影響動機強度的主要因素作一討論。

一、需要迫切性

動機強度受體內外多種因素的影響。在體內因素方面，動機強度首先受需要強度的影響，它隨需要強度的不同而變化。有人用動物做實驗，控制動物進食或飲水的時間，以觀察其對進食或飲水行為動機強度的影響。結果表明間隔時間越長，動機驅動力越大。例如一隻愛吃乾酪的動物，若在它面前放上一盤乾酪和一盤清水，在正常情況下，它總是先去吃乾酪。但若很長時間不給水喝，它就會急於先喝水而不先去吃平常愛吃的乾酪。就是說，這時動物對飲水解渴的驅動力強於吃乾酪的驅動力。但當需要一旦獲得滿足，動機強度就會減弱。類似的情形在人們的生活中也是經常發生的。例如對一個長時期被剝奪睡眠而陷於疲憊不堪的人，他的最強烈的願望就是安安穩穩地睡一覺。這時任何其他的誘惑物都沒有睡眠對他的誘惑力來得大。這說明動機的強度取決於需要的程度。需要愈迫切，滿足需要的動機就愈強烈。

二、個性特點

一個人的興趣、愛好、信仰、價值觀等因素對行為動機的強度也有明顯的影響。許多人對自己感興趣的或愛好的事，百做不厭。例如，體育運動強身的道理人皆知曉，但運動愛好者對參與體育活動的動機強度卻比一般人強得多。一個音樂愛好者可以在寒冬雪天不辭辛苦地趕往參加名樂團的音樂演奏會。喜愛打獵或喜歡釣魚的人，即使一無所獲，仍樂此而不倦。信仰更是一個人去追求他所嚮往東西的強有力的激勵力量。宗教信徒以身殉教，革命志士為實現其理想視死如歸，這都說明信仰對行為動機的強大作用。有人在碰到歹徒持刀行凶時，貪生怕死，見死不救，而另有人卻不畏強暴，捨己救人，這反映出價值觀對行為動機的作用。人們習慣上把理想、價值觀、道德觀、事業心等因素的作用概括稱為精神作用。在有些人身上這類精神因素的作用可以超過物質因素的力量驅使他們去做出許多驚天動地的事業，表現出許多可歌可泣的行為。人總是要有點精神的，培養為國為民為集體的精神，不僅是教師和父母的任務，而且也是企業和全社會的責任。

三、誘因強度

人的動機強度也容易受外來因素的影響。滿足需要的目標對動機強度的影響是很明顯的。**滿足需要的目標物稱誘因** (incentive)。不同誘因對個體具有不同的誘力。誘力較強的目標自然對行為具有較大的激勵作用。例如一個失業已久的人看到報紙上刊登的兩個工廠的招工廣告，一個工廠錄取後的月薪 1000 元，另一個工廠月薪 800 元。若其他條件基本相同，這個人就首先會到前一個工廠去應徵，因為薪資高的比薪資低的具有較強的誘力。同樣的商品採用不同的包裝，銷路可能大不相同。在市場經濟條件下，商品生產者和營銷者都要在加強商品對顧客的誘力上下功夫。有的以質量取勝，有的以式樣誘人，質優式樣新的商品自然更勝人一籌，能招徠更多的顧客。商品推銷離不開廣告的作用。一幅廣告的成敗在於是否能激發顧客購物的動機或加強購買動機的強度。一幅優秀的廣告善於把握這個主題而又能運用一定的形式使之在群眾中留下深刻印象。現在許多電視廣告一味著力於追求從色彩與形式上增強刺激強度，反而沖淡了廣告激發顧客購物動機強度這個基本功能，自然收不到預期的效果。

四、習慣力量

動機強度也會因學習或重復發生而加強。一個人若重復某種行為就往往會使這種**行為模式** (behavioral model) 固定下來，成為習慣的行為模式。**習慣行為** (habitual behavior) 與**本能行為** (instinctive behavior) 具有很多相似的地方。所不同的只是習慣行為是後天形成的，本能行為則是先天生成可以遺傳的。其實許多天生的行為都是在後天習得行為的基礎上發展起來的。所謂"用則進，廢則退"，世代沿用的習慣行為會引起機體機構的改變而成為可**遺傳因素**。習慣行為可以有意習得,也可以由於行為的重復發生而形成。當行為成為習慣後,就有一種自發的驅動力,即一般所說的**習慣勢力(或習慣力量)** (force of habit)。這種力量同本能產生的力量一樣,都是推動人的行為的內驅力。習慣力量的強度取決於習慣的鞏固程度。習慣愈牢固,力量愈大。習慣行為受阻,人就會感到緊張不安。一個長期從事某項工作而形成一定行為模式的人,一旦要他放棄原來的工作去從事新的工作時,往往會產生莫名的不舒服感覺,就是這種**習慣驅動力(或習得驅力)** (acqaired drive) 得不到發洩的結果。習慣與革新是相對立的。在改革的過程中,若改革的步子與人們已形成的習慣行為相差太大,就容易受到習慣力量的抵制或造成思想上與行為上的衝突。因此,一種改革方案要得到群衆的支持,就必須考慮到人們的習慣勢力所能承受的限度。

第三節 激勵理論

職工**工作士氣**(或工作積極性)是企業成敗的關鍵。一個其他條件很好但職工工作士氣很低的企業,在現代市場經濟競爭不會有生命力,而一個其他條件較差但職工工作士氣很高的企業,往往能夠很快得到發展。道理很簡單,因為在企業中職工是最重要的生產力,工作士氣則是影響職工生產力作用大小的決定性因素。因此許多工業心理學家對提高職工工作積極性的理論與實踐表現出濃厚的興趣。至今已提出多種激勵職工工作積極性的理論。這些理論大致可分為兩類,一類是探討內在動機對工作積極性的激勵作用,如有關需要的理論和雙因素理論。還有一類是探討外在因素激勵工作積極性的理論,如目標導向理論、期望理論、公平理論等。下面對這兩類理論作一簡要介紹。

一、需要理論

需要(或需求) (need) 是匱乏的反映。機體缺乏什麼時,就會產生對所缺東西的需要。有了需要，就必然要想使需要得到**滿足** (satisfaction)，因而就產生滿足需要的行動動機。人的工作積極性為動機所驅動，動機的驅動力大，工作積極性就高，動機驅動力小，工作積極性就低。動機的驅動力大小由什麼決定的呢？需要論者認為人的動機強度取決於需要的程度。不同需要論者對各種需要與動機強度的關係又有不同的看法。

(一) 需要層次論

需要層次論 (need-hierarchy theory) 是由心理學家馬斯洛 (Maslow, 1954) 提出的。他把人的需要劃分成五類，構成五個層次，如圖 8-1 所示。它們是：**生理需要** (physiological need)，如對空氣、水、食物、性發洩等方面的需要；**安全需要** (safety need)，如免遭威脅、危害、剝奪等方面的需要；**社會需要** (social need)，如有關友誼、交往、歸屬等的需要；**自尊需要** (self-esteem need)，如自信，受人尊重，威望，榮譽等需要；**自我實現需要** (self-actualization need)，如發揮潛力、實現理想、取得事業成就等的需要。這五類需要中，生理需要是最基本的。它是其他四類需要發展的基礎。其次為安全需要，它也是基本需要。生理需要與安全需要都與人的生存直接有關，故又稱為**基本需要** (basic needs)，只有這兩類基本需要獲得滿足後，社會需要、自尊需要、自我實現需要等高級需要才能獲得發展。自我

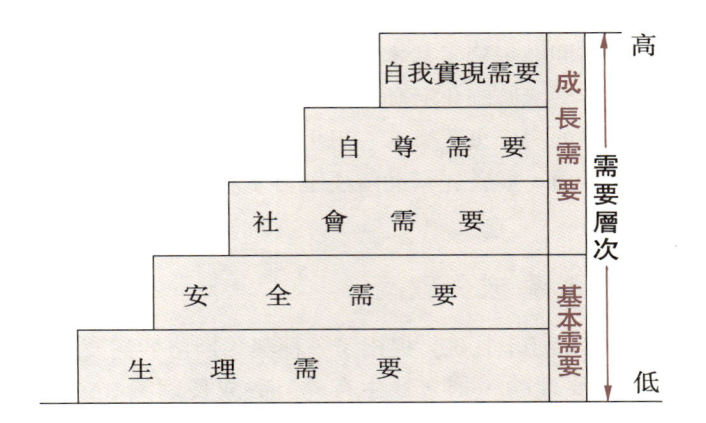

圖 8-1　馬斯洛的需要層次論示意圖
(根據 Maslow, 1954 資料繪製)

實現需要是最高層次的需要。正是自我實現需要，使人做出許多崇高的、受人敬仰的行為。故後三者又稱**成長需要** (growth needs)。在個體需要發展中，這五類需要由低向高，按序發展。後一層次需要發展起來時，前面層次的需要繼續存在並對人的行為發生激勵作用。在不同發展階段各類需要激勵行為的相對強度和主導作用是不一樣的。

　　了解需要發展的這種層次性，對做好企業管理工作，提高職工工作積極性是很有作用的。企業管理者要善於了解職工最迫切需要解決的問題，並積極創造條件幫助他們解決這些問題。這裏舉一個例子。有一個工廠的廠長以為愛美之心人皆有之，認為美化廠區環境一定會符合職工的需要，因而花了不少錢買來花木，大舉美化廠區環境活動。廠內環境雖然改善，但職工並不對此抱有好感。許多職工還對此持有反感，其中有抱怨的、有批評責罵的、甚至有意損壞廠區內綠化的花草。這表明廠長美化廠區的做法不得人心。廠長的好心為什麼得不到職工的擁護呢？主要就在廠長並不了解職工當時最迫切的需要。原來這個廠的很多職工住房狹小、破舊，有的三代同室，擁擠不堪；有的住房長年失修，雨天漏雨，刮風進風。因此解決住房是職工們最關心，也是最迫切需要廠長幫助解決的問題。廠長不把錢花在解決職工最迫切需要的問題上，而去買樹種花美化廠區環境，職工自然認為廠長不關心職工生活疾苦。他們責問：廠方為什麼不首先關心我們的住房？廠長覺得職工的責問有理，接受了職工的意見，職工很高興。後來通過住房調整、擴建和維修後，職工的住房問題得到了基本解決。這時原來對綠化廠區反對得最起勁的人，也積極參加到廠區綠化活動中來。他們說，並不是我們不愛花，我們成年住在破舊擁擠的房子裏，哪有心思去種花、賞花。這個例子說明了解職工需要中的主要矛盾，並首先幫助解決主要矛盾，對提高職工工作積極性的重要意義。

（二）　生存-關係-成長理論

　　阿爾特弗（Alderfer,1969）提出了一種與馬斯洛的需要層次論密切有關但有些不同的需要理論，稱之為**生存-關係-成長理論** (existence-relatedness-growth theory)。他把需要歸納為三類，即生存需要、關係需要、成長需要，故又簡稱為 **ERG 理論** (ERG theory)。

1. 生存需要　**生存需要** (existence needs) 這類需要能否滿足關係到人的生存。生存需要須通過獲得環境中的衣、食、住等物質因素得到滿足。為獲得這類物質因素又產生對報酬、福利和安全條件等的需要。

2. 關係需要　**關係需要** (relatedness needs) 指對人際關係的需要，例如對同事、上下級、朋友、親戚、師生、家庭成員等各方面關係的需要。

3. 成長需要　**成長需要** (growth needs) 指有關個人發展與自我實現方面的需要，例如對個人才能發揮、事業成就、理想實現等需要。

生存-關係-成長理論與需要層次論相似而又有所不同，它們之間的主要區別是：

1. 馬斯洛的需要層次論把需要歸為五類，ERG理論把需要歸成三類。兩者有如下的相應關係：

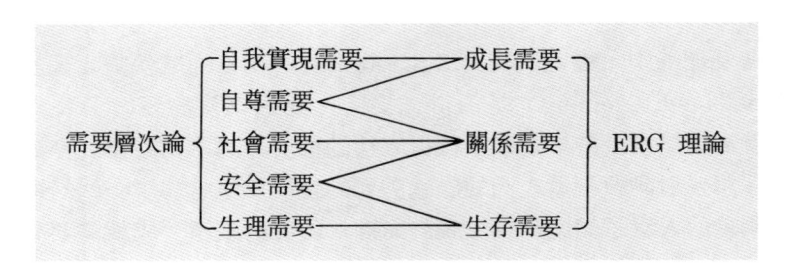

```
              ┌─自我實現需要─────成長需要─┐
              │ 自尊需要    ╲ ╱          │
需要層次論  ─┤  社會需要    ╳  關係需要  ├─ ERG 理論
              │  安全需要    ╱ ╲          │
              └─生理需要─────── 生存需要─┘
```

2. 需要層次論把五類需要看成有順序等級的層次。層次間呈階梯式。ERG 理論則把三類需要看成是具體程度不同的連續體。生存需要最具體、關係需要次之，成長需要最不具體。

3. 需要層次論認為人在較低層次的需要得到滿足後必將轉而尋求滿足較高層次的需要，即使遭受挫折，這種尋求滿足較高層次需要的努力仍將繼續。而 ERG 理論認為人在一種需要得到滿足後，可能會發展尋求更高一層需要的滿足，也可能不向較高的需要發展。並認為在向較高級的需要發展遇到挫折時，可能會退回到滿足較低層次的需要。例如當人在尋求滿足成長需要而遭受挫折時，就可能會退而更加關心去滿足人際關係需要。自然，在人際關係需要獲得更大或更多的滿足後，會又一次努力去尋求滿足成長需要或自我實現需要。

4. 在需要的滿足對行為激勵作用問題上，兩種理論也有所不同。按馬斯洛理論，一種需要愈少得到滿足，人就愈想去獲得這種滿足，阿爾特弗則認為一種需要愈少得到滿足，就愈不會堅持去滿足這種需要，而愈會滿足於獲得較低層次需要的滿足。

人的需要是複雜的，人們對需要的追求不會完全相同，對滿足需要也會抱有不同的態度。有的人可能有高尚的理想，也有人則滿足於追求物質的享受。有的人在追求高一層需要的滿足中可能富有不屈不撓，不達目的不罷休的頑強精神；然而也有人害怕困難，當在追求高一層需要的滿足而遭受挫折時就放棄這種追求，轉而去尋求較低層次需要的滿足。需要層次論和 ERG 理論都只是對一部分人的情形是適合的。企業管理者必須善於識別不同職工的需要和他們對滿足需要的態度，才可能有效地激發他們的工作積極性。

（三） 成就需要理論

在需要理論中，麥克利蘭 (McClelland, 1961) 的**成就需要理論** (theory of needs-achievement) 是值得一提的。他對成就需要做了大量研究，認為成就需要是激發許多企業家獲得成功的最有力的內在力量。麥克利蘭在研究中採用投射測驗測量人們的成就需要的強度。他繪製了一些幻燈圖片，要接受測驗的人看了幻燈片後，說出對圖片內容的理解。成就需要高與成就需要低的人，對圖片內容的意義會有很不同的理解。例如在一幅圖片中，有一個人坐在擺著圖紙的辦公桌旁，眼睛看在全家合家歡照片上。成就需要低的人，看了圖片後的敘述中一般不包含任何有關成就的內容，譬如說，他會把圖中的人想像為一個感情豐富的父親或丈夫；而成就需要高的人看圖後的敘述中往往會把圖片上的內容與成就聯繫起來，譬如說，他會著眼於圖上的設計圖紙，把圖片中的人想像成是一個事業有成的設計師。麥克利蘭用這種方法對美國和其他一些國家的企業家進行了測驗，發現成就需要高的人具有幾個共同的特點：

1. 具有高成就需要的人喜歡通過自己的努力取得成果，而不靠僥倖取勝。他們不希望依賴別人幫助，而喜歡獨立解決問題。他們不喜歡平淡無為的工作，而喜歡富有挑戰性的工作。有人邀請商學專業學生做遊戲，讓受試人在下面兩種活動中選擇其一。一種是擲骰子遊戲，如果投擲骰子時出現指定的兩種點數中的任一種，就獲勝。另一種活動是解答一道較複雜的商業難題，若在規定的時間解出，就獲勝。試驗表明，具有較高成就需要的人總是傾向於選擇解商業難題而不選擇擲骰子的遊戲。低成就需要的學生則往往選擇擲骰子遊戲。

2. 具有高成就需要的人，喜歡做具有中等風險的事，而不挑選具有高風險或低風險的事。為什麼？因為風險小的事往往不具有挑戰性，這種事太容易實現，做成了也談不上有多大成就，不能滿足他的成就需要。高風險的事，由於成功的機會較少，也不易使他的成就需要得到滿足。只有具有中等風險的事，一般需要經過一定努力才得以完成，才能使個人的成就需要獲得較大的滿足。

3. 具有高成就需要的人，很想知道他工作成績的優劣，喜歡從別人那裏聽到對他工作成功的評價。若得上級嘉獎、晉升，會感到莫大的滿足。

成就需要無疑是激勵人取得工作成功的重要因素。但據麥克利蘭研究，真正具有高成就需要的人為數不多。他認為在美國人口中只有10%左右的人具有強烈的成就需要。但成就需要是可以培養的。企業應設法培養職工使之具有高的成就需要。高成就需要的人越多，企業就會辦得越好。

二、雙因素理論

雙因素理論 (two-factor theory) 是由赫茲伯格等人 (Herzberg, et al., 1959) 提出的。50 年代末，他們用一種半結構化的調查表對幾百名工程師和會計師進行了一次調查，要求被調查的人回答諸如什麼時候對工作特別滿意 (satisfaction) 或什麼時候對工作特別不滿意 (dissatisfaction) 這樣的問題。他們試圖找出工作滿足感與勞動生產率之間的關係。圖 8-2 是這一調查中的 16 項內容所得到的感到滿意與不滿意所占的相對比例。他們把被調查者感到最滿意和最不滿意的因素加以歸類，發現產生滿意感而與工作積極態度有關的因素一般是那些與成就、認可、發展、責任感等與工作本身有關的因素。這些因素都與工作內容有關，即它們對工作來說都是內在的。有了這些因素對工作積極性有激勵的作用，缺少這些因素，使人不會感到不

242 工業心理學

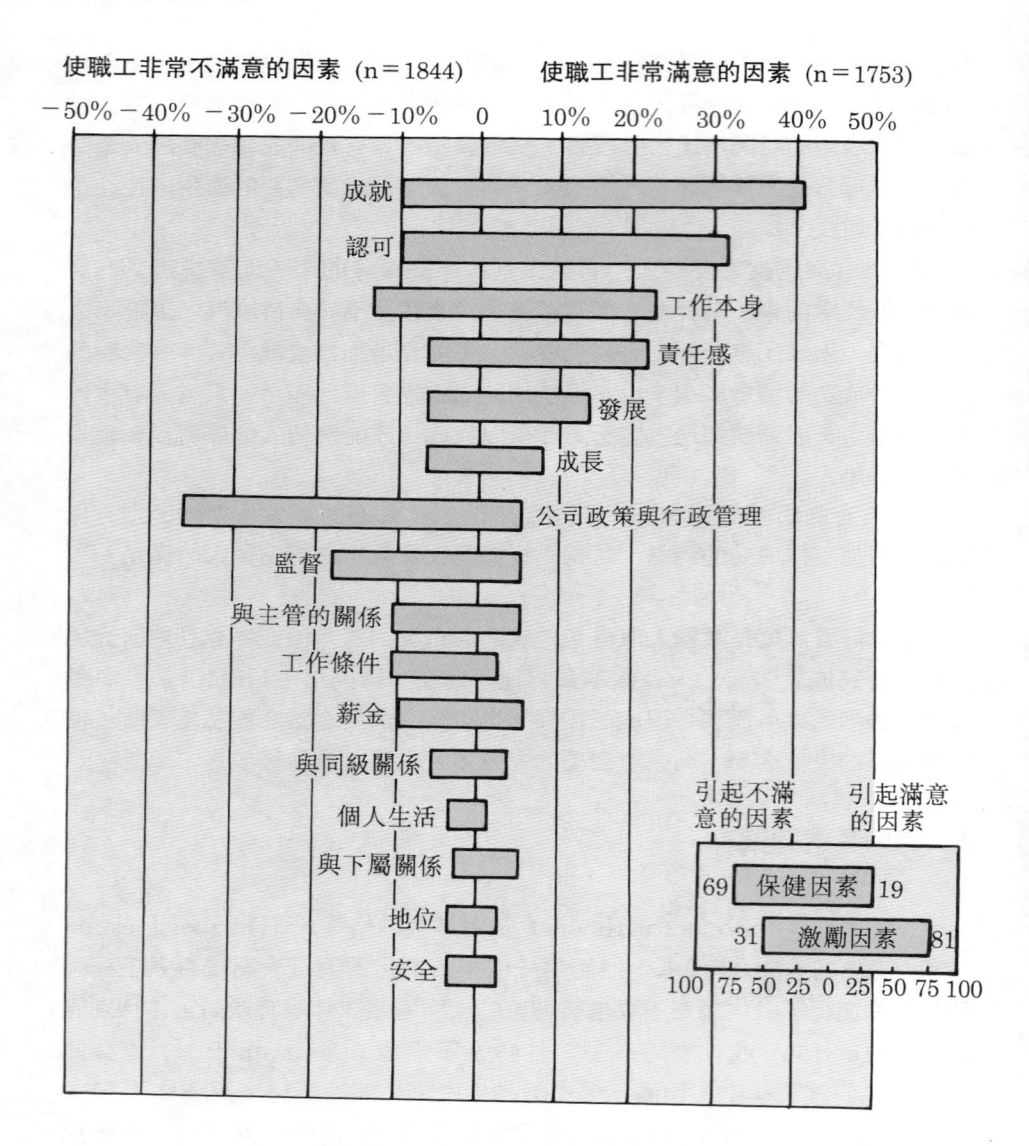

圖 8-2 影響工作態度的因素
(採自 Herzberg et al., 1959)

滿,而只是沒有滿意感,這類因素被稱之為**激勵因素** (motivational factors) 或**內容因素** (content factors)。那些易引起不滿意的與工作消極態度相聯繫的因素一般是有關公司政策、行政管理、工作條件、人際關係、個人生活等因素。這些因素都是工作本身外的**背景性因素** (或情境因素) (context factors),具備這類因素不會使人感到滿意,而只能避免使人產生不滿意,若缺乏這些因素則會引起不滿意。因而它們的作用相當於醫學上的保健作用,故有人稱它為**保健因素** (hygience factors)。

　　赫茲伯格的雙因素理論受到不少批評。批評主要集中在兩點:第一點是對數據搜集方法的批評。赫茲伯格假定他調查中搜集的對問題的回答材料能精確反映被調查者對工作滿意與不滿意的情形。但實際情形並非全是如此。有些人將工作滿意的原因歸結為由於自己的成就和表現,而將工作不滿的原因歸之為非己的其他因素的作用。赫茲伯格雙因素論受批評的另一點是有的研究中發現保健因素與激勵因素都可能會引起滿意感與不滿意感。例如當人覺得成就沒有什麼意義時,就可能會引起不滿意的反應。人也可以對薪水或工作條件感到滿意。上述的批評表明赫茲伯格的理論尚待進一步驗證。但不可否認,雙因素理論在企業的管理工作中仍有其作用。例如工作豐富化就是以他的工作本身是激勵因素的思想為基礎的。他的保健因素的概念也對企業管理工作提出了有益的啟示。獎金、工資、福利等因素,若處理得好,就可以與內在因素結合,成為激勵工作積極性的因素,但若處理不好,譬如說採用按人頭平均發放獎金和福利,那麼,它們就只能起著保健因素的作用。

三、期望理論

　　上面所討論的需要理論和雙因素理論偏重於探求個體內在因素對工作動機與工作積極性的激勵作用。而期望理論、目標設置理論、公平理論和強化理論則從外在因素上探討對工作動機與工作積極性的激發作用。下面先討論期望理論。

　　期望理論 (expectancy theory) 又稱為**期望-效價理論** (expectancy-valence theory),是 60 年代由弗魯姆 (Vroom, 1964) 引入工業心理學的。這個理論可說是 20 多年來最受歡迎的動機激發理論。下面對這個理論作一簡要介紹。

(一) 期望理論的幾個概念

1. 工作結果 工作結果 (job outcomes) 是指組織能向職工提供的東西，如薪俸、獎金、提升、休假和各種物質的或榮譽的獎勵等。

2. 效價 效價(或價) (valence) 是指職工個體對工作結果的感情傾向程度，一般以工作結果對職工的吸引力或預期的滿意度來衡量。每個職工對他的每種工作結果都有自己的效價標準，有的工作結果效價值高，他很想得到它，有的工作結果效價值低，他不是很想得到它，有的工作結果甚至產生負的效價，他不想得到它。一種工作結果的效價值大小往往因人而不同。對甲可能效價高的工作結果，對乙的效價值不一定高，對乙效價值高的工作結果對甲不一定高。例如甲可能重視獎金，乙可能看重休假，丙可能更看重榮譽獎勵。每個人都可以對每種可能得到的工作結果在具有正、負方向（例如從 -10 到 $+10$）的量表上作出自己的效價值評價。

3. 期望值 期望值 (expectancy) 指人對自己努力能獲得預期結果的可能性的估計。期望值一般用概率表示。若估計能完全獲得預期結果，期望值為 1.0，若估計不可能獲得預期結果，期望值為 0。一般情況下期望值在 0~1 之間。一個人對某種工作結果的期望值大小受客觀要求的影響也受個體條件的影響。若把工作要求或標準定得很高，或工作標準雖然不高，但自己能力太低，對獲得預期結果的把握就小，期望值就會定得低一些，反之，期望值就會定得高一些。

4. 工具性 工具性 (instrumentality) 是指一個人對自己的工作成績與工作得益之間關係強度的主觀感受。我們可以把工作成績看成是工作的第一級結果，把工作得益看成是工作的第二級結果。一個人的工作得益一般是以工作成績為依據的。工作成績大，工作得益就多，工作成績小，工作得益就少。但情形並非總是如此，有時一個人的工作得益並非隨工作成績提高而增多。因此一個人的工作努力程度要受到他對工作成績與工作得益關係判斷的影響。人所感受的工作成績與工作得益的關係程度，一般以**概率 (或機率)** (probability) 表示。假使一個人判斷他的工作得益高低完全隨工作成績大小而變化，其工具性概率為 1，如果認為工作得益高低與工作成績大小無關，其工具性概率為 0。工具性概率一般在 0~1 之間。

5. 力量 力量 (force) 即工作力量或工作的努力程度。它反映動機激勵的強度。期望論認為工作力量強度取決於工作得益的效價、工具性值和對工作成績的期望值。若一個人的工作有多種得益時，就分別有多種相應的效價與工具性值。其力量強度可按下列算式計算：

$$F = E\left(\sum_{i=1}^{n} V_i\, I_i\right)$$

F：代表工作努力程度
E：代表努力導致工作成績的期望值
V_i：代表第 i 種工作得益的效價
I_i：代表第 i 種工作得益的工具性值
n：代表工作得益數目

假設一個人努力從事某種工作，可以得到多種工作得益，每種工作得益的效價 (V_i)、工具性值 (I_i) 以及努力所得到的工作成績的期望值 (E) 如圖 8-3 所示，則其工作激勵力量按上式計算為：

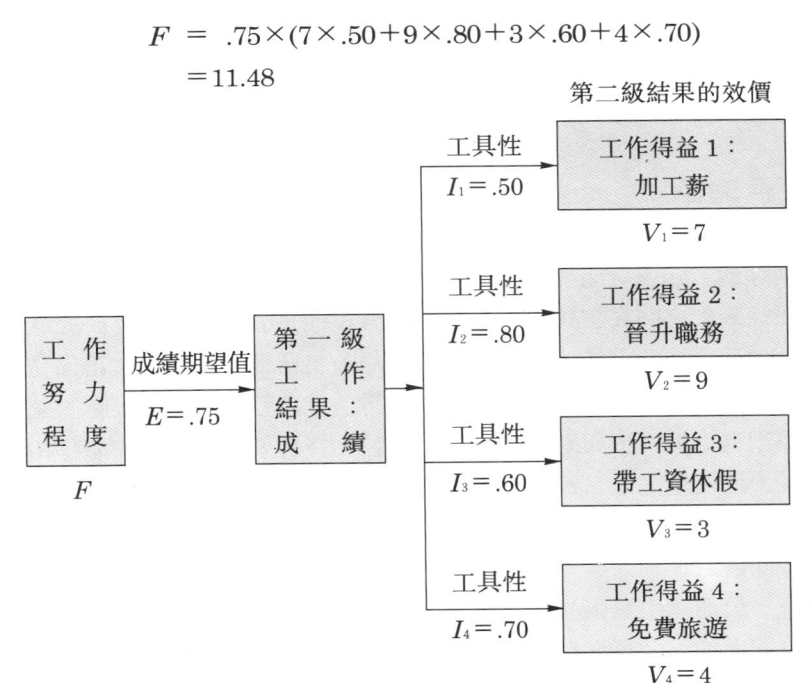

$$F = .75 \times (7 \times .50 + 9 \times .80 + 3 \times .60 + 4 \times .70)$$
$$= 11.48$$

圖 8-3　期望理論的關係示意圖

(二) 運用期望理論的注意點

按照期望理論，企業在設法提高職工的工作積極性時應注意以下幾點：

1. 必須考慮工作得益的效價 假使企業所提供的工作得益對某個人來說效價很低，他就不會努力去獲取它。企業管理者應設法為職工提供效價高的工作得益。比較可取的辦法是，儘量提供各種內容和多種形式的工作得益，由職工根據自己的效價標準進行自由選擇。

2. 使職工相信工作成績與工作得益之間有密切的聯繫 因為假使職工看不到這種聯繫，就不會有多高的工作積極性。按件計酬的分配方法所以能比平均主義的分配和按時分配更能提高職工的積極性，主要原因就在於按件計酬分配使職工直接看到了工作成績與工作得益的密切關係，而在平均主義分配中不存在這種關係，按時分配雖優於平均主義，但仍不能體現出工作成績與得益的密切關係。

3. 對職工的工作要求或工作標準要定得恰當 要求定得太高不可能做到，就會降低期望值，減弱動機激勵力量。只有職工經過努力後能實現的要求，才能保持他們較高的期望值。

四、公平理論

公平理論 (equity theory) 是由亞當斯 (Adams, 1965) 提出的。這個理論主要從人們之間在工作得益分配上的合理性、公平性的角度研究職工工作積極性的激勵問題。按照這個理論，激勵職工積極性的力量，不僅受工作得益絕對量的影響，而且更受相互間工作得益量比較值的影響。職工在工作中總是要把自己的情形與別人的情形作比較，特別要與自己工作條件相仿的人作比較。假使他認為自己的得益與工作投入的比例同別人的得益及其投入的比例相等，心理上就會感到平衡。若比較的結果使他感到自己的工作投入比別人多而得益比別人少，或投入同別人一樣多，而得益比別人少，他就會感到分配不公而產生緊張心理。這時他會採取某種行動去消除這種緊張。他感受到分配上的不公平性越大，就會感到越緊張，因而就越會努力去消除這種緊張。

亞當斯認為有兩類不公平現象，一類是得益過少，另一類是得益過高。自認得益過少者，認為自己的工作得益與投入的比例小於別人，譬如他感到自己的得益與投入之比為 50：50，而別人的得益與投入之比是 75：50。自認得益過高者，認為自己的工作得益與投入之比高於別人，譬如他感到自己的比例是 75：50，而別人的比例是 50：50。人在產生這兩類不公平的感受時都會採取一定的方式去消除這種不公平感。一般採用兩類方式去消除不公平感，一類是行為的方式，即通過改變行為去消除不公平感；另一類是採用認知方式，即對自己原來認為不公的現象，採用與原來不同的認識去解釋它。

改變行為方式消除不公平感，一般有下列幾種情形：

1. 改變（減少或增加）自己的努力程度　在按時計酬分配中，一個人若自感得益過多，他將通過更加努力工作以提高產品的數量或質量去消除不公平感；若自感得益過少，他會採取降低產品質量以增加產品數量去提高得益和消除不公平感。在按件計酬時，一個人若自感得益過多，他將會採取減少產量或提高質量的方式去消除不公平感；若自感得益過少，他會採取適當降低產品質量增加產品數量以提高得益去消除不公平感。

2. 要求改變自己的得益量　感到自己得益少於別人時，要求提高自己的得益，感到自己得益多於別人時要求降低自己的得益。這是一種要求領導改變行為的方式。實際上比較多見的是要求領導提高得益的情形，很難見到有人提出要求減低自己的得益來消除得益分配中的不公平感。

3. 要求改變別人的投入或改變別人的得益　一個人在產生不公平感而又不可能或不願改變自己的投入或得益時，就會轉而要求改變別人的投入或得益，以消除其不公平感。但是，改變別人行為要比改變自己行為困難得多。因而他可能會利用機會製造某種輿論壓力，迫使別人工作得更快些或更慢一些。

4. 要求更換工作或尋求新的工作　有的人當他知道不能通過改變自己行為或改變別人行為來達到消除不公平感時，就會以改變認知的方式來消除不公平感。其表現之一是對自己或對別人的投入或收益作新的解釋。例如他可以說，自己實際上並沒有別人那樣全力投入工作，因此自己的收益比別人少些也是應當的。或者他認為雖然別人的收益比自己多，但別人的費用開支也比自己多。他做出如此解釋時，其不公平感就會逐漸消除。有時，一個人在同某人比較而不能消除其不公平感時，會找另外的人作比較，譬如找一個比他收益更少的人比較，感到自己的收益雖比上不足，但比下有餘。

公平理論已受到許多研究的驗證。職工的不公平感往往是實際存在得益分配不公的反映。職工產生不公平感時，不利於提高他的工作積極性。因此企業管理者在分配得益時，應盡力做到公平、合理，使多勞者多得，貢獻大者多得，出力少者少得。

五、強化理論

強化理論 (reinforcement theory) 可以追溯到效果律。桑代克的效果律 (law of effeciency) 表明，在對同一條件作出的幾種反應中，那些伴隨滿意結果的反應，將會再次發生，那些不伴隨滿意結果的反應，不大會再次發生。就是說滿意的結果對反應具有強化作用 (或強化) (reinforcement)。巴甫洛夫對強化作用進行了系統研究，提出了條件反射理論。他指出，當一個無關刺激和某種引起無條件反應的刺激一起作用或先後作用時，經過多次後，這個無關刺激單獨作用時也會發生原來由無條件刺激所引起的反應，這時就形成條件反射 (或制約反射) (conditioned reflex)。無條件刺激的出現使條件反射得到強化而鞏固。斯肯納提出的操作條件作用 (或操作制約作用) (operant conditioning) 進一步為強化理論建立了堅實的基礎。但是直至70年代，才有人把強化作用應用於工業心理學研究。

強化理論有三個重要的變量，即刺激、反應和獎賞。在職工的生產活動中，刺激 (stimulus) 是引發行為反應的外部作用；反應 (response) 表現為工作效績及工作行為的變化；獎賞 (reward) 則指基於行為反應而給予職工的錢、物、權、榮譽等具體或抽象的東西，它對反應起著強化作用。強化有正、負強化之分。正強化 (positive reinforcement) 是指當一個人發生符合所要求的行為反應時給以獎賞，使這種行為反應得以重復發生。例如當一個人努力工作而提前或超額完成生產任務時發給足夠的獎金，或給以適當的職務提升等。負強化 (negative reinforcement) 是在一個人發生非所要求的行為反應時給以一定的懲罰 (punishment)，使這種行為反應所得到的是痛苦或不愉快,使其不再發生。例如當一個人上班時間多次無故缺席或遲到時扣發其獎金或給以口頭批評等。按強化理論,正強化能激勵人的工作士氣,負強化可阻抑非所希望的行為表現。當存在兩種不一致的行為反應而只想保留或加強其中的一種反應時,採用正、負強化結合的方法,即當合理行為反應發生時給以獎勵,不合理的或非所期望的行為反應發生時給以懲罰,能加速形成合理的行為反應和消除不合理的行為反應。

　　強化作用的效果與運用強化的策略有密切關係。強化策略主要表現在兩個方面,一是強化物的強度或數量的控制,二是強化的時機安排。強化物數量過少,達不到引起反應的強度,就不能起到強化作用,例如職工不願為加 1% 的收益去加倍努力工作。但強化物也不是愈多愈好。職工努力的程度只是在一定的限度內隨獎勵強度增大而提高,若超過這個限度,激勵作用就提高很慢。過多的強化物有時甚至還可能發生消極的作用。動物行為訓練中,一般不用餵飽了的動物而要用饑餓的動物。因為食物對饑餓的動物有很大的誘惑力,而對餵飽了的動物沒有吸引力。在訓練過程中,動物在完成任一正確動作時,馴獸師一般只給少量的食物,這樣就可使它持續地接受訓練。人有時也有類似的情形,例如有的運動員獲得冠軍得了重獎後就降低了對艱苦而又有一定冒險性的運動項目的訓練熱情。因此,在提高工作積極性的過程中,強化物的強度或數量必須控制在適度的水平上。

　　強化的時機一般有下列四種安排:(1) **固定時距增強方式** (或固定時距強化表) (fixed-interval reinforcement schedule,簡稱 FI),即固定的強化間隔時間,如每週末或雙週末進行一次強化,每個月底企業向職工發一次獎金等;(2) **固定比率增強方式** (或固定比率強化表) (fixed-ratio reinforcement schedule,簡稱 FR),即固定強化時機的比率,即在固定數量的行為反應後給以強化,可以按 1:1 強化,即對每次正確反應給以強化,也可以按 5:1 或 10:1 強化,即每作 5 次正確反應或 10 次正確反應給以 1 次強化;(3) **變動時距式增強方式** (variable interval reinforcement schedule,簡稱 VI),即強化的間隔時間是隨機的,有時一週,有時二週,有時十天,等等。例如生產檢驗員隨時有可能抽查職工的產品質量,當然某個職工的產品也可能長時間沒有被抽查到。在這種強化安排中,被抽查者猜不透什麼時候會受到抽查,但他們要時刻準備著接受這種強化作用。由於強化的時機不能預測,因此工作效績的波動要比固定強化時機的波動小;(4) **變動比率式增**

強方式 (variable-ratio reinforcement schedule，簡稱 VR)，即正確反應數與強化次數的比率是隨機安排的。譬如說在固定比率時，反應數與強化數按 10：1 的比率強化，在可變比率時，則同樣的強化次數，使其反應數與強化次數的比率可能有時為 3：1，有時為 12：1，有時是 15：1。這種可變比率強化對保持穩定的工作效績很有作用。有人對以上各種強化時機安排的效果進行了比較研究，證明按固定比率或可變比率強化，其效果優於按可變時間間隔強化，固定時間強化的效果最差。

第四節　提高職工士氣的原則

上述各種理論都各自從一方面討論了職工的工作士氣或工作積極性的激勵問題，並且都在實驗中得到了驗證。這說明人的工作積極性不是受單一因素決定的。因此提高職工的工作積極性，就不能只局限於一種理論。要考慮多種因素的作用，盡可能使職工的工作積極性得到最大的發揮。在提高職工工作積極性的過程中要注意以下幾個問題：

一、妥善處理各種關係

（一）　內因與外因結合

前面介紹的激勵理論中，需要層次論、成就需要論、雙因素論著眼於內在因素的作用，期望理論、公平理論和強化理論著眼於外在因素的作用。這些理論不應互相排斥，應該互相補充。也就是說每種理論都是合理的，但都不全面。人的工作積極性的提高必須有內因與外因的共同作用。內因論者強調需要對激勵的作用，但實際上一個人光有需要感還不足以激勵他去行動，只有當既有需要又存在滿足需要的對象時，他才會為獲取這種對象而行動。一個饑餓的人不會到明知無食物的地方去求食，一個工人也不會到無益可獲的地方去做工。只有一方有所求，另一方有所供，供求結合得好，才能激發人的工作積極性。因此，企業要提高職工的工作積極性，就要充分了解職工的內在需要，並為這些需要的滿足提供條件。只有當滿足職工需要的條件與工作要求聯繫起來時，才能使職工的工作積極性得到提高。

(二) 物質因素與精神因素結合

與人的活動有關的內外因素中，有物質因素和精神因素。有人認為提高工作積極性要依靠工薪、獎金、物品等物質因素的作用；也有人著眼於精神因素，認為提高人的工作積極性主要靠責任感、事業心和思想教育等精神因素的作用。實際上物質因素和精神因素在提高職工的工作積極性中是互相補充，缺一不可的。一個企業只從物質利益上採取措施去激勵職工的工作積極性，就會把職工引向拜金主義，形成錢多多做、錢少少做、無錢不做的唯錢是從的風氣。這不利於培養職工的團結、友愛、互助精神。一個企業的發展不僅需要職工間團結互助，更需要職工有熱愛企業和為企業發展作奉獻的精神。人在物質需要得到基本滿足後，追求精神需要的滿足就會成為激勵人去努力奮鬥的主要推動力。因此企業不僅要重視職工的物質需要，同時也要重視職工的精神需要。只有把物質因素和精神因素很好結合起來，才有可能使職工保有持久的工作熱情。

(三) 獎勵與懲罰結合

獎懲是企業用來鼓勵先進和鞭撻後進的方法。獎勵對行為有引導作用，懲罰則有警告和阻抑作用。通過獎懲可以使人明確努力方向。自然，若獎懲不當，就不僅不能起到獎勤罰懶和鼓勵先進、鞭策落後，而且還會引起人事關係上的矛盾，對工作造成不利影響。但只要注意以下各點，就能使獎懲發揮良好的作用：

1. 獎懲結合，以獎為主 在職工的管理中，雖然獎懲都有作用，但在實際工作中必須堅持以獎為主。因為獎勵起著正強化作用，可通過各種獎勵滿足職工的各種需要。而懲罰則起負強化作用，它只能阻抑非所願望的行為，但不能鼓勵和鞏固人所願望的行為。獎勵能使人煥發精神，蓬勃向上，懲罰則使人受到挫折。懲罰多了，會使人意志消沉，精神不振。因此提高工作積極性主要依靠獎勵，懲罰只能起補助作用。要做到以獎為主，就要多看職工的優點和長處，少看他們的缺點和短處。特別對那些平時表現不好或有各種缺點的職工更需要去發現他們身上的積極因素。通過表揚、獎勵以發揚其積極因素，改變其消極因素，促使其向先進轉化。這裏舉一個實際工作中發生的例子。南京一個機床廠，有一名青年工人紀律鬆馳，工作不安心，多次教育不見好轉。人們認為他是塊定了形的毛坯，改變不了。在一次工廠公布職工完成生產指標的情形，他排名倒數第一。這個工人看到公布的結果，認為是有意出他洋相，飛起一腳，踢壞了公布欄，並且請了病假不上班。有人主張借機整他一頓。但從事思想輔導的一位幹部卻善於從這名工人的這一錯誤行為中看到了他怕做落後工人的自尊心。他認為若能抓住這個工人的自尊心做輔導工作，有可能促使其向好的方向轉變。這個幹部就主動去看望這個工人，在向他指出缺點的同時，關心地勸他安心養病。在這次看望中他發現這個工人的住房破舊失修，就發動職工利用廠休日幫助他修理房子。這使這個工人深為感動，他不等病假期滿就提前回廠工作。他的這一舉動，得到了領導的及時表揚。這個工人見領導沒有把自己看死，就決心改正自己的缺點，工作得比過去努力。他的每一步進步都受到領導的肯定和表揚。他越幹越起勁，到年終時終於跨進了先進的行列。

2. 獎懲合理，使人信服 獎懲能否收到預期效果，取決於是否獎得恰當、懲得合理。若成績大而獎勵小，過失小而罰得重，或不該獎而獎，不當罰而罰，都會失掉獎懲的作用，收不到應有的效果。獎罰之事，公正最重要。否則，就不能使職工心服口服，達不到設置獎罰的目的。例如有一個工廠，規定了一條紀律：職工上班遲到和工作時間吃東西都要扣發當月獎金。有一天一個青年工人在上班途中聽到一個婦女喊救命的聲音，並望見兩個年輕人正在搶劫這個婦女的錢包，他立即追趕上去，與劫錢者進行搏鬥，將其中一個抓住扭送到派出所。這件事使他耽誤了上班時間近一個小時，領導雖然知道他的這一情況，但仍然批評他上班遲到，扣發了當月獎金。但大多數職工同情這個工人並認為應對他的見義勇為精神進行獎勵。顯然，對這個工人的罰就是不該罰而罰，因而得不到職工的支持。另一個車間的一名工人，患有胃病，需要少吃多餐，經常要吃點餅乾等零食。有一次上班時他剛從口袋裏拿出一塊餅乾往嘴裏送，正好被走進車間的廠長看到。這個工人認為這下一定要被批評和扣發獎金了，顯得很慌張。廠長看了他這副慌張尷尬的樣子，不僅沒有批評他，反而安慰他，告訴他不要緊張，有胃病，少吃多餐，情況特殊，上班吃點餅乾不算違反廠紀，以後可放膽吃，不必躲躲閃閃。廠長的這一態度使這個工人十分感動。職工們把此事傳為美談，都認為廠長體貼工人，做得對。規定的紀律不僅沒有因為此事而鬆馳，反而比以前執行得更自覺。

3. 獎罰及時，立竿見影　獎罰目的是為了對人的行為表現進行正、負強化。強化貴在及時。時間隔得越久，強化作用越弱。因此獎或罰都必須注意時間性。職工在工作中有好的表現，工作取得新的成績，工餘時間為企業做了有益的事，以及為企業發展提出建議等，都要及時給以表揚或獎勵。有的企業喜歡在年終總結時表揚職工，而對職工平時的良好表現視而不見，聽而不聞，這就不能對提高職工的工作積極性很好起作用。對職工的不良表現若必須進行懲罰時，也要及時懲罰。懲罰容易傷害人，作出懲罰決定需要特別慎重。但不能因慎重而拖延不決。慎重應表現在錯誤事實未搞清楚前或當事人及職工對如何進行懲罰有較大分歧時不要忙於進行懲罰。若事實很清楚，意見統一，必須懲罰時，就應及時進行懲罰。應該懲罰的事拖久了，就會被淡化，當事者和群眾都不能從中很好接受教訓。

4. 獎勵標準難度適中，提高職工獲獎信心　從前面介紹的激勵理論可以知道，工作若過於容易，做成了也不可能有多大獎勵，這種工作就沒有挑戰性，不容易激勵人去努力追求。工作若過於困難，雖有挑戰性，但成功把握太小，對多數職工也沒有吸引力。只有難度適中，經過一定努力後可能取得成功的工作，才能激勵人作出追求的努力。根據這個道理，企業設置獎勵必須考慮職工獲獎的可能性。若獲獎太容易，幾乎人人都能獲獎，每份獎勵金額不可能多，就很難激勵職工為爭取這份獎金而努力。相反，若獎金很高，但能夠得獎的人很少，或只有工作中作出特別貢獻的人才可能得獎，這樣，廣大的職工就不會對它抱多大期望，因而也不會對提高廣大職工的積極性起多大作用。得獎的人數控制在占職工總數的 20% 或 30%，只要付出較大的努力就有獲獎的可能，才會對職工產生較大的激勵作用。

二、因人制宜適應個體差異

職工是由來自不同方面的人組成的，因而具有**個體差異**(或個別差異)(individual difference)。他們有各自的社會背景，有不同的個性。他們不僅在工作態度和工作成績上會有所差別，而且，對得益內容和得益形式上也會有不同的追求。例如有的人比較看重錢財，有的人比較重視榮譽，有的人喜歡有較好的工作條件，有的人期望有提高或深造的機會。對發獎，有的人喜歡發錢，他可以儲蓄或自由購物，有的人則喜歡發給他有紀念意義的獎品，也有人希望最好能給他提供帶薪的假期。總之，人所期望的東西可能是很不相同的。在激勵的需要理論和期望理論中都説到能滿足最迫切需要的東西具有最大的效價，最具有激勵作用。企業若能創設多種等價的獎勵形式，讓職工根據自己的願望和需要自由挑選，就有可能使他們得到更多的滿足，更有利於提高他們的工作積極性。

三、職工參與決策和擴大自主權

　　職工參與企業決策和規章制度的制定，對提高他們的工作積極性有重要作用。職工參與決策和制定規章制度，可增進他們與企業管理人員的關係，使他們體驗到企業興衰與己有關，增強他們對企業的責任感。職工對自己參與制定的方案，執行起來也會特別用心。有人曾在工廠進行工藝改革中對工人參與改革方案對提高工作積極性的作用進行對比試驗。試驗中把參加實驗的工人分為四組。第一組作比較組，領導按傳統的方法向工人説明改革工藝的理由，並把已制定的改革方案告訴工人，要求工人照著做。第二組在工作前要他們先選代表組成一個研究小組，由研究小組先對工藝改革進行討論，然後擬定實施方案和計酬方法，再由研究小組召開全組工人，將他們研究的結果和制定的方案告訴工人，要求大家按方案執行。第三、第四兩組均全組工人直接參加新工藝改革的討論，綜合討論中提出的建議，制定出一個大家一致同意的方案，並付諸實施。結果是，第一組的工效由改革前的日產 60 件降低為日產 50 件，並一直停留在這個水平上。第二組的工效在改革初期也有所降低，但過了 13 天便恢復到改革前的日產 60 件水平，到第 32 天開始上升到日產 70 件。第三、第四兩組，改革新工藝四天後就恢復到改革前的日產 60 件水平，並且很快就上升到日產 70 件的水平。這個例子説明工人參與改革的決策對促進生產的作用。職工參與得愈深，促進作用就越大。

　　擴大工作自主權也能對提高職工的工作積極性產生良好作用。近幾年，我國不斷擴大國營企業的生產經營自主權，其主要目的就是要提高企業的生產經營積極性。自主權對促進企業積極性有作用，對提高職工積極性同樣也有作用。鄭全全 (1992) 曾試驗工作時間選擇對職工工作積極性的影響。實驗是在一個鋼鐵廠做的。實驗者在一個車間選了 20 個工人，分成各方面條件都相等的兩個組。一個組作比較組，一個組作實驗組。比較組按 8 小時工作制，上午 8 時上班，做 8 個小時後下班，實行計件超額獎制。實驗組也實行計件超額獎制，但工作時間採用彈性工時制。上午 8 時上班，完成生產定額後可以提前下班去做任何自己想做的事。若不提前下班可繼續工作，發給計件超額獎。試驗結果，實驗組在一個月內只用了相當於比較組 79.1% 的工作時間，卻完成了相當於比較組的 125.75% 的產量。顯然，完成定額後選擇下班時間的自主權對實驗組工人的工作積極性起了有力的促進作用。

本 章 摘 要

1. 動機是推動人去從事滿足需要活動的主觀欲望。人的任何有意識的行為都有其動機並且均為動機所驅動。
2. 人的動機可分為**自然性動機與社會性動機，主導動機與輔助動機，內在動機與外來動機，短近動機與長遠動機**等。
3. 人的自然性動機主要是指由生理需要或生存需要引起的動機。社會性動機是由社會性需要引起的動機，它有是非好壞之分。
4. 人的行為有時存在著多種動機，不同動機發生矛盾時就會引起動機間的鬥爭，鬥爭中獲勝的動機，或力量強度最大的動機稱為**主導動機**。
5. 由人本身所固有的需要引起的動機稱**內在動機**。由外部原因引起的動機稱**外來動機**。內在動機比外來動機的激發力大，穩定持久。外來動機經不斷重復後可以轉化為內在動機。
6. 動機對行為主要有三方面的作用：一是對行為的啟動作用，二是對行為的指向作用，三是對行為的維持作用。

7. 動機與行為表現並非存在一一對應的關係。一種行為可以有多種動機，一種動機也可表現為不同的行為。只有行為表現與行為動機都了解後才能對行為作出公正的評價。
8. 動機對行為的激勵力量受需要迫切性、誘因強度、個性特點、習慣力量等因素的影響。企業若能了解並重視顧客在這些因素上的特點，就能生產出適銷對路的產品。
9. 職工的**工作士氣**是決定企業成敗的關鍵。對職工工作士氣的激勵問題工業心理學家已提出了多種理論，主要有：需要層次論、ERG 理論、成就需要論、雙因素論、期望理論、公平理論、強化理論等。這些理論各從一個側面討論了工作積極性的激勵問題，它們並不互相排斥，應彼此相互補充。
10. **需要層次論**是馬斯洛於 50 年代提出的。這種理論把人的需要歸為五類，即**生理需要、安全需要、社會需要、自尊需要、自我實現需要**。五類需要形成由低向高的發展序列。
11. **生存-關係-成長理論**把人的需要歸為三類：即**生存需要、關係需要、成長需要**。這三類需要是具體性程度不同的連續體。人在一種需要得到滿足後，不一定去尋求高一級的需要。
12. **成就需要**是使人獲得成功的最有力的內在因素。成就需要高的人有如下特點：喜歡通過自己的努力取得成果；喜歡做具有中等風險的事；喜歡聽別人對自己工作的評價。
13. **雙因素理論**認為工作中與工作積極性有關的有兩類因素，一類是激勵因素，具備這類因素，會使人感到滿意，會激勵人的工作積極性。另一類是保健因素，有了這類因素只能避免引起不滿意，缺少這類因素會引起不滿，並對工作積極性發生消極影響。激勵因素多為與工作內容有關的因素。保健因素多為與工作條件有關的因素。
14. **期望值、工具性**和**效價**是期望理論的基本概念。人的動機激勵力量是三者的函數。期望值越高，工具性值與效價越大，動機激勵力量就越強。
15. 職工的工作士氣受工作得益分配公平感的影響。一個人將自己與工作條件相仿的人作比較時，若感到自己的工作得益與工作投入的比例與別人的比例相等或相當時，就產生公平感，若感到自己的比例小於或大於別人時就產生不公平感。人在感到不公平時會採用改變自己的努力度、或要求改變自己或別人的得益，或用改變認知的方式去消除不公平感。
16. 強化理論有三個重要變量，即刺激、反應和獎賞。強化有**正強化**與**負強化**。強化作用的效果主要受強化物強度與強化時機的影響。控制適中強度的強化物和及時強化能收到良好的效果。
17. 激勵職工工作積極性要注意做好內因與外因結合，物質因素與精神因素結合，獎勵與懲罰結合。處理獎懲關係中，要以獎為主、以懲為輔；要獎懲合理而及時；獎勵標準要難度適中，使職工經過努力後能夠達到。
18. 人們對工作得益的內容和形式有不同的追求，激勵職工工作積極性要因人制宜。企業創設多種等價的獎勵內容與形式，讓得獎者根據自己的需要進行選擇，有利於提高他們的滿意度，達到提高工作積極性的目的。
19. 職工參與決策和擴大工作自主權是實現民主管理的重要內容，有利於提高職工的工作積極性。

建議參考資料

1. 王加微 (1986)：行為科學。杭州市：浙江教育出版社。
2. 李家鎬 (主編) (1992)：企業成功案例集萃。上海市：文滙出版社。
3. 葛　林 (主編) (1988)：行為科學在企業中的應用 100 例。北京市：中國經濟出版社。
4. 鄭全全 (1992)：彈性工時的現場研究。上海市：心理科學，75 期，1～5 頁。
5. Alderfer, C. P. (1969). *Existence, relatedness, and growth: Human needs in organizational setting.* New York: Free Press.
6. Maslow, A. H. (1970). *Motivation and personality* (2nd ed.). New York: Harper & Row.
7. Muchinsky, P. M. (1993). *Psychology applied to work* (4th ed.). Pacific Grove, CA: Brooks / Cole.
8. Steers, R.M., & Poter, L. W. (Eds.) (1983). *Motivation and work behavior* (2nd ed.). New York: McGraw-Hill.
9. Vroom, V. J. (1964). *Work and motivation.* New York: Wiley.

第三編

設備設計與使用中人的因素

本篇將討論設備設計和使用中的人因素問題。這裏的設備主要指由人製造並供人使用的各種機具。其中包括簡單的手工勞動工具和現代化的大型機器系統。人類通過製造和使用工具一方面為人類社會創造巨大的物質財富，另方面也促進人類自身的發展。工具延伸了人的手足和五官的功能，發展了人的智慧，豐富了人的知識，提高了人類進一步製造更多更好工具和設備的能力。人類社會物質文明的發展正是人類不斷製造、改進和使用工具的結果。因此工具的製造一直為人們所關注。不論哪個國家，也不論過去或現在，都有大量的人力、物力、財力投在各類工具設備的設計、製造和銷售活動中。

製造一台好的設備不是容易的事。它除了需要有優質的材料和精湛的工藝外，特別需要有優良的設計。評價一台機器設計是否優良主要看它的性能高低、費用效益比以及它與使用者的匹配程度。三者缺一不可。因此研製一台優良的機器往往要作多方面的考慮，需要有多方面的專業人員參與。但在設備的研製和設計中，有關設備性能和成本費用方面的問題容易受人重視，而對設備性能特點與使用者的匹配問題往往考慮不足。因此常常發生設備性能很好，速度快，強度大，技術指標先進，但操作人員使用起來非常吃力，工作不了多長時間就出現精疲力竭的情形。這多半是由於設計過程中缺少使用者觀點所造成的結果。缺乏使用者觀點的產品只是在產品供不應求，或產品按計畫分配的情況下，人們不得已而用之。在市場競爭和商品比較豐富，使用者可以"貨比三家"的情形下，誰的設備使用者觀點強，誰就能贏得使用者的信賴，自然就能做到銷路廣，產量多，效益好。

因此使用者觀點是關係到企業成敗的問題。使用者觀點應該貫穿在企業生產和銷售的各個環節,其中尤以設計階段最為重要。設計是為了使用者,或者說要為使用者而設計,這是工程心理學和人類工效學的一個基本指導思想。工程心理學和人類工效學就是專門研究如何為使用者而設計的學科。這個學科在 40 年代末到 50 年代初同時在美國和英國興起;在美國稱之為**工程心理學** (engineering psychology)、**人機工程學** (human-machine engineering) 或**人因素工程學** (human factors engineering)。在英國則稱為**工效學** (ergonomics)。初期主要研究軍用設備設計中的人因素問題,後來逐漸擴大到民用設備和工作環境的設計。這門學科的宗旨是為了使設備和工作環境的設計能與人的身心行為特點相配合,使人能安全、有效、健康、舒適地工作。這一思想現在已日益為許多企業家和工程技術人員所接受。同時也已成為人們在求職就業中評價和選擇工作職務的重要標準。

人在使用設備過程中,人與設備直接發生接觸的部分主要是設備的**顯示器與控制器**。人通過顯示器了解設備的運動狀態,通過控制器操縱設備的運動。顯示器和控制器稱為**人機界面**。一般所說的人機關係匹配,就是指顯示器與控制器的性能特點與人的信息接收系統和信息輸出系統的匹配。由於人體組織是長期進化的產物,它的結構與機能比較穩定,不易變化,因此設備的設計必須考慮人體結構及其生理、心理功能的特點及限度。本編將以上述思想為導向,著重討論心理學和人類工效學原理在各種人機界面設計和使用中的應用。由於篇幅限制,本篇內只能選擇部分研究結果作例子進行論述。

第九章

人機系統

本章內容細目

第一節　人機系統概述
一、什麼叫系統　263
二、人機系統的類型　264
三、人在人機系統中的作用　265

第二節　人機界面
一、人-機硬件界面　268
二、人-機軟件界面　268
三、人-環境界面　268
四、人-人界面　269
五、人機相互作用的基本模式　270

第三節　人機系統分析
一、建立人機系統的一般過程　272
二、人機系統分析　272
三、人機系統中的人因素分析　274
　㈠ 人的功能分析
　㈡ 人員素質要求分析
　㈢ 人機界面分析
　㈣ 工作環境分析
　㈤ 人力資源分析

第四節　人機匹配
一、人機功能分配　276
　㈠ 機器的功能優勢
　㈡ 人的功能優勢
二、人機界面匹配　278

第五節　人機系統的可靠性
一、可靠性概念　280
二、人機系統的可靠性　281
　㈠ 串聯式與並聯式人機系統的可靠性
　㈡ 多人決定的人機系統的可靠性
三、人機系統的誤差　283

第六節　人機系統評價
一、明確評價目的和評價要求　286
二、確定評價標準　286
三、選擇評價方法　287

本章摘要

建議參考資料

工欲善其事，必先利其器。器者，工具也。這裏所說的工具是指從菜刀、榔頭到一切人所使用的現代化機器。工具要充分發揮其作用，需要具有三方面的條件：一要工具本身質地優良，二要適合於人使用，三要有善於使用它的人。要想製造利器，就必須有優質材料和掌握先進的製造工藝；要使工具適合於人使用，就必須有重視人的因素的設計思想；要有善於使用工具的人，就必須有知人善任的人事管理制度。只有三者具備，才可能使工具的使用產生最大的效益。因此，工具的設計、製作和使用是一項**系統工程**(systems engineering)。在這個系統工程中，必須處處考慮到人和工具或人和機器的關係問題，因而名之為**人機系統工程** (man-machine system engineering)，簡稱**人機系統**(或人機合一系統) (man-machine system)。建立人機系統需要依靠工程技術工作者、人體科學工作者和工業工程及企業決策者等的配合與協作。建設任何一項優質的人機系統工程，沒有這三方面專業工作者的合作是不可能完成的。在市場上我們不難看到許多滯銷產品和使用者意見較多的產品，多數都是那些設計不符合使用者要求的產品。

　　設計精，不如設計巧。所謂巧，就是要符合使用者要求，要在為使用者提供方便上做文章。使用者觀點就是人因素觀點。按人因素觀點，人所使用的工具和使用者構成一個系統，即人機系統。在人機系統中，人和機相互作用，相互制約。在設計人機系統設計時，若能多考慮人與機的聯繫和配合，就能促使兩者統一，使兩者互相促進，使整個系統的效率得到提高。若忽視人與機的相互配合，兩者就可能發生矛盾，互相抑制，使整個系統受到不利的影響。本章將按上述觀點，對有關人機系統的基本問題進行討論。讀者學習本章內容後，將會對下述問題有概括的了解：

1. 人機系統的特點及人機系統中人的作用。
2. 人機系統的功能及人和機的功能分配。
3. 人機界面和研究界面匹配的意義。
4. 人機系統的可靠性及其計算。
5. 人機系統的評價。

第一節　人機系統概述

一、什麼叫系統

世上萬物皆成**系統** (system)。在自然界中大至太陽系、銀河系，小至原子、粒子；人類社會中大至國家、跨國組織，小至各種社會團體、家庭；人體中大如四肢軀體、骨骼，小如細胞、蛋白質分子等，無不自成系統，又無不存在於更大的系統之中。因此，系統的觀點應是觀察事物、分析問題的基本觀點。

每個系統都由一定的成分按一定的關係組成，每個系統又都有自己的功能和作用。成分、關係、功能是任何系統的三個基本要素。這三個要素規定了系統的性質。三者中任何一個發生變化，系統性能就會發生相應的變化。

系統可以作不同的分類。例如，按系統形成是否有人干預，可以分成自然系統和人工系統。自然系統一般是指不在人參與下形成的，如星系、山系等。人工系統是由人構造的系統，如各種技術系統、社會組織系統、文化和概念系統等。

系統也可按其與外部環境的關係不同，可分為開放系統與封閉系統。**開放系統** (open system) 是在運動中與外部環境之間發生著物質、能量、信息等交換的系統。**封閉系統** (close system) 是與外部環境隔絕的系統。封閉系統一般都是人為了某種特定目的而構建於特定封閉狀態下運行的系統，如封閉試管中或密封容器中的化學反應系統。世上大多數系統都和外部環境發生各種關係，並受外部環境的影響。有時為了控制某些環境因素的影響，需要把研究對象處於一定程度的封閉狀態中。在心理學研究中常常採用這種有限度的封閉狀態。

系統又可按照運動狀態分成動態系統和靜態系統。**靜態系統** (static system) 指其特徵參量不隨時間而變化的系統。若系統的特徵參量隨時間發生變化，就稱為**動態系統** (dynamic system)。當然，動態與靜態也是相對而言的。因為運動是物質的固有屬性,不可能找到完全靜止不變的事物。但事物變化有大小快慢之別。為便於研究,一般把變得慢、變得小的事物作為靜態系統來處理。

系統還可按其變化的連續程度分為連續系統和離散系統。系統中的參數連續發生變化的稱**連續系統** (continuous system)。系統中的參數間斷發生變化或不定時發生變化的屬**離散系統** (separated system)。大多數系統中既有連續變化,也有離散變化。在人的操作活動中,也有連續操作的活動和離散操作的活動,前者如對連續運動目標的尾隨追踪操作,後者如操縱波段開關調節風扇轉速的操作。人對離散系統,自然要採用離散的操作方式去操縱它,而對連續系統,人既可用連續的操作進行控制,也可採用離散的方式進行控制。

系統還可按其規模大小和複雜程度加以分類。大系統往往是由數目不等的分系統構成的。分系統可分成子系統,子系統又可分成更小的子系統。一個事物只有了解它在系統層次中的位置,才能對它的性質、意義和作用作出恰如其份的評價。

系統還可按組成成分的特點進行分類。由人與機組成的系統稱為**人機系統**。人機系統是工程心理學研究的對象。有關人機系統的各種問題,將在本章和第三編其他各章分別進行詳細討論。

二、人機系統的類型

人在從事各種工作或活動時,往往要使用各式各樣的工具。在使用工具時,人和工具雙方必然互相聯繫、互相作用,形成一個系統。在人機系統中人是**操作者** (operator),機只是人為了實現自己的目的而使用的工具。

人機系統有簡單的,也有很複雜的。木工用榔頭敲釘、用鋸鋸木,泥工用泥刀砌磚,裁衣工人用剪刀裁衣,都是簡單人機系統的例子。工人操縱機床,司機駕駛汽車,是比較複雜的人機系統。駕駛飛機、發射導彈、監控宇宙飛船等是更複雜的人機系統。一個複雜的人機系統往往包含著多個人機子系統,每個子系統又可有自己的人機子系統。現代大型工程,往往包括很多互相聯繫、又互相制約的不同人機子系統。合理地設計效率高、安全可靠的人機系統,已成為現代生產管理和工程設計中一個十分重要的問題。

人機系統按人與機的連接方式，可分為串聯式人機系統和並聯式人機系統。在**串聯式人機系統** (serial man-machine system) 中，人機連環串接，人與機任何一方停止活動或發生故障，都會使整個系統中斷工作。**並聯式人機系統** (paraller man-machine system) 人機並接，兩者可以互相取代，具有較高的可靠性。在自動化人機系統中，人機多採取並聯的結合方式。大多數半自動式的人機系統，一般採用串並聯結合的人機系統。

　　人機系統還可作閉環式和開環式的區別。**閉環式人機系統** (close-loop man-machine system) 具有**信息反饋** (information feedback) 作用。即人機系統工作的結果信息，能通過一定的通路返回到系統的輸入端。系統可以根據反饋信息對系統的工作過程進行調節，使其符合預定的目的。**開環式人機系統** (open-loop man-machine system) 沒有反饋回路，人開動機器之後並不知道機器的運轉狀態，因而談不上人對機器的調整與控制。閉環式自然比開環式有效。因此人機系統一般都採取閉環式設計。

三、人在人機系統中的作用

　　在人機系統設計中，處理人機關係時必須堅持以人為主的觀點。事實已經證明，只有根據人的身心特點來設計機器，才能使人在人機系統中的操作得心應手，操縱自如，也只有按照人的特點設計的人機系統，才能真正做到效率高，安全可靠。這一點在第一章裏敘述"人是工業心理學研究的中心環節"時已經作過討論，這裏不再重復。下面著重就人在各類人機系統的作用特點作一分析。

　　人機系統可按人參與的方式和所起的作用特點區分為三類，即手控式人機系統、機控式人機系統和監控式人機系統。**手控式人機系統** (manual control mode man-machine system) 是以人力作為動力源的人機系統，例如用鋤掘地，用手搖鑽鑽孔，用水車車水，以及許多手工式勞動都屬這種系統。在手控式人機系統中，機械裝置是靠人力推動的。在這裏人既是系統的主宰，又是系統的動力源。手控式人機系統的效率直接取決於人對機具的支配和施力的程度。設計這種人機系統時要著重考慮機具受力部位的特點與人的施力方式和力度大小的配合關係，使其達到施力小而收效高的目的。

　　機控式人機系統 (mechanical control mode man-machine system) 是

以電能、化學能等作動力源的人機系統,如工人操縱車床、駕駛員駕駛起重機、汽車、船舶等都屬機控式人機系統。在機控式人機系統中人的作用主要是進行**心理-運動性操作** (psychomotor operation)。這時系統對人的體力要求降低,而對心理功能的要求提高。在這類人機系統中人主要依靠**顯示器**了解機器的運動狀態,並通過開關、按鈕、操縱桿等**控制器**去操縱機器。系統的效率和質量主要取決於機器的性能特點與人的信息加工 (或訊息處理) 能力的匹配。機控式人機系統設計中要特別重視顯示器與控制器的特點同人的感覺器官及手、足等反應器官特點的匹配關係。

監控式人機系統 (supervisory control mode man-machine system) 又稱**自動化系統** (automation system)。在這種系統中,機器本身是一個閉環式系統,它能自動地實現包括信息接收、加工和執行等功能。人在這種系統中主要處於對機器運轉狀態進行監視的地位,只是在機器發生故障或需要改變機器運轉的程序時,人才進行干預。在監控式系統中人機實行並聯,兩者可以互相替代,因此有較高的可靠性。電站集中控制室、自動化生產車間、使用自動駕駛儀的飛機、宇宙飛船 (或太空船) 等都屬監控式人機系統。監控式系統很少需要人的干預,這裏沒有體力操作,也幾乎很少需要作心理-運動性操作。人在這種系統中往往顯得很空閒。這就是一般所說的低負荷工作。監控式系統中的人,操作負荷很低,但工作責任很重。例如核電站中央控制室值班人員,正常工作時幾乎無事可做,但若一旦發生故障而得不到及時處理,就往往會引起重大甚至災害性的事故。因此在監控式人機系統中,要求人保有高度的警覺水平。但這裏存在著一個矛盾,即人在無事可作時是很難保持高度警覺狀態的。自動化人機系統中的監控人員處於瞌睡狀態是常見的事。人的工作效率與負荷水平之間存在倒 U 形關係,即工作負荷過高時,會由於應付不過來而容易發生信號漏檢或反應錯亂而導致操作失誤,而工作負荷過低時,則會由於刺激少而放鬆警覺導致漏檢信號,只有在工作負荷適中時才能保持較高的工作效率。封根泉 (1966) 曾做過一個實驗,他要求被試監視一個出現時間不確定的微弱信號。信號間隔的時距,短則幾分,最長達 90 分鐘。結果如圖 9-1 所示,信息經 20 秒以上才被覺察的概率隨信號間隔最長時距的增長而增大。這表明信號間隔時間越長,就越不能及時發現信號的出現。其原因就是因信號間隔時距越長,操作負荷就越低,就越容易降低警覺水平的緣故。因此監控式人機系統的設計中特別要注意防止監控人員警覺水平下降的現象。

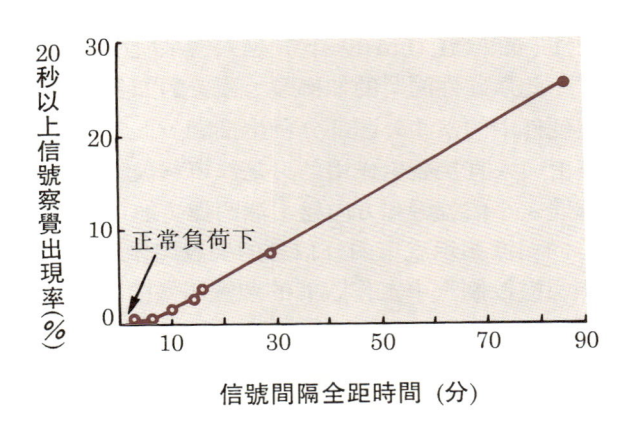

圖 9-1　信號間隔時間與信號覺察延時的關係
(採自封根泉，1966)

第二節　人機界面

　　在人機系統中，人與機器是互相作用和互相制約的。研究人機系統就是要研究人機相互作用的過程。在人機相互作用過程中，人與機器直接發生關係的只是它們的人機界面部分。

　　界面(或接口) (interface) 是指兩物交接的地方。人機系統中包含著各種不同的組成成分。不同成分間都存在著各種界面。例如人與機器硬、軟件的界面，人與環境的界面，機器硬件之間的界面，硬件與軟件間的界面，硬件、軟件與環境間的界面，人與人之間的界面，等等。工業心理學感興趣的是系統中與人有關的界面。這種界面主要有四類，即人-機硬件界面，人-機軟件界面，人-環境界面，人-人界面。其中人同機器硬件與軟件間的界面，一般稱為**人機界面** (man-machine interface)。

一、人-機硬件界面

　　這裏說的硬件(或硬體)(hardware)是人機系統中為人所使用的各種有形體的機具構件。此類硬件簡單的如榔頭，複雜的如各種大型機器，人在工作中往往只是與硬件中的某些外顯部分發生接觸，形成界面。例如，司機駕駛汽車時，汽車上與人直接發生作用的只是汽車駕駛室中司機的眼、手、脚直接可及的各種儀表、信號燈和方向盤、油門桿、煞車踏板、喇叭按鈕等。儀表、信號燈等向司機顯示汽車內外信息的裝置叫做顯示器(displays)。方向盤、油門桿等司機控制汽車工作狀態的裝置叫做控制器(controls)。各種顯示器分別與人的眼、耳等感覺器官相對接，各種控制器分別與手、脚等運動器官相對接，形成各種人機接口。接口的兩方面匹配得好，質量就高，匹配得不好質量就低。研究人機硬件界面就是要研究如何使人與顯示器、控制器達到理想的匹配。

二、人-機軟件界面

　　在人機系統中，人與機器的信息交換，除了必須依靠硬件界面外，還需依賴軟件(或軟體)(software)。使用計算機必須編製程序，操作機器必須按照操作規程，應用各種儀器、設備必須掌握使用方法。程序、規程、使用方法等都是不同形式的軟件。若一台機器光有好的硬件而缺乏好的軟件，就很難發揮其硬件的優異性能。計算機的硬件性能主要表現在運算速度和存儲容量上，但如何使計算機發揮作用，發揮什麼樣的作用，以及如何讓人使用起來易學易用，則表現在軟件設計上。有的機器，硬件性能很好，但操作手册很難看懂，使用說明書使人費解，這就反映機器軟件在設計上缺少使用者觀點。軟件設計與硬件設計一樣，也有一個如何與使用者的要求相適應的問題。硬件愈複雜的機器，其軟件設計愈要有使用者觀點。誰能在這方面考慮得周到，誰就能贏得使用者的青睞。

三、人-環境界面

　　任何人機系統都處在一定的環境中，其工作效率不可能不受環境因素的影響。人與機相比，人更容易受環境因素的影響。環境因素包括物理環境因素和社會環境因素。聲、光、氣溫、振動、壓力等屬物理環境因素。同事關係、班組集體、家庭生活、管理制度、社會風尚等屬社會環境因素。在人機系統中，若環境因素的作用量超過一定限度就會對人的工作和身心狀態產生不利的影響。

人機系統處於不利的環境界面時，一般採取兩種防禦方式，一是使用防護器件，例如戴耳塞以防過強噪聲對聽力的損害，戴眼罩以防強光對眼睛的傷害，戴頭盔以防頭部受撞擊，穿防護服以防氣壓過度變化的影響。設計和使用這類防護裝置，主要是為了使操作者能暫時對付無法控制的物理環境因素的侵襲。對物理環境界面的另一防禦方式是用人為方法改變和控制環境因素，即創設人工物理環境，例如用空調裝置控制工作環境的氣溫和濕度。在高空、在深水下作業所使用的密封艙和飛機、航天器、潛水艇等一般都採用人工物理環境的方式。

社會環境因素的作用與物理環境很不相同。物理環境因素是通過對身體器官的作用對人的工作發生影響的，而社會環境因素則是通過影響思想對工作發生影響的。社會環境因素不容易預測，也不容易控制和預防。但只要在管理上重視這方面的問題，仍然有可能減少社會環境因素對人的不良影響。

四、人-人界面

人機系統中的人不僅要與機器、環境發生關係，而且也要同別的人打交道。也就是說在人機系統中還需要考慮人-人關係問題。凡是兩人以上操作的人機系統，每個人的活動必須與其他人的活動相配合，若人與人配合得不好，整個系統也不能高效率地工作。例如雙人划船，若要船行駛得快，不僅兩個人都要盡可能快地划槳，而且還需要兩人的划水動作配合默契。人-人界面是最容易受系統內外因素影響的界面。動機、情緒、意志、性格等個性因素，上下、左右、內外各方面的人際關係因素，以及家庭、社團組織、國家政策等社會因素，都會影響人的工作積極性和工作態度。因此不能把人機系統中的人只看作是自然的生物人，更不應把人機系統中的人與機器等同看待。人在任何時候都既是自然人，同時又是社會人。只有正確而全面地認識人的特點，才能正確處理好人機系統中與人有關的各種問題。

五、人機相互作用的基本模式

人機系統中人機相互作用的過程就是人和機器進行信息交換的過程。人和機器是性質不同的系統,但二者的活動仍有某些相似的地方。例如人和機器的活動都包括輸入、加工和輸出三個環節。人的感覺器是接收信息輸入的器官,信息輸入後在大腦中進行加工(處理)、作出決策,運動器官執行決策,作出反應,這是人的信息傳輸加工的三個基本環節。機器接收外來信息的裝置是控制器,機器接收來自控制器的信息後,啟動或改變機器的加工活動,並將加工的過程和結果輸向顯示器。

如圖 9-2 所示,人機信息交換是在人的感受器與機器的顯示器之間和人的運動器官與機器的控制器之間進行的。這裏包含著兩方面的信息轉換。一方面是人的輸出信息轉換成機器的輸入信息,這個轉換是通過人的手腳、言語等運動器官與機器的控制器的接觸過程實現的。當人為了實現某一目的作出啟動機器的決策時,決策信息就傳向手腳等運動器官,後者就作出操作機器控制的動作。控制器受到外力作用就產生相應的機械的或電的信號傳向

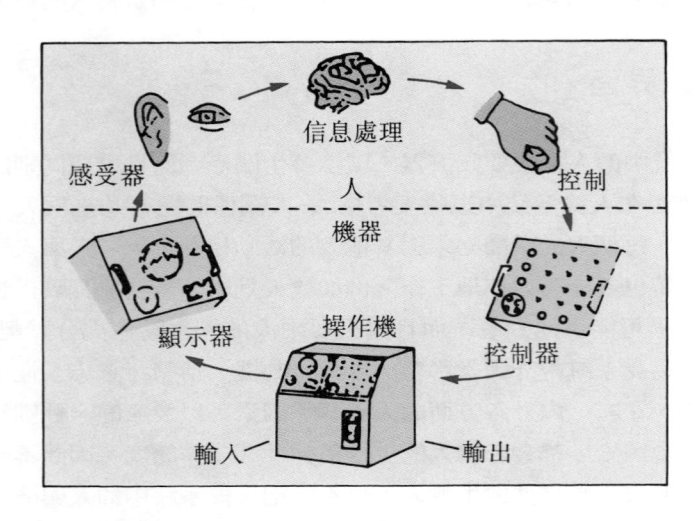

圖 9-2　人機信息交換示意圖
(採自 McCormick & Sanders, 1982)

機器加工部分，這樣就把人的輸出信息轉換為機器的輸入信息，實現人機信息的第一個轉換。機器加工的結果通過執行裝置傳向被控制的對象，同時將信息傳向顯示裝置，顯示裝置所呈現的信息作用於人的感受器官，引起感受器內的神經末梢發生神經衝動，並傳向大腦。這樣，就把機器的輸出信息轉換為人的輸入信息，實現人機間信息的又一個轉換。人機之間通過以上兩次信息轉換，實現信息相互交換。

　　操作人員往往要與機器進行多次信息交換後才能實現控制機器的目的。這其間要經歷一系列的心理動作。在人機信息交換的過程中，操作人員往往不能直接感知被控對象。人直接感知的往往是代表被控對象在顯示器上所表示的符號或圖像。顯示器上所呈現的符號圖像叫做**信息模型** (information model)。操作者感知到信息模型後要對它作出解析或進行譯碼，即在頭腦中把它轉化成被控對象的映象，這種映象叫做**觀念模型** (concept model)。操作者的目的是要控制機器使其按預定的目標狀態運轉以達到預期的結果，頭腦中的預定目標或預期結果叫做**目標模型** (object model)。這個目標模型是操作人員衡量自己的操作是否符合要求的標準。

　　操作者在操作過程中要把隨操作變化的信息模型、觀念模型與目標模型不斷進行比較，根據比較結果，發出調整操作的信息，經過反復調整，直至信息模型、觀念模型與目標模型相一致。當然這是操作過程中人機信息交換的典型過程。在實際情境中，觀念模型有時被壓縮。目標模型可以是被控對象的預期映象，也可能是與目標映象相應的信息模型映象。只要信息模型變化達到與目標模型一致，就實現了控制機器的目的。

第三節　人機系統分析

一、建立人機系統的一般過程

建立一個人機系統，一般要經歷概念構建、原型研製、試驗評價、定型生產等階段。

概念構建階段，主要分兩步進行，第一步是從概念上對人機系統進行多角度、多層次的分析。人機系統的總體規劃者和設計者通過概念分析，對建立人機系統的有關內容做到心中有數。概念構建的第二步是在概念分析的基礎上進行人機系統的設計。系統設計一般包括擬寫任務設計書，繪製設計圖表，進行可行性論證等內容。

原型 (prototype) 階段是開發人機系統的中間環節，它把紙上的設計方案轉化成實物原型。原型研製是對系統設計的檢驗。系統設計者可根據原型研製中發現的問題，對原有的設計進行修改。然後再根據修改了的設計改進原型，直至達到要求。

經過原型試驗獲得成功後，就進入定型生產階段。用戶使用了產品就會對產品作出評價。成功的產品會受到使用者的歡迎。不適應使用者要求的產品就會受到冷遇。系統開發者要善於聽取使用者意見，並根據使用者意見修改原有設計，改進產品生產。如此往復，直至建立起較完善的人機系統。

二、人機系統分析

人機系統在概念分析階段的工作做得越全面深入，系統就會設計得越周到、完整。在此基礎上建立起來的人機系統就越有可能取得成功。概念分析階段需要考慮下列問題：

1. 分析系統的總目標和總功能要求。

2. 分析系統的人機功能分配。
3. 分析系統中機方面的性能要求及其實現的可能性。
4. 分析系統中人力資源的要求及其實現的可能性。
5. 分析系統的人機界面問題。
6. 分析系統對環境的要求。
7. 分析經費來源、建設時間、經濟效益等。

上面列舉的只是建立人機系統應考慮的主要問題。在上列各項內容中，首先要分析的是系統的總目標和總要求，也就是先要明確為什麼要設計這個系統。系統的目標決定系統的性能要求，系統的性能要求決定著系統所應包括的組成成分及要求。例如設計飛機，首先要明確這種飛機的用途。用途不同的飛機，性能要求有很大差別。殲擊機（戰鬥機）用於空中格鬥，飛行高度、速度、機動性是最主要的要求。轟炸機主要用於摧毀敵方的地面目標，需要深入敵後執行任務，因此要求具有載重量大，航程遠，導航性能好，投彈命中率高等性能要求。強擊機、偵察機又有各自和殲擊機、轟炸機不同的用途和性能要求。

系統總的目標與總的要求明確後，就要進一步分析為了實現總目標，要求系統具有什麼樣的功能，並分析這些功能實現的途徑。這時就要考慮人機功能分配問題。把全部功能分為由機器、由人和由人機結合實現等三類。分析哪些功能適宜於機器承擔，哪些功能適宜由人去完成，哪些功能需要通過人機結合來實現。

人機系統的分析既是多角度的，又是多層次的。例如整個系統可從人、機、環境等分系統分別進行分析。每一分系統又要按自己所分擔的功能作進一步分析。在許多人機系統中，由機器實現的功能往往要通過多種機器的聯合才能完成。為了使機器間實現最有效的聯合，就需對機器的功能及其性能要求作進一步分析。同樣，人機系統中人的功能要求也是多方面的，例如有管理功能、操作功能、維護功能等。對不同功能的承擔者又有不同的要求。要逐面逐層地進行分析，直至分析到每個系統的各個組成環節和系統內每個工作崗位工作人員的身心素質要求。

人機系統的分析需要組織不同專業工作者參與。機器系統的分析主要由軟、硬件工程師去做。對人員的分析主要由工程心理學和人事心理學專業工作者去做。對人機界面的功能要求和對工作環境要求的分析,需要由工程心理學者與工程技術專業工作者共同去做。

三、人機系統中的人因素分析

前面曾經指出在人機系統中人是中心。人機系統分析中要特別重視人因素問題的分析。**人因素分析** (analysis of human factors) 要貫串在系統建設的全過程。首先,在確定系統的總體目標階段就應從人因素的觀點加以考慮。例如把系統設計成一個適應使用者要求的系統,還是設計成一個要求人去適應的系統,或是要求設計成適應人機相互適應的系統。這是在進行系統總體目標時就需考慮的問題。一個理想的人機系統應該設計成適應使用者要求的系統,不過有時由於經濟、技術和社會諸種因素的限制,人機系統不可能完全按使用者要求進行設計。這時就要分析利弊,權衡輕重,決定取捨。

人機系統設計中的人因素分析主要包括以下幾項內容:

(一) 人的功能分析

人機系統對人的功能要求是多方面的。不同的功能要求需要由不同的人去承擔。在大型人機系統中,人按承擔的功能可分成系統管理人員、設備操作人員、維修人員、產品測試檢驗人員、物資保管人員、原材料運送人員,等等。

(二) 人員素質要求分析

人機系統中的人,需要具有能順利實現功能要求的身心素質。不同的功能有不同的身心素質要求。例如管理人員需要有管理的知識和組織生產的能力,設備操作人員需要有操縱設備的知識與技能,操作不同的設備又需要有不同的知識與技能。人員素質要求的分析曾在職務分析一章中作過討論,可以參見。設計人機系統時,要對不同職務承擔者的身心素質要求有所分析。這種分析包括兩層意思,一是從需要的角度進行分析,即分析系統中的各種從職人員必須具備的素質;二是從可能性的角度進行分析,即分析人的身心素質所能達到的限度。對系統中工作人員的要求若定得過高,人難以勝任工作,系統建立後就很難有效地運轉。對人員身心素質 (diathesis),一般可從以下各方面進行分析：

1. 體質因素　包括年齡、性別、身體尺寸、健康狀況、力量與耐力、代謝需求等。
2. 能力因素　包括智力水平、感知運動反應的協調性、反應靈活性、動作靈巧性、注意穩定性、記憶和決策能力等。
3. 個性特徵　包括興趣、動機、態度、性格、責任心、道德品性等。
4. 知識經驗　包括讀、寫、算等基本文化素養，專業知識水平，工作經驗等。

(三) 人機界面分析

人機界面是人直接與機器進行信息交換的地方。其設計的質量直接影響人的工作效能。人機界面分析主要分析機器的信息顯示器與人的信息接收能力的匹配關係和機器的控制器與人的信息輸出能力的匹配關係。其中包括分析顯示器和控制器的類型，信息顯示方式，信息呈現的密度、速度和精度，顯示器和控制器的位置、方向、距離、角度，信息編碼形式和編碼範圍，以及信息顯示、控制與人的身心行為要求達到匹配的程度等。在人機界面設計中要特別注意不要使顯示器與控制器的性能超過人的信息接收、加工和輸出的能力限度。

(四) 工作環境分析

人機系統必定處在一定的環境中。人和機器對環境都有一定的要求。機器對環境的要求因機器的性能而異，例如精度要求不同的機器，對環境條件的要求有很大差異。一些精度特別高的機器，不僅要在恒定的溫、濕度和無塵的條件下裝配它們，而且也要在嚴格控制的環境條件下使用它們。精度要求不高的機器則可以在環境條件差異很大的範圍內使用。人對工作環境條件的要求也有其限度，例如人工作的最佳環境溫度為 20℃ 左右。人在超過體溫，或在不到 5℃ 的環境中工作時，操作效率就會受到明顯影響。在精度高的人機系統中，工作環境因素一般都控制在人所要求的範圍內。

(五) 人力資源分析

人們之間在身心素質上存在著明顯的差異。因此人機系統設計中必須考慮人員的選擇與訓練問題。大型人機系統的管理部門都設有培訓中心。人機系統設計也包括對人力培訓中心的設計，包括培訓目標、培訓規模、培訓要求、培訓設備、以及對培訓者和受訓者要求的規劃與設計。關於人員選擇與培訓，讀者可以參見第七、第八章。

第四節　人機匹配

一個高效率的人機系統，除了需要人和機各具有優異的性能外，還需要人機之間配合得好。**人機匹配** (man-machine match) 包含兩方面的涵義，一是人機功能的分配，二是人機界面的匹配。

一、人機功能分配

一個人機系統確定了總的設計要求後，就要確定系統中的**人機功能分配** (function distribution between man and machine)。人機功能進行分配前要先看一看整個系統包括哪些功能？各種功能在強度、速度、精度、頻度和環境等方面有哪些具體要求？而後從效率、安全、經濟和可能性等角度加以權衡，分析哪些功能適宜由機器去做，哪些功能由人去實現。人機功能分配的一條重要原則，就是要使人和機器做到揚長避短，互相補充。

(一)　機器的功能優勢

機器具有許多人所不及的功能特點，例如：

1. 強度　機器可以承受很大的應力。通過改變材料與機械結構特性，機器幾乎可以隨需要提高其強度，而人的力量強度受身體結構特點和肌肉骨骼質料的限制,所能承受的應力是有限度的。

2. 速度 機器可以有很高的運轉速度。高速計算機完成一次運算的時間可以短到十億分之一甚至百億分之一秒。機械轉速也可以達到每分鐘幾萬轉。而人對最簡單信號的反應速度也很難短於 0.1 秒。

3. 精度 機器在操作精度上可以做得比人精確,而且能夠在不斷重復的過程中保持同樣高的精度。例如,精密的天平可以稱出 10^{-4} g 的重量差別,精密的亮度計可以測出 $10^{-6} cd/m^2$ 的亮度差別,而人只能辨別 3% 的重量差別和 1% 的亮度差別。因此精度要求高的任務無疑應該分配給機器去完成。

4. 感受性 機器具有人所缺少的某些特殊感受性能,如微波、超聲、紅外光都是人難以感受到的,而具有各種特殊性能的機器則能非常靈敏地感受到。

5. 記憶功能 計算機的記憶功能遠超過人。它不僅具有遠大於人的記憶容量,而且還具有能抹掉重寫的特點。人的短時記憶一般只有 7±2 組塊的容量。人的長時記憶量雖然也可以達到很大的容量,但要經過反復學習才能達到,而且記住後不可能任意抹去。

6. 能量 機器能長時間連續工作而不或很少疲勞,人則能量有限,若連續工作超過一定時間,就容易疲勞,特別做單調的重復動作時更易疲勞。

7. 環境忍受力 機器能夠在人無法忍受的環境中工作,例如高溫、高壓、缺氧、有毒等環境都是人容易受到傷害而難以在其中工作的。這類場合的工作最好安排機器去作。

(二) 人的功能優勢

上面所敘述的功能雖然人不如機器,但人也有許多機器所不及的功能,例如:

1. 知覺感受 在感知性能上,人具有某些機器達不到的感受能力,例如人對光亮的絕對感受靈敏度和對音色的分辨力是機器很難達到的。人的知覺恒常性為計算機望塵莫及。人的圖形識別能力也比機器優越。

2. 靈活性 人能隨情況變化運用不同信道去接收外來的信息。當一種信道發生過載或故障時,能很快改用別的信道去補償。機器則只能按事先設計的固定方式去接收信息。人有很高的靈活性，能隨機應變，因而具有機器很難實現的應付意外事件的能力。即使最好的計算機也很難具有人的這種應付意外的能力。

3. 創造力 人具有創造能力，任何機器包括最複雜的計算機都是由人設計創造的。人在靈感狀態時，具有特別有效的創造力。

4. 修復力 人具有診斷故障、排除障礙和修復機器的能力。計算機的程序遭受破壞時只能通過人去修復或重新設計新的程序。

5. 反省性 人具有總結經驗、吸取教訓和不斷自我完善的能力。機器只能具有人賦予它的功能。

6. 情感 人具有情感，能區別善惡，權衡價值，待以不同的態度。

根據上面人機功能特點的比較，我們可以對人機功能作出合理分配。一般說，強度大的、速度快的、精度高的、持續久的、單調的、工作環境惡劣的工作任務機器能夠做得比人好。而設計方案、編製程序、應付不測、故障診斷、維修保養和要求創新性的工作，人可以做得比機器好。人機功能分配中應各取所長，各避所短，使人和機器的優勢都能得到充分的發揮。當然在人機功能分配中，除了根據人機功能優勢外，還應考慮經濟及社會有關因素的影響。一個人機系統，不僅要考慮性能上的優越性，同時也要考慮技術上的可行性和經濟上的可能性。

二、人機界面匹配

任何相互連接的部件，只有互相匹配才能連接牢固。例如，螺絲和螺母必須使螺紋匹配才能緊固；收音機前後級間的輸出與輸入阻抗匹配，才能提高增益，放大信號。同樣的道理，人機系統只有當機器設計得與人的身心特點相匹配，系統才能效率高，安全可靠。

人機界面匹配 (man-machine interface match) 主要通過兩方面的工作：一方面是通過選拔與訓練，使操作人員能夠與機器要求相適應。人們在知識、能力和其他身心特點上可能存在著許多差別，各種機具對人的要求也很不相同。對某種人機系統，有些人能匹配得很好，而另一些人可能不易勝任。若能對各種人機系統的操作人員加以科學地選拔，就可以減少培訓時間。但人與機器相比，機器在構造和性能特點上可以有很大的變化，而人的身體結構和功能特點在很大程度上受生物遺傳因素制約，較具有不變性。因此，人機匹配主要不依靠人對機器的適應，而依靠把機器設計成符合人的特點來實現。

如前面所說，人機相互作用主要表現為人機雙方通過顯示器與控制器進行信息交換。因此機器對人的適應，主要表現為各類顯示器的信息顯示特點與人的各種相應的感官活動特點的匹配和控制器的構形、阻力、力矩等與人的效應器官活動特點的匹配。若顯示器與控制器設計得與人的感受器官與效應器官特性不匹配，使用時就可能會超過操作者的能力限度，或者會加重操作者的工作負荷，這樣自然就會降低系統的效率和可靠性。許多人機系統的事故都是由於顯示器或控制器與人匹配得不好引起的。為使人機匹配得好，在確定了人機系統總體要求後，就要為顯示器與控制器的設計進行人機匹配實驗。工程心理學的許多研究文獻都是為設計人機界面所做的人機匹配實驗結果的反映。

人機匹配應力求符合以下原則：

1. 要選用最有利於發揮人的能力和提高人的操作可靠性的匹配方式，不要為圖便宜或為了容易設計而選用不利於發揮人的能力特性的匹配方式。

2. 匹配方式要有利於使整個系統能夠達到最大的效率，但要避免對人提出能力所不及的要求。

3. 要使人操作起來方便、省力，避免選用在大部分工作時間內要求人高度用力的匹配方式。

4. 要採用信息流程和信息加工（或訊息處理）過程自然的、使人容易學習的、差錯少的匹配方式。

5. 不要採用需要人作高度精密的、頻繁的、簡單重複或過於單調的、連續不停作長時間精確計算的匹配方式。

6. 盡可能採用使人認識到或感到自己的工作很有意義或很重要的匹配方式。不可把人安排作機器的輔助物，避免使人產生自己的工作是為機器服務的感受。

第五節　人機系統的可靠性

一、可靠性概念

可靠性(或信度) (reliability) 是工業生產或工程設計中衡量產品質量的重要指標。一個工廠生產的產品若用不了幾天就發生故障，它的可靠性就很低。這種產品自然不會受使用者歡迎。其實任何事物都有可靠性問題，人也有可靠性問題。有的人工作中容易出差錯，有的人工作中不容易出差錯，後者的可靠性就比前者高。要準確地掌握可靠性概念，必須對其中所包含的以下幾項內容作明確的規定：

1. 明確可靠性的對象　任何一個事物都有其可靠性，也都可計算其可靠度。在一個複雜的系統中，系統的可靠性與系統組成成分的可靠性既是密切相關聯的，又是相互區別、不可替代的。在計算可靠度時必須明確所討論與計算的是什麼對象的可靠度。

2. 明確限定對象的功能　一個對象有時可以具有多重功能。一種功能失效時，其他的功能未必失效。例如一個人可能在色覺上有缺陷，但在其他功能上可能是一個優秀者。因此在計算可靠度時要明確規定所計算的是什麼功能的可靠度。

3. 明確故障的含義　故障程度可以有很大的差別。輕微故障往往表現為使用性能有所降低，但不影響使用目的。例如一台彩色電視機，若顯示圖像功能完全消失，自然就失去功能。但若電視機只是畫面或色彩上有一定程度的失真，但仍能顯示圖像，這雖然也是一種故障，但同圖像消失故障情形大不一樣，計算兩者的可靠度時就要區別對待。什麼樣的故障可作為計算可靠度的依據，需作出明確規定。

4. 明確時間限度　因為產品或人的可靠度都與使用時間長短有密切關係，因此計算可靠度時一定要對時間有明確規定。時間可以用小時、日或年來計算，也可用與時間計量相應的其他指標（如使用次數、行駛里程等）進行計量。

5. 明確使用的條件 除了對溫度、濕度、氣壓、振動、衝擊等物理環境條件作明確要求外，對使用方法、維護要求、使用者的技術水平等也應有明確的規定。因為這種種因素的變化都會對可靠度發生影響。

可靠性一般用可靠度、故障率或發生故障的平均時間來表示。

1. 可靠度 可靠性一般用概率度量，即在規定時間和在規定的使用條件下，無故障地發揮規定功能的概率。有了這個概率度量，就可對事物的可靠性高低作量的規定和比較。

2. 故障率 故障率 (failure rate) 也是在評價可靠性時用得較多的指標。故障率一般用 10^5 小時內發生的故障次數表示。例如，若一個機器部件平均 10 萬小時發生故障 1 次，則其故障率為 0.00001/小時。

3. 發生故障的平均時間 可靠性還可用發生故障的平均時間表示。對有故障就不能修理再繼續使用的產品，這個時間是指從開始使用到發生故障的時間，稱之**故障平均時間** (mean time to failure，簡稱 MTTF)。對發生故障後經更換零件或修理後可繼續使用的產品，則用**故障間平均時間** (mean time between failures，簡稱 MTBF) 表示。

二、人機系統的可靠性

（一） 串聯式與並聯式人機系統的可靠性

人機系統的可靠性是人的可靠性與機器的可靠性綜合的結果。串聯式人機系統與並聯式人機系統的系統可靠性有很大差別。在人機串聯的系統中，人或機器任何一環失效都會使整個系統的工作陷於停頓。而在並聯式人機系統中，人機功能可以互相取代，只要人或機中有一方正常工作，整個系統就能繼續工作，只有當人和機都發生故障時，整個系統的工作才陷於停頓。顯然，在串聯式人機系統中，系統的可靠度低於人或機的可靠度，串接的人與機器愈多，系統的可靠度愈低。而在並聯式人機系統中則相反，即系統的可靠度必然高於人或機的可靠度，並聯的人或機器愈多，系統的可靠度愈高。

串聯式與並聯式人機系統的可靠度可從參與系統的人與機器的可靠度中計算出來。設人機系統中人的可靠度為 R_h，機器的可靠度為 R_m，系統的可靠度為 R_s，串聯式與並聯式人機系統的可靠度可分別用下式表示：

$$串聯式：R_s = R_m \cdot R_h$$
$$並聯式：R_s = 1-(1-R_m)(1-R_h)$$

假若有一個單人單機人機系統，其中機的可靠度為 0.99，人的可靠度為 0.90。兩者若構成串聯式系統，其 R_s 為 0.891，兩者若構成並聯式系統，其 R_s 為 0.999。顯然，並聯式人機系統的可靠度要比串聯式人機系統的高得多。系統中包含的人、機愈多時，並聯式比串聯式在可靠性上的優越性也就愈明顯。

上面是把人或機分別作為單一的整體來計算系統的可靠度的。實際上人或機都是由不同成分構成的系統。它們的可靠性又取決於各自組成成分的可靠性及其聯接的方式。例如人的任何簡單的操作都是由若干環節組成的。例如司機開車，突然在十字路口看到紅燈閃亮而緊急煞車。這個操作雖然非常簡單，但它至少包含著視覺信號輸入、大腦作出緊急停車決策和腳踩煞車踏板等三個環節。這三個環節前後串接聯成一個完整的煞車操作過程，每個環節都有失誤的可能。三者中只要有一環不可靠，就會使煞車操作不可靠。機器的情形也是如此，機器中串接的部件只要其中一個部件失效就會使整個機器中斷工作。因此，在計算人機系統的可靠度時，必須先分別計算出人與機的可靠度。

在多人多機的人機系統中，人機結合可能採用多種方式，其中有人機串聯的，有人機並聯的，也有串聯並聯結合的，串聯中包含有並聯，並聯中包含有串聯等。計算這類人機系統的可靠度時，要按人機聯結的層次，由小到大，逐層進行計算，直至求出整個系統的可靠度。

（二） 多人決定的人機系統的可靠性

有的人機系統，為了對採取某種操作表示慎重，往往採用多人或多重決定的方法。譬如說，一個保險裝置的開關，要 4 人中有 3 人同意才能打開；在監控室中出現某種告急信號時，3 個值班員中要有 2 人同意才能切斷電源。計算這類系統的可靠度，比計算簡單串、並聯系統的可靠度要複雜一些。這時一般採用下式計算系統中操作人員總的可靠度：

$$R_{hn} = \sum_{i=0}^{r-1} {}_nC_i \ (1-R)^i \ R^{n-i}$$

R_{hn}：系統中 n 個人總的可靠度
${}_nC_i$：n 個人中有 i 個人同意的事件數
r：需要得到同意的人數
R：每個人的可靠度

求得 R_{hn} 後，再根據其與機聯結的方式，求整個系統的可靠度 R_s。多人決定的可靠度 R_{hn} 比串聯的可靠度高，比並聯的可靠度低。例如，設有 3 人掌管某種操作開關，每人的可靠度均為 R，設 $R_{3(2)}$ 表示 3 人中需 2 人同意的可靠度，$R_{3(並)}$ 表示 3 人並聯的可靠度，$R_{3(串)}$ 表示 3 人並聯的可靠度，則三種可靠度分別為：

$$R_{3(2)} = \sum_{i=0}^{2-1} {}_3C_2(1-R)^2 \ R^{3-2} = 3R^2 - 2R^3$$
$$R_{3(並)} = 1 - (1-R)^3 = 3R - 3R^2 + R^3$$
$$R_{3(串)} = R \cdot R \cdot R = R^3$$

上述三種可靠度與單個人（或單個部件）的可靠度 R 的關係如圖 9-3 所示。可見 $R_{3(並)} > R_{3(2)} > R_{3(串)}$。$R_{3(2)}$ 與 R 比較接近。但如圖所見，多人決定的系統中，只是當 $R > 0.5$ 時，多人決定的可靠性才大於單人決定的可靠性，若 $R < 0.5$，則多人決定的可靠性還不如單人決定的可靠性高。

三、人機系統的誤差

可靠性與誤差有密切關係。**誤差** (error) 達到一定限度，就會引起系統失效。只有把誤差控制得很小的系統，才可能生產出高精度的產品。

誤差有常誤和變誤之分。**常誤** (constant error) 又稱**系統誤差** (systematic error)，是有原因可尋的，比較容易控制。**變誤** (variable error) 又稱**隨機誤差** (random error)，受偶然因素影響，不容易控制。打靶時子彈總是

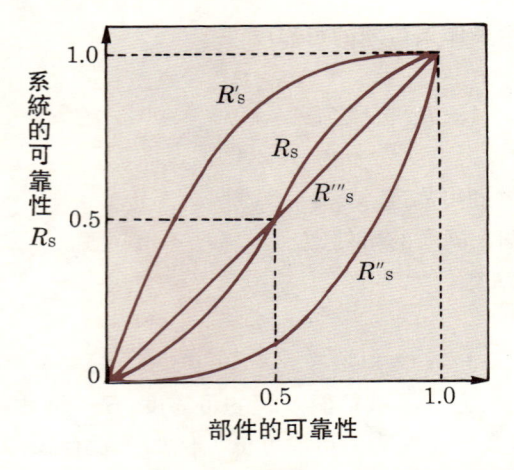

図 9-3　人或部件幾種不同聯結方式可靠性的比較
(採自淺居喜代治，1992)

$R_s = 3R^2 - 2R^3$　多數決定系統 (3人中的2人)
$R'_s = 3R - 3R^2 + R^3$　並聯系統 (3人)
$R''_s = R^2$　串聯系統 (3人)
$R'''_s = R$　無冗餘度 (1人)

偏離靶心左側或右側，車床加工內圓時內徑總是偏大或偏小，都是常誤引起的。常誤一般用平均誤差表示。系統的常誤是系統組成部件常誤的代數和。若一個系統由 n 個部件組成，各部件的常誤分別為 E_1、E_2、E_3、……、E_n，則系統的常誤 (E_s) 為：

$$E_s = \sum_{i=1}^{n} E_i$$

　　常誤是由穩定因素引起的誤差。若一個人機系統的產品老是出現具有某種缺陷的次品或廢品，就必定有某種穩定的因素在起作用。產生常誤的因素可能存在於機器方面，也可能出在操作者方面，也有可能是環境因素造成。例如，一個人射箭，每支箭都偏離靶心一側。引起這種常誤的原因可能是射箭者瞄準不得其法，也可能是弓箭有缺陷，還有可能由於射箭時風向的影響。要提高人機系統的工作質量，消除偏差，就必須控制引起常誤的因素。

　　變誤是由偶然或不穩定的因素引起的誤差。變誤一般用誤差測量的標準差表示。若一個系統由 n 個部件組成，各部件的變誤分別為 σ_1、σ_2、σ_3、……、σ_n，則系統的變誤 (σ_s) 可用下式表示：

$$\sigma_s = \sqrt{\sigma_1^2 + \sigma_2^2 + \sigma_3^2 + \cdots + \sigma_n^2}$$

顯然，系統的變誤在很大程度上取決於變誤大的部件。假若一個系統是由 A、B 兩部分組成，A、B 的變誤分別為 20 和 10，則系統的變誤為 22.36。完全消除了 B 的變誤時，系統變誤只降低 2.36。若把 A 的變誤從 20 降到 10，則系統變誤就從 22.36 降到 14.51，即降低了 7.85。與機器相比，人較易受各種偶然因素的影響。因此研究人的操作誤差對提高人機系統的精度有重要作用。但值得注意的是，工程設計人員往往只重視技術精度，而對人的操作精度很少注意，甚至為了提高機器精度而損害人的操作精度的例子也是屢見不鮮的。

第六節　人機系統評價

為了保證人機系統的設計質量，在人機系統設計過程中和設計後都必須進行評價。**人機系統評價** (man-machine evaluation) 包括硬軟件、技術性能、人機關係、社會經濟效益等方面的內容。一個系統的效率高並不等於效益好。以汽車為例，設計汽車的目的是為了運人送貨。一輛高性能的汽車，除了應具有開得動、跑得快、載運量大等與效率直接有關的性能外，還要滿足耗油省、成本效益比低、安全可靠、乘坐舒適、操作方便省力、外形美觀等要求。再如評價一條生產線，不僅要看它的速度和產品數量，還要看它對操作者身心的影響。若逼得操作工人過分緊張，操作負荷很重，事故頻生，這種生產線即使效率再高，也不能算是好的生產線。

人機系統評價是多階段多層次的。一般按工作的開展階段分為設計前評價、設計中評價和設計後評價。設計前評價主要是對總體設計方案的可行性進行評價，或稱方案論證。有時可設想幾個總體方案進行分析比較。總體方案評價後，人機系統進入具體設計和試製階段，這時要對系統的各組成部分進行評價。為了取得可靠的設計數據，有時還要對某些項目甚至對整個系統進行模型試驗或模擬實驗。系統建成後，就要在現場條件下進行驗證性的試驗和評價。人機系統只有通過設計後評價，才能投入使用。

人機系統評價有單項評價與整體評價的區分。單項評價多在總體方案評價後，在設計過程中進行。例如，對系統中的某種顯示裝置的工程心理學評價或某種環境因素對操作效能影響的評價，都屬單項評價。整體評價一般都放在系統完成後進行。由於人的效能最容易受情境的影響，因此整體評價對操作者來說顯得特別重要。一個顯示器的某種顯示特性在單項人機匹配試驗中可能表現得相當好，但在整體試驗中，由於它與其他因素發生交互作用，可能產生問題。因此工程心理學十分重視人機系統的整體模擬實驗的結果。

評價人機系統，需要做好以下幾方面的工作：

一、明確評價目的和評價要求

整體評價和單項評價有不同的目的和要求。一般說，整體評價是綜合性的，評價內容應包括系統的技術條件、工效學要求、經濟效益與社會效益等各個方面，考察系統在總體性能上是否達到了預期的要求。工效學的評價重點在於分析和檢驗各分系統間或系統的各部分間，特別是人與機器之間的相互作用關係。單項評價雖然也要考慮到系統的整體要求，但重點是在評價系統中某一組成部分的性能是否達到要求。例如，螢光屏、信號燈、表盤式儀表等各種不同的顯示器，都可以單獨就各自的設計特點、視覺清晰度、判讀效果等進行評價。對人機系統的評價，不管是單項的或是整體的，都應把人機匹配關係作為評價的重要內容。

二、確定評價標準

開始設計人機系統時，一般都先對系統及其組成部分的性能要求作出規定。這種要求可表現為國家有關部門制定的標準或規範，也可以是人機系統決策者設定的某種標準或要求。標準定得太高，難以實現，或者雖能實現，但要花很大代價，得不償失。標準定得太低，雖然容易實現，但會降低系統的性能要求，達不到安全、可靠的目的。為了保證人機系統的質量，必須確立有科學根據的，既先進又切實可行的評價標準。

三、選擇評價方法

　　專家評議是評價人機系統最常用的方式。參加評議的專家，除了工效學家外，還應包括設計、製造、使用等方面的專家。專家評議的優點是評議者具有專業知識經驗，可以對人機系統的優缺點作出有科學根據的結論。不過也要注意已有的經驗在評價新系統時可能產生的消極作用。即所謂以老眼光看新問題。例如飛機照明，雖然燈光照明優於螢光照明，但一個慣於螢光照明的飛行員會作出燈光照明不如螢光照明的評價。因此，評價人機系統除了要聽取專家和有經驗的人的意見外，更重要的是要採取科學的方法對人機系統進行客觀的測定與試驗。

　　測定人機系統的方法很多，要根據評價的目的、要求和評價的內容加以選用。例如，可以採用信息流程圖和人機活動聯繫圖的方法取得評價人機系統各組成部分空間佈局合理性的數據；可用時間線分析、時間-動作分析等方法測定人機系統中人與機器的工時有效利用情況的數據；可通過人機匹配實驗得到評價人機界面設計合理性的數據；可通過作業效績或生理機能狀態的測定評價系統對人的工作負荷的影響；也可用測定人的各種操作差錯作為評價人機系統可靠性的科學依據，等等。人機系統的各種數據，有的得自實地觀察調查，有的取自現場試驗，也有來自實驗室模擬實驗的。

本　章　摘　要

1. 世上萬物皆成**系統**。任何系統都是由一定的成分按一定的關係組成的統一整體。
2. 人機系統一般按人機聯接的方式分為**串聯式人機系統**、**並聯式人機系統**和**串並聯結合式人機系統**。串聯式人機系統中人與機的功能不能互相取代，缺損其中任何一環，系統就會中斷工作。並聯式人機系統中的人與機可以互相取代。

3. 人機系統有信息反饋的稱**閉環式人機系統**，無信息反饋的稱**開環式人機系統**。閉環式人機系統比開環式人機系統有效。
4. 人機系統可按人參與的方式和所起的作用不同分為手控式、機控式和監控式三類。**手控式人機系統**以人力作動力源，其工作效率主要取決於機器與人力的匹配程度。**機控式人機系統**以電能、化學能作動力源，其工作效率主要取決於機器性能與人的信息加工能力的匹配程度。**監控式人機系統**又稱**自動化系統**，人在其中處於監視地位，只有機器發生故障，或需要改變系統的運轉程序時，人才會對系統進行干預。在監控式人機系統中，人的責任很重，而操作負荷很低。
5. 要建立人機系統，一般需要經歷系統分析、系統設計、原型研製、試驗評價和定型生產等階段。人機系統分析主要包括：系統總的目標；系統應具有的功能；功能的人機分配；機器的性能和實現條件；人力資源的要求與實現條件；人機界面的設計要求；工作環境的設計要求；系統的效益等。
6. 人是人機系統中容易受各種因素影響的環節。必須重視系統中的**人因素分析**，其中包括對人的功能要求、體質特點、力量和耐力、信息加工能力限度、個性特點，人機界面設計要求，以及人對環境條件的要求等的分析。
7. 人機系統中人與機相交接的地方稱為**人機界面**。人機界面有人-機硬件界面和人-機軟件界面兩類。人機硬件界面指顯示器和控制器。**顯示器**是機器向人輸出信息的裝置，它和人的感受器官構成一組人機接口。**控制器**是人向機器輸出信息的裝置，它和人的運動器官構成另一組人機接口。人通過顯示器和控制器同機器進行信息交換。人機軟件界面指機器操作的程序，使用機器的方法和工作手冊等。
8. 人機系統中除了人機界面外，還有人-環境界面和人-人界面。人的工作效率受人-機、人-環境、人-人三種界面關係的影響。優良的人機系統，需要這三種界面關係協調和配合得好。
9. 人機系統的效率，主要取決於人與機的配合。**人機匹配**包括**人機功能分配**與**人機界面匹配**兩個方面。人和機各有其功能優勢，在人機系統中要發揮人機功能之所長，把人所長的功能分給人去做，把機器所長的功能安排機器去做。

10. **人機匹配**是指人機界面設計中，信息顯示特點與人的感官系統的功能特點相匹配，控制器的特點與人的手足等運動器官的功能特點相匹配。人機匹配設計要著重於機對人的適應，同時也不排斥一定限度內人對機的適應。
11. **可靠性**是評價人機系統性能的重要指標。可靠性一般用**可靠度**、**故障率**或**故障平均時間**表示。可靠度是系統在規定時間內和規定的使用條件下成功地完成規定功能的概率。故障率用規定使用時間內發生的故障次數表示。故障平均時間對不可修復產品，指開始使用到發生故障的平均時間，對可修復使用的產品指故障間隔平均時間。
12. 串聯式人機系統的可靠性低於系統任何成分的可靠性，系統中包含的成分越多，系統的可靠性越低。並聯式人機系統的可靠性大於系統任一成分的可靠性，系統中並列的成分越多，系統的可靠性越高。多人決定的系統的可靠性，高於串聯式系統，低於並聯式系統。
13. 人或機器的工作誤差是評價人機系統精確性的重要指標。**誤差超過一定限度就會引起故障**。
14. 誤差有常誤與變誤的區分。**常誤**是由穩定的致誤因素引起的，一般用平均誤差表示。系統的常誤是系統組成部件常誤的代數和。**變誤**是由偶然的致誤因素引起的，一般用誤差測量的標準差表示。系統的變誤大小主要取決於變誤大的成分的變誤值。
15. 人機系統在設計前、設計後和系統建立後都應進行評價。**人機系統評價**需要明確目的，規定評價內容，確定評價標準，選擇評價方法。參加評價的人除了要有工程心理學家或工效學家外，還應有設計、製造方面的專家和使用者參加。

建議參考資料

1. 皮・斯・廸隆（牟致忠、謝秀玲、吳福邦譯）(1990)：人的可靠性。上海市：上海科學技術出版社。
2. 朱祖祥（主編）(1990)：工程心理學。上海市：華東師範大學出版社。
3. 曹　琦（主編）(1991)：人機工程。成都市：四川科學技術出版社。
4. 龍升照（主編）(1993)：人-機-環境系統工程研究進展。北京市：北京科學技術出版社。
5. Huchingson, R.D. (1981). *New horizons for human factors in design.* New York: McGraw-Hill.
6. Park, K.S. (1987). *Human reliability-analysis, prediction, and prevention of human errors.* New York: Elsevier.

第十章

視覺特性和視覺顯示器的設計

本章內容細目

第一節　視覺基本特性概述
一、視覺空間特性　293
　（一）視　野
　（二）視敏度
二、視覺時間特性　298
　（一）視覺適應
　（二）視後像
　（三）閃光融合
三、視覺光譜特性　303
　（一）電磁波與可見光譜
　（二）顏色光混合
　（三）人的色光感受性
　（四）影響顏色視覺的因素

第二節　視覺顯示器的種類及設計原則
一、視覺顯示器類型　309
　（一）以顯示狀態分類
　（二）以顯示功能分類
　（三）以結構和顯示方式分類
二、視覺顯示器設計的工效學原則　310
　（一）視覺顯示器的基本要求
　（二）視覺顯示器的設計和選用原則

第三節　視覺顯示器的信息編碼
一、單維視覺編碼　311
　（一）顏色編碼
　（二）形狀編碼
　（三）其他編碼
二、多維視覺編碼　314
　（一）多維餘度編碼
　（二）多維複合編碼
三、不同視覺編碼傳信效率比較　315

第四節　表盤-指針式儀表設計中的人因素
一、表盤設計　318
　（一）表盤形狀
　（二）表盤尺寸
　（三）表盤與指針運動關係
二、刻度標記設計　320
　（一）刻度間距和讀數單位間距
　（二）刻度尺寸
　（三）刻度數進級
　（四）表盤數字定位
三、指針設計　323
四、儀表排列和儀表板設計　324
　（一）儀表排列原則
　（二）儀表板位置安排

第五節　電子顯示器設計和使用中的人因素
一、分辨率　327
二、閃爍與餘輝　328
三、目標和背景亮度　329
　（一）環境照明對陰極射線管顯示清晰度的影響
　（二）陰極射線管顯示器顯示的最佳亮度對比
四、陰極射線管顯示的顏色　330

第六節　信號燈光顯示的人因素
一、信號燈亮度　333
二、信號燈編碼　334
三、信號燈的位置選擇　335

第七節　字符標誌設計的人因素
一、字符設計　336
　（一）字形結構和字體
　（二）字高寬比
　（三）筆畫寬度
　（四）字符大小
二、符號標誌設計　339
　（一）涵義容易理解
　（二）清晰醒目易被覺察

本章摘要
建議參考資料

視覺是人與外部世界溝通的最重要的通道。人對外部世界的信息，約有80%左右是通過視覺通道獲得的。因此，視覺和視覺顯示器便成為人機系統中最重要和最常用的人機界面。視覺顯示器按其顯示內容與被顯示對象的相似度關係，可以分成兩類：一類是信號顯示，它以符號、標記、文字、燈光等形式表徵客觀事物的狀態，例如表盤式儀表、燈光信號、統計圖表、安全標誌、文字圖形等均屬這一類顯示。這是一種間接的，需要進行編碼譯碼過程的顯示方式。另一類是情景顯示，即人通過顯示器能看到不能由眼睛直接看到的外部事物的實際情景。顯微鏡、望遠鏡、電視、通訊傳真器等都屬情景顯示裝置。情景顯示有許多突出的優點，隨著電子技術和計算機技術的發展，視覺顯示將越來越多採用情景化顯示方式。但信號顯示方式仍不可能完全被代替。不論哪一類顯示方式，只有在它們的顯示特點與人的視覺信息接收特點相匹配時，才能獲得優良的顯示效果。

　　視覺信息顯示的最基本要求是要使人看得見，看得清，看得快，和看得準。看得見就是要使信息顯示能引人注意。看得清就要使信息顯示具有高的清晰度。看得快和看得準，就要使信息顯示具有良好的可辨性和可理解性。要滿足這些要求，一方面需要提高顯示器的技術性能，另一方面需要了解人的視覺特性，並使顯示器的顯示特點與人的視覺信息加工特點相適應。本章將為視覺顯示器的設計者與使用者提供有關人的視覺特性的基本知識，並為各類視覺顯示器的設計提供工效學原則和參數。

　　本章將著重討論下列問題：

1. 人的視覺感受客觀刺激物的空間特性和時間特性的能力及其限度。
2. 可見光譜和顏色視覺的關係及影響顏色視覺的因素。
3. 視覺信息編碼及其傳信效率。
4. 視覺顯示器的基本類型及設計的一般原則。
5. 表盤指針式儀表的表盤、刻度、指針的設計要求及儀表排列原則。
6. 燈光信號設計中的人因素要求。
7. 字符和符號標誌設計的人因素要求。

第一節 視覺基本特性概述

視覺心理學的內容異常豐富。它為人機系統的設計和使用提供了科學原理和依據。這裏僅對其中與視覺顯示器設計和使用特別有關的若干視覺基本特性作一簡要的介紹。

一、視覺空間特性

人的空間視覺能力是人適應世界的基本能力。在視覺顯示器的設計與使用中，要求與人的空間視覺能力特點相適應。

（一）視野

視野（visual field）是指頭和眼球不動時視覺能感受到的空間範圍。視野範圍用視角表示。視野有雙眼視野與單眼視野之分。雙眼視野範圍大於單眼視野。人的視覺只能接收視野範圍內對象所傳送的信息。人對視野範圍內對象的感受能力因對象在視野內的位置而不同。

一般說，處於視野中心區域的對象，看起來最清楚。在視線四周 1.5° 視野範圍內的對象，落在視網膜中央凹內，這是視敏度最高的區域。視線周圍 15° 是最佳視覺區，落在這一範圍內的物體也能看得很清楚。離視野中心愈遠，視覺分辨力愈差。處在視野邊緣的對象，只能感知其存在，不能區分其顏色和細節。這表明，辨認顯示細節時，應把顯示器放在視野的中心範圍內。人感受顏色的視野範圍因顏色不同而異。圖 10-1 中繪出了紅、黃、綠、藍、白等色的視野範圍，可見白色視野最大，藍色次之，紅色又次之，綠色最小。在視野中設置顏色標誌時，需要考慮不同顏色視野範圍的差別。

（二）視敏度

視敏度（或視力）（visual acuity）是指辨認物體細節的視覺能力。人剛能辨認物體細節的能力通常用人眼節點構成的視角的倒數表示。人在 5 米距離處能辨認視角 1° 細節的視敏度定為 1.0。若一個人在 5 米處能辨認

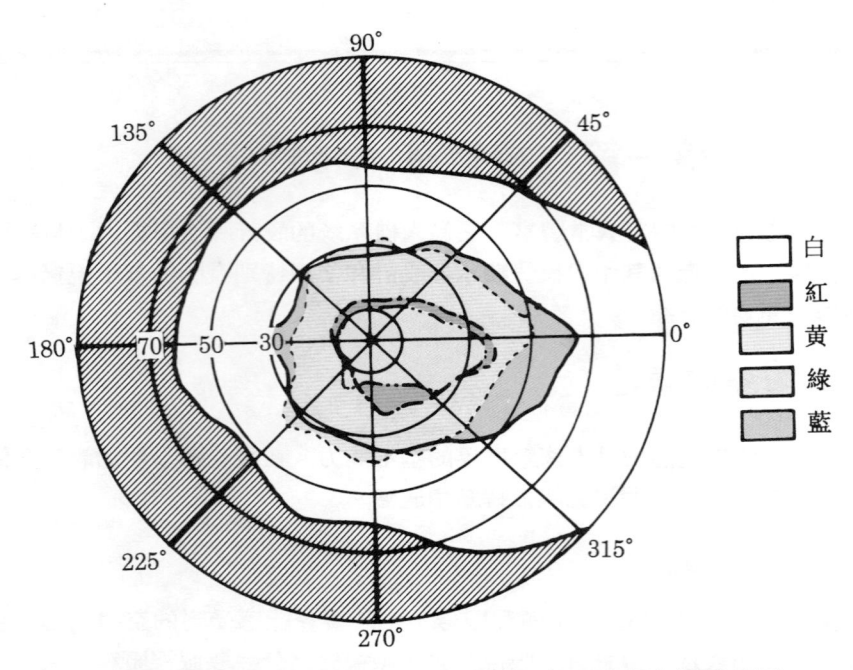

圖 10-1　單眼（右）視野白、紅、黃、綠、藍顏色視野範圍
(採自美國光學學會，色度學委員會，1963)

視角為 0.5° 的細節，其視敏度就是 2.0。

　　人的視敏度容易受主客觀條件的影響而發生變化。下面是幾種影響視敏度的主要因素：

1. 照明因素　對視敏度發生影響的照明因素有目標亮度，目標四周亮度，視標與背景的亮度對比等。

　　目標亮度對視敏度的影響十分明顯。圖 10-2 是視標亮度與視敏度的關係曲線。可見目標亮度小於 0.1 cd/m^2 時，視敏度值很低。目標亮度在 1～100 cd/m^2 範圍時，視敏度與亮度的對數成線性關係。目標亮度 100～1000 cd/m^2 範圍內，視敏度仍繼續隨目標亮度增加而提高，但提高的幅度越來越小，呈負加速增長趨勢。

　　視敏度不僅取決於視標的亮度水平，而且也受視標周圍亮度的影響。圖 10-3 是視標周圍亮度 (L_2) 與中心 5° 範圍視標亮度 (L_1) 比率變化時所引

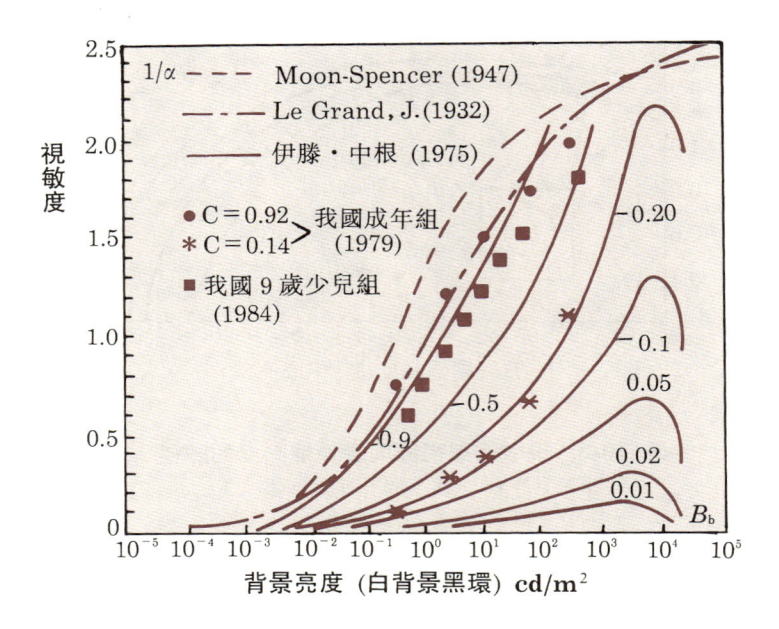

第十章　視覺特性和視覺顯示器的設計　**295**

圖 10-2　視敏度與視標亮度的關係
(採自　龐蘊凡，1993)

起的視敏度變化的曲線。可見當周圍亮度與中心視標亮度相等時，或周圍亮度稍低於中心視標亮度時，視敏度最高，當周圍亮度高於中心視標亮度時，視敏度下降，超過比率越大，視敏度下降越快。

亮度對比 (luminance contrast) 是指視標與其背景的亮度比率關係，通常用下式表示：

$$C = \frac{B_t - B_b}{B_b}$$

　　C：亮度對比度值
　　B_t：目標亮度
　　B_b：背景亮度

當 $B_b > B_t$ 時，一般用負值表示。也有人用 C 乘以 100 的百分數表示亮度對比。葛列衆和朱祖祥 (1987) 曾在不同照度條件下研究了亮度對比

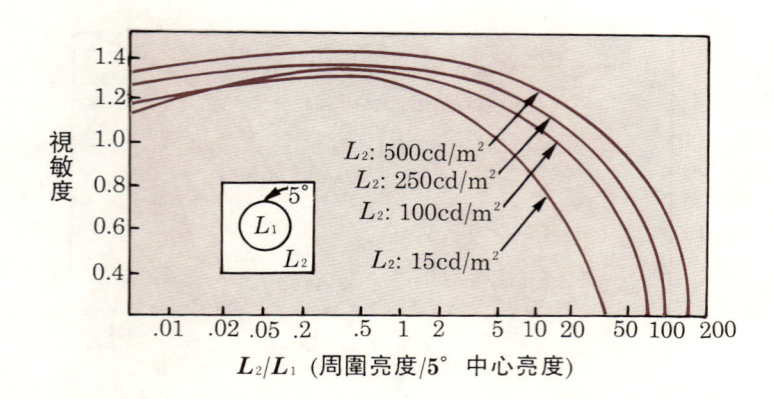

圖 10-3 視敏度與視標周圍環境亮度的關係
（採自日本照學會：照明手冊，49 頁）

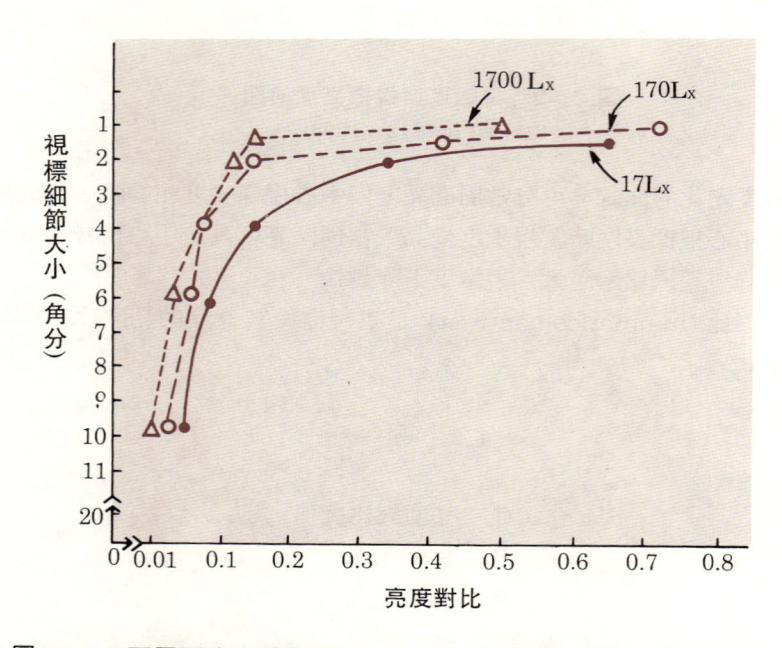

圖 10-4 不同照度下辨認正確率達 95% 的視力與亮度對比的關係
（根據葛列衆、朱祖祥，1987 數據繪製）

對視敏度的影響，得到不同照度條件下辨認目標正確率達 95% 時的視覺對比度對視力影響的曲線，結果如圖 10-4 所示。可見在不同照度下視敏度的要求隨對比度的減小而提高。

在一定的時間範圍內 (不超過 100 毫秒)，人眼的感受性隨曝光時間的增長而提高。不同照度下，曝光時間與視敏度的關係如圖 10-5 所示，兩者成線性關係。根據這一關係，在視覺顯示的設計和使用中，顯示小細節的目標應比顯示大目標給以更長的最低顯示時間。

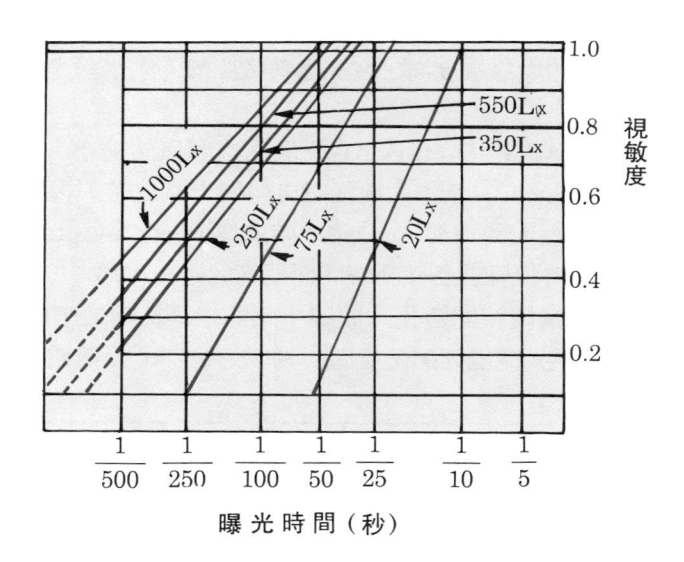

圖 10-5 曝光時間、照度與視敏度的關係
(採自龐蘊凡，1993)

2. 主體因素 視敏度受主體多方面因素的影響。例如，視網膜不同部位的視敏度有明顯差別。中央凹處視敏度高，離中央凹愈遠，視敏度愈低。視敏度也與瞳孔大小有關，當瞳孔直徑小於 1 毫米時，視敏度與瞳孔直徑保持精確的線性關係；瞳孔直徑繼續增大，視敏度的提高減慢；當瞳孔直徑由 2.2～2.5 毫米增到 5 毫米時，視敏度不再提高。此外，人的視覺系統隨年齡增長出現的一些異常變化 (如眼睛晶狀體調節能力下降、瞳孔縮小、眼球內透明度下降以及視網膜與相應的神經通路和中樞功能退化等)，也會

引起視敏度下降。視敏度在 14～20 歲時最高，20～40 歲時穩定，40 歲以後開始下降，60 歲以後視敏度只有 20 歲時的三分之一到四分之一。

二、視覺時間特性

（一） 視覺適應

視覺對刺激光的強度變化有很大的適應能力。從感受幾十個光子的光到 $10^5 cd/m^2$ 的光，人眼都能適應。但人眼對光感受的靈敏度，因周圍亮度不同而異。一般在暗處靈敏度高，在亮處靈敏度低。人眼對光感受的靈敏度隨時間而變化。

視覺適應(visual adaptation) 分為光適應與暗適應。**光適應**(或亮適應) (light adaptation) 是指人眼從暗處轉向光亮處時，視覺感受性變化的過程。光適應過程大約需要 1 分鐘。**暗適應**(dark adaptation) 是指人眼從亮處轉向暗處時視覺感受性隨時間而提高的過程。圖 10-6 繪出了暗適應過程中對光感受閾隨時間變化的曲線。此曲線稱為**暗適應曲線**(dark adaptation curve)。從光亮處到黑暗處時，約需經過 30 分鐘或更長時間後才能

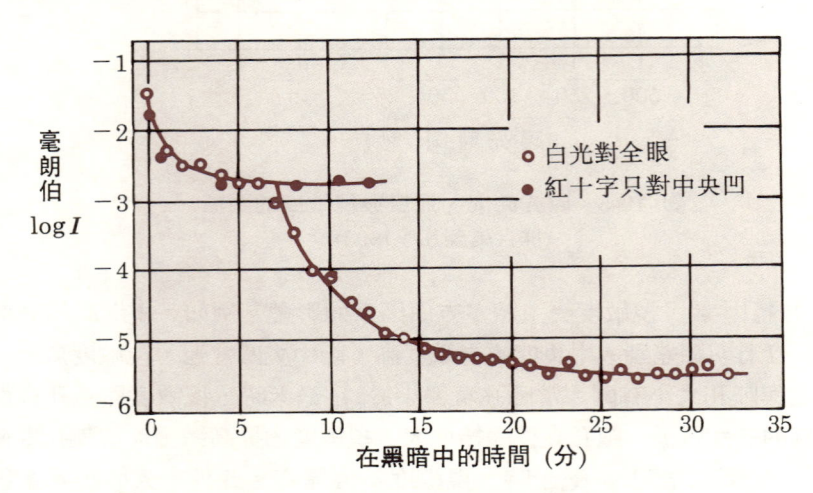

圖 10-6 暗適應曲線
(採自赫葆源、張厚粲、陳舒永，1983)

達到完全適應。在暗適應過程中視覺感受性的變化是不均勻的，曝光後的短時間內感受性提高快，時間越長，感受性提高越慢。

暗適應過程受曝光顏色和曝光強度的影響。一般說，紅光比白光及其他色光的暗適應過程進行得快。因此，在需要保護夜視力的場合，都採用紅光照明或戴上紅色眼鏡。許多飛機座艙的儀表採用紅光照明，就是為了保護飛行員夜航中的夜視力。朱祖祥等（1985）曾對不同顏色儀表照明後的 1 分鐘內的短時暗適應過程進行過比較研究。結果表明曝光後的視力恢復，紅光照明優於黃光和白光照明，而且其差異隨照明強度提高而增大。不同色溫白光對暗適應有不同的影響。紅、白光的暗適應差異隨白光色溫降低而縮小。白光色溫變化與達到一定視銳閾所需時間的關係如圖 10-7 所示。可見，色溫越低對暗適應越有利。

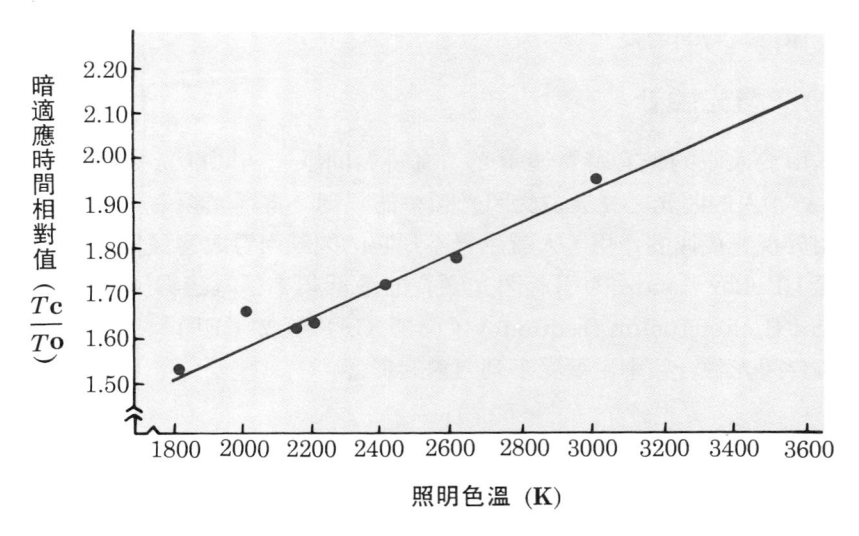

圖 10-7　白光色溫與暗適應時間的關係
(採自朱祖祥，1990)

（二）視後像

人的視覺是由光刺激引起的。光作用於眼睛，引起網膜感光細胞的神經衝動，傳至大腦，產生視覺。視覺過程總是滯後於刺激過程。當刺激停止作用後，在一定時間內仍然保持著的感覺像稱為後像 (afterimage)。

視覺後像有正、負之分。性質、特點與刺激物相同的後像稱之為正後像 (positive afterimage)。例如看電視時一個人物鏡頭過去後，很短時間內仍保持著這個人物的視覺像就屬正後像。電影片都是由分離的像片組成的，由於視覺正後像的作用，我們才把一幀一幀放映的視像看成是連續的形象。如果後像的性質特點與其刺激物相反，稱為負後像 (negative afterimage)。例如人對著點亮的日光燈看一定時間後把眼轉向白色牆壁時，就會在牆上看到一根日光燈黑影，這就是負後像。

後像的持續時間受多種因素的影響。引起後像的刺激亮度愈高，後像的持續時間愈長。後像的持續時間還隨刺激時間延長而增長，但若刺激延續超過 10 秒，後像就不再隨刺激時間而延長。網膜成像部位也影響著後像的延續時間。中央凹的後像比網膜邊緣後像的延續時間長。視覺發生疲勞時也會使後像持續時間增長。

（三）閃光融合

作用於人眼的光有時為連續光，有時為間歇光。間歇光一般稱為閃光 (flicker)。人的閃光感受能力受閃光頻率的限制。當閃光頻率達到一定次數後，由於視覺後像的作用，人就感覺不到它的閃動而看成連續光，即產生閃光融合 (flicker fusion)。引起閃光融合的最低頻率稱為臨界閃光融合頻率 (critical flicker fusion frequency，簡稱 CFFF 或 CFF)。

臨界閃光融合頻率主要受下列因素的影響：

1. 閃光亮度　在中等亮度範圍內，臨界閃光融合頻率是亮度對數的函數。其數學表達式為：

$$f_c = a \log L + b$$

f_c ：臨界閃光融合頻率
a、b：常數，因人因條件而變

這一關係式稱為費里-波特定律 (Ferry-Porter's law)。此定律不適用於高亮度的閃光，因閃爍光亮度高到一定水平後，臨界閃光融合頻率就不再提高。

俞文釗 (1981) 研究了光柵臨界閃光融合頻率與亮度變化的關係，結果表明人眼對光柵的臨界閃光融合頻率隨亮度增加而提高。亮度小於 3 cd/m² 時，臨界閃光融合頻率隨亮度增加提高得快，亮度大於 3cd/m² 時，臨界閃光融合頻率隨亮度增加提高得慢。

2. 背景光　研究表明，背景光的強度會影響臨界閃光融合頻率。背景光的強度增大，臨界閃光融合頻率隨之提高。俞文釗 (1981) 曾對不同亮度閃光的臨界閃光融合頻率作了有背景光與無背景光的比較。結果如圖 10-8 所示，不論閃光亮度高低，有背景光時，其臨界閃光融合頻率都比無背景光時提高。

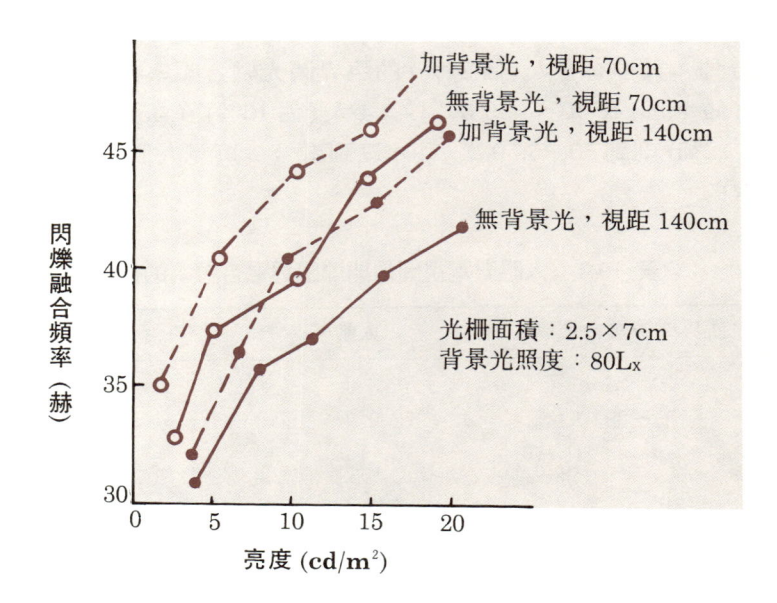

圖 10-8　背景光對臨界閃光融合頻率的影響
(採自俞文釗，1989)

3. 刺激面積　根據格蘭尼特和哈珀 (Granit & Harper, 1930) 研究，臨界閃光融合頻率不僅與刺激亮度的對數值成線性關係，而且也隨刺激面積的增大而提高，兩者的關係式為：

$$\text{CFF} = c \log A + d$$

CFF：臨界閃光融合頻率
A：刺激面積
c、d：常數

這一關係式被稱為**格蘭尼特-哈珀定律** (Granit-Harper's law)。俞文釗 (1981) 研究了刺激面積對電視光柵臨界閃光融合頻率的影響。結果表明，在屏幕亮度高於 $3cd/m^2$ 時，臨界閃光融合頻率隨光柵面積增大而提高，兩者關係可表示為 $\Delta\theta \propto \Delta f$。但在屏幕亮度低於 $3cd/m^2$ 時，兩者之間並未顯示出這種關係。

臨界閃光融合頻率除了受上述客觀因素影響外，還因個體因素的影響而表現出較大的個別差異。表 10-1 是 25 個被試對電視圖像臨界閃光融合頻率的分佈，其中有 6 人 (佔 24%) 的臨界閃光融合頻率在 35～39.9 次/秒，12 人 (佔 48%) 在 40～44.9 次/秒，4 人 (佔 16%) 在 45～49.9 次/秒，有 3 人 (佔 12%) 則到 50～59.9 次/秒才達到融合。可見人們之間的個別差異是相當大的。

表 10-1　人眼對電視圖像閃爍臨界融合頻率的個體差異

臨界閃爍融合頻率	人數	百分比率 (%)
30～34.9	0	0
35～39.9	6	24
40～44.9	12	48
45～49.9	4	16
50～54.9	2	8
55～59.9	1	4
60～64.9	0	0

(採自俞文釗，1989)

三、視覺光譜特性

(一) 電磁波與可見光譜

宇宙空間充滿波長不同的電磁波。波長 380 毫微米到 780 毫微米的電磁波，能激發人眼感光細胞的活動，是人視覺的適宜刺激物。能引起光覺的電磁波稱為**可見光** (visible light)。可見光只是電磁波中範圍很有限的一段。有的動物能感受短於 380 毫微米的紫外光 (或紫外線)，或長於 780 毫微米的紅外光 (或紅外線)。若提高光輻射強度，人眼感光範圍可擴大到 313～950 毫微米。

可見光電磁波具有波長與振幅兩個基本特性。波長與顏色相聯繫。不同波長的電磁波作用於人的眼睛時會引起不同的顏色感覺。光波的振幅與人的**明度** (brightness) 或**亮度** (luminance) 感覺相聯繫。電磁波能量越大，振幅越強，人感到光越明亮。

人眼在不同可見光譜作用時產生顏色感覺。光譜波長和相應的顏色感覺如表 10-2 所示。短波一端為紫色，長波一端為紅色。

(二) 顏色光混合

表 10-2 列舉的是由單一的光譜成分引起的顏色感覺。若有多種不同波

表 10-2　光譜波長和顏色感覺的對應關係

顏色感覺	波長 (毫微米)	波長範圍 (毫微米)
紅	700	640～750
橙	620	600～640
黃	580	550～600
綠	510	480～550
藍	470	450～480
紫	425	400～450

(採自朱祖祥主編，1994)

長的光譜成分同時作用於人眼,人不是同時產生多種相應的顏色感覺,而是產生與作用光譜色不同的顏色感覺,這時感覺到的顏色稱為**混合色** (mixed color)。色光混合與顏色感覺之間存在著如下的規律性:

1. 補色律 (law of complementary colors)　兩種色光相混合產生白色或灰色,此兩色互為補色。每一種顏色都有一種與之相應的**補色** (complementary color)。圖 10-9 中的**顏色環** (color circle) 可以表示補色配對的情形。顏色環是把飽和度最高的光譜色依順序圍成的圓環。每種顏色都可在圓環上找到一個確定的位置。白色位於圓心。穿過圓心的直線在圓環上相交的兩光譜色互成補色。互補色按適當比例混合就可得到白色或灰色。

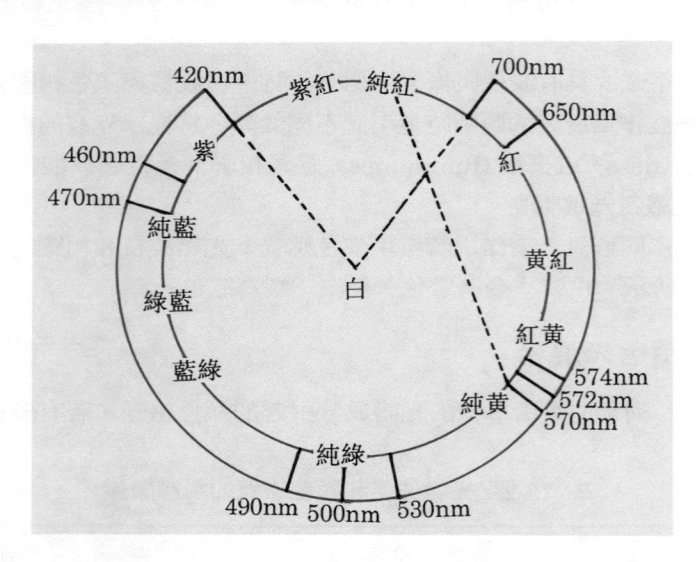

圖 10-9　顏色環
(採自荊其誠、焦書蘭、喻柏林、胡維生,1979)

2. 中間色律 (law of intermediary colors)　任何兩種非補色光混合便產生兩色的**中間色** (intermediary color)。中間色的顏色處於兩混合光色之間。中間色在色環上的位置可按下法求得:畫出兩混合色的連接直線,在直線上找出兩色混合量的比例點,由圓心與此點相連的延長線同色環相交點的光譜色即為兩色混合所產生的中間色。中間色的飽和度決定於兩色在色環上的距離，距離愈近飽和度愈大，距離愈遠飽和度愈小。若取光譜上的紅、綠、藍三色按產生中間色的方法進行混合，可混合出位於由紅、綠、藍色點組成的三角形內的各種顏色。

3. 色代替律 (law of color substitution) 任何外貌上相同的顏色，不論其光譜成分是否相同，都可以互相替代，並在色光混合上具有與被替代色同樣的效果。這就是說，凡是視覺上相同的光色，不論其成分如何，在色混合中等效，可以互相替代。例如黃、藍為互補色，可混合得白色。紅、綠為非補色，可混合得黃色。若無黃色，可以用紅、綠混合後得到的黃色再與藍色混合而得到白色。

4. 混合色光 混合色光的亮度是相混合顏色光的亮度之和。

根據上述色光混合的原理，可以用紅、綠、藍三光譜色按不同的比例混合得到各種顏色，其顏色方程為：

$$(C) = r(R)+g(G)+b(B)$$

(C)：特定顏色
(R)、(G)、(B)：紅、綠、藍三原色
r、g、b：三原色的混合比例係數

（三） 人的色光感受性

人眼對光的感受性因光譜成分而有所不同。對**等能光譜**(equal energy spectrum)(指輻射能量相等的光譜) 輻射感受性的測定結果，表明人眼對不同光譜感受性是光譜中間部分高，隨著光譜移向長波和短波兩端，感受性漸次降低。圖 10-10 是國際照明委員會 (CIE) 提出的人的明視覺與暗視覺條件下等能光譜的相對亮度曲線。可見在明視條件下人眼對波長 555 毫微米光譜的感受性最高。在暗視覺條件下，曲線向短波方向移動，在波長 507 毫微米光譜的感受性最高。

根據陳永明 (1979)、許宗惠 (1980) 等人的研究，中國人眼的明視光譜函數曲線同國際照明委員會的明視曲線基本吻合，只是曲線的短波部分略高於國際照明委員會的曲線。中國人眼的暗視光譜函數曲線也與國際照明委員會的暗視曲線相似，只是曲線向長波方向位移約 8 毫微米。

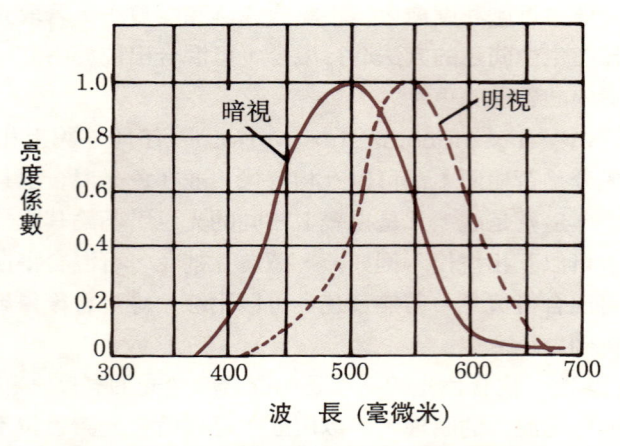

圖 10-10 明視覺與暗視覺光譜光效率曲線
(採自朱祖祥主編，1990)

人的顏色差別感受性隨光譜波長不同稍有差別。有的光只要波長相差 1 毫微米，人眼就能看出顏色差別。有的光波長相差 2 毫微米才能看出有顏色差別。圖 10-11 是各種光譜的顏色差別感覺閾限，可見顏色差別感受性隨光譜波長不同而變化的情形。它表明光色差別閾限最高的是在光譜兩端和 540 毫微米處。

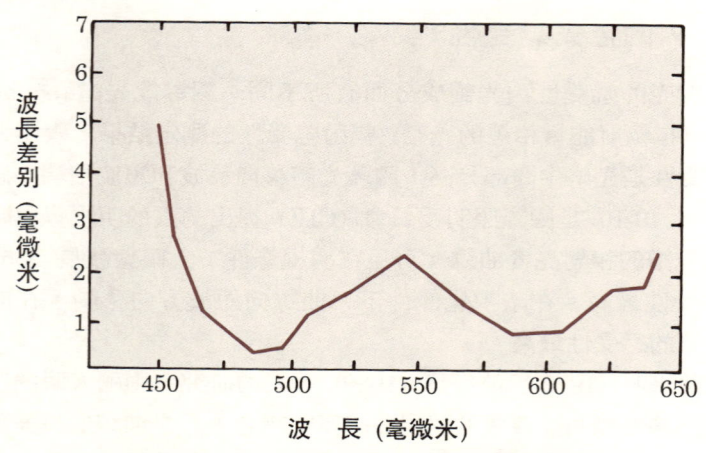

圖 10-11 不同波長光譜的顏色差別閾限
(採自荊其誠、焦書蘭、喻柏林、胡維生，1979)

(四) 影響顏色視覺的因素

人的顏色視覺除了取決於光譜波長外，還會受其他因素的影響而發生一定程度的變化。下面是影響顏色視覺的幾種主要因素：

1. 顏色對比　兩種顏色在視場中的相鄰部位一起呈現時，會由於顏色對比 (color contrast) 而使顏色感覺發生一定程度的變化。例如，紅、綠兩色放在一起，看起來紅的顯得更紅，綠的顯得更綠。若在紅色中放置一張白紙，眼睛看白紙幾分鐘，白紙看上去就帶綠色。如果白紙是放在黃色中，白紙看來就帶藍色。紅與綠、黃與藍都是互補色。這表明兩種顏色放在一起時，會由於對比的關係使每種顏色的感覺向另一顏色的補色方向變化。

2. 顏色適應　人眼在顏色刺激的持續作用下所造成的顏色視覺變化稱為顏色適應 (color adaptation)。人眼在適應了一種顏色刺激後再去看另一種顏色時，就會使後者的顏色感覺向著適應色的補色變化。例如，人眼在適應了紅色後，去看黃色，黃色就會向紅色的補色綠色方向變化。顏色適應的影響可以保持幾分鐘。

3. 色光強度和投光面大小　人眼對色光的感覺受色光強度影響而變化。光譜上只有三種波長的顏色視覺幾乎不受光強的影響。這三種波長是572 毫微米（黃），503 毫微米（綠）和 478 毫微米（藍）。其他波長的光譜色在光的強度增大時，其顏色感受如圖 10-12 所示，都會略向紅色端或藍色端變化。顏色感覺隨光強而變化的現象叫做**貝楚德-樸爾克效應** (Bezold-Brucke effect)。

4. 環境照明　若把陰極射線管等彩色自發光器件置於不同的環境照明下，人對發光體顏色的辨認結果會因環境照明光的強度和色度不同而發生變化。許為、朱祖祥 (1989) 讓被試在不同色溫 (1800K～5800K) 和不同強度 (10Lx～800Lx) 的環境照明光作用下，對 16 種亮度一致的陰極射線管顏色進行絕對辨認。16 種色標的絕對辨色實驗結果如圖 10-13 所示。可見環境照明光的強度越高，顏色辨認的錯誤也越多。自然，各種顏色所受的影響程度是有差別的，紅、綠、藍三色受到的影響較小。

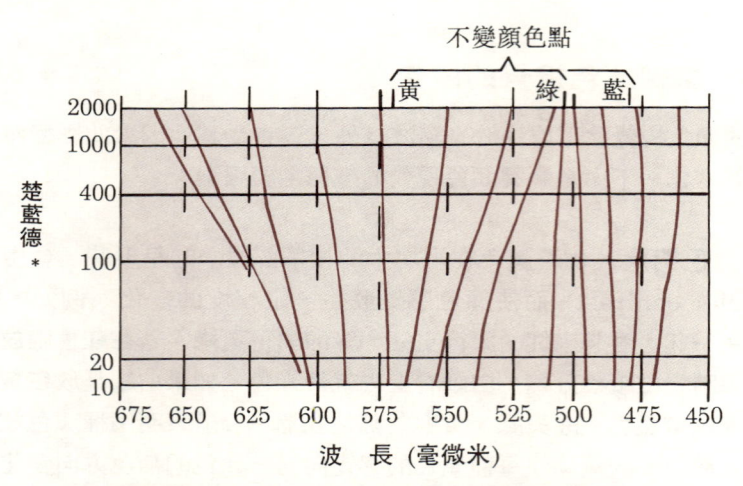

圖 10-12 光強對光譜顏色視覺變化的影響

*楚藍德 (Troland) 為視網膜照度的度量單位，用以計算作用於視網膜單位面積上的投光量。

(採自荊其誠、焦書蘭、喻柏林、胡維生，1979)

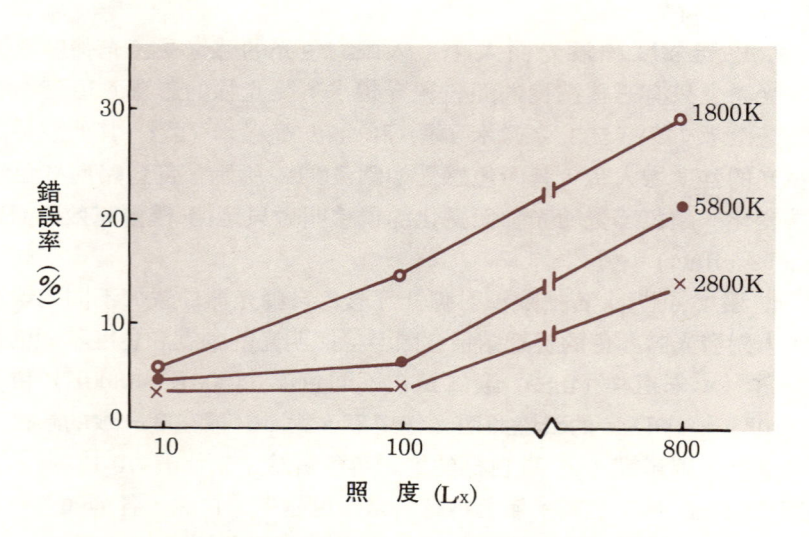

圖 10-13 不同強度和不同色溫環境照明對陰極射線管 16 種等亮度色標辨認的影響

(採自許為，朱祖祥，1989)

第二節　視覺顯示器的種類及設計原則

一、視覺顯示器類型

　　視覺顯示器 (visual displays) 是利用人的視覺通道傳遞信息的裝置。人在生產和生活中使用著各種式樣的視覺顯示器。課堂上掛的時鐘，每人手上戴的手錶，收看節目的電視機，學生做作業用的計算器，公路上的交通標誌牌，報紙上或室外馬路邊的各種廣告牌，以及轉速表、壓力表、溫度計、流量表、油量表、速度表和各種燈光信號都是用以顯示各種信息的視覺顯示器。視覺顯示器，可作如下分類：

（一）　以顯示狀態分類

　　視覺顯示器按顯示狀態可區分為動態顯示器和靜態顯示器。**動態顯示器** (dynamic displays) 顯示的信息狀態隨時間而變化，如溫度計、壓力表、流量表、雷達、電視等。**靜態顯示器** (static displays) 顯示的信息狀態不隨時間而變化，如交通標誌、安全標誌、廣告牌、統計圖表，以及各種印刷材料等。

（二）　以顯示功能分類

　　顯示器按顯示功能分類，可分為定量顯示器和定性顯示器。**定量顯示器** (quantitative displays) 用以顯示信息數量，如顯示機器的轉速次數，或顯示飛機的高度變化。**定性顯示器** (qualitative displays) 用以顯示信息變化趨勢或顯示變量的性質與狀態的變化，如用紅燈表示禁止通行，用綠燈表示允許通行，用藍燈顯示安全狀態，用箭頭表示前進方向等。定性和定量顯示器都可顯示動態信息，也可顯示靜態信息。

（三）　以結構和顯示方式分類

　　按顯示器的結構和顯示方式分類，視覺顯示器可區分為**表盤指針式顯示**

器 (scale-pointer displays)、**信號燈顯示器** (signal lights displays)、**電子顯示器** (electronic displays)。印刷材料也可歸入這一類。除了印刷材料只能作靜態顯示外，其他幾類顯示器都可作動態、靜態顯示和定性、定量顯示。

自 20 世紀 70 年代以來，隨著電子技術的發展，電子顯示器得到廣泛使用。電子顯示器除了陰極射線管外，現在又發展出發光二極體 (LED)、場致發光 (EL)、液晶 (LCD)、電致變色 (ECD)、電泳 (EPID) 等多種顯示器件。今後大部分視覺顯示器將為電子顯示器所代替。現在已開始出現電子式書本以代替過去用手寫或印刷材料方式儲存信息的圖書。由於電子顯示技術與計算機技術的密切結合，預計今後將更快地日益向智能化方向發展。

二、視覺顯示器設計的工效學原則

（一）視覺顯示器的基本要求

1. **鮮明醒目**　能使顯示的對象引人注意，容易與干擾背景區分出來。
2. **清晰可辨**　顯示的刺激模式彼此不易混淆。
3. **明確易懂**　刺激模式具有明確的意義且易被接收者迅速理解。

（二）視覺顯示器的設計和選用原則

1. 根據使用要求，選用最適宜的視覺刺激維度作為傳遞信息的代碼，並將視覺代碼的數目限制在人的絕對判別能力的允許範圍以內。

2. 使顯示精度與人的視覺辨認特性相適應。顯示精度過高，會提高認讀難度和增大工作負荷，導致信息接收速度和正確性下降。

3. 儘量採用形象直觀並與人的認知特點相匹配的顯示格式。顯示格式愈複雜，人們認讀和譯碼的時間愈長，也愈容易發生差錯。應儘量加強顯示格式與所表示意義間的邏輯聯繫。

4. 對同時呈現的有關聯的信息，應盡可能實現綜合顯示，以提高顯示的效率。

5. 目標和背景之間要有適宜的對比關係，包括亮度對比、顏色對比、運動對比和形狀對比等。一般說，目標要有確定的形狀、較強的亮度和鮮明的顏色，必要時還要使目標處於運動狀態。背景應儘量保持靜止狀態。

6. 必須具有良好的照明性質和適宜的照明水平，以保證顏色辨認和細節辨認。
7. 要根據任務的性質和使用條件確定視覺顯示器的尺寸和位置。
8. 要與系統中的其它顯示器和控制器在空間關係和運動關係上兼容。

第三節　視覺顯示器的信息編碼

大部分視覺顯示器所顯示的不是被顯示對象的原形，而是代表顯示對象的符號或標記。為了有效地顯示信息，需要對顯示的符號標誌進行編碼。用作**視覺編碼** (visual coding) 的刺激物叫做**視覺代碼** (visual code)。視覺刺激物的各種屬性都可作為視覺代碼。

一、單維視覺編碼

用視覺刺激物的單一屬性作為代碼進行的信息編碼稱為**單維視覺編碼** (single dimension visual coding)。顏色、形狀、線長、亮度、面積、閃光、字母等都可用作單維視覺編碼。

（一）　顏色編碼

顏色編碼 (color coding) 被廣泛用於視覺編碼。任何顏色都包含著色調、明度和飽和度三種屬性。色覺正常的人大約能絕對辨認 9 種不同的色調變化。若色調、飽和度和明度三種屬性都可變化，則人的顏色絕對辨認能力可達到 24 色。由於人對顏色的辨認能力要受環境照明條件的制約，因此在使用顏色編碼時一般不超過 5～6 種顏色。

顏色有反射色和發光色的分別。反射色只有被照明時才能被人眼睛所接收。因此它的視覺效果因照明條件不同而異。朱祖祥等 (1982) 曾用自然光下能完全正確絕對辨認的 11 種反射色，在 3 cd/m^2 亮度的不同色溫白光和色光照明條件下作絕對辨認的試驗。採用的顏色和照明性質如表 10-3 所

表 10-3　十一種顏色代碼和八種照明的色度

11 種顏色及其色度坐標值			8 種照明的色度坐標或主波長		
	X	Y		X	Y
紅	0.6841	0.2885	白光　色溫 3100K	0.4411	0.4181
橙	0.6413	0.3512	白光　色溫 2800K	0.4635	0.4203
橙黃	0.5089	0.4088	白光　色溫 2400K	0.4907	0.4264
黃	0.4906	0.4585	白光　色溫 1800K	0.5561	0.4142
綠	0.2998	0.5215			
淡藍	0.2115	0.4198	綠光　波長 547nm		
藍	0.1396	0.3019	黃光　波長 570nm		
深藍	0.1203	0.1514	橙光　波長 599nm		
紫	0.3784	0.2877	紅光　波長 630nm		
白	0.4388	0.4166			
黑	0.3907	0.4185			

(採自朱祖祥、許躍進，1982)

示。以正確率達 98% 作取捨顏色代碼的標準，結果得到如表 10-4 所示的顏色編碼系統。

表 10-4　亮度 $3cd/m^2$ 的八種照明下可供選用的編碼顏色

照　　明	可選用的編碼顏色
白光 (3100K)	紅、橙、橙黃、紫、綠、淡藍、藍、黃 (或白)、深藍 (或黑)
白光 (2800K)	紅、橙、橙黃、紫、綠 (或淡藍、藍)、黃 (或白)、深藍 (或黑)
白光 (2400K)	紅、橙、橙黃、綠 (或淡藍、藍)、黃 (或白)、深藍 (或黑)
白光 (1800K)	紅、橙、橙黃、紫、綠 (或淡藍、藍)、黃 (或白)、深藍 (或黑)
綠光 (547nm)	紅、橙、橙黃、綠、白
黃光 (570nm)	紅、橙、黃 (或白)、淡藍 (或綠)、深藍 (或黑)
橙光 (599nm)	紅、橙、紫、藍、黃 (或白)、綠(或淡藍)
紅光 (630nm)	紅、綠

(採自朱祖祥，許躍進，1982)

（二） 形狀編碼

形狀編碼(shape coding) 指用不同幾何形狀特徵作為代碼的視覺信息編碼。編碼的圖形可以用如圖 10-14 所示的各種有規則的平面幾何圖形，也可用積木式組合圖形。經研究，圖 10-14 的 15 種幾何圖形用於同一編碼系統時容易識別，不會互相混淆。

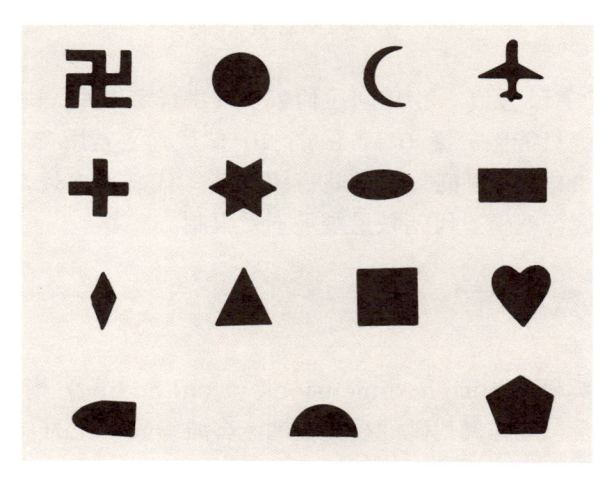

圖 10-14　視覺辨認中不易混淆的幾何圖形
(採自 Harold, Cott, & Kinkade, 1972)

（三） 其他編碼

除了顏色與形狀編碼外，下列各種代碼也經常用於視覺編碼：

1. 線長編碼　是指用線段長短進行的視覺編碼。線長變化若超過 5 等，在絕對辨認中就容易發生錯誤。

2. 角度編碼　指以物體的傾斜度或角度變化作代碼的視覺編碼。人能正確辨認的角度數目可達 24 個，但在編碼中最好不要超過 12 個。這種代碼用於方向編碼時能取得很好效果。

3. 面積編碼　利用刺激面積大小作代碼的視覺編碼。一個編碼系統中使用的面積代碼數目以 3 個為宜。面積代碼數目超過 5 個，辨認中就容易發生錯誤。

    4. 亮度編碼   指以不同的亮度為代碼的視覺編碼。一個編碼系統中最多只能使用 3 個或 4 個亮度等級，若取 2 個亮度等級編碼效果就更好。

    5. 閃光編碼   指以閃光頻率為代碼的視覺編碼。人對閃光頻率的絕對辨認能力不超過 4 個等級。最好用 2 個閃頻進行編碼。閃光頻率一般宜在 3～12 次/秒範圍內選用。

    6. 數目編碼   指利用刺激物的數目作代碼的視覺編碼。編碼的數目以 4 個為宜。

    7. 數字或字母編碼   指用阿拉伯數字或拼音字母作代碼的視覺編碼。單個數字的編碼只能限於從 0 到 9 的 10 個代碼。若用 2 位數字編碼，代碼可以多達 99 個。用英文字母進行編碼時，代碼可多達 26 個。若用數字與字母組合進行編碼，代碼數量幾乎不受限制。

二、多維視覺編碼

    多維視覺編碼(multiple dimensions visual coding) 指同時將兩個以上刺激特徵結合一起作為代碼的視覺編碼。多維編碼常見的有多維餘度編碼和多維複合編碼兩種形式。

（一）　多維餘度編碼

    多維餘度編碼 (multiple dimensions redundant coding) 是指用 2 個或 2 個以上刺激特徵表示同一信息的編碼。例如在交通信息編碼的設計中常用信號顏色與位置進行編碼，譬如說，上位紅燈表示"停"，下位綠燈表示"通行"。一般說，多維餘度編碼比單維編碼的傳信效果好。根據史密斯 (Smith, 1963) 研究，在搜索作業和計數作業中，用顏色與字母、數字結合的多維餘度編碼與不用顏色結合的字母、數字單維編碼進行比較，結果表明採用多維餘度編碼比單維編碼所需的搜索或計數作業時間明顯減少。

    徐聯倉 (1963) 研究不同餘度的信號結構與操作時間的關係時，也得到操作時間隨信息餘度增加而減少的結果。不過，餘度編碼的效果在很大程度上取決於所結合的代碼兼容性和任務特點。若用於編碼的代碼維度不兼容，就可能發生干擾作用而降低傳信效績。

(二) 多維複合編碼

兩種或更多種刺激特徵結合而不同刺激特徵又代表不同信息的編碼稱為**多維複合編碼** (multiple dimensions compound coding)。例如，在資料歸檔分類時用顏色和形狀分別表示資料的種類和保密等級，倉庫管理中把某種元件用顏色和形狀標誌其尺寸和功能，都屬複合編碼。使用複合編碼可擴大信息傳遞的範圍。複合編碼的效果主要取決於相結合的代碼間的兼容程度。表 10-5 列舉了可用作複合編碼的相互兼容的各種刺激代碼。

表 10-5　可用於複合編碼的相互兼容的代碼

數　　字	顏色	數字、字母	形狀	大小	亮度	位置	閃速	線長	斜角
顏　　色		✓	✓	✓	✓	✓		✓	✓
數字、字母	✓			✓		✓			
形　　狀	✓			✓	✓				
大　　小	✓	✓	✓						
亮　　度									
位　　置	✓	✓						✓	✓
閃　　速	✓		✓	✓					✓
線　　長						✓			
斜　　角	✓					✓	✓		

(採自 McCormick & Sanders, 1982)

三、不同視覺編碼傳信效率比較

視覺編碼的傳信效率受任務性質和使用條件的影響。同一種編碼在不同任務中有不同的傳信效率。不同編碼用於相同任務時，傳信效率也不相同。希脫 (Hitt, 1961) 曾對數字、字母、幾何形狀、積木構形圖和顏色等五種編碼在識別、定位、計數、比較和校核等五種作業任務中的傳信效率作過比較。每種編碼均用 8 個代碼代表 8 種不同的工廠和設施。5 種編碼中所使用的代碼如圖 10-15 所示,結果見圖 10-16。可見數字與顏色編碼在多數作業中優於其他編碼,積木構形圖編碼的效績最差,字母與幾何圖形編碼的效績處於數字、顏色和積木構形圖之間。

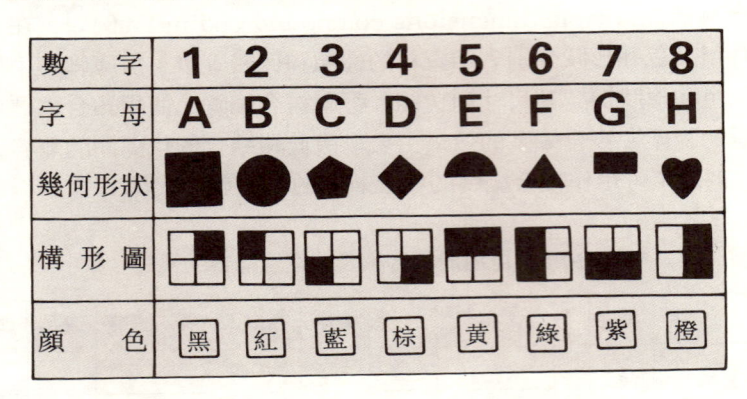

圖 10-15 希脫實驗中編碼用的五類代碼
(採自 Hitt, 1961)

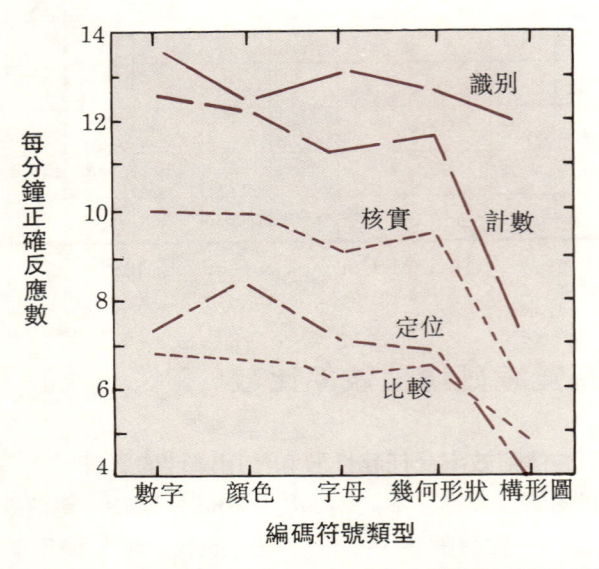

圖 10-16 不同編碼在不同作業任務中的傳信效率比較
(採自 Hitt, 1961)

第十章 視覺特性和視覺顯示器的設計 **317**

史密斯和湯姆斯 (Smith & Thomas, 1964) 比較了顏色、幾何圖形、武器圖形、飛機圖形等四種編碼的傳信效績。他們在實驗中把上述各種代碼隨機呈現在 20×20 的 400 個位置上。呈現的代碼組合分為三類：第一類是顏色隨機的形狀代碼；第二類是顏色相同的形狀代碼；第三類是每種形狀具有獨特顏色的代碼。作業任務是要求對指定的刺激特徵 (如紅色、機槍、圓、B-52 等) 計數。實驗中各類代碼及其結果如圖 10-17 所示。可見作業所需時間和錯誤均隨計數項目數的增加而增大。在四種代碼中以顏色代碼的效果最優，其次按序為武器圖形、幾何圖形和飛機圖形。

	C-54	C-47	F-100	F-102	B-52
飛機形狀					
幾何形狀	三角形 ▲	菱形 ◆	半圓形 ◗	圓形 ●	星形 ★
軍用武器符號	雷達	炮	飛機	導彈	船/艦
顏色 (孟塞爾標符)	綠 (2.5G 5/8)	藍 (5BG 4/5)	白 (5Y 8/4)	紅 (5R 4/9)	紫 (10YR6/10)

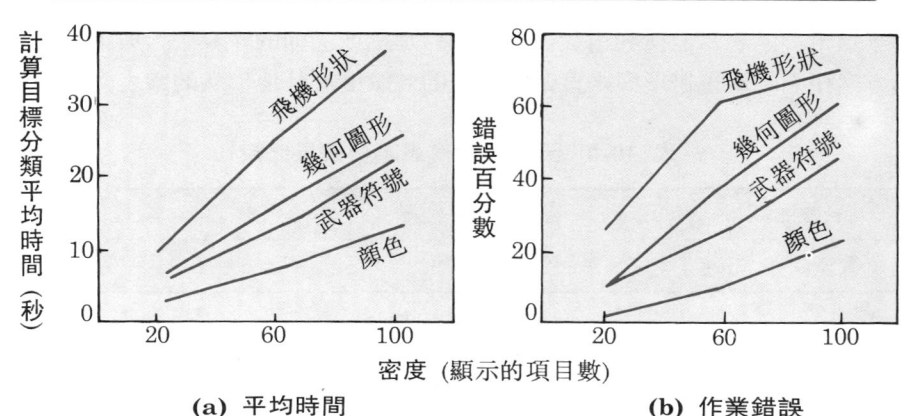

(a) 平均時間　　　　　　　　　(b) 作業錯誤

圖 10-17 四類視覺代碼在計數作業中的效績比較
(採自 McCormick & Sanders, 1982)

第四節　表盤-指針式儀表設計中的人因素

表盤-指針式儀表顯示器(dial-pointer displays) 是以指針相對於刻度盤的不同位置來顯示信息的視覺顯示器。自 20 世紀 40 年代以來，對表盤-指針式儀表顯示器進行過大量研究。下面對表盤、刻度、指針設計和使用中有關的**人因素** (human factors) 問題作一簡單敘述。

一、表盤設計

(一)　表盤形狀

表盤-指針式儀表可按表盤的形狀和指針與表盤的運動關係進行分類。表盤形狀一般有圓形、半圓形、方窗形、垂直帶形、水平帶形等多種。指針與表盤的運動關係可分為表盤固定指針動和指針固定表盤動兩種方式。

不同形式的儀表適用於不同的顯示要求。史萊脫 (Slight, 1948) 曾對五種不同形狀儀表的數量認讀效果進行過比較，結果如表 10-6 所示，開窗式儀表的讀數效果最優，其次按序為圓形儀表、半圓形儀表、水平帶形儀表和垂直帶形儀表。但在利用儀表顯示進行追踪或調節的作業中，與追踪或調節方向相應的水平帶形與垂直帶形儀表的效績優於其他形狀的儀表。

表 10-6　五種形狀儀表讀數效果比較

表盤形狀	窗式	圓形	半圓形	水平帶形	垂直帶形
讀數錯誤率 (%)	0.5	10.9	16.6	27.5	35.5

(採自 Slight, 1948)

不同形狀表盤在不同任務中所顯示的優越性可以用眼動特點和空間運動兼容性進行解釋。例如，在數量認讀中，窗式儀表顯露的刻度範圍小，認讀時視線掃視面小，因而認讀得快，認錯率低。圓形、半圓形儀表的認讀優於帶形儀表可能是由於圓形、半圓形儀表認讀時視覺掃視線路短於帶形儀表，加上圓形儀表提供了兩維空間的位置刺激，而帶形儀表只是單維長度刺激，因而其認讀效果不如圓形和半圓形儀表。水平帶形儀表的認讀優於垂直帶形儀表，其主要原因可能在於眼球作水平掃視的速度優於上下掃視的緣故。

(二) 表盤尺寸

表盤尺寸直接影響認讀效果。例如在視距75厘米左右時，直徑35毫米以下的小表盤的判讀效果隨表盤直徑增大而提高；中等大小的表盤，其判讀效果比較穩定，差別不大；表盤直徑超過75毫米後，判讀效果隨表盤增大而下降。在表盤尺寸較小時，隨著盤面增大，盤上的刻度標記、刻度間距、字符等都相應增大，使認讀條件得到改善，判讀效果自然提高。但當盤面增大到一定程度後，人眼已能清晰地分辨盤面上的刻度標記，這時即使表盤再增大，認讀效果很少提高。盤面若繼續增大到超過某一限度，由於視覺搜索範圍增大，掃視路線增長，引起作業效績下降。

在像飛機座艙或其他工作空間受嚴格限制的場合，確定不損害儀表認讀效果的最小尺寸有重要的意義。表盤的最小允許尺寸與盤面上刻度標記的數量及認讀距離有密切關係。表10-7列出了根據實驗所得的圓形儀表的表盤最小允許尺寸、觀察距離(視距)和刻度數目的關係數據，可供儀表設計和選用者參考。

表 10-7 表盤的最小允許直徑與刻度標記數量及視距的關係

刻度標記數量	視距50厘米表盤最小直徑(毫米)	視距90厘米表盤最小直徑(毫米)
38	25	25
50	25	33
70	25	46
100	36	64
150	54	98
200	73	130
300	109	196

(採自洛莫夫著，李家治，赫葆源等譯，1965)

(三) 表盤與指針運動關係

表盤和指針的運動關係直接影響認讀的速度和準確性。表盤固定指針動和指針固定表盤動兩類不同的運動關係在數量認讀、校核、質量認讀、調節與追踪等作業任務中的適用性如表 10-8 所示。其中 "＋" 表示適用，"－" 表示不適用。"＋" 愈多，適用性愈好。這表明在多數使用場合，以採用表盤固定指針動的方式為宜。

表 10-8 表盤與指針的兩類運動關係對四類作業任務的適用性比較

作業任務	表盤固定指針動	指針固定表盤動
數量認讀	＋	＋
核讀	＋＋＋	－
質量認讀	＋＋＋	＋
追踪和調節	＋＋＋	＋

(採自 Chapanis, 1959)

二、刻度標記設計

刻度標記是影響儀表判讀的主要因素。刻度標記在不同用途的儀表中應有不同的要求。但各種儀表的刻度標記設計中仍有若干共同的因素。

(一) 刻度間距和讀數單位間距

儀表盤上兩個最小刻度間的距離稱**刻度間距** (distance between minimum markers of scale)。刻度讀數單位間距是需要讀出數的最小單位在表盤上的間距。例如一個圓形儀表盤面按周長的五十分之一作最小刻度，若要求讀出數的精度為周長的百分之一，則最小刻度間距包含著兩個讀數，其最小讀數單位間距就是最小刻度間距的二分之一，這時就要依靠內插法讀數。最小刻度間距最好能與最小讀數間距一致。在必須採用內插讀數的場合，應使最小刻度間距為最小讀數單位間距的 2 倍、5 倍或 10 倍，因為這樣的倍數有利於提高內插精度。

赫葆源等（1966）研究了電站開關板電表刻度線間距對判讀電表讀數的影響，結果如圖 10-18 所示，認讀儀表的速度和正確性隨刻度間距增加而提高。一般認為 10 分弧視角左右的刻度間距是最理想的讀數單位間距。若照明條件不良或呈現時間很短，應適當放寬讀數間距。金文雄等（1985）研究視距 76 厘米時不同低照度照明下刻度間距大小與儀表判讀正確率的關係，結果表明在低照度條件下，刻度間距達到 1 毫米時，判讀成績就接近最好的水平。

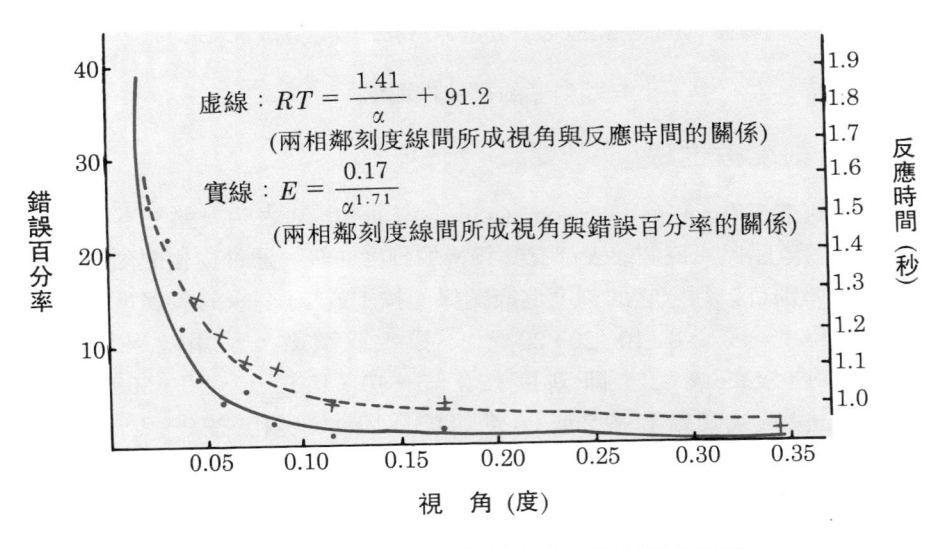

虛線：$RT = \dfrac{1.41}{\alpha} + 91.2$
（兩相鄰刻度線間所成視角與反應時間的關係）

實線：$E = \dfrac{0.17}{\alpha^{1.71}}$
（兩相鄰刻度線間所成視角與錯誤百分率的關係）

圖 10-18　儀表相鄰刻度間距對判讀的影響
(採自赫葆源、王緝志、成美生、焦書蘭，1966)

（二）刻度尺寸

表盤上的刻度分為大、中、小三類。最小刻度尺寸的確定應考慮人的視覺分辨能力、照明水平、亮度對比和觀察距離等因素的影響。

在設計最小刻度的寬度時，應和刻度間距大小統一加以考慮。一般說，小刻度寬度以取小刻度間距的 5〜15％ 為宜。最小刻度的長度應為小刻度間距的 25〜50％。中刻度的尺寸一般取小刻度尺寸的 1〜1.5 倍。大刻度的尺寸一般取小刻度尺寸的 1.5〜2 倍。圖 10-19 所示，是觀察距離為 70

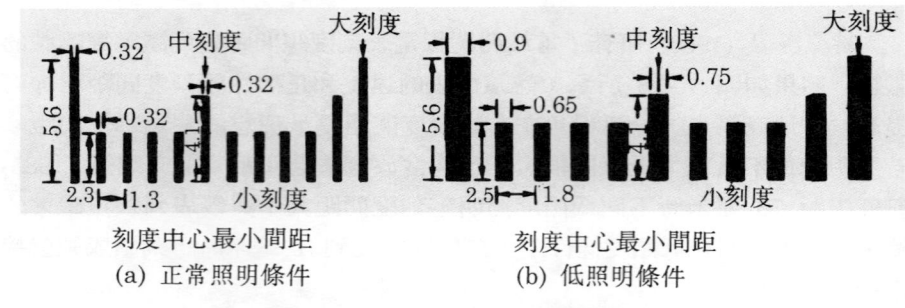

圖 10-19　儀表刻度尺寸推薦值
(參照 McCormick & Sanders, 1982，74 頁圖繪製)

厘米左右時，大、中、小三類刻度的尺寸推薦值。

(三)　刻度數進級

刻度數進級 (numerical progressions of scales) 表明表盤上不同大小刻度間的讀數關係。每個儀表都有其獨特的刻度進級。通常從相鄰刻度所指示數值的差別可以判定它的刻度進級關係。按1或10進級的儀表，即刻度按0、1、2、3、……，0、10、20、30、……標數或讀數，使用效果最好。按5或50進級的儀表，即刻度按0、5、10、15、……，0、50、100、150、……標數或讀數和按2或20進級的儀表，即刻度按0、2、4、6、……，0、20、40、60、……標數或讀數，使用起來也比較有效。按3、按6或按9進級的儀表，效果最差，應避免使用。刻度進級的選用應滿足以下要求：

1. 最小刻度進級應與讀出精度相適應。
2. 表盤具有大、中、小刻度時，各類刻度的進級應相互兼容。
3. 同時使用多個相同功能的儀表時，儀表刻度進級應儘量一致。

(四)　表盤數字定位

讀數儀表上的數字位置對認讀效果具有明顯的影響。表盤數字定位應遵循以下要求：

1. 表盤固定指針動的儀表，數字應位於刻度外側，並且要垂直向下，如圖 10-20(a) 所示。

2. 指針固定表盤動、指針位於表盤外的儀表，數字應標在刻度內側，並且應與刻度垂直，如圖 10-20(b) 所示。

3. 開窗式儀表一般都是指針固定表盤動的，若儀表如圖 10-20(c) 那樣水平放置，則數字應位於刻度下側；若儀表如圖 10-20(d) 那樣垂直放置，則數字應位於刻度右側。

4. 水平帶形儀表若指針位於表盤上側，數字應位於刻度下側；若指針位於表盤下側，數字應位於刻度上側。

5. 垂直帶式儀表，若指針位於表盤左側，數字應位於刻度右側；若指針位於表盤右側，數字應位於刻度左側。

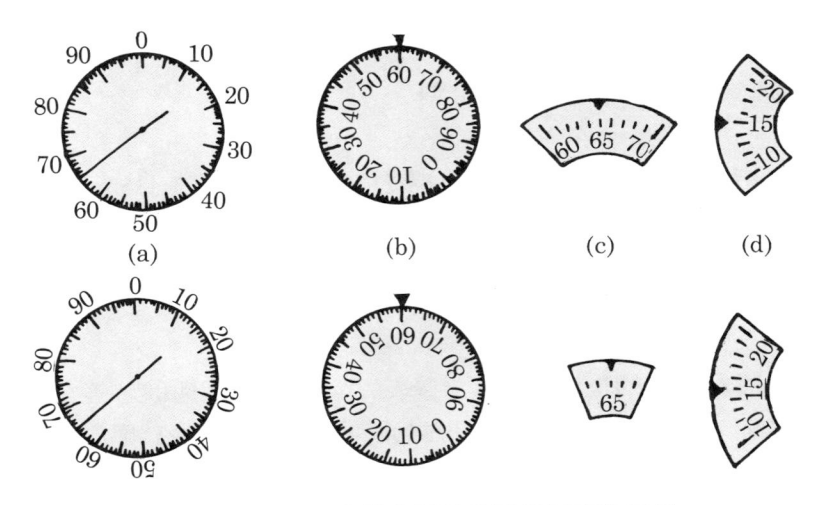

圖 10-20　不同方式儀表標數位置與刻度的關係
說明：上行為較好的設計，下行為較差的設計。
(採自朱祖祥主編，1990)

三、指針設計

指針是表盤式儀表中指示讀數的部件。它的設計是否符合工效學要求，對認讀效果有重要影響。在指針設計中要特別重視其形狀、大小、顏色、以及指針與刻度和指針與表盤的位置關係對認讀的影響。

1. 指針的形狀要簡單，指針上不應採用任何花樣設計或多餘飾物。通常採用針尾平、針頭尖、中間等寬的形狀。
　　2. 圓形儀表的指針長度要小於表盤的半徑。指針尖最好能剛與最小刻度接觸。指針與任何刻度的重疊程度不宜超過該刻度長度的三分之一。
　　3. 要求內插讀數的儀表，指針尖與最小刻度應保持一定的間距，但這個間距不可大於 1.5 毫米，否則容易增加讀數難度。
　　4. 指針尖的寬度應與最小刻度的寬度相等。需要內插讀數時，針尖應與一個內插讀數單位等寬，這樣就可利用針尖寬度作參照幫助內插讀數。指針的長寬比以取 8：1，寬厚比取 10：1 為宜。
　　5. 指針顏色應與表盤底色相適應。表盤為黑色時指針宜用白色，表盤為白色時指針宜用黑色。

四、儀表排列和儀表板設計

　　許多場合需要用多種儀表顯示視覺信息。為了提高信息顯示的效果，一般把各種儀表按照一定要求佈設在儀表板上。這裏有兩個問題，一個是關於儀表如何在儀表板上排列的問題，另一個是關於儀表板的位置安排問題。

（一）　儀表排列原則

　　1. 儀表放置的位置　應考慮儀表的重要性和使用頻度。通常視野中心與視線成 15° 範圍是最易引人注意的區域，重要的儀表就應放在這個範圍內。自然在這個範圍內仍要按儀表的重要性決定其位置的優先權。最重要的儀表，如飛機上的地平儀或飛機姿態顯示儀，應放在視野中心 3° 範圍的位置上。視野 40-60° 範圍可放置次要的儀表，因為這個視野範圍，人的視敏度迅速下降。另外，所有的儀表一般都應設置在人不必轉動頭部或轉動身體就能看見的視野範圍內。有些視覺顯示器很重要，但數量較多，不可能全部安放在最優視區，可以採用分層顯示方法，即在最優視區安放第一級顯示，根據第一級顯示再去觀察放置在其他視區內的第二級顯示。
　　2. 儀表排列的順序　要盡可能與它們在使用中的實際的操作順序相一致。不過在實際使用過程中，儀表很少有固定不變的使用順序，因此，排列時只能相對地運用這一原則。一般是參照儀表使用過程中聯繫次數的多少安排儀表，把相互聯繫次數多的儀表盡可能靠近放置。航空主要儀表在儀表板上的"T"形佈局，就是運用上一條原則和本條原則所得的結果。

3. 儀表排列的範圍 人眼的水平視野寬於垂直視野。儀表排列的空間範圍也應水平方向寬於垂直方向。人眼也習慣於作從左向右，從上向下和從順時針圓周方向的掃視運動，因此儀表的排列也應順應與此相應的順序。另外，四個象限區域的視覺效果有一定的差異，位於左上象限內目標的視覺效果往往優於其他象限，其次按序為右上象限、左下象限和右下象限。安排儀表時應當注意到這一特點。

4. 儀表功能的區分 功能上近似的儀表應按儀表的功能作分區排列，並在各區間標以明顯的標誌，例如用不同的顏色將儀表板分區。功用一致的儀表安放在一個區域時，可以把這些儀表的顯示格式加以統一，例如將指針的零點位置選在相當於時鐘 12 點或 9 點的位置上。譬如說，作檢核用的儀表，在機器正常運轉時，可把指針指在零位，只有當機器發生異常時指針才離開零位。這類儀表若放在一起排列成行列矩陣，可把它們的零位調整在同一方位，如圖 10-21 所示。這樣的安排，當其中有一個或幾個儀表偏離正常指示時很容易被發現。

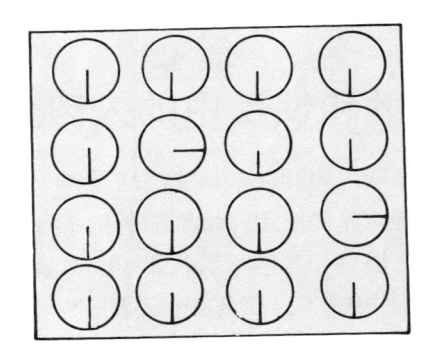

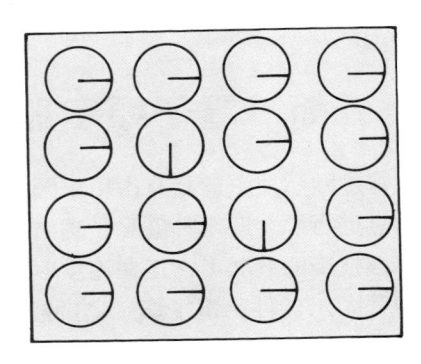

圖 10-21 同功能儀表指針零位排列示意圖

5. 儀表操作 儀表的安放應考慮它與操作反應的兼容關係。例如儀表與控制它的開關最好安置在一起。若兩者不能安置一起，也應盡可能使兩者在位置上有一定的對應關係。

（二） 儀表板位置安排

1. 儀表板一般應安放在使用者正前方的位置上。儀表板的高度最好與人眼持平或儀表板的上緣略高於水平視線（不高於 10°），下緣不低於與眼呈 45°角的位置。

2. 若儀表板的位置偏於視線下方，應使其上緣前傾一定角度，否則，觀看儀表板下半部的儀表時容易產生較大視差，影響儀表認讀精度。

3. 駕駛艙內的儀表板最好安放在距人眼 70 厘米左右的地方。視距過近，最優視野空間小，會給儀表安排造成困難，視距過遠，會增加對儀表上小刻度標記的辨認困難。

4. 儀表數量很多，儀表板很大時，如電站中央控制室中使用的儀表顯示屏，可以採用弧形儀表板，或左、前、右三側構成一定角度的"冖"形儀表板。這種儀表板的前側板與左、右側板的夾角以 65°左右為宜。若供雙人使用，可採用 45°～55°的夾角。

第五節　電子顯示器設計和使用中的人因素

　　電子顯示器由於具有占用空間小，顯示內容和顯示格式靈活可變，並能對信息進行綜合顯示等優點，越來越得到廣泛的應用。特別隨著電子技術與計算機技術的發展，它正在逐步取代機電儀表和其他顯示裝置，成為最重要的視覺顯示器件。電子顯示器的設計和使用中，存在著許多不同於表盤-指針式儀表及其他視覺顯示器的人因素問題。研究和解決這些問題，對提高電子顯示器的顯示效果具有重要意義。**陰極射線管** (cathode-ray tube，簡稱 CRT) 是使用得最廣泛的電子顯示器件、下面主要對陰極射線管顯示中人的因素問題作一簡要討論。

一、分辨率

電子顯示器的**分辨率** (resolving power) 是指可視圖像中最小可辨或可測的細節。分辨率通常用屏幕的掃描線數或單位高度內的掃描線數表示。屏幕的掃描線數愈多，分辨率就愈高。分辨率高低直接影響電子顯示器的清晰度。分辨率愈高，顯示的圖像愈清晰。翁和耶可米勒斯 (Wong & Yacoumelos, 1973) 曾比較每毫米 5、7、9 掃描線的屏幕顯示點符 (代表學校、教堂、橋樑等)、線符 (代表公路、鐵路等)、面積符 (代表城區、水面等) 和字母數字等四種符號，要求被試作限時識別。結果如圖 10-22 所示。可見符號識別的正確率隨顯示屏分辨率的增高而提高。用相同的分辨率顯示不同的符號時所得到的正確識別率並不相同，這說明人對電子顯示符的視覺效果，除了受分辨率影響外，還受顯示符號特點的影響。

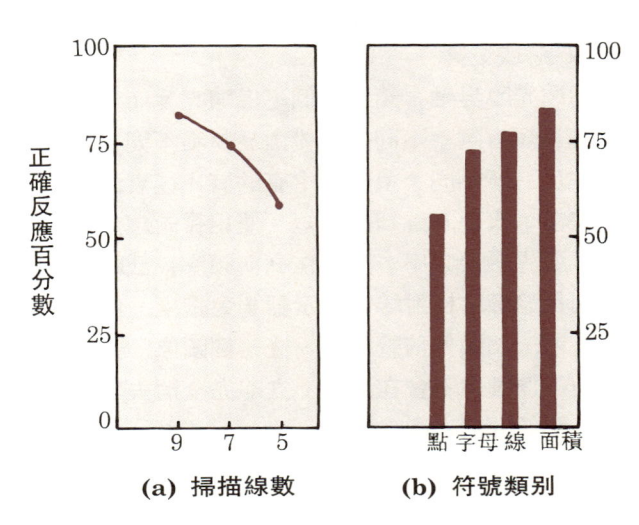

圖 10-22　陰極射線管掃描線數和顯示符特點對識別正確率的影響
(a) 每毫米掃描線數不同時，顯示圖形符號的正確識別率
(b) 四種圖形符號的正確識別率
(採自 Wang & Yacoumelos, 1973)

二、閃爍與餘輝

　　陰極射線管是自發光顯示，它是依靠電子束撞擊顯示屏裏側的螢光粉而發光的。電子束在螢光屏上自左向右和自上而下掃描，電子束在屏上每掃射一次，屏面圖像就被刷新一次。每刷新一次，亮和暗就發生一次變化。若刷新頻率低於人眼閃光臨界融合頻率，就會引起視覺閃爍現象。這種閃爍現象不僅影響圖像的視覺質量，而且使人心煩。

　　設計陰極射線管顯示器時必須控制和消除這種閃爍現象。人眼的閃爍臨界融合頻率高低與圖像的亮度水平有關，兩者的關係服從**費里-波特定律**。因此在設計陰極射線管顯示器的刷新頻率時必須考慮到圖像的亮度要求。若圖像亮度要求高，就會提高閃爍臨界融合頻率，顯示器的刷新頻率也應相應提高。陰極射線管顯示器的刷新頻率一般為 60 赫。這在一般的亮度要求下不會引起嚴重的閃爍感。但對某些用於高亮度要求的陰極射線管顯示器，刷新頻率要求達到 80 赫或更高。

　　陰極射線管的閃光臨界融合頻率高低不僅隨亮度而變化，而且還與所使用的螢光粉的餘輝長短有關。不同螢光粉由於材料不同，在亮度、色度、衰減度等方面的特性也有所不同。螢光粉中有的發光後衰減得快，有的衰減得慢。衰減時間的快慢，表現為餘輝的長短。使用長餘輝螢光粉的陰極射線管顯示器，可以降低臨界融合頻率，因此在刷新頻率較低時也不會引起視覺閃爍現象。但是使用長餘輝陰極射線管顯示器却會帶來一個對圖像顯示清晰度不利的現象。即在前一個圖像信號結束、後一個圖像信號發生時，由於螢光粉的餘輝作用，前一個圖像不會在屏幕上立即完全消失，這時前後圖像就會發生重疊，使後一圖像的清晰度降低。

　　一般說，當新的圖像出現時，如果舊的圖像亮度仍殘留 20% 以上，就會使新圖像的質量很難為人所接受。因此在選用陰極射線管顯示器時，必須在降低閃光臨界融合頻率和圖像清晰性兩個指標上加以權衡。一般說，雷達顯示需要採用長餘輝的陰極射線管，而顯示畫面快速變化、要求清晰度高的顯示器則需要採用短餘輝陰極射線管。

三、目標和背景亮度

(一) 環境照明對陰極射線管顯示清晰度的影響

　　自發光顯示器的亮度因素要比依靠反射光的顯示器複雜得多。反射式顯示器的背景與目標的亮度對比是固定的,它不隨環境照明強度不同而變化。它的視覺效果一般隨環境照明強度增大而提高。但在陰極射線管等自發光顯示器中,目標亮度與背景亮度的對比隨著目標亮度不同而變化。例如在電視節目中,在同一屏幕上的白衣或黑衣人物因屏幕背景亮度的變化所產生的亮度對比度可以相差幾百倍或更大。對比度不斷變化時,眼睛由於調節頻繁很容易引起視覺疲勞。

　　另外,陰極射線管等自發光顯示器的對比度還容易因環境照明強度不同而變化。環境照明光從顯示器表面反射回來,就等於為屏幕上的顯示目標和背景都增加了亮度,這就會引起對比度的變化。例如,若環境照明在屏幕上的照度為 300Lx,設屏幕的反射率為 50%,屏幕面積為 0.25 平方米,這時照明引起的屏幕亮度將是 12 cd/m^2 左右。在某些情形下,陰極射線管顯示可能面臨 10^5Lx 陽光的直接照射,這時屏幕上產生的反射光亮度將達到 4000 cd/m^2。一個顯示目標亮度為 1000 cd/m^2,對比度 9:1 的陰極射線管顯示,這時的對比度將降低到 22%。這自然會使認讀屏幕字符發生很大的困難。在這麼高的屏幕亮度時,即使保持 3:1 的對比度,也要求使字符亮度增高到 12,300 cd/m^2。這是很難實現的事。

　　因此,在自發光顯示器使用於環境照明經常發生劇烈變化的場合 (例如用於戰鬥機座艙的多功能顯示器),除了需要採取顯示亮度隨環境照度變化進行自動調節的技術外,還必須增設濾光器和使用防反射塗料等措施以限制環境強光照射時使顯示器的反射亮度過度增加。

(二) 陰極射線管顯示器顯示的最佳亮度對比

　　陰極射線管顯示器可以通過控制環境照明水平和調整顯示亮度,把對比度控制在最有利於視覺作業的水平上。根據朱祖祥等人 (1987, 1988) 的研究,對陰極射線管對比度的要求與屏幕亮度水平有密切關係。

屏幕亮度低時，作業效績達到最佳所要求的亮度對比度高，屏幕亮度高時最佳對比度低。屏幕亮度水平主要取決於環境照明。在無環境照明的情況下，陰極射線管的對比度達到 50：1 以上才能得到最好的作業效果。圖 10-23 表示了 20、30、40 cd/m² 三種屏幕亮度時的陰極射線管視覺作業效績與對比度的關係。可見三者都存在倒 U 形關係，而最佳對比度值則隨著屏幕亮度增高而向低對比度端移動。20、30、40cd/m² 屏幕亮度時的最佳對比度約為 11：1，9：1，7：1 左右。

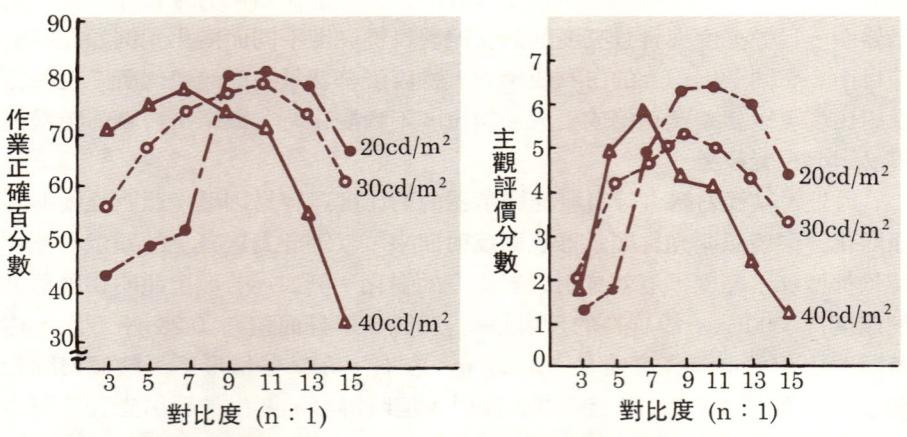

圖 10-23　陰極射線管不同屏幕亮度時視覺作業效績與對比度的關係
(採自吳劍明、朱祖祥，1988)

四、陰極射線管顯示的顏色

現在，彩色陰極射線管顯示的顏色可以多達上千種，但在實際中使用的顏色是很有限的，因為使用的顏色多了，在絕對辨認中就容易發生混淆。使用彩色陰極射線管需要注意以下幾點：

1. 陰極射線管顯示的顏色易受發光強度的影響而引起色變。在 15cd/m² 以下的低亮度時色變現象更為嚴重。

2. 人對陰極射線管顯示顏色的感受易受環境照明強度的影響。許為和朱祖祥 (1989) 的實驗表明，人在無環境照明的情形下對亮度為 15 cd/m²

以上的 16 種顏色，視覺正常的被試經過 40 次練習，幾乎都能正確地絕對辨認，但是在不同強度的環境照明下，對同樣的 16 種顏色被試能正確辨認的數目明顯減少，相混淆的顏色相應增多。

如表 10-9 所示，在 5800K 色溫，環境照明強度 10Lx 時能在 16 種顏色中正確辨認 11 種 (69%)，照明強度改為 100Lx 時能正確辨認 9 種 (56%)，照明強度再改為 800Lx 時只能正確辨認 7 種 (44%)。發生這種差別的原因就在於有環境照明時，作用於眼睛的是陰極射線管顯示色光和環境照明在陰極射線管屏幕上的反射光的混合光，它使陰極射線管顯示光色的飽和度降低因而影響顏色辨別。在高強度照明光下，陰極射線管上顯示的光色有可能遭受更大的沖洗而使視覺辨認發生更多的錯誤。

3. 陰極射線管彩色顯示的效果也受背景色的影響。在彩色陰極射線管顯示中，被顯示的顏色總是放在某種背景色之上的。一種顏色顯示在不同背景色上，會發生不同的視覺效果。陰極射線管顯示一般以白或黑作背景色。

表 10-9　不同強度的 5800K 照明光下陰極射線管顏色顯示效果比較

陰極射線管顯示色的色度			照明光強度	能正確絕對辨認的陰極射線管顯示色數目
	x	y	0Lx	16色：(1) (2) (3) (4) (5) (6) (7) (8) (9) (10) (11) (12) (13) (14) (15) (16)
(1) 紅	0.6434	0.3262		
(2) 橙紅	0.5766	0.3769		
(3) 粉紅	0.5237	0.3052		
(4) 橙黃	0.5197	0.4180		
(5) 玫瑰紅	0.4737	0.2472		
(6) 黃	0.4709	0.4540	10Lx	11色：(1) (2) (3) (4) (8) (9) (11) (12) (14) (15) (16)
(7) 黃綠	0.3791	0.5279		
(8) 紫紅	0.3158	0.1558		
(9) 綠	0.2950	0.5983		
(10) 蘋果綠	0.2590	0.4294	100Lx	9色：(1) (6) (8) (9) (11) (12) (14) (15) (16)
(11) 青	0.2253	0.3236		
(12) 紫羅藍	0.2138	0.0817		
(13) 青藍	0.2013	0.2315		
(14) 藍	0.1712	0.1474	800Lx	7色：(1) (6) (9) (11) (12) (14) (16)
(15) 紫	0.1536	0.0663		
(16) 白	0.3246	0.2953		

(採自許　為，朱祖祥，1989)

不同的顏色在黑、白兩種背景色上究竟會產生什麼不同的視覺效果呢？孫鐵西 (Santucci, 1982)、戴立特 (Darid, 1986) 曾用反應時作為指標，研究

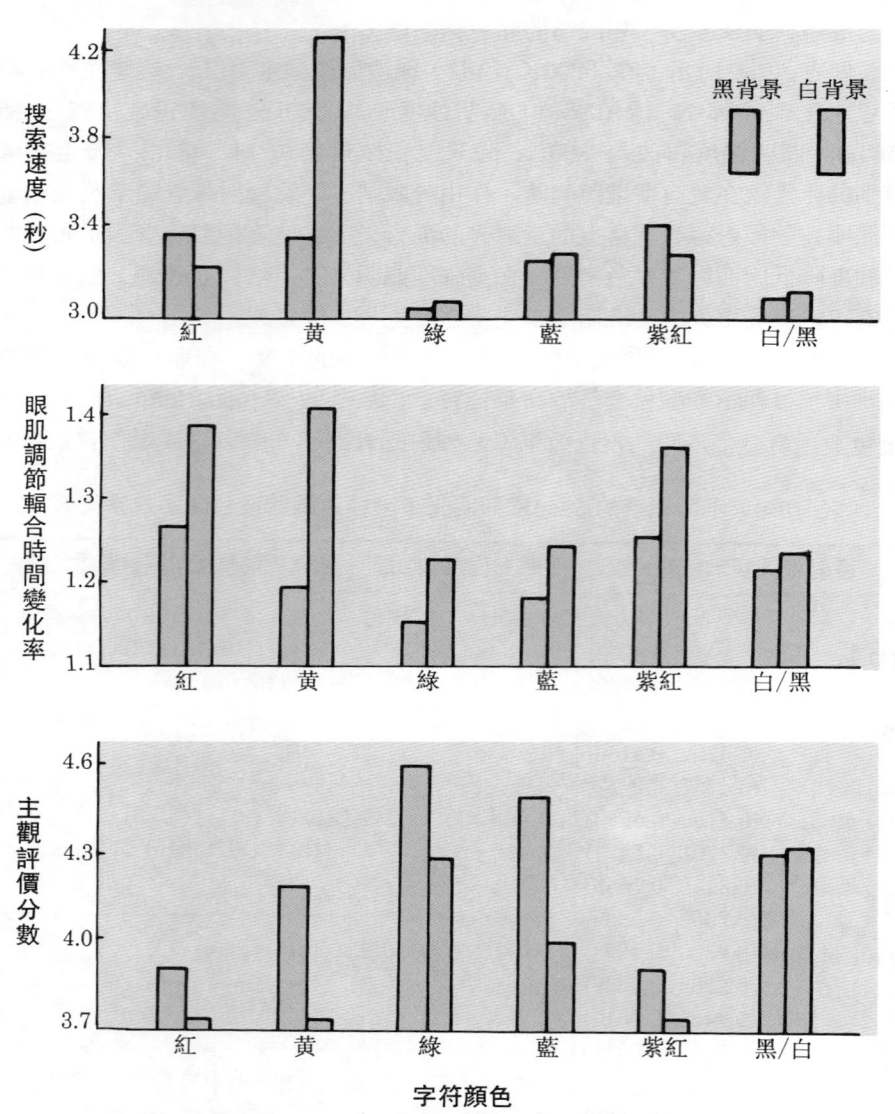

圖 10-24　陰極射線管黑、白背景色對彩色字符顯示視覺工效的比較
(採自朱祖祥、許為、顏來音、王堅，1988)

陰極射線管不同背景色對彩色視敏度的影響，證明了黑色背景優於淺色或白色背景。

　　朱祖祥、許為等人 (1988) 曾用搜索彩色字符的平均時間、眼肌調節輻合時間和主觀評價三種指標，對紅、紫紅、黃、藍、綠、白 (或黑) 6 種顯示色在黑、白兩種背景色上的結果進行比較。六種顏色字符在黑、白背景色上的顯示亮度均控制在 $20cd/m^2$。結果如圖 10-24 所示，三種指標除了字符平均搜索時間的結果中紅、紫紅兩色在白背景略優於黑背景外，其他各項結果幾乎都是黑色背景優於白色背景，其中尤以黃色結果的差異更為明顯。

第六節　信號燈光顯示的人因素

　　信號燈是用燈光傳遞信息的視覺顯示器。它在工礦企業和交通運輸中得到廣泛使用。設置信號燈的目的主要是為了向人們指示某種狀態。例如在馬路交叉路口設置紅、綠信號燈，紅燈示意前進有危險，不能通行，綠燈示意前進無危險，可以通行。信號燈大多用顏色進行編碼。一般紅燈多用來表示報警、告急和危險，黃燈用以提示人們注意，綠燈、藍燈示意開通、安全、允許等。有的場合把燈光顏色與閃爍結合以增加信號燈的編碼維度。信號燈的傳信效果受多種因素的影響。各種信號燈的設計必須適合於它的使用目的和條件。

一、信號燈亮度

　　信號燈要做到醒目，**亮度**自然是決定性的因素。信號燈的亮度要求與環境照明光的強度有密切關係。室外和室內使用的信號燈的亮度要求應該有所不同。室內信號燈一般無陽光等高強環境光照射，亮度要求可以低一些。在室外全天候下使用的信號燈，所遇到的環境照明從黑夜到白天陽光直射，強度相差 6～7 個對數級，必須提高亮度要求。夜間很眩目耀眼的光亮在白天陽光下可能引不起人們的注意。

因此室外使用的信號燈或其他發光顯示器，亮度應該隨環境照明變化進行自動調節。在不可能實現隨環境照明自動調節亮度的情形下，信號燈亮度只能服從於高強環境光的要求。根據我們的研究，在 90,000 Lx 模擬日光照射下，紅、綠顏色信號燈的亮度需要達到 $300cd/m^2$，橙色信號燈的亮度達到 $500cd/m^2$ 時才能正確辨認信號。

二、信號燈編碼

在使用多個信號燈的場合，需要對信號燈進行編碼。信號燈採用多維餘度編碼比單維編碼更易於辨認，而且具有較大的抗干擾作用。顏色、形狀、符號、文字、閃光是信號燈編碼中常用的編碼維度。

信號燈的顏色編碼中最常用的是紅、黃、綠、藍、紫等顏色，因為這些顏色之間最不易混淆。信號燈的顏色要有較高的飽和度，因為飽和度高的顏色比飽和度低的顏色更鮮明醒目，並具有較好的抗背景干擾作用。信號燈顏色編碼還要考慮顯示距離的要求。偏於可見光長波一端的光，射程較遠。白光在遠距離時容易與黃光混淆。色光在遠距離觀察時會引起色變。在霧天或其他惡劣氣象環境中，色變現象更為嚴重。

信號燈也可以做成不同的形狀以指示不同的意義。形狀編碼由於更具有形象性的特點，往往具有其他形式編碼所不及的優點，例如用箭頭形的信號燈指示方向，要比顏色編碼或文字編碼優越。有時可以用若干燈光組成形狀可變化的燈光信號對不同意義的信息進行編碼。這種信號燈在夜間遠距離使用時效果很好。例如在飛機跑道燈兩側可用燈光組合形狀顯示飛機下滑軌跡情形，當飛機下滑軌跡過高、過低和恰好時跑道燈兩旁分別會顯示出如圖

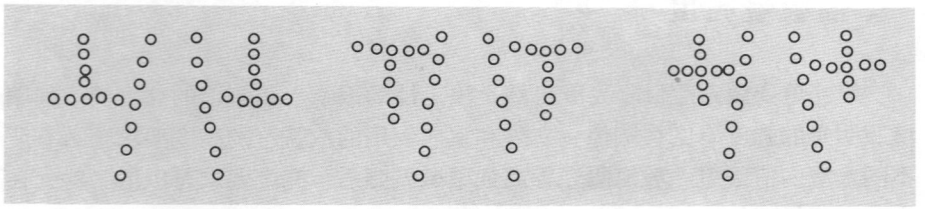

    (a) 飛行軌迹太高   (b) 飛行軌迹太低   (c) 飛行軌迹合適

圖 10-25　飛機著陸信號燈系統的一種設計

(採自封根泉，1980)

10-25 所示的信號燈圖形。飛行員很贊賞這些設計。

信號燈有時採用文字、圖形或文字圖形結合等方式。使用文字方式的優點是編碼的數量幾乎不受限制，而且對以母語文字進行的信號編碼幾乎不需要練習就可以掌握，但對不懂該種文字語言的人來說，則要經過很多次練習才能使用。圖形方式的優點則與此相反，它能適應使用不同語言文字的人，當然對圖形的涵義仍需有一番熟悉與練習過程。信號燈採用圖形-文字結合的雙重顯示方式，有利於在不同場合使用。

信號燈還可採用閃光編碼。在鐵路、公路、航空及電站中央控制室中都使用著閃光信號。閃光信號的優點是醒目，容易引人注意。不足之處是代碼數目受到較大限制，一般只宜採用 2 種最多 3 種閃光頻率，多了就容易混淆。閃光燈的閃頻不能太低，若閃頻過低，就容易把它看成穩光。但閃頻也不能太高，過高就容易產生閃光融合，也會看成穩光。使用單個閃光信號時，閃頻宜在 3～10 次/秒範圍內選用。閃光信號最好安放在周圍無其他燈光的地方。若周圍同時存在其他閃光，容易引起誤認，夜間甚至還有可能產生**似動現象** (apparent movement phenomenon)。

三、信號燈的位置選擇

信號燈最好安放在中央視野範圍內。但在信號燈較多，或在中央視野範圍安排的顯示器比較擁擠時，可以把信號燈按重要性加以排列，把最重要的信號燈（如緊急告警信號燈）安放在視野中央 3°範圍內，把一般的信號燈安放在視野 30°範圍內。有多個重要告警信號燈的場合，可在中央視區安放一個主警告燈，把其他告警信號燈安置在一個分割的信號盒內，把它放在較旁邊的地方。每個告警信號燈啟動時，主警告燈同時閃亮。操作人員根據主警告燈發出的信號再去觀看信號盒上顯示的信號。在飛機座艙和電站中央控制室等告警信號較多的人機系統中，一般都採用這種主警告燈為中心的告警系統設計模式。

第七節　字符標誌設計的人因素

在大多數視覺信息顯示中，都要使用各種字符與標誌。字符、標誌設計中的人因素研究對提高視覺顯示器的效果具有重要意義。這裏所說的字符主要指字母、數字、漢字。這裏所說的標誌主要指各種圖形符號。下面分別加以討論。

一、字符設計

不論數字、字母或者漢字，在視覺上都有一些共同的影響顯示效果的因素。其中字體、字高寬比、筆畫寬度等又是影響視覺效果的主要因素。

（一）　字形結構和字體

字母、數字和者漢字的字形結構特點會影響它們的顯示效果。在照明條件不好，或顯示時間很短的條件下，不同結構特點的字母數字或漢字，在視覺效果上都會表現出明顯的差異。例如，用直線組成的數字會比其他形式的數字具有更好的辨認效果。大寫字母的清晰度與小寫字母的清晰度不一樣。大寫字母中 A、L 的清晰度最高，G、B、O 最易混淆；小寫字母中 d、b、p、q、k 的清晰度最高。而 o 和 a 容易混淆。漢字是在相同的方塊空間內以筆畫的不同組合相區別的，其辨認效果受筆畫數的影響。一般說，筆畫少的漢字比筆畫多的漢字容易辨認。

人對字符的識別也受字體特點的影響。圖 10-26 的這套英文字母和數字的字體，比其他字體容易辨認，常用在顯示器的設計中。

漢字也有多種不同的印刷字體。最常用的鉛字體有宋體、正仿宋體、長仿宋體和黑體等。根據金文雄等人 (1992) 的研究，在不同照明強度下，這四種字體的判讀結果存在一定的差異。如表 10-10 所示，黑體、宋體的判讀正確率高於正仿宋體和長仿宋體，四者中最差的是長仿宋體。

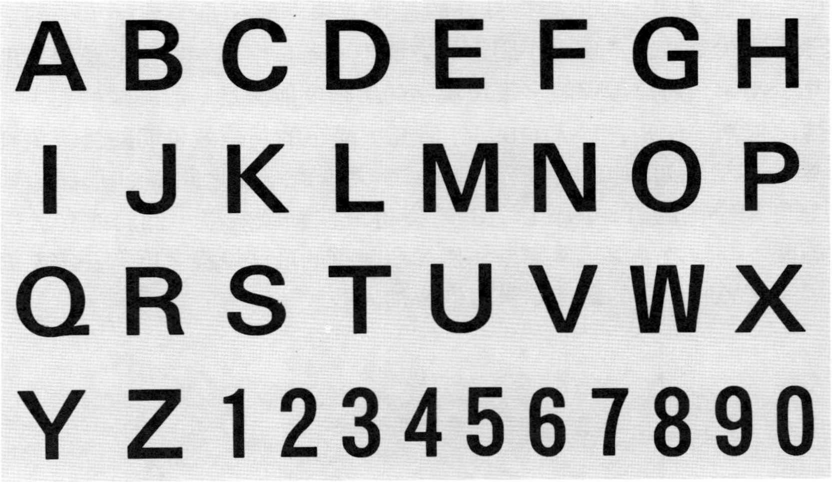

圖 10-26　常用的字母和數字印刷字體

表 10-10　四種漢字印刷體的判讀正確率（%）比較

照明強度（Lx）	黑體	宋體	正仿宋體	長仿宋體
0	96.63	97.28	95.13	90.66
5800	98.16	97.88	93.88	88.91
50000	95.88	94.69	96.63	88.81

(採自金文雄、朱祖祥、沈模衛，1992)

（二）字高寬比

單個字符的高與寬之比稱**字高寬比** (width-height ratio of word)。字符的最佳高寬比因觀察條件不同而有差別。一般認為字母數字高寬比應大於 1：1。小寫字母與數字的最佳高寬比範圍為 3：2～5：3。大寫英文字母和漢字的最佳高寬比為 1：1。

（三）筆畫寬度

字符的**筆畫寬度** (stroke width) 常用筆畫寬與字高之比表示。筆畫過寬或過窄都會對字符的清晰度產生不利影響。字母和數字筆畫簡單，取 1：6～

1：10 的筆畫寬度，可以獲得良好的視覺效果。漢字是方塊字，一個字不論其筆畫多少都擠在一個大小固定的方塊內。若按字母、數字的筆畫寬度要求使用於漢字，將難以保證多筆畫漢字的清晰度能滿足一般閱讀的要求。

據沈模衛、朱祖祥等人(1990a)研究，漢字的判讀效果明顯受筆畫寬度的影響。其結果如圖 10-27 所示，錯誤率與筆畫寬度之間呈 U 形關係。當筆劃寬度為字高的 1：10～1：16 時獲得最佳判讀效果，低於或高於這一寬度範圍，判讀效果都迅速變差。黑、白字符的最佳筆畫寬度有一定差異，白底黑字比黑底白字的最佳筆畫寬度要稍大些。

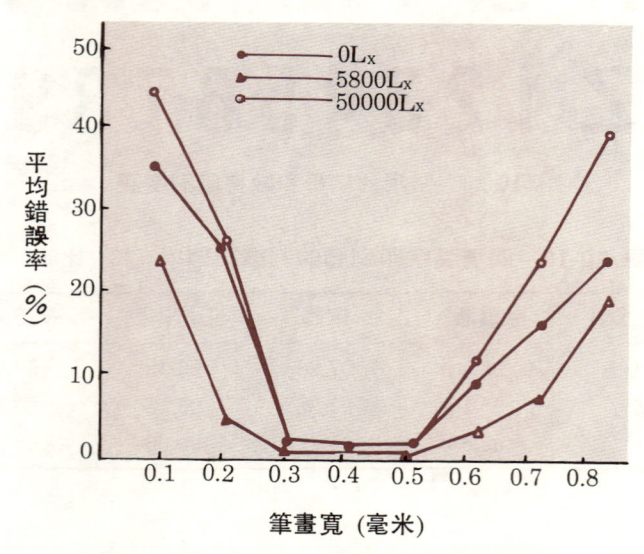

圖 10-27　漢字筆畫寬度對判讀的影響
(採自沈模衛、朱祖祥、金文雄，1990)

(四)　字符大小

字符大小一般用字高所對應的視角度量。字符大小自然會影響認讀字符的效果。沈模衛、朱祖祥等 (1990b) 曾對發光漢字大小與判讀結果的關係進行研究，結果如表 10-11 所示。可見判讀錯誤率隨字增大而減少。字高達到 21 分弧時，不同照明強度下判讀錯誤率已降到 1% 左右。這一研究結果還表明照明強度不同對透光漢字的判讀效果有明顯不同的影響。字母、數字的大小要求自然應與漢字有所不同。在閱讀距離為 0.5～1.0 米時，字母、數字的最低高度約為 5 毫米。

表 10-11　三種照明強度下，漢字大小對判讀錯誤率 (%) 的影響

照明 (Lx)	字高度 ([角] 分 ('))				
	13'	15'	17'	19'	21'
0	21.71	17.08	10.17	1.29	0.88
5800	5.46	4.38	2.96	0.96	0.42
50000	23.35	18.75	12.58	1.96	1.19

(採自沈模衛，朱祖祥，金文雄，1990)

二、符號標誌設計

用符號標誌傳遞信息具有簡單、不受文化知識和語言差異限制的優點，因此廣泛地應用在工業、商業、交通、繪圖和其他領域中。符號標誌設計應滿足如下基本要求：

（一）涵義容易理解

符號設計最基本的要求是要使人們容易理解其涵義。用箭頭表示方向，在髑髏頭圖上打上 × 號表示有劇毒危險等，涵義不言自明。但並不是所有的符號標誌都能如此明確表示其涵義的。符號標誌設計中最重要也是最困難的一點就是要找到和所表示的信息具有自然聯繫的符號或標誌。採用自然聯繫強度大的符號，可節省學習時間，提高反應速度，減少差錯事故。如何評價符號標誌與所代表信息間的自然聯繫的強度呢？最常見的方法是採用直接選擇法。即用事前準備好的多種備擇符號標誌向使用的人群作調查，要求被調查者從中選出自己認為最能代表某種規定事物的符號標誌，根據每個符號標誌被選中的人數和頻次確定它們與所代表信息自然聯繫的強度。

（二）清晰醒目易被覺察

符號標誌一般要求具有提醒人們注意的功用，因此必須設計得清晰、醒

目，使人容易看到它。要達到這一目的，就要求符號標誌具有如下特點：

1. 形-基分明 這裏的形就是符號標誌，基是背景。符號標誌要突出於背景中，使它與背景有較大的反差。例如把黑色或藍色符號畫在白色的背景上，或者把白色標誌畫在黑色或深灰色的背景上。符號與背景的反差越強烈，愈引人注目。

2. 整體性 要把符號標誌設計成一個整體。成整體的東西容易使它從周圍的其他對象中區別出來。閉合的或邊界明顯的符號標誌，都容易被看成整體。為了加強符號標誌的視覺整體感，可以把符號標誌放在一個方形或圓形的邊框裏面。這不僅能加強整體感，而且也有利於加強形-基的對比作用。

3. 簡單明了 符號標誌設計中要突出最能反映其意義的成分。符號標誌應盡可能設計得簡單些。不要給符號標誌加上任何花飾。

本章摘要

1. 人的視覺的空間特性、時間特性、光譜特性是視覺顯示器設計的重要根據。**視覺顯示器**只有與這些視覺基本特性相匹配的情況下才能真正發揮優越的性能。

2. **人的視野**中，視線四周 1.5° 視野範圍內是**視敏度**最高的區域。圍繞水平視線 15° 範圍是最佳視區，人對顏色的視野範圍大小順序為白色、藍色、紅色、綠色。

3. 人的**視敏度**受照明亮度、對比度、曝光時間、周圍環境亮度等因素的影響。視敏度隨視覺目標亮度和對比度的增大而提高，但隨周圍環境亮度的增大而降低。視敏度還受網膜部位、瞳孔大小、年齡等主體因素的影響。網膜中央的視敏度最高，愈趨網膜邊緣，視敏度愈低。

4. 視覺的時間特性主要表現為**視覺適應、視後像、閃光臨界融合頻率**等。適應分光**適應**和**暗適應**。暗適應受曝光強度和色度的影響。紅光最有利於暗適應。紅、白光的暗適應差異隨白光色溫降低而縮小。

5. 引起閃光融合的最低閃爍頻率稱**閃光臨界融合頻率**。閃光臨界融合頻率受閃光亮度、背景光強度、光刺激面積等因素的影響。在中等亮度範圍內，閃光臨界融合頻率與亮度對數成線性關係 (**費里-波特定律**)。閃光臨界融合頻率還與刺激面積對數成線性關係 (**格蘭尼特-哈珀定律**)。
6. 人的視覺光譜範圍為 380～780 毫微米。不同波長的光刺激眼睛，引起不同的顏色視覺。有多種不同波長的光同時作用於人眼時，會發生顏色混合。色光混合引起的顏色感覺服從**補色律**、**中間色律**和**色代替律**。凡是視覺上相同的顏色，不論其光譜成分如何，在色混合中等效。可以用紅、綠、藍三光譜色按不同比例混合得到各種混合色。
7. 人眼對不同色光有不同的感受性，對綠色光的感受性最高，對偏離綠光兩側的光感受性隨光譜波長加長或縮短而降低。**光譜光效率**的峰值，明視覺在 555 毫微米左右，暗視覺在 507 毫微米左右。
8. 顏色視覺存在著**顏色對比**、**顏色適應**現象。兩種顏色放在一起時，由於色對比會引起每種顏色感覺都向旁邊顏色的補色方向變化。顏色感覺除572毫微米、503 毫微米、478 毫微米三波長外，其他色光均隨色光增強而發生向長波方向或向短波方向色變的現象，稱為**貝楚德-樸爾克效應**。
9. **視覺顯示器**是利用人的視覺通道傳遞信息的裝置。按其功能和顯示特點可區分為**定性顯示器**和**定量顯示器，動態顯示器**和**靜態顯示器，表盤指針式顯示器，信號燈顯示器**和**電子顯示器**等。
10. 視覺顯示器要做到鮮明醒目、清晰可辨、明確易懂。為了實現這一基本要求，設計中使用的刺激代碼數目不可超出人的絕對辨別能力限度。對人認讀精度的要求要與人的視覺辨認特性相適應。要儘量採用形象直觀的顯示方式。要使顯示目標與背景之間有鮮明的對比。
11. 視覺信息編碼可分為**單維視覺編碼**和**多維視覺編碼**。多維編碼又可分為**多維餘度編碼**和**多維複合編碼**。常用視覺編碼的限度：**顏色編碼**的色度不超過 9 種，**形狀編碼**不超過 15 種，線長編碼不超過 5 種，角度編碼不超過 24 種，面積編碼不超過 5 種，亮度編碼不超過 4 種，閃光編碼不超過 4 種，數字或字母編碼不受限制。
12. 不同視覺編碼的**傳信效率**有所不同。多維複合編碼優於單維編碼。顏色編碼和數字編碼的傳信效率在多數視覺作業中優於幾何形狀、字母、積木構形圖等編碼。

13. **表盤-指針式儀表顯示器**有圓形、半圓形、水平帶式、垂直帶式、窗式等幾種形式。在數量認讀中，窗式儀表最有效。在追踪或調節作業中，帶式儀表優於其他形式儀表。

14. 人判讀儀表的效果受表盤大小的影響。表盤直徑 35 毫米以下的儀表，判讀效果隨表盤增大而提高。直徑 35～70 毫米的儀表判讀效果差別不大。直徑超過 75 毫米的儀表，判讀效果隨表盤增大而下降。

15. 判讀儀表的速度和正確度隨儀表刻度間距增大而提高。10 分弧視角的刻度間距是最有利於讀數的間距。在低照明和 70 厘米視距條件下，儀表的刻度間距不能小於 1 毫米。

16. 表盤指針式儀表刻度分大、中、小三類。小刻度尺寸的確定應考慮人的視覺分辨能力、照明水平、亮度對比等因素。小刻度的寬度取小刻度間距的 5～15%，小刻度的長度取小刻度間距的 25～50%。中刻度尺寸一般取小刻度尺寸的 1.0～1.5 倍。大刻度尺寸一般取小刻度尺寸的 1.5～2.0 倍。

17. 儀表刻度的**刻度數進級關係**按 1、2、3、……或 10、20、30、……進級的效果最好，按 3、6、9 進級的判讀效果不好，應避免使用。同時用多個儀表讀數時，應儘量採用刻度進級關係一致的儀表。

18. 表盤上數字設置的位置應隨儀表方式而不同。表盤固定指針動的圓形儀表的數字應位於刻度外側。窗式儀表的數字應位於刻度下側。帶形儀表的指針和數字應分別位於刻度兩側。

19. 儀表指針應取尾平、頭尖、中間等寬的形狀，指針長度以剛與小刻度接觸為宜，指針頭寬度取與小刻度等寬。

20. 儀表在儀表板上應按如下要求排列：按儀表重要性或使用頻度安排其在視野空間的位置，把最重要和使用最多的儀表安放在正常視線四周 15°範圍內；位置排列順序應盡可能與儀表的實際使用順序相一致；儀表應按功能分區排列。

21. **陰極射線管**是電子顯示器中用處最廣的顯示器。陰極射線管顯示的清晰度取決於它的**分辨率**、刷新頻率、餘輝長短和亮度對比等因素。一般要求分辨率不低於每毫米 5 線，刷新頻率不低於每秒 50 赫，餘輝長度不長於 0.1 秒，亮度對比不低於 6：1。

22. 陰極射線管所要求的顯示亮度和亮度對比度隨屏幕背景亮度水平而變化。屏幕亮度水平又受環境照明的影響。暗背景下顯示時需提高亮度對比，高背景亮度下顯示時需降低亮度對比。在屏幕背景亮度取 20、30、40 cd/m² 時，其最佳亮度對比分別為 11∶1，9∶1 和 7∶1 左右。
23. 陰極射線管的顏色顯示易受自身發光強度和環境照明光強度的影響而發生色變。發光強度愈低，色變愈嚴重。環境照明光愈強，顯示的顏色之間愈易相混。在黑背景上顯示顏色比在白背景上顯示的效果好。
24. 信號燈的亮度要求應隨環境照明的強度不同而異。使用於陽光照射下的紅、綠、橙色信號燈，亮度 300cd/m² 以上才能滿足正確辨認的要求。
25. 信號燈常採用顏色、形狀、圖形、閃光等編碼。顏色編碼最好不超過 5 色，並以紅、黃、綠、藍、紫等色為宜。提高顏色飽和度有利於提高信號辨認的正確度。信號燈採用閃光編碼時，宜在每秒閃動 3～10 次範圍內選用。
26. 在控制室或操作台上，最重要的告警信號應放在中心視野內。需要採用多種重要告警信號時，可採用主警告燈與信號燈盒相結合的顯示安排。
27. 字符顯示的清晰度受**字形結構**、**字體**、**字高寬比**、**筆畫寬度**和**字符大小**等因素的影響。漢字中筆畫少的字比筆畫多的字容易辨認，宋體、黑體優於正仿宋體和長仿宋體。小寫英文字母和數字最佳高寬比為 3∶2～5∶3。大寫英文字母和漢字的最佳高寬比為 1∶1。字母與數字筆畫寬度宜取字高的 1∶6～1∶10，漢字宜取字高的 1∶10～1∶16。字母數字字高不宜小於 10 分弧，漢字大小不宜小於 18 分弧。
28. 符號標誌應滿足涵義明確、易於理解、清晰醒目、易被辨認等要求。為此，符號標誌設計中必須力求做到簡單明瞭、形體分明和自成整體。

建議參考資料

1. 朱祖祥（主編）(1990)：工程心理學。上海市：華東師範大學出版社。
2. 俞文釗 (1989)：實驗心理學。杭州市：浙江教育出版社。
3. 曹　琦（主編）(1991)．人機工程。成都市：四川科學技術出版社。
4. 斯・謝爾（孫大高譯）(1984)：電子顯示器，第一章。北京市：科學出版社。
5. 楊治良 (1997)：實驗心理學。台北市：東華書局（繁體字版）。杭州市：浙江教育出版社 (1997) (簡體字版)。
6. 赫葆源，張厚粲，陳舒永 (1983)：實驗心理學。北京市：北京大學出版社。
7. McCormick, E. J., & Sanders, M. S. (1982). *Human factors in engineering and design* (5th ed.). New York: McGraw-Hill.

第十一章

聽覺特性和聽覺顯示器的設計

本章內容細目

第一節　聽覺特性概述
一、聲波基本特性　347
　　(一) 聲波強度
　　(二) 聲波頻率
　　(三) 聲波複合
二、聽覺閾限　350
　　(一) 聽覺絕對閾限
　　(二) 聽覺差別閾限
三、聲音掩蔽效應　353

第二節　聽覺報警顯示器的設計要求
一、音響報警裝置的基本類型　354
二、聽覺報警信號的設計要求　355
　　(一) 聽覺信號強度選擇
　　(二) 聽覺信號頻率選擇
　　(三) 增強信號可辨性
　　(四) 聽覺信號編碼

第三節　言語通訊
一、言語通訊的基本方式　357
二、言語可懂度　357
三、言語可懂度測量　358
四、影響言語可懂度的因素　360
　　(一) 語聲強度
　　(二) 講話速度
　　(三) 言語聲譜特性
　　(四) 句　法
　　(五) 信文內容
　　(六) 噪音干擾
五、言語通訊裝置設計和使用要求　365
　　(一) 電話聽筒
　　(二) 言語信號傳輸裝置
　　(三) 耳機和擴音器

本章摘要

建議參考資料

聽覺是人和外部世界進行信息交換的重要通道。它具有其他感覺通道無可替代的作用。一個先天聽覺障礙者，雖然有正常的發音器官，但無法掌握有聲語言。後天聽覺障礙者，即使掌握了語言，仍無法與人進行言語交往。他們不僅不可能充當現代人機系統的操作者，甚至獨立生活也會發生一定困難。應該為這部分人設計具有特殊功能的聲音顯示與接收裝置。不過這不屬本章討論的問題。

本章討論的是聽覺正常人用的聽覺顯示器。這種聽覺顯示器的設計自然應該符合人的聽覺特性，滿足人的聽覺要求，否則，難以通過聽覺達到有效傳遞信息的作用。

人的聽覺器官是人類祖先在進化過程中在聲波的長期不斷刺激作用下形成的。因此它具有反映聲波基本特性的功能。**響度**是對聲波振幅的反映，**音高**是對聲波頻率的反映，**音色**是聲波複合特性的反映。人的聽覺自然也有其局限性，例如人只能接收 20 赫～20,000 赫 的聲音。對次聲和超聲人只能藉助儀器的幫助才能了解它們。聲音掩蔽效應也是人的聽覺局限性的表現。了解人的聽覺的潛能和局限性，無疑是聽覺顯示器設計和使用的依據。

聽覺顯示器大致可分三大類：一是言語通訊中使用的聽覺顯示器；二是用於報警系統的聽覺顯示器；三是演奏用的聲樂顯示器。言語通訊和報警都在工業生產活動中有重要作用。聽覺顯示器的合理設計和正確使用是提高言語通訊效率和發揮報警器功能的關鍵。本章的目的是要為上述兩類聽覺顯示的設計和使用提供必要的心理學的知識和原則。本章主要討論如下內容：

1. 聲波的基本特性及其與聽覺的關係。
2. 人的基本聽覺能力及其限度。
3. 聽覺顯示器設計的一般原則。
4. 音響告警與話音告警的設計要求。
5. 言語可懂度及言語通訊的工效學要求。

第一節　聽覺特性概述

一、聲波基本特性

　　一定範圍的聲波是聽覺的適宜刺激物。聲波是物體振動引起空氣壓力變化所產生的波動。聲源振動引起聲波猶如投石擊水引生水波，水波從擊水點向四周水面傳播。聲波從聲源向四周傳播，傳入人耳經聽覺感受器官接收並轉化為神經衝動傳至大腦後產生聽覺(auditory sense)。**純音**(pure tone)的聲波最簡單，可用正弦函數描述。聲源振動一次所產生的空氣密度隨時間變化的過程如圖 11-1 所示。水平軸上方和下方的波幅分別代表空氣壓力大於和小於靜止狀態的氣壓值。波動幅度的最大值稱為聲波的**振幅**(amplitude)。

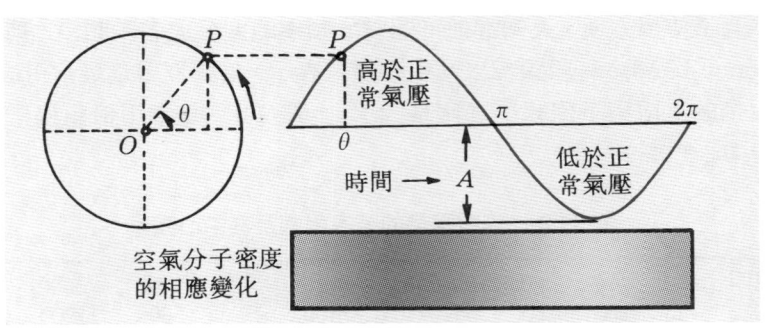

圖 11-1　純音聲波圖示

(一)　聲波強度

　　聲音強度取決於聲波的振幅。振幅越大，聲音越強。聲音的客觀強度常用聲強或聲壓表示。**聲強**(sound intensity) 是指單位時間內通過垂直於聲波傳播方向的單位面積上的聲能，單位為瓦/米^2。人耳剛能聽到的聲強為 10^{-12} 瓦/米^2。**聲壓**(sound preasure)指聲波通過空氣或別的介質時產生的壓力。聲壓的常用單位是**微巴**(micro bar)。聲壓的法定計量單位為**帕**

(pascal，簡稱 Pa)。兩者的換算關係為：1 帕 = 1 牛頓/米² = 10 微巴。人耳的聽閾約為 2×10^{-5} 帕。引起人耳聽閾到痛閾的聲壓值之比為 $1/10^6$。

為了使用方便，一般以聲音的聲壓與聽閾比值的對數值表示聲音的強度水平，稱為**聲壓級** (sound pressure level)。聲壓級的單位為**分貝** (decibel，簡稱 dB)，其數學表達式為

$$L_p(\text{dB}) = 20 \text{ Log} \frac{P}{P_0}$$

L_p：聲壓級
P：聲壓
P_0：基準聲壓（人耳的聽閾）

（二） 聲波頻率

聲波在 1 秒鐘內完成的振動次數稱為**聲音頻率** (sound frequency)，單位為**赫** (hertz，簡稱 Hz)。正常人能聽見頻率為每秒 20 赫～20,000 赫的聲音。為了使用方便，人們常把可聽聲的頻率範圍分成若干頻段，稱為**頻帶** (frequency band)。每段頻帶以其中心頻率來表示。倍頻程帶是最常用的頻帶。倍頻程帶的上限與下限頻率之比是 2：1。表 11-1 是常用倍頻程帶的頻率範圍和中心頻率。

表 11-1　倍頻程帶的頻率範圍及其中心頻率

頻率範圍 (Hz)	22.4 –45	45 –90	90 –180	180 –355	355 –710	710 –1400	1400 –2800	2800 –5600	5600 –11200	11200 -22400
中心頻率 (Hz)	31.5	63	125	250	500	1000	2000	4000	8000	16000

（三） 聲波複合

上面講的是**純音**，其聲波呈正弦波波形。在實際生活中，純音很少。我們所聽到的聲音大多是由多種不同頻率的聲波組合成的**複合音** (complex sounds)。

不同的純音相混合可以產生**複合音**。複合音可以分為樂音和噪音。**樂音** (musical sound) 是周期性振動的聲音，如鋼琴音、提琴音。**噪音** (或**噪聲**) (noise) 則是非周期性振動的聲音，如流水聲、汽笛聲。用於描述複合音特性的常用方式有聲譜分析法和傅里葉分析法。

1. 聲譜分析法 聲譜分析法 (sound spectrum analysis method) 是將複合聲音劃分成許多頻帶，然後測得每一頻帶的聲音強度。這個過程需要藉助波形分析儀來實現。圖 11-2 是以四種不同的倍頻程帶對繩索捆紮機噪音進行頻譜分析的結果。從圖中可以看出，倍頻程帶寬度愈窄，測得的頻譜細節愈豐富，且聲壓級愈低。目前公認的倍頻程帶劃分方法將音頻劃分為 10 個頻帶，它們的中心頻率分別是 31.5、63、125、250、500、1000、2000、4000、8000 和 16,000 赫。

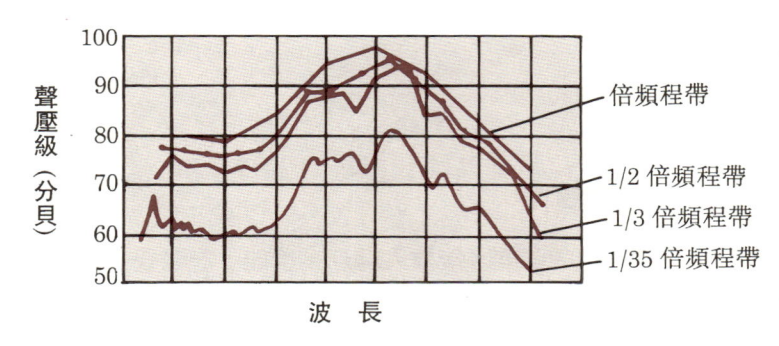

圖 11-2 用不同帶寬分析器測定的繩索捆紮機的頻譜分析
(採自 McCormick & Sanders, 1982)

2. 傅里葉分析法 傅里葉分析法 (Fourier analysis) 是將複合音分析成各別的基本元素單個正弦波形的方法。圖 11-3 繪出了三種正弦波及其合成的波形。

複合音的音高決定於基音（複合音中頻率最低、振幅最大的聲波）的頻率，其音色取決於陪音（高於基波頻率的聲波）成分的數目及其相對強度。

人的聽覺器官能在一定限度內反映聲音的上述特性。聲波的強度引起人的聲音**響度** (loudness) 感覺，強度越大的聲音，聽起來越響。聲波的頻率引起人的**音高** (pitch) 感覺，頻率越高的聲音，聽起來越尖。聲波的波形引

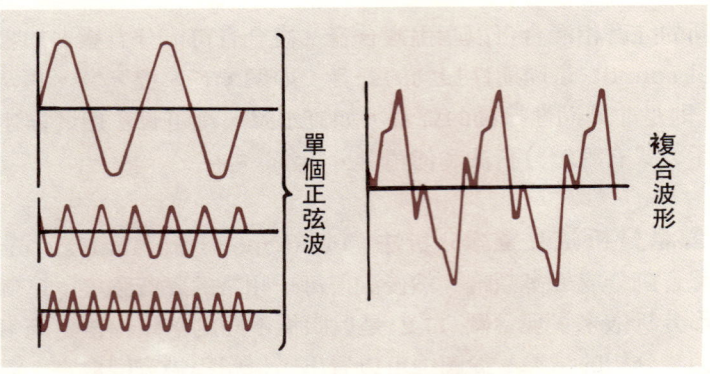

圖 11-3 三種正弦波形組成的複合音波形
(採自 McCormick & Sanders, 1982)

起人的**音色** (timbre) 感覺。我們能區別不同人講的話或不同人唱的歌，主要是由於不同人發的語言、歌聲都帶有各自的音色之故。

二、聽覺閾限

(一) 聽覺絕對閾限

聲音必須達到一定的強度才能被人聽到。恰能引起聽覺的最小聲音強度稱為**聽覺絕對閾限** (auditory absolute threshold)。聽覺閾限與**感受性** (sensitivity) 成反比，聽覺閾限高則感受性低，聽覺閾限低則感受性高。聽覺絕對閾限水平因頻率而不同，一般低頻的聽覺閾限比中頻、高頻的高。人對 1000 赫～4000 赫左右的聲音感受性最高。低於這一頻率範圍的聲音，感受性隨頻率降低而迅速下降，高於這一頻率範圍的聲音，感受性則隨頻率升高而迅速下降。因此不同頻率的聲音需要有不同的客觀強度才能獲得同樣的響度感覺。

響度測量以 1000 赫純音為基準。聲音的響度級單位為**昉** (phon)，它是以 1000 赫純音的聲壓分貝值來表示的。一個 100 赫、52 分貝的聲音若與 1000 赫、20 分貝的純音聽起來同樣響，這個 100 赫聲音的響度就是 20。圖 11-4 是根據各種頻率的純音與 1000 赫純音的響度進行比較所得數據作成的**等響曲線圖** (equal loudness curve)。圖中每一曲線上各點所測得的響度是相等的。可見在聲音強度低於 100 分貝時，頻率越低的聲音越需要有較高的強度才能獲得與較低強度的 1000 赫純音同等響的效果。

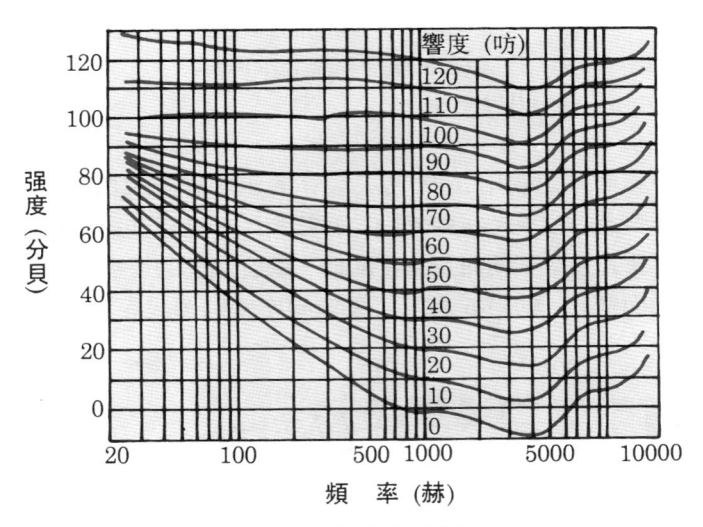

圖 11-4　等響曲線圖
(採自赫葆源、張厚粲、陳舒永，1983)

聽覺絕對感受性存在較大的個別差異。對聽力要求較高的工作，需要選拔聽覺絕對感受性高的人去擔任。人的聽力受多種因素的影響。長期處於高噪音環境中的人聽覺感受性會降低。年齡是影響聽覺感受性另一重要因素，老齡人的聽力要比年輕人差。對高音的感受性特別容易隨年齡增大而衰退。

(二) 聽覺差別閾限

人具有分辨聲音強度與聲音頻率的能力。人能剛剛分辨出兩個聲音有差別時的差值稱為**聽覺差別閾限**(auditory differential threshold)。剛能引起聲音強度差別感覺的聲強之差值稱為**聲音強度差別閾限**(sound intensity difference threshold)。剛能辨別兩個聲音頻率差別感覺的頻率差值稱為**聲音頻率差別閾限**(sound frequency difference threshold)。聲音的強度差別閾限和頻率差別閾限都不是絕對值，而是一個比例值。音強的差別閾用以下公式表示之：

$$\frac{\Delta I}{I} = K$$

ΔI：代表兩聲音刺激間的強度差異值
I：代表標準聲音刺激的強度
K：代表常數

同樣音頻的差別閾用 $\Delta f/f$ 表示；Δf 表示兩聲音刺激的頻率差值，f 表示標準聲音刺激的頻率。在聽覺中，音強和頻率是相互影響的。音強差別閾的比值會隨聲音頻率不同而變化。同樣，聲音頻率的差別閾的比值也會隨聲音強度不同而變化。圖 11-5 表示了聲音頻率差別閾限與頻率、強度的關係。

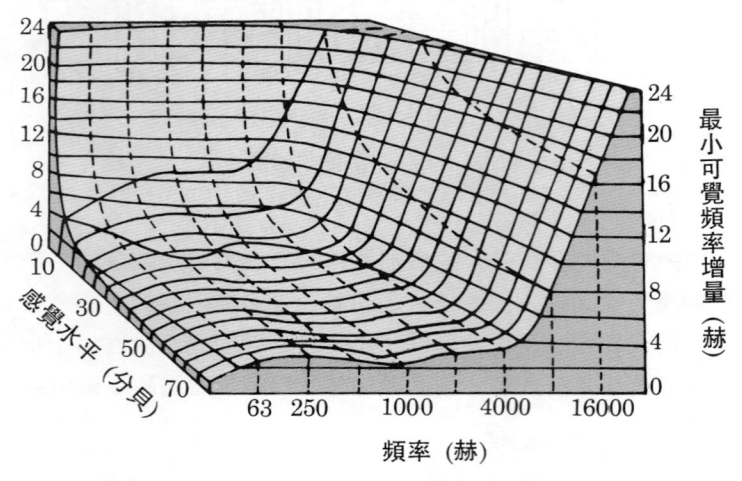

圖 11-5 聲音頻率差別閾與頻率、強度關係的圖示
(採自赫葆源、張厚粲、陳舒永，1983)

可見，在聲音強度大於 30 分貝，頻率小於 2000 赫時，引起頻率差別感覺的頻率增量穩定在 2 赫～3 赫左右。這表明 $\Delta f/f$ 值明顯隨頻率的降低而提高。頻率大於 2000 赫後，則引起差別感覺的 Δf 值必須隨頻率的增高而增大，這時 $\Delta f/f$ 比值是一個常數。但當聲音強度低於 30 分貝時，頻率差別閾限的比例值急劇地提高。

三、聲音掩蔽效應

聲音掩蔽效應 (sound masking effect) 是指對一個聲音的聽覺感受性由於另一聲音的影響而發生降低的現象。在聽覺顯示器的設計和使用中必須考慮和控制噪聲或其他聲音對聲音信號的掩蔽效應。

圖 11-6 是 1200 赫純音在四種強度時，對不同頻率純音發生掩蔽的例子。可見聲音掩蔽效應具有下列特點：(1) 掩蔽聲愈強，掩蔽效應愈大，受掩蔽的頻率範圍也愈大；(2) 掩蔽聲對頻率與其鄰近的被掩蔽聲的掩蔽效應最大，頻率相差愈遠，掩蔽作用愈弱；(3) 掩蔽聲對較高頻率聲音的掩蔽效應大，對較低頻率聲音的掩蔽效應小。了解聲音掩蔽現象的這些特點，對有聲環境中選擇聲音信號的頻率與強度有重要的指導意義。

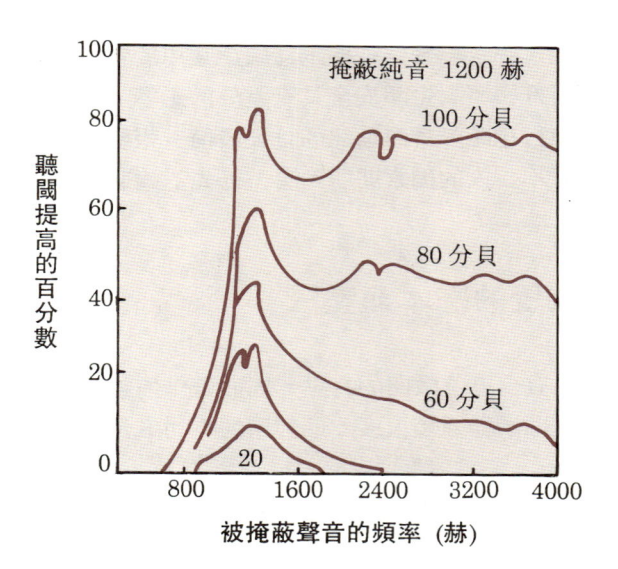

圖 11-6　1200 赫不同強度純音對不同頻率純音的掩蔽效應
(採自 McCormick & Sanders, 1989)

第二節 聽覺報警顯示器的設計要求

聽覺顯示器(auditory displays)是通過聲音傳遞信息的裝置。通常使用的聽覺顯示器按其功能特點可以分為三類：一是傳送報警信號的顯示器，例如蜂鳴器、哨聲、號角、汽笛、鬧鐘、搖鈴等；二是傳遞言語通訊的語音顯示器，如電話、耳機、收音機等；三是傳送音樂聲的顯示器，如鋼琴、提琴、笛子、二胡等各種演奏樂器。

這三類聽覺顯示器由於功用不同，要求很不一樣。報警信號顯示器，最主要的要求是醒耳，能引人注意。語聲顯示器，主要要求清晰可懂。樂聲顯示器則要求保真度高，音域寬廣。樂聲顯示器的設計和使用要求比較特殊，不屬本書討論的範圍。聲音報警信號顯示器廣泛應用於各種工礦企業和各種人機系統中，設計得好與壞對生產安全具有重要的影響。語聲顯示器是言語通訊，特別是人們進行遠距離言語通訊的重要設備。報警聲音顯示器和語聲顯示器的設計中均有不少人的因素問題，這一節先討論聽覺報警信號的顯示問題。

一、音響報警裝置的基本類型

人的聽覺器官具有全方位敞開的特點，因而聽覺信號特別適合用於告警系統。告警用的聽覺顯示器種類很多，最常用的有如下幾類：

1. 警報器 警報器具有聲音強度大，傳播遠，聲調升降可變化，易引人注意，穿透噪聲性能好等特點。最適合於傳送大範圍的緊急報警信號。

2. 號角 號角有不同形式，有的利用動物骨質材料加工而成，如海島漁民用海螺等殼體加工後作號角。喇叭狀軍號是最常見的號角。號角聲的強度可以很高，頻率可以高低變化，容易引人注意，穿透噪聲的性能好，常用於傳送緊急信號。

3. 汽笛 汽笛聲強度大，傳播遠，頻率可從低到高變化，穿透噪聲性能好，容易引人注意，適合於傳送緊急報警。

4. 銅鐘　撞擊懸掛的銅鐘，能發出深沉的很大響聲。銅鐘越大，聲音越強，傳播越遠，適合用於緊急報警。

5. 鈴　手搖鈴、電鈴，形體小，使用方便。常用於自行車、電話機、學校、工廠上下班等場合，適用於顯示提醒人們注意的信號。

6. 哨子　形體小，可隨身攜帶，使用方便，適合用於小範圍、近距離傳送報警信息。

7. 蜂鳴器　發聲強度和頻率較低，聲音柔和，適合在寧靜環境和較小空間範圍內使用。一般只用於提醒人們注意，而不用它顯示緊急告警信號。

二、聽覺報警信號的設計要求

聲音信號的顯示效果，很大程度上取決於警報信號的顯示特點與人的聽覺特性的匹配程度。聽覺信號的設計應注意以下要求：

（一）　聽覺信號強度選擇

聽覺信號必須有足夠的強度。信號強度的確定主要取決於周圍環境噪聲的水平。在寧靜環境中工作的人，若突然遇上過強聽覺信號刺激，會引起驚跳、不安等反應。在寧靜的環境中的聽覺信號以取聽閾以上 50 分貝左右為宜。若在噪聲環境中，聽覺信號強度必須超過環境噪聲水平一定程度後才容易被區分出來。據費特爾 (Fidell, 1981) 研究，在有掩蔽聲的環境中，一個超過掩蔽閾限 22 分貝的聲音信號就足以把人的注意從正在從事的作業中吸引過來。

彼得森和尼莫史密斯等人 (Patterson & Nimma Smith, et al., 1982) 根據飛機聽覺警告信號的研究，建議飛機座艙警告信號強度的上限應超出噪聲掩蔽閾限 30 分貝。如果此時聲音信號的強度大於 115 分貝，最好不要選用聲音告警。

（二）　聽覺信號頻率選擇

如前所述，人對不同聲音的頻率有不同的敏感性。因此聽覺信號的設計中，頻率是必須考慮的重要因素。總結前人的研究結果，對聽覺告警信號的頻率選擇，提出如下建議：

1. 聽覺警告信號的頻率不宜超出 200 赫～5000 赫範圍，最好在 500 赫～3000 赫範圍內選用，因為人耳對此頻率範圍特別敏感。
2. 長距離傳送的聲音信號，頻率應低於 1000 赫，並且要用較大的功率發送。
3. 聲音信號若需繞過障礙物或隔離物時，頻率應低於 500 赫，因為波長較長的聲音有較好的繞射作用。
4. 在噪聲環境中使用聲音信號時，若環境噪聲比較穩定，信號頻率最好低於噪聲頻率，因為噪聲對頻率低於它的聲音掩蔽較小。
5. 為了使信號減少被其他聲音掩蔽的機會，信號最好由不少於四個主要頻率成分組成，並且儘量使用由諧音頻率組成的信號。對特別重要的信號宜採用諧音成分與少數非諧音頻率成分的混合聲。這種混合聲具有特別引人注意的效果。
6. 盡可能採用使聽覺信號基頻滑移的方法傳送緊急報警信息。

（三） 增強信號可辨性

間歇性的脈衝聲音容易被人從背景聲中區別出來。脈衝聲音信號的報警效果受脈衝強度、脈衝延續時間及脈衝間歇時間的影響。單個脈衝的延續時間不可低於 150 毫秒，但若延續時間過長，就會降低脈衝信號的作用。脈衝信號可以通過脈衝時程及脈衝間歇時程的變化組成不同的時間模式以提高其可辨性。

（四） 聽覺信號編碼

人對不同聲音信號的識別依賴於對聲音特性的絕對辨認能力。聲音有強度、頻率、方向、音色等特點。人對聲音強度和聲音頻率的絕對辨認，均限於 4～5 個等級。在對聲音信號進行編碼時，取用的代碼數目不可超過人對各種聲音特性的絕對辨認數目，否則容易引起混淆。採用多維複合編碼可以擴大聲音信號的編碼範圍。

在代碼數目相等的場合，用較多維度和較少等級（例如用 8 個維度，每個維度用2 個等級）的編碼比用較少維度和較多等級（例如用 4 個維度，每個維度用 4 個等級) 的編碼具有更好的效果。

第三節　言語通訊

一、言語通訊的基本方式

　　人們在生產、工作、生活中隨時隨處都需要進行信息交流。語言的變化多、容量大，正常人幾乎出生後幾個月就從父母親或周圍人開始學習語言。語言是人們之間傳遞信息最方便、最有效的工具。

　　語言有多種表現方式。有書面語、口頭語、手勢語、旗語等。手勢語和旗語是在特殊場合下使用或在聾啞人中使用的特殊語言。人們進行信息交換主要依靠書面語言和口頭語言。

　　書面語通過視覺信道傳送信息。其傳信效率受人的文化素養的影響，有很大的個別差異。未受過文字閱讀、寫作訓練的人，自然無法通過書面語言進行信息交流。寫得不好的書面語，也會嚴重影響信息交流的效率。因此用書面語交換信息的效率不如口頭語。口頭語言，除了聾啞者外人皆能之。口頭語可以隨想隨說，交談雙方有問有答，是人類進行信息交流最方便、最靈活和最快捷的方式。

　　隨著現代電子技術的發展，遠距離的口頭語言通訊不僅能做到語聲高度保真，而且能做到聞聲見顏，如同咫尺晤談，更顯出口頭語言的優越性。自然，口頭語言的表達與接收仍受到各種因素的限制。了解和研究這些因素對言語通訊的影響，對設計言語通訊設施和提高言語通訊效率有重要意義。下面討論的主要是與口頭言語通訊有關的人因素問題。

二、言語可懂度

　　言語可懂度 (speech intelligibility) 是指言語通訊 (speech communication) 中傳送的信文被接收者聽懂的程度。言語可懂度主要與語聲和語意兩因素有關。語聲是言語的物質外殼，語意是言語的內容。言語通訊就是通過語聲變化以傳送一定語意信息。所謂聽懂，就是在言語通訊中能聞其聲而知其義。一個人在言語通訊中若只能聽清另一個人發的聲而不理解聲音所包含的意義，就不能算聽懂。

語聲清晰性與語意理解互相影響，互相促進。語聲不清影響對講話內容的理解。同一個人講話，若通過兩個揚聲器傳送話音，其中一個揚聲器聲音失真，另一個揚聲器保真度高，聽起來效果大不一樣。反之，對講話內容的熟悉程度，又會影響語聲的清晰度。同一個揚聲器傳送內容熟悉的講話要比傳送內容生疏的講話聽起來清晰得多。

三、言語可懂度測量

言語可懂度可以用專用的標準測驗加以測量。測量言語可懂度的常用測驗主要有下列幾類：

1. 無意義音節測驗 向被測者發出無意義音節的標準化語音，要求被測者復述這些音節，根據復述的正確性記分。

2. 語音平衡詞表測驗 所使用的詞彙中的語音按正常言詞中使用語音的頻度比例選定，編成詞表。一般每張詞表包括 50 個詞，要求受測者接收每個詞的語音後進行復述。按正確性記分。

3. 同韻詞表測驗 發給被測者一份詞表，詞表中的詞由音韻相同但其他成分不同的成對詞組成。要求被測者在聽到詞表中的任一詞的語音時，標出詞對中的另一個詞。按正確程度記分。

4. 句子測驗 在一定的背景聲上以語聲方式呈現兩類句子，一類是可以從上下文猜測關鍵詞的句子，另一類是不能從上下文猜測關鍵詞的句子。要求被測者對所聽到句子中的關鍵詞作出復述。按正確程度記分。

用以上的方法可以直接測出不同情形下的言語可懂度。這種直接測量的方法使用起來費時費錢，不便在現場應用。因而一般採用間接的方法評價言語可懂度。**清晰度指數** (the articulation index，簡稱 AI) 與可懂度分數有很高的相關。可從清晰度指數推知言語可懂度。言語清晰度指數可用下式計算：

$$AI = \sum_{i=1}^{n} (S-N)_i W_i$$

$(S-N)_i$：第 i 頻帶的信號與噪聲之差
W_i：第 i 頻帶的加權係數

其計算過程如下：

(1) 先測定所測情境中 1/3 倍頻程帶或 1/2 倍頻程帶的言語峰值的頻帶強度和噪聲強度；

(2) 求出每一頻帶中心頻率的言語峰值強度與噪聲強度的差值，當噪聲強度超過言語峰值強度時記作零；

表 11-2　用三分之一倍頻程帶測定與計算言語清晰度指數 (AI) 的例子

(1) 1/3 倍頻帶 中心頻率 (Hz)	(2) 講話語音 峰值 (dB)	(3) 噪聲強度 (dB)	(4) 講話峰值 與噪聲強度 之差值	(5) 1/3 倍頻 帶各頻帶的 加權係數	(6) 每個頻帶 的清晰度指 數值
200	61	31	30	0.0004	0.0120
250	65	30	35	0.0010	0.0350
315	66	41	25	0.0010	0.0250
400	68	33	35	0.0010	0.0350
500	69	43	26	0.0010	0.0260
630	70	48	32	0.0014	0.0448
800	67	51	16	0.0018	0.0288
1000	66	78	0	0.0024	0
1250	62	67	0	0.0030	0
1600	59	65	0	0.0037	0
2000	51	55	0	0.0038	0
2500	54	42	12	0.0034	0.0408
3150	51	28	23	0.0034	0.0782
4000	48	22	26	0.0024	0.0624
5000	45	20	25	0.0020	0.0500

$AI = 0.3880$

(3) 從清晰度指數加權係數表查得與頻帶中心頻率相應的加權係數，把它與第 (2) 項之差值相乘，得到每一頻帶的清晰度指數值；

(4) 把各頻帶清晰度指數相加之和即為所測情境下的言語清晰度指數。

假設有一噪聲環境，在現場用 1/3 倍頻帶測得的噪聲和講話聲的各中心頻率的言語峰值和噪聲強度分別如表 11-2 中 (2) (3) 兩欄的數值。按上述計算清晰度指數步驟所得結果如表 11-2 所示。一般認為清晰度指數達到 0.3 以上，就具有良好的言語可懂度。

四、影響言語可懂度的因素

言語可懂度受語聲強度、講話速度、言語頻率特性及環境噪聲等多方面因素的影響。

(一) 語聲強度

人講話時所用語聲強度可以有很大的差別。例如輕聲耳語時，平均言語功率約為 0.01 微瓦，輕聲交談時為 0.1 微瓦，用力大喊時可達 1000 微瓦。輕重語聲相差可達 60 分貝。語聲輕重影響收聽的清晰度。單詞的語聲強度不到 60 分貝時，其清晰度隨語聲強度增強而提高，語聲強度達 80 分貝後清晰度不再隨語聲強度增大而提高。語聲強度過強會引起收聽者不舒服的感受。因此在一般收聽條件下，語聲強度以 60 分貝～80 分貝為宜。

自然，對語聲強度的要求必須與環境背景噪聲水平聯繫起來考慮。環境噪聲水平高，講話聲音必須相應提高。環境噪聲水平低，講話聲音可相應降低。因此一般用**言語信噪比** (speech signal-to-noise ratio) 表示對語聲強度的要求。

韋勃斯特 (Webster, 1978) 曾用英語句子、單音節詞和無意義音節對言語信噪比與可懂度的關係進行過研究，所得結果如圖 11-7 所示，這些言語材料的可懂度均隨信噪比增高而提高。但不同材料達到同樣可懂度所要求的信噪比有明顯差別。句子材料在信噪比達到 6 分貝時就可達到 100% 的可懂度，比單音節詞和無意義音節達到同樣可懂度水平所要求的信噪比低得多。

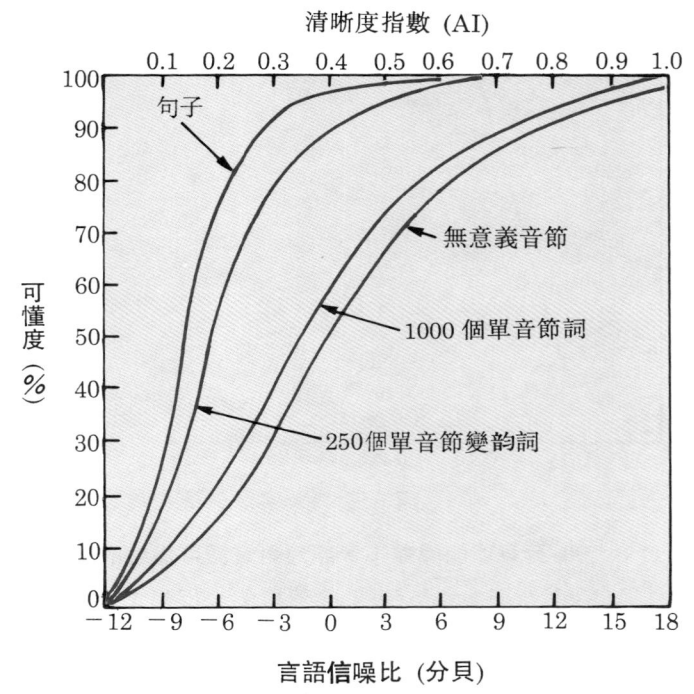

図 11-7 不同材料言詞信噪比與可懂度的關係
(採自 Kantowitz & Sorkin, 1983)

(二) 講話速度

講話速度對可懂度有明顯的影響。張彤等人 (1990) 曾用普通句表試驗 90 分貝環境噪聲中語速對可懂度的影響。試驗中採用六種語速，每個字的平均時間分別為 0.11、0.15、0.20、0.25、0.30、0.45 秒。結果如圖 11-8 所示，可懂度隨語速放慢而提高。每字 0.25～0.45 秒的語速，可懂度達到 97% 以上。受試者對六種語速的主觀評價中認為每秒 4 個字的速度是最合適的。

(三) 言語聲譜特性

言語聲是複合聲。每個人由於發聲器官的特點不同，言語聲譜都帶有各

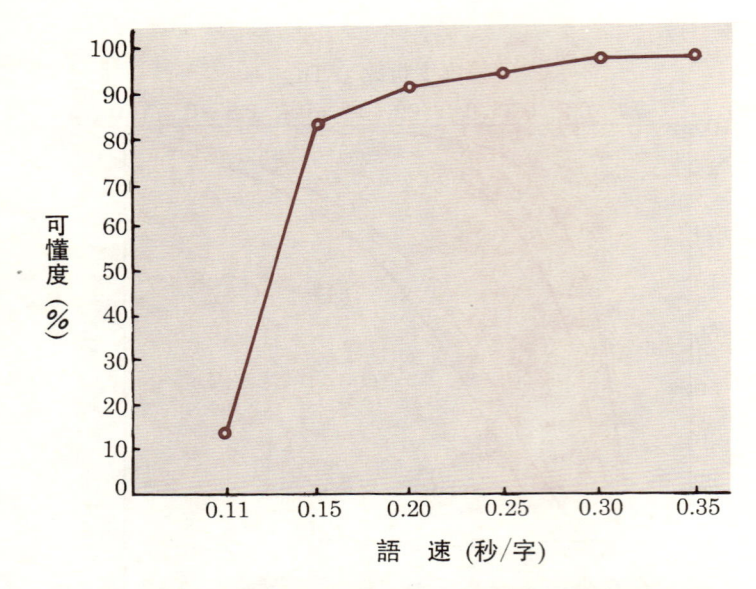

圖 11-8 90 分貝環境噪聲下，語速對言語可懂度的影響
(採自張彤、朱祖祥、鄭錫寧，1990)

自的特色。因此不同人講話的清晰度可能會有很大的差別。言語通過電話傳輸或通過擴音器放大時可能會發生波形畸變，引起頻率、振幅、相位等的失真。失真達到一定程度就會對可懂度產生不良影響。假使將一個不失真的言

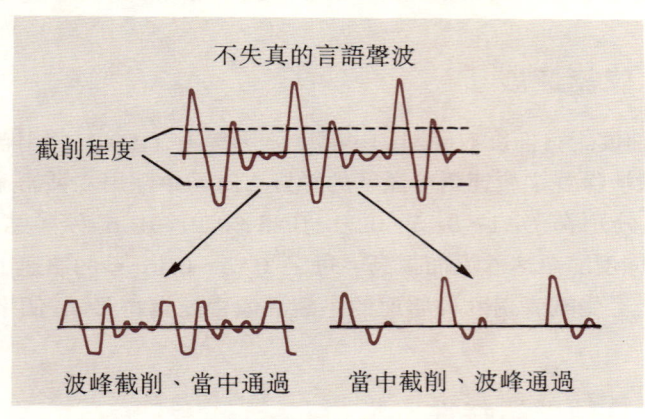

圖 11-9 言語聲波波峰截削與當中截削
(採自 McCormick & Sanders, 1982)

語聲譜通過波峰截削或波形當中截削處理，使其變成如圖 11-9 所示的波形時，言語可懂度就會受到不同程度的影響。從圖 11-10 可見，波形當中被截削時，對可懂度的不良影響特別明顯。

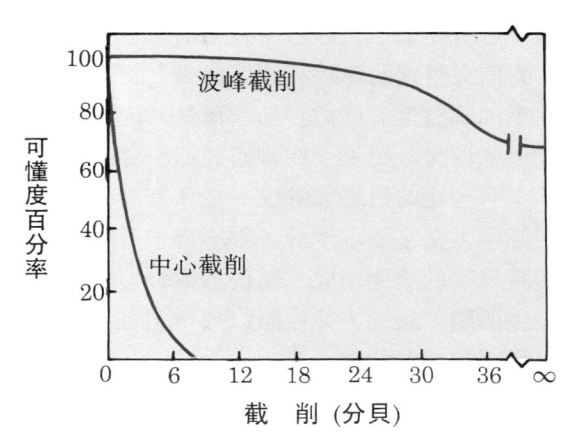

圖 11-10　言語聲波截削對可懂度的影響
(採自 McCormick & Sanders, 1982)

(四) 句　法

句子是由詞按句法構成的。它是人們互相表達思想、進行言語通訊的基本形式。但人講話時句子符合句法的情形，對可懂度可能有很大差別。有的人講話句子符合句法規範，容易聽清楚。有的人講話句子不符合句法規範，不容易聽清楚。

米勒與伊查德 (Miller & Isard, 1963) 曾用相同的單詞組成符合句法的有意義句子、符合句法的無意義句子和不符合句法的句子等三種材料，要被試在聽了每種句子後重述它們。結果表明，在一定的噪聲條件下，被試能夠復述的正確率，三類句子分別為 88.6%、79.3% 和 56.1%。可見符合句法的句子復述正確率要比不符合句法的句子高得多。

(五) 信文內容

言語通訊中，接收者對信文內容的熟悉程度對接收效果有重要影響。例如我們聽人講話，假使講話內容是我們所學習或與所從事專業有關的內容，即使講話人的語聲強度低一些、音質差一些、周圍環境噪聲大一些,我們仍容易聽清聽懂。假使所講的是我們不熟悉的內容,我們就不容易聽清聽懂。不熟悉的內容特別容易受其他干擾因素的影響。這是因為語聲與語意是緊密相聯繫的。知道了語意,就會聯想到語音,使語音聽起來格外清楚,即使碰到無法聽清楚的音,也會從上下文線索中猜測出來。

此外,收聽者對信文用詞的熟悉程度也會對言語通訊效果產生明顯的影響。信文中使用熟悉的詞愈多,就愈容易聽清楚。因此在言語通訊中要儘量用人們常用的字詞組織信文。另外,在言語通訊中要儘量避免使用簡略語,相反,要設法使信文有一定的信息冗餘度。這和書面語言通訊的要求很不相同。在書面語言通訊中,文字要求簡練,看不清,可以再看。口頭語言則不然,它的信文由瞬時呈現的語聲組成,聽後不留聲,聽者不能反覆琢磨,若信文過於簡練,發生漏聽、誤聽,往往難以補救。自然,若語言通訊信文的信息餘度過多,也會引起聽者的厭煩感。

(六) 噪聲干擾

言語通訊設計必須考慮來自環境和來自通訊裝置內部噪聲的掩蔽作用。可以採取降噪防噪措施,或者把電話等言語通訊裝備放置在離噪聲源較遠的地方,或者使對話雙方的距離縮短。根據表 11-3 所提供的數據,電話機最好能放置在離噪聲源較遠、電話機旁噪聲強度只有 55 分貝的地方。若人們之間需要在噪聲環境中口頭對話時,可以參照表 11-4 的數據,確定對話雙方的距離要求。

表 11-3　噪聲對電話通訊影響的評價

噪聲強度 (dB)	電話通訊質量
55	滿意
65	稍受干擾
80	困難
80 以上	不滿意

(採自馬大猷、沈　嚎 1983)

表 11-4　不同強度噪聲干擾下進行口頭對話的距離要求

噪聲強度 (dB)	正常口語交談 最大距離 (m)	提高噪聲進行口語 交談最大距離 (m)
48	7	14
53	4	8
58	2.2	4.5
63	1.3	2.5
68	0.7	1.4
73	0.4	0.8
77	0.22	0.45
82	0.13	0.25
87	0.07	0.14

(採自馬大猷、沈　巏，1983)

五、言語通訊裝置設計和使用要求

　　人們在相隔距離較遠，話聲無法通過空氣直接由一方傳向另一方時，就得使用有線電話或無線電話進行交談。利用有線與無線電話通訊時，其通訊的效果除了受送話人的個體言語質量特點及收話人的聽覺功能特點的影響以外，還受送話、受話裝置設計特點的影響。電話聽筒和送話器、麥克風、耳機、揚聲器等是遠距離言語通訊的人機界面裝置。明確這些裝置設計的工效學要求，對提高通訊效果有重要作用。現分別簡述如下。

（一）　電話聽筒

　　電話聽筒也叫話筒，一般是聽話與送話結合在一起的裝置。它呈長圓筒形，一端是聽話器，另一端是送話器。一個優良的話筒應在收聽和發送話音上都十分清晰，讓使用者滿意。要滿足這一要求，話筒必須具有如下性能：

　　1. 對語音信號靈敏度高　對低於正常的說話聲能靈敏地作出響應。當然若過於靈敏，就容易受環境噪聲的干擾。

　　2. 良好的頻率響應特性　送話時能將話音可靠地轉換成電信號，接話時能將電信號不失真地轉換成話音。這需要有良好的頻率響應特性。話筒頻率響應的頻帶寬度至少為 200 赫~6100 赫。

3. 足夠的動態範圍 應有足夠大的動態範圍，允許輸入信號至少有 50 分貝的變化。在接收高達 125 分貝~130 分貝的話音信號時不會過載。

4. 防除噪聲干擾 要能防除或減弱噪聲的干擾。在噪聲大的場合可採用防噪罩。也可採用除噪話筒。防噪罩衰減的噪聲高頻成分多於低頻成分。除噪話筒消除的噪聲中低頻成分多於高頻成分。

5. 話筒形狀廣泛適用 話筒的形狀應設計得適用於各種不同頭形的人和頭部大小不同的人使用。

6. 話筒抓握舒適 話筒要設計成粗細適度，避免使用方形話筒，要使人拿在手裏不會引起不舒服感。

7. 話筒連接線長度適中 話筒連接線不宜過短，但也不可過長，以免話筒不慎跌下時碰撞地面引起損壞。應盡可能用不易折斷的軟線做成具有長短可伸縮的連接線。

8. 話筒材質宜輕 話筒用輕質材料製成，重量不要超過 0.3 公斤。

（二） 言語信號傳輸裝置

遠距言語通訊，不論採用有線與無線傳送，都需要用一定的傳輸裝置才能把話音從一方傳至另一方。傳輸裝置包括信號放大和接收系統。為了提高言語通訊的效果，傳輸系統應具有如下性能：

1. 要使傳輸裝置具有 200 赫~6100 赫的帶寬。
2. 要具有足夠的動態範圍，能處理言語中的整個瞬時聲壓變化。
3. 言語通訊雙方都處於安靜環境中時，可對輸入信號採取線性放大。處在噪聲環境中時，要對輸入信號採取非線性放大。
4. 要有自動增益控制，自動增益使強信號的增益適當減低，使弱信號的增益適當提高。這樣就不論輸入水平高低，使平均輸出水平保持在一定的範圍內。自動增益系統也可由環境噪聲來調節，即通過增設噪聲話筒輸入噪聲，由噪聲強度變化控制自動增益系統。這樣，不管聽話人所處的環境噪聲強度如何變化，收聽信號的信噪比基本穩定不變。這可使噪聲強度大過收聽的話音時仍有較高的清晰度，又可在安靜時避免使聽話人聽到過響的話音。

5. 要通過濾波器濾去對言語清晰度不利的信號或噪聲頻率，讓有利於提高言語清晰度的信號頻率通過。例如用高通濾波器把低頻濾去，或用低通濾波器將高頻濾去。

(三) 耳機和擴音器

遠距言語通訊一般都用耳機或擴音器（揚聲器）把電信號還原為語音。在下列情形中一般需要採用耳機傳聲：(1) 收聽人周圍噪聲很大，需要戴耳機防止噪聲干擾；(2) 不同聽話人在一起但需要同時收聽不同信文時使用耳機可防止互相干擾；(3) 用揚聲器收聽會產生混響干擾的場合。在下面的場合一般使用揚聲器而不用耳機：(1) 收聽人周圍噪聲低，並無其他干擾聲存在；(2) 聽話人必須來回走動，使用耳機收聽不方便；(3) 有許多人需要聽同一內容的信文。

揚聲器是擴大化了的耳機，它與耳機在性能要求上有不少相同的地方。使用揚聲器所不同於耳機的要求，主要在於揚聲器要有足夠大的功率才能推動。因此在使用揚聲器時，遠方傳輸的電信號一般都需要進行多級放大。收聽的空間覆蓋範圍越大，要求放大的倍數越高。

另外，在室內有限空間範圍內使用揚聲器時，需要考慮由牆或其它物體表面對聲音反射所產生的混響效應對語音清晰度的影響。混響效應指在聽話人知覺中把反射聲與聲源發出的話聲融合在一起的現象。對房間的混響特性可用測定聲源突然中斷時聲音聲壓級衰減 60 分貝所需的時間來表示。混響時間越長，對言語清晰度的影響越大。在一個混響效應大的場地用麥克風講話，往往會在揚聲器裏發出尖銳的嘯叫聲。但是若在完全沒有混響效應的房間內講話，也會使話聲顯得生硬而不自然。

本 章 摘 要

1. 聲波是**聽覺**的適宜刺激。物體振動引起空氣壓力變化而產生聲波。聲波傳入耳朵引起聽神經衝動，傳入大腦，產生聲音感覺。

2. 聲波的強度、頻率和波形的作用引起人的**響度**、**音高**和**音色**的感受。
3. 聲音的強度用聲音聲壓與聽閾比值的對數表示，稱為**聲壓級**。聲壓級的單位為**分貝** (dB)。人耳能承受的最大聲壓為 130 分貝左右。超過 130 分貝就引起痛覺。
4. 聲波在一秒鐘內振動的次數稱為**聲音頻率**。正常人能聽到的聲音頻率為每秒 20～20,000 赫。
5. 聲音可分純音和複合音。複合音可分為**樂音**和**噪音**。**樂音**是周期性振動的聲音。**噪音**是非周期性振動的聲音。用於描述複合音特性的方法有**聲譜分析法**和**傅里葉分析法**。
6. 聲音必須達到一定的強度才能被人感覺到。恰好能引起聽覺的最小聲音強度稱為**聽覺絕對閾限**。聽覺絕對閾限因聲音頻率而不同。中頻、高頻聲音的聽閾低於低頻聲音。人對 1000～4000 赫範圍聲音的感受性最高。
7. 人能區別聲音的強度或頻率的差別。恰好引起差別感覺的聲音強度或頻率之差值稱為聽覺的**聲音強度差別閾限**或**聲音頻率差別閾限**。音強差別閾限和頻率差別閾限都是相對比例值。聲音強度的差別閾受頻率的影響，反之，頻率的差別閾也因聲音強度變化而不同。
8. 一個聲音的作用使對另一個聲音的感覺閾限提高的現象稱為**聲音掩蔽效應**。掩蔽聲愈強，掩蔽效應愈大；兩個聲音的頻率愈相近，掩蔽效應也愈大。
9. **聽覺顯示器**是通過聲音傳遞信息的裝置。聽覺顯示器按其功能可以分為三類：聽覺報警信號顯示器，言語通訊顯示器和音樂聲顯示器。
10. 聽覺具有全方位敞開並帶有強制接收的特點，特別適用於報警系統。用於聽覺報警的顯示器主要有警報器、號角、汽笛、鐘、鈴、哨子、蜂鳴器等。它們各有特點，適合用於不同的場合。
11. 聽覺報警信號的顯示效果取決於警報器的強度、頻率和呈現方式。一個比掩蔽閾限高出 22 分貝的聲音信號，足以引起人的注意。作報警信號用的聲音強度上要高於掩蔽閾限 30 分貝以上。聽覺報警信號的頻率應在 200～5000 赫範圍內選擇。長距離傳送的聲音信號頻率應低於 1000 赫。需要繞過障礙物的聲音信號的頻率不宜超過 500 赫。
12. 不斷出現的脈衝聲容易引人注意。脈衝聲的報警效果受脈衝聲強度、脈衝聲延續時間和脈衝聲間歇時間的影響。單個脈衝聲的延續時間不宜短於 150 毫秒。
13. 聽覺信號編碼依賴於對聲音特性的絕對辨別能力。人對聲音強度或聲音頻率編碼的代碼數均不宜超過四個。採用多維複合聲編碼，在代碼數相等時，使用較多維度和等級較少的編碼比使用較少維度而等級較多的編碼的效果要好。
14. 言語通訊有多種表現方式，主要有書面語、口頭語、手勢語、旗語等。書面語通過視覺信道傳送用文字記載的信息，其傳信效率受人的文化素養的限制。口頭語是人在長期生活中形成的，是最方便的通訊方式。
15. **言語可懂度**指言語通訊中傳送的信文被收聽者聽懂的程度。它是評價言語通訊的主要標準。言語可懂度包含著語聲清晰性和語義理解兩方面因素。兩者互相影響，互相促進。
16. 言語可懂度的常見測量方法有無意義音節測驗、語音平衡詞表測驗、同韻詞表測驗、句子測驗和**清晰度指數**測定等。
17. 語聲強度、講話速度、言語聲譜是影響言語通訊可懂度的重要因素。在安靜環境下言語清晰性隨語聲強度增大而提高，強度達到 80 分貝後，言語清晰性不再提高。噪聲環境中言語可懂度隨信噪比增大而提高。語速過快過慢都不利於言語通訊，漢語通訊時每秒四字的語速能得到最佳的效果。
18. 句法和信文內容影響言語通訊的可懂度。符合句法的言語比不符合句法的言語容易懂，內容熟悉的言語比不熟悉的言語容易懂。口語通訊不僅要避免使用縮略語，而且還要有適量的信息冗餘度。
19. 言語通訊容易受環境噪聲的干擾。電話通訊在 55 分貝的環境噪聲中能滿意地進行，在 65 分貝的環境噪聲中會稍受干擾，80 分貝的環境噪聲會使電話通訊發生困難。在噪聲環境中進行面對面講話時，必須根據噪聲強度提高講話聲的強度或縮短與講話人的距離，才能保有必要的可懂度。
20. 電話通訊的效果取決於聽話器、送話器及傳輸系統的質量。聽話器和送話器都必須對語音響應靈敏、能不失真地將語音轉換成電信號或將電信號轉換成語音。這需要通訊系統能在 200 赫～6100 赫範圍內具有平滑的頻率響應特性。

建議參考資料

1. 朱祖祥（主編）(1994)：人類工效學。杭州市：浙江教育出版社。
2. 俞文釗 (1989)：實驗心理學。杭洲市：浙江教育出版社。
3. 楊治良 (1997)：實驗心理學。台北市：東華書局（繁體字版）。杭州市：浙江教育出版社 (1997)（簡體字版）。
4. 彭聃齡（主編）(1991)：語言心理學。北京市：北京師範大學出版社。
5. 赫葆源，張厚粲，陳舒永 (1983)：實驗心理學。北京市：北京大學出版社。
6. McCormick, E.J. & Sanders, M. S. (1982). *Human factors in engineering and design* (5th ed.). New York: McGraw-Hill.

第十二章

控制器設計的人因素

本章內容細目

第一節　控制器概述
一、人的控制活動　373
二、控制器的作用　373
三、控制器的類型　374
　(一) 旋轉式與平移式
　(二) 離散式與連續式
　(三) 按人的操作器官分類

第二節　控制器設計和使用的原則
一、控制器的空間特性與人體數據的匹配　375
二、控制器的編碼與人的認知匹配　376
　(一) 視覺編碼
　(二) 觸覺編碼
　(三) 位置編碼
　(四) 操作方法編碼
三、控制器操作的信息反饋　378
四、控制器的防偶發啟動　378

第三節　控制器的位置安排
一、控器的位置選擇　379
二、控制器的排列　380
三、控制器的間距　380

第四節　控制器與顯示器的兼容性
一、空間兼容性　382

二、運動關係兼容性　383
　(一) 直線運動控制器與直線運動顯示器
　(二) 旋轉運動控制器與直線運動顯示器
　(三) 旋轉式控制器與圓周式運動顯示器
三、習慣兼容性　385
四、概念兼容性　385
五、控制-顯示比　386

第五節　手和足控制器的設計要求
一、按　鈕　387
二、旋　鈕　388
三、旋轉選擇開關　389
四、手柄和操縱桿　390
五、踏　板　391

第六節　聲音與言語控制器
一、聲音控制器　395
二、言語控制器　395

本章摘要

建議參考資料

在第九章討論人機系統時已經指出控制器和顯示器是人與機器發生交互作用的兩個接口。人通過顯示器了解機器活動的情形，通過控制器去影響或支配機器的活動。了解機器的目的是為了支配機器，使之為人的目的服務。控制器的質量對人的工作效率和生產安全具有十分重要的意義。劣質控制器不僅操作費力費時，降低工作效率，而且容易造成操作差錯，導致人身傷亡事故。控制器的質量優劣，主要決定於兩方面的特點：一是必須材料質地優良和功能上能滿足要求；二是必須具有適合於操作者使用的特點，使操作者使用起來方便、省力、有效和安全。要滿足這一要求，就必須把控制器的大小、控制力量、位置安排、形狀特點、操作方法等設計成與人的身心行為特點相適應。因此，控制器的設計必須以人體尺寸、人體力量和人的信息輸出特性等有關的數據為基礎。第三章和第四章中已對這方面的資料作過介紹，本章不再重述。

人對包括機器在內的外部事物的控制，主要通過手、足、口等各種器官的運動。大多數控制器是用手操縱的，在手的負荷比較高的場合，足也可以承擔某些精度要求不高的控制任務，在某些特定的場合還可採用聲音或言語控制。本章將著重對各類控制器的一般設計原則進行討論。希望讀者讀了本章後能在下列內容上有明確的了解：

1. 人的控制活動的基本特點和控制器的作用。
2. 控制器設計和使用應遵循的原則。
3. 選擇控制器位置和確定控制器空間排列方式的工效學要求。
4. 控制器和顯示器的設計如何做到綜合兼顧、互相兼容。
5. 如何為常用的手、足控制器確定主要的設計參數。
6. 言語控制器的特點及發展前景。

第一節　控制器概述

一、人的控制活動

　　人的任何活動都離不開控制。控制活動可分為自我控制和對身外對象的控制。人對身外對象的控制是以自身活動的控制為基礎的。例如，我們要拿取桌子上的一枝筆，就要把手伸向桌上筆所在的位置，手指碰上筆後把筆桿挾持住再把手縮回。這一伸、一縮，每一步都是一種自我控制活動。這個過程的每一步都既包含著信息的輸出，又包含著信息的輸入。手伸向桌上的筆是頭腦中的指令信息輸向手臂，驅使手臂前伸。手臂在前伸的過程中，位於手臂肌肉和關節中的感受器不斷將骨骼肌受牽動的信息通過傳入神經傳向大腦。大腦通過傳入的信息了解手的實際狀態，進一步發出調整手的活動的信息，驅使手做出新的運動狀態。手的新運動狀態信息又返回傳向大腦，引起進一步的調整活動。如此往返調整，直至達到目的。人的任何活動都需要通過很多次調整後才得以完成。活動調整過程中信息從**效應器** (effector) 向中樞返回的過程稱為**信息反饋** (information feedback)。人的活動和一切自動化系統一樣，都依靠正、負反饋進行調節。沒有信息反饋就不可能實現自動化控制。

　　人機系統中，人控制機器也需要信息反饋。人在控制過程中除了需要自身運動的反饋信息外，還需依靠機器的反饋信息。顯示器的作用就在於它把受控狀態的信息反饋給人。人根據顯示器所提供的反饋信息，作出是否需要對機器活動進行調整的決策，再通過手、足運動對機器作進一步控制。如此循環往返，直至使機器按預定的要求工作。

二、控制器的作用

　　人對機器的控制有直接和間接兩種方式。直接控制一般多用於以人力為動力源的手工機具。例如使用剪刀、榔頭、鉗子、手搖鑽和手動或足動縫衣機等過程都是直接控制。使用電力或其他非人力為動力源的機器，人一般依靠間接的方式去控制。在現代化生產中，人往往遠離機器，不僅不能直接觸及機器，而且也不可能直接看到機器的運轉。在這種情況下，人只能對機器進行間接控制，即通過中介物控制機器的運動。各種形式的**控制器** (controls) 都是人藉以控制機器的中介物。它和顯示器一樣，兩者都處於人和機之間。但兩者具有不同的功能，顯示器把機器的信息傳達給人，控制器把人的信息傳送給機器。通過兩者的中介作用，溝通了人機信息交往的通路。現代大型生產系統為了提高效率和節省人力，都採取集中控制方式。在中央控制室中佈滿了成百上千各種各樣的顯示器和控制器。值班人員就靠這些顯示器和控制器掌握和控制著整個系統的運轉。在這種情況下，顯示器和控制器設計和安排的質量對整個系統的效率與安全具有重要的影響。設計或安排不當都容易引發差錯，釀成事故。

三、控制器的類型

控制器可從不同的角度進行分類。下面是幾種常見的分類：

(一) 旋轉式與平移式

旋轉式控制器 (rotation controls) 通過轉動改變控制量，例如手輪、旋鈕、曲柄、鑰匙開關等都屬旋轉式控制器。**平移式控制器** (translation controls) 通過前後移動或左右移動改變控制量。這兩類控制器都適用於連續調節。

(二) 離散式與連續式

離散式控制器 (discrete controls) 控制不連續的信息變化，例如撥動開關、波段開關、按鍵開關以及各種用於分檔分級調節的控制器。這類控制器所控制的狀態變化是躍變式的。一般在控制狀態較少，或用數字、文字、言語輸入控制信息時，需採用離散式控制器。**連續式控制器** (continuous controls) 所控制的狀態變化是漸進式的。例如控制電流、水量、油量、音量等變化，一般使用連續式控制器。

(三) 按人的操作器官分類

手的活動要比身體其他部位的活動變化多，反應快，準確性高，因此人機系統中的大部分控制器是用手操作的。只有當手的工作負荷過高時，才需要考慮把一部分比較簡單、精度要求不高的控制任務分給足去完成。在某些情況下，可利用聲音或言語去操作控制器，甚至用眼睛運動進行控制。當然這類控制器不及手足控制器使用得普遍。目前還只作為一種輔助性的控制器加以使用。

第二節　控制器設計和使用的原則

控制器的式樣和用途很多。不同的機器需要有不同的控制器。每種控制器都要根據使用的具體要求加以設計。但不管各種控制器有多大的區別，設計時都應該遵守一條基本原則，即控制器的外形、結構和使用方法等必須和使用者的身心行為特點適應。也就是說控制器的設計要體現人因素觀點，要根據人的特點去設計控制器。從**工程心理學** (engineering psychology) 和**人類工效學** (ergonomics) 的觀點來看，控制器的設計和使用至少應作以下幾方面的考慮：

一、控制器的空間特性與人體數據的匹配

控制器的形體尺寸要與使用者操作器官的形體尺寸相匹配。手控制器要適合於手形尺寸，足控制器要適合足形尺寸。例如手握呈圓弧形，因此一般說，圓形或圓柱形的手控制器比方形的好。足控制器則要設計成平板形而不能設計成圓形，這也是由足的結構特點決定的。控制器的位置安排也要與使用者的上、下肢伸及範圍相適應。最好把控制器放置在不需要操作者移動身位就能觸及的空間範圍內。手控制器不可安放在低於手臂下垂時手指能觸及的地方。足控制器要安放在雙足處於自然屈伸狀態時所能伸及的範圍內。

在設計控制器的安放位置時還要考慮使用者的年齡、性別和人種學的尺寸特點。例如白種人的身體尺寸大於黃種人。黃種人的身體尺寸又隨地區、民族而有差別，例如中國人的尺寸大於越南人，而我國東北、華北地區人的身體尺寸大於華南人。男性的身體尺寸大於女性，未成年兒童和青少年的身體尺寸的差別更為懸殊。因此，控制器的大小、高度、位置遠近、操縱力量等的設計，都必須以使用者群體的人體尺寸測量數據為依據。誰能做到這一點，誰的產品就能贏得使用者的好評。

二、控制器的編碼與人的認知匹配

在控制器集中使用的場合，如何使操作人員正確、迅速地辨認控制器是一個十分重要的問題。若將較多的控制器放在一起，彼此之間不容易正確辨認，就容易發生差錯，引發事故。例如在第二次大戰期間，美國空軍飛機的起落架控制器與襟翼控制器的形狀相似，在飛行條件下容易引起混淆。在兩年時間中由於這種混淆造成了 400 多起飛行事故，於是引起人們對控制器設計中人因素問題的重視。控制器設計與人的認知特點的關係，主要表現在控制器的編碼問題上。控制器可以根據需要進行多種編碼。下面舉出幾種常用的編碼。

（一）視覺編碼

人對控制器的使用，往往在視覺監視下進行。因此，需要對控制器進行視覺編碼。最常用的視覺編碼 (visual coding) 是顏色、符號、標記、數字等編碼。

用顏色編碼的控制器必須在白天或在良好的照明條件下才能辨認清楚。用作代碼的顏色必須少於人能絕對辨認的數目。因此只能用在控制器較少的場合。

符號或標記是一種代碼數目較多的編碼。但也只能在具有良好照明條件的場合使用。編碼中使用的符號、標誌應盡可能形象化。若能使用與被控對象內容上有聯繫的形象標誌，效果更好。

數字或文字編碼方法簡單，是控制器數量較多時最常用的編碼方式。這類編碼是把控制器編上號，或寫上被控對象的名稱。例如電站控制室的操作台上可用**數字**將各個發電機組的開關進行編碼。電話是用數字組合對用戶線路控制進行編碼的最突出的例子。這類編碼的數目幾乎可以不受限制，因此在人機系統設計中得到廣泛使用。自然，這種編碼方式也只限於在一定的照明條件下使用。

(二) 觸覺編碼

在有些情境中，要求人在沒有視覺監視的情形下操縱控制器，例如夜間作業中照明突然中斷時，或在視覺負擔很重而很難對控制器的使用進行視覺監視時（如飛機在空中同敵機進行格鬥時）都需要操作者僅憑觸覺和運動覺操縱控制器。這種場合使用的控制器一般採用**觸覺編碼** (tactile coding)。觸覺編碼方式應與人的觸覺、動覺等認知活動特點相適應。控制器的形狀、位置、表紋等特徵，都可以通過觸摸所得的信息加以辨認。例如美國空軍有關飛機控制器手柄形狀的標準中，建議將手柄的頭端製作成如圖 12-1 所示與控制對象意義上有某種相似性的形狀。這樣設計的控制器，在沒有視覺幫助時，只要憑觸摸覺也能正確地辨認它們。表紋編碼也可通過觸摸覺加以辨別，不過表紋編碼的數目很有限，一般只限於 2～3 種。

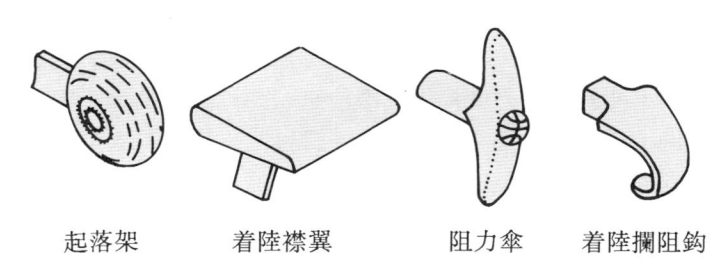

起落架　　着陸襟翼　　阻力傘　　着陸攔阻鉤

圖 12-1　飛機用標準手柄頭形狀舉例

(採自朱祖祥主編，1990)

(三) 位置編碼

控制器的**位置編碼** (location coding) 是利用控制器所處的位置變化進行的信息編碼。位置編碼既可通過視覺去辨別，也可依靠動覺加以辨別。用動覺分辨位置時，控制器之間必須有足夠的間距，而且編碼數目有限。

(四) 操作方法編碼

操作方法編碼(operation method coding)在某些特殊場合下使用。如文件櫃的鑰匙，保險箱的密碼鎖，以及某些特別重要需要格外慎重操縱的控制器，往往採用這類編碼方式。採用這種編碼法時，每個控制器都必須有各自獨特的操作方法，並且只有按此種方法操作時控制器才能被啟動。

三、控制器操作的信息反饋

人在操作控制器時需要有反饋信息。操作者可從反饋信息中判斷自己操作的力度是否恰當，還可從反饋信息中發現操作上的無意差錯而及時加以糾正。控制器操作過程的反饋信息來源於三個方面，一是人的手、足等操作器官本身的運動狀態的反饋信息，二是由控制器運動本身產生的反饋信息，三是由顯示器所提供的反饋信息。控制器運動所提供的反饋信息能使操作者及時調整操作的力度，對操作控制器的準確性具有重要作用。

控制器主要通過阻力向操作者提供操作力度的反饋信息。控制器一般有四種阻力，即靜摩擦力、庫倫摩擦力、粘滯阻尼和彈性阻力。靜摩擦力是對初始運動的阻力，控制器開始運動後，靜摩擦力會很快減弱。庫倫摩擦力是對滑動運動的阻力，它與位移距離、速度等無關。粘滯阻尼與控制運動的速度成正比，但不能對操作力度提供反饋信息。彈性阻力的大小與控制器的位移距離成比例，控制器的位移距離越長，彈性阻力越大。人可以從彈性阻力的感受中得到控制器位移量的大小。因此，可通過控制器彈性阻力的設計，提高人操作控制器的準確度。控制器的彈性阻力要大小適度，人對過小和過大的彈性阻力都不容易準確感受其差別。

四、控制器的防偶發啟動

人在操作活動中，有時會無意中碰觸到周圍的物件而發生打破器物、啟動開關等事故。控制器若沒有一定的防範措施，就容易被這類無意碰觸而發生偶發性啟動。有些重大事故就是由於這類偶發啟動釀成的。因此在設計控制器時應考慮到這類偶發啟動的可能性，並力求使這種可能性減到最小。可採用如下各種防偶發啟動措施：

1. 使控制器具有一定的阻力。控制器的阻力過小，被無意碰觸時很容易發生偶發啟動。控制器的靜摩擦力、粘滯阻尼、彈性阻力都有防偶發啟動的作用。

2. 將控制器陷入控制板內，以減少被無意碰觸的機會。

3. 在控制器上加保護蓋，使用控制器時把保護蓋打開，這種方法操作起來不方便，因此一般只在不常使用而又對安全具有重要作用的控制器上採用這種措施。

4. 控制器採用較複雜的使用方法。例如把控制器設計成二步啟動。譬如說，第一步把控制器向外拉出或向內推進，第二步轉動控制器使之達到預定的控制要求。有些要求高度可靠的控制系統，可以設計成需要通過幾個操作人員的連續或同時按正確程序進行操作才能啟動。例如戰略核武器發射裝置，就需要採用這種多人多層同時或相繼操作的方式。

第三節　控制器的位置安排

一、控制器的位置選擇

控制器的位置安排得是否合理，對操作效率和安全有重要的作用。前面曾指出，控制器要盡可能安置在人的肢體所能伸及的範圍內。而人的肢體伸及不同區域的操作效率仍有很大的差別。例如有的區域雙手能進行同樣有效的操作，有的區域只能左手或右手能夠有效地操作，有的區域用足操作比用手操作更為有效。人能施力的程度隨空間位置而不同。各種控制器應該按其使用要求，盡可能安放在最有利於操作的位置上。

人的手足活動各有其功能區。大約在身前從肘高至肩高、左右各 45° 的垂直面，以及與肘部等高、左右各 45° 的水平面，是雙手操作最有效的功能區。最重要的或經常使用的控制器應安置在上述垂直面或水平面內。足控制器應安置在身體前方、高度不超過40厘米雙足能自然伸及的範圍內。

對於需要用力操作的控制器應該把它們安置在既便於操作者施力而又不易使操作者肢體產生疲勞的位置上。

二、控制器的排列

複雜的機器一般有很多控制器。例如一架飛機，在有限的個人座艙內，需要安裝上百的各種控制器。一個電站中央控制室值班人員的操作台上，也要安裝很多控制器。眾多的控制器集中在一起，若不按照一定的原則加以排列，就容易發生混淆。控制器的排列要遵照以下原則：

1. 重要性原則 按照各個控制器的重要程度來決定其位置安排的優先權。控制器越重要，越要安排在最有利於操作的位置上。
2. 使用頻次原則 按照各個控制器在完成任務中使用次數的多少決定其位置的優先權。把使用頻次多的控制器裝置在最便於操作的位置上。
3. 功能原則 按照控制器的功能關係安排其位置。一般將同類功能或功能相近或相關的控制器組裝在靠近的位置上。
4. 使用順序原則 對使用順序固定的控制器，按照它們的使用順序從左至右或從上至下加以排列。

上述原則要根據實際情況靈活運用。例如重要性原則與使用頻次原則可以結合起來考慮，譬如說，可以根據人機系統的任務要求，對控制器的重要性與使用頻次給以不同的加權，計算每個控制器的綜合分數。再按綜合分數的大小決定其位置安排優先權。

在設計控制器的位置安排時，除了遵照上述原則外，也可採用**鏈結分析法** (link-analysis method)。這種方法按照各控制器間兩兩相繼使用的頻次和重要程度計算其鏈結值，然後按鏈結值的大小安排控制器的位置。控制器間鏈結值越大應該靠得越近。

三、控制器的間距

多個控制器排列在一個儀表板上時，為了操作時避免碰撞，相鄰的控制器之間應保持必要的間距。**控制器間距** (distance between controls) 的大小主要取決於操作的肢體部位和控制器的特點。用一個手指操作的按鈕,如電話機或計算機鍵盤上的按鍵,鍵間的間距可以留得小。用二指或三指操作的旋鈕,其間隔距離的設計不僅要考慮操作手指的空間需要,而且還要為幾個隨動手指留出空間。因此,旋鈕間的間距要比單指按鈕的間距大得多。手柄、手輪等需要用力的控制器更需要有較大的間距。勃雷特萊 (Bradley, 1969) 曾對不同大小旋鈕在不同間距時的操作中發生無意碰觸相鄰旋鈕的情形進行了研究,實驗結果如圖 12-2 所示。可見隨著旋鈕間的間距增大,碰觸的次數減少。而在小間距時,小的旋鈕比大的旋鈕更容易碰觸。表 12-1 舉出幾種常用手、足控制器所要求的最小間距和最佳間距,可供設計同類控制器的間距時參考。

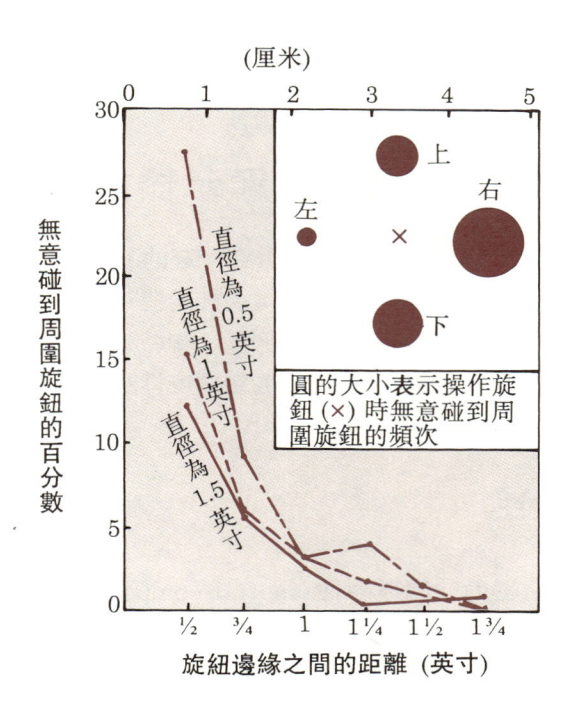

圖 12-2　操作不同大小旋鈕時旋鈕間距對操作碰觸的影響
(採自 Bradley, 1969c)

表 12-1　幾種手足控制器的間距要求（毫米）

控制器名稱	操作肢體	最小間距	最佳間距
按鈕	手指	20	50
肘節開關	手指	25	50
旋鈕或旋轉選擇開關	手指	25	50
手柄	單手	50	100
	雙手	75	125
手輪	雙手	75	125
踏板	足	50	100

(採自 Salvendy, 1987)

第四節　控制器與顯示器的兼容性

　　控制器與顯示器很多時候是自然聯繫在一起的。例如，啟動開關時點亮電燈，擰開水龍頭時流出自來水，打開電視機開關時屏幕上顯示出節目圖像等，都是控制器與顯示器自然相聯繫的例子。聯結一起使用的控制器與顯示器必須考慮兩者的關係。其中包括兩者的空間安排關係、運動關係、使用習慣關係和邏輯概念上的關係。

一、空間兼容性

　　控制器和顯示器的**空間兼容性** (spatial compatibility) 是指兩者空間排列上保持一致的關係。特別在控制器與顯示器具有一一對應的關係時，若能使兩者在空間排列上保持一致關係，操作起來就速度快、差錯少。查普尼斯和林登鮑姆 (Chapanis & Lindenbaum, 1959) 曾模擬瓦斯爐（煤氣灶）的開關與瓦斯頭（煤氣頭）的空間排列關係做過一個實驗。兩者的排列關係如圖 12-3 所示。結果表明，排列 (a) 的效果最好，在 1200 次試驗中沒

0 次錯誤/1200 次試用
(a)

76 次錯誤/1200 次試用
(b)

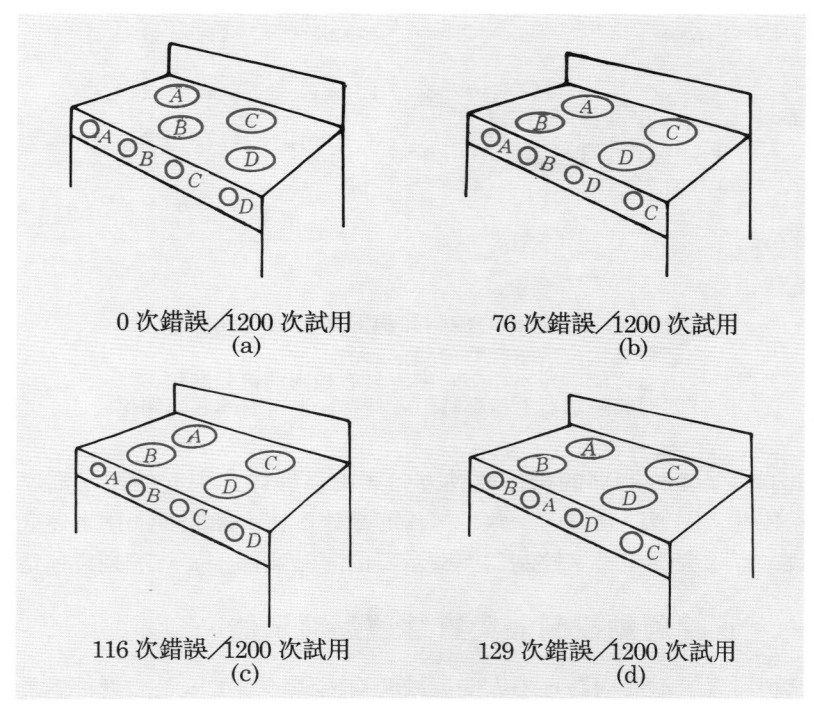

116 次錯誤/1200 次試用
(c)

129 次錯誤/1200 次試用
(d)

圖 12-3　瓦斯爐開關與瓦斯頭的幾種空間排列關係的兼容性比較
(採自 Chapanis & Lindenbaun, 1959)

有一次錯誤。其原因就在這種排列關係最符合控制器與顯示器空間排列的一致性原則。排列 (d) 的操作錯誤次數最多，主要是因為在這種排列中，開關與瓦斯頭 (煤氣頭) 的空間位置排列關係最不一致。

按照空間兼容性原則，控制器最好安裝在對應的顯示器旁邊，如圖 12-4(a) 所示。若由於條件限制兩者不可能靠近裝置時，應使兩者的排列在空間上盡可能有一一對應的關係，如圖 12-4(b) 所示。圖 12-4(c) 的排列，雖然控制器與顯示器的空間一致性關係不如 (a)、(b) 兩種排列得好，但仍具有較好的兼容性。

二、運動關係兼容性

控制器與顯示器的**運動關係兼容性** (compatibility of movement rela-

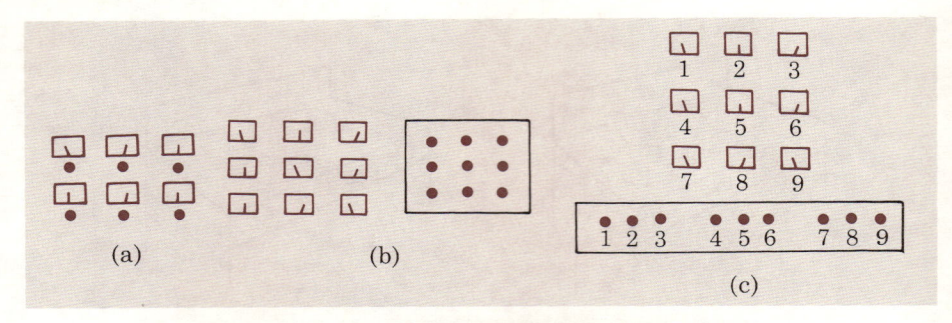

圖 12-4 兼容的控制器與顯示器的空間關係
a. 控制器直接位於相聯繫的顯示器的下方；
b. 控制器與顯示器不相鄰時兩者具有相同的排列關係；
c. 控制器與顯示器不相鄰時兩者具有從左至右的邏輯關係。

tionships) 是指控制器的操作運動方向與由這種操作引起的顯示器運動方向的一致性。兩者運動方向一致，操作起來速度快、錯誤少，兩者運動方向不一致，容易發生差錯。控制器與顯示器的運動關係主要有下列幾種情形：

（一） 直線運動控制器與直線運動顯示器

控制器與顯示器均為直線方向運動時有兩種情形：一是二者都處於水平面或垂直面上；二是控制器處在水平面上，顯示器處在垂直面上。二者都處於水平面或垂直面上時，可以把二者的運動方向設計成完全一致，即控制器的操作運動方向與顯示器顯示運動方向做到完全兼容。當控制器處在水平面上顯示器處於垂直面上時，二者的左右運動方向可以做到完全一致，但其他運動方向則不可能完全一致，因為這時控制器能作前後運動而不能作上下運動，顯示器能作上下運動而不能作前後運動。這時控制器向前運動與顯示器向上運動配合，控制器向後運動與顯示器向下運動配合，比相反的配合具有更好的兼容性。

（二） 旋轉運動控制器與直線運動顯示器

旋鈕、手輪等旋轉式控制器一般只有順時針轉動和逆時針轉動兩種運動方向。水平直線運動顯示器有左、右、前、後運動方向，垂直直線運動顯示器有左、右、上、下運動方向。因此旋轉式控制器與直線運動顯示器的運動方向不可能完全一致，這時，一般認為控制器的順時針運動可與顯示器的從左向右、從下向上、從前向後 (或從近向遠) 等運動方向相配合,控制器的逆時針運動可與顯示器的從右向左、從上向下、從後向前 (或從遠向近) 等運動方向相配合,具有較好的運動方向兼容性。

(三) 旋轉式控制器與圓周式運動顯示器

控制器與顯示器都採用旋轉運動方式時,兩者都只能作順時針方向或逆時針方向運動。因此兩者運動方向的關係或者完全一致,或者完全相反。在一般設計中自然採用二者完全一致的運動方向。

三、習慣兼容性

習慣兼容性 (habitual compatibility) 是指控制器的使用方法與人們已經形成的習慣相一致。人的習慣行為是在長期生活或工作過程中形成的。習慣形成以後,往往會自動表現出來,很不容易改除。因此控制器的操作若違背人的習慣方式,操作起來就會感到很彆扭,容易發生差錯。例如我國交通車輛規定靠右行駛,為了便於估計車輛交會時兩車間的距離,駕駛員的座位都裝置在車艙左前側,而香港的交通規則規定車輛靠左行駛,為了同樣的理由把駛駛員座位放在車艙右前側。一個在國內開慣了車的司機,若到香港開車,就得重新學習、適應。否則,容易引起車禍。習慣力量的作用著實不容忽視。因此控制器的設計應力求採用標準化設計,在同一國家內或同一系統內應使用操作方法統一的控制器。

四、概念兼容性

概念兼容性 (conceptual compatibility) 是指控制器與顯示器的設計在概念關係上的一致性。例如控制器和顯示器的信息都要進行編碼。在同一機器中,控制器與顯示器使用代碼時,涵義上應取得統一。例如控制器與顯示器都可用箭頭表示方向,二者都應用 "↑" 表示向上,用 "←" 和 "→" 表示向左和向右。再如控制器和顯示器若都採用顏色作為告警等級的編碼時,同一顏色所代表的告警等級在控制器和顯示器中應該相一致。

五、控制-顯示比

控制-顯示比 (control-display ratio，簡稱 C/D 比) 又稱控制-反應比 (control-response ratio)，是指控制器與顯示器的運動元素的動程之比。它是連續控制器的一個重要參數。對於平移或直線運動的控制器與顯示器，動程按移動距離計算。對於需作較大旋轉運動的控制器與顯示器，動程按旋轉角度或用旋轉角度換算的移動距離計算。控制-顯示比大，表示控制器靈敏度低，即較大的控制運動只能引起較小的顯示運動。控制-顯示比小，表示控制器的靈敏度高，即較小的控制運動能引起較大的顯示運動。

在連續調節的定位控制運動中，往往包含著粗調和細調。操作者要先對控制器作大幅度的操作運動將顯示元素快速移動到所要求的位置附近，而後用微小的操作運動進行細調，直至使顯示元素移動到所要求的位置上。粗調和細調要求有不同的控制-顯示比。粗調要求快，需要控制器的靈敏度高，控制-顯示比小；細調要求精確，需要控制器的靈敏度低，控制-顯示比大。圖 12-5 所示是使用不同控制-顯示比與粗調、細調所需時間的關係。可見隨著控制-顯示比的減小，粗調所需時間減少而細調所需時間增加。兩條曲線相交點所對應的控制-顯示比稱為**最佳控制-顯示比** (optimum control-display ratio)。在使用一個控制器兼作粗調與細調的設計中，採用這一最佳控制-顯示比，可使總的調節時間減至最少。若粗調和細調用不同的控制器進行調節，則粗調控制器的控制-顯示比應該設計得小，細調控制器的控制-顯示比應設計得大。還有一點值得注意的是，不同種類連續控制器的最佳控制-顯示比是不相等的。旋鈕的最佳控制-顯示比約為 1：5～1：1.25，手柄的最佳控制-顯示比約為 2.5：1～4：1。另外，最佳控制-顯示比還受顯示器大小、調節誤差容限、控制運動與顯示反應間的時滯等多種因素的影響。因此，控制時間和精度要求較高的場合，應根據使用條件通過實際試驗確定最佳控制-顯示比。

第十二章 控制器設計的人因素 **387**

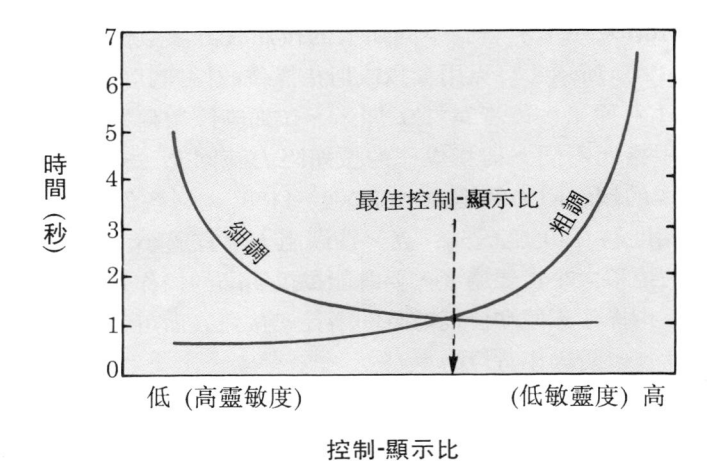

```
時
間
（
秒
）
```

圖中縱軸為時間（秒），由 0 至 7；橫軸為控制-顯示比，左端「低（高靈敏度）」、右端「(低敏靈度) 高」，中間標示「最佳控制-顯示比」。曲線顯示「細調」由左上下降，「粗調」由右上下降，兩線在中間交會。

圖 12-5　控制-顯示比與粗調、細調所需時間的關係
（採自 McCormick & Sanders, 1982）

第五節　手和足控制器的設計要求

　　人機系統中使用的控制器絕大多數是用手操作的**手控制器** (hand controls)，其種類很多，例如按鈕、旋鈕、肘節開關、旋轉選擇開關、手柄、曲柄、手輪、拇指輪等都是用手操作的。少數用足操作的，為**足控制器** (foot controls)，其種類很少，主要是踏板。各種手、足控制器的設計除了要滿足前面提到的控制器設計的一般要求外，還要考慮各自的獨特要求。下面舉幾種最常用的手、足控制器為例，對它們的設計要求作一討論。

一、按　鈕

　　按鈕 (push-button) 設計要考慮大小、阻力、位移、間距、形狀等方面的參數。按鈕一般有食指操作和拇指操作兩種。兩種按鈕的參數有一定的區別。摩爾（Moore, 1975）曾對不同類型的按鈕設計參數作過總結。他建議的參數如表 12-2 所示。可見用食指或拇指操作的按鈕其最小直徑應有所差別，前者為 1.3 厘米，後者為 1.9 厘米。按鈕應採用彈性阻力，阻力大小也要隨操作手指而不同。拇指操作的按鈕阻力範圍為 283 克～2272 克，其他單指操作的按鈕阻力範圍為 283 克～1133 克。各個手指都可操作的按鈕阻力範圍則為 140 克～562 克。按鈕阻力不宜過小，否則容易被偶發啟動。按鈕的位移大小也要適度，要既能提供明顯的操作感，又要避免因位移過大引起手指操作不便和使反應時間增長。按鈕表面可稍下凹，或使之有一定的粗糙度，以防操作時打滑。

表 12-2　按鈕設計參數

控鈕類型	最小直徑 (mm)	位移 (mm) 最小	位移 (mm) 最大	阻力 (g) 最小	阻力 (g) 最大	間距 (mm) 最小	間距 (mm) 最大
供食指指尖隨機操作	13	3	6	283	1133	13	50
供食指指尖按序操作	13	3	6	283	1133	6	13
供四指指尖隨機或有序操作	13	3	6	140	562	6	13
拇指或多指操作	19	3	38	283	2272	25	150
大功率工業用按鈕	19	6	38	283	2272	25	50
車用按鈕開關	13	6	13	283	1133	13	25
計算機按鍵	13	3		100	200	3	
打字鍵	13	0.75	4.75	26	152	6	6

（採自 Moore, 1975）

二、旋　鈕

旋鈕（rotation knobs）也是各種人機系統中普遍使用的手控制器。一般用於連續調節。

旋鈕的大小要設計成使手指與旋鈕輪緣有足夠的接觸面。用於作精細調節並需要有一定轉力矩時，旋鈕面應大到使 5 個手指都能夠放在輪緣上。如果旋鈕面很小，應增大旋鈕高度，以增大手指與輪緣的接觸面。勃雷特萊

(Bradley, 1969b) 曾用直徑為 1.2 厘米～8 厘米的旋鈕，採用 0.5～0.6 和 1.2～1.3 牛頓米兩種轉力矩，要被試作順時針與逆時針操作。結果表明兩種轉力矩試驗中，均為直徑 5 厘米左右的旋鈕取得了最好的效績。當旋鈕直徑偏離最佳值時，旋動的時間將明顯隨轉力矩的增大而增長。

有時由於控制板空間的限制，需要將幾個旋鈕綜合成如圖 12-6 所示的同軸旋鈕。同軸的旋鈕必須在大小上有明顯的差別。勃雷特萊 (Bradley, 1969c) 曾用不同大小的旋鈕組合成多種同軸旋鈕進行試驗，得到如圖 12-6 所示的用 3 個旋鈕組成的同軸旋鈕的最佳尺寸。

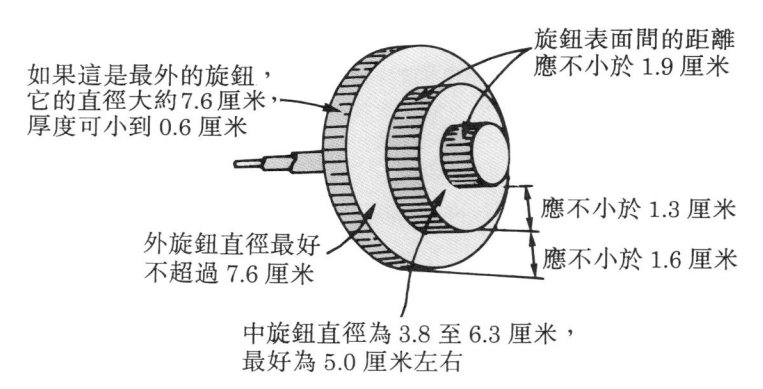

圖 12-6 三位一體同軸旋鈕的最佳尺寸要求
(採自 Brodley, 1969c)

三、旋轉選擇開關

旋轉選擇開關 (rotary seletor switch) 也是普遍使用的手控制器。它與旋鈕在功能上的區別在於旋鈕多用於連續調節，而旋轉選擇開關則用於分檔或分段控制。此種控制器最多可有 24 個控制位置，但一般不超過 12 個控制定位。始位與終位的間距最好大於其他鄰位的間距，其它各檔定位間距應相等。

旋轉選擇開關大多帶有標尺，與儀表一樣，它也可分為標尺固定指示器運動和標尺運動指示器固定兩類。標尺固定指示器運動的選擇開關如圖 12-7(a) 所示，這類控制器的標尺刻度全部顯露於外。標尺運動指示器固定的如圖 12-7(b) 所示，這類控制器標尺可全部顯露於外，也可用開窗式，如圖

12-7(c) 所示。開窗的寬度可以根據需要而定，最窄的只顯露標尺上的一個讀數。標尺固定指示器運動選擇開關的操作時間要比標尺運動指示器固定的短，但讀出指示數的錯誤數則後者比前者少。

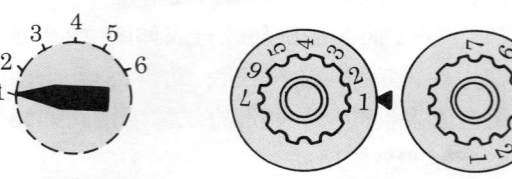

(a) 動指針旋轉選擇開關

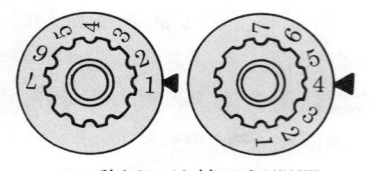

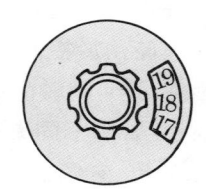

(b) 動標尺旋轉選擇開關

(c) 動標尺開窗式旋轉選擇開關

圖 12-7　幾種旋轉選擇開關示意圖
(採自朱祖祥主編，1990)

旋轉選擇開關的大小和形狀要適合於手操作，還要有利於視覺對指示值的監視。指示器運動標尺固定的選擇開關最好採用頭尖的旋柄，並使尖頭端盡可能接近標尺刻度，以減小視差。旋轉選擇開關一般採用彈性阻力。開關從一個定位開始旋動時阻力要大，進入下一位時阻力要小，這樣可使選擇開關準確置位而不會停止在兩個位置之間。準確置位時最好能伴有卡嗒聲的聽覺反饋。

四、手柄和操縱桿

手柄 (handgrip) 和**操縱桿** (control stick) 都是桿式手控制器。一般在需要較大控制力時採用這兩種控制器。它們利用彈性阻力，當用力拉、推時產生位移，手鬆開時能自動返回零位，位移距離與拉、推力成比例。手柄和操縱桿的粗細與用力大小有關，用力大的應比用力小的粗一些，但最大不可超過手的握寬。

人使用手柄和操縱桿所能施加的力量大小明顯受這兩種控制器距人體的距離、方位和施力方向等因素的影響。目前我國尚缺少這方面的系統測量數據。下面舉美國大學生和美國空軍的測量結果為例，說明上述因素對施力的影響。這些數據對我國設計手柄、操縱桿的最大施力限度，也有一定的參考價值。圖 12-8 是取坐姿手臂呈不同肘角時用手豎握身體前側手柄測定不同方向施力的示意圖。圖 12-9 是坐姿手握飛機操縱桿測定不同位點的最大施力示意圖。表 12-3 列舉了美國男性大學生左右手抓握不同位置手柄時的最大施力限度。表 12-4 是美國男性空軍人員測定的前推、後拉和往左、往右方向對操縱桿的最大施力限度。

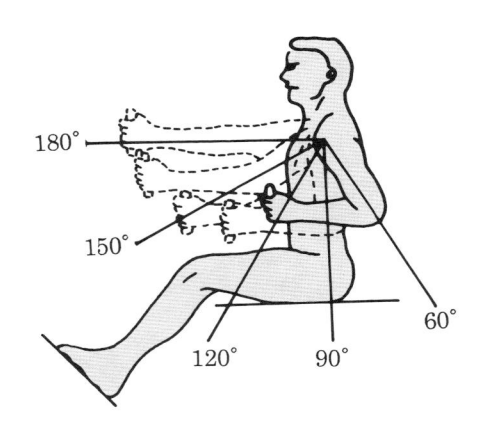

圖 12-8
坐姿測定不同位置手柄的最大施力示意圖
(採自 Woodson, 1981)

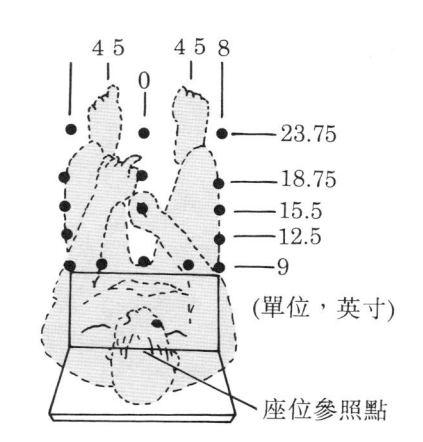

圖 12-9
坐姿測定不同位置飛機操縱桿的最大施力示意圖
(採自 Woodson, 1981)

五、踏　板

踏板 (pedal) 是用得很普遍的足控制器。踏板一般用在施力大而精度要求不高的場合。人對踏板的施力限度與踏板的距離、高度、角度和操縱者的

表 12-3　美國男性大學生左右手抓握不同位置手柄最大施力限度

施力方向	肘角(度)	右臂最大施力 (牛頓) 第5百分位	右臂最大施力 (牛頓) 第50百分位	右臂最大施力 (牛頓) 第95百分位	左臂最大施力 (牛頓) 第5百分位	左臂最大施力 (牛頓) 第50百分位	左臂最大施力 (牛頓) 第95百分位
推	60	151	409	667	98	351	729
	90	160	382	684	98	369	764
	120	160	458	764	116	440	800
	150	187	547	862	133	493	853
	180	222	613	933	187	560	871
拉	60	107	280	329	116	284	489
	90	164	391	600	142	356	542
	120	187	462	684	151	418	675
	150	249	542	840	187	498	747
	180	231	533	760	222	516	764
向左	60	89	231	387	53	142	276
	90	80	222	431	44	147	320
	120	98	236	444	44	133	302
	150	89	240	462	36	129	293
	180	89	222	462	36	133	284
向右	60	76	187	364	76	222	369
	90	71	164	302	71	213	387
	120	67	151	276	89	200	396
	150	67	147	284	67	209	502
	180	62	151	276	58	191	409
向上	60	89	218	364	67	196	364
	90	89	249	471	76	231	444
	120	107	267	551	76	240	453
	150	80	249	524	67	231	489
	180	62	191	391	40	182	369
向下	60	89	227	396	80	204	338
	90	116	236	391	93	218	409
	120	116	258	436	93	227	453
	150	89	209	356	80	182	329
	180	76	182	364	58	156	320

(採自 Woodson, 1981. 原為英制計量單位，引用時換算成國際標準計量單位)

表 12-4　美國男性空軍人員對飛機操縱桿不同位點的拉、推、向左、向右最大施力限度（第 50 百分位）

操縱桿距座位參照點距離（毫米）	操縱桿距身體中垂面距離（毫米）	最大施力（牛頓）			
		前推	後拉	往左	往右
228	0（中）	204	253	209	169
	203（左）	129	178	196	244
	203（右）	289	258	196	98
318	203（左）	160	236	196	213
	203（右）	329	356	173	107
394	0（中）	382	369	169	124
	203（左）	267	284	156	191
	203（右）	444	396	178	98
476	0（中）	551	382	142	111
	203（左）	320	329	133	160
	203（右）	556	440	173	107
603	0（中）	471	453	129	89
	203（左）	284	400	93	138
	203（右）	444	458	164	98

（採自 Woodson, 1981. 原為英制計量單位，引用時換算成國際標準計量單位）

坐姿特點等有關。圖 12-10 繪出了影響踏板施力的幾項主要因素。大操縱力的踏板，需要整個腿用力推動踏板。踏板應裝置在與座位面大致相等的高

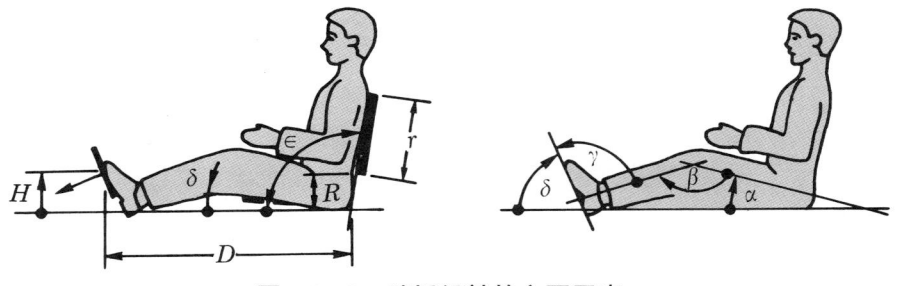

圖 12-10　踏板設計的主要因素

（採自 Chapanis, 1975）

度，操作者的足踏在踏板上時，腿差不多是伸直的，而且座位要有背靠，還要有合適的座面角。這時 α 角呈 30°，β 角呈 150°～165°，γ 角呈 80°～90°，δ 角約為 75° 以上。不需要大操作力的踏板，高度可以放得低一些，使操作者的足放在踏板上時，腿部能採取較自然的姿式，主要通過轉動踝關節踩動踏板。這時的 α 角一般在 10°～15°，β 角在 90°～150°，γ 角為 90°～120°。

當腿處於較自然的姿式時，人對踏板的施力限度與踏板的角度有很大關係。根據赫茲柏格和伯克 (Hertzberg & Burke, 1971) 的研究，踏板角度對飛機駕駛員施力限度的影響如圖 12-11 所示。可見踏板呈 55°～75° 角度時施力最大。

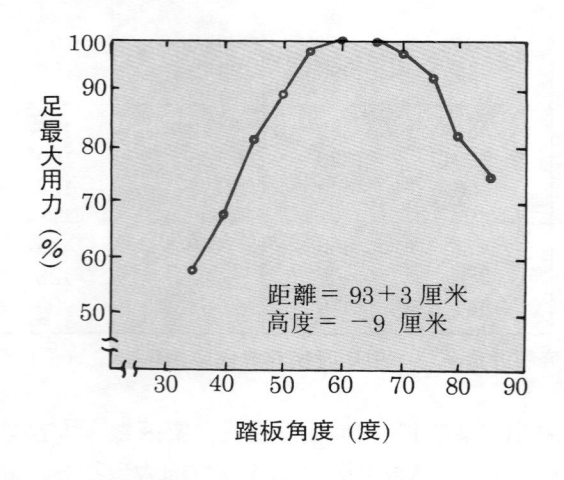

圖 12-11
踏板角度與最大施力的關係
（採自 Hertzberg & Burke, 1971）

踏板的阻力設計應以力量較小操作者（測量樣本中的第 5 百分位）的施力為依據。對於連續使用或使用頻次較高的踏板，其最大阻力還應遠低於操作者的最大施力。使用頻次較低的踏板，其阻力設計在操作者最大施力的 30% 左右比較適宜。踏板的初始阻力至少要能承受操作者腿的重量。

有時，需要一個足操作兩個踏板。現在汽車上的煞車踏板和加速器踏板都是由右足操作的。這兩個踏板應該怎樣設計呢？兩個踏板應該裝置在同一平面上，還是兩者應該有高、低差別？格拉斯和蘇格斯 (Glass & Suggs, 1977) 用汽車煞車踏板和加速器踏板不同高低組合試驗足的反應速度。實驗中，煞車踏板的高度在高於到低於加速器踏板 15 厘米範圍內變化。兩踏板側間距為 6.4 厘米。結果證明，煞車踏板低於加速器踏板 2.5～5.0 厘米能得到最好的結果，它可使煞車時間加快 28 毫秒，約相當於標準煞車踏板反應時間的 12.5%。這可使每小時 55 公里車速的汽車煞車距離縮短 70 厘米。他們還用一個踏板兼有控制煞車和加速器雙重功能，例如把踏板當中固定在軸上，用踏板的角度變化控制加速器，用踏板的垂直位移運動控制煞車。這種雙重功能踏板，其總的反應時可以比兩種功能由兩個踏板分別控制的減少 26%。但是使用者不大喜歡用這種雙功能踏板，因為大多數人已經習慣於使用單一功能的兩個踏板來分別控制上述兩種功能。

第六節　聲音與言語控制器

一、聲音控制器

　　長期以來，人們一直在尋求不用手、脚操縱的控制器。聲音、言語控制器就屬於這類控制器。**聲音控制器** (sound controls)，也稱為聲控開關。它是通過聲音傳感器將聲能轉化為電能，然後驅動一個電子開關，以達到控制的目的。聲控開關的特點是任何聲音只要達到它的接收強度和落在它的響應頻率範圍的，都能引起它動作。為了使更多的人都能使用聲控開關，它的聲音響應強度應儘可能低，響應頻帶應盡可能寬。聲控開關極容易受環境噪聲的干擾。在使用聲控開關的地方，如果不能消除噪聲，只有提高接收強度和限制響應帶寬，使它不對噪聲發生反應。

二、言語控制器

　　言語控制器 (speech controls) 實際上是一個以電子計算機為核心的言語識別裝置。它先對輸入的言語進行識別，然後按照預先編製的程序去執行不同的控制功能。對言語識別裝置的研究大約是從 20 世紀 60、70 年代開始的,目前只是得到部分成功。機器識別言語碰到了一系列複雜問題。例如,言語中詞的聲音模式大約只能穩定 10 毫秒,模式的頻率和振幅常常變化;不同的人或同一個人在不同狀態下的發音也會發生變化,一個人在自然狀態下與在驚恐狀態下的說話聲會極不相同;人的語言中使用的詞彙量很大,這就需要計算機有非常大的容量才能將所說的詞與詞彙表中的詞進行匹配;人的言語往往以句子形式表達,這就要求計算機能理解語法、句法和語意學的基本規則。要使計算機較好地識別人語,就必須把這些問題解決好。

目前的言語識別裝置一般能達到識別孤立的詞或短語的水平。所採用的言語識別方法是將言語信號的頻譜特徵或發音的關鍵特徵如摩擦、停頓等與貯存在計算機中的每個詞彙的參照模式進行比較。在使用言語識別裝置時,首先要訓練操作者以規定的講話方式輸入命令,然後將詞彙表中的每個詞向言語識別裝置重復若干遍,使它生成個人的言語參照模式。以後操作者每一次都要以同樣的方式輸入言語控制命令。目前我國已研製出漢語言語識別裝置,能識別漢語詞彙數百個。言語識別裝置在郵件分類、航空指揮、自動電話號碼詢問等許多方面已有實際應用,是一種很有前途的控制裝置。

本 章 摘 要

1. 人的控制活動是信息輸入、中樞加工和輸出的綜合活動。**信息反饋**是控制活動得以自動進行的重要環節。
2. 在人機系統中,人主要通過控制器實現對機器的控制。**控制器**可以作不同的分類,一般分為**平移式控制器**與**旋轉式控制器、離散式控制器**和**連續式控制器**及以人器官操作之控制器如以手、腳操作之控制器等。
3. 控制器的形體尺寸要和使用者的操作器官尺寸數據相匹配。兩者匹配得好,效率高、安全可靠,匹配不好,效率低,容易發生差錯。
4. 控制器的編碼包括以顏色、形狀、符號、數碼標誌等如**位置編碼,視覺編碼、觸覺編碼**和**操作方法編碼**。依靠後兩類編碼,使控制器可以在離開視覺監視條件下操作。

5. 控制器必須為操作者提供反饋信息。控制器的彈性阻力可為控制器提供操作反饋信息。彈性阻力必須適度，人對過大和過小的彈性阻力，都不易準確感受其差別。
6. 控制器的設計必須注意防止偶發啟動。增加控制器的阻力、加保護蓋、使控制器陷入儀表板、採用二步操作法等都可以防止偶發啟動。
7. 人的手、足活動各有其有效功能區。從肩高至肘高左右各 45° 內與人體平行的垂面，以及與肘部等高、左右各 45° 內雙手能伸及的水平面範圍是手操作的有效功能區。重要的和經常使用的控制器應裝置在這個範圍內。足控制器應裝置在身體前方高度不超過 40 厘米雙足能自然伸及的範圍內。
8. 控制器應遵照其重要性、使用頻次、使用順序和功能相近等原則進行排列。排列控制器要保持充分的間距，以免引起偶發啟動。
9. 設計控制器時應考慮與其聯合使用的顯示器的兼容性，如**空間兼容性**、**運動關係兼容性**、**習慣兼容性**、**概念兼容性**。
10. **控制-顯示比**是影響連續控制器調節工效的重要參數。控制-顯示比小，控制器的靈敏度高，適合用作粗調。控制-顯示比大，控制器的靈敏度低，適合用作細調。隨著控制-顯示比的減小，粗調所需時間減少，細調所需時間增加。由粗、細調曲線相交點對應的控制-顯示比稱為**最佳控制-顯示比**。
11. **按鈕**可分為拇指或多指按鈕和食指（或其他單指）按鈕。兩類按鈕在大小、排列間距、阻力、位移等參數上應有不同要求。
12. **旋鈕**要設計成使手指與輪緣有足夠的接觸面。單個使用的旋鈕直徑以 5 厘米為宜。細小的旋鈕應增大高度。
13. **旋轉選擇開關**一般帶有刻度標尺。可以用旋柄的尖頭端或固定的標記指示選擇的檔位。變換檔位時旋出檔位時的阻力要大，旋入檔位時的阻力要小。
14. **手柄**和**操縱桿**的施力限度受距離、方位和施力方向的影響。一般說，前推後拉力量大於向左、右、上、下方向的用力，推力大於拉力，右臂力量大於左臂力量，右臂向左用力大於向右用力，左臂向右用力大於向左用力。
15. 人對**踏板**的施力限度受踏板距離、離地高度、踏板角度及坐姿特點等因素的影響。要求施力大的踏板，應裝在較高位置，並需提供坐椅背靠。施力要求不高的踏板，安裝在較低位置。

16. 汽車煞車和加速器一般用兩個並列的踏板由右足分別加以控制。煞車踏板應低於加速器踏板 2.5～5.0 厘米。
17. 人的手、足負荷較重時，可以採用聲音或言語控制器。聲控開關的響應頻帶寬度應根據需要設定。在不能排除環境噪聲的場合，**聲音控制器**應限制頻帶寬度和降低接收靈敏度以減輕環境噪聲的干擾。
18. **言語控制器**是以電子計算機的語音識別裝置為核心的控制器。言語識別裝置的發展對今後控制器的發展將會產生重大影響。

建議參考資料

1. 朱祖祥（主編）(1994)：人類工效學。杭州市：浙江教育出版社。
2. 封根泉 (1980)：人體工程學。蘭州市：甘肅人民出版社。
3. Chapanis, A., & Kinkade, R. G. (1972). Design of Controls. In P. Harold Van Cott, & R. G. Kinkade (Eds.), *Human engineering guide to equipment design*. Los Angeles: Tam's.
4. Kroemer, K. H. E. (1975). Muscles strength as a criterion in control design for diverse populations. In A. Chapanis (Eds.), *Ethnic variables in human factors engineering*. London: The Johns Hopkins University Press.
5. Oborne, D. J. (1982). *Ergonmics at work*. New York: John Wiley.

第十三章

計算機設計和使用的人因素

本章內容細目

第一節 人-計算機界面概述
一、什麼是人-計算機界面 401
二、人-計算機界面設計的重要性 401
三、人-計算機界面的研究內容 402
　(一) 計算機硬件界面設計的人因素
　(二) 計算機軟件界面設計的人因素

第二節 計算機輸入設計的人因素
一、鍵盤輸入 404
　(一) 固定功能鍵盤與多功能鍵盤
　(二) 鍵盤佈局
　(三) 鍵盤設計的其他參數要求
　(四) 漢字鍵盤輸入
二、定位及指示裝置 408
　(一) 觸敏屏
　(二) 圖形輸入板
　(三) 鼠標
　(四) 追蹤球
　(五) 光筆
三、語音輸入 410

第三節 計算機視覺顯示終端設計的人因素
一、計算機監示器設計的工效學要求 411
二、計算機字符顯示格式 413
　(一) 筆畫式顯示
　(二) 字符點陣顯示
三、計算機屏幕信息顯示要求 414
　(一) 恰當的信息顯示密度
　(二) 合理的屏幕顯示佈局
　(三) 易化信息搜索與譯碼過程
四、計算機工作台的照明要求 416

第四節 計算機軟件界面設計的人因素
一、用戶界面的友善性要求 417
二、使用者特點分析 418
　(一) 分析使用者的目的
　(二) 使用者類型
三、用戶界面設計的工效學原則 419
四、用戶界面的基本形式 420
　(一) 問答式
　(二) 菜　單
　(三) 填　表
　(四) 圖　符
　(五) 直接操縱
　(六) 窗　口
　(七) 命令語言
　(八) 自然語言
五、文本編輯界面 423
　(一) 文本編輯界面類型
　(二) 文本編輯界面評價

第五節 程序設計的人因素
一、程序員的編程知識和編程風格 425
　(一) 編程知識
　(二) 程序設計風格
二、程序設計方法 426
　(一) 脫機處理與聯機處理
　(二) 流程圖
　(三) 模塊化
三、偵　錯 427
四、結構化程序設計 427

本章摘要

建議參考資料

自從 1945 年第一台電子計算機問世以來，計算機技術已經歷了巨大的進步。計算機在其發展初期，由於運行速度慢、價格昂貴，只能在有限的範圍內用來替代人繁重的計算負擔。當時的主要問題是要解決運算速度和硬、軟件的可靠性。後來隨著計算機技術和性能的迅速提高，成本降低，使計算機日益在各個科學技術領域及人們的生活中得到廣泛的應用。這時人們不僅要求計算機有較多的功能，而且也希望能得到操作方便，易學易用的計算機。這就自然引起對人-計算機界面設計的重視。計算機只有適應使用者的要求，才能發揮其技術優勢。因此，70 年代以來，人-計算機界面的問題成為計算機發展中的一個重要方向，出現了計算機研究中的一個嶄新的領域，即所謂人-計算機相互作用的研究。

計算機是具有與人的智能類似功能的系統。人-計算機交互作用不同於一般人機系統的信息交往，它是兩個"智能系統"之間的通訊或對話。因此人-計算機的界面設計需要更多地考慮認知的因素。不僅要使計算機的界面設計符合人的認知規律，而且還要設法使計算機能了解操作者特點並具有適應操作者特點的性能。計算機的這一性能是依靠軟件來實現的。因此，人們把人-計算機相互作用的研究稱為**軟件心理學** (software psychology) 或**認知工效學** (cognitive ergonomics)。當然，人-計算機界面除了軟件界面外還有硬件界面。手控裝置和顯示裝置就屬硬件界面。沒有硬件界面，人與計算機也是無法進行對話的。本章的目的是要通過有關人-計算機的軟、硬件界面中的若干問題的介紹，使讀者對計算機設計中有關人因素問題有概括的了解。本章主要討論下列內容：

1. 研究人-計算機界面的意義和作用。
2. 計算機輸入裝置的類型、特點及設計要求。
3. 計算機顯示終端的特點及設計要求。
4. 計算機軟件界面的基本形式及其設計要求。
5. 程序設計中的心理學問題。

第一節　人-計算機界面概述

一、什麼是人-計算機界面

　　人-計算機界面 (human-computer interface) 是人-機界面的一種特殊形式。它包括計算機的信息輸入裝置，信息輸出裝置和人-計算機對話軟件系統。計算機的輸入裝置和輸出裝置稱為**硬件界面** (hardware interface)。計算機的輸入裝置主要是手動式的鍵盤、鼠標（或滑鼠）、圖形輸入板、觸敏屏、追踪球、操縱桿、光筆等。此外，計算機的語音識別問題正在成為熱門研究內容，語音將日益成為計算機的重要輸入形式。計算機的輸出裝置有陰極射線管顯示器，打印機或印表機、繪圖儀等。人若不利用這些輸入裝置和輸出裝置，就無法與計算機實行信息交流。計算機的硬件界面設計一直受到計算機產業界和工效學界的重視。人-計算機界面不同於一般人-機界面的地方主要表現在軟件界面上。**軟件界面** (software interface) 是要通過編程來實現的。設計軟件界面的目的是要使計算機能適用於使用者的要求，不僅要能夠有效地完成工作任務，而且要讓使用者操作方便，容易學習。

二、人-計算機界面設計的重要性

　　上面已經提到，研究人-計算機界面的目的是為了要設計出對使用者友善的、使用者歡迎的**用戶界面**(或**使用者界面**) (user interface)。計算機與其他產品一樣，成功與否最終都取決於使用者對它的評價。計算機發展的早期，由於硬件加工技術複雜，成本昂貴，產量有限，使用者只局限於少數有專業訓練的使用者。當時問題的焦點主要是解決計算機的有效性問題，使用者最關切的是計算速度、存貯容量等硬件性能問題。但隨著計算機技術的發展和製造成本的降低，特別是隨著個人微型計算機（或個人電腦）的迅速發展，使原來是專家專用的計算機日益成為各行各業普通人手裏的必需工具。這時計算機使用的方便性、易學性和友善性就成為使用者評價計算機性能和影響購買行為的十分重要的因素。低劣的界面設計容易引起數據輸入錯誤，影響操作速度，增加學習難度，因而必然會受到使用者的冷落。因此，一些計算機工業發達的國家無不投入較大的人力和資金開展人-計算機界面的研究。例如美國把人-計算機界面研究列為信息技術的六項關鍵技術之一。英國的信息技術研究計畫把人-計算機界面置於與計算機科學的軟件工程、人工智能和超大規模集成技術同等的地位。近十年來幾乎每二年就舉行一次**人-計算機相互作用**（human-computer interaction，簡寫為 HCI）的國際學術討論會。探求人-計算機界面的優化理論、設計原則和技術，已成為推動計算機發展的一項具有舉足輕重的內容。誰能重視人-計算機界面設計的研究，誰就能贏得計算機使用者的青睞。

三、人-計算機界面的研究內容

人-計算機界面的研究包括硬件界面和軟件界面的設計，二者都涉及到人因素問題。

（一） 計算機硬件界面設計的人因素

硬件界面方面的研究主要有兩方面的內容，一是有關計算機的信息輸入方式的人因素問題，其中包括鍵盤設計中的各種人因素問題，例如鍵盤的鍵位數目、鍵位佈局、鍵體大小、鍵位間距、鍵入力量、按鍵造型等。要研究這種種因素與手的結構、功能特點的匹配關係，尋求這些因素的最佳設計參數，設計出使用者歡迎的最有效的計算機輸入方式。目前，除了鍵盤外，還成功地研製成一些其他手動輸入方式，本章第二節中將對這些輸入方式作進一步介紹。硬件界面的另一重要研究內容是有關計算機信息輸出方式的人因素問題，其中包括顯示屏的尺寸、分辨率、色度、亮度、對比度、字符形狀與大小、刷新頻率、顯示餘輝，以及聲音輸出等。要研究這種種因素與人的視覺、聽覺特性的匹配關係，為計算機輸出方式設計提供最有效的人機匹配參數。

（二） 計算機軟件界面設計的人因素

軟件界面設計是近十多年來人-計算機界面研究中最引人注目的領域。

這方面的研究內容很多，其中最主要的有下列幾個方面：

1. 程序編製的人因素　程序編製（或程式編譯）(program compilation) 這方面的研究主要涉及程序的質量與編程人員的知識、能力、編程風格和編程技巧的關係，以及編程的方式、程序結構特點和程序偵錯設計的人因素等。

2. 人-計算機對話設計的人因素　這方面主要涉及人機對話方式，其中包括人與計算機的互相查詢、顯示編碼、數據檢索方式等。

3. 文本編輯的人因素　文本編輯（或本文編校）(text editing) 是計算機的一種重要功能。文本編輯程序是應用最廣的軟件之一。文本編輯中對顯示屏幕的利用、指令的編製與選擇、編輯規則的設計與運用，均與使用者的知識經驗和認知能力有密切關係。目前已出版了許多種文本編輯軟件。從人的因素角度對不同編輯軟件進行工效學評價也是軟件界面研究的任務。

第二節　計算機輸入設計的人因素

輸入裝置是人-計算機界面的重要組成部分。輸入裝置的質量直接影響著使用者的信息輸入效率和使用者對計算機的態度。輸入裝置設計的人因素研究已引起計算機產業界的高度重視。現在已有多種不同形式的計算機輸入裝置供使用者選用。在人-計算機相互作用過程中，使用者的計算機輸入內容和要求是各種各樣的，有數據、文本、符號、幾何圖形等，還要求通過輸入裝置對屏幕上顯示的對象進行定位、移位、選擇、增補、刪除等。對於不同的輸入內容可以採用不同的輸入裝置。目前，在人-計算機通訊中所採用的主要是手動輸入裝置。語音輸入目前只能在有限的詞語範圍內使用。

一、鍵盤輸入

（一） 固定功能鍵盤和多功能鍵盤

　　鍵盤是最早使用和用得最多的輸入裝置。計算機鍵盤可分固定功能鍵盤和多功能鍵盤。兩類鍵盤各有其特點，分別適用於不同的場合。功能固定鍵盤是一個鍵對應一種功能，例如數據輸入鍵盤，10 個數字鍵位固定。這種鍵盤操作簡便，容易學習，一般適用於輸入功能項目較少的場合。若輸入功能項目多，採用功能固定鍵盤就需要增加按鍵數量，這樣就不僅會增大鍵盤尺寸，而且使用起來也不方便。這時應採用多功能鍵盤。多功能鍵盤的最大特點是依靠軟件進行功能轉換，可以一鍵多用，用有限的按鍵實現衆多的功能。自然，這種鍵盤需要經過一定的學習才能掌握。

（二） 鍵盤佈局

　　計算機的輸入鍵盤長期以來多沿用英文打字機的**魁爾梯鍵盤** (Qwerty-keyboard)。這種鍵盤的按鍵佈局如圖 13-1 所示。這種鍵盤是按下列要求設計的：(1) 把常用的鍵安排在手處於靜態時手指所觸及的位置；(2) 根據擊鍵的頻度和順序對按鍵進行佈局；(3) 遵循已有的標準和習慣。這種鍵盤經人們長期使用，已經被許多國家用作標準鍵盤。不過魁爾梯鍵盤仍有其弱

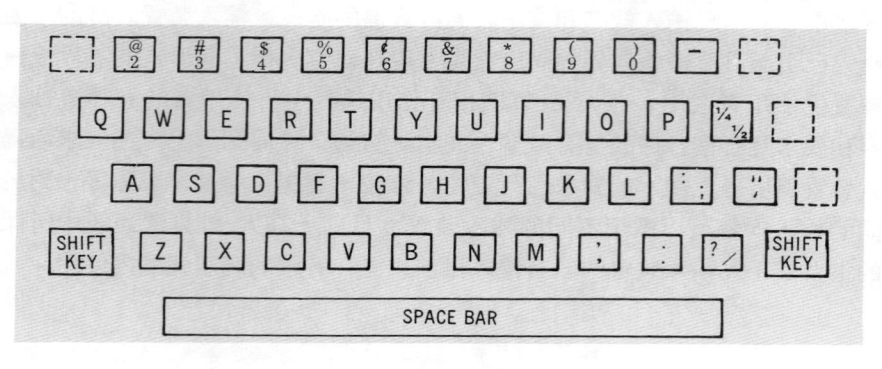

圖 13-1　魁爾梯鍵盤圖
(採自 Huchingson, 1981)

點，主要有兩個突出的問題：一是輸入文字時手指的轉換與其生物力學特點不相符，因而影響擊鍵的速度和準確性；二是左右手及各手指間的工作負荷不均衡。大多數使用者右手的動作準確性、協調性優於左手，但用魁爾梯鍵盤輸入英文時左右手各手指承受的運動負荷的情形如表 13-1 所示，左手的負荷高於右手，食指的負荷又超過其他手指。

表 13-1 英文輸入 515960 次有效擊鍵次數在左右手的分佈

	左 手					右 手			
	小指	無名指	中指	食指	拇指	食指	中指	無名指	小指
錯誤百分率	0.450	0.948	0.680	0.537	0.422	0.536	0.171	0.414	0.595
負荷量百分比	8.2	7.9	18.4	22.9		21.6	7.2	12.6	1.3

(採自 Cakir & Hart, 1980)

　　針對魁爾梯鍵盤佈局的缺點，不同的研究者提出了多種不同佈局的改進型鍵盤。其中特伏拉克 (Dvorak, 1936) 所提出的**特伏拉克鍵盤** (Dvorak-keyboard) 有較大的影響。這種鍵盤如圖 13-2 所示，它具有以下操作特點：(1) 右手的負荷比左手略重；(2) 不同手指的擊鍵頻率與其技能相匹配；(3) 經常並列出現的字母由不同的手指鍵入；(4) 70% 擊鍵操作在母行中完成。這種鍵盤比魁爾梯鍵盤的速度快、錯誤少、效率高。美國標準局曾擬用這種鍵盤替換現用的標準鍵盤，但由於習慣的作用，至今還不能被公眾接受。

圖 13-2 特伏拉克鍵盤圖示
(採自 Huchingson, 1981)

上面兩種鍵盤，使用者操作時都要把兩手向下並列平放在盤面上。對手來說這並不是很自然的姿勢，長時間保持這種姿勢很容易引起疲勞。克羅默 (Kroemer, 1972) 根據生物力學的原理設計了一種新的鍵盤，稱為 K 鍵盤 (K-keyboard)，如圖 13-3 所示。這種鍵盤分為左右兩片，左右手各使用其相應的一片。每片都按一定的角度傾斜放置。他對使用不同傾斜角的鍵盤持續打字 19 分鐘後用錯誤率、肌肉緊張度、主觀評價等指標進行了測定，並以使用 45 度傾斜角的 K 鍵盤同標準鍵盤的結果進行比較。試驗證明各種傾斜角度鍵盤的結果都優於水平方向的老式鍵盤。傾斜 44～66 度鍵盤更為合適。K 鍵盤的最大優點是手腕伸直，操作自然，不易疲勞。

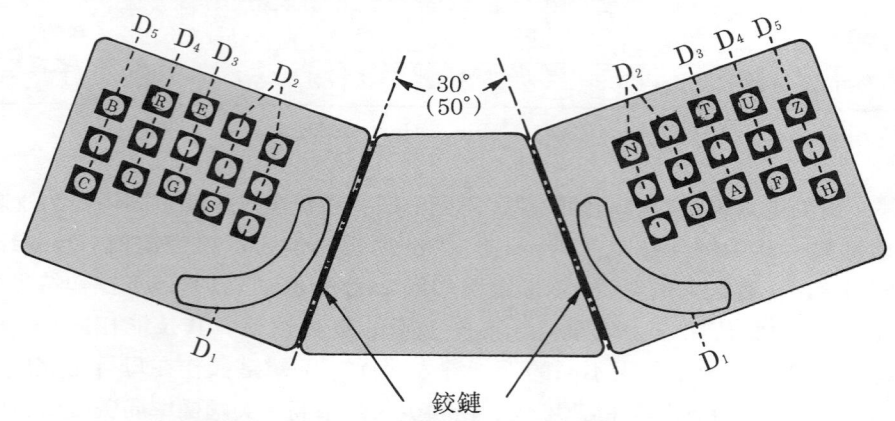

圖 13-3　根據手的生物力學原理設計的 K 鍵盤
(採自 Kroemer, 1972)

（三）　鍵盤設計的其他參數要求

一個好的鍵盤除了要有合理的佈局外，還應考慮按鍵大小、鍵入力量、位移距離、操作反饋、鍵面斜度等多種因素。愛爾頓 (Alden, 1972) 綜合前人研究結果，提出如下參數：

1. 按鍵直徑　1.27 厘米
2. 鍵中心間距　1.81 厘米
3. 鍵阻力　25.5～150.3 克
4. 鍵深度位移　0.13～0.64 厘米
5. 鍵面傾斜度　10～35 度或傾斜度可調節

（四） 漢字鍵盤輸入

　　漢字是方塊字，輸入鍵盤和輸入方法要比拼音文字複雜得多。漢字輸入成為計算機漢化的瓶頸。為了解決漢字輸入難題，十多年來，已提出了五百多種輸入方案，其中有幾十種方案已在機器上實現並且已投入市場。其中國標區位碼輸入法、拼音雙音輸入法、五筆字型輸入法和倉頡輸入法等是眾所公認並用得較多的計算機漢字輸入方法。特別是拼音輸入法和五筆字型輸入法已在國內外生產的計算機上普遍採用。

　　1. 國標區位碼輸入法　這種輸入法將漢字區位編碼分成 94 區，每個區有 94 個字位。把國標一、二級字庫的 6763 個漢字與其他符號分別編入區位碼。一個字符均有一個區位碼，沒有重碼。只要將一個漢字的區位碼輸入計算機，該漢字就會在屏幕上顯示出來。這種輸入法的優點是不需訓練就能操作。主要缺點是要通過查表輸入，輸入效率低。

　　2. 漢字拼音雙音輸入法　這是以漢語拼音為基礎的單字、雙字及多字詞彙融為一體的拼音輸入方法。可輸入 6700 多個漢字和 10,000 多條詞彙。這種方法的最大優點是與漢語拼音統一，與英文按鍵的兼容性好，輸入速度快，效率高。拼音輸入所不足的是重碼多。另外，沒有學習過漢語拼音的人使用這種輸入法會有很多困難。

　　3. 五筆字型輸入法　這是王永民 1983 年提出的計算機漢字輸入法。這種輸入法以漢字的字形分析為基礎。漢字字形可分筆畫、字根、單字三個層次。五筆字型輸入是以漢字字根為基本組字單位進行拼字編碼用鍵盤輸入的。這種方法採用了 130 個字根，把這些字根按其起筆的筆畫分為 5 個區，每區內又分為 5 個位。編碼時用十位數作區號，個位數作位號，把區位號結合組成從 11～55 共 25 個代碼。把 130 個字根分配給這 25 個代碼，每個代碼包含 3～12 個字根。利用英文輸入鍵盤，每個代碼在英文鍵盤上占用一個按鍵。字根代碼在鍵盤上的分佈如圖 13-4 所示。輸入時先把每個漢字拆成字根，再用字根代碼和漢字的左右型、上下型和雜合型三種字型結構的代碼（三種字型代碼分別為 1、2、3）的相應按鍵鍵入計算機。一個漢字一般只要作 2～3 次按鍵。因此雖然需要經過較多的訓練，但掌握後就可快速輸入。熟練的人每分鐘輸入 120～160 個漢字。五筆字型輸入

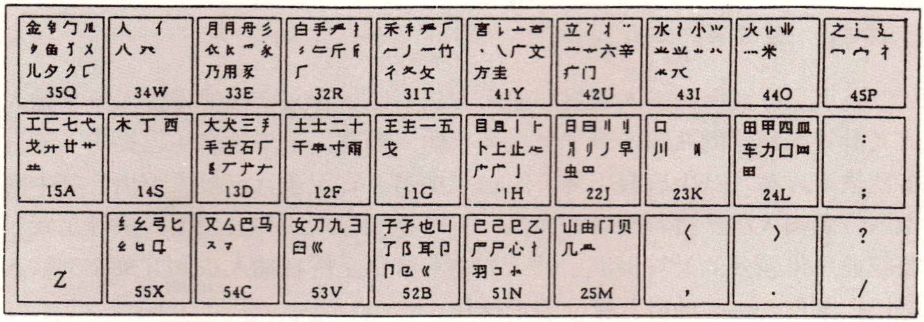

金钅𠂉儿 夕鱼丿乂 儿夕夕匚 35Q	人亻 八乂 34W	月月舟彡 衣𧘇⺺氺 乃用豕 33E	白手扌⺹ ⺺二斤𠂆 32R	禾牛𠂉广 ⼃丿攵 彳夂 31T	言讠一囗 丶丷文 方亠 41Y	立⺊辛⼇ ⼀⼆六辛 广门 42U	水氵小⺌ ⺍业 43I	火业灬 ⼀米 44O	之⻍辶 ⼀宀冖 45P
工匚七弋 戈卄廿 ⼆ 15A	木丁西 14S	大犬三手 羊古石厂 ⺕ナ 13D	土士二十 干早寸雨 12F	王主一五 戋 11G	目且⺊⼁ 卜上止 广广⼁ 1H	日曰丷⺆ 刂𠂉早 虫皿 22J	口 川⺁ 23K	田甲四皿 车力口囗 ⺜ 24L	: ; ;
Z	纟幺弓匕 ⺈匕 55X	又厶巴马 ⼉ 54C	女刀九彐 臼巛 53V	子孑也⼁ 了阝耳卩 52B	已己巳乙 尸尸心忄 羽⺄ 51N	山由门贝 几 25M	〈 ,	〉 .	? /

圖 13-4　漢字五筆字型輸入鍵盤

的優點是無重碼、速度快。它的不足之處是記憶要求高，要有相當時間的訓練才能掌握。

4. 倉頡輸入法　這是漢字繁體的計算機輸入法之一種。這種方法是以 24 個倉頡字母為基礎，組出所有漢字繁體字。不論漢字繁雜程度，輸入每個漢字最多使用五個倉頡字母。使用倉頡輸入法，除了必須熟記 24 個倉頡字母鍵位外，還需記住與每個倉頡字母所對應的定義相似的輔助字形，共有 60 個輔助字形。同時要熟悉由此輸入法定義的專有名詞。每個專有名詞都有其固定的取碼規則。所以這種輸入法也需要有較多的學習時間才能掌握。倉頡輸入法目前主要流行於香港、臺灣和其他國家。

二、定位及指示裝置

隨著界面設計思想的發展，特別是窗口、圖符、菜單（或表單）等界面技術的廣泛應用，定位、指示技術也獲得很快的發展。定位、指示裝置的設計和使用中也有不少人因素的問題。

（一）　觸敏屏

觸敏屏（或觸幕）(touch screen) 是指能對使用者手指在顯示屏上的接觸位置和運動作出反應的裝置。它既是計算機的輸入裝置，同時又是輸出裝置。使用時輸入與輸出同位對應，手眼指向高度一致。所指即所見，大大減輕使用者的記憶負擔，可使輸入錯誤減到最小。使用觸敏屏不須作訓練，使用起來甚是方便。觸敏屏的不足之處是分辨率低，不適合用於選擇與指示小的項目。使用者在操作時手指需不停地在屏上運動，手臂容易擋住屏幕上的部分顯示內容，而且手臂懸空操作容易引起疲勞。在執行注意中心不能離開顯示屏的任務時，觸敏屏是特別適用的裝置。由於它直觀、方便，也適於在商店、銀行、旅館等服務台業務中使用。

（二）　圖形輸入板

　　圖形輸入板（或圖學板）(graphic tablet) 又稱圖形數字化儀（或數化板）(digitizing tablet)。它利用電磁誘導等技術把觸筆在平板上的位置信息傳遞給計算機，用以對顯示屏上的光標定位。圖形輸入板由於具有特殊的圖形輸入功能，已成為手動式硬拷貝數據輸入和三維圖象輸入的最合適的裝置，特別適用於計算機輔助設計系統。在使用圖形輸入板時，由於顯示與輸入分離，手眼協調比較費時費力。為防止錯誤輸入，應向使用者提供適當的反饋信息。

（三）　鼠　　標

　　鼠標（或滑鼠）(mouse) 是一種手握式輸入裝置。使用者可通過在平面上移動鼠標來控制顯示屏上的光標位置。鼠標一般設有 1～3 個鍵，通過鍵的選擇與對鍵盤按鈕的不同組合可以完成各種功能。使用鼠標不需要視覺參與，操作方法簡便，是一種經濟、有效的輸入裝置。但鼠標不適用於追蹤移動目標，而且分辨率低，這限制了它的使用範圍。它最適合用來指示和選擇項目。

（四）　追蹤球

　　追蹤球（或軌跡球）(track ball) 是一種用手指轉動位於固定空腔內的球來對顯示屏上的光標定位的裝置。球的轉動速度可以由使用者控制，轉動慢時顯示/控制增益較小，轉動速度加快時顯示/控制增益增大。利用追蹤球能使光標快速移動，也能做到精確定位。它最適用於執行追蹤作業。

（五）　光　　筆

　　光筆 (light pen) 是依靠計算機屏幕亮度激活的輸入裝置。它指向屏幕時會產生相應的位置信息。它和觸敏屏一樣，也是一種把輸出顯示當作輸入界面的裝置。可以用光筆對屏幕上的光標進行定位，也可用以選擇顯示器上的字符或圖形，同時還可用它作簡單的圖。但光筆的分辨率不高，而且容易被鄰近目標或環境照明等誤激活，長時間使用也容易引起手臂肌肉的疲勞。

三、語音輸入

在人-計算機界面中，書面語言已是廣泛使用的信息交流形式，但口頭語言還沒有在計算機界面中得到有效地使用。隨著語音自動識別技術和語音產生技術的發展，人-計算機之間將有可能用語音進行通訊。對人來說，口頭語言通訊的最大優點是迅速、及時、靈活，而且容易引人注意，信息搜索過程也比視覺簡單。特別在信息隨機呈現並要求操作人員立即作出反應的任務中，或視覺與手動操作負荷繁重的情形下，由語音作媒體的人-計算機通訊更具有獨特的作用。

實現人-計算機的語音通訊的關鍵是計算機對人的語音的識別能力。計算機對人語音的識別效果受人的語音變異、說話方式和詞彙量等多方面因素的影響。

語音變異是計算機語音識別的難點。漢語在文字書寫上是統一的，但語音上有很大差異。人的口語變化可分成五個層次。普通話雖然是標準化的漢語，但人們講的普通話，在語氣語調上都容易受方言的影響。杭州人與北京人講普通話的差別要比杭州人之間或北京人之間講普通話的差別大得多。至於方言與方言間的差別自然就更加懸殊。很難找到講話聲音完全相同的人。人對語音的識別能力要比計算機高得多。例如我們能識別不同人講的某種方言，更能識別不同人講的普通話。計算機目前還不能做到這一步。計算機的語音識別有特定人系統與非特定人系統的區別。所謂**特定人系統** (speaker-dependent system) 是只能識別特定人提供的話音樣本。要識別不同人的話音就必須先把每個人的話音分別輸入計算機，先形成每個人的話音模板。這就使人-計算機對話受到很大的限制。**非特定人系統** (speaker-independent system) 從理論上說應能識別不同人講的話。就是說，一個人的話音雖沒有預先在計算機內形成他的話音模板，計算機也能識別他的話音。但實際上這是很難做到的。目前的語音識別技術，非特定人識別系統只能正確識別幾百個字詞。因此語音輸入雖是一種比較理想的輸入方式，但要達到目前書面語言手動輸入的效果，還要待以時日。

第三節　計算機視覺顯示終端設計的人因素

　　計算機的輸出裝置是人-計算機硬件界面的又一組成部分。計算機輸出裝置按其與人的信息接收通道相對應，有視覺、聽覺、觸覺等顯示裝置。視覺顯示裝置有**視覺顯示終端** (visual display terminal，簡稱 VDT) 和打印輸出等形式。聽覺顯示主要表現為聲響和語音顯示。觸覺顯示則表現為振動子對人體皮膚的振動。視覺顯示終端機一般稱為**監示器** (monitor)，它和用於數據輸入的鍵盤構成計算機最基本的硬件界面。下面對有關視覺顯示終端機的設計與使用中的若干人因素問題作一介紹。

一、計算機監示器設計的工效學要求

　　計算機系統一般使用**陰極射線管** (CRT) 作監示器。陰極射線管按其構成原理可分為矢量陰極射線管顯示器和光柵陰極射線管顯示器。矢量顯示器通過直接控制電子束產生圖象，具有很高的分辨率（可達到 4000×4000）。它能畫出各種光滑度很高的曲線圖形，但成本高，一般用在有特殊顯示質量要求的場合。

　　光柵陰極射線管顯示器的基礎是一塊圖像緩衝區。在圖像緩衝區中每個像素都用一個存貯器位置來表示。這種顯示器雖然在分辨率與曲線圖形的光滑性與性能上不及矢量顯示器精細，但它的色彩顯示比矢量顯示器豐富，而且功能較強，成本較低。因此在顯示質量沒有特殊要求時，一般均採用光柵陰極射線管顯示器。

　　監示器的顯示質量和人使用監示器的效績受監示器屏幕大小、分辨率、刷新頻率、顯示餘輝、亮度對比、顯示顏色、字符尺寸等多種因素的影響。這些因素對人視覺功能的影響問題，在本篇第十章討論陰極射線管設計與使

用的人因素時曾作過分析,其中所敘述的內容要求和**數據資料**也同樣適用於計算機監示器。讀者可以參照該章有關內容。這裏需要補充說明的問題是如何考慮把有關陰極射線管各類顯示因素與人視覺功能關係的研究成果應用於計算機監示器的設計。

　　從人的視覺功能和心理學的觀點來說,監示器以及各種人所使用的各種器物都應追求理想的境地或最佳的狀態。但在實際情形中,實現最佳狀態往往會遇到種種困難或受到種種限制。例如陰極射線管的分辨率從與視覺功能的匹配程度及視覺效果來說,自然是分辨率越高越好,但分辨率越高,工藝技術上的難度就越大,設計與製造的費用也越高。許多工藝技術在水平較低或工藝較粗的階段容易提高,但在達到某一較高的水平後,若再要求往上提高,難度就越來越大。因此在實際生產設計中不可能用理想作標準。任何產品的設計都要處理好理想與現實、需要與可能的關係。工程心理學或人類工效學在研究人機關係和為設計提供有關人機匹配的參數時,一般至少要提出最低要求和最佳要求兩類數據。最低要求指為實現工作目的所必須而又能保障人安全、健康地進行工作的要求,最佳要求是指能取得最好作業效績,並引起使用者最大滿意感的要求。

　　例如,根據作者等的研究 (1987、1988) 在陰極射線管顯示器上進行長時間作業時,對字符與屏幕間的亮度對比度要求應隨屏幕背景亮度水平不同而變化,在屏幕背景亮度為 $20cd/m^2$ 左右時,其最佳對比度約為 10:1 左右。對比度低於或高於這一比值時,視覺作業效績和主觀評價分數都漸次下降,眼肌疲勞度增大。當對比度低於 5:1 或高於 15:1 後,視覺效績與主觀評價分數急劇降低,眼肌疲勞度陡然上升。因此其對比度的最低要求不能低於 5:1 或大於 15:1。自然,若陰極射線管屏幕背景亮度水平變化,顯示對比度的最低要求與最佳要求的參數也要作相應改變。例如,若在暗環境下使用陰極射線管顯示,這時由於屏幕背景亮度很低,其最低對比度要求一般不能低於 20:1。這時,對比度達 50:1 才能得到最佳的效果。一般說,在人機系統設計中,人機匹配的最低要求必須得到滿足,若達不到最低要求,系統就不能保證安全有效地運行。人機匹配的最佳要求,應是系統設計爭取達到的目標,但不能強求,因為在許多情形下,若要達到最佳要求,在技術上和經濟上要付出很大代價,得不償失。

二、計算機字符顯示格式

（一） 筆畫式顯示

　　計算機通常用筆畫式或點陣式兩種格式產生字符。**筆畫產生器** (stroke generator) 可以採用不同筆畫段構字。圖 13-5 是用 16 段星形格式的構字筆畫圖樣及由此筆畫格式構成的英文字母和數字。用 16 段星形筆畫段構成字母與數字，結構簡單，容易實現，也可認讀，但在清晰度與美觀上則與常用印刷或手寫體相差甚遠。漢字或較複雜的其他符號用這樣簡單的筆畫段格式是很難實現的。若將筆畫段增加，可以提高字符的顯示質量。例如可以把筆畫段的方位增加到 40 個，把每個方位的筆畫段分成 2 或 3 段。用這麼多的筆畫段構成的字母、數字，其外觀及認讀效果都可以達到與印刷字型相差無幾的程度。當然，筆畫段愈多，工藝水平要求也越高，成本也必然增加。

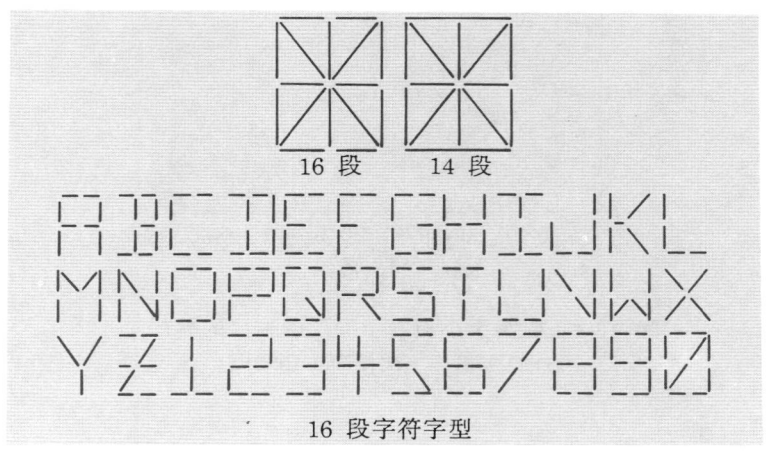

圖 13-5　16 段字符星形筆畫格式及構成的字母與數字

（二） 字符點陣顯示

　　點陣 (dot matrix) 是計算機視覺顯示終端機和許多使用陰極射線管場合用以顯示字符的重要方式。字母和數字採用 5×7 點陣就可基本滿足一般顯示的要求。自然,這是顯示字母數字的最低點陣尺寸要求。用 5×7 點陣顯示字母和數字時,在條件較差或亮度較低時,部分字母之間容易混淆,例如容易把 B 讀成 R,C 讀成 G,H 讀成 N,J 讀成 I,O 讀成 Q,S 讀成 5,Z 讀成 2,等等。因此,在清晰度要求較高時,應採用 7×9 點陣。大於 7×9 點陣,判讀效果不再會有多大的改善。漢字顯示的點陣要求要比顯示字母數字的高得多。我國將漢字點陣的標準規定為 16×16。朱祖祥和沈模衞 (1992) 曾對 12×12、14×16、16×16、15×20、20×20、20×24、24×24、28×32、32×32、48×48 十種點陣的顯示清晰度進行比較,結果如圖 13-6 所示。可見漢字顯示的清晰度隨點陣增大而提高。在單點行顯示時,點陣 24×24 可得到最佳的漢字視覺效果。若點陣繼續增大並仍採用單點行顯示,顯示的清晰度就會由於點行變細而有所下降。

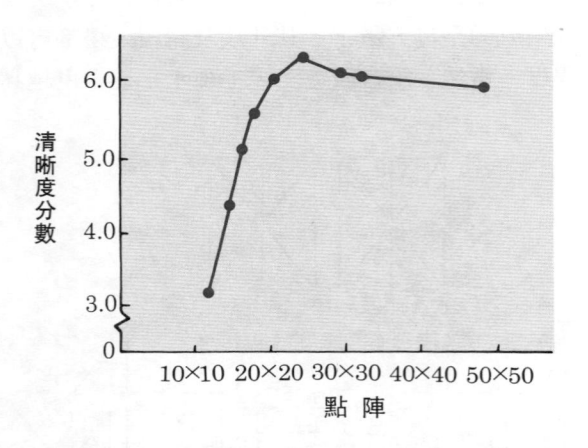

圖 13-6　點陣大小與漢字顯示清晰度的關係
(採自朱祖祥、沈模衞,1992)

三、計算機屏幕信息顯示要求

　　計算機屏幕信息顯示效果除了受上述所討論的硬件因素設計特性的影響外,同時還受屏幕的信息顯示密度、信息顯示格局和信息表徵特點等因素的影響。

（一） 恰當的信息顯示密度

　　計算機信息顯示密度主要表現在時間和空間兩個方面。信息顯示變換速度的快慢引起信息顯示時間密度的變化。信息顯示畫面變換慢時，人看起來就是一幅幅分隔的靜態的畫面在變換著。若畫面變換速度加快到一定程度，由於視覺後像的作用，畫面中內容上連續的靜態對象就會看成是運動的對象而成為一幅動態畫面。電影放映就是利用了人的這一視覺現象。若畫面內容不是連續的靜態對象，情形就大不一樣，這時隨著畫面變換速度加快，視覺圖象就會變得越來越不清楚，最後模糊一片，什麼也沒有看見。這說明信息顯示變換的速度或信息的時間密度的要求應隨信息顯示內容的不同而區別對待。若顯示內容連續的動態對象，畫面變換的速度快時才能獲得好的視覺效果。相反，若顯示的畫面內容上是不連續的，則要求畫面變換的速度慢，變換快了就看不清，容易發生錯誤。

　　信息顯示的空間密度是指同一時間向人顯示的信息數量。同時顯示的信息一般有兩種情形，一是顯示的信息都需要操作者進行接收和處理。這時若信息多，視覺負擔就重。信息越多，負擔越重。若信息顯示時間受到限制，就有可能來不及接收與處理。這種情形下，操作者高度緊張，容易引起疲勞和發生差錯。另一種情形是操作者只是需要畫面上呈現的眾多信息中的某一種或某幾種信息，這時操作者就要在畫面中搜索他所需要的信息。這時若畫面中顯示的信息過多，搜索的難度就會增大，搜索的時間就要延長。因此為了提高搜索信息的效率，就要避免屏幕顯示過滿。在計算機視覺終端機顯示中，以屏幕充滿 25% 左右較為合適。

（二） 合理的屏幕顯示佈局

　　計算機的許多操作員長時間面對顯示屏進行視覺作業，若頭部和眼睛運動面大或運動次數頻繁就容易引起頭頸肌肉與眼肌的疲勞。屏幕顯示的合理安排可以使頭部和眼睛的運動範圍減小及運動頻次降低。例如通過顯示的合理佈局，可以使操作員的視線大部份時間集中在正常視線四周 30 度範圍內，這樣可減少頭部的頻繁運動。若在信息顯示過程中，能使操作者的視線自然地落在所觀察的後繼項目上，也可減輕頭部與眼睛的運動範圍與頻次。中文輸入採用拼音輸入法時，在一個拼音輸入後，一般會在屏幕下方顯示出若干個同音字,操作者從中挑選出所需要的漢字。這種顯示位置佈局是合理的。因為這種佈局可以減少文本與同音字顯示位置之間的距離,因而縮小眼睛與頭部運動的範圍。這對一個不需要看鍵盤的熟練輸入員,或對一個需要看鍵盤操作的指法不熟練的人來說,都可從中得到減小頭部與眼睛運動距離的好處。

(三) 易化信息搜索與譯碼過程

為了提高信息搜索與辨認的效率,除了要控制信息的時空顯示密度外,還可通過其他方法得到提高。例如可用不同的字體、顏色、閃光等加強操作員對所需信息的注意。譬如說,用不同顏色對顯示項目進行分類,用不同字體標誌不同的顯示內容,都是通常用以易化信息搜索、辨認的方法。計算機普遍把閃動光標用作提示與指引,更是一個成功的例子。另外,信息顯示符號代碼的選用要有利於譯碼。若使用文字顯示,務需明確易懂;若是使用圖形符號,要盡可能挑選與所顯示的信息在內容上有直接或間接聯繫的圖形符號。一般說,直觀的、意義上和習慣上兼容的顯示代碼都有利於譯碼過程。

四、計算機工作台的照明要求

在人-計算機交互作用中,往往要求操作人員長時間地注視顯示屏,或者要求他的視線在文本、鍵盤和顯示屏之間不斷地交替往返運動,因而對視覺功能有較高的要求。長期在計算機上工作的人,容易引發視覺疲勞、視力下降及其他視覺症狀。

計算機工作台的照明水平,屏幕、鍵盤、文本間的亮度分佈,屏幕字符與背景的亮度對比和眩光等是影響視覺功能的主要因素。工效學家們對此作過許多研究,許多國家還為計算機工作台規定了有關的標準。計算機工作台的照明一般要求控制在 200～500 勒克斯範圍內。照明過低會影響文本閱讀,照明過高容易產生眩光並會引起屏幕字符與背景對比度的降低。字符與背景的對比度最好能控制在 10：1 左右。位於工作視野內物件表面(如文本、鍵盤與屏幕)的亮度比應控制在 3：1 範圍內。工作面的亮度與周圍環境物體表面的亮度比不宜超過 10：1。

眩光 (glare) 是影響計算機操作人員工作效績的不利因素。眩光有直射眩光與反射眩光之分。**直射眩光** (direct glare) 一般是由照明光源的位置、角度設計不當所引起。字符亮度過高，對比度過大也會引起眩光效應。**反射眩光** (reflected glare) 是由物體表面反射光引起的。計算機操作員最常見的反射眩光往往是由照明光源在屏幕上的反射光或由操作人員的衣服、頭飾等受照射後反射到屏幕上的光引起的。防除眩光最常用的方法有：(1) 合理安排照明光源的位置。照明光源若安置在操作台上方位置過低就容易產生直射眩光，若安置在後上方位置過低就容易在屏幕上發生反射眩光。因此計算機房的照明光源應安置得高一些。若能把照明光直接投向天花板，再經天花板的漫反射，效果就會更好。(2) 消除或減少反射眩光。屏幕反射眩光可以用屏幕上塗反射透明薄膜加以防除。將屏幕及工作台和鍵盤等的表面處理成漫反射面，也有防除反射眩光的作用。(3) 控制字符亮度和對比度，使之不因由於亮度或對比度過高而引起刺眼的眩光效應。

第四節　計算機軟件界面設計的人因素

一、用戶界面的友善性要求

人-計算機對話的效果除了需要依靠手動輸入裝置和陰極射線管輸出裝置等硬件界面外，還在很大程度上取決於軟件界面的設計。**用戶界面** (或使用者界面) (user interface) 即指使用者與計算機系統間的對話方式，其友善性主要表現在軟件界面上。計算機軟件界面的設計應考慮以下幾點：

1. 效用大　能有效地幫助使用者使用計算機完成多項工作任務。
2. 難度低　要儘量減輕使用者使用計算機的難度。特別對沒有經驗的使用者，界面要根據使用者需要提供有效的幫助。
3. 易學習　使使用者容易掌握軟件使用方法，主要表現為對記憶要求低，所需學習時間少，學會後不容易遺忘。

4. **效率高** 一個好的界面具有操作步驟少、擊鍵頻次低、消耗時間少的特點。

5. **檢錯容錯性能好** 操作人員在使用計算機過程中難免發生操作性錯誤。一個好的系統要有一定的容錯、檢錯能力。首先能容錯，不會因操作錯誤而發生飛程或死機。其次要能檢出錯誤，並向使用者提示錯誤所在，使錯誤及時得到糾正。

一個用戶界面若能在以上幾方面滿足使用者的要求，就會成為對使用者友善的界面，受到使用者的歡迎。

二、使用者特點分析

（一） 分析使用者的目的

要設計友善的用戶界面，首先必須對使用者特點有所了解。不同的使用者對影響他們使用計算機界面的因素是有差別的。使用者分析的目的就是要了解使用者使用計算機的知識、經驗，了解使用者可能發生的困難及發生困難的原因，還要知道不同類型使用者使用計算機的目的與要求。只有真正了解使用者，才能設計出符合使用者要求的用戶界面。

（二） 使用者類型

對計算機使用者，可從不同的角度進行分類，最常見的是按他們對計算機的知識和使用計算機的經驗狀況進行分類。一般可將使用者分為如下幾類：

1. **生手** 指從未接觸過計算機的使用者。這類使用者一般是既不熟悉計算機的操作方法，又缺乏有關計算機的知識。這類使用者往往對計算機有神秘感，在計算機前面，不知所措。界面設計應設法使這類使用者能在界面的幫助和引導下逐步掌握操作方法。做到循循善誘，提高他們學習與使用計算機的信心。

2. **新手** 指對計算機的使用已有某些知識經驗，但不夠熟悉，或者掌握了一種操作方法，而對其他操作方法不熟悉的使用者。界面設計要考慮這類使用者已有知識技能對掌握新操作方法的作用，使他們能愉快地適應新的計算機系統。

3. 熟手 指對使用計算機有較豐富的知識、經驗，能熟練操作的使用者。這類使用者往往要求提供一種能快速使用的界面。但能熟練使用計算機的使用者，若對計算機系統的硬、軟件結構不甚了解，就很難改正意外的錯誤，也不可能擴展或改變計算機的內部系統。

4. 專家 指不僅能熟練使用計算機，而且了解計算機系統的硬、軟件結構和運行原理，能自行編製計算機程序，對計算機有維修能力的使用者。這類使用者都是對計算機軟、硬件有豐富知識技能的專家，需要向他們提供複雜的界面以便他們有可能去承擔一般使用者不可能完成的任務。

一台計算機，一般不能限於只供上述某種類型的使用者使用。而且任何一個使用者在使用計算機的過程中，他有關計算機的知識技能會隨時間發生變化。經常使用的人，知識經驗就會逐漸豐富起來，他對界面支持的要求也會隨之發生變化。掌握了計算機的使用方法後長期不用的使用者，重新使用時也會因遺忘而感到生疏，這時也會要求界面給以更多的支持。因此界面設計者在為一個系統設計用戶界面時應考慮到不同類型使用者的需要，要設計多種界面類型，讓使用者可以根據自己的情形進行選擇。

三、用戶界面設計的工效學原則

為了得到一個對使用者友善的人-計算機界面，界面設計應遵循以下原則：

1. 一致性 即任務信息的表述方式與界面表述要盡可能一致或相似。界面中使用的代碼在意義上應是單一的，即一個代碼只表示一個意義，一個意義也只採用一個代碼。一致性可以減輕使用者的記憶負擔，避免操作中引起混亂。一致性愈高，越有利於學習，使用界面的效率也越高。

2. 兼容性 界面特點應與使用者已有的知識經驗兼容。這樣，使用者在學習和使用界面時可以得到已有知識經驗的支持。兼容性高，不僅學習得快，而且也用得順心。

3. 順應性 界面應設計成能順應使用者的要求。應該由使用者控制計算機的運行，而不能讓計算機來支配使用者。例如使用者操作計算機的速度有快有慢，界面就應保證具有不同操作速度的使用者都能順利使用計算機。

4. 指引性　　界面應通過系統狀態提示和反饋信息指引使用者的活動，使操作者知道自己操作的系統正處於什麼狀態，並能根據界面的提示做出下一步行動的決策。
　　5. 方便性　　界面要盡可能為使用者提供方便，使他們隨時可中斷、脫離和復原系統的運行。這樣，使用者就能夠隨時從系統中退出或調整自己的操作，發生錯誤時可及時加以改正。
　　6. 簡捷性　　界面要設計成使使用者的操作負荷減至最小。例如要儘量減少對話中多餘的步驟，要使用縮略語或代碼以減少使用者擊鍵的頻次。
　　7. 可懂性　　界面中的用語、指令、提示等，要盡可能使用各類使用者都容易理解的表述形式。例如漢化計算機的界面應儘量多用漢語表述。
　　8. 輔助性　　使用者在使用計算機過程中發生困難要求幫助時，應盡可能提供有效的幫助。
　　在界面設計中要把上述原則應用到具體設計中去，但體現每條原則的方式不必拘泥於一格。界面設計人員可在實現這些原則的過程中充分發揮創造才能，設計出新而又新的用戶界面。

四、用戶界面的基本形式

　　計算機的用戶界面主要用於人和計算機進行對話。用於對話的用戶界面可設計成下列各種不同的形式：

（一）　問答式

　　問答式是最簡單的人-計算機對話方式。這種對話方式一般由計算機向使用者進行逐行提問，使用者對詢問作出逐行回答。例如計算機詢問使用者是否要進行某種選擇，使用者答以是或否。對有些問題也可用數碼或文字編碼來回答。問答式界面容易學習，使用方便，編程也較容易。它的缺點是問題要逐個按序回答，比較費時。這種對話形式最適用於生手或初學者。

（二）　菜　單

　　菜單（或表單、選單）（menu）也是一種比較簡單而被廣泛使用的人-計算機對話的界面形式。菜單中一般顯示多項供使用者選擇的項目，使用者可以根據自己的需要用按鍵點選其中的某個項目。當提供選擇的項目比較多，屏幕一次顯示容納不下時，可採取多級結構的菜單形式。這時要把可選項加以分層組織，如圖 13-7 所示。若選擇第一級菜單中的第一項（作圖），計算機隨之會呈現第二級菜單，使用者再從中點選所需要的項目。一個菜單上以顯示多少項目為宜？採用多級菜單時級數與項目數如何分配最為合適？都是值得研究的問題。菜單包括的項目多，菜單的級數就可少些。反之，菜單的項目少而級數多時，則搜索項目的時間可減少，選擇菜單項所花的時間會增多。設計菜單時應權衡兩者的輕重。一般說，每個菜單項目最好設置 4～8 項，菜單級數不宜超過 3 級。菜單形式的主要缺點是占用屏幕太多，而且菜單所占用的中央處理單元資源也比較多。

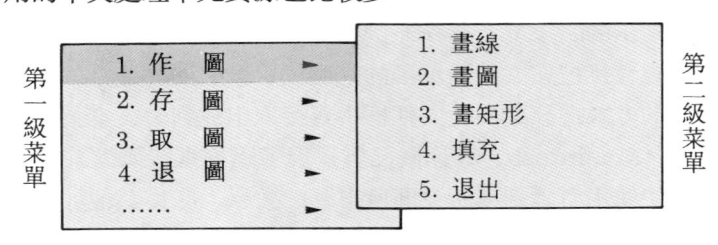

```
第              1. 作  圖  ►      1. 畫線         第
一              2. 存  圖  ►      2. 畫圖         二
級              3. 取  圖  ►      3. 畫矩形       級
菜              4. 退  圖  ►      4. 填充         菜
單              ……       ►      5. 退出         單
```

圖 13-7　多級菜單圖例

（三）填　表

填表是一種常用的對話方式，一般用在數據輸入的對話界面中。使用這種界面時，計算機屏幕顯示一張與印製表相似的表格，表中有不同的提示項和空格，可按提示項的要求，把相應的數據或字符填入空格。

（四）圖　符

圖符（或像符）（icon）是用圖或形象符號顯示不同功能的對象與操作命令的對話形式。它的最大特點是直觀性。使用者要選擇某一功能或某一命令時，只要用鼠標等指示裝置把光標（或游標）移向相應的圖符位置後按一下鍵就能實現。例如在界面中可以把辦公室的文件框、文件格、文件夾、記錄本、統計表、信盒、廢紙簍等各種辦公用品作成形象逼真的圖符界面。需用某一材料時只要將光標移向有關圖符即可得到。這種界面形式對初學者和有經驗的使用者都很有效。而且這種界面可超越語言文字的隔閡，在語言不同的使用者之間通用。圖符的形象要盡可能作得逼真。逼真度差的圖符，容易使不同的使用者對它的意義作出不同的理解。例如一個廢紙箱對一個初次使用者可能把它誤認為信箱。只是一些比較抽象的概念和一些複雜的對象很難用逼真的圖符加以表達。為了防止相似圖符之間發生混淆和不使抽象含義的圖符可能出現模棱兩可的理解，可在圖符下標以文字，就是說對界面採用圖符-文字雙重編碼的形式。

(五) 直接操縱

直接操縱式的界面是在圖符界面的基礎上發展起來的。所謂**直接操縱**(direct manipulation) 是指使用者可以通過鼠標、鍵盤或其他輸入裝置直接對屏幕上顯示的對象進行操作。例如要想把一個文件移放到文件框中時，就可以用鼠標直接把該文件從屏幕的某個位置牽引到屏幕上的文件框內，也可以用同樣的方式把該文件從文件框中直接取出放到辦公桌上。美商蘋果公司的麥金塔 (Macintosh) 計算機已經實現了這種直接操縱式界面。這種界面的優點是使使用者感到"所見即所得"的效果。它比其他界面更逼真地模擬人的日常操作活動。各種使用者，不論有無計算機的知識經驗，幾乎都可以不經學習就能使用這種界面。

(六) 窗　口

窗口 (或視窗) (window) 界面是把一個物理屏幕劃分成幾個可以任意變化的顯示屏幕，在不同的顯示屏幕上可顯示不同的任務或同一任務的不同內容，並可分別對它們進行不同的操作。窗口界面可以根據需要靈活加以變化，不僅窗口的數量可以變化，窗口的大小也可改變，窗口不用時可以縮小或移開。不同窗口可以分開，也可以作不同程度的重疊。窗口中顯示的任務可隨時進入掛起或繼續的狀態。窗口界面使使用者有可能利用一台計算機同時處理多種不同的任務。由於窗口界面功能新穎，使用方便，普遍受到使用者歡迎。現在已在文本編輯、程序設計和辦公室自動化等各種作業中被廣泛採用。如何使窗口界面具有最好的效果，仍有待研究。

(七) 命令語言

命令語言 (command language) 是人-計算機對話中使用最多，功能最廣的界面形式。命令語言由使用者向計算機輸入，使用者在提示符指示位置鍵入命令語後，計算機就按命令語進行運作，並把運行結果顯示給使用者。命令語言界面具有很大的靈活性，它可以是由縮短的關鍵詞構成的命令語，也可以通過語法把不同功能的命令語言組合成複雜的命令語言。因此通過命令語言可以完成很多複雜的功能。可以說，它是目前人-計算機對話的最重要的界面形式。命令語言需要使用者作較長時間的學習和訓練才能掌握，這是命令語言界面形式美中不足的地方。

(八) 自然語言

採用自然語言進行人-計算機對話，是人們企求實現的理想對話形式。但實現這種對話形式目前還有許多困難。人的**自然語言** (natural language) 包含著音、形、義。目前計算機對識別字形問題比較成熟，若用鍵盤輸入或印刷體輸入能達到完全識別的程度，但對手寫體的識別還有不少的困難。計算機對語音的識別，目前還只限於少量有限的字詞。例如對漢語普通話正確識別的字還不足 500 個。而人-計算機運行自然語言對話的主要困難還在計算機對人語言的語意的理解。計算機若不能理解語意，人-計算機之間就很難真正做到用自然語言進行對話。目前，自然語言界面只是在很有限的領域中得到有限度的應用。

五、文本編輯界面

計算機被廣泛用於**文本編輯** (或**本文編校**) (text editing)。目前，可從市場上得到各種版本的文本編輯軟件。文本編輯系統是否能得到使用者的青睞，主要取決於設計的軟件界面對使用者的友善性程度。

(一) 文本編輯界面類型

文本編輯軟件可分行編輯、全屏幕編輯和多窗口編輯等多種形式。它們的複雜程度不同，使用效率自然也有差別。

1. 行編輯　行編輯 (或行式編校) (line editing) 是指以 "行" 方式操作和運行的編輯程序。文本和命令以行為單位輸入。字詞移動、刪除、修改等都是逐行進行的。行編輯界面中的行分為文本行與命令行。命令行只要求計算機完成指定的運行。文本行可以修改、移動和增刪。行編輯程序功能簡單，行與行之間轉換困難，操作比較麻煩，編輯效率不高。現在文本編輯中普遍採用全屏幕編輯界面。

2. 全屏幕編輯 全屏幕編輯(或全幕式編校)(full-screen editing) 指利用整個屏幕顯示文本，在全屏幕上進行編輯。在全屏幕編輯過程中，界面操作都不再以行為單位。文本輸入、修改、移動等能直接在屏幕上進行，過程直觀。使用者還可利用功能鍵，使文本在屏幕上作一塊塊的移動與複製。鄧斯莫爾 (Dunsmore, 1984) 曾對行編輯與全屏幕編輯的學習效績進行過比較。研究中的被試能使用計算機，但都沒有文本編輯的經驗。結果表明，學習行編輯比學習全屏幕編輯多花 17% 的時間。在限時的編輯作業中，全屏幕編輯中完全做對的人數比例要比行編輯的比例超過 40%。這說明全屏幕編輯的效率要比行編輯的高得多，因此很受使用者歡迎。

3. 多窗口編輯 隨著窗口技術的發展，在全屏幕編輯程序的基礎上又發展了**多窗口編輯**(multiple-window editing) 程序。在多窗口編輯中，屏幕上可以根據需要開設窗口，不同的窗口可以同時進行編輯。窗口之間可以作不同程度的重疊，窗口用過後可以縮小也可暫時刪除，需用時又可隨時呈現。使用起來甚是方便。多窗口界面發展很快，現在已在文本編輯系統中被廣泛應用。

(二) 文本編輯界面評價

文本編輯界面設計和其他使用者界面設計一樣都需要作工效學評價。這種評價主要從兩方面著手：一方面是任務功能評價，主要評價一個文本編輯界面具有多少功能和具有什麼樣的功能。現在許多文本編輯系統版本不斷更新，主要表現為功能的擴展。功能自然多一些好，強一些好。評價的另一方面主要著眼於可學性、可用性和方便性。評價中一般用學習時間、完成一定編輯任務所需的時間、操作中發生錯誤的情形、使用者在操作中引起的疲勞程度和對界面的主觀滿意度等作評價指標。界面設計者可以從這種評價中獲得改進界面設計的信息，設計出與使用者更為友善的文本編輯界面。

第五節　程序設計的人因素

隨著計算機工業的發展，計算機的硬件價格不斷降低，軟件價格不斷提高。軟件開發的費用在整個計算機系統的費用中所占的比重越來越大。因此如何提高程序設計員的編輯工作效率越來越引起人們的重視。程序設計（或程式設計）的效率主要取決於程序設計語言的特點和程序設計人員的編程能力、編程風格及編程方法等因素。

一、程序員的編程知識和編程風格

（一）　編程知識

編程人員除了需要具有計算機的一般知識外，還特別需要具備下列三類與編程直接有關的知識：(1) 程序設計語言的語意知識。包括程序設計語言的概念、算法、文件結構、數據結構、程序語言特徵和操作系統等方面的知識。學習這類知識需要一定的時間，而且需要通過實際運用才能確實掌握。(2) 程序設計語言的語法知識。在程序設計語言中，要求運用具體的語法知識以表達語意知識概念。程序設計的語法知識都是與特定的程序設計語言相關聯的。它需要編程人員強記。(3) 應用領域的語意知識。編製一個程序需要以上三類知識的結合。掌握這些知識都不是一日之功，需要經過相當長時間的學習和訓練。初做編程人員時工作效率一般較低，因為任何一種程序設計語言的語意語法知識都只有在使用中才能得到鞏固。熟能生巧，編程頻次多了以後，不僅語意語法知識越編越熟，而且還能總結出一些能加快編程速度的方法和設計出更有效的程序來。

（二）　程序設計風格

程序設計風格是指編程人員在使用程序設計語言編製程序時所表現的非算法變化。編程人員的編程風格影響著注解、變量名、退格等的使用和模塊的選擇。

程序中的注解是程序設計中不起功能作用的一段文本，一般用自然語言表示，可以是幾個字，也可以是大段文字。人們對程序設計中使用注解的問題有不同的看法。有的人主張使用注解，認為注解可幫助理解程序，也有人認為注解破壞了代碼的完整性，並會干擾編程人員的偵錯工作。若程序修改了而注解沒有作相應的修改，反而會使使用者無所適從。研究結果表明，大程序中的注解比小程序中的有效。變量名的使用也是如此，若變量名選用得好，可以提高編程的效率，若選擇得不好，可能會使程序的意義變得模糊，甚至會掩蓋程序的意義。有意義的助記名有助於掌握程序的結構，並有利於理解和記憶。助記名也是在大程序的設計中比在小程序設計中更為有效。退格的使用和模塊的選擇也都因編程人員個人的風格而不同。所有這些都會對程序的理解產生一定的影響。

二、程序設計方法

(一) 脫機處理與聯機處理

程序的編製作業有脫機處理和聯機處理兩種方式。**脫機處理**(或**離線處理**) (off-line processing) 是編程作業不在計算機上進行，程序員編完程序後再在計算機上試作，若發現錯誤，要把程序脫離計算機進行修改後上機再試。這種編程方式效率低。後來發展了**聯機處理**(或**連線處理**) (on-line processing) 方式，程序員可以坐在計算機前面編程，編程結果立即呈現在顯示屏上，並可及時加以修改。聯機編程比脫機編程的效率高，一般可節省三分之一編程時間。

(二) 流程圖

許多人喜歡在編程前先作**程序流程圖** (或**程式流程圖**) (program flow-chart)。它是程序結構的一種圖形表達方式，用以表示程序各部分之間的關係和部分程序的循環情況與轉移情形。流程圖對程序編製有引導作用，它為編程過程提供了框架支持。流程圖對初學編輯的人很有幫助，熟練的編程人員一般很少用流程圖來指導編程。

(三) 模塊化

程序設計人員往往把一個複雜的程序分解成若干個子程序。一個子程序就是一個**程序模塊**(或**程式模組**)(program module)。編程時可以利用現成的程序模塊以提高編程的效率。在編製大型程序中，**模塊化**(或**模組化**)(modularization)是很有效的方法。因為程序模塊化後可以使程序簡化，也可使程序更容易被理解。但是，模塊化的效果受程序模塊化程度的影響。若程序中使用的模塊過多，效果並不好。

三、偵　錯

偵錯(error-detecting)是指從程序中找出錯誤並加以改正。這是編程人員的一項惱人而又不得不做的重要工作。因為編程過程中難免會發生各式各樣的錯誤，編輯經驗不多的程序員更容易發生錯誤。一個程序有了錯誤若不能偵查出來就無法使用。程序中的錯誤一般發生在三種情況中：(1) 數組錯誤，例如寫錯了數據，把有 10 個單元的數組寫成了 9 個；(2) 循環次數錯誤，例如應該循環 $N-1$ 次而實際循環了 N 次；(3) 賦值錯誤，把一個錯誤的值賦給了一個變量，譬如說想給變量 x 加 2，而編程時卻寫成了 "$x=x+1$"。據研究，在上述三類錯誤中，賦值語句的錯誤最不容易發現，其偵查的時間要比偵查數組錯誤或循環次數錯誤的時間長得多。因此開展偵錯方法及偵錯輔助工具的研究是非常重要的。若能找到一種工具能指明錯誤發生在何處，譬如說指明錯誤發生在程序的哪一模塊或哪一行，無疑會對提高編程人員的工作效率產生重要的作用。

四、結構化程序設計

結構化程序設計(structured programming)要求程序按順序執行，在不能按順序執行時用結構化的語句進行程序執行的轉移。結構化程序設計在程序執行向前轉移時要使用**若則否則**(if-then-else)結構，當程序執行向後轉移時則使用**執行-當滿足**(do-while)結構。使用 if-then-else 結構，必須檢查條件表達式的真假。如果 if 後的條件表達式為真，那麼就執行 then 後的語句，如果條件表達式為假，就執行 else 後的語句。非結構化程度設計允許不受限制的控制轉移，只要條件得到滿足，可把程序執行轉移到任何一點去。

研究表明，結構化程序設計會使程序中使用非條件控制轉移 **GOTO 語句**(或 **GOTO 述句**)(GOTO statement) 的比例明顯減少，使程序使用 else 分句的比例大為增加。一個結構化的程序中使用的語句數一般比非結構化程序中使用的少。結構化程序也比非結構化程序容易理解。編程人員也普遍喜歡按結構化要求進行程序設計。

本 章 摘 要

1. **人-計算機界面**是人-機界面的一種特殊形式，它包括**硬件界面**和**軟件界面**二類。**硬件界面**主要包括手動輸入裝置和陰極射線管及打印機等信息顯示裝置。**軟件界面**又稱**用戶界面**，是計算機通過軟件實現的與人對話的界面。
2. **用戶界面**的友善性是評價計算機性能和影響使用者對計算機購買行為的重要因素。一個對使用者友善的計算機應具有功能多、學習容易和使用方便的特點。用戶界面的研究已成為推動計算機技術發展的關鍵因素。
3. 計算機的輸入裝置有手動輸入裝置、聲響和語音輸入裝置。手動輸入裝置包括鍵盤、鼠標、觸敏屏、圖形輸入板、追踪球、操縱桿、光筆等。
4. 計算機輸入鍵盤可分為固定功能鍵盤和多功能鍵盤。多功能鍵盤依靠軟件進行按鍵功能轉換，做到一鍵多用。
5. 鍵盤的按鍵佈局是影響使用者輸入效率的重要因素。目前廣為使用的**魁爾梯鍵盤**的佈局，雖然具有把常用鍵安排在手於靜態時手指所能觸及的位置和根據擊鍵頻率進行佈局的優點，但存在著手的姿勢不夠自然以及左、右手各手指間的負荷分配不合理的缺點。後來發展的**特伏拉克鍵盤**和 **K 鍵盤**，在佈局上雖然更趨合理，或鍵盤結構上更符合手的生物力學特性，但由於鍵盤改革影響到千萬人已形成的使用習慣，至今仍不能得到推廣。

6. 計算機漢字輸入鍵盤的佈局隨漢字不同的輸入方法而異。目前最流行的漢字輸入法有**拼音輸入法，五筆字型輸入法**（適用於簡體），**倉頡輸入法**（適用於繁體）。拼音輸入對掌握普通話拼音的使用者學習容易，使用方便，但重碼多。五筆字型輸入沒有重碼，但掌握比較費時。倉頡輸入法也需要經過相當時間學習才能掌握。

7. **鼠標、追踪球、觸敏屏、圖形輸入板、光筆**等都是使用者用以定位和指示的手動輸入裝置。這些裝置功能上各有特點，適合用於不同作業中。

8. 計算機採用**點陣顯示字母數字**時點陣不可少於 5×7，顯示漢字的點陣不可少於 15×16，漢字單點行筆畫顯示的最佳點陣為 24×24。

9. 計算機工作台的照明水平和照明分佈對操作人員的視覺功能有著重要影響。工作台的照明一般要求控制在 200～500 勒克斯。照明過低會影響文本閱讀，照明過高會引起字符顯示對比度降低，並容易產生**眩光**。

10. 計算機使用者可分生手、新手、熟手、專家等四種類型。人-計算機界面的設計必須適應不同類型使用者的不同要求。要設計多種界面類型，讓使用者可以根據自己的情形加以選用。

11. **用戶界面**設計應遵循可學性、一致性、兼容性、適應性、指引性、簡捷性、可懂性、輔助性等原則。界面設計若能貫徹這些原則，就能設計出與使用者友善的界面。

12. 用戶界面可設計成多種形式，其中問**答式、菜單、填表、圖符、直接操縱、窗口**等界面，操作簡單，容易學習。**命令語言**界面比較抽象，概括性高，適用面廣，但需要經過一定時間學習才能掌握。**自然語言**界面是理想的人-計算機對話界面，但由於技術的限制，目前還只能在很有限的範圍內使用。

13. **文本編輯**有行編輯、**全屏幕編輯**和**多窗口編輯**等形式。全屏幕編輯比行編輯容易學，效率高。多窗口編輯方便、靈活，窗口的數量、大小、內容均可由使用者根據需要選用，使用者可在多窗口上對不同文本同時進行編輯。

14. **程序設計**的效率受編程知識經驗、編程風格和編程方法等因素的影響。編程人員只有掌握程序設計語言的語意知識、程序設計語法知識和應用領域的語意知識，才能有效地進行程序設計。編程風格是程序設計者在編程中所表現的非算法變化。注釋、變量名、退格和模塊等的選用均受編程風格的影響。
15. **聯機編程、程序流程圖和程序模塊**是一般程序設計中常用的方法。程序模塊化可以簡化編程操作，並使程序容易理解。但一個程序中使用的程序模塊不可分得過細和用得過多。程序模塊化在大型程序設計中使用比在小程序中更有效。
16. **偵錯**對提高程序設計的效率和保證程序設計質量有重要意義。在數組、循環次數和賦值三類錯誤中，最難偵查的是賦值錯誤。界面設計應為偵錯提供有效的幫助。
17. **結構化程序**優於非結構化程序。結構化程序中使用非條件控制轉移 **GOTO** 語句的比例明顯比非結構化程序中減少，而使用 else 分句的比例則大大增加。結構化程序比非結構化程序簡單易懂，為廣大編程人員所採用。

建議參考資料

1. 王　堅 (1994)：人-機界面：計算機系統設計中新的挑戰。計算機世界，480 期，9～11 頁。
2. 王　堅 (1994)：使用者界面的工效學理論、應用與發展。計算機世界，480 期，131～133 頁。
3. 朱祖祥 (主編) (1994)：人類工效學。杭州市：浙江教育出版社。
4. 蘇克利夫 (陳家正、龔杰民等譯，1991)：人-計算機界面設計。西安市：西安電子科技大學出版社。
5. Card, S. K., Moran, T. P., & Newell, A. (1983). *The psychology of human-computer interaction.* London : Lawrence Erlbaum.

第四編

作業負荷與生產安全

　　一個企業的發展，必須以生產率的提高為基礎。生產率的提高意味著用同樣的人力、物力和時間，可以生產出更多符合要求的產品。生產率的提高取決於多方面的因素，其中最重要的因素是生產者的工作效率。提高生產者的工作效率主要有兩條途徑，一是改進工具，例如把手工工具改為機器，把低效率的機器更換為高效率的機器。更換機具需要增加投入，這往往會使一些資金困難或資金不足的企業難以下手。另一條是通過挖掘企業內部潛力以提高效率。企業內部往往存在著各種沒有得到充分利用的潛力，其中有人力的、物力的和財力的。挖掘潛力一般不需要企業增加投入，但能增加企業的產出。這是一條不花錢或少花錢的途徑。如何做到不花錢或少花錢而使工作效率得到提高呢？一般有兩種辦法，一種辦法是加強工作強度，譬如說通過加快傳送帶的速度，加重工作人員的工作量，或延長工作的時間等。這種辦法在一定的限度內可以使效率得到提高，而且做起來很簡單，許多企業至今仍在依靠這種辦法生財取利。但這是一種加重勞動者身心負擔、損害身心健康的做法，是與人類文明進步背道而馳的。它不僅會受到勞動者的抵制，而且也為法理所不容。另一種辦法與此相反，它不依靠增加勞動者勞動強度和延長勞動時間，而是依靠採取工作合理化措施來提高工作效率。例如通過有計畫地組織人力，合理地安排工序、科學地設計操作方法和建立各種有效的管理制度等。採取這類辦法既不需要增加設備，也不必增加人員或加重勞動強度，但可以提高產品的數量和質量，達到提高工作效率和促進生產發展的目的。

　　要達到上述目的，就需著力於人的工作過程的研究。就是說要研究人是如何進行工作的。人的工作效率主要受三方面因素的影響：一是人自身的身心素質條件,二是工具與人的匹配程度,三是工作過程組織的合理化和科學化程度,本書第二編和第三編中分別討論了前兩個方面的因素與工作效率的關係。本編將著重討論人的工作過程的合理化問題。所謂工作過程合理化,用一句話概括,就是用最低或較低的勞力與設備支出獲取最大或較大的工作得益。工作設計得合理,工作得益對工作支出的比值就大,工作設計得不合理,二者的比值就小。從得益與支出比的大小可以看出一個企業管理水平的高低。工作過程合理化主要包括下列內容:

1. 合理組織工作過程 工廠生產一個產品,需要作許多工作,這些工作需要由不同的部門和不同的人去作。有的可以同時進行,有的需要前後進行,配合得好,可提高工作效率,縮短生產周期,配合得不好就會發生矛盾,互相扯皮,造成人力、資金和物資的浪費。

2. 合理設計工作方法 好的方法,不僅能提高工作效率,而且可減輕工作負擔,做到少投入、多產出。

3. 合理規定工作負荷 人從事體力工作或腦力工作,負荷過大不僅會降低工作效率,而且容易引起疲勞,影響身心健康。因此對職工的工作負荷水平都應加以科學的測定,作出合理的規定。

4. 保證安全地進行工作 實踐證明,生產中的多數事故是由於人的因素引起的。工作過程安排不合理和缺少安全觀念是許多事故發生的根源。事故輕者引起設備破損,產品報廢,重則引起機毀人亡。因此,企業在組織生產時都必須十分注意安全問題。

本編將對以上各項內容分章進行討論。

第十四章

作業研究和操作合理化

本章內容細目

第一節　作業研究概述
一、作業研究的意義　435
二、作業研究的內容　436
　㈠ 動作分析
　㈡ 作業程序分析
　㈢ 操作時間測定
三、作業研究的步驟　438
　㈠ 選擇研究對象
　㈡ 觀察和記錄作業過程
　㈢ 分析記錄的事實
　㈣ 改進工作方法
　㈤ 評選改進方案
　㈥ 確定標準工作方法

第二節　工作進程分析
一、時間線圖分析　442
二、工作進程網絡圖分析　444
　㈠ 製作網絡圖常用的符號和名稱
　㈡ 繪製網絡圖的規則

第三節　產品流程分析
一、產品工藝流程分析　446
二、產品流程路線分析　449

第四節　操作分析
一、雙手操作程序分析　452
二、多人操作程序分析　452
三、人-機聯合操作分析　452

第五節　動作分析
一、動作元素　456
二、動素分析　458
三、動作經濟原則　459
　㈠ 運用肢體的動作經濟原則
　㈡ 物料與工具布設的動作經濟原則
　㈢ 工具及設備設計的動作經濟原則
　㈣ 動作經濟原則舉例

第六節　操作時間研究
一、時間研究的意義和作用　465
二、操作時間直接觀測法　467
　㈠ 確定觀測目的
　㈡ 劃分操作的記時動作單元
　㈢ 了解操作條件
　㈣ 確定被測對象
　㈤ 確定觀測次數
　㈥ 實施觀測
　㈦ 確定操作的標準時間
三、預定動作時間標準法　471
　㈠ 方法時間測量法
　㈡ 模特排時法

本章摘要

建議參考資料

企業提高生產率，取決於職工的工作效率。作業方法是影響職工工作效率的重要因素。先進生產者的主要特點表現在工作效率比一般人高，其原因主要有二，一是他們對工作高度認真負責，二是他們往往在工作方法上有獨到之處。改進方法，投入少，收益大，是企業提高生產效益的有效途徑。因此工業發達國家和先進企業都十分重視工作方法的研究。但有些管理者不了解工作方法對企業發展的重要作用，他們往往只要求職工提高工作效率，增加產品數量，而卻不重視研究改進工作方法，自然不可能有好的效果。

工作方法的優劣，主要看工作過程和操作動作如何進行組織。合理地安排工作過程，科學地組織操作動作，就可達到節省力量、節約時間和提高工作效率的目的。工作過程的安排主要表現為空間和時間的安排。工作空間安排表現為工作場地的展開，工作時間安排表現為工作的先後時序的排列。生產一個產品，工序少則幾道，多則幾十道。這些工序往往分散在不同車間和不同工位，由不同的工人去完成。如何在有限的空間內，把各道生產工序以最有效的方式組織起來，是需要企業管理者和工業心理學及工業工程等專業工作者研究的問題。

工作研究的另外一項重要內容為**動作與時間研究**(motion and time study)。早在一個世紀前，泰勒(Taylor)和吉爾布雷斯(Gilbreth)就開創了這方面的研究。人的操作活動是由微動作按一定的時間順序構成的。各種操作方法是不同微動作按不同關係結合的結果。要改進工作方法，就要根據工作任務研究操作活動中動作結構的合理性。科學地分析動作的結構特點和時間消耗，就可避免操作中發生多餘的動作和消耗無效的時間，就可使工人花費同等的勞動能生產出更多的產品。這是企業提高生產率的投入少，效益高的途徑。本章的目的就是要向讀者介紹實現這條途徑的基本原則與方法。讀者閱讀本章後可對如下問題有所了解：

1. 為什麼要進行作業分析？什麼是作業分析的基本內容？
2. 如何對作業進行研究？
3. 如何安排計畫，組織工作，以縮短工作周期？
4. 如何設計產品流程，以縮短產品流動的路線？
5. 如何進行動作與時間分析，以改進操作方法？
6. 如何計算時間與節約操作時間，以提高工作效率？

第一節　作業研究概述

一、作業研究的意義

作業研究(或**工作研究**)(work study) 又稱**作業分析**(work analysis)，是指從空間和時間上對人的工作過程和操作方法進行觀察、分析和研究，以達到改進工作方法、提高工作效率、促進生產發展的目的。

人的任何工作都在一定的空間和時間內進行。因此各種工作也都有各自的空間特性和時間特性。工作的空間特性主要表現在工作中人的形體活動或動作的構成上面。例如一個人到工作台上拿一把鉗子，就包括移動雙腿、伸手抓握鉗子、把鉗子從工作台移到身邊等動作。這些動作都必需在空間上展開，缺少其中一環就取不到鉗子。工作的時間特性主要表現在工作中人的各種活動成分的持續性和順序性。一個操作活動包括許多動作。這些動作中有的同時進行，有的前後交叉。任何動作，無論微細到什麼程度，要實現它就需要花費一定的時間。動作費時短，工作就進行得快，工作效率就高。因此時間被看成是衡量工作效率的指標。誰要提高工作效率，誰就必須縮短工作時間或加快工作速度。

加快工作速度或縮短工作時間，可以採用兩種方法，一種是不改變作業活動的成分、結構，而只是通過加快動作節奏的方法。這是一種加強工作強度的方法，它會增加體力和腦力活動，提高人體身心緊張度。這是靠增大操作者的能量消耗來提高產出的方法。另一種方法是從研究作業活動入手，通過改進作業活動，達到縮短作業活動時間和提高工作效率的目的。

要改進作業活動，自然必須先對作業活動的成分及構成關係有所了解，也就是說必須對作業過程進行分析和測定。通過分析和測定，可以把作業活動中不合理的地方找出來。在生產過程安排、產品的工藝流程設計和操作人員的操作方法中，都可能存在著各種不合理的地方。例如有的工序之間距離過大，增加了加工件在工序間的傳送活動和傳送時間；有的操作方法存在著多餘的或重復的動作；有的可以用雙手同時操作的作業而只使用單手操作；

有的只要用手指操作的動作而用移動手和手臂去操作；有的可以由幾個工人同時操作的作業安排成輪流進行操作；有的由一個人連續進行操作可以節省時間的工作，分割成兩段由兩個人去操作。凡此種種，對工作效率都發生了消極影響。若能將此類問題加以改進，工作效率自然就能提高。通過作業測定和分析以提高工作效率的做法既不需增加設備和資金投入，又不加重操作者的工作負擔，可以稱得上是一條提高工作效率的多快好省的途徑。實踐證明，採用這種做法能產生很大的經濟效益。

二、作業研究的內容

作業研究主要包含動作分析、作業程序分析和工作時間測定等三方面的內容。

（一） 動作分析

動作分析 (motion analysis) 指作業活動的動作組成結構特點及其相互關係的分析。人的一切工作都可以分解為各種動作。動作又可分為不同的層次。最低一層稱為動作元素，它是構成一切工作的最基本的動作單位。例如伸手、屈臂、抓握、握持、移動、定位等都是最基本的動作元素。人的一切操作活動都是由動作元素構成的。在動作元素之上的是操作活動，例如車工加工內圓，鉗工裝配器件，檢驗工測量產品質量，包裝工包裝產品等都屬不同的操作活動。每項操作活動一般都包含著一系列不同的動作元素。例如車工加工機器部件的內圓這一操作活動就包含著伸手抓握部件，把它移至車床的車頭，卡緊部件，調整刀具，啟動動力開關，觀察進刀情況，停車測量加工精度，鬆開車頭，取下部件等一系列動作。一道工序一般由一個或幾個操作活動構成。完成一個產品還需要有更高一層的動作組合，它要由不同功能部門分別承擔如產品設計、原材料供應、器件加工、產品裝配、成品貯運等各種工作任務。企業作出生產某種產品的決策後，首先要考慮的是這一層次的活動，這主要是企業的經理、廠長等主要管理人員要做的工作。

（二） 作業程序分析

完成一件工作需要許多不同的動作，任何動作都需要占有一定的空間和時間。由於能力資源的限制，人不可能在同一時間內完成多項動作。因此在一種作業需要有多種動作來完成時，這些動作就必須安排先後，按照一定的順序進行。個人的操作活動是如此，工廠的生產活動也是如此。生產一個產品需要經過許多道操作，例如需要車削、鑽孔、磨平、拋光、裝配等等。這種種操作不可能在同一空間和同一時間進行，而需要有先有後地進行加工。這就需要進行規劃，把各種工作排出一個程序，規定各種工作間的連接關係和完成的期限。這個程序安排得好，工作效率就可提高，安排不好就會發生有的工人停工待料吃不飽，有的工人操作緊張忙不及，這樣就容易造成人力浪費、物資積壓，出現效率低、成本高的局面。因此工作程序研究對提高企業生產效率有重要的作用。**工作程序** (sequence of operation) 也可分成不同的層次。一般說，要先從大的全局性工作做起，逐步細分。例如工廠開發一個新產品，先要進行產品生產的整體規劃，分析資金來源、設備配套、原材料供應、產品規格、產量規模等帶有全局性的問題。待這些問題作出決策後，才能進行產品設計和生產工藝設計，而後編排工序，安排工作場地，規定操作方法、培訓操作工人，最後進行實際產品加工，直至完成產品生產。

(三) 操作時間測定

　　生產一個產品或完成一份工作的時間長短是評價工作效率、製定工作定額、計算生產成本的重要依據。例如工作效率的提高，一般用完成同樣工作所節省的時間來表示。若生產一個產品在工作方法改進前需要 2 小時 40 分鐘，工作方法改進後只需要 2 小時，就表明改進了的方法使工作效率提高 25%。

　　確定操作時間一般採用兩種方法，一種是**直接觀測法** (direct observation)，即對操作過程直接進行觀測和記錄。其中又分為密集抽樣觀測和分散抽樣觀測。另一種方法稱為**合成法** (synthetic rating)，即先測定各種動作的標準時間，而後按操作活動的動作順序，把動作時間疊加計算出操作時間。通過操作時間的測定與分析，可以看到工作過程中各個環節和各種動作的時間分配情形，不僅可避免許多對工作無用的時間浪費，還可使人把改進工作方法的重點放在那些耗時多的環節上。在實際工作研究中，時間的測定分析是改進工作方法的基礎。

三、作業研究的步驟

(一) 選擇研究對象

在企業中，一般在下列情形下需要對作業進行研究：(1) 新的生產任務需要制定工作定額時，或原來的生產任務由於技術革新引起操作要求改變，

表 14-1　繪製作業流程圖的幾種通用符號

作業名稱	符號	符號的含義
加工	○	表示改變物料的物理或化學性質的加工過程；在操作程序圖中表示對工具、零部件或材料的抓取、定位、使用、放鬆等動作。
	③	表示第 3 道加工工序
	⑤	表示加工 B 零件的第 5 道工序
搬運	⇨	表示人、物體或設備從一處向另一處移動；在操作程序圖中表示手或肢體向工件、工具、材料移動或收回等動作。
	m	表示由男工輸送
	w	表示由女工輸送
停留	D	表示在操作、運輸、檢驗過程中物料、產品的停留、等待；在雙手操作程序圖中用以表示一隻手的空閒狀態。
貯存	▽	表示物料、產品存入倉庫；操作程序圖中表示握持工件、工具或材料等動作。
檢查	□	表示加工過程中或加工後對物料、產品數量的檢查、試驗、鑑定等動作。
	◇	表示加工過程中或加工後對物料、產品質量的檢查、測定、鑑定等動作。
	⬡	表示加工過程中進行質量檢查
	⬖	表示數量檢查時也進行質量檢查，但以數量檢查為主
	⬗	表示質量檢查時也進行數量檢查，但以質量檢查為主

需要對原有定額進行修訂時；(2) 設計了新的工作方法需要進行檢驗和制定方法標準時；(3) 生產中出現薄弱環節需要從工作上查找原因時；(4) 對一些工作效率特別高的工人需要通過作業分析了解和總結他們的成功經驗時。研究對象確定後，必須向作業中有關人員說明進行作業研究的目的意義，消除他們的誤會和顧慮，取得他們的合作。

(二) 觀察和記錄作業過程

這一步是為作業分析研究獲取事實材料的工作，必須觀察得仔細，並把觀察到的事實用一定的形式記錄下來。獲取事實的方法可以直接用眼看手記的方法，也可用快速攝影或錄像（影）的方法。攝影或錄像的材料仍需按照統一的格式進行登錄。為了簡化記錄和便於分析，作業研究中一般都採用不同形式的流程圖。繪製流程圖，通常使用表 14-1 所示的各種符號。

圖 14-1 是流程圖的例子。這個例子中使用了上述各種符號記錄和繪製了一個倉庫管理員向一名領物者發放塑料管子的作業流程圖。

作　業　步　驟	作業流程	時間 (分)
1. 在櫃台處接收並審閱領料單	□	1
2. 走到存放塑料管的鐵架前	⇨	0.5
3. 選取合適長度管子放到鋸切架上	○	0.5
4. 從鈎子上取下鋸子	○	0.2
5. 鋸切管子	○	2.5
6. 餘料放回鐵架，鋸掛回鈎上	○	0.3
7. 帶塑料管至櫃台	⇨	0.5
8. 交給領料人	○	0.2
9. 在領料單上簽字	○	0.1
10. 放領料單於匣子內	○	0.2

圖 14-1　倉庫發料流程圖舉例

(三) 分析記錄的事實

在人的作業過程中有的操作是必要的、合理的，但也可能存在著不合理的、多餘的或可以合併的內容。在觀察和記錄時，不管操作是否合理，都要忠實地把它們記錄下來。接著就要對所記錄的每一項事實加以分析、檢查，看哪些操作是合理的，哪些操作是不合理而需要加以改變的，哪些操作是多餘可以刪除的，又有哪些操作環節是可以合併或可以交換順序位置的。分析過程主要通過提問展開。一般從目的、地點、時間、人員、方法等五個方面提出問題。每個方面都可提出幾個問題。下面是分析中常用的提問方式：

1. 作業目的　做了什麼？為什麼做？可做別的嗎？應當做什麼？
2. 作業地點　在哪裏做？為什麼在那裏做？可在別處做嗎？應當在哪裏做？
3. 作業時間　什麼時間做？為什麼在此時做？可在別的時間做嗎？應當在何時做？
4. 作業人員　什麼人在做？為什麼由他來做？可由其他人做嗎？應當由誰來做？
5. 作業方法　如何在做？為何這樣做？可用其他方法做嗎？應當用什麼方法做？

這樣的提問方式，看起來很呆板，但效果較好。按此順序進行提問和思考，可尋根究底，揭示弊結所在，為改進方法開道。只要這些問題都有明確的回答，合理的方法改進方案也就容易擬訂了。

(四) 改進工作方法

作業過程經過分析明確了存在的問題後，就要針對問題對原有的作業過程加以改進。改進作業過程通常採用以下五個方法：

1. 刪減 (elimination)　對那些無效的或多餘的操作活動或動作成分應無保留地加以刪除。

2. 合併 (combination)　有些有共同性的或可以同時進行的操作步驟

應當合併進行。有時可把兩道工序合成一道工序，有時可把分由不同人做的某些操作內容加以調整後由一個人去做。

3. 簡化 (simplification)　在不影響工作質量的前提下應盡可能簡化工序、簡化計算、簡化手續、簡化報表等。

4. 替換 (replacement)　分析中發現不合理或不正確的工作內容時，就應當設法用合理的、正確的內容去替換它。例如有的工人加工時用手握持工件，既費力又不安全，就應當用合適的夾具去替換它。為了改進工作，工具、方法、方案、人員等都可以進行替換。

5. 重排 (rearrangement)　作業過程經過分析，如發現程序順序排列不當或場地佈局不合理時，可以從時間和空間上對工作程序重新進行安排。通過重排可以縮短工藝流程路線，調整工作各環節鬆緊不均勻的現象。

(五) 評選改進方案

在改進方法的過程中有時可能提出多種不同的改進方案，各種方案又可能存在不同的利弊，這時就需要對這些改進方案加以分析比較，從中選出最好的方案。評選方案主要看投入與產出的比例。一般說，產出／投入比值高的方案優於比值低的方案。但對方案的評選除了比較經濟效益外，還要考慮社會效益和操作人員的福利等因素。一個方案可能經濟效益很高，但若操作人員工作負荷過重，個人能量消耗過大，或對健康有危害，就不能算是好的方案。

(六) 確定標準工作方法

新的方法選定後，為了使廣大群眾都能掌握，就需要把它規範化或標準化。但是工作方法總是處在不斷變動中的，一種方法今天看來是合理的、高效的，過了一段時間後由於技術條件或產品結構發生改變，可能又出現不合理的部分，因而又需要再進行分析研究。任何工作方法都要隨時間、地點、條件而不同。因此，作業分析和作業方法的研究是企業的一項長遠工作，應該有專人從事這方面的工作。

第二節 工作進程分析

人所從事的工作，不論是大的工程建設或工廠內的產品生產，都需要經過多種不同的工作。這些工作中有的需要區分前後，後面的工作必須在前面工作的基礎上進行。有些工作開始時可以多方面分頭同時進行，但到一定的時間後就需要把各方面的工作結果滙合在一起，形成一個整體。例如製造一台機床，一般總是根據機床結構圖把它分解為動力傳動、電氣控制、機座框架、工件夾具、刀具支架等若干部分，每部分又由若干零部件組裝而成。每個零部件又需要經過製模、加工、刨光、檢驗等多道工序。要製造機床，首先要把這些零部件製造出來，再把零部件組裝成機床的不同組件，最後把這些不同的構件按一定關係組合在一起成為一台機床。很明顯，這些工作需要通過不同的車間和不同的工人去做。為了高效率地生產，就必須將這些工作加以通盤規劃。制定出工作時間表，規定什麼工作先做，什麼工作後做，什麼工作同時做，什麼時候進行構件組裝，什麼時候進行整機安裝。就是說需要編製工作**時間程序** (schedule)，使各項工作一環扣住一環，有計畫有秩序地進行。

編製總的工作進程，要根據工作任務的總的目標和時間要求，對所屬各部分工作的起止時間和前後次序進行計算和分析，使在同樣的工作條件下，能用最短的時間完成工作任務。

工作進程計畫，一般採用時間線圖或網絡圖作為分析工具。下面分別作簡要介紹。

一、時間線圖分析

時間線圖 (time-line charting) 是以圖解方式來表述不同工序的時間關係，用以分析和改進工作程序安排，使生產時間得到最大限度縮短的方法。製作時間線圖時，用橫線長度表示每道工序起迄時間長短，圖中每一小格代表一週、一天或一個小時。把不同加工部件的每道工序的時間線條分別一一畫在圖上。圖 14-2 表示一個產品生產過程的不同工程內容的時間線條圖。

圖 14-2 表明產品生產期限和不同生產部件及總組裝所需的時間。整個產品要求在 15 週內交貨。從圖可見這個工程的交貨時間能否提前，關鍵在於部件 III 的三道工序的時間是否有可能突破。因此部件 III 是決定工期的關鍵部件。這個部件的三道工序中任何一道工序縮短多少時間，產品就可提前多少時間交貨。若由於採取某種措施，使部件 III 的加工時間縮短了一週。這時若想再縮短工期，那麼部件 III 和部件 II 同時成了影響工程能否提前完成的關鍵部件。這時只有這兩個部件同時減少加工時間才能進一步縮短整個產品的生產周期。縮短關鍵部件生產工序時間，或將其前後連接的工序設法使其部分內容同時進行，都可使整個工程提前完成。時間線圖一般用於工序間的時間關係比較簡單的場合。它不能反映各生產過程中各道工序的先後次序和相互關係。當工序間的時間關係比較複雜時則需要採用工序網絡圖進行分析。

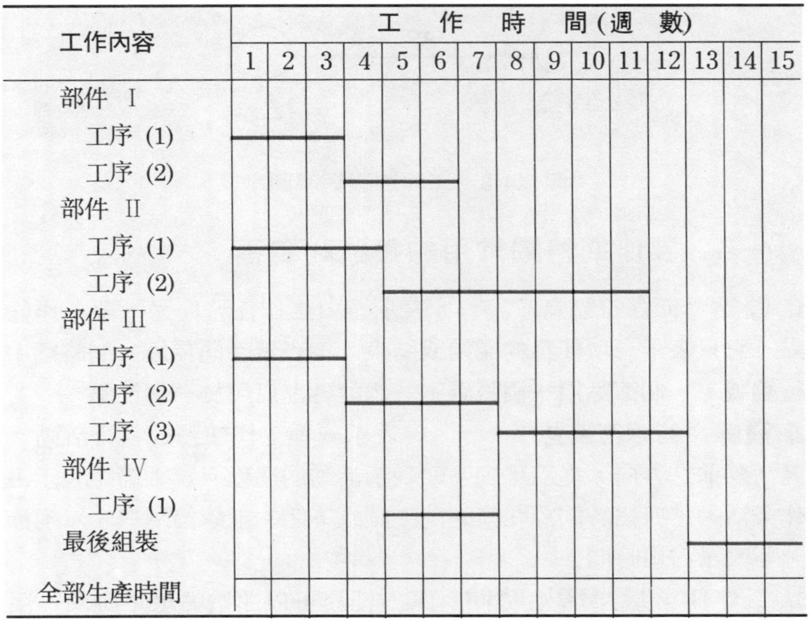

圖 14-2　產品生產進程時間線圖

二、工作進程網絡圖分析

網絡圖 (network chart) 是用圖解方式分析各種工序之間時間關係的方法。簡單的網絡圖如圖 14-3 所示。若工程複雜，包括項目很多時，網絡圖也相應的變得複雜一些。

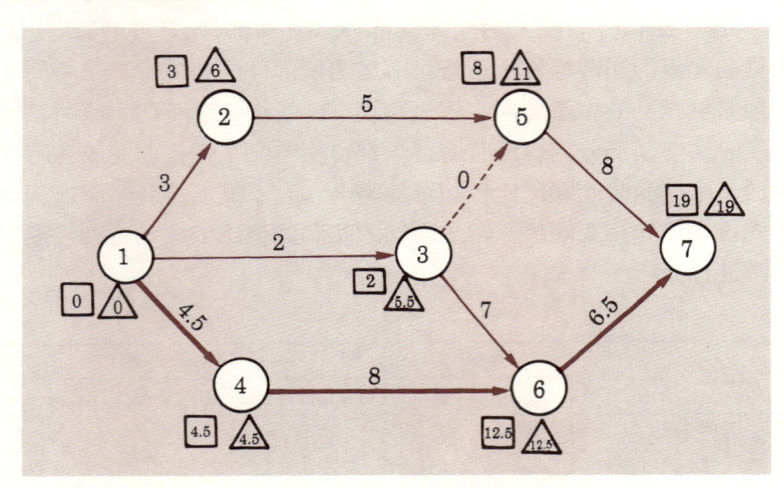

圖 14-3　工作進程網絡圖示

(一)　製作網絡圖常用的符號和名稱

1. 節點　節點符號為"○"，表示一項工作任務與另一項工作任務的銜接點，它只表示一項任務的開始或結束，不表示時間長短。網絡圖中的節點進行編號，一個節點用一個號碼，一個號碼也只用於一個節點。

2. 箭線　箭線符號為"⟶"，表示一種工作任務的執行活動。箭頭方向為活動前進方向，從箭尾到箭頭表示活動的過程。實線箭線表示占用時間的作業活動，所需時間寫在箭線的上側或下側。虛線箭線只表示兩節點的連接，不表示占用時間。

3. 工作任務最早開始時間　某一任務可以開始的最早時間，用方框內寫數字表示，符號為 ③。最早開始時間按下法計算：從起點到某一任務，可能有多條路線，每條路線都可算出一個時間累計值，各條路線的累計值中最大的值就是該任務最早可以開始的時間。例如圖 14-3 中從 ① 到 ⑥ 有兩條路線，其時間累計值分別為 2+7=9 週和 4.5+8=12.5 週。因此 ⑥ 旁寫上 12.5 。

4. 工作任務最遲開始時間 用三角形內寫上數字表示某一任務可以開始的最遲時間，符號為 △，也就是說如果這個任務在三角形內所標時間之後開始，就要影響整個工程進度了。最遲開始時間的計算方法如下：從工程終止點逆箭頭回溯到某一任務，這裏亦可能有多條路線，從這些路線各自的累計時間值中也可得到一個最大值，由關鍵路線上的時間總和減去這個最大值，就是這任務可以開始的最遲時間。例如在圖 14-3 中從 ③ 到工程終點共有兩條路線，其分別累計時間值為 8+0=8 週和 7+6.5=13.5 週。關鍵路線時間為 19 週，因此這項任務可以開始的最遲時間為 19－13.5=5.5 週。因而在 ③ 旁邊寫上 △。

5. 時差 在不影響工程工期的前提下，某一工作任務最遲開始時間與最早開始時間之間的差額稱為**時差** (difference of time)。時差又稱**寬容時間** (ample time)，它表明這一任務開始時間容許推遲的最大時間限度。例如圖 14-3 所示，任務 ②→⑤ 可以開始的最早時間為工程開始後的第 3 週末，而容許最遲結束的時間為第 11 週。就是說，②→⑤ 這一工作任務可以在 11－3=8 週內進行。圖上已指出這一任務只需 5 週時間就可完成，因而這一任務的寬容時間為 8－5=3 週，就是說可以在第 3 週末至第 6 週末的任何時間開始。

6. 關鍵路線 從網絡圖起點走向終點可以有多條路線，並可計算出每條路線的工作總時間，其中需要時間最多的路線稱**關鍵路線** (key line)。在關鍵路線上的每個工作任務的時差均為零。以圖 14-3 為例，從始點 ① 到終點 ⑦ 有三條路線，第一條是 ①→②→⑤→⑦，需要工期為 3+5+8=16 週；第二條是 ①→③→⑥→⑦，需要工期為 2+7+6.5=15.5 週；第三條是 ①→④→⑥→⑦，需要工期為 4.5+8+6.5=19 週。第三條路線工期最長，成為關鍵路線。控制關鍵路線十分重要。關鍵路線上的工作任務若不能如期完成，就必然要延誤整個工程的工期。要想縮短總的工期，使工程提前完工交付使用，就必須首先從關鍵路線的各項工作任務上做文章。

(二) 繪製網絡圖的規則

1. 圖上不能出現循環的線路，即箭頭不能從某一節點出發，又回到該節點去。
2. 一對節點之間只能有一個箭線。
3. 箭線必須兩端都有節點。有多個箭線同時進入某一節點時，必須在這些箭線所表示的工作任務都完成後，從該節點引出箭線所表示的工作任務才能開始。
4. 網絡圖節點編號時，箭線尾端節點的編號應該小於箭頭端節點的編號，一個編號只能用於一個節點。
5. 一個網絡圖只能有一個起點和一個終點。
6. 箭線盡可能畫成水平方向，儘量不用交叉線。

第三節　產品流程分析

　　生產一個產品要經過多道工作。這些工作需要排成先後順序，一道一道地做。工作程序簡稱工序。產品生產還必須在空間上展開，即要占有一定的場地。一個產品的不同生產工序往往分別由處於不同生產場地上的人承擔。產品從原料開始到成品完成，要在生產場地或生產線上按一定的程序進行流動。**產品生產流程分析** (production flow analysis) 包括產品工藝流程分析和產品空間流程分析。通過產品生產流程分析可以暴露產品加工中的薄弱環節，對改進生產過程和提高生產效率具有重要作用。

一、產品工藝流程分析

　　為了了解和分析生產產品過程的合理性，首先需觀察產品加工工藝的全部過程，並用本章第一節介紹的符號將它的工藝流程記錄下來。**產品工藝流程** (product technical process) 記錄的內容包括產品的加工步驟、每一步

第十四章 作業研究和操作合理化 **447**

驟的工藝內容、加工時間和工作輸送距離等。記錄的格式如表 14-2 所示。表中描繪了一個車間加工一根長軸的過程。

產品工藝流程圖是最基本的分析圖。為了觀測記錄方便，可以印製成如

表 14-2 產品工藝流程記錄表

加工部門：第　車間	觀測結果統計
加工內容：車製長軸	操作：18 次，時間 147 分
觀測記錄人：	運送：11 次，時間 20 分，距離 71 米
觀 測 日 期：　年　月　日	檢驗：8 次，時間 9 分
	等待：1 次，時間 25 分
	貯存：0 次，時間 0 分
	合　計：36 次，時間 201 分，距離 71 米

距離(米)	時間(分)	流程	說　明	距離(米)	時間(分)	流程	說　明
5	2	⇨	由儲存處運至鋸床		3	⑩	鑽孔
	5	①	裝在鋸床上		3	⑪	攻絲
	10	②	鋸成軸條	3	1	⇨	運送熱處理
	1	③	軸條裝上小車		15	⑫	裝入爐內加溫
3	1	⇨	運至 1 號車床		5	⑬	自爐內取出淬火
	9	④	車端面		2	□	檢驗
	1	□	檢驗長度	7	2	⇨	運送作表面處理
2	1	⇨	運至 2 號車床		2	⑭	去油
	12	⑤	粗車長頭與短頭外圓		3	⑮	氧化
	1	□	檢驗外徑		2	□	檢驗
5	1	⇨	運至淬火爐	8	2	⇨	運至磨床
	15	⑥	裝入爐內加溫		9	⑯	磨外圓
	20	⑦	自爐內取出冷卻		2	□	檢驗
5	1	⇨	運至 2 號車床		1	⑰	清洗
	16	⑧	精車外圓	10	4	⇨	運至包裝房
	10	⑨	切槽倒角		8	⑱	塗油包裝
	1	□	檢驗	20	4	⇨	運至裝配間
3	1	⇨	運至鑽床		25	D	待裝配

圖 14-4　工藝流程記錄樣式圖示　（採自范中志，1991）

圖 14-4 所示的空白圖。圖中左半部分記錄改進前的觀測結果，右半部分記錄改進後的觀測結果。在作改進前的工藝流程觀測時，要把每一步觀測到的情形同五種符號對照，再把每一步的相應符號用直線連接起來，在內容欄內寫出每一步的工藝內容，並把每一步的距離和時間填在相應欄內。還要在觀測中考慮每一步是否有待改進，並標出可以作什麼樣的改進。改進後的工藝流程也分步加以觀測，並把觀測結果記錄下來。將改進前、後的結果進行比較，就可計算出改進所產生的效益。

二、產品流程路線分析

產品的生產流程 (production process) 不僅表現為工序的時間順序，而且也表現為產品生產流程路線在空間場地上的布設情形。生產現場布設不合理也會對工作效率產生不良影響。產品生產流程平面圖常被用作分析產品

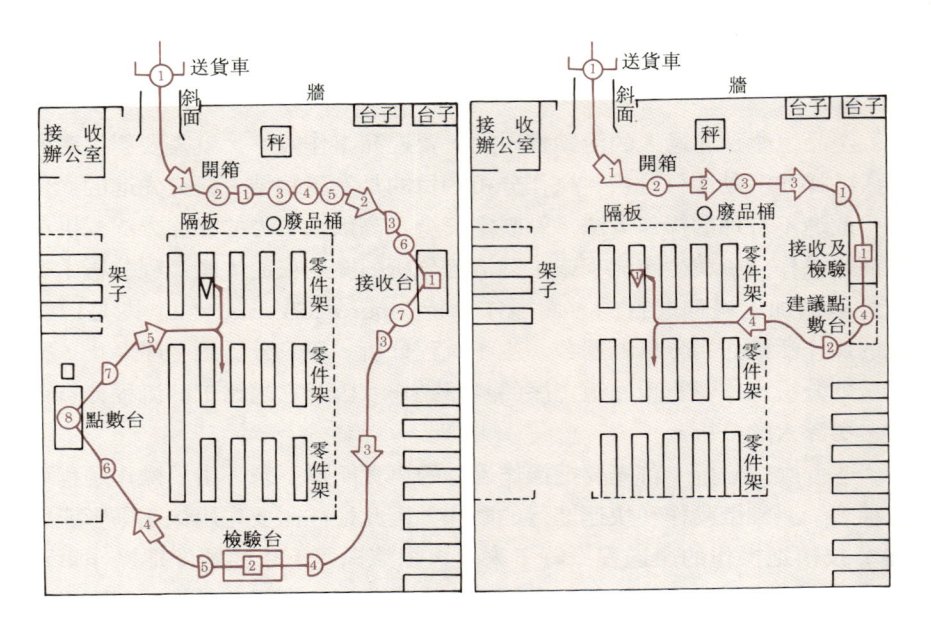

(a) 零件之檢驗與點數流程圖　　(b) 零件之檢驗與點數流程圖（改良法）

圖 14-5　倉庫進貨驗收上架工作流程平面圖
(採自范中志，1991)

生產流程合理性的重要工具。生產流程平面圖是按比例縮小的工廠或車間平面布置的簡略圖。它用線條和符號圖示產品流程的路線。在這種平面圖上,各種生產工序的位置安排和生產工人和產品的運動路線的長短及交叉情形一目了然。生產流程平面圖形象、直觀,它不僅容易使人看到生產流程中不合理的現象,而且有助於引發人去提出改進方案。圖 14-5(a) 是一個某種機器部件從生產車間加工完成裝箱運送至倉庫儲存過程的工作流程平面圖。這個進庫工作流程安排中存在的問題,如運動路線太長,接收台、檢驗台、點數台位置相距太遠,以及產品等待操作的次數過多等在這個平面圖上看得一清二楚。經過分析,如果將其改成如圖 14-5(b) 所示平面圖的安排,可使產品進庫上架距離縮短 43%,工作時間縮短 68%。

第四節　操作分析

　　產品生產是通過人的活動實現的。要提高工作效率,就需要對生產過程中人的操作活動進行分析。操作分析的目的是為了總結、研究先進的操作經驗,改進不合理的操作方法,為製定安全、高效、省力的操作方法提供科學依據。操作分析與生產流程或工藝流程分析的區別在於生產流程分析主要是圍繞產品加工過程進行的,而**操作分析** (operation analysis) 則是以操作者的操作活動作為分析的對象。生產流程分析一般只分析到工序為止,操作分析則分析操作者實現一道工序的具體動作。因此它是比工藝流程分析更細微、更深入的分析。

　　進行操作分析,首先要把操作過程的事實記錄下來。由於操作過程可能包括著一些細微動作和快速進行的動作,因此往往需要先用快速攝影或錄像(影) 技術把操作的全過程攝錄下來,再根據攝錄下來的圖像把操作事實登記到專用於操作分析的操作程序圖上。操作分析中常用的操作程序圖有雙手操作程序圖、多人聯合操作程序圖和人機結合操作程序圖等。

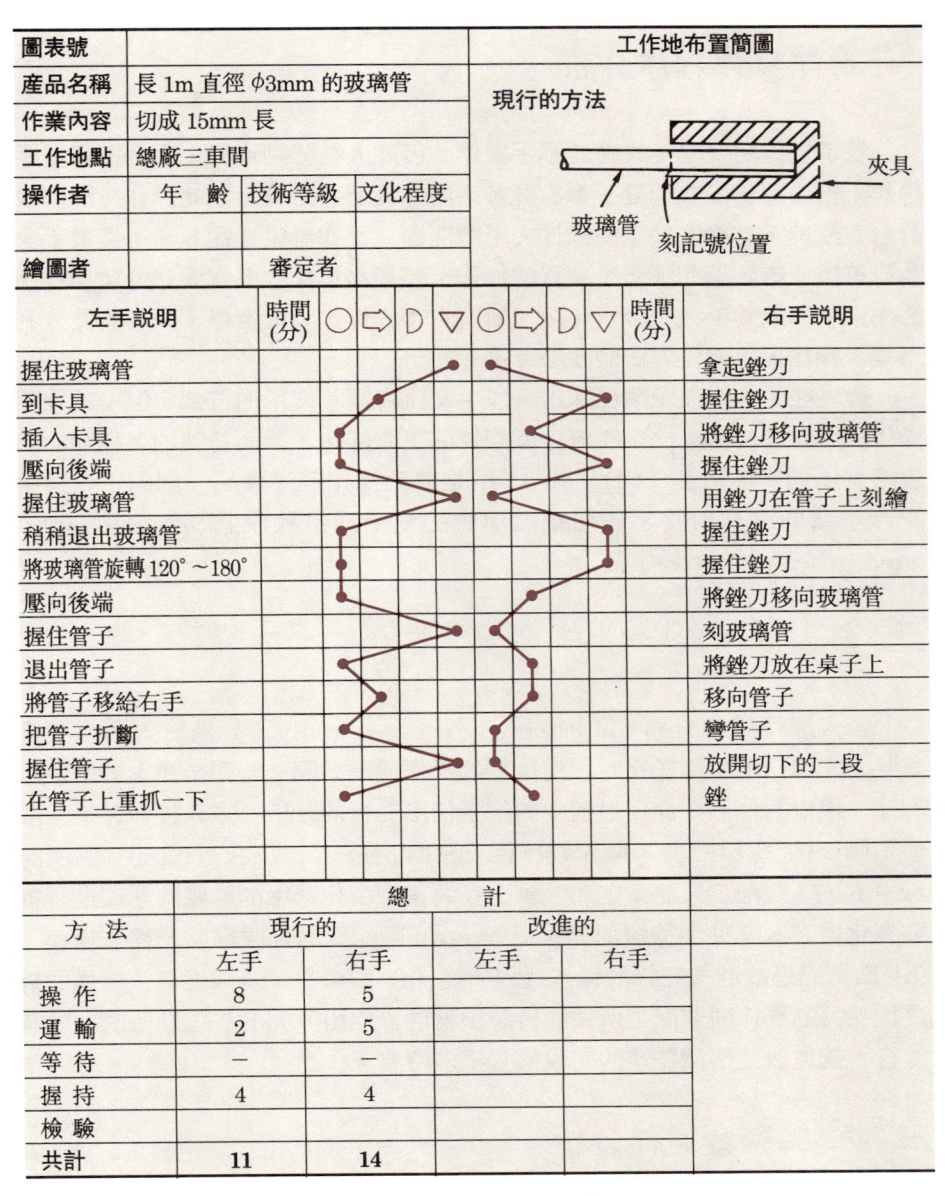

第十四章　作業研究和操作合理化　**451**

圖表號				工作地布置簡圖	
產品名稱	長1m 直徑 φ3mm 的玻璃管			現行的方法	
作業內容	切成 15mm 長				
工作地點	總廠三車間				
操作者	年　齡	技術等級	文化程度		
繪圖者		審定者			

左手說明	時間(分)	○ ⇒ D ▽	○ ⇒ D ▽	時間(分)	右手說明
握住玻璃管					拿起銼刀
到卡具					握住銼刀
插入卡具					將銼刀移向玻璃管
壓向後端					握住銼刀
握住玻璃管					用銼刀在管子上刻繪
稍稍退出玻璃管					握住銼刀
將玻璃管旋轉120°～180°					握住銼刀
壓向後端					將銼刀移向玻璃管
握住管子					刻玻璃管
退出管子					將銼刀放在桌子上
將管子移給右手					移向管子
把管子折斷					彎管子
握住管子					放開切下的一段
在管子上重抓一下					銼

方　法	總　計			
	現行的		改進的	
	左手	右手	左手	右手
操　作	8	5		
運　輸	2	5		
等　待	—	—		
握　持	4	4		
檢　驗				
共　計	11	14		

圖 14-6　雙手操作程序圖

(採自馬江彬，1993)

一、雙手操作程序分析

　　雙手操作的效率一般高於單手操作。因此人在勞動過程中大都採用雙手操作。但由於一般人的雙手都有優勢手與非優勢手之分，因此操作方法的設計者容易偏重於從優勢手的操作去考慮問題。操作者也往往容易用優勢手去執行可以或應該讓非優勢手執行的操作。要提高操作效率就要充分發揮雙手的作用。通過雙手操作分析可以了解左右手的操作負荷情形，並可為充分利用雙手操作提出操作方法的改進方案。

　　繪製雙手操作程序圖也採用繪製生產流程圖時使用的符號。但由於雙手操作圖中記錄的活動比生產流程圖記錄的更為詳細，因而符號的名稱和涵義也略有不同（參見表 14-1）。圖 14-6 是雙手操作程序圖的一個例子。圖中記錄了藉助夾具用雙手作切割玻璃管的**雙手操作程序圖** (left and right-hand process chart)。

二、多人操作程序分析

　　多人操作程序分析 (multi-person process analysis) 是對二個或更多人共同完成一項生產任務時，對他們的操作過程在同一時間坐標上分別進行記錄，用以對他們在操作過程中的配合情形進行的分析。多人操作分析一般使用圖 14-7 所示的**多人操作程序圖** (multi-person process chart)。圖中記錄了電工、裝配工、起重工和檢驗工在為檢查裂化器中的觸媒狀態而進行拆裝裂化器有關零件和檢驗的操作過程。(a) 圖記錄的是改進前的操作過程，(b) 圖是經過改進後記錄的操作過程。從 (a) 圖可見，若能把電工所做的拆裝加熱器的操作同裝配工所做的拆裝頂蓋的操作由原先的先後進行改為同時進行，就可以使整個任務的完成節省很多時間。

三、人-機聯合操作分析

　　在人機系統中，產品加工過程需要人機互相配合。人機配合得好，才能充分發揮人機兩方面的作用，使產品的加工時間縮短。為了上述目的，必須

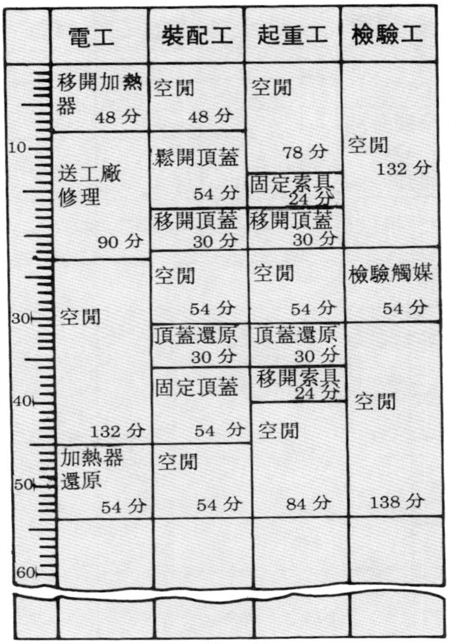

第十四章 作業研究和操作合理化 **453**

	電工	裝配工	起重工	檢驗工
工作時間(分)	192	168	108	54
等待時間(分)	132	156	216	270
周程時間(分)	324	324	324	324

(a) 裂化器觸媒檢驗多動作圖

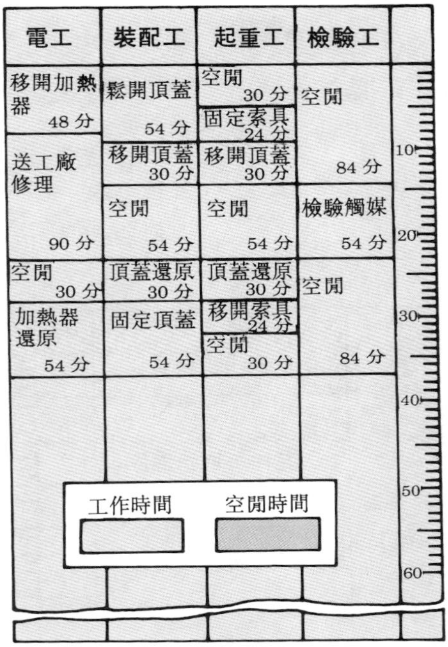

	電工	裝配工	起重工	檢驗工
工作時間(分)	192	168	108	54
等待時間(分)	30	54	114	168
周程時間(分)	222	222	222	222

(b) 裂化器觸媒檢驗多動作圖 (改良方法)

圖 14-7 多人聯合操作程序圖例
(採自范中志，1991)

對生產過程中的人機活動情形同時加以觀測與分析。為了進行這種分析需要繪製人機結合操作程序圖。圖 14-8 就是一個**人機聯合操作程序圖** (man-machine process chart) 的例子。圖中記錄了使用立式銑床精銑一個鑄件的人機操作過程。它可以清楚地顯示出人的實際工作時間與機器實際工作時間的配合關係。從 (a) 圖可以看到人和機的工作是前後交叉開的，因此整個加工周期是人與機分別工作時間之和。(b) 圖記錄的是經過改進後的人機

454 工業心理學

產品 B239 鑄件	圖號 239/1	項目		現行 ☑	改良 ☐	節省
工作 銑製第二面	速度 80rpm	工作時間	人	1.2		
4 號立銑	進刀量 380 毫米/分	(分)	機	0.8		
製作人：×××	工號：369	空閒時間	人	0.8		
研究人：×××	日期：68.8.1	(分)	機	1.2		
		周程時間	(分)	2.0		
		利用率	人	60%		
			機	40%		

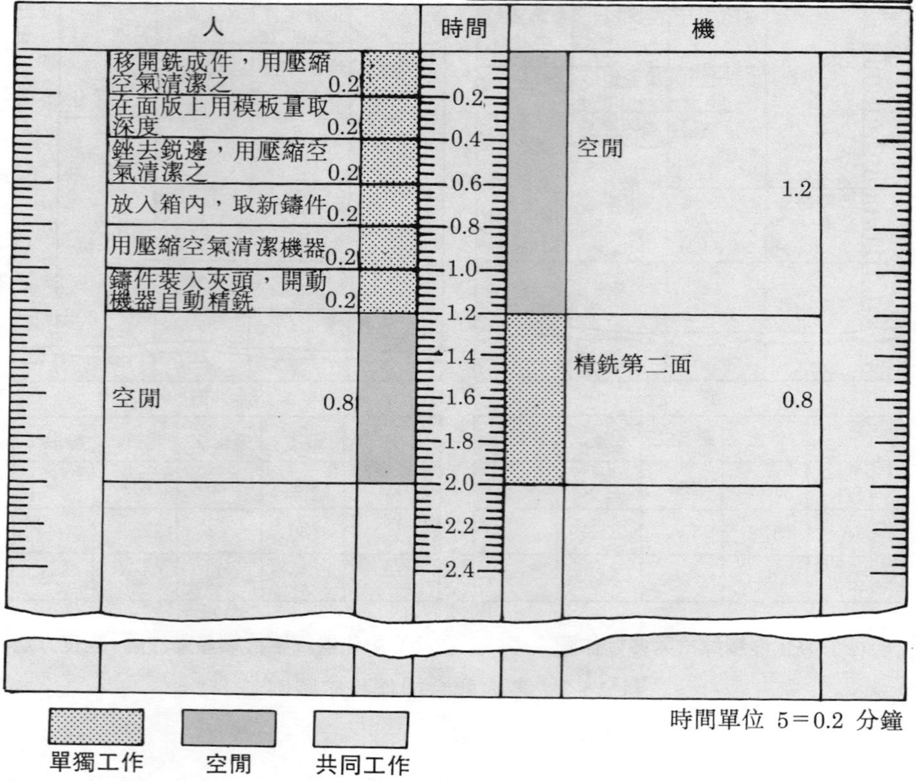

人	時間	機
移開銑成件，用壓縮空氣清潔之 0.2	0.2	空閒 1.2
在面版上用模板量取深度 0.2	0.4	
銼去銳邊，用壓縮空氣清潔之 0.2	0.6	
放入箱內，取新鑄件 0.2	0.8	
用壓縮空氣清潔機器 0.2	1.0	
鑄件裝入夾頭，開動機器自動精銑 0.2	1.2	
	1.4	精銑第二面 0.8
空閒 0.8	1.6	
	1.8	
	2.0	
	2.2	
	2.4	

時間單位 5＝0.2 分鐘

單獨工作　空閒　共同工作

(a) 精銑鑄件多動作圖（現行方法）

圖 14-8　人機結合操作程序圖

工作過程，即把操作者的工作分為兩段，前段為機器開動作準備，機器開動後再做餘下的工作。這使加工周期中有一部分時間人與機是分頭同時進行工作的，自然就縮短了整個加工周期。

第十四章　作業研究和操作合理化　**455**

產品　B239 鑄件　　　圖號　B239/1
工作　銑製第二面　　　速度　80rpm
　　　4 號立銑　　　　進刀量
　　　　　　　　　　　　380 毫米/分
製作人：×××　　　　工號：369
研究人：×××　　　　日期：68.8.1

項目		現行☐	改良☑	節省
工作時間(分)	人	1.2	1.12	0.8
	機	0.8	0.08	—
空閒時間(分)	人	0.8	0.24	0.56
	機	1.2	0.56	0.64
周程時間(分)		2.0	1.36	0.64
利用率	人	60%	83%	23%
	機	40%	50%	19%

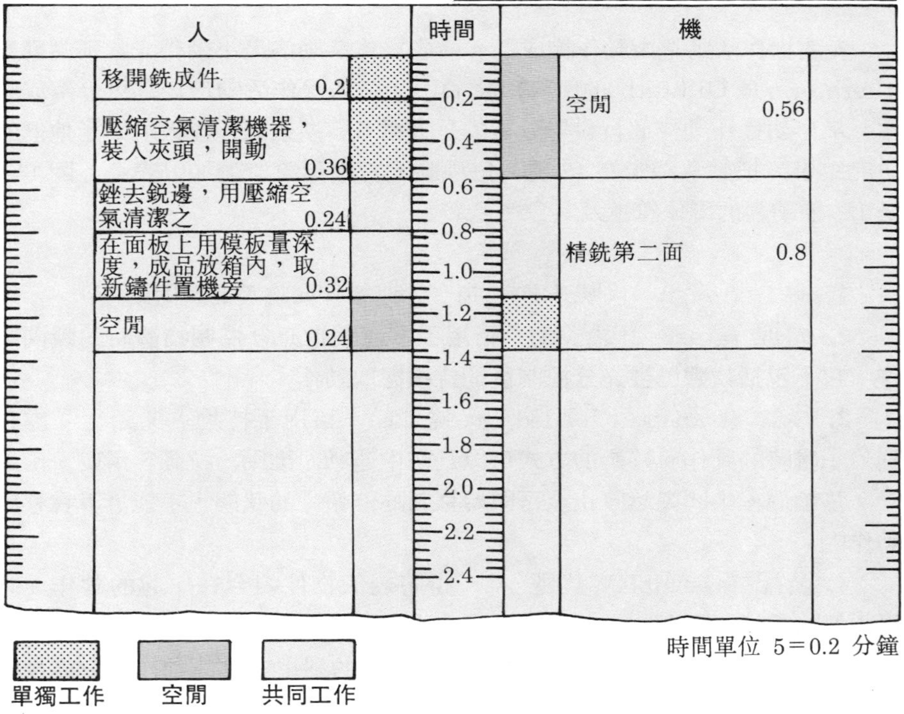

人	時間	機
移開銑成件　0.2	0.2	空閒　0.56
壓縮空氣清潔機器，裝入夾頭，開動　0.36	0.4	
銼去銳邊，用壓縮空氣清潔之　0.24	0.6	
在面板上用模板量深度，成品放箱內，取新鑄件置機旁　0.32	0.8	精銑第二面　0.8
	1.0	
空閒　0.24	1.2	
	1.4〜2.4	

時間單位 5＝0.2 分鐘

▨ 單獨工作　▨ 空閒　☐ 共同工作

(b) 精銑鑄件多動作圖（改良方法）

圖 14-8　人機結合操作程序圖例
(採自范中志，1991)

第五節　動作分析

一、動作元素

人的操作活動是由動作構成的。構成操作活動的最小動作元素稱為**動素** (therblig，是 Gilbreth 的倒寫) (註 14-1)。任何操作活動最後都可分解成動素。最早對操作動作進行科學分析的是吉爾布雷斯夫婦。後人沿用了他們的研究結果，把動素確定為 18 種。每種動素都用形象符號加以表示。圖 14-9 是 18 種動素的形象符號及其象徵意義。

1. 伸手 (reach，代號 RE)　指空手開始伸向物體的瞬間動作。

2. 抓握 (grasp，代號 G)　指用手掌或手指充分控制物體時的瞬間動作，它不包括物體已被充分控制後的持續握取動作。

3. 移物 (transport loaded，代號 TL)　指用手持物，開始從一處移到另一處時的動作。移動的方式可以是空中運動、推動、拉動、滑動、滾動等。移動過程中間突然停止至再開始移動的停頓中的狀態，不能計算在移動動作內。

4. 裝配 (assemble，代號 A)　指將幾個物件組合在一起的動作。它從兩個物體接觸瞬間開始至組合完成時止。

5. 使用 (use，代號 U)　指為了某種目的利用工具的動作。它從控制工具進行工作瞬間開始到工具使用完畢為止。

6. 拆卸 (disassemble，代號 DA)　指將一物分解為兩個以上物件的動作。它從被拆物處於可分開的瞬間開始到完全被拆開為止。

7. 放開 (release load，代號 RL)　從手中放掉物件的動作。它從手指離開物件瞬間開始至手指完全脫離物件為止。

8. 檢查 (inspect，代號 I)　指將物品與規定標準作比較的動作。它從

註 14-1：動素係工業生產中操作動作的基本單位，以定出此單位的美國工程師吉爾布雷斯 (Frank B. Gilbreth, 1868～1924) 按其姓氏所造的迴文詞 (英漢大詞典，3615 頁)。

開始檢驗或試驗時起至判定物品是否符合標準時止。

9. 尋找 (search，代號 SH)　　指為確定某一物件所在位置的動作。它從眼睛開始搜索的瞬間開始至目的物被發現的瞬間止。

10. 選擇 (select，代號 ST)　　指從一些物件中選取其中之一的動作。選擇動作一般在尋找動作之後發生。它從手或眼開始指到所選之物開始至該物被選出為止。

類別	動素名稱	形象符號	代號	定義
第一類	伸手		RE	接近或離開目的物的動作
	抓握		G	握取目的物的動作
	移物		TL	保持目的物由某位置移至另一位置的動作
	裝配		A	使兩個以上目的物相結合的動作
	使用		U	藉器具或設備改變目的物的動作
	拆卸		DA	將一物分解為兩個以上目的物的動作
	放開		RL	放下目的物的動作
	檢查		I	將目的物與規定標準相比較的動作
第二類	尋找		SH	為確定目的物的位置而進行的動作
	選擇		ST	為選定目的物的動作
	計畫		PN	為考慮作業方法而延遲的動作
	對準		P	為便於使用目的物而校正位置的動作
	預置		PP	調整對象物使之與某一軸線或方向相適合
	發現		F	尋找到目的物時的動作狀態
第三類	拿住		H	保持目的物的狀態
	休息		R	不含有用動作而以休息為目的的動作
	不可避免的遲延		UD	不含有用動作但作業者本身所不能控制者
	可以避免的遲延		AD	不含有用動作但作業者本身可以控制的遲延

註：①第一類：進行工作所必要的動素。
　　②第二類：輔助性動素，有推遲第一類動素的趨向，盡可能消除為好。
　　③第三類：不進行工作的動素，一定要設法除掉。

圖 14-9　動素名稱及其象徵符號
(採自李春田，1992)

11. 計畫 (plan，代號 PN)　指對將做事的目的、方法、步驟、條件等的思考與決策。這主要是在頭腦中進行的活動。它從開始思考時起至作出決定時止。

　　12. 對準 (position，代號 P)　將物件放到正確位置的動作。它從手開始操縱物件至一定方位時起至物件被安放在正確的方位上止。定位動作往往發生在移動動作之後和放手動作之前。

　　13. 預置 (pre-position，代號 PP)　指在物件正確定位前先將物件置於準備定位位置上的動作。

　　14. 發現 (find，代號 F)　指尋找到目的物時的動作狀態。這是一種瞬間狀態。

　　15. 拿住 (hold，代號 H)　指用手握著物件並保持靜止狀態。它從開始握住物件瞬間起到下一個動作開始時止。

　　16. 休息 (rest，代號 R)　指因疲勞而停止工作。它從工作開始停止的瞬間起至開始恢復工作的瞬間止。

　　17. 不可避免的遲延 (unavoidable delay，代號 UD)　指操作過程中因無法控制的因素而引起操作停頓或延遲。

　　18. 可避免的遲延 (avoidable delay，代號 AD)　指操作過程中由於操作不當等主觀原因引起操作停頓或延遲。

　　從對操作的作用來說，上述 18 種動作元素可以分為三類：第一類，操作成功所依靠的動作，稱為**有效動作元素** (valid motion element)。上面 1 至 8 項屬這一類。第二類，對操作成功有影響，但它們在操作中只起輔助作用，稱為**輔助性動作元素** (subsidiary motion element)。上面 9 至 14 各項屬這一類。操作過程中若是這類動作多，操作時間就會增長，因此應創造條件，盡可能使這類動作減少。第三類，非操作所需要的，稱**無效動作元素** (invalid motion element)。上面 15 至 18 項屬這一類。操作過程中應儘量消除這類動作元素。

二、動素分析

　　動素分析 (therblig analysis) 即將操作動作元素記錄下來，分析動作的構成特點。在操作過程中，各種動作元素一個個連接發生或同時發生，變化小，速度快，在現場靠眼看手記是很困難的事。因此較複雜的操作，或需要作精細分析的操作，都必須先用快速攝影或錄像技術把操作過程記錄下來。錄像技術在微動作分析中更具有其他方法無法比擬的優點。現在錄像技術的費用在不斷降低，在動作分析中應該多使用錄像技術。

為了便於分析，應將錄了像的操作過程逐個地區分出動作元素，並將它們按序記載到動作分析圖表上，製作成操作的動素過程程序圖。圖 14-10 就是一個根據卷紙筒操作錄像記載的操作動素程序圖。圖中分別繪製出左、右手操作的微動作程序。

繪製了操作動素程序圖後，就可用它來分析操作動作的合理性。用動素程序圖作分析時也如前所說，要採用提問和使用刪除、合併、改變等方法對原有的操作方法加以改進。在分析時，可以設想各種問題，徵求某些有關人的意見。例如可以進行如下的提問：

1. 操作過程中是否必須包含這些動作？
2. 操作中是否有多餘無用的動作？
3. 完成這種操作要求是否有其他更合適的動作程序？
4. 是否可以把幾個動作合併成一個動作？
5. 操作過程中左右手是否都已得到較好的利用？兩手動作是否已配合得很好？
6. 用手操作的某些動作能否用工具取代？
7. 操作時手的姿勢與位置是否正確？
8. 能否通過改變工具和設備的位置來減輕操作動作的力量強度？
9. 能否通過重力作用來代替人力移動物件？
10. 不連續的動作是否可改成連續的動作？

通過此類提問，可以暴露出操作中不合理的地方，也可通過這類問題的解答，找到改進的方案。

三、動作經濟原則

進行動作分析的目的是為了尋求經濟合理的操作方法。什麼樣的操作方法算是經濟合理的呢？吉爾勃雷斯最早研究了這個問題，並提出了動作經濟

460　工業心理學

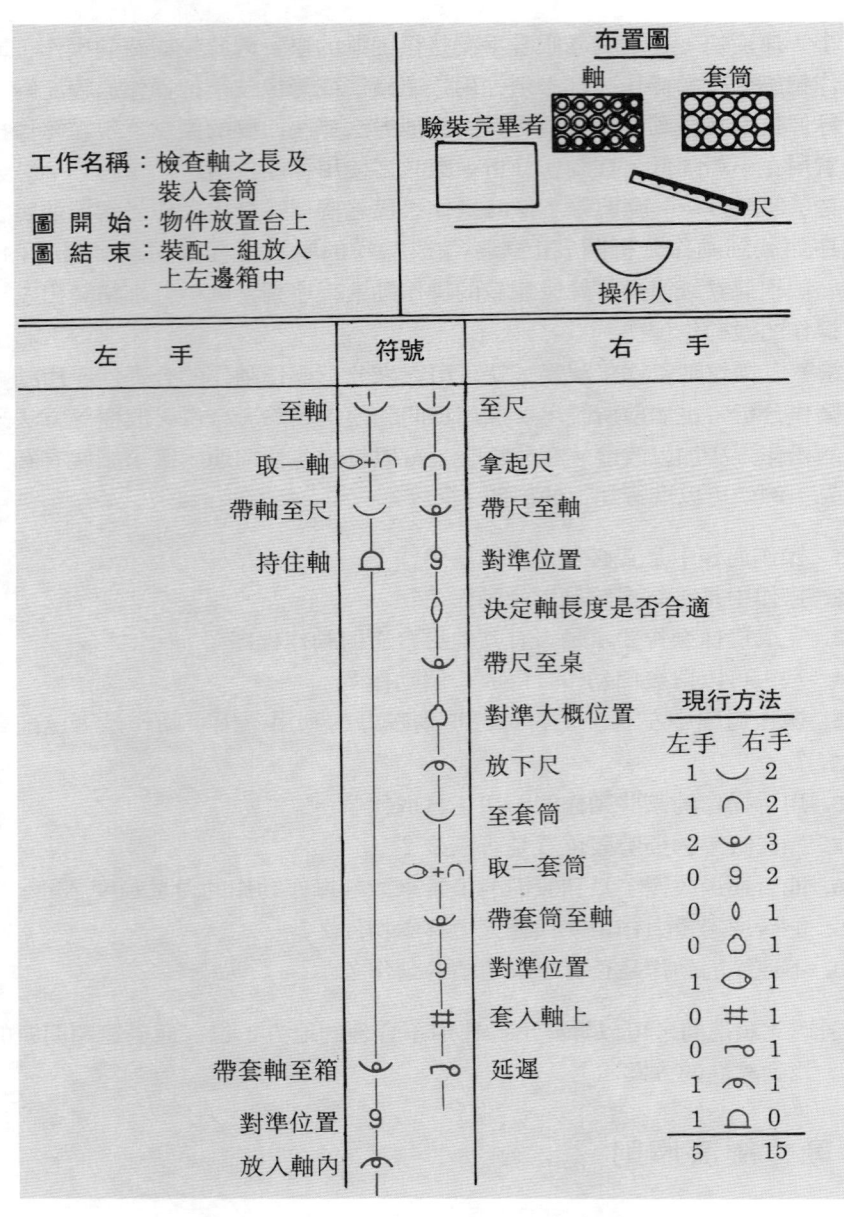

布置圖

工作名稱：檢查軸之長及裝入套筒
圖 開 始：物件放置台上
圖 結 束：裝配一組放入上左邊箱中

左手	符號	右手	現行方法
			左手　右手
至軸		至尺	
取一軸		拿起尺	
帶軸至尺		帶尺至軸	
持住軸		對準位置	
		決定軸長度是否合適	
		帶尺至桌	
		對準大概位置	
		放下尺	1　2
		至套筒	1　2
		取一套筒	2　3
		帶套筒至軸	0　9　2
		對準位置	0　0　1
		套入軸上	0　1
帶套軸至箱		延遲	0　1
對準位置			1　1
放入軸內			1　0
			5　15

圖 14-10　雙手操作動素程序圖
(採自范中志，1991)

與效率原則。巴恩斯 (Barnes,1969) 從人體骨骼肌肉運動及勞動活動的生理、心理特點對操作動作進行了進一步的研究，總結出一系列使操作動作經濟合理的原則，即一般所說的**動作經濟原則** (economic principles of motion)。動作經濟原則包括三類內容，第一類是有關人的肢體動作本身潛力的運用與節省；第二類是關於物料、工具的布設應考慮使人的動作省力；第三類是有關工具設備設計應考慮人的操作方便與省力。動作經濟原則，有人細分為 22 條，也有人不主張把動作經濟原則分得過細。下面擇其主要內容作一概括介紹。

（一） 運用肢體的動作經濟原則

1. 用雙手同時進行操作　一般人都以優勢手為主進行操作。右手為優勢手的人，左手往往只起把持加工件的作用，這就限制了左手的作用。若加工件改由夾具固位，就可用雙手同時進行操作，使工作效率得以提高。

2. 能得到相同結果的前提下應取最低等級的動作　人的肢體動作按其所用肢體部位不同可分成五個等級。第一級，僅用手指操作；第二級，指、掌、手腕關節運動；第三級，指、掌、前臂、肘關節運動；第四級，肩關節以下手臂、手和手指均運動；第五級，除了手臂和手運動外，再加上軀幹運動。等級越低，涉及的肢體部位範圍越小，操作起來越省力和越不易疲勞，等級越高，涉及的肢體部位範圍越大，操作起來力量越大，消耗能量增大，但速度會變慢，且容易疲勞。因此，操作中只要用手指動作能完成的任務，就不要動用手和臂運動；只要用前臂與手能完成的任務，不要動用上臂和軀幹運動。用手臂運動可以完成的任務，應避免軀幹同時運動。這樣就可避免能量浪費，達到動作經濟的目的。

3. 操作過程中要儘量利用肢體、工具、物件運動過程中的動能的作用，以節省體能消耗　物體運動，就有動能。動能與物件質量及速度平方成正比。操作中若能因勢利導，充分利用物體下落時的動能，就可達到節省體力的目的。例如鍛工用鐵錘鍛打鐵件時，有經驗的工人往往只是在舉錘時和錘開始下落時用力，錘落至中途即放鬆肌肉，充分利用錘下落時的動能產生的衝力鍛打鐵件。這樣做省力得多。

4. 操作過程中的動作要儘量利用曲線或弧線運動以替代直線運動　直線運動在變換方向時一般都發生動作停頓後再開始折向而行，因此耗時耗能較多。若採用曲線動作就可使操作運動連續進行，變換運動方向時不需停頓，既省力又省時。

(二) 物料與工具布設的動作經濟原則

人的動作耗力耗時的程度與操作時需用的物料與工具布設的位置、距離和排列順序有密切關係。要達到操作省力省時的目的，物料、工具布設應遵照下列原則：

1. 物料、工具應放置於固定地方，並按一定的順序排列 這樣做可以減少需用時的尋找動作。操作中由於尋找工具而耽誤時間是常有的事。需用的東西放在固定的位置，久而久之就形成習慣，不僅不必尋找，而且可以做到脫離視覺監視也能正確取用和放回。物料、工具按需用頻次多少或按操作時使用的順序進行排列，都能節省操作時間，提高工效。

2. 物料、工具應盡可能安放於操作者不移動身體位置就能拿到的範圍內 人不移動身體位置手所能及的範圍可分成兩個不同的區域：一個稱**正常操作區域** (normal work area)，是上臂自然下垂時轉動肘關節、前臂和手所能伸及的區域；另一個稱**最大操作區域** (maximum work area)，是上臂和前臂伸直轉動肩關節時所能伸及的區域。正常操作區域和最大操作區域中都有左、右手相重疊的區域，這是雙手同時操作時最方便的區域。雙手共同操作的活動，應盡可能放在這個區域內。

3. 操作中的零件、物料應盡可能安放得可利用其重力作用進行移動 物料零作等利用重力作用使其滑至操作者手邊，加工完成的部件也要儘量利用其動作用使其滑向下一道工序或滑到堆放處。

(三) 工具及設備設計的動作經濟原則

1. 應儘量使用夾具或足控裝置 使手可以從各種只起夾持作用的操作中解放出來，去做只能用手才能做好的操作。

2. 盡可能設計和使用多功能工具 多功能工具有一物多用的作用，它不僅節省製造材料，而且携帶方便，普遍受到使用者歡迎。二色、三色圓珠筆，帶橡皮頭的鉛筆，拔釘、敲擊、剪切硬線兼用的手鉗，一柄多頭的活動起子等都是多用工具的例子。

3. 各種手柄的設計應儘量增大與手的接觸面　特別是用力較大的手柄，增大與手的接觸面，使用時會感到較為輕便，不易疲勞。

4. 手輪、搖把，操縱桿等應儘量裝置在使操作者使用時不需要或很少需要改變身體姿式的位置上。

5. 工作台與座位的高度最好能設計成工作時可以隨意而方便地採取坐姿或立姿操作　因為人在長時間站著或坐著工作都容易疲勞。工作時身體**姿勢**能變換就能減輕疲勞。坐、立兼顧的工位設計可以達到這個目的。

（四）　動作經濟原則舉例

以下舉二個例子來說明動作經濟原則的實際作用：

〔例一〕　螺栓上裝置鎖緊墊圈、平鋼墊圈和橡皮墊圈。

A—橡皮墊圈　B—平鋼墊圈　C—鎖緊墊圈　D—M10×25　螺栓

裝配螺栓與墊圈的老方法

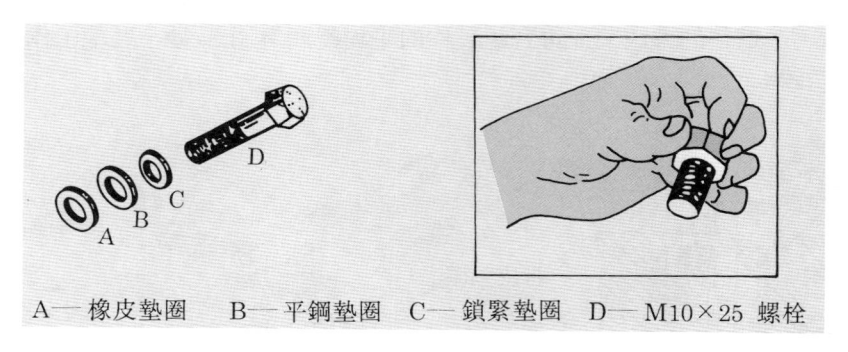

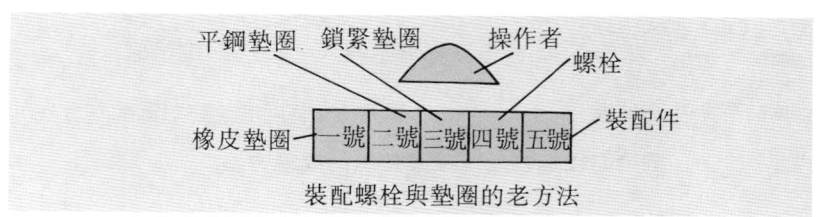

圖 14-11　在螺栓上裝配墊圈的示意圖
(採自范中志，1991)

圖 14-11 中有分散的螺栓、鎖緊墊圈、平鋼墊圈和橡皮墊圈各一個，要求按 C、B、A 順序裝在螺栓上。改進前的操作方法是這樣安排的：放置零件的小盒子一字形排列在工作台上。工人操作時左手伸向四號盒子取出

一個螺栓,拿到他的正前方。然後用右手伸向三號盒,取出一個鎖緊墊圈並把它放入拿在左手的螺栓上。再重復相似的動作,把從二號盒和一號盒裏取出來的平鋼墊圈和橡皮墊圈依次放在螺栓上。最後用左手將裝配好的組合件放到五號盒裏。顯然,在這裝配過程中,主要裝配動作都用右手完成,左手只是起持住螺栓的作用。

為了提高工作效率,需將左手從把持螺栓中解放出來,用左右手同時裝放墊圈。方法改進如下:用一塊木料左右側各鑽一個如圖 14-12(a) 所示的孔。兩孔尺寸相同,下部孔徑能輕鬆插入螺栓,上部孔徑能輕鬆放入墊圈。將此木製裝置與裝置三種墊圈及螺栓的盒子在工作台上安排成如圖 14-12(b) 所示的布局。這樣就可以用左右兩手同時並對稱地把螺栓與墊圈裝成圖 14-12(a) 所示的組件。每個組件裝成後可順手丟入位於兩側的金屬斜槽口,通過滑道落入箱內。經試驗,用改進前的方法裝配每套組裝件的平均時間為 5.04 秒,改進後的方法裝配每套組裝件的平均時間為 3.3 秒,裝配工作效率提高 34%。

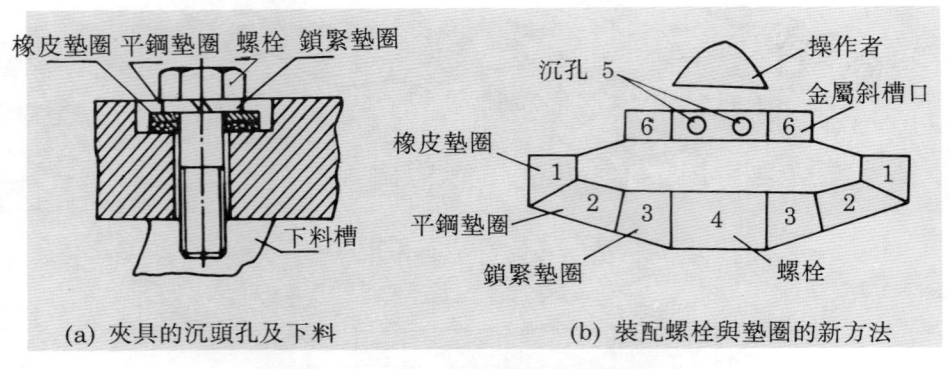

(a) 夾具的沉頭孔及下料　　(b) 裝配螺栓與墊圈的新方法

圖 14-12　裝配螺栓與墊圈的改進方法
(採自范中志,1991)

〔例二〕　用足代手操縱夾具、工具的例子。

現在許多工廠中,鉗工銼或鋸小件材料時多用虎鉗作夾具,並用雙手操縱虎鉗口的張開與夾緊,既費時又吃力。若把虎鉗裝置改變成圖 14-13 所示的樣子,就可用足腿力量操縱虎鉗。加工物件時,操作者只要踩下腳踏板 B,虎鉗鉗口 A 就會張開。把加工件放入鉗口內,足鬆開踏板,利用螺旋式彈簧 C 的彈力把連桿 D 外推，使鉗口把加工件夾緊。需用大夾持力的虎鉗，可以設計一個用壓縮空氣控制的活塞來拉開鉗口，壓縮空氣則用腳踏閥門加以控制。這樣就可節省用手作放開和夾緊鉗口的動作。足腿能施加的力要比手的力大。因而這種虎鉗裝置不僅可以讓手騰出來做其他必須由手做的事，而且使操縱鉗口的動作做得更快更省力。

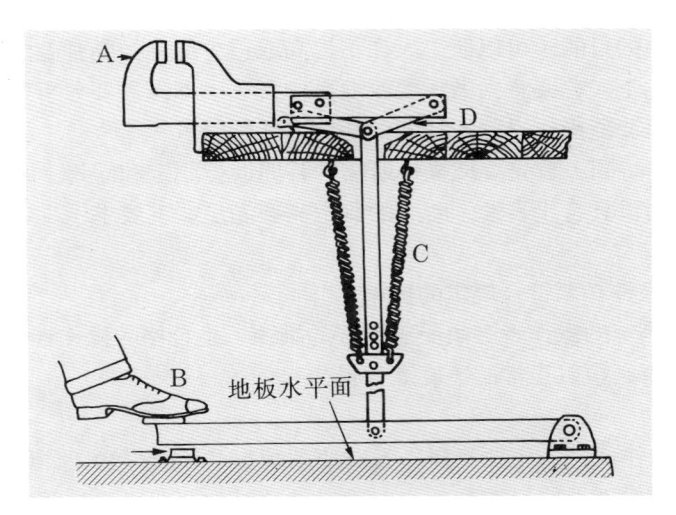

圖 14-13　用足操縱的虎鉗
(採自巴恩斯著，單秀嫄譯，1978)

第六節　操作時間研究

一、時間研究的意義和作用

時間是影響工作效率的決定性因素。設甲乙兩人完成同樣的工作任務，甲所花的時間只是乙所花時間的一半，就表明甲的工作效率比乙高一倍。一個工廠中，在工人人數固定的情形下，產量是與工人生產產品所花的時間成比例的。工人操作花的時間短，就可提高產量。時間就是金錢，誰家企業生產的產品耗時少，誰就能在市場競爭中占有優勢。因此企業應十分重視工人生產一個產品所消耗的時間。要縮短產品生產時間，一靠技術改造，二靠工人操作。在技術固定不變的條件下，產品生產時間決定於工人的操作。通過改進操作方法消除不合理的動作和時間消耗，可以達到縮短產品生產時間，提高工作效率的目的，可以使工人在不提高或很少提高勞動強度的情形下提高產量。因此工人會樂意去做。要改進操作方法，不僅需要分析操作動作的合理性，還需要對操作過程的時間消耗情形進行分析。

分析操作時間，首先要把操作所需的時間進行測定和記錄。為了使操作時間的測定結果具有代表性，時間的測定需要滿足如下要求：

1. 操作條件必須符合規定的標準；
2. 接受測定的操作者必須受過良好的訓練，是合格的操作者；
3. 受測者必須以正常的速度進行操作。

標準的操作條件，主要指操作者所使用的工具、設備和工作環境條件。因為工具、設備的性能好壞和工作環境條件的優劣會對操作時間產生明顯的影響。正常操作速度是指需要作一定努力但能在規定時間內持續工作而不引起過度疲勞的速度。為了使測定的結果可靠，往往需要進行多次重復測定。操作時間測定後，需要對結果進行分析，看一看哪些動作消耗的時間是必要的，哪些動作消耗的時間過長，哪些時間是無效的。根據分析的結果，對操作過程重新進行調整和改進，以達到用最節約的時間完成必需的操作活動。操作過程的時間分析，不僅可據以改進操作方法，而且可以為製定作業時間和確定產品工時定額提供依據。

時間研究常採用兩類方法，一類是操作時間直接觀測法，或稱**直接觀測法**是對操作時間過程進行現場觀測，而後對觀測到的操作時間進行分析和研究。另一類是預定動作時間標準法，又稱**合成法**是把操作活動分解為各種基本動作，並通過試驗確定各種基本動作的標準時間，再把某種操作活動所包含的基本動作的標準時間累加起來就成為該種操作活動所需的時間。下面分別介紹這兩類方法。

二、操作時間直接觀測法

直接觀測是許多企業進行操作時間研究的常用方法。直接觀測的樣本來自現場，觀測人員使用秒錶或錄像等方法記錄被觀測操作活動消耗的時間。觀測可以集中在一段時間內連續進行，也可以採取隨機抽樣把各次觀測分散在不同的時間進行。採用直接觀測法研究操作時間，需按下列步驟進行：

（一）確定觀測目的

觀測和分析操作時間有兩個目的，一個目的是為了改進操作方法。要找出操作過程中不合理的動作和無效的時間消耗，求得操作方法的改進。操作時間觀測的另一個目的是為了給標準的操作方法確定標準時間。效率高的操作，不僅要動作正確，而且完成動作的時間要合理。動作分析只能為標準的操作方法確定動作結構的正確性，完成動作需要花多少時間，只有通過時間的觀測分析後才能確定。為了這一目的，時間觀測必須放在動作研究完成並確立了標準的操作動作後去做。

（二）劃分操作的記時動作單元

直接觀測法一般用秒錶計時。通常把操作劃分為若干單元，每個單元包含若干個連續的動作元素。操作單元的劃分應注意如下幾點：

1. 在不影響精確觀測和記錄的前提下，操作單元應儘量劃分得小些。但每個單元的時間不可短於 2.4 秒，若短於這一時間，就很難作到精確觀測和記錄。

2. 將人的操作動作時間與機動時間分開，要著重於人的操作動作時間的觀測與記錄。

3. 單元之間界限要分清，劃分的單元要便於記述，在一個企業內應按統一的標準劃分操作單元。

4. 在劃分操作單元時，要明確區分不變單元與可變單元。不變單元是指在各種情形下其操作時間基本相等的單元。可變單元是指操作時間隨加工對象不同而變化的單元。

5. 操作過程中，有時在計畫的動作單元之內或動作單元之間爾而出現某種動作，應將其單獨計時並記錄下來。

6. 搬運材料動作的時間應與其他單元分開記錄。

(三) 了解操作條件

被觀測的操作條件，包括操作者所使用的設備、工具和工作時的物理環境條件。因為這些條件都會對操作者的工作速度或完成產品生產所消耗的時間發生影響。在時間研究中要記述這些條件的狀況。在為確立標準時間而進行的時間觀測中，必須為操作者提供標準的或符合要求的工具、設備和工作環境。

(四) 確定被測對象

觀測和分析操作時間的目的是為了制定操作的標準時間時，必須選擇有代表性的操作者作觀測對象。所謂有代表性的操作者是指具有能勝任所測作業的智力與體力，受過一定的操作訓練，其技術能力和熟練程度具有同類工人的平均水平，思想情緒比較穩定，工作認真的操作者。有的企業管理者為了制定"先進"的操作時間標準，選用生產中的操作能手作觀測對象。殊不知以操作能手為依據制定的標準時間，只能代表操作能手的水平，而不能代表眾多工人的操作水平。人們之間能力有差別，操作能手能達到的操作速度，多數工人一般是很難達到的。若勉強推行，必然會損害多數工人的身心健康。操作的速度標準應該是大多數人經過一定努力都可以達到的，因此只能選擇平均水平操作者的觀測結果作為制定標準時間的依據。

(五) 確定觀測次數

由於人的操作時間容易受多種因素的影響而發生波動，若操作時間的觀測次數少，所測時間就可能會有較大的誤差。因此必須作多次觀測。需要觀測多少次，可以用統計方法推算。但一般是參照測定單元的時間長短加以確定。單元時間長的，測定次數可少些，單元時間短的測定次數可多一些。表14-3 是通常參照測定單元時間所需要的觀測次數推薦值。

表 14-3　操作時間研究中觀測單元週期長短與觀測次數要求

觀測單元週期時間 (分)	需要觀測的次數
0.1	200
0.25	100
0.50	60
0.75	40
1.00	30
2.00	20
4.00～5.00	15
5.00～10.00	10
10.00～20.00	8
20.00～40.00	5
40.00 以上	3

(採自李春田，1992)

(六)　實施觀測

觀測者在作好觀測準備工作後，即可按計畫到現場作觀測。觀測者應站在操作者前方不妨礙操作工作的位置，把操作過程中各操作單元的起迄時間記載在記錄表上。記錄表的形式如表 14-4 所示。表上操作單元欄按各單元在操作過程中的先後順序填寫。在連續操作過程中，前一操作單元的結束時間也就是後一操作單元的開始時間。秒錶可採用連續累計，把每個操作單元結束時的秒錶指針讀數記在秒錶讀數欄內。在第二單元結束時，把一、二單元累加的秒錶指針讀數填在第二操作單元的讀數欄內，按此類推，直至把一個操作活動的各操作單元都觀測記錄完畢。一次觀測完成，再重復作第二次觀測。若在觀測某個操作單元期間臨時發生某種情形使操作過程中斷，則在操作時間欄內記上字母 A、B、C、……等，並記下時間，同時將引起操作中斷的偶發事情的簡要說明記在備記的地方。把前後兩個操作單元的秒錶讀數相減，即為後一操作單元的操作時間，記在該單元的操作時間欄內。求出各次觀測時間的平均值，即為該操作單元的操作時間。若發現各次記錄的時間中有異常值 (譬如超過平均值加減 3 個標準差範圍的時間值)，應把它剔除後重新計算平均操作時間。

表 14-4　操作時間觀測記錄表

作業名稱		車　　間	
工件名稱		操作人	
材　　料		觀測人	
設　　備		日　　期	

操作單元名稱 \ 觀測次數		1	2	3	4	5	6	7	……	平均操作時間	備　記
1.	操作時間										
	秒錶讀數										
2.	操作時間										
	秒錶讀數										
3.	操作時間										
	秒錶讀數										
……											
合計	操作時間										
	偶發事情時間										

(七)　確定操作的標準時間

　　操作人員在作業過程中可能由於各種偶然的原因而停止操作，例如有時工具突然損壞需要更換，有時車間管理人員有事找他，還有如喝茶飲水，上廁所等，此類情形都要損耗時間。操作者在作業過程中產生疲勞時還會放慢操作速度。這種種情形表明操作者不可能在整個上班時間內都按第 (六) 項所測定的操作時間來進行工作，因而也不能用實際測定的操作時間作為計算生產定額的標準時間。確定操作標準時間時應考慮上述情形而需有一定寬放時間。寬放時間自然也要通過實際觀測加以確定。在上面說明操作時間記錄表的使用中要求記錄操作過程中的偶發事因及其消耗時間，目的就在為確定寬放時間提供實際依據。有了實際操作時間和寬放時間，就可求出每個產品的標準生產周期，也可算出每個操作工人每天的生產定額。

三、預定動作時間標準法

預定動作時間標準法 (predetermined motion-time standard，簡稱 PTS) 是用基本動作標準時間合成法求操作活動所需時間的方法。由於此法採用預定動作標準時間合成，因此不需每種操作活動都進行現場直接觀測，只要將操作活動分解為基本動作，再利用直接觀察法測定的基本動作標準時間數據表就可計算出操作活動所需的時間。這種方法簡便易行，成為公認的制定操作時間標準的先進技術，已在許多國家的企業中推行。

預定動作時間標準經過許多專業工作者的長期研究，現在已發展成多種具體方法。下面介紹幾種比較流行的方法。

(一) 方法時間測量法

方法時間測量法 (methods time measurement，簡稱 MTM) 是美國西屋電氣公司的時間分析專業人員創立的。這種方法將操作動作分為如下各種基本動作：伸手、移動、旋轉、加壓、握取、對準、放手、拆卸、目視、旋擺、足動作、腿動作、側行、轉身、俯身、俯身起、彎腰、彎腰起、單膝跪地、單膝跪起身、雙膝跪地、雙膝跪起身、坐下、站起、走步等。把各種操作活動分解成不同的基本動作，而後由已經測定的這些基本動作的標準時間合成各種操作活動所需的時間。

每種基本動作都通過實驗規定所需要的標準時間。計算基本動作的時間單位為 TMU。1 TMU＝0.036 秒或 0.0006 分。1 秒＝27.8 TMU。1 分＝1667 TMU。下面例舉幾種基本動作說明之。

1. 伸手動作 (reach，代號 R) 伸手動作是指將手伸至某一位置。伸手動作所需時間因距離、手到達位置和伸手前後手的狀態等條件不同而有差別。具體規定如下：

(1) 伸手距離：可從近到遠分成多級。

(2) 手到達點：可分如下幾類情形，把手伸向處於固定位置的物體或伸向處在另一隻手裏的物體；把手伸向一單獨放置的物體；把手伸向一堆混雜物中的某一物體；把手伸向很小的物體或伸向易破碎的物體；伸手至一任意位置。

(3) 伸手前或伸手後手的狀態：有幾種情形，A_m 表示手至到達點後繼續運動，B_m 表示伸手前手已在運動。

(4) 簡寫符號：一個伸手動作標識符號一般包含三個字符，第一個字符表示是什麼基本動作，伸手用 R 表示；第二個字符為數字，表示動作距離；第三個字符表示伸手到達點的類別。例如標識符號 R25B 表示把手伸

表 14-5　伸手動作 (R) 所需時間

伸手距離(厘米)	不同伸手動作狀態所需時間 (TMU)					
	A	B	C、D	E	A_m	B_m
2	2.0	2.0	2.0	2.0	1.6	1.6
4	3.4	3.4	5.1	3.2	3.0	2.4
6	4.5	4.5	6.5	4.4	3.9	3.1
8	5.5	5.5	7.5	5.5	4.6	3.7
10	6.1	6.3	8.4	6.8	4.9	4.3
12	6.4	7.4	9.1	7.3	5.2	4.8
14	6.8	8.2	9.7	7.8	5.5	5.4
16	7.1	8.8	10.3	8.2	5.8	5.9
18	7.5	9.4	10.8	8.7	6.1	6.5
20	7.8	10.0	11.4	9.2	6.5	7.1
22	8.1	10.5	11.9	9.7	6.8	7.7
24	8.5	11.1	12.5	10.2	7.1	8.2
26	8.8	11.7	13.0	10.7	7.4	8.8
28	9.2	12.2	13.6	11.2	7.7	9.4
30	9.5	12.8	14.1	11.7	8.0	9.9
35	10.4	14.2	15.5	12.9	8.8	11.4
40	11.3	15.6	16.8	14.1	9.6	12.8
45	12.1	17.0	18.2	15.3	10.4	14.2
50	13.0	18.4	19.6	16.5	11.2	15.7
55	13.9	19.8	20.9	17.8	12.0	17.1
60	14.7	21.2	22.3	19.0	12.8	18.5
65	15.6	22.6	23.6	20.2	13.5	19.9
70	16.5	24.1	25.0	21.4	14.3	21.4
75	17.3	25.5	26.4	22.6	15.1	22.8
80	18.2	26.9	27.7	23.9	15.9	24.2

(採自 馬江彬，1993)

向相距 25 厘米處的單一物體。若伸手前手已在運動，則在上述三個字符前加一個 m；若手在到達點後繼續運動則在三個字符後加一個 m；若在伸手前和在到達點後手都在運動，則在三個字符前和後分別加一個 m。

(5) 不同情形下伸手動作所需時間，見表 14-5。

表 14-6　用手移動物件 (M) 所需的時間

移動距離 (厘米)	手不同移動狀態所需時間 (TMU)				重量 (公斤)	時間 (TMU)
	A	B	C	移物前後手運動 B_m		
2	2.0	2.0	2.0	1.7	1	0
4	3.1	4.0	4.5	2.8		
6	4.1	5.0	5.8	3.1	2	1.6
8	5.1	5.9	6.9	3.7		
10	6.0	6.8	7.9	4.3		
12	6.9	7.7	8.8	4.9	4	2.8
14	7.7	8.5	9.8	5.4		
16	8.3	9.2	10.5	6.0	6	4.3
18	9.0	9.8	11.1	6.5		
20	9.6	10.5	11.7	7.1	8	5.8
22	10.2	11.2	12.4	7.6		
24	10.8	11.8	13.0	8.2	10	7.3
26	11.5	12.3	13.7	8.7		
28	12.1	12.8	14.4	9.3	12	8.8
30	12.7	13.3	15.1	9.8		
35	14.3	14.5	16.8	11.2	14	10.4
40	15.8	15.6	18.5	12.6		
45	17.4	16.8	20.1	14.0	16	11.9
50	19.0	18.0	21.8	15.4		
55	20.5	19.2	23.5	16.8	18	12.4
60	22.1	20.4	25.2	18.2		
65	23.6	21.6	26.9	19.5	20	14.9
70	25.2	22.8	28.6	20.9		
75	26.7	24.0	30.3	22.3	22	16.4
80	28.3	25.2	32.0	23.7		

(採自馬江彬，1993)

2. 移動動作 (movement，代號 M)　移動是指將一物從一處移至另一處。移動與伸手不同的地方，主要在於：

(1) 移動到達點的情況分為三類，A 表示把物體從一隻手移到另一隻手或把物移到停靠器或有導板依靠之處；B 表示把物移至一個範圍內；C 表示把物移至一精確位置。

(2) 移物時物體重量會對移動時間發生影響。

(3) 移動動作的簡寫符號；由幾個字符組成，例如，M20A 表示用一隻手將物移動 20 厘米至停靠器；M15B5 表示用一隻手把 15 公斤重物移到 15 厘米處的一個範圍內；M32C8/2 表示用雙手把一 8 公斤重物移到 32 厘米處的一個精確位置。

(4) 移動動作所需的時間，參見表 14-6 所示的數據表。

3. 旋轉動作 (turning，代號 T)　旋轉是指空手或手中持物旋動。旋轉時以前臂為軸，旋動手、手腕和前臂。旋轉運動的範圍以旋轉角度來表示。旋轉運動也受手持物重量的影響，一般按其重量或阻力大小將旋轉動作的時間分為小、中、大三類。0～1.0 公斤為小類 (S)，1.1～4.5 公斤為中類 (M)，4.6～16 公斤為大類 (L)。其簡寫符有表示旋轉的 (T)、旋轉角度、重力大小類別的符號組合表示。例如，T45S 表示旋轉輕物 45°，T30L 表示旋轉重物 30°。旋轉動作所需時間如表 14-7 所示。

表 14-7　不同重物 (或阻力) 旋轉不同角度所需時間 (單位 TMU)

物重或阻力(公斤)	30°	45°	60°	75°	90°	105°	120°	135°	150°	165°	180°
輕 0～1.0	2.8	3.5	4.1	4.8	5.4	6.1	6.8	7.4	8.1	8.7	9.4
中 1.0～4.5	4.4	5.5	6.5	7.5	8.5	9.6	10.6	11.6	12.7	13.7	14.8
大 4.6～16.0	8.4	10.5	12.3	14.4	16.2	18.3	20.4	22.2	24.3	26.1	28.2

(採自范中志，1991)

4. 握取動作 (grasp，代號 G)　握取是指用手指或手控制物件的動作。握取動作所需的時間與握取物件的大小、握取容易度以及用力程度等有關。各種握取情形、所需時間如表 14-8 所示。

表 14-8　各種握取動作代號符及所需時間

動作內容	代號符	所需時間 (TMU)
抓握容易握取的物件	G1A	2.0
抓握很小物件，或平貼於平面的物件	G1B	3.5
抓握直徑大於 13 毫米，與別的物件緊靠之物	G1C1	7.3
抓握直徑為 6～13 毫米，與別的物件緊靠之物	G1C2	8.7
抓握直徑小於 6 毫米，與別的物件緊靠之物	G1C3	10.8
用力抓握物件	G2	5.6
換手抓握	G3	5.6
從一堆物件中選擇抓握大於 2.5cm^3 之物	G4A	7.3
從一堆物件中選擇抓握 2.5×2.5×2.5 至 0.6×0.6×0.3cm^3 之物	G4B	9.1
從一堆物件中選擇抓握小於 0.6×0.6×0.3cm^3 之物	G4C	12.6
接觸物體	G5	0

(採自馬江彬，1993)

(二)　模特排時法

預定時間標準模特排列 (modolar arrangement of predetermined time standard)，一般簡稱**模特法** (MODAPTS)。

模特法將動作分為基本動作和輔助動作兩大類。基本動作共 11 種 (分為移動動作 5 種和終結動作 6 種)，輔助動作 10 種，共 21 種動作。每種動作都用字母作代號。例如移動動作為 M、抓取動作為 G、放置動作為 P、足踏動作為 F、彎曲身體為 B 等。

模特法的時間單位為 MOD。1 MOD＝0.129 秒，為手指平均動作 2.5 厘米所需要的時間。1 秒＝7.75 MOD，1 分 = 465 MOD。據研究，人體不同部位的動作所需用的時間值成一定的比例關係。而且這種比例關係，在人們之間表現出很大的一致性。例如手指指尖到指根動 1 次 (相當於手指移動 2.5 厘米) 需要 1 MOD 時間。手動作 1 次所需時間約為手指動作 1 次時間的 2 倍，即 2 MOD。前臂動作 1 次則需要相當於手指動作 1 次的 3 倍時間，即 3 MOD。彎曲身體動作 1 次需要相當於手指動作 1 次的 17 倍時間，即 17 MOD。身體各部位動作 1 次的時間都可以用手指完成 1 次動作時間 (1 MOD) 的整倍數表示。一般就用動作代號字母右側加寫一個數字表示該動作 1 次所需的時間，例如手指、手、前臂、上臂及全臂伸展各動作 1 次，其所需時間分別為手指動作 1 次所需時間的

表 14-9 模特法動作內容分類和動作時間代號

操作基本動作分類			代號	動 作 說 明
上肢基本動作	移動動作		M_1 M_2 M_3 M_4 M_5	手指動作，相當於手指移動 2.5 厘米，如搬動開關 手的動作，包括手指、手掌、手腕，相當於移動 5 厘米，如轉動門把手 前臂動作，包括手、手指，相當於轉動肘關節在紙上畫 15 厘米長的線 上臂動作，包括前臂和手，移動距離不超過 30 厘米 伸直手臂動作，手移動 45 厘米
	終結動作	抓和觸摸動作	G_0 G_1 G_2	用指或掌接觸物件動作，時間很短，不計時 用手和指作簡單抓取動作，例如用手拿桌上鉛筆 較複雜的抓取動作，例如抓取硬幣、墊圈等動作
		放置動作	P_0 P_2 P_5	不用眼注視的簡單放置動作，例如把手中筆放桌上 需要注意的放置動作，例如往螺栓上放墊圈 需要注意的複雜放置動作，例如把起子放到螺釘頭的溝槽中
下肢腰基本動作			F_3 W_5 B_{17} S_{30}	腳跟不動的腳踏動作，例如踩汽車加速器踏板 走步動作，例如向前或向左走一步 彎腰動作，從屈身彎腰到起立恢復原狀 站立坐下或從坐位站起，包括坐下時拉椅子，立起時推椅子
附加動作			L_1 E_2 R_2 D_3 A_4 C_4	重量修正，2 公斤以下不加時，2～6 公斤為 L_1，6～10 公斤為 $L_1 \times 2$ 目視動作，包括視線移動 30°和 20 厘米、調焦 校正動作，例如拿起螺絲刀後在手中調整拿的姿勢 作判斷，例如判斷開關是開或是關 按壓力的動作，例如擰緊螺絲時最後加壓動作 用手或臂或物作圓周運動，例如用手旋轉手輪

(採自李春田，1993)

1、2、3、4、5 倍,因而上肢這 5 項動作就分別用 M_1、M_2、M_3、M_4、M_5 作代號。這樣就使動作內容與時間都得到清楚的表述,簡單明瞭,容易記憶,便於使用。表 14-9 是對模特法的 21 項動作的代號、內容、分類的歸納。

在使用模特法計算操作時間時,需先分析操作活動是由上述 21 種基本動作中的哪些動作組成,而後將這些參與的基本動作的 MOD 數相累加。若有基本動作重復多次,就將該動作的單次 MOD 數乘以重復的次數。表 14-10 舉了一個用錘子釘釘頭的作業為例,計算釘入一枚釘子所需時間的模特法動作時間分析。

用錘子釘釘子的操作,經過表 14-10 分析後,就可計算出釘入一枚釘子所需時間為 $91 \times 0.129 = 11.7$ 秒。假使一個操作工,他的作業就是釘釘

表 14-10　用錘子釘釘子的操作動作時間分析和計算表

序號	左手動作	右手動作	需占用時間動作代號	MOD 值
1	等待	手伸向錘子　M_4	M_4	4
2	等待	抓住錘子　G_1	G_1	1
3	等待	拿起錘子運到作業區　M_4	M_4	4
4	手伸向釘子　M_4	握住錘子　G_0	M_4	4
5	抓住釘子　G_3	握住錘子	G_3	3
6	拿起釘子運到作業區　M_4	握住錘子	M_4	4
7	對準位置　P_5	握住錘子	P_5	5
8	握住釘子　G_0	使錘子靠近釘子　G_3	G_3	3
9	握住釘子	對準釘子　P_5	P_5	5
10	握住釘子	掄起錘子打釘子 5 次　$M_3 \times 2 \times 5$	$M_3 \times 10$	30
11	放開釘子　P_0	等待		
12	把手撤回　M_2	等待	M_2	2
13	等待	掄起錘子打釘子 3 次　$M_3 \times 2 \times 3$	$M_3 \times 4$	18
14	等待	把錘子移到放置處　M_4	M_4	4
15	等待	放下錘子　P_0		0
16	等待	把手撤回　M_4	M_4	4
		合　　計		91

(採自李春田,1992)

子，若一天工作 8 小時，除去 12% 的寬放時間，則每天上班應釘釘子定額為：

$$8 \times 3600 \times 0.88 \div 11.74 = 2159\text{（枚）}$$

本 章 摘 要

1. **作業研究**又稱**工作研究**，是從空間上和時間上對人的工作過程和操作方法進行分析研究，以改進方法和提高工效的活動。
2. 作業研究主要包括**動作分析**、**作業程序分析**和**操作時間測定**等內容。操作時間測定一般需要在動作分析基礎上進行。
3. 作業研究應按如下步驟進行：選研究對象、觀測和記錄作業過程、分析記錄的事實、改進工作方法、評選改進方案、確定標準工作方法。
4. 在較複雜的工程建設或產品生產過程中，需要多方面工作的協作配合。因而需要對各部分工作進程進行統籌計畫，**時間線圖**和**網絡圖**是進行工作進程計畫的常用方法。
5. 時間線圖用橫線條的長短表述不同工作部分的時間關係，用以尋找影響工程或產品完成期限的關鍵環節，並通過關鍵環節工作的合理調節和安排，以達到使工程按期完成或縮短工作進程的目的。
6. 網絡圖是用圖解方式分析工程各種工序之間時間安排關係的方法。要通過網絡圖分析找出網絡中的關鍵路線。只有保證關鍵路線上各項工作的如期或提前完成，才可能如期或提前完成整個工程的進程。
7. **產品工藝流程**包括分析產品加工步驟、工藝內容，加工時間和工件流程距離等。產品工藝流程分析是使用預定的作業活動符號，在現場觀測記錄作業活動的程序，繪製成工藝流程圖，分析其流程的合理性，以改進工藝流程的方法。
8. **產品生產流程路線圖**是採用按比例縮小的工廠或車間平面圖，用線條和符號圖示產品生產流程的路線，用以分析和改進生產現場上的設備、工位和工序布局，以改進產品流程路線和提高工效。
9. **操作分析**是對工人的操作過程的分析。操作程序圖是用以分析操作過程的主要工具。常用的操作程序圖有**雙手操作程序圖**、**多人操作程序圖**和**人-機聯合操作程序圖**。通過操作分析可以發現操作過程中不合理的地方，為改進操作過程提供依據。
10. **動素**是構成人的操作活動中的最小動作單位。人的操作活動可分解成 18 種動作元素。這些動作元素可分為三類，第一類是操作賴以完成的，稱為**有效動作元素**，第二類是**輔助性動作元素**，第三類是與完成操作無關的稱為**無效動作元素**。
11. 為了提高操作的效率，操作活動的動作組合必須符合動作經濟原則。**動作經濟原則**可以分為三類，第一類是充分有效地運用肢體動作的原則，第二類是物料、工具布置應有利於人的動作方便和省力的原則，第三類是設備、工具設計應有利於人操作的原則。
12. 人操作時肢體動作需滿足下列原則：(1) 儘量利用雙手同時進行操作；(2) 能滿足作業要求的前提下，使用的動作等級取低不取高；(3) 盡可能利用肢體或工具物件運動的動能；(4) 用曲線運動取代直線運動。
13. 工場和工位上的物料、工具布設要滿足以下原則：(1) 應放置於固定地方，並按一定的順序排列；(2) 應盡可能放置在操作者不移動身體位置就能拿到的範圍內；(3) 操作中的零件、物料應儘量安放得可利用其重力作用就能滑至操作者手邊，加工後的工件也要利用其重力作用，通過斜坡滑槽等使其送至存放處。
14. 工具、設備設計要滿足如下原則：(1) 儘量利用夾具或足控裝置，使手可以從只起夾持作用的操作中解放出來，去做其他需要手做的操作；(2) 盡可能設計和使用多功能工具；(3) 各種手柄應儘量增大與手的接觸面；(4) 手輪、搖把和操縱桿等手控制器應儘量裝置在操作者使用時不需要改變身體姿勢的位置上；(5) 工作台與座椅的高應盡可能設計成工作時可隨意採取坐、立姿交替操作。
15. 時間研究通常採用**直接觀測法**或**合成法**。**直接觀測法**是通過現場操作動作過程的觀測記錄以分析和研究操作所需的時間。**合成法**是操作活動分解成基本動作，再由基本動作標準時間累加而得到操作所需的時間。
16. 採用直接觀測法研究操作時間需按以下步驟進行：確定觀測目的；劃分

操作記時動作單元；了解操作設備及工作環境條件；確定被測對象；確定觀測次數；實施現場觀測；確定操作的標準時間。
17. **預定動作時間標準法**是時間合成法的主要內容。預定動作時間標準法包括**方法時間測量法**和**模特排時法**。方法時間測量法的計時單位為 TMU，1 TMU＝0.036 秒。
18. **模特排時法**把組成操作活動的基本動作劃分為 21 種。以手指動作 1 次所需時間 0.129 秒作為計時單位，稱為 1 MOD。各種基本動作的時間均用手指動作時間的整倍數表示。

建議參考資料

1. 李春田 (主編) (1992)：工業工程 (IE) 及其應用。北京市：中國標準出版社。
2. 范中志 (主編) (1991)：工作研究。廣州市：華南理工大學出版社。
3. 馬江彬 (主編) (1993)：人機工程學及其應用。北京市：機械工業出版社。
4. 喬治‧卡納瓦蒂 (余凱成譯，1988)：工作研究。北京市：中國對外翻譯出版公司。
5. 機電工業部科技司 (編) (1991)：工業工程與綜合治理。北京市：機械工業出版社。
6. Mundel, M. E. (1978). *Motion and time study-improving productivity* (5th ed.). Englewood Cliffs, N.J.: Prentice-Hall.
7. Woodson, W. E. (1981). *Human factors design handbook*. New York: McGraw-Hill Book Co.

第十五章

體力工作負荷與能耗

本章內容細目

第一節 人體能量代謝與供能系統
一、人體能量代謝 483
　（一）基礎代謝
　（二）靜息代謝
　（三）活動代謝
二、人體供能系統 484
　（一）磷酸原系統
　（二）乳酸能系統
　（三）有氧氧化系統

第二節 活動能耗測量與計算
一、直接測熱法 486
二、間接測熱法 486
三、活動能耗量的計算 487
　（一）用氧熱價與呼吸商計算能耗量
　（二）相對能量代謝率

第三節 影響活動能量消耗的因素
一、活動性質 490
二、體力活動強度 492
三、活動姿勢和工作方式 492

第四節 體力工作負荷及測量
一、體力工作負荷概述 494

二、體力工作負荷的生理心理效應及測量 495
　（一）生理效應及測量
　（二）生化測定
　（三）主觀評定
　（四）作業效績測定

第五節 勞動強度分級和最大可接受工作負荷
一、勞動強度分級 500
二、最大可接受體力工作負荷 502

第六節 制定勞動定額
一、意義和作用 507
二、原則和依據 508
　（一）定額先進性
　（二）定額合理性
　（三）定額科學性
三、步驟和方法 509

本章摘要

建議參考資料

人的活動有體力活動與腦力活動的區分。純粹的體力活動或純粹的腦力活動比較少見，多數活動或以體力為主或以腦力為主。體力活動需要有比腦力活動較多的能量消耗。人體基礎代謝與靜息代謝的能量消耗比較穩定，活動時的能耗則隨使用體力的程度而變化。因此能耗量變化成為測量與評價體力工作負荷水平的重要指標。能耗量也是制定勞動定額，劃分體力工作強度等級，制定作息制度，評價操作方法優劣和決定工作報酬與營養補貼等的重要依據。人的體質與體力也如軀體架構一樣不僅在個體間有所不同，而且不同種族或民族間存在著較大的差異。體力工作中的最大可接受負荷及其能耗大小與人的體能條件有密切關係。因此在制定與人的體力及能量代謝有關的標準和措施時，必須立足本國的研究，應以本土研究的資料為依據。為了貯備此類基礎資料，需要組織專業隊伍，有計畫地對我國人民的身體素質、體能基礎水平和國人對各種作業活動的最大可接受工作負荷水平開展調查和測量。這方面的測查也與人口調查與人體尺寸測查一樣，是對制定國家有關政策和提高人民體能素質與改善人們工作生活質量有重要影響的基礎性工作，每隔若干年就應測查一次。

　　本章將對人體活動的供能系統、活動能量的測定方法、體力工作負荷與能耗的關係，以及人的體力工作的最大可接受負荷、勞動強度分級與勞動定額制定等問題作一概述，讀者可通過閱讀本章對下列各項內容有所了解。

1. 人體能量代謝的基本構成及不同能量供應源的產能特點。
2. 活動能量消耗的常用測定技術及計算方法。
3. 體力活動性質、用力強度、活動姿勢和方法與能耗量的關係。
4. 體力工作負荷的評定方法。
5. 體力工作最大可接受負荷的測定。
6. 勞動強度分級的依據及我國勞動強度分級的標準。
7. 制定勞動定額的意義與步驟。

第一節　人體能量代謝與供能系統

一、人體能量代謝

人體的物質代謝過程包含物質的合成與分解。物質合成過程需要供應能量，物質分解過程會釋放出能量。人體物質代謝過程中的能量產生與消耗稱為**能量代謝** (energy metabolism)。能量代謝量一般用代謝過程中產生的熱量表示，單位為焦(J) 或千焦 (KJ)。單位時間內的能量代謝量稱為**能量代謝率** (energy metabolic rate)，單位為千焦/小時 (KJ/h) 或千焦/分 (KJ/min)。若用單位人體重量或單位體表面積表示能量代謝率，就更為精確，其單位為千焦/公斤/分 (KJ/Kg/min) 或千焦/平方米/分 (KJ/m²/min)。

人體能量代謝水平與身體活動狀態有密切關係，一般按人體活動狀態將能量代謝分為基礎代謝、靜息代謝和活動代謝。

(一)　基礎代謝

人在環境溫度 18°～25℃，身體處於靜臥、空腹、清醒和肌肉與精神不處於緊張狀態時的能量代謝稱為**基礎代謝** (basal metabolism)。它反映人體維持呼吸、血液循環、體溫等最基本生命活動的最低限度要求的能量代謝水平。人的基礎代謝率隨年齡、性別等因素而不同。表 15-1 列舉了我國正常人的基礎代謝率平均值。可見男性的基礎代謝率高於女性，年輕人的基礎代謝率高於成年人。隨著人的年齡增加基礎代謝率漸次降低。

表 15-1　不同年齡正常男女基礎代謝率平均值 (千焦/平方米/小時)

年齡 (歲)	1～15	16～17	18～19	20～30	31～40	41～50	51 以上
男	195.52	193.43	166.21	157.84	158.68	154.07	149.05
女	172.50	181.70	154.07	146.54	146.96	142.35	138.58

(採自馬江彬，1993)

(二) 靜息代謝

人不活動時僅為了保持身體各部位的平衡和某種姿勢時的能量代謝稱**靜息代謝** (resting metabolism)。測定靜息代謝時人一般多處於坐姿狀態。靜息代謝量包括基礎代謝量，這時的能量消耗約在基礎代謝量的基礎上增加 20% 左右。

(三) 活動代謝

活動代謝 (work metabolism) 又稱勞動代謝，是人從事活動時的能量代謝。活動時的能量代謝是在靜息代謝量的基礎上增加活動所需要的能量消耗量。活動代謝量因活動內容不同而異。它是計算各類工作人員一天能耗量和補給量的依據。本章第三節將對人體各種活動的能耗量作進一步分析。

二、人體供能系統

人體活動所需的能量通過體內糖、脂肪、蛋白質等能源物質的氧化或酵解來提供。人每天以食物的形式從外界吸取這些能源物質，同時通過呼吸將外界的氧氣輸入體內，在體內將能源物質氧化而產生能量。在供氧不足時，上述能源物質還會以無氧酵解產生能量。人體內的能量不論來自有氧代謝或無氧酵解方式，都要通過一種稱為**三磷酸腺苷** (adenosine triphosphate，簡稱 ATP) 物質的合成與分解才能供人體活動時利用。

三磷酸腺苷是一種高能磷化物，它貯存在人體的各種細胞中。肌肉活動時，貯存在肌纖維中的三磷酸腺苷在一種叫做三磷酸腺苷酶的催化作用下迅速分解成**二磷酸腺苷** (adenosine diphosphate，簡稱 ADP) 和無機磷 (Pi)，並放出能量。每 1 克分子 (mol) 三磷酸腺苷分解時能釋放出 30 千焦左右的能量。下式表示三磷酸腺苷分解的放能過程：

$$ATP \longrightarrow ADP + Pi + 能$$

人肌肉中的三磷酸腺苷含量很少，每公斤肌肉中僅含千分之五克分子左右，若得不到補充合成，就會很快分解完。實際上，三磷酸腺苷是一邊分解一邊又從能源物質中獲取能量而重新合成。三磷酸腺苷的能量來自磷酸原系統、乳酸能系統和有氧氧化系統等三個放能系統。

(一) 磷酸原系統

磷酸原系統 (phosphagen system) 又稱非乳酸能系統 (alactic acid system)。它由細胞內的三磷酸腺苷和磷酸肌酸 (phosphocreatine，簡稱 CP) 所構成，所以又稱三磷酸腺苷-磷酸肌酸系統。磷酸肌酸分解時能比三磷酸腺苷放出更多的能量。當三磷酸腺苷分解向細胞活動供能時，磷酸肌酸隨之迅速分解並向三磷酸腺苷輸能。三磷酸腺苷獲得能量，就還原成了二磷酸腺苷。1 克分子的磷酸肌酸分解時可還原成 1 克分子的三磷酸腺苷。在安靜狀態時肌肉中的高能磷化物多以磷酸肌酸形式存在，其含量約為三磷酸腺苷的 3～5 倍。它全部分解時可以維持肌肉活動的時間很有限。它是一種無氧產能系統，其供能特點是速度快、時間短，是短時爆發式活動能量的主要來源。

(二) 乳酸能系統

乳酸能系統 (lactic acid system) 也稱無氧糖酵解系統 (anaerobic glycolysis system)，其能量來自糖元的酵解。由此產生的能量輸向二磷酸腺苷以合成三磷酸腺苷。乳酸能系統也屬於無氧供能，它的特點是速度較快，但容量有限。它能提供人體劇烈活動時維持幾十秒活動所需的能量。乳酸能系統供能時糖元酵解會產生乳酸。1 克分子糖元酵解可合成 3 克分子三磷酸腺苷和 2 克分子的乳酸。當肌肉中的乳酸積累過多時會引起肌肉的疲勞，使活動能力降低。

(三) 有氧氧化系統

有氧氧化供能系統 (aerobic oxydation system) 是指糖或脂肪在氧的參與下分解為二氧化碳和水，同時產生能量，以向二磷酸腺苷合成三磷酸腺苷向細胞活動提供能量。糖或脂肪的有氧氧化系統產生的能量比磷酸原系統和乳酸能系統所能提供的能量大得多。1 克分子糖元產生的葡萄糖經有氧氧化結果能合成 39 克分子的三磷酸腺苷。糖和脂肪都可以從食物中不斷得到補充，因此有氧氧化系統是人體活動能量最大的供應源。

糖元和脂肪都需要提供氧才能進行有氧氧化。由糖元氧化供能合成 1

克分子三磷酸腺苷時約需要提供 3.5 升氧，由脂肪氧化供能合成 1 克分子三磷酸腺苷時則需提供 4 升氧。

有氧氧化供能系統提供的能量大，但提供的速度慢。因此不能依靠它來滿足短時爆發式劇烈活動的供能需要，但長時間活動所需的能量主要靠它來提供。

第二節　活動能耗測量與計算

人體代謝所消耗的能量絕大部分是以熱能形式發散於體外。測量一定時間內人體發散的產熱量可了解人體能量消耗的情形。人體能量消耗可用直接測熱法、間接測熱法或相關估算法進行測定和計算。

一、直接測熱法

直接測熱法 (direct cariometry) 是通過測熱裝置中一定量的水把人體散發的熱量加以吸收，使水溫提高，再根據一定水量提高的水溫計算出人體在某一時間內發散的總熱量和單位時間發散的熱量。從機體所測定的發散的熱量就可推知同一時間內體內消耗的能量。直接測定法需要大型測熱裝置，操作比較複雜，不便於在實際情境中應用。

二、間接測熱法

間接測熱法 (indirect cariometry) 是通過測定人體在一定時間內消耗的氧量和生成的二氧化碳量，推算出該時間內人體產生的熱量。間接測熱法又有閉合式和開放式兩種方式。

閉合式間接測熱法 (closed indirect cariometry) 所用的裝置如圖 15-1 所示。測定時人對著一個密閉的氣體容器進行呼吸。容器內充滿氧氣。用二氧化碳吸收劑將人體呼出的二氧化碳氣吸去。這樣，密閉容器減少的氧氣和

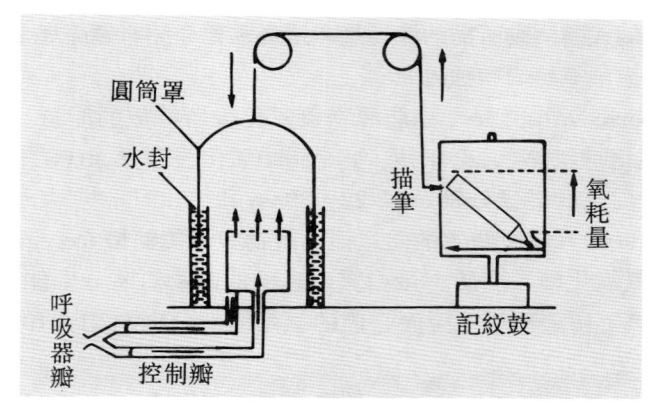

圖 15-1 閉合式間接測熱法裝置
(採自滕國璽，1985)

被吸收的二氧化碳，便是呼吸期內人體消耗的氧氣量和產生的二氧化碳氣的量。再通過換算，算出人體代謝的能量消耗。這種方法雖然比直接測熱法簡便，但在實際情境中使用仍不甚方便。

開放式間接測熱法(open indirect cariometry) 比閉合式方便。開放式測定是用一個隨身攜帶的密封袋，有一個呼氣口罩用軟管與密封袋連接。測定時人用鼻從空氣中直接吸氣，用口向密封袋呼氣，然後將密封袋收集的人體呼出氣體進行成分分析，並把呼出氣體中的氧氣和二氧化碳氣含量與空氣中的氧與二氧化碳含量進行比較，其差額即為人體在測定時間的活動中的氧耗量及二氧化碳生成量。再按氧熱價或呼吸商折算人體活動的能耗量。

在某些測定量大，測定精度要求不高的場合，可用某些容易測定的生理指標來估計人體的能耗。例如心率就是一個常用的估算能耗量的生理指標。因為在次量級活動水平時，人的心率與氧耗量存在著線性相關。這樣就可通過測定心率估算出相應的氧耗水平，進而求出人體活動的能耗量。

三、活動能耗量的計算

(一) 用氧熱價與呼吸商計算能耗量

用間接法測定人體活動氧耗量與二氧化碳生成量需要經過一定換算方法

才能算出相應的人體活動所需的能耗量。這裏需要介紹有關能耗量計算的幾個術語，即熱價、氧熱價和呼吸商。

熱價 (caloric value) 是 1 克能源物質氧化後所釋放的能量。例如 1 克糖或蛋白質氧化時產熱 17.22 千焦，1 克脂肪氧化後產熱 39.06 千焦。因而糖、脂肪和蛋白質的熱價分別為 17.22、39.06 和 17.22 千焦/克。某種能源物質氧化時消耗一升氧所產生的熱量稱為該物質的**氧熱價** (oxygen caloric value)。1 升氧氧化糖、脂肪、蛋白質這三種能源物質時分別能產熱 21 千焦、19.74 千焦、18.9 千焦，因而它們的氧熱價就分別為 21、19.74 和 18.9 千焦/升。

呼吸商 (respiratory quotient) 是指一定時間內糖、脂肪、蛋白質等能源物質氧化時二氧化碳生成量與氧耗量的容積比值。表 15-2 列出了糖、脂肪、蛋白質三種能源物質在體內氧化時的熱價、氧熱價和呼吸商。

表 15-2　三種能源物質在體內氧化時的熱價、氧熱價和呼吸商

能源物質	熱價 (千焦/克)	氧熱價 (千焦/升)	氧耗量 (升/克)	二氧化碳生成量 (升/克)	呼吸商
糖	17.22	21.00	0.81	0.81	1.000
脂肪	39.06	19.74	1.96	1.39	0.707
蛋白質	17.22	18.90	0.94	0.75	0.802

(採自朱祖祥主編，1994)

　　從間接測熱法測得的人體氧耗量與二氧化碳生成量，可以求得呼吸商。不過這樣得到的是糖、脂肪、蛋白質混合的呼吸商。由於氧化分解的蛋白質中的氮含量大部分經過尿排出體外，因此可以通過尿中氮含量的測定知道人體在一定時間內氧化所分解的蛋白質量，並可從被氧化的蛋白質量推算出所消耗的氧和所生成的二氧化碳的量，進而求得此時蛋白質的呼吸商和產生的熱量。從間接測熱法測得的一定時間的總的氧耗量和二氧化碳生成量中減去蛋白質分解所需的氧耗量和二氧化碳生成量後，可以算出非蛋白質呼吸商。根據非蛋白質呼吸商可以推算出如表 15-3 所列的體內氧化分解的糖和脂肪的百分比及其相應的氧熱價 (即用 1 升氧氧化按此比例的糖和脂肪時所產生的熱量)。從總的氧耗量減去蛋白質氧化所耗氧後的氧餘量乘以這個糖、

脂肪比例的氧熱價，就是所測條件下的糖和脂肪氧化時所產生的熱量。

上述計算方法所得結果精確性高，但比較複雜。在實際使用中一般採用簡化方法，即不計算糖、脂肪、蛋白質三種能源物質氧化的比例，而用一定時間內人體總耗氧量乘以 4.825（相當於非蛋白呼吸商為 0.82 時的氧熱價）計算該時間內體內的總產熱量。在精確性要求不高的場合，可以使用這種簡化算法。

表 15-3　非蛋白呼吸商時糖及脂肪氧化比例及氧熱價

非蛋白呼吸商	含糖百分比	含脂肪百分比	氧熱價（千焦/升）
0.707	0	100	19.68
0.75	14.7	85.3	19.90
0.80	31.7	68.3	20.16
0.85	48.8	51.2	20.42
0.90	65.9	34.1	20.69
0.95	82.9	17.1	20.94
1.00	100.0	0	21.20

(採自朱祖祥主編，1994)

(二)　相對能量代謝率

在對人的活動強度的評價中，通常是以活動時總的能耗量或能耗率為依據。這對比較一個人所從事的不同活動的強度無疑是合適的，但若用能耗量比較不同人的活動強度，就顯得不夠精確。因為人們之間由於性別、年齡、體質等的差別，基礎代謝、靜息代謝的能量不同，從事相同作業所消耗的能量也是不同的。能耗量相等的人，並不表明他們活動中所承受的活動強度相同，能耗量不等的人，在活動中所承受的活動強度也有可能是相同的。

人在活動中測定的能耗量實際上包含著三部分能耗量，即：(基礎代謝能耗量) + (靜息代謝能耗增量) + (活動代謝能耗增量)。在這三部分能耗量中，只有活動代謝能耗增量是由於活動需要所支出的能量。對個人來說，基礎代謝能耗量與靜息代謝能耗增量是比較穩定的。靜息代謝能耗增量約為基礎代謝能耗量的 20%。而活動代謝能耗增量則不僅隨活動而變化，而且也因人的基礎代謝能耗量大小而有差別。為了使個體間的活動能耗量與所承受的活動強度的關係可以進行合理的比較,可以採用基礎能量代謝率作為計算活動能耗率的基礎,求得**相對能量代謝率** (relative metabolic rate,簡稱 RMR)。

$$相對能量代謝率\ (RMR) = \frac{活動代謝增加能耗率}{基礎代謝能耗率}$$

這樣就可以用相對能量代謝率的大小去表示人所承受的活動強度,相對能量代謝率值越大,人所承受的活動強度也越大。設有甲乙兩人從事某一活動,測得兩人的活動代謝增加能耗率均為 5 千焦／平方米／分,而兩人的基礎代謝能耗率不同,甲為 2.5 千焦／平方米／分,乙為 3 千焦／平方米／分,則甲的 RMR＝5/2.5＝2,乙的 RMR＝5/3＝1.667。這一活動的強度對甲乙兩人說,甲的強度大於乙。因此,用相對能量代謝率評價勞動強度似比用絕對能耗量進行評價更為合理。

第三節　影響活動能量消耗的因素

一、活動性質

不同性質的活動,對體力支出有不同的要求。需要體力支出多的活動自然消耗的能量大。于永中等 (1982) 曾對我國 20 餘種輕重工業的 260 多個工種的體力勞動能耗率進行過測定和分析,表 15-4 是我國成人在若干日常活動中測定的能耗率。表 15-5 是幾個工種的部分工作內容測定結果的例子。可見不同工作操作者的能耗率存在著很大的差別。

不同活動的能量消耗情形也可用**相對能量代謝率**表示。表 15-6 是若干日常活動的 RMR 值。可以根據表中所列舉的相對能量代謝率值與一個人的基礎代謝率算出該人在一定時間內從事相應活動的能耗量。

表 15-4　不同工作能量代謝率舉例 (單位：千焦/平方米/分)

職　業	工　種	能量代謝率 (千卡/平方米/分)	能量代謝率 (千焦/平方米/分)
陶瓷製作	球磨機裝料配料	4.0786	17.0649
	打泥	4.1642	17.4230
	沾釉	0.8900	3.7238
印刷業	鑄鉛字	1.9038	7.9655
	漢字檢字	1.8276	7.6467
棉紡業	梳棉機擋車	2.1199	8.8697
	落紗	2.2746	9.5169
	織布擋車	1.6447	6.8814
服裝製作	裁剪	2.1881	9.1550
	縫紉	1.1268	4.7145
	電熨衣服	2.5608	10.7144
木材加工	鋸木	3.0999	12.9700
	刨板	3.1447	13.1574
煉鐵	鏟料	4.1940	17.5477
	搬鐵塊	5.0170	20.9911
平爐煉鋼	拋砂	4.3740	18.3008
	通出鋼口	2.7820	11.6399
煤碳採掘	鑽回風道	4.4320	18.5435
	推車運岩石	3.7230	15.5770
機械工業	操作搗固機	3.2246	13.4917
	清砂	3.1376	13.1277
建築工業	搭腳手架	3.5556	14.8766
	砌磚	1.5206	6.3622
腦力工業	坐姿看書	0.8090	3.3849
	站著講課	1.1840	4.9539

(採自于永中等，1982)

表 15-5　若干日常活動的能量代謝率

活動類型	能量代謝率 千卡/平方米/分	能量代謝率 千焦/平方米/分
躺　臥	0.652	2.728
開　會	0.812	3.397
抹桌子	1.983	8.297
洗　衣	2.362	9.883
掃　地	2.716	11.364
排球運動	4.072	17.037
籃球運動	5.785	24.204
足球運動	5.965	24.958

(採自湖南醫學院主編：生理學，1978)

表 15-6　若干日常活動的相對能量代謝率 (RMR)

活動內容	RMR 值	活動內容	RMR 值
掃地	2.2	乘汽車、電車 (坐)	1.0
擦地	3.5	上樓梯 (45 米/分)	6.5
做飯	1.6	下樓梯 (50 米/分)	2.6
廣播操	3.0	坐著學習	0.2
吃飯、休息	0.4	筆記	0.4
散步 (60 米/分)	1.8	用手洗衣	2.2
快步 (100 米/分)	4.2	使用縫紉機	1.0
跑步 (150 米/分)	8.0～8.5	使用計算機	1.3
騎自行車 (平地 180 米/分)	2.9	打字	1.4
馬拉松跑	14.5	打電話	0.7
百米跑	208.0		

(採自楊學涵，1988)

二、體力活動強度

　　體力活動強度是影響個體能耗量大小的最重要因素。表 15-4、15-5 和 15-6 中所舉的不同性質活動的能耗數據雖與活動強度有關，但它還不足以精確反映出活動強度與能耗量的關係，因為表中所列舉的數據除了受活動強度影響外，同時還摻雜著工作姿勢及不同勞動條件等因素的作用。張智君等 (1988) 曾對我國男性大學生在實驗室條件下進行提舉重物勞動的試驗，以提舉重量或提舉速度作為活動強度的變量，分析其與氧耗量的關係。結果如圖 15-2 和圖 15-3 所示。可見不論是提舉重量的變化或提舉速度的變化，都與氧耗量變化之間存在著線性關係。

三、活動姿勢和工作方式

　　人體能耗量與工作姿勢有一定的關係。做同樣的工作，採取的身體姿勢不同，體能消耗就不一樣。據研究，人體採取臥、坐、立、彎腰俯身、跪地等姿勢時的能耗量有明顯的差別。若以躺臥時的能耗量為 100，則靜坐為

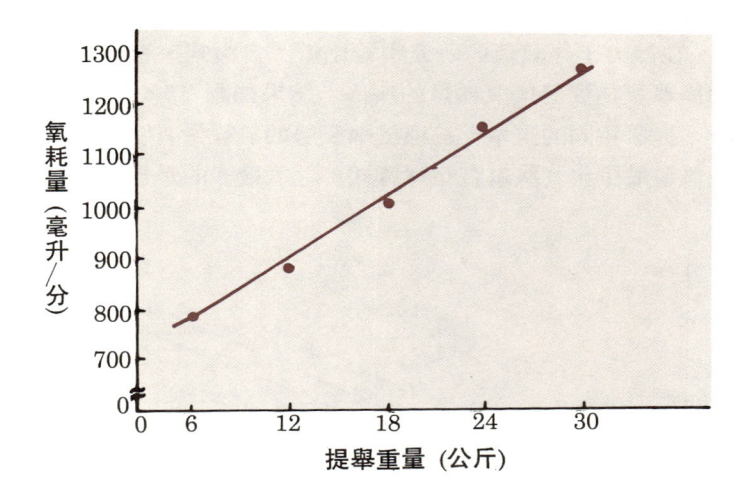

圖 15-2　男性大學生提舉重物作業中提舉重量與氧耗量的關係
(採自張智君，1988)

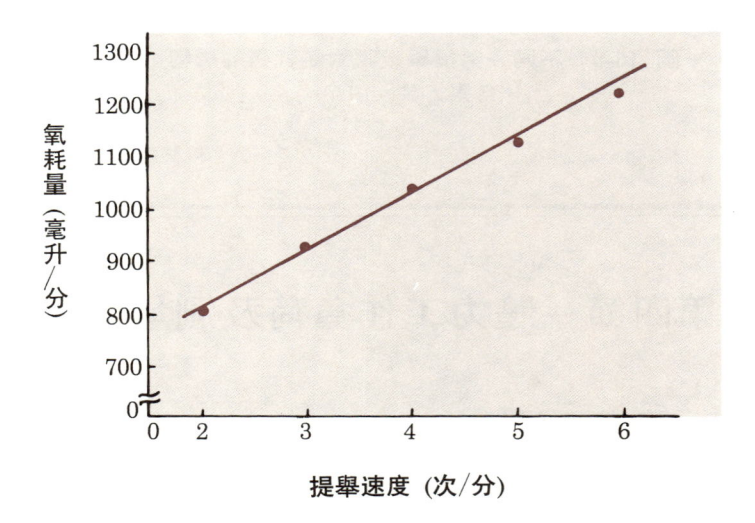

圖 15-3　男性大學生提舉重物作業中提舉速度與氧耗量的關係
(採自張智君，1988)

103～105，站立為 108～110，俯身為 150～160，膝跪為 130～140。張智君等人 (1988) 在體力工作負荷的研究中曾比較了自由式、直膝彎背式和直背彎膝式三種提舉重物姿勢與氧耗量的關係。結果如圖 15-4 所示，在同樣的環境條件下，提舉相同的重量，三種提舉姿勢的氧耗量有明顯的差異。自由式提舉時耗氧量最少，其次為直膝彎背式，耗氧最多的是直背彎膝式。

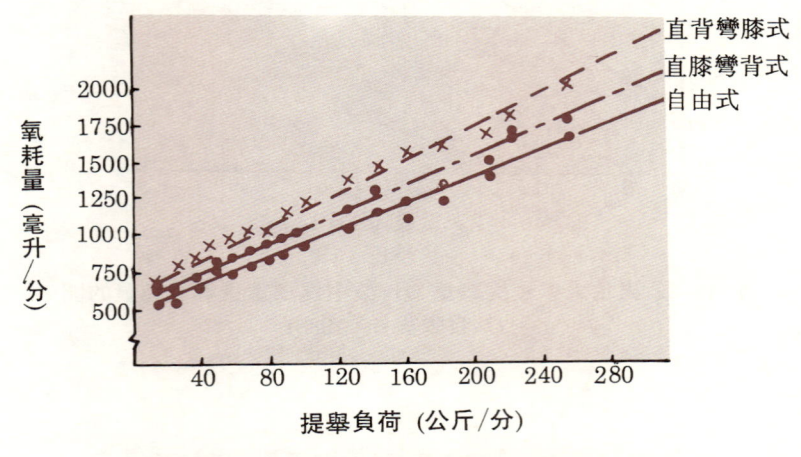

圖 15-4　不同姿勢提舉重物對氧耗量的影響
(採自張智君，1988)

第四節　體力工作負荷及測量

一、體力工作負荷概述

體力工作負荷 (physical workload) 是指單位時間人體承受體力活動的強度。體力工作負荷強度與人體肌肉的靜態與動態用力程度有密切關係。體力工作負荷高，消耗的體力也大。人體承受體力工作負荷有一定的限度，超過這個限度，不僅會使作業效率明顯降低，而且容易產生疲勞，引起肌肉勞損或引發事故。

體力工作的效率在很大程度上取決於所承受的負荷強度與人承受負荷能力的匹配情形。人體承受體力負荷的能力有明顯的個體差異。例如挑擔，挑上 100 斤重物，有的人能健步行走，有的人卻會立不起腰。要使工作負荷強度做到與人的承受能力相匹配，可從兩方面著手：首先安排體力工作要因人而異，把體力小的人安排做體力要求低的工作，身強力壯的人安排去做體力要求高的工作。若要人去做力不勝任的工作，不僅無法提高工作效率，而且還會危害安全，而要體力大的人去做體力要求低的工作，則會使人感到英雄無用武之地。不能充分發揮人的潛力，也會使工作效率的提高受到限制。其次，應盡可能把人所使用的工具設計成多種規格，使體力不同的操作者可以選用與自己的體能條件相適應的工具。這對使用需要用力的手工工具的工作是很有必要的。人只有處於最佳工作負荷狀態時，才可能充分發揮作用，取得最好的工作效率。為了了解人的工作負荷與其承受能力的匹配情形，必須對體力工作負荷進行評定。

二、體力工作負荷的生理心理效應及測量

人從事各種體力工作時，在生理上和心理上都會引起一定的變化。這種生理、心理變化，在一定的範圍內是隨體力工作負荷強度不同而異的。一般說，工作開始時，人體各系統由靜息狀態轉為活動狀態，這時由於能耗增加對養料和氧氣的需求量增大，就促使呼吸加快，血壓升高，心率增高，血流加速，體內的某些物質（如乳酸、激素及化學酶）含量的活性或數量增加。體力活動的負荷越高，此類變化的程度也越大。除此之外，人在體力工作負荷強度變化時，作業效績也會發生一定的變化，主觀上就會有明顯不同的感受。因此人的體力工作負荷水平高低可以從生理效應、主觀感受和作業效績變化等方面進行測評。

（一）生理效應及測量

體力活動時人體內會發生一系列生理物理和生物化學變化。用來評價體力工作負荷水平的生理變化的常用指標主要有**肺通氣量** (ventilation)、吸

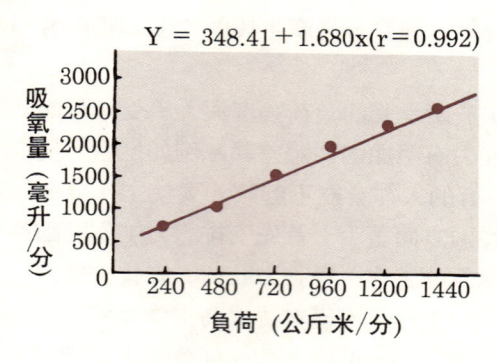

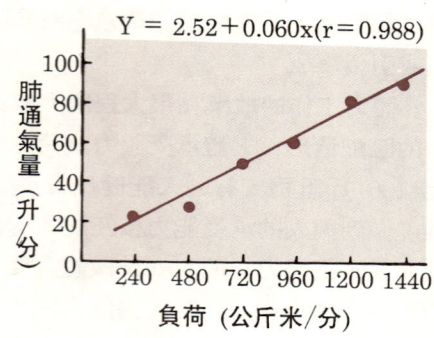

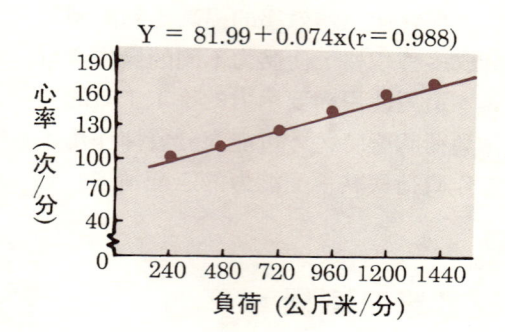

圖 15-5 大學生踏車負荷強度與氧耗量、肺通氣量及心率變化的關係
(採自 Zhang & Zhu, 1988)

氧或耗氧量、心率 (heart rate)、血壓 (blood pressure) 和肌電等。有時也使用某些由此派生的指標，如由耗氧量派生的氧債 (oxygen debt) 和心率恢復率等指標。耗氧量的測量方法已在本章第二節中作了較詳細的敘述。肺通氣量是指單位時間內通過肺呼吸進行氣體交換的數量。心率一般指一分鐘內心跳動的次數。氧需求大時，每分鐘進出肺部的氣體必然要求增多。氧氣需求大，就要求運送氧的血紅蛋白數多，這要依靠加快血流，增加心率來實現。因此氧耗量與肺通氣量及心率有很高的相關，它們都隨著體力工作負荷不同而變化。張智君等 (Zhang & Zhu, 1988) 曾在標準功量車的踏車作業中，對氧耗量、肺通氣量、心率與負荷量的關係同時進行了測定，發現這三種生理指標量都隨踏車負荷量的增加而提高，並且都與負荷強度變化呈線性關係。結果如圖 15-5 所示。

體力工作負荷強度也可從工作後氧債償還量和心率恢復率中反映出來。氧債是指體力工作中肌肉所需的氧超過當時血液循環系統所能提供的氧量，這缺少的氧要從工作結束後多吸取的氧來償還。圖 15-6 是氧債虧欠和償還的示意圖。體力工作負荷越重，所欠氧債越大，償還的時間就要求越長。

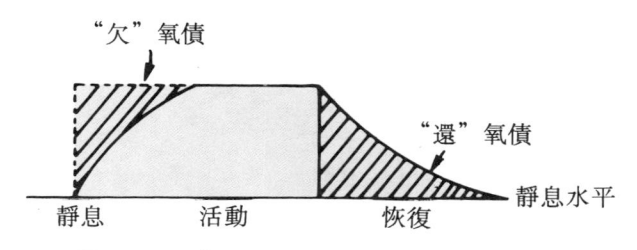

圖 15-6　體力活動中的氧債欠、還示意圖

工作負荷程度也會反映在心率恢復所需的時間中。心率恢復狀況可用心率恢復率表示。

$$心率恢復率 = \frac{體力負荷心率 - 恢復心率}{體力負荷心率 - 工作前的靜息心率}$$

體力工作剛結束時的心率恢復率為 0，心率恢復到靜息狀態時的心率恢復率為 1。一個人從事不同體力工作時的負荷強度差別，可以從用相同時間做不同工作後心率恢復率達到 1 所需要的時間長短來評定。工作負荷越重，心率恢復所需要的時間越長。

(二) 生化測定

人體內的某些生化物質含量與體力工作負荷大小有密切關係，因此可以通過測定這些生化物質含量的變化，了解所承受的體力工作負荷情形。

血乳酸、血糖、尿蛋白、兒茶酚胺等是用來檢測工作負荷水平的常用生化指標。泰斯克等人 (Tesch, et al., 1986) 的研究表明，運動員在進行前蹲舉和背蹲舉杠鈴及壓腿和促膝等運動項目 30 分鐘後，如表 15-7 所示，許多生化物質含量都產生了顯著的變化。

有人研究身體在不同活動狀態時兒茶酚胺中的腎上腺素與去甲腎上腺素的變化 (Gillberg, et al., 1986)，結果如表 15-8 所示，表明去甲腎上腺素的含量隨活動量大小而發生有規律的變化，活動量小時去甲腎上腺素的含量低，活動量大時含量高。

表 15-7　提舉槓鈴等運動 30 分鐘後體內某些生化物質含量的變化

測定項目	運動前含量	運動後含量
三磷酸腺苷	5.9	4.7
磷酸肌酸	21.3	10.9
肌酸	12.1	23.8
葡萄糖	0.35	3.98
G-6-P	0.44	1.69
C-G-P	1.36	3.35
乳酸	3.5	17.2
糖元	160.0	118.0

(採自 Tesch, et al., 1986)　　　　(單位：mmolk^{-1} w.w.)

表 15-8　人體不同活動狀態時尿液中兒茶酚胺含量的變化

	躺	坐	站	行走	踏車	跑
腎上腺素 (pmol/min)	30.4	40.7	40.0	36.2	62.7	52.1
去甲腎上腺素 (pmol/min)	123.3	131.6	179.0	178.0	279.9	312.2

(採自 Gillberg, et al., 1986)

(三) 主觀評定

人根據自我感受評定工作負荷程度是最方便也是最常用的方法。主觀評定法一般採用量表計分，例如把負荷水平定為 5 級、7 級或更多級，規定每種水平的評定標準，要求受測人在作一定的體力工作過程中或工作後，根據自己的感受指出工作負荷達到標準中的那一級水平。這裏舉一個在體力工作中廣被使用的量表法為例。這個量表是由鮑格 (Borg, 1967, 1978, 1985) 提出，稱為**自認勞累分級量表** (scale for rating of perceived exertion，簡稱 RPE)。這是一種 15 點 (6～20) 量表。根據研究，使用這種量表進行評定的自認勞累分級量表值與負荷水平及心率值有很高的相關。張智君等 (Zhang & Zhu, 1988) 對提舉重物體力勞動負荷的研究結果如圖 15-7，證明自認勞累分級量表值也與心率、肺通氣量、氧耗量等生理指標所測定的結

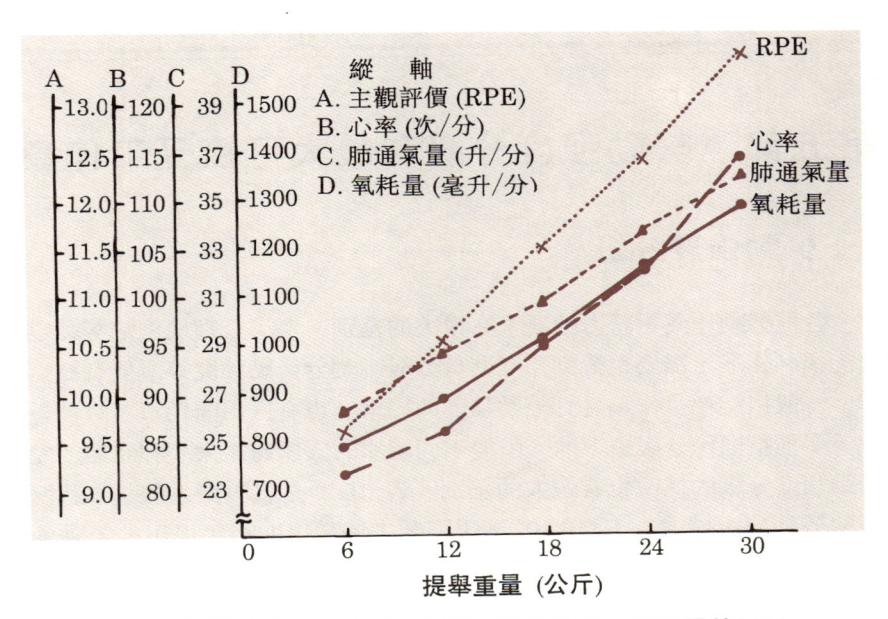

圖 15-7　提舉重物與 RPE、心率、肺通氣量、氧耗量的關係
(採自 Zhang & Zhu, 1988)

果有很高的一致性，且都與提舉重物負荷強度之間存在著線性關係。

(四)　作業效績測定

體力工作負荷大小會在一定程度上影響工作效績。譬如，工作負荷重，需要支付的體力大，工作了一定時間後就容易引起疲勞，使工作速度降低，錯誤率增高或精確性下降。因此，工作效績變化可以作為反映工作負荷高低的指標。但在使用工作效績作工作負荷指標時需要格外謹慎，因為工作效績還受情緒、動機、工作態度等多方面因素的影響。另外，不同性質或不同內容的工作，計算效績的方法和標準都有很大區別，不同工作間的負荷難以比較。因此，作業效績最好能與其他負荷評價方法結合使用。

第五節　勞動強度分級和最大可接受工作負荷

一、勞動強度分級

　　各種勞動作業對體力的要求有很大的差別。為了合理地確定勞動定額和分配福利報酬，需要對勞動強度進行分級。劃分勞動強度等級要有統一的標準。一般以能耗量作為計算勞動強度的標準，也有採用能耗量、氧耗量及心率等多種指標作分級標準的。由於不同國家的人體體架大小和體力的差別，勞動強度分級的標準也有較大的差別。表 15-9 是以歐美人體基本狀況為依據的勞動分級標準。表 15-10 是國際勞工局於 1983 年提出的勞動強度分級標準。表 15-11 是日本勞動科學研究所提出的勞動強度分級標準。

表 15-9　歐美勞動強度分級標準舉例

勞動強度	輕	中等	強	極強	過強
能耗量（千卡/分）	2.5	5.0	7.5	10.0	12.5
（千焦/分）	(10.5)	(20.9)	(31.4)	(41.9)	(52.3)
氧耗量(升/分)	0.5	1.0	1.5	2.0	2.5

(採自馬江彬，1993)

　　我國根據中國醫學科學院衛生研究所等單位的研究，於 1983 年制定了《體力勞動強度分級》標準 (GB3864～83)。這個標準是用勞動強度指數為依據劃分勞動強度級別的。勞動強度指數則以勞動時間率和工作日平均能量代謝率（千卡/平方米/分）為依據進行計算。勞動強度指數的計算式如下：

$$I = 3T + 7M$$

I：勞動強度指數　　　　　　　3：勞動時間率係數
T：勞動時間率　　　　　　　　7：能量代謝率係數
M：8 小時工作日平均能量代謝率

表 15-10　國際勞工局提出的勞動強度分級標準

勞動強度	很輕	輕	中等	重	很重	極重
氧耗量(升/分)	0.5 以下	0.5～1.0	1.0～1.5	1.5～2.0	2.0～2.5	2.5 以上
能耗量(千卡/分)	2.5 以下	2.5～5.0	5.0～7.5	7.5～10.0	10.0～12.5	12.5 以上
(千焦/分)	(10.5 以下)	(10.5～20.9)	(20.9～31.4)	(31.4～41.9)	(41.9～52.3)	(52.3 以上)
心率(次/分)		75～100	100～125	125～150	150～175	175 以上
直腸溫度(°C)			37.5～38.0	38.0～38.5	38.5～39.0	39.0 以上
平均排汗量(毫升/小時)			200～400	400～600	600～800	800 以上

(採自馬江彬，1993)

表 15-11　日本勞動強度分級標準

勞動強度	RMR	8 小時能耗(千卡或千焦)	作業特點	工作舉例
極輕	0～1	550～920 (2303～3852)	手指動作、腦力勞動。坐姿或者重心不變的立姿。	電報員、電話接線員或製圖員、儀表工等
輕	1～2	920～1250 (3852～5234)	以手和手指動作為主、裝配性作業、可保持一定速度作業 6 小時以上。	打字員、裝配工、修理工等
中等	2～4	1250～1750 (5234～7327)	立姿作業、身體移動速度相當於步行、上肢用力作業、持續數小時作業休息後可消除疲勞。	車工、銑工、油漆工或木工等
重	4～7	1750～2170 (7327～9085)	全身用力作業，每 20 分鐘得休息一次，全身感到疲勞。	煉鋼工、土建工等
極重	7 以上	2170～2590 (9085～10844)	短時間內全身極力快速作業，每 2～5 分鐘就得休息一次。	拉鋼錠工、筏木工、大錘工等

(採自馬江彬，1993)

前式中勞動時間率 T 和工作日平均能量代謝率 M 計算式為：

$$T = \frac{\text{工作日淨勞動時間}}{\text{工作日總時間}}$$

$$M = \frac{\Sigma\,(\text{每種活動代謝率} \times \text{該種活動的累計時間})}{\text{工作日總時間}}$$

根據以上計算所得勞動強度指數值大小，把體力勞動強度劃分成如表 15-12 中所示的四個等級。其中各等級 8 小時工作日平均能耗值分別為，Ⅰ：850 千卡/人，相當於輕勞動；Ⅱ：1328 千卡/人，相當於中等強度勞動；Ⅲ：1746 千卡/人，相當於重度勞動；Ⅳ：2700 千卡/人，相當於很重的勞動。

表 15-12　中國體力勞動強度分級標準

勞動強度級別	Ⅰ	Ⅱ	Ⅲ	Ⅳ
勞動強度指數	≤15	15～20	20～25	>25

(採自國家標準 GB 3864-83)

二、最大可接受體力工作負荷

人體工作負荷過大不僅會降低工效，而且還會有損人體健康並可能危害到安全。但若人體工作負荷過小，也不利於發揮人的潛能和提高工作效率。體力工作負荷只有處於一定的範圍內才能達到充分而有效地使用人力資源的目的。體力工作負荷強度一般要求人工作八小時後不產生過度疲勞為可接受限度。這時的工作負荷稱為**最大可接受工作負荷**(maximum acceptable workload，簡稱 MAL)。

最大可接受工作負荷通常用每分鐘能耗量、心率或最大吸氧量百分數來表示。國外一般以相當於能耗率 5 千卡/分 (約 21 千焦/分)、心率 110～115 次/分，或吸氧量為最大吸氧量的 33% 時的工作負荷作為最大可接受工作負荷。我國于永中等人 (1982) 根據對我國各種體力勞動工人能耗量的測定，認為一個勞動日 (8 小時) 內的能耗量應限制在 1400～1600 千卡之間，最多不超過 2000 千卡。在不良環境條件下工作時，上述限度能耗量要求再降低 20%。

　　各種體力工作的最大可接受負荷要根據不同情況分別加以測定。我國于永中等 (1990) 曾對 93 名中國青年男性每小時 5 公里負重行軍的最大可接受負荷進行研究。在此研究中的負重量分為 0、15、20、25、31 公斤五檔，行軍從每天 8 時開始，每行軍 50 分鐘休息 10 分鐘，11 點 55 分吃中飯，13 點鐘繼續以同一方式行軍直至 16 點 55 分。行軍中的心率進行遙控測定，呼氣則用 Douglas 氣袋收集後進行能耗分析。每天行軍後，要求參加者對疲倦和勞累情形進行評價。結果如表 15-13、15-14、15-15 所示。可以看出，主觀評價、心率和能耗等指標均反映由 20 公斤增至 25 公斤時有一個很明顯的轉折，表明每小時 5 公里速度的負重行軍一天的最大可接受負荷為 20 公斤。

表 15-13　每小時 5 公里負重日行軍感受不同勞累度的人數百分比率

負重(公斤)	不同勞累感的人數 %				
	不感勞累 %	輕微勞累 %	勞累 %	很勞累 %	中途退出人數
15	35.0	51.7	13.3	0	0
20	4.0	70.0	23.4	2.2	0
25	1.2	13.9	60.5	39.7	7
31	0	1.1	31.2	100.0	10

(採自 Yu Yongzhong & Lu Simei, 1990)

表 15-14　每小時 5 公里負重日行軍的心率變化

負重(公斤)	行軍開始前基礎心率(次/分)	行軍中的心率平均值(次/分)
0	84.7	106.5
15	83.7	109.0
20	83.9	110.9
25	84.3	116.3
31	85.2	123.1

(採自 Yu Yongzhong & Lu Simei, 1990)

表 15-15　每小時 5 公里負重日行軍的能耗量

負重（公斤）	代謝率（千卡/平方米/分）	8 小時能耗量 (千卡)	8 小時能耗量 (千焦)
15	2.665	1998.014	8365
20	2.817	2106.985	8821
25	3.215	2390.680	10009
31	3.378	2506.854	10495

(採自 Yu Yongzhong & Lu Simei, 1990)

　　在我們的實驗室中 (Zhu Zuxiang & Zhang Zhijun, 1990)，對男性青年大學生持續提舉重物的最大可接受負荷進行了研究。實驗中用三種姿勢分別按每分鐘提舉 2、3、4、5、6 次的頻率提舉 6 公斤至 25 公斤的重物，每次把重物箱從地面用一定姿勢提起放到離地高 72 厘米的台面上，再從台面上提起放回地面原處。要求受試者通過提舉作業進行比較，指出每種提舉頻率自己所能接受的最大負荷重量，再按"最大可接受提重作業負荷（公斤米/分）＝2×最大可接受重量×頻率×高度"計算出可接受的最大工作負荷。同時測定了每種提舉頻率的最大可接受負荷時的吸氧量。結果如圖 15-8 和圖 15-9 所示，表明最大可接受提舉負荷水平及吸氧量均不僅隨提舉頻度增加而提高，而且也受提舉姿勢的影響。在三種提舉姿勢中，自由式最高，其次是直膝彎背式，最低的是直背彎膝式。

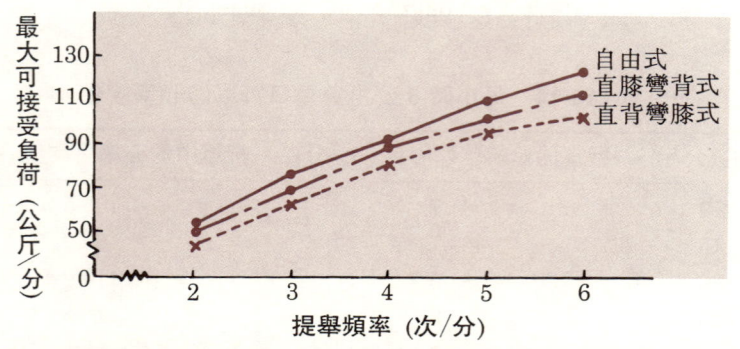

圖 15-8　提舉重物姿勢與提舉頻率對最大可接受提舉工作負荷的影響
(採自 Zhu Zuxiang & Zhang Zhijun, 1990)

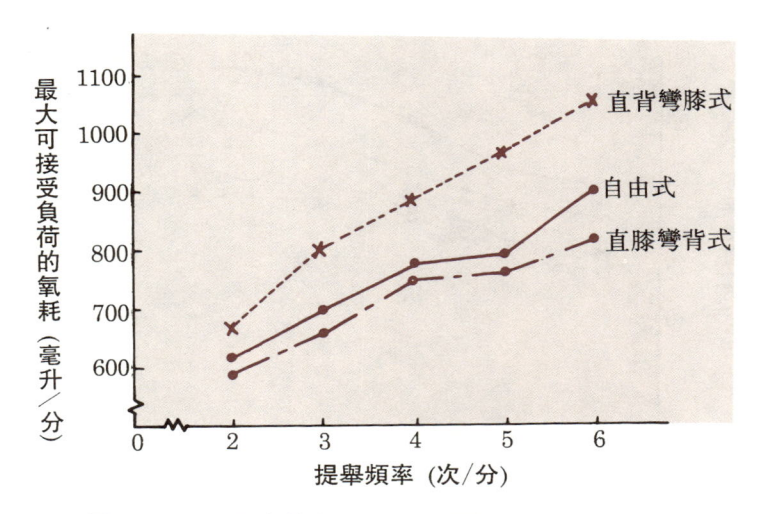

圖 15-9 不同姿勢與不同頻率提舉重物的最大可接受
負荷對吸氣量的影響
(採自 Zhu Zaxiang & Zhang Zhijun, 1990)

史諾克 (Snook, 1978) 曾對提舉頻率、提舉高度、男女性別、提攜重物距離等因素與提舉的最大可接受重量的關係進行了研究。他的研究結果如

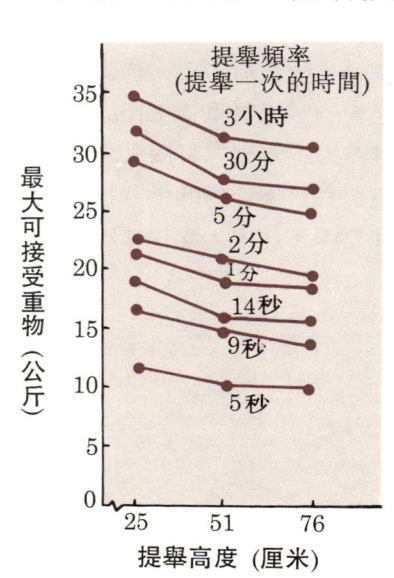

圖 15-10
男性操作者在不同頻率和高度時所選擇的最大可接受提舉重量
(採自 Snook, 1978)

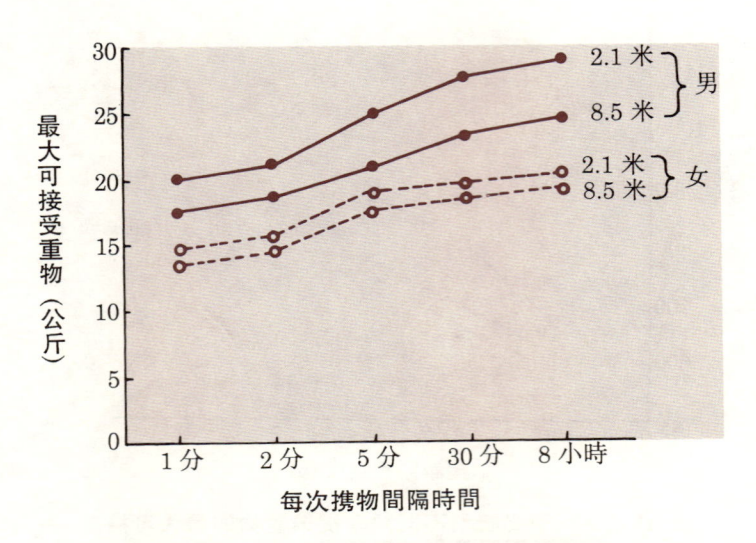

圖 15-11 男女用不同頻率在肘關節高度攜帶重物至兩種距離時的最大可接受重量
(採自 Snook, 1978)

圖 15-10 和圖 15-11 所示。表明最大可接受提舉重量不僅明顯受提舉頻率的影響，而且也因提舉高度不同而變化。圖 15-11 的結果說明人所能接受的最大攜帶重物負荷隨重物移動距離不同而異，男女性別差異也極為明顯。這類結果對制定提舉重物工作的勞動定額很有參考價值。

影響體力工作最大可接受負荷水平的因素自然還可舉出多種，如年齡、工作環境條件、操作物的形體特點等都會對最大可接受負荷水平發生明顯的影響。在實際工作中，應根據現場條件加以測定。

第六節　制定勞動定額

一、意義和作用

勞動定額(work quota) 是指對勞動者在一定的生產技術條件下，在一定時間內用合理的工作方法生產合格產品或完成規定任務的數量規定。例如規定車床工人上班 8 小時要求完成日加工某種部件 20 個，這就表明這個加工件的車床工人生產定額為 20 個。若每天實際勞動時間為 420 分鐘，則平均每個工件定額加工時間為 21 分鐘。

勞動定額反映生產力的水平，它與生產技術條件、操作方法和生產者的努力程度等有密切的關係。生產一個產品，技術條件好的自然比技術條件差的費時少。操作方法合理、工作努力的工人也會比生產新手或工作態度馬虎的工人所用的工時短。因此制定勞動定額不僅要考慮技術設備等物的因素，而且還要重視生產者的體質、技能和勞動態度等身心素質因素。同時還要看到組織管理因素的作用。它是在綜合這三方面作用的基礎上制定出來的。

制定勞動定額至少有如下幾方面的作用：

1. 可作為企業編製各種計畫和實現經濟核算的重要依據。在企業確定了總的生產任務的情形下，企業需要投入多少設備和人力均需根據勞動定額加以計算。而企業投入設備與人力的數量，會影響產品成本和銷售價格。因此制定勞動定額是一項能牽動企業全局性的工作。定額制定得適當與否對企業成敗具有重要作用。

2. 勞動定額體現了企業對職工規定的任務。有了勞動定額，職工在生產中就有行動的目標，就能引導和鼓舞職工為實現目標而努力奮鬥。

3. 制定勞動定額有利於改進工作方法和推廣先進經驗。勞動定額要有一定的先進性。定額的先進性是以先進的工作方法為基礎的。因此制定勞動定額前必須先對操作方法進行調查、測定和總結，特別要分析先進職工創造的先進工作經驗，吸收其中合理的、其他職工能夠做到的內容作為改進操作方法的基礎和作為制定勞動定額的依據。這樣就可通過勞動定額的施行，使職工的操作方法和勞動技能普遍得到提高。

4. 實行勞動定額，自然就需要實施計件工資制和定額工資制，這樣就可打破分配中的平均主義，真正實現按勞分配、多勞多得的分配制度。這無疑對提高職工的工作積極性具有重要促進作用。

5. 實現勞動定額制度，可為職工的考核、獎懲和評價提供客觀標準和事實依據。

二、原則和依據

制定勞動定額要堅持先進性、合理性和科學性原則。

（一） 定額先進性

先進性 (advanced stage) 包含兩方面的意思，一是在現有技術條件下所採用的方法是先進的；二是勞動者要經過一定努力才能夠實現的。生產一個產品，從事一種工作，可以有多種不同的方法，譬如打字或計算機錄入工作，可兩隻手的 10 個手指都參與按鍵，也可只用單手的 5 個手指按鍵，甚至還有只用一、二個手指按鍵的。凡此種種操作法，都可達到輸入文件的目的，但效率大不相同。這些方法中只有輸入速度快的或最快的方法才是先進的錄入方法。制定打字或鍵盤錄入的勞動定額，就應規定用輸入快的或最快的輸入方法進行操作，這樣制定的打字員或計算機錄入員的工作定額就是先進的。當然若操作方法先進，而定額水平定得太低，操作人員不需要作什麼努力就可輕易地作成，或 8 小時的定額不費多大力氣只用 4 個小時就可完成，這樣的定額仍不能說是先進的。先進的勞動定額是指在現有技術條件下，採用先進工作方法並為一般操作人員經過一定努力可以達到的定額。

（二） 定額合理性

定額的**合理性** (rationality) 是指制定勞動定額需要從企業的實際情況出發，使所制定的定額確實是絕大多數勞動者經過一定努力能夠實現的。因此不能用最先進工人所能完成的產量或工作量為標準。先進工作者是值得被人稱道和學習的，但不能要求廣大勞動者都必須達到先進工作者的水平。由於各種原因，很多職工往往在客觀上和主觀上不具備先進工作者的條件。因此只可號召工人向先進工作者學習，而不可強制他們都達到先進者的水平。所以勞動定額的先進性與先進者達到的水平是兩碼事，不可混淆。當然，今天先進工作者能達到的水平，由於企業生產設備的更新和技術水平的提高，過了一定時日後，廣大的工人只要作一定努力也能夠達到，這就表明原來的勞動定額水平已經過時，應該對定額再進行修訂，使之與新的技術條件相適應。在新的技術條件下，先進工作者達到的水平自然也相應提高。這是生產發展和技術發展的必然趨勢。所以勞動定額的制定不是一勞永逸的，它應該成為企業管理中的一項經常性工作。

(三) 定額科學性

勞動定額高低不應是由任何人的主觀意願決定的。勞動定額應建立在科學事實的基礎上。也就是說，制定勞動定額要有客觀依據。第十四章和本章前面所敘述的內容就是制定勞動定額的科學依據。勞動定額的制定主要根據兩方面的事實：一是根據作業分析的結果，特別是作業的動作和時間分析的結果。通過動作分析，可以為作業設計出合理而有效的操作方法。通過時間分析，可以為加工產品或完成工作任務合理地規定所需的時間。勞動定額實際上就是產品勞動時間定額。因此必須以動作-時間研究的事實為依據。制定勞動定額的另一個依據是人在勞動中的能量消耗和人對工作的最大可接受限度。人的勞動定額應控制在人體能量消耗所容許的水平以下。倘若勞動強度超出這個限度，工作就不能持久，勉強為之就會危害身體健康和容易發生事故。衡量人的努力程度的客觀指標就是人在工作中的能耗量和工作的最大可接受限度的測定結果。有了這個尺度，就為評價勞動定額的合理性提供了客觀的標準。

三、步驟和方法

制定勞動定額需要進行一系列工作。這些工作要在熟悉制定勞動定額方法的專業人員參與下，並按一定的步驟進行。制定勞動定額，一般要經歷下列步驟：

1. 確定制定勞動定額的作業對象。各種作業都應制定勞動定額，但各種作業要分先後主次。要花較大的力量制定好工作面寬、工作人數多、對企業發展影響較大的作業的勞動定額。為了使工作做得更為穩妥，最好選擇有代表性的工作先作典型試驗。從試驗中取得經驗，免走彎路。

2. 了解制定勞動定額作業的技術設備、作業環境、操作人員素質和組織管理等有關的條件。

3. 從身體健康、工作認真的作業人員中選擇有代表性的操作熟練程度不同的 (很熟練、一般熟練、不夠熟練) 操作人員，對他們工作中的動作和時間進行觀測和分析。

4. 在觀測和分析有代表性操作人員工作的基礎上，審定和修訂工作方法。若原來的工作方法是先進的、合理的，就可繼續採用，若原有的工作方法在動作或時間上有不適當的地方，就要提出改進的方案，並根據改進的方法分析所需用的時間。

5. 對新確定的工作方法按正常工作速度進行操作，測定其完成單件產品加工或進行一定時間操作時的能耗量。

6. 確定上班時間 (一般為 8 小時) 的勞動時間率，計算出每班實際勞動時間。

7. 根據單件加工件的時間定額與每班實際勞動時間計算出一個工人每班可能完成的勞動定額。若完成這個定額所需的日能量消耗沒有超出所允許的人體能量消耗範圍，就可作為定額標準，若完成這個定額所消耗的能量超過所允許的範圍，就說明這個定額要求太高，應適當降低。

本章摘要

1. 人體能量代謝與活動水平有密切關係。一般按人體活動狀態，將能量代謝分為**基礎代謝**、**靜息代謝**和**活動代謝**。單位時間內的能量代謝量稱為**能量代謝率**。

2. 人的能量的基礎代謝率隨年齡、性別而不同。一般說，男性的基礎代謝率高於女性，年輕人的基礎代謝率高於成年人。隨著年齡增大，基礎代謝率漸次下降。人靜坐不活動時，僅僅為了保持身體坐姿和身體各部位的平衡狀態時的能量代謝稱為**靜息代謝**。靜息狀態時人體能量代謝比基礎代謝約提高 20%。

3. 人進行活動時的能量代謝率因活動性質、活動內容和活動強度不同而有差異。一般說，用力程度大時能量消耗也大，體力工作能量消耗大於非體力工作。
4. 人體活動所需的能量通過體內糖元、脂肪和蛋白質等能源物質的氧化或無氧酵解，再通過**三磷酸腺苷**(ATP) 的分解與合成向人體提供能量。
5. 人體三磷酸腺苷的能量來自磷酸原系統、乳酸能系統和有氧氧化系統。**磷酸原系統和乳酸能系統**均屬無氧產能系統。其特點是供能速度快，但供能量有限，短時爆發式活動主要依靠這兩種系統供能。**有氧氧化供能系統**提供的能量大，而且其氧化產能的糖、脂肪、蛋白質都可不斷地通過食物得到補充，但有氧氧化系統供能的速度慢，長時間活動所需的能量主要由這方面來提供。
6. 代謝產生的能量或能量消耗可通過直接測熱法或間接測熱法進行測定。**直接測熱法**通過測熱裝置直接測定人體代謝過程所散發的熱量，從而推知體內所消耗的能量。這種方法操作比較複雜，不便於在實際情境中使用。在實際應用中多採用間接測熱法。
7. **間接測熱法**是通過測定人體在一定時間內消耗的氧量與生成的二氧化碳量推算人體產生和消耗的能量。它又分**閉合式間接測熱法**和**開放式間接測熱法**兩種方式。開放式測定方法比閉合式方法方便。它只要把呼出氣體用密封袋收集起來，通過分析求出氧耗量和生成的二氧化碳量，再按氧熱價或呼吸商計算出人體的能量消耗。
8. **熱價**是 1 克能源物質氧化後所釋放的熱量。一種能源物質氧化時消耗一升氧所產生的熱量稱為該物質的**氧熱價**。**呼吸商**是一定時間內糖、脂肪、蛋白質等能源物質氧化時生成的二氧化碳量與氧耗量的容積之比。
9. 人活動時比靜息狀態時所增加的代謝能量 (或能耗率) 與基礎代謝能量 (或能耗率) 之比稱為**相對能量代謝率** (RMR)。相對能量代謝率概念為人們之間比較勞動強度承受能力提供了統一的標準。
10. 體力工作的能量消耗受體力活動量、工作姿勢、操作方法、工具特點和環境條件等因素的影響。從地面提舉重物常用的三種姿勢以自由式耗能最少，其次是直膝彎背式，耗能最多的是直背彎膝式。在搬運重物的作業中，用肩負重比用手負重的能耗少，用單肩雙包式負重又比用其他負重方式消耗的能量少。

11. **體力工作負荷**一般從生理效應、生化物質含量、主觀感受和工作效績等方面進行評定。肺通氣量、吸氧量或耗氧量、心率、氧債償還時間和心率恢復率等是測量體力負荷生理效應常用的指標。血糖、血乳酸、尿蛋白和兒茶酚胺等含量變化是常用的生化測定指標。**自認勞累分級量表**是體力負荷主觀評價的有效方法。作業效績測定容易受情緒、動機、態度等影響，應和其他指標結合使用。

12. **勞動強度**一般以能耗量作標準進行分級。我國以勞動強度指數值為標準將體力勞動強度劃分成四個等級。Ⅰ 級，指數小於 15，相當於日勞動能耗為 850 千卡的輕勞動；Ⅱ 級，指數為 15～20，相當於日勞動能耗 1300 千卡的中等強度勞動；Ⅲ 級，指數為 20～25，相當於日勞動能耗 1750 千卡的重勞動；Ⅳ 級，指數大於 25，相當於日勞動能耗 2700 千卡以上的繁重勞動。

13. 人的體力工作一般以工作 8 小時後不產生過度疲勞，不影響下班後的日常活動的負荷強度為**最大可接受工作負荷**。根據對我國各種體力勞動能耗量的測定，一個勞動日（8 小時）的能耗應限制在 1400～1600 千卡，最多不超過 2000 千卡。人的最大可接受工作負荷是因體力工作內容、操作速度、工作姿勢、工作環境條件、男女性別和操作者體質水平等的不同而變化。

14. **勞動定額**是對勞動者在一定的技術條件下在一定時間內應完成的工作數量規定。制定勞動定額必須堅持先進性、合理性和科學性原則。

15. 制定勞動定額必須與工作方法研究相結合。制定勞動定額時應對正常操作者的動作和時間進行分析，並在此基礎上確定每個工作加工的定額時間，再根據每個工件的定額時間和能量消耗制定工人每個工作日應完成的勞動定額。

建議參考資料

1. 朱祖祥（主編）(1994)：人類工效學。杭州市：浙江教育出版社。
2. 馬江彬（主編）(1993)：人機工程學及其應用。北京市：機械工業出版社。
3. 崔克訥、趙黎明 (1988)：現代勞動定額學。天津市：天津科技翻譯出版公司。
4. 楊學涵 (1988)：管理工效學。瀋陽市：東北工學院出版社。
5. McCormick, E. J., & Sanders, M. S. (1982). *Human factor in engineering and design.* New York: McGraw-Hill.
6. Yu Yougzhong and Lu Simei (1990). The acceptable load while marching at a speed of 5km/h for young Chinese males. *Ergonmics,* 33(7), 885～890.
7. Zhang Zhijun and Zhu Zuxiang (1988). Ergonomical study on workload of lifting. In: proceedings of international conference on ergonomics, occupational safety and health and the environment. October, Beijing.
8. Zhu Zuxiang and Zhang Zhijun (1990). Maximum acceptable repetitive lifting workload by Chinese subjects. *Ergonomics,* 33(7), 875～884

第十六章

心理負荷與應激

本章內容細目

第一節　心理負荷概述
一、心理負荷的涵意　517
二、心理負荷類型　518
　(一) 操作活動的心理負荷
　(二) 信息加工活動的心理負荷
　(三) 情緒性心理負荷

第二節　心理負荷的身心效應
一、心理負荷的生理效應　520
　(一) 心率和血壓變化
　(二) 體內生化物質含量變化
二、心理負荷對人健康的影響　523
三、心理負荷的行為表現　523
四、心理負荷對工作效績的影響　524

第三節　影響心理負荷的因素
一、工作任務　525
二、社會因素　526
三、組織因素　527
四、個體因素　528

第四節　心理負荷評定
一、心理資源限度與超負荷工作效績測量　530

　(一) 工作負荷和心理資源與工作效績的關係
　(二) 工作超負荷與工作效績測量
二、次任務測量方法　533
　(一) 節奏性敲擊測量法
　(二) 時間判斷測量法
　(三) 口述隨機數測量法
　(四) 記憶搜尋作業測量法
　(五) 心算作業測量法
三、心理負荷的生理和生化測量方法　535
　(一) 心率與心率變異
　(二) 大腦皮層誘發電位
　(三) 生化物質含量
四、心理負荷的主觀評定方法　537
　(一) 主觀工作負荷評價法
　(二) 古珀-哈珀量表法
　(三) 美國國家航空暨太空總署作業負荷指數法

本章摘要

建議參考資料

人的工作負荷可分為體力工作負荷和心理工作負荷。前一章討論了體力工作負荷，本章將討論心理工作負荷問題。**心理工作負荷**(mental workload) 簡稱**心理負荷**。體力工作負荷表現為肌肉的緊張和力量，心理工作負荷則表現為精神上或心理上的緊張。精神緊張，不論其產生的原因和表現的狀態都要比體力負荷複雜得多。心理負荷除了由腦力工作或認知作業引起的負荷外，還包括其他各種精神上和情緒上的緊張狀態。例如焦慮、憂愁、責任負擔等都屬心理負荷。因此，一個不做工作的人，也可能有沉重的心理負荷。人進行緊張的腦力工作，精神上受到較大壓力，思想上發生矛盾和衝突，以及感情上受到創傷時都會產生較大的心理負荷。

　　人除了嬰兒外，都不可能擺脫心理負荷的影響，但各人經受的心理負荷在內容和程度上可能很不相同。學生會因作業過多，考試頻繁而引起過重負擔。工人會因產品要求高，怕完不成定額而耽心。企業主或公司經理會由於產品滯銷而憂慮。教師會耽心自己教的學生質量達不到規定的要求。各人有各自的職責，每人都有自己的心事。有職責有心事，就有心理負荷。做事順利時負荷輕，不順利時負荷重，遭到事業失敗、痛失親人等嚴重事件或重大挫折時，心理負荷更重。沉重的心理負荷會對人的身心產生嚴重的損害。隨著人類社會的進步，要求提高人的生活工作質量的呼聲日益增高。生活工作質量，不僅指物質的，同時也包括精神的。現在，由於科學技術的發展，人類逐步從沉重的體力負荷中解放出來。控制與減輕心理負荷已成為當今提高人的生活工作質量中的一個迫切需要關心的問題。本章將對心理負荷問題進行討論。讀者閱讀本章後將對下列內容有一概括的了解：

1. 心理負荷的性質和表現特點。
2. 心理負荷對人工作和身體健康的影響。
3. 工作、社會、組織和個體因素對人心理負荷的影響。
4. 人的心理資源與心理工作負荷承受量的關係。
5. 評定心理工作負荷程度的主要方法。

第一節　心理負荷概述

一、心理負荷的涵意

　　心理負荷(mental workload) 是一個比較複雜的概念，對它的涵義至今仍無統一的認識。例如有人認為心理負荷由輸入負荷、個體努力和工作績效三部分構成，也有人認為只有操作中的信息加工和情緒壓力才構成心理負荷，還有人從工作性質或工作特點上區分心理負荷和體力負荷，把體力支出少的偏於腦力工作的負荷稱為心理負荷。實際上心理負荷不一定與某種工作直接相聯繫。例如一個人當他自己或他的親人發生不幸事件時，他在相當長的時間內都會感到心情異常沉重，甚至會感到無法忍受。這時他雖沒有做什麼工作，但他的心理負荷是很大的。可以把心理負荷看作是心理上的緊張狀態。不論做什麼工作，也不問是否做工作，心理上都有可能處於某種緊張狀態。這種心理上的緊張狀態就是心理負荷。心理緊張度高，即表明心理負荷大，緊張度低，表明心理負荷小。體力負荷表現為肌肉上的緊張狀態，心理負荷表現為精神上或心理上的緊張狀態。這樣就把心理負荷與體力負荷放在同等的基點上。

　　人在各種活動中都可能會或輕或重地存在著心理負荷。有人以為體力活動中只有體力負荷而無心理負荷。其實不然，在體力性活動中也往往存有心理負荷，這在體育競賽活動中表現得很清楚。許多運動員比賽時的成績達不到訓練時的水平，就是由於運動員在比賽時心理上太緊張，心理負荷太大，影響了運動水平的發揮。

　　人在從事責任重的工作或做有風險的事時，其心理負荷比做無風險的事時大。譬如說，一個人攜帶巨款去某地購貨，途中乘車坐船，要經過幾個晝夜才能到達目的地。由於巨款在身，他要時時警惕，處處提防，夜間也可能睡不好，心理負荷很重。一直要到抵達目的地交了貨款並將貨辦了托運手續後，心理負荷才會減輕。在歸路上他會感到一身輕鬆，吃飯香，睡眠甜。現在社會保險事業發展很快，很多人參加財產保險、人身安全保險，企業、公司也都參加保險。其實發生性命財產不幸事件的概率是很小的，絕大多數投保的人交的保險費都是得不到償還的。但為什麼大家都願投保呢？其中有社會的原因和個體的原因。從社會原因説，保險事業是一種群衆集資的福利事業，其中包含著互助精神。從個體説，主要是為備萬一不幸事件降臨自己身上，投了保險後，就可解脱心理負荷，做事可少後顧之憂。

二、心理負荷類型

在人的活動中，心理負荷主要表現在操作、信息加工和情緒反應等三類活動中。

（一） 操作活動的心理負荷

人的任何操作活動都包含著一定的軀體活動和心理活動成分。在不同的操作活動中軀體活動和心理活動的內容和比例是有差別的。人的操作活動至少可分成如下三類情形：

1. 一般的體力勞動 如抬舉重物、搬運器材、挖地開礦，以及其他類似的活動中，人承擔的主要是體力負荷。但在這類體力勞動中也需要有一定的信息加工活動，例如在勞動中需要注意周圍情況，防備發生事故。但這種信息加工活動比較簡單，所產生的心理緊張度較低。

2. 複雜的心理-運動性操作活動 複雜的操作活動往往難度大、精度要求高，有時還要求保持較高的操作速度。這時要求操作者投入的心理資源多，稍不小心就可能產生廢品、次品。例如裝配精密儀器，監視計算機屏幕上的某種信號，玩耍電子遊戲等活動，體力消耗小，但對認知活動的要求很高。在這類操作活動中，心理負荷就大於體力負荷。

3. 大型自動化人機系統中的監控活動 在監控系統中，在常態情形下一切操作都由計算機控制，人在其中幾乎不需要作什麼操作，只有當自動化系統出現不正常狀態或發生故障時，需要監控者及時發覺、迅速糾正。自動化系統的事故率是很低的，但一旦出現故障若不及時發現和排除就會引發嚴重事故，甚至會發生災難性的後果。這類操作活動，體力要求很低，而承受的心理負荷是很重的。

（二） 信息加工活動的心理負荷

這裏的信息加工（或訊息處理）活動是指從感覺輸入到思維決策過程的活動，也就是頭腦的認知活動。在簡單的認知活動中，心理負荷是很低的，例如一個人在書店裏看到一本專業書，翻了一下後作出是否購買的決策，或一個人在公共汽車上看到一位老人上車找不到座位，作出自己是否該讓座的決策。諸如此類活動，雖然也有從感覺到決策的心理活動過程，但心理上很少會有緊張感。在較複雜的信息加工活動中，例如要在條件不充分或資料不完備的情形下，或在不確定性較大的情形下作出有風險的決策，或有幾種各有特點的方案而只能選擇其中之一時，信息加工活動就比較複雜，需要經過認真分析比較和權衡輕重後才能作出決策。這時心理上的緊張度就比較高。設計師擬定設計方案，指揮官進行是否對敵方陣地發動進攻，企業經理作出開發新產品的決策，都是更複雜的信息加工活動，需要進行高度緊張的思維活動。這類活動中的當事人所承受的心理負荷就更高。

（三） 情緒性心理負荷

心理負荷與情緒狀態有密切關係。一般來說，人在愉快的時候，心情放鬆，心理負荷減輕；不愉快時，心情沉重，心理負荷加重。又如事業上遭受挫折、親人變故陷入悲痛，與人吵架憤怒難平，受到委曲無處申辯，長期失業求職無門，碰到此類情形時，當事者一般會感到心情異常沉重，甚至會長時間陷入緊張狀態而不能自拔。此類情況下的心理負荷是由於情緒激動而發生的，可稱做情緒性心理負荷。情緒性心理負荷對人的身心健康會帶來很不利的影響，應盡力防止發生。

第二節　心理負荷的身心效應

心理負荷會對人的身心活動產生多方面的影響。人的工作效績、行為表現、生理狀態和身心健康等都會因心理負荷水平不同而變化。了解心理負荷與身心變化狀態及工作效績的關係對提高人的工作效能和維護身心健康有重要的意義。

一、心理負荷的生理效應

人處在心理緊張狀態時，會引起一系列的生理變化。如心率、血壓、血糖、內分泌腺、腸胃消化系統、腦功能等都會因心理負荷水平不同而變化。

(一) 心率和血壓變化

心情緊張時，心率會加快，每個人都很可能有過這種體驗。湯慈美等人 (1989) 曾報導病房護士在病人病情突然惡化時心率急劇加快的情形，如圖 16-1 所示。護士原來的心率在每分鐘跳動 80～90 次左右，病人病情突然惡化時，心率陡然上升到每分鐘跳動 178 次，然後逐漸下降，至 10 分鐘左右恢復到每分鐘 100 次左右。表 16-1 的數據反映病房護士在護理病人病情惡化時和護理病情平穩時心率的差異。

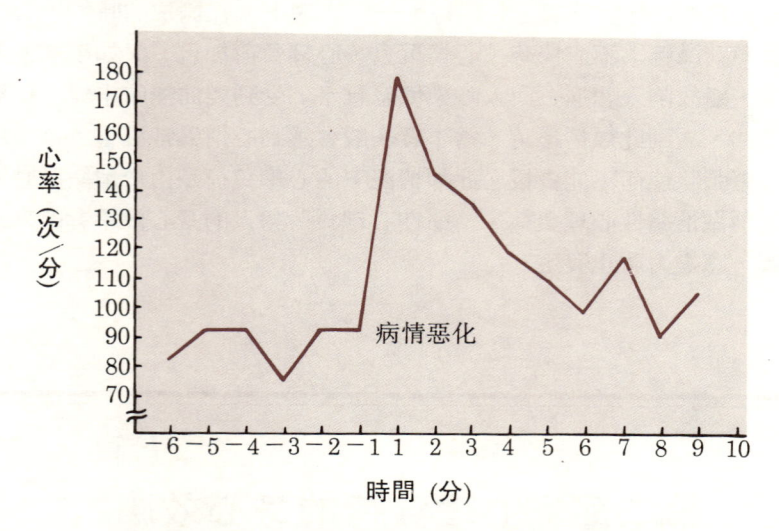

圖 16-1　病人病情穩定與惡化時護士的心率變化
(採自湯慈美，1989)

表 16-1　病人病情變化與護士作護理作業時心率變化的關係

護理作業內容	護理作業時比不當班靜坐狀態時的心率增加率		
	病情穩定	病情惡化	增加 %
換　　藥	29	39.2	35.2
觀　　察	19.3	26.7	38.3
記　　錄	18.5	28.7	55.1
靜脈點滴	26.4	40.4	53.0
引 流 管	29.7	40.7	37.0
吸　　痰	8.2	16.8	104.9

(採自湯慈美等，1989)

　　心理緊張狀態時，血壓也會發生一定的變化。楊俊、林葆城等 (1989) 曾對 12 名外傷性下肢畸形患者在手術的前三天和手術麻醉前的血壓、心率、呼吸頻率等進行測定。手術前三天的測量結果代表常態時的水平，手術麻醉前測定結果表示手術前心理緊張時的水平。結果表明，兩次測定相比，只有呼吸頻率沒有明顯變化，心率、血壓都是麻醉前比手術前三天有明顯提高。結果如表 16-2 所示。

表 16-2　下肢畸形患者手術麻醉前與手術前三天生理指標測定比較

測量項目	手術前 3 天	手術麻醉前	差別顯著性
心率（次/分）	80.4±4.2	104.5±7.0	$P<0.05$
收縮壓 (mmHg)	124.5±5.0	142.8±6.1	$P<0.01$
舒張壓 (mmHg)	73.5±5.0	83.3±4.1	$P<0.01$

(採自楊俊、林葆城等，1989)

(二)　體內生化物質含量變化

　　人在發生軀體性和心理性緊張狀態時，往往會引起體內某些生化物質含量的變化。因此可以通過血液、尿、或腦脊液中某些生化物質含量的變化了解人處於一定情境時軀體性的和心理性的緊張狀態。兒茶酚胺、腎上腺素、去甲腎上腺素、多巴胺、皮質醇等生化物質，常被用作分析和評價工作負荷的生化指標。據辛格 (Singer, 1984) 等人研究,有的生化指標不僅在軀體性負荷中含量發生變化,而且只存在心理負荷時也發生變化,有的生化指標在軀體性負荷與心理負荷中發生不同的變化。例如在一個實驗中,要求被試從事心算作業,在心算作業的同時有 76 分貝的背景噪聲。在作業前後測定了心率、血壓和尿內腎上腺素、去甲腎上腺素和皮質醇的含量,同時記錄了作業效績 (作業中的錯誤數和完成作業所花的時間)。被試在作完這個實驗的第二天,又做了另一次實驗,這次實驗中背景噪聲是 86 分貝,其他均與前一次實驗相同。兩次實驗結果相比,作業效績兩次實驗穩定在同一水平上,而生理代價 (心率、血壓、生化物質含量) 第二次實驗要比第一次實驗明顯增加。這說明增強背景噪聲時,作業效績的保持不變是以心率、血壓和腎上腺素、去甲腎上腺素、皮質醇等生化物質含量增加為代價的。辛格等還發現,警戒和算術作業等心理工作負荷會引起兒茶酚胺含量的增高。

楊俊、林葆城等人的外傷性下肢畸形的 12 名患者手術前第 3 天和手術麻醉前測定的內容中也包括有血漿和腦脊液中**精氨酸加壓素免疫活性物質**(immunoreactive Arginine Vasopressin,簡稱 ir-AVP) 含量的測定。結果表明,血漿 ir-AVP 的含量由手術前第 3 天的 5.86 Pg/ml 降至手術麻醉前的 1.01 Pg/ml,而腦脊液中的 ir-AVP 在麻醉前的含量達 26.46 Pg/ml,大大超過正常人含量 1.30 Pg/ml 的水平。

嚴進、王春安等人 (1991) 測定大鼠在軀體性和心理性應激時的血漿皮質酮(皮質醇)含量的變化。實驗分為三個階段進行:階段一為適應期(第1~7 日),訓練大鼠適應環境。階段二為心理性應激的形成期(第8~14日),此階段把大鼠隨機分成三組,第一組為對照組,在本階段只給不規則光;第二組是規則光組,給光刺激後給以尾部電刺激,各次電刺激間隔時間相同;第三組給不規則的光刺激後給以尾部電刺激,刺激的次數與第二組相同,但間隔隨機。三組所接受的光刺激量相同。階段三 (第 15 日),第二組與第三組的電刺激撤除,其他與階段二相同。結果在階段二末 (第 14 日)和階段三 (第 15 日),第一、二、三組大鼠的血漿皮質酮含量分別為 11.7、24.9、34.9 和 13.1、24.1、33.9。對照組明顯低於有電刺激的第二組和第三組,而在後兩者中,刺激間隔隨機的第三組又明顯高於刺激間隔有規則變化的第二組,這說明心理應激對血漿皮質酮的變化存在著明顯的影響。

二、心理負荷對人健康的影響

健康不良與心理緊張狀態有一定的關係。經常處於心理緊張狀態中的人較容易發生高血壓、心臟病、癌症、消化系統疾病、神經系統功能障礙等疾病。這與心理緊張狀態引起體內多種生化物質含量變化有關。例如心理過度緊張會引起腎上腺素、去甲腎上腺素和皮質醇等激素的增高。這些激素增加後發生相互作用，開始時引起心臟的較大敏感性，導致心臟病發作。若長時處於心理高度緊張狀態，心臟就會從功能性改變發展成結構性變化，導致冠狀動脈硬化。

有不少研究表明企業中職工的健康狀況與作業中的心理負荷有關。下面舉瓊森等人 (Johanssen et al., 1978) 在一個木材廠的調查研究作例子。這個研究把操作工人分成兩組，一組是高風險組，一組是低風險組。高風險組由鋸木工、軋邊工和分級工組成。他們工作的特點是周期短、工作速度有強制性的規定，在作業過程中要求時時注意，處處警惕，否則容易發生工傷事故。因此在作業中風險大，心理負荷高。低風險組由粘合工、修配工、維護工等組成。他們在工作中發生工傷事故的可能性小，作業時不必提心吊膽，心理上的負荷自然低一些。根據健康狀況的臨床檢查和自我症狀報告結果，表明兩組人平均症狀數高風險組為 3.7，低風險組為 2.3，兩組存在很明顯的差異。特別是患頭痛和輕度神經失調兩種症狀的人，在高風險組工人中均占36%，而在低風險組工人中均無人患有此兩種症狀。

三、心理負荷的行為表現

人的心理負荷高低往往會在一定程度上反映在言語、舉止和臉部表情等外部行為中。例如，當心理負荷低時，會表現出思想放鬆，注意不集中，動作節奏減慢，與工作無關的動作增多等現象。反之，若工作任務重、時間緊迫，承受的心理負荷高時，心情就會緊張，工作中就會表現出注意專一、動作加快，不易受周圍干擾因素的影響，即所謂聽而不聞，視而不見，會把有限的心理資源集中到與作業效績最有關的地方。人若長期從事心理負荷高的工作，會表現出對工作的冷漠、不滿、厭惡或迴避。上面提到的瓊森等人在木材廠進行的研究中,高風險組和低風險組工人有關工作態度的問卷調查結果也反映了這種情形。高風險組工人要比低風險組工人更多地體驗到心理負荷的不利效應和對工作的消極態度。表 16-3 是在調查中獲得的結果。

表 16-3　木材廠中高風險組與低風險組工人的工作態度比較

對工作的反映	高風險組 %	低風險組 %
認為工作單調	100	50
對工作厭煩	57	0
把工作緊張歸因於工作中缺乏社會交往	71	30
對上班感到苦惱和憂慮	50	0

(採自 Johanssen et al., 1978)

人處在情緒性心理負荷時,會明顯發生另一類行為表現。人具有快樂、高興的心情時,往往面帶笑容,言語聲調委婉,行動明快,待人熱情。當人由於某種原因產生情緒性心理高負荷時,則會表現出坐立不安,緊鎖雙眉,語聲低沉,對人冷淡,行動遲緩,工作沒精打彩,遇上不順心事時容易激怒或發生攻擊性行為,久之就會導致疾病。

四、心理負荷對工作效績的影響

心理負荷過低或過重都會使工作效績降低,只有中等程度的心理負荷下可以取得好的成績。也就是說心理負荷的高低與工作效績之間存在著如圖 16-2 所示的倒 U 形關係。圖中 T_R 表示操作要求的時間,T_A 表示操作者實際所能提供的時間。當 $T_A \gg T_R$ 或 $T_R \gg T_A$ 時作業效績都會明顯降低,只有 T_A 與 T_R 大致相當時,才能保持較高的效績。過度緊張不易取得好成績,體操運動員比賽時若心理上過於緊張,就容易造成失誤。因此在體育訓練中,除了進行體力和技能訓練外還要有心理訓練 (mental training)。所謂心理訓練就是要通過訓練使運動員控制自己的情緒,避免心理負荷過重和臨場時過於緊張。在自動化監控系統中,有的操作員在突然出現事故信號時,由於過於緊張,會表現出不知所措,或慌亂按錯控制裝置,造成更嚴重的事故。人在操作要求過高,信息輸入速度過快時,也會由於負荷

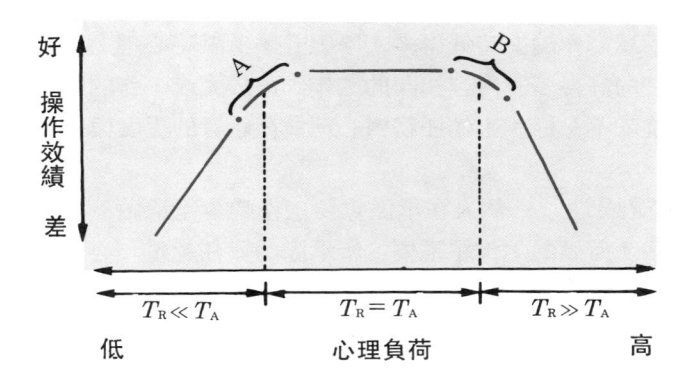

圖 16-2　工作效績與心理負荷強度之間的關係
(採自 Johanssen, 1979)

過重而發生信號漏檢或錯檢而導致錯誤。與此相反，人在操作過少或提供有用信息過少的情形下，也不能取得好的工作成績。例如在監視作業中若有用信號出現少，或信號出現的間隔時距長短差別較大而間隔時距又無固定順序時，人對信號的反應速度就要慢得多，而且容易發生差錯。

第三節　影響心理負荷的因素

人產生心理負荷總是有原因的。要控制心理負荷就要對導致心理負荷的因素有所了解。能引起人的心理負荷的因素大致有工作任務因素、社會及組織因素、環境因素，以及個體因素等。

一、工作任務

工作是影響心理負荷的重要因素。某些工作引起的心理緊張度低，另一些工作引起的心理緊張度高。一個人查閱資料或抄錄文獻這類工作時的心理緊張度要比構思寫作論文時低得多。學生升學考試時心理上承受的負荷比平時課堂作業時的高得多。內容相同的工作，由於完成工作的時間要求不同，心理負荷程度就不一樣。工作任務對心理負荷影響的程度與以下因素有關：

1. 工作重要性　一個人在承做重要工作時會比承做不重要工作時的心理負荷高一些。所做的工作越重要，所承擔的責任越重，心理負荷就越高。
2. 任務艱巨性　做難度大的工作要比做難度小的工作的心理負荷高。這是由於人在工作中付出的代價與工作難度有密切關係。學生對一道簡單的作業題，不要多大思索就可完成，而對一道難題，往往百思不得其解。人專心一意地思考解決難題時心理上的緊張程度是很高的。
3. 任務緊迫性　人的工作速度與任務的緊迫性有關。人從事緊迫的任務時，工作速度就會加快，從事不緊迫任務時，工作節奏就會放慢。工作速度加快，不僅體力支出大，心理緊張度也會明顯提高。
4. 工作風險性　若一個人完全知道他的工作必然成功，也就無風險可言。若他知道工作成功的概率只有 0.6，不成功的概率有 0.4，這時他做這種工作的決策時就要冒一定的風險。從事冒風險的事，心理負荷就會增高。例如，對多餘的錢有的人把它存入銀行，也有人把它投入股市，購買股票。這兩種做法對人的心理負荷會產生很不同的影響。錢存銀行雖無大錢可賺，但有利息可得，沒有什麼風險，不會增加心理負荷。把錢投入股市則不然，股市漲跌無定，變化很快，可以一日之內獲利萬金，也可能一念之差虧了血本。把錢投入股市是冒風險的事，股市漲落往往成為股民每天最關心的事。其心理負荷自然要比把錢存銀行的人高得多。

二、社會因素

每個人都生活在一定的社會中，其思想、情緒和行為無不受各種社會因素的影響。影響人心理負荷的社會因素是很多的，下面舉若干因素為例：

1. 社會變動性　社會變動對人的心理負荷有很大的影響。社會穩定，人們安居樂業，社會不穩定，就使人經常處於心理緊張狀態。戰爭、動亂、天災荒年、供應奇缺、物價暴漲等都是社會嚴重不穩定的表現。生活在此等情境中，整日提心吊膽，心理負荷很高，容易引起心血管系統、消化系統及神經系統的疾病。第二次世界大戰期間，倫敦經常受空襲，當時消化道潰瘍穿孔率明顯增高。我國"文化大革命"時期，很多人受到迫害，人身失去自由，精神上受到很大打擊，其中不少人因經受不了沉重的心理負荷而死亡。

2. 社會生活保障因素 社會福利保障狀況對人的心理負荷有重要的影響。在改革開放中，人們對與個人或家庭生活水平直接有關的改革會特別關心。工資制度、房產制度、醫療保險制度、退休制度、社會福利保障制度等，都與人們的切身利益息息相關。這些方面改革得宜，會使人寬慰放心，若改革過急過猛，就會超過一般人的心理承受能力，使人陷入沉重的心理負荷。當然，由於人們之間所處境況不同，各種改革和變化引起的心理負荷就有差別。身體羸弱多病的，特別關心社會醫療保障制度的改革，年老退休或接近退休年齡的人特別關心退休和社會福利制度的改革。一般職工則對工資制度、房產制度改革更為關心。

3. 人際關係和社會輿論的影響 人際關係對心理負荷的影響是很明顯的。人際關係好的人，樂於幫助別人，也易得到別人的幫助。遇有困難或不順心的事時，也由於容易得到別人的同情與支持，使心理負荷容易得到緩解。相反，一個人若人際關係不好，就會陷於孤立，碰到困難也不易得到別人的幫助和同情。人際關係不好的人，也容易受到社會輿論的批評。"人言可畏"，**社會輿論**(public opinion) 的褒貶對人具有巨大的鼓勵或鞭撻作用。許多人就因為怕受社會輿論的譴責而不敢做壞事。

三、組織因素

在一個組織內，人的心理、行為與組織的管理制度、人事關係、領導作風、工資福利分配、獎懲措施等均有密切的關係。例如從領導作風說，有的廠長、經理有民主作風，能深入群眾，主動聽取職工意見，重視職工對工廠管理的參與，在這種企業內工作的職工有意見能夠表達，心情上不會產生受抑感。但若換了一個專制思想嚴重，獨斷專行，聽不得職工意見的廠長或經理，職工的意見、建議受到壓抑。在這種專制領導作風下的職工，就會感到沉悶，心理負荷就高，工作積極性也會受到很大影響。

人在受到不公平對待時很容易引起心理上的緊張。一個人當自己的工作做得比別人多，而得到的報償卻比別人少，或者看到別人的成績貢獻不如自己，而組織提出的獎勵名單中別人名列其中而自己卻榜上無名時，就會感到自己遭受不公平的對待，這時就會表現出很高的心理緊張狀態。一般人對公平與否都非常敏感。人不患少，只患不公。東西少，只要分配公道，大家也會心安理得。若分配不公，即使分得的東西多，也會引起許多矛盾。

四、個體因素

心理負荷高低在個體之間存在很大的差別。這種差異主要由於兩方面的原因，一是由於人們的生活經歷和遭遇不同，二是由於個性因素的影響。

表 16-4　社會重新適應量表

生活事件	生活變化單位(LCU)	生活事件	生活變化單位(LCU)
1. 配偶亡故	100	23. 子女成年離家	29
2. 離婚	73	24. 涉訟	29
3. 夫婦分居	65	25. 個人取得顯著成就	28
4. 坐牢	63	26. 配偶就業或離職	26
5. 家庭成員喪亡	63	27. 初入學或畢業	26
6. 個人受傷或患病	53	28. 生活條件變化	25
7. 結婚	50	29. 個人習慣改變	24
8. 失業	47	30. 與上司不和睦	23
9. 分居夫婦恢復同居	45	31. 工作時間或工作條件變化	20
10. 退休	45	32. 遷居	20
11. 家庭中有人生病	44	33. 轉學	20
12. 妊娠	40	34. 改變消遣娛樂	19
13. 性功能障礙	39	35. 改變宗教活動	19
14. 事業重新整頓	39	36. 改變社會活動	18
15. 增加新的家庭成員	39	37. 借債少於萬元	17
16. 經濟狀況變化	38	38. 睡眠習慣變化	16
17. 親友喪亡	37	39. 生活在一起的家庭人數變化	15
18. 改行	36	40. 飲食習慣變化	15
19. 夫妻吵架加劇	35	41. 渡假	13
20. 借債超過萬元 (美金)	31	42. 過聖誕節	12
21. 負債未還抵押被沒收	30	43. 些微涉訟事作	11
22. 改變工作職位	29		

(採自 Holmes & Rahe, 1967)

個體生活中所發生的各種重大事件，往往會引起強烈的情緒激動，有些生活事件會對人的心理負荷留下長期的影響，例如失戀、離婚、喪偶、家庭離散、夫妻不和、高考落選、事業受挫、虧本負債、遭人打擊、受人凌辱、醜行暴露等都會引起情緒性的心理高負荷。自然，各種生活事件對人的心理影響程度是有差別的。有的生活事件引起的心理緊張度高，時間持續久，對人的工作和身心健康影響大，有的生活事件引起的心理負荷較低，對工作和身心健康的影響較小。賀爾梅斯等人 (Holmes & Rahe, 1967) 曾對人們生活中遭受的種種生活事件對人心理應激度的影響進行調查，並以**生活變化單位** (life change units，簡稱 LCU) 為指標對各種生活事件進行評分，製訂成表 16-4 所示的**社會重新適應量表** (Social Readjustment Rating Scale，簡稱 SRRS)。可見不同生活事件對人的心理應激的影響程度存在著很大差別。配偶死亡、親人變故、夫妻分居、離婚、失業待工等無疑會使人在心理上背上沉重的包袱。有的人經歷此類事件後，長期難以適應，不僅影響工作、生活，而且危害健康。據研究，可以根據人在一年內所經受的生活事件的生活變化單位累計值預測身體健康變化趨勢。若一年內的生活變化單位累計不超過 150，下一年就能身健保平安；若生活變化單位在 150～300 之間，來年就有 50% 可能得病；若生活變化單位超過 300，來年就有 70% 可能得病。有人對親人亡故而居喪的近千名男性作追蹤調查，並與同性別年齡相近的對照組進行比較，結果表明居喪第一年對健康影響特別大，其死亡率為對照組的 12 倍。80 年代鄭延平、楊德森 (1983)、張明圓 (1989) 把社會重新適應量表引入我國，使用者們根據我國實際情況對生活事件的某些條目進行了修訂。得到的結果與社會重新適應量表有較高的一致性 (r＝0.643～0.887)。

人們在遇到親人死亡或家庭離散、失業等重大生活事件時，很少有人能在心理負荷上不受影響，但是受影響的程度卻會表現出明顯的差別。發生同樣的重大不幸事件，有的人可能承受不了而很快導致心身疾病；有的人雖然也產生了很大的心理負荷，但能控制自己，使自己較快地從異常的心理緊張狀態中解脫出來；也可能有人只會受到很小的影響。人做了錯事時也有幾種情形，有人會受良心譴責，心情沉重，懺悔改過，但也有人會對自己做錯的事，毫不在乎，甚至強詞奪理，不以為恥，反以為榮。人們之間在碰到各種生活事件時所以表現出不同的態度和產生不同的心理負荷，以至引發不同的心身疾病，是與個體的個性（人格）有一定的聯繫。例如不同氣質和性格類型的個體對各種生活事件的刺激會產生不相同的相對固定的生理和心理應激反應形式。行為類型屬於 A 型的人往往爭強好勝、易激動、缺乏耐心、行動匆忙，而屬於 B 型的人則不好爭強，生活中表現出悠閒自得，做事從容不迫，事業上的成敗很少計較。這兩種性格類型者對生活事件的作用會引起不同的心理、生理應激反應，對健康也會發生不同的影響。據研究，A 型人的膽固醇、甘油三酯、去甲腎上腺素、促腎上腺皮質激素等含量均高於 B 型人。A 型人患冠心病的和心肌梗塞復發率皆明顯高於 B 型人。

生活事件對人心理應激與身心健康的效應除了受氣質、性格類型的影響外，還受人的其他心理品質如責任心、價值觀、人生觀等的影響。

第四節　心理負荷評定

一、心理資源限度與超負荷工作效績測量

（一）工作負荷和心理資源與工作效績的關係

人的活動可分為有意識活動和無意識活動兩大類。人在清醒狀態時的活動一般都屬有意識活動，就是說在意識的指向和控制下進行的活動。意識的集中與指向表現為注意。心理資源是指人的意識投向不同加工活動的能力。人在一定時刻所能動用的**心理資源**（或**注意資源**）(mental resource) 是有限度的，若工作負荷低，所需要的心理資源少，就能保證工作有效地進行，若工作負荷高，提供的心理資源就需要多，剩餘的心理資源就減少。工作負荷愈高，剩餘資源愈少。當工作負荷超過某個高度後，由於資源供應不足，人就不能有效地完成工作任務。圖 16-3 表示了工作負荷和資源需求、資源供應量及工作效績之間的這種關係。圖中表示資源的需求是與工作負荷一致的。當資源需求量不超過資源貯存限度時，資源供應能隨負荷提高而增加，

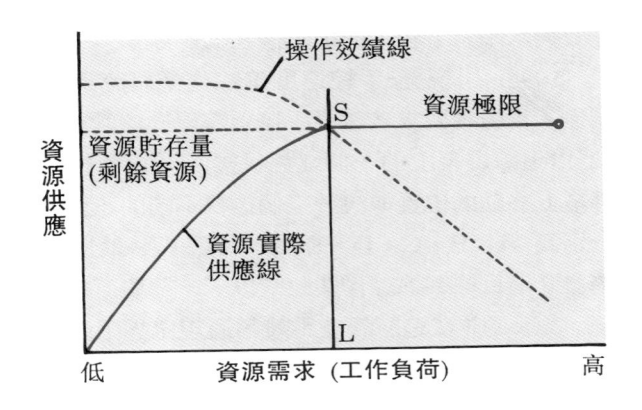

圖 16-3　工作負荷和資源需求，資源供應及工作效績的關係
(參照 Wickens, 1984)

這時工作效績可均勻地保持在高水平上。當工作負荷及相應的資源需求提高到資源儲備極限時，資源不能再隨工作負荷提高而增加。

(二) 工作超負荷與工作效績測量

從圖 16-3 可知，**工作負荷** (workload) 與心理資源及工作效績間的關係可以按工作中心理資源消耗程度分為兩半部分。兩半部分以 SL 線為界。SL 線為工作負荷達到心理資源無剩餘時的截止線，此時的工作負荷 Lm 稱為工作要求限度內能達到的最大工作負荷。不大於 Lm 的工作負荷屬正常工作負荷，工作負荷大於 Lm 時稱為工作超負荷。在正常工作負荷範圍內 (即 SL 線左側部分) 工作時提供的心理資源隨工作負荷提高而增加，因此能使工作效績保持在高水平上。但隨工作負荷提高，心理資源的剩餘量相應減少，這時工作負荷與剩餘資源量成反比，工作負荷愈高，剩餘資源量愈少。因此可通過測量工作時心理資源剩餘量來測定工作負荷水平。工作負荷達到 Lm 後，心理資源的供應不可能繼續隨工作負荷提高而增加，相反，這時會由於工作負荷的提高而發生心理資源不足使工作效績下降。工作負荷提高越大，心理資源供應越難以滿足要求，工作效績下降愈嚴重。因此在工作超負荷時，可以通過測量工作效績下降程度以測定工作的超負荷程度。顯然，若工作負荷沒有達到超負荷水平，就不能使用效績測量方法來評價工作負荷強度。下面舉一個我們實驗室的例子，說明工作效績指標在工作超負荷狀態下測定工作負荷水平具有較大的敏感性。

張智君等人 (1994) 用視覺-手控速度追蹤作業研究追蹤速度負荷與工作效績變化的關係。實驗中要求被試用手控追蹤桿操縱計算機屏幕上的一個藍色"＋"瞄準器以追蹤屏幕上的一個紅色目標"○"。目標是以規定的速度移動，目標在屏幕上移動的位置取決於三個振幅不同的正弦函數值的疊加。目標移動速度分別為 A、B、C、D、E、F 六檔，A 最慢，F 最快。要求被試盡力使瞄準器緊追目標。追蹤作業效績以"＋"對"○"的平均誤差距離（單位為像素）表示，並在追蹤誤差距離超過規定界限時由計算機發出音響警告。結果如圖 16-4 所示，平均誤差距離和音響警告次數均隨追蹤速度負荷提高而增加，只有 A、B 兩速度間的效績無顯著性差異，其他各檔速度間的差異均達到 $P<0.01$ 的水平。這說明速度 B 是能達到某一高效績的最大追蹤速度負荷。追蹤速度大於 B 後，由於超過了心理資源供應極限，追蹤效績明顯隨速度負荷提高而下降。速度負荷越高，追蹤效績惡化得愈快。

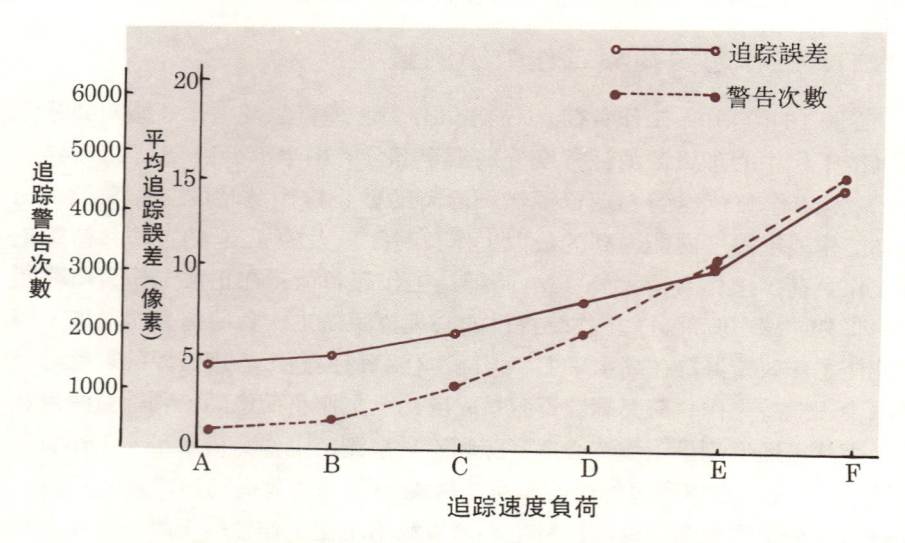

圖 16-4　眼-手追蹤誤差距離和超界警告次數與速度負荷的關係

(採自張智君等，1994)

二、次任務測量方法

從圖 16-3 中可以看到工作中所需心理資源不達極限時,耗用的心理資源隨工作負荷提高而增加,剩餘心理資源則隨工作負荷提高而減少。因此可通過測量工作時的心理資源的剩餘量以評價工作中所承受的負荷水平。工作時的剩餘心理資源一般用**次任務方法** (subsidiary task technique) 或稱**第二任務方法** (secondary task technique) 進行測量。人在從事一種工作時若心理資源無剩餘,就無能力進行第二種工作,若所做的工作負荷較低,就能在完成**主任務** (primary task) 的同時用剩餘心理資源去做第二種工作。剩餘心理資源越多,次任務的效績就會越好,剩餘心理資源越少,次任務的效績就越差。這樣,在保證主任務效績的前提下,次任務的效績水平就反映了人從事主務時的剩餘心理資源容量,並可據此評價從事主任務的工作負荷水平。

在採用次任務測定方法時,需要考慮的一個重要問題,是對次任務的選擇。不同的次任務由於與主任務之間在內容或性質上存在不同的關係,對測量主任務工作負荷的敏感性會有明顯的差異。一般說,當次任務作業在任務結構或操作維度上與主任務作業具有相同或相近的特點時,就容易發生資源競爭而表現出高的靈敏度。例如當主任務是視覺作業時若使用視覺次任務作業,次任務的效績就容易受主任務負荷水平的影響而變化。若主、次任務均為聽覺作業,同樣也由於容易發生資源競爭而具有較高的測量靈敏度。但若次任務測定方法過於強調主、次任務在作業結構或維度上的一致性,就會使不同工作測定的負荷水平缺少可比性基礎。因此,近幾十年來,國內外的學者在探求次任務的適用性問題上做了許多工作,找到了多種適應用於不同情境下使用的操作簡便的次任務測量方法。下面舉出幾種次任務方法:

(一) 節奏性敲擊測量法

使用**節奏性敲擊測量法** (rhythmic tapping measure) 這種次任務測定時,要求操作者在進行主任務作業的同時,盡可能以精確的時間節奏用手或足進行敲擊。操作者事先對節奏敲擊作業進行訓練,使之作單一敲擊作業的時間節奏精度達到某一穩定的水平。操作者從事主任務作業時敲擊的時間節奏精度會由於主任務作業的負荷不同而發生偏移。主任務負荷越重，操作者保持精確節奏的能力就越低。

（二） 時間判斷測量法

使用**時間判斷測量法** (time judgement measure) 要求操作者在完成主任務作業時，對於消逝的時間久暫進行判斷，例如要求每間隔 10 秒鐘敲擊一下手指或發出一個信號。操作者需事先單獨進行時間判斷訓練，直到達到一定精確度。在有主任務作業時，這種精確判斷時間間隔的穩定性就會受到干擾而發生偏移。主任務作業負荷越重或工作難度越大，時間間隔精確判斷的能力就越低，偏移誤差越大。因此可以根據時間判斷誤差的大小評價主任務作業的負荷水平。

（三） 口述隨機數測量法

使用**口述隨機數測量法** (random-number generation measure) 要求操作者從事主任務作業時同時口述隨機數（三位一組或四位一組），在主任務難度增大、負荷加重時，受測人產生隨機數的隨機程度會下降。例如在高負荷時，由於可用來編製隨機數的剩餘心理資源減少，受試者常會停止報出隨機數或重復地報出諸如 123、123、123、……這樣的數字組。

（四） 記憶搜尋作業測量法

記憶搜尋作業測量法 (memory-search task measure) 要求受測者事前記住一個字母表，在做主任務作業時隨機地出現字母刺激信號，受測者將所出現的字母刺激與記憶表中的字母進行比較，作出出現的字母是否包含在記憶表的字母中的判斷，並作出是或否反應。其反應時會隨主任務作業負荷的高低而變化。

（五） 心算作業測量法

心算需要提供一定的心理資源才能進行。資源提供多，就算得快速，資源供應少，就算得緩慢。因此**心算作業測量法** (mental arithmetic task measure) 常被用作測量主任務作業的負荷水平。作為次任務的心算一般採用不大於三位數的簡單四則運算。據汪慧麗等的研究 (1988)，在測定眼-手追踪作業負荷時，用二位數加一位數的心算作次任務作業比用回憶隨機數或用對偶聯想等次任務方法具有更大的敏感性。

測定工作負荷的次任務方法，除了上述幾種外，其他諸如**簡單反應時**和**選擇反應時**等也常被用作次任務作業，這裏就不一一加以介紹了。

三、心理負荷的生理和生化測量方法

如前所說，人在從事各種工作時會伴有一定的生理功能變化和體內某些生化物質含量的變化。這種變化往往與工作負荷水平有密切關係。由於生理與生化物質變化一般由植物性神經系統支配，不易受人主觀因素的影響，因此常被用作評價工作負荷的客觀指標。當然，生理與生化物質也有許多種不同的指標。各種指標對負荷的敏感性具有不同的選擇性。有些指標在測定不同工作負荷中有可能會出現矛盾的結果。至今仍難找到普遍適用的比較理想的生理、生化指標。下面介紹幾種用得較多並為較多研究者所肯定的生理、生化指標。

（一）心率與心率變異

心率（heart rate，簡稱 HR）和**心率變異**（heart rate variance，簡稱 HRV）是兩項在工作負荷評價中經常使用的生理指標。根據赫脫和豪塞爾（Hart & Hauser, 1987）對飛行員工作負荷測量的研究，心率與心理努力、負荷應激水平主觀評價的相關大於 0.60 以上，與疲勞水平則有－0.80以上的負相關。但一般認為心率容易受體力負荷和熱負荷等因素的影響，它對心理負荷的敏感性不如心率變異。心率變異大小與心理負荷高低有密切關係。心理負荷提高時，心率變異就減小。在前面提到的張智君（1994）有關

表 16-5 眼-手追踪速度負荷下被試心率變化率、心率變異變化率平均結果

速度負荷 測量項目	A	B	C	D	E	F
心率變化率	5.87	6.03	6.06	7.47	10.97	11.82
心率變異變化率	82.83	77.93	73.77	70.53	61.99	60.04

（採自張智君，1994）

六種不同速度的眼-手追踪作業中，除測定不同速度負荷的效績變化外，還同時對受試者的心率變化率、心率變異變化率進行了測量，結果如表 16-5 所示，可見心率變化率隨追踪作業負荷的提高而增大，心率變異變化率則隨追踪作業負荷的提高而降低。有研究表明，心率變異與心理負荷之間存在著倒 U 型關係。

(二) 大腦皮層誘發電位

大腦皮層誘發電位 (cerebral cortex evoked potential) 的變化與心理工作負荷有一定的關係。特別是誘發電位中的第三正電位波 (P3) 與心理工作負荷更有密切關係。第三正電位波在刺激後的 300 毫秒左右時間出現，因此也稱 P_{300}。第三正電位波一般在刺激與受試者的信息加工有關時才會出現。它的波幅和潛伏期會隨刺激的特徵不同而變化。如果心理負荷主要取決於期望、驚訝、任務可預測性等因素時，P_{300} 振幅變化比較敏感；如果心理負荷主要與被試對刺激的評價難度有關，則 P_{300} 潛伏期的變化更為敏感。下面以伊斯雷爾等人 (Isreal, Wickens, et al., 1980) 對空中交通視覺

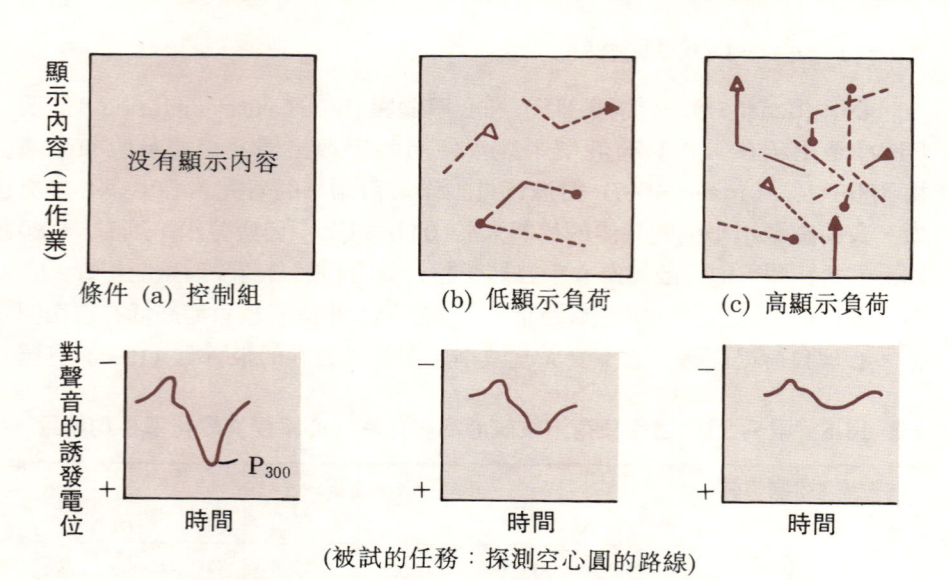

(被試的任務：探測空心圓的路線)

圖 16-5 心理工作負荷與誘發電位 P_{300} 振幅變化的關係
(採自 Isreal & Wickens, 1980)

監視作業負荷評價研究為例，說明心理工作負荷與 P_{300} 的關係。研究者安排了如圖 16-5 所示的三種負荷狀態，(a) 是無視覺監視作業；(b)、(c) 是監視空心圓的路線變化，其中 (b) 是低顯示負荷，(c) 是高顯示負荷。在這三種顯示負荷狀態時，均以聽覺字母辨認作次任務作業。次任務作業中給被試聽 ABABBA……聲音刺激，要求對其中的某個聲音刺激（譬如 A）進行計數，同時記錄大腦聲音誘發電位 P_{300} 的變化。結果如圖 16-5 所示。無視覺監視作業時對聲音刺激 P_{300} 的振幅最大，有視覺監視作業時，P_{300} 的振幅隨著視覺監視作業負荷的提高而衰減。這表明用 P_{300} 振幅變化來評價知覺、認知工作負荷高低具有較高的敏感性。

(三) 生化物質含量

如前所說，工作負荷的高低會引起某些生化物質含量的變化，因此通常把這些生化物質含量變化作為評價工作負荷高低的客觀指標。腎上腺素、去甲腎上腺素、多巴胺、精氨酸加壓素等生化物質含量常被用來評價心理工作負荷的高低。自然，不同生化物質含量對不同工作負荷的關係有其特異性，例如有人研究服裝廠自動化機器工人與手工操作機器工人在當班時間內三段工作時間（8～11 時，11～14 時，14～16 時）的尿內腎上腺素、去甲腎上腺素和皮質醇含量的變化，發現前兩種生化物質均為自動化機器工人的含量高於手工操作機器工人，而且隨著工作時間延長，兩者的差別也隨著增大。但尿內皮質醇的含量，在兩類工人之間則無明顯差別。一般認為體力負荷與心理工作負荷可以通過去甲腎上腺素與腎上腺素的比率（NA/A）大小加以區分。若 NA/A 的比率大於 5 時說明工作是以體力負荷為主，比率小於 5 時是以心理工作負荷為主。

四、心理負荷的主觀評定方法

主觀評定法 (subjective assessment) 是操作者根據自己對操作中的工作難度、時間壓力、緊張心情等的主觀感受或體驗對工作負荷水平進行評價的方法。與次任務及生理生化測定等方法相比，它具有如下優點：(1) 主觀評定是依據對工作負荷的直接感受，而次任務及生理生化測定則是通過工作過程中伴生的指標變化對工作負荷的間接評定。間接評價必以對所測指標與工作負荷間關係的充分了解為前提，不然，就不容易對工作負荷水平作出恰到好處的評價；(2) 主觀評價一般在事後或工作告一段落進行，因此不會像次任務作業或生理生化測定那樣對主任務作業過程產生干擾；(3) 主觀評定法一般用工作難度、緊張度、時間壓力等統一的心理維度，因而對不同情境、不同工作的負荷評定結果可以互相比較，而次任務與生理、生化測定的指標往往對不同工作具有適應特異性，很難得到適用於各種工作的統一指標，因而不同工作測定的結果之間難以進行比較；(4) 主觀評定方法一般不需要硬件設備，方法簡單，操作方便，容易推廣使用；(5) 主觀評定具有較高的敏感性，不僅能區分出正常範圍的負荷與超負荷，而且也能反映出中、低負荷水平的差別。

　　心理負荷的主觀評定也有多種不同的方法。下面簡要介紹幾種較為常用的方法。

表 16-6　主觀工作負荷評價法 (SWAT) 的負荷維度及其等級描述

負荷維度	維度等級	負 荷 狀 態 描 述
時間負荷	1	經常有空閒時間，作業過程中不出現或很少發生停頓或重疊現象。
	2	偶爾有空閒時間，作業活動過程中較多出現停頓或重疊現象。
	3	幾乎從未有空閒時間，作業活動過程中經常出現停頓或重疊現象。
心理努力負荷	1	很少需要作有意的心理努力；作業活動幾乎是自動的，不需要或很少需要注意。
	2	需要作中等程度的有意努力；作業活動由於不確定性、不可預測性或不熟悉使作業活動具有中等的複雜性；活動中要求給以較多的注意。
	3	需要高度的心理努力；作業很複雜；要求高度的注意。
心理緊張負荷	1	很少出現慌亂、危險、挫折或焦慮；容易適應。
	2	由於慌亂、挫折和焦慮引起中等緊張程度，增加了負荷；為了保持應有的作業效績需要作出顯著的補償行動。
	3	由於慌亂、挫折和焦慮引起高度的心理緊張；需要具有很大的自我控制力。

(採自 Reid & Nygven, 1988)

（一）主觀工作負荷評價法

主觀工作負荷評價法 (subjective workload assessment technique，簡稱 SWAT) 是一種多維評定量表。此法有一基本假定，認為心理負荷是由時間負荷、心理努力負荷和心理緊張負荷三個維度綜合的結果。每個負荷維度又分成如表 16-6 所示的三個水平。三個維度與每維度的三個負荷水平，可組成 27 種結合狀態。在製作量表時先要求被試對每種結合狀況的描述各設想一種與之對應的實際事例，然後再把這些實際事例間的心理負荷強度的兩兩比較結果，經統計處理，排出 27 種狀態的負荷強度順序，即構成主觀工作負荷評價法量表。在應用此量表進行實際工作負荷評價時，把實際工作的感受與量表所描述的狀況相對照，以確定該工作的心理負荷水平。

（二）古珀-哈珀量表法

古珀-哈珀量表 (Cooper-Harper Scale)，簡稱 **CH 量表**，是由古珀和哈珀提出的評價工作負荷的主觀評定量表。這一個量表是以以下假設為基礎的：工作負荷與操作者的工作質量之間存在直接關係。就是說工作質量要求高，就需要多花氣力。古珀-哈珀量表開始時用於測定飛機操縱負荷。按操作者操縱飛機時感受到飛機可控的程度進行評分。評定過程分為四步，如圖16-6 所示。用 10 點量表按回答每一步問題時達到的情形進行評分。

為了使古珀-哈珀量表適用於其他工作，威爾維爾等人 (Wierwille & Casali, 1983) 將此量表作了改進。改進後的量表稱為**修正的古珀-哈珀評定**

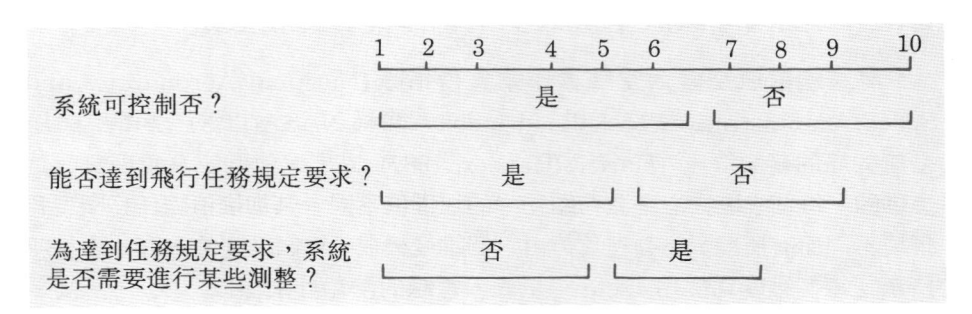

圖 16-6 CH 飛機操縱特性評定量表
(採自張智君，1993)

量表 (Modified Cooper-Harper Rating Scale，簡稱 MCH)。MCH 量表對心理工作負荷仍採用四級 10 點評分，見表 16-7。

表 16-7　修正的古柏-哈柏評定量表(MCH)的心理負荷評定量表

負荷等級	評分	努 力 程 度
經一定努力就能順利達到任務規定要求	1 2 3	操作者只需很小努力，能達到任務規定要求。 操作者作出較低努力，能達到任務規定要求。 為達到任務規定要求，操作者需作出較大努力，但這種努力是可接受的。
達到任務規定要求需要作出可接受的努力	4 5 6	為達到任務規定要求，操作者需作出大的努力。 為達到任務規定要求，操作者需作出很大努力。 為達到任務規定要求，操作者需作出最大努力。
達到任務規定要求需作出很大努力，但不能避免發生差錯	7 8 9	為使差錯減至中等水平，操作者需作出最大的努力。 為避免出現大的或大量的差錯，操作者需作出最大努力。 為完成任務，操作者需作出極大努力，但仍存在大量差錯。
作出極大努力，仍發生大的差錯或連續發生差錯，在多數情況下難以達到任務規定要求	10	雖作出極大努力，仍不能可靠地完成任務。

(採自張智君，1993)

(三)　美國國家航空暨太空總署作業負荷指數法

美國國家航空暨太空總署作業負荷指數 (National Aeronautics and Space Administration Task Load Index，簡稱 NASA-TLX) 是由美國航空航太局的赫脫等人 (Hart & Hauser, 1987) 提出。他們認為心理負荷是多維的，每個維度在心理負荷結構中的加權值不同，其加權值隨任務類型和情境不同而有所差異。心理負荷由六個維度構成，每個維度的內容如表 16-8 所示。每個維度均採用 12cm 線量表，每線的兩端分別標以"低"、"高"一類雙級形容詞。被試根據操作中的感受與體驗在每一維度量表線的相應處指出其所體驗的程度。而後按各維度的加權值求出心理負荷綜合指數。

表 16-8　美國國家航空暨太空總署作業負荷指數法的負荷維度

維　度	維度兩極標示	維　度　內　容
心理要求	低——高	需要多大的思維、決策、計算、注視、搜尋等心理活動？任務容易還是艱難？簡單還是複雜？緊張還是寬鬆？
生理要求	低——高	需要多大的推、拉、轉動、控制、發動等體力活動？ 任務容易還是艱難？緩慢還是輕快？鬆弛還是緊張？悠閒還是吃力？
時間要求	低——高	由於任務速度要求造成的時間壓力有多大？速度是緩慢、悠閒的還是快速的？
操作成績	好——差	自己認為在完成規定的任務目標方面做得如何？對自己的成績滿意程度如何？
努　力	低——高	為了獲得所取得的成績，做了多大努力（包括心理的和生理的）？
挫　折	低——高	工作期間有過多大的動搖、氣餒、煩惱和緊張？或感受到多大的滿足、充實、輕鬆和得意？

(採自 Hart & Heuser, 1987)

本 章 摘 要

1. 心理負荷指心理上的緊張狀態。心理緊張度大，心理負荷就高。
2. 心理負荷主要表現為三種類型：操作活動的心理負荷；信息加工活動的心理負荷；情緒性心理負荷。
3. 人有心理負荷時會引起心率、血壓、血糖、內分泌腺活動、腸胃消化系統功能狀態、腦功能狀態等一系列生理變化。
4. 心理負荷會影響人的身體健康。經常處於高心理負荷狀態的人容易發生高血壓、心臟病、癌、胃潰瘍、神經系統功能障礙等疾病。企業中不同工種職工心理負荷的差異是引起他們健康水平不同的一個重要原因。
5. 心理負荷過低時會發生思想放鬆、注意不集中、行動步伐變慢等現象。

心理負荷過高，會引起人心神不定、行動忙亂等現象。長期處於高心理負荷的人，往往會對工作表現出冷漠、不滿、厭惡和迴避。

6. 心理負荷與工作效績存在倒 U 形關係，心理負荷過低或過高都會降低工作效績。人在低負荷狀態下，喚醒水平降低，放鬆警惕，容易發生漏檢信號和操作延緩等差錯；處在超負荷狀態下，人會由於過於緊張而導致操作忙亂，差錯增多或陷入不知所措而停止操作。一般在具有適中的心理負荷水平時能產生最大的工作效績。

7. 人的心理負荷水平與工作的重要性、艱巨性、緊迫性、風險性等因素有密切關係。人做重要、艱巨、時間緊迫、風險大的工作時心理負荷大。

8. 心理負荷水平受社會因素的影響。社會安定、物價穩定時人的心理負荷低，社會動盪、盜賊橫行、物價飛漲、生存與生活無保障的環境中，人的心理緊張度大，負荷高。人際關係和社會輿論也對人的心理負荷有重要影響。人際關係和諧，受到社會輿論讚譽的人心理負荷輕；反之，人際關係不和諧，受到輿論譴責的人，會增大心理負荷。

9. 組織因素也對人的心理負荷有重要影響。企業的領導作風、福利分配、獎懲措施、班組集體氣氛、職工工作自主權等都是影響職工心理負荷的組織因素。領導作風民主、福利分配公平合理、班組互助精神好、集體和諧時人的心理負荷輕。若工作在相反的環境中，心理負荷就會增大。

10. 個體生活事件是人的情緒性心理負荷變化的重要原因。生活事件中配偶喪亡、親人變故對心理負荷有最大的影響。事業破敗、失業待工也對心理負荷有較大的影響。

11. 生活事件對心理負荷的影響往往因個體的氣質、性格、行為類型不同而有明顯的差異。例如 A 型行為類型者其生活事件引起的心理、生理應激反應強度一般高於 B 型者。

12. 了解心理負荷水平對安排職工工作、控制作業強度、調動職工積極性有重要意義。評定心理負荷水平一般採用四類方法：工作效績測量、次任務測量、生理應激反應測量、主觀評定。

13. 工作效績測量和次任務測量都以心理資源理論為基礎。人在同一時間能用於工作的**心理資源**是有限度的。工作難度小，消耗的心理資源少，工作難度大，消耗的心理資源多。工作要求若超過心理資源限度，工作效績就發生下降，因此從工作效績變化可以評價工作超負荷的程度。

14. 次任務測量是工作所需心理資源未超過人的資源限度時,通過剩餘資源測定以評定心理負荷的方法。次任務測定的靈敏性因主、次任務的關係而異,主、次任務需用共同資源越多,次任務測量法就越靈敏。常用的次任務測量法有**節奏性敲擊測量法、時間判斷測量法、口述隨機數測量法、記憶搜尋作業測量法、心算作業測量法**等。

15. 心理負荷常伴有一定的生理變化,因此可以通過某些生理變量的測定,以評價心理負荷的高低。**心率、心率變異、大腦皮層誘發電位 (P_{300})、以及腎上腺素、去甲腎上腺素和精氨酸加壓素等生化物質含量**是常用的心理負荷生理測量指標。

16. **主觀評定法**以人對心理負荷的直接感受和體驗為基礎。它對心理負荷變化敏感,並具有不干擾工作、方法簡便、在不同工作間可進行比較等優點。常用的心理負荷主觀評定法有**主觀工作負荷評價法、古珀-哈珀量表法、美國國家航空暨太空總署作業負荷指數法**等。

建議參考資料

1. 朱祖祥 (主編) (1994):人類工效學。杭州市:浙江教育出版社。
2. 李心天 (主編) (1991):醫學心理學。北京市:人民衛生出版社。
3. 張智君 (1991):次任務測定技術在心理負荷評定中的作用。應用心理學,6 卷,2 期,38～44 頁。
4. 張智君 (1993):心理負荷的主觀評定技術。心理學動態,35 期,6～13 頁。
5. 楊 俊、林葆城、王成海、宋朝佑、朱鶴年 (1989):心理性應激對人體血壓、心率、呼吸及血漿、腦脊液中精氨酸加壓素免疫活性物質含量的影響。心理學報 76 期,191～194 頁。
6. Hancock, P. A., & Caird, J. K. (1993). Experimental evaluation of a model of mental workload. *Human Factors,* 35(3), 413～429.
7. Hancock, P. A., & Meshkati, N. (Eds.) (1988). *Human mental workload.* Amsterdam: Elsevier Science.
8. Moray, N. (Ed.) (1979). *Mental workload.* New York: Plenum press.
9. Wickens, C. D. (1984). *Engineering psychology and human performance.* Ohio: Charles.

第十七章

工作疲勞與厭煩

本章內容細目

第一節　疲勞概述
一、疲勞概念　547
二、疲勞分類　547
　㈠ 整體疲勞
　㈡ 局部疲勞
　㈢ 肌肉疲勞
　㈣ 心理疲勞

第二節　疲勞的機制
一、肌肉疲勞的機制　549
二、整體疲勞的機制　550

第三節　影響疲勞的因素
一、影響疲勞的因素　551
　㈠ 工作強度與持續時間
　㈡ 心理負荷
　㈢ 體質和健康狀態
　㈣ 工作方法及工作熟練度
　㈤ 工具設備與人的匹配程度
　㈥ 環境因素
　㈦ 營養狀況
二、過度疲勞的後果　554
　㈠ 降低工作效績
　㈡ 增多操作事故
　㈢ 損害健康

第四節　疲勞測評
一、疲勞的主觀評定　556
二、疲勞的工作效績測定　556

三、疲勞的腦電圖測定　557
四、疲勞的閃光臨界融合頻率測定　558
五、疲勞的觸覺敏感距離測定　558
六、疲勞的心理運動能力測定　558

第五節　工作單調與厭煩
一、厭煩概述　559
二、影響厭煩的因素　560
　㈠ 引起厭煩的客觀因素
　㈡ 引起厭煩的主觀因素

第六節　防止疲勞與厭煩
一、節約能量消耗延緩疲勞發生　561
　㈠ 控制工作強度和難度
　㈡ 選擇省力與有效的工作方法
　㈢ 合理設計工具
二、休息與疲勞消除　564
　㈠ 休息是消除疲勞的最有效方法
　㈡ 休息的時間安排
三、豐富工作內容　567
　㈠ 工作內容豐富化
　㈡ 工作輪換
　㈢ 音樂對消除厭煩的作用

本章摘要

建議參考資料

人與機器相比有一個很大的弱點，就是人在工作中容易產生疲勞。疲勞是人不能持續高效率工作的主要原因。疲勞還容易引起傷亡事故。經常發生疲勞還會使身心健康受到損害。因此疲勞問題一直受到工效學者和工業心理學者的重視。疲勞是一種複雜的現象。它與工作負荷有密切關係。工作負擔重、工作時間長必然會引起疲勞。人的情緒、工作環境、體質、年齡和工作方法等也會對疲勞產生明顯影響。有的企業管理者為了增加產量，採用加快職工工作速度或延長工作時間等增強勞動強度的方法。殊不知人的工作負荷有其限度。負荷超過一定限度，就會引起疲勞，降低工作效率。加強勞動強度的方法，不僅無益於提高工作效率，也背道於人類的文明進步。只有保護勞力資源，才能真正有利於提高勞動效率。防止疲勞對保護勞力資源具有重要的意義。只有了解產生疲勞的原因和影響疲勞的條件，才能找到防止疲勞的有效方法。

　　隨著科學技術的進步，企業生產的自動化程度不斷提高。在自動化生產中，體力作業被監控作業所代替。監控作業中的操作者自然可以免去體力活動的疲勞，但由於工作單調，容易引起厭倦。人發生厭倦時，自然會使工作積極性低落。疲勞與厭煩都降低工作效率，但兩者卻完全起於不同的原因。疲勞是工作繁重的結果，厭煩則是由於工作負荷過輕和工作方式單調所引起的。原因不同，對付的方法也自然應有所區別。

　　疲勞與厭煩的問題不僅影響工作效績與安全，而且也涉及工作的設計。企業在安排和設計職工的工作時，除了要考慮他們的體力和認知能力等因素外，還必須考慮他們的情緒、動機、興趣的特點和他們對工作、生活質量的要求。讀者通過閱讀本章，將會對以下有關疲勞和厭煩的問題增進了解：

1. 認識人的疲勞現象的性質及其產生的原因。
2. 了解測量和評定疲勞的技術。
3. 了解影響疲勞發展的因素。
4. 了解控制疲勞的途徑。
5. 了解防止疲勞和避免產生工作厭煩的方法。

第一節　疲勞概述

一、疲勞概念

疲勞 (fatigue) 是人在工作中由於經受的活動力度較大或時間較長而產生的工作能力減退的狀態。從生物學上看，疲勞是一種自然的防護性反應。因為人在工作和活動過程中，需要消耗貯備的能量和資源。活動力度大、時間長，消耗的能量就多。若能量消耗得不到及時的補充而繼續進行活動，就會對機體產生有害的作用。用力程度減少、活動速度放慢、活動質量降低等都是為了使機體貯備的能量資源不至於過度消耗。因此，疲勞本身是一種防止機體身心負荷過載的反應。同時，疲勞也是向人發出需要補充活動能量資源的信號。人在感受到疲勞時，就意識到需要暫時中斷活動進行休息。通過休息可以使消耗的能量資源得以恢復。

人體疲勞是在工作中逐漸產生和積累的。工作的開始階段，是起動與熱身階段，這時活動水平不高，活動能力不會被完全表現出來，貯備的能量與資源消耗不大，不會產生疲勞。經過一定的工作時間後，人體身心調整到最佳狀態，活動能力得到了最大的激發，活動效績達到最高的水平。這個階段自然消耗比較大的能量和資源，因此不可能持久。能量、資源消耗到一定程度後，就會出現疲勞。這時工作效率降低，速度減慢，力量減弱。隨著工作的持續，疲勞不斷積累，越積越重，若不調整工作或不進行休息，就會引起疲勞過度而暫時喪失活動能力，被迫中斷工作。若經常引起過度疲勞，就容易形成慢性疲勞，使身心受到損害。

二、疲勞分類

（一）　整體疲勞

整體疲勞 (whole body fatigue) 是全身性的疲勞，例如當人進行一天繁重工作時所產生的疲勞就屬全身性疲勞。整體疲勞的表現是多維度的，一般表現為體力衰減，活動速度變慢，效率降低，差錯增多，注意不能集中，思維遲緩，動機減弱，精神不振。一個處於全身性疲勞的人，除了渴望休息外，什麼都不想做。

(二) 局部疲勞

局部疲勞 (local fatigue) 是指人體某一部分由於進行較強或較長時間的活動而產生的疲勞。例如，在照明不良條件下，進行長時間閱讀作業所引起的視覺疲勞，前臂和手不斷做提重作業所引起的前臂肌肉疲勞，進行長時計算機錄入作業時的指腕肌肉關節疲勞等，都屬於局部疲勞。整體疲勞與局部疲勞有一定的聯繫。人產生局部疲勞後若繼續持續工作，就可能由於疲勞積累、漫延，發展成整體疲勞。

(三) 肌肉疲勞

肌肉疲勞 (muscular fatigue) 又稱生理疲勞 (physiological fatigue)。人做體力工作時，必須依靠有關骨骼肌的收縮和伸展運動。較大的體力工作需要肌肉作強烈伸縮。肌肉經一定次數或持續一定時間的強烈收縮後，會產生疲勞。肌肉疲勞時收縮力量強度降低，收縮與伸展的速度變慢，收縮潛伏期增長，操作速度緩慢，工作效率降低。

(四) 心理疲勞

心理疲勞 (mental fatigue) 與體力活動有一定關係，但它的產生與消除主要不取決於體力的消耗與恢復。心理疲勞一般與心理負荷水平及精神緊張狀態相聯繫。它的產生原因和表現形式要比肌肉疲勞複雜得多。心理緊張度過高，精神負擔過重，心情沉重，工作單調乏味等都會引起心理疲勞。心理疲勞時人會表現出身體乏力，注意力不能集中，思維和行動遲緩，情緒低落，精神不振，工作效率降低，做事容易發生差錯等。心理疲勞嚴重時，會表現出對人冷漠，對工作厭倦。若長期或經常發生心理疲勞，還會引起神經衰弱、失眠、目眩、頭昏、食欲不振、消化不良、心血管系統功能紊亂等症狀。由於心理疲勞的複雜性，因此消除心理疲勞也不像肌肉疲勞那樣容易。許多因操心過度而引起心理上極度疲勞的人，要經過較長時間的休養和理療才能從疲勞中恢復過來。

第二節　疲勞的機制

一、肌肉疲勞的機制

　　肌肉疲勞是由肌纖維進行大力度的或長時間的收縮活動引起的。肌肉收縮時需要消耗能量，收縮的力度越大，消耗的能量越多。肌肉中的三磷酸腺苷 (ATP)、磷酸肌酸 (CP) 是肌肉活動的直接能源。這種能源物質降低到一定水平時就會引起肌肉進行糖酵解反應，再合成三磷酸腺苷 (ATP)。糖酵解伴隨乳酸的形成與積累，乳酸的積累引起內環境中的氫離子濃度上升，使肌內酸鹼度 (pH 值) 下降。內環境酸度增高促使糖酵解時的磷酸果糖酶活性下降，導致三磷酸腺苷合成量減少。pH 的下降還造成肌漿網結合鈣離子的能力上升，使鈣離子釋放量降低。這一變化阻礙了肌動蛋白的形成。最後導致肌肉收縮能力降低，表現出肌肉的疲勞現象。

　　肌肉疲勞的發展過程，除了肌肉中發生上述生化物質的變化外，還與中樞神經的活動狀態存在一定的關係。這主要表現在兩方面：一方面是在肌肉疲勞的開始階段，中樞神經系統將會控制更多的肌纖維參與工作。由於參與工作的肌纖維增多，使肌肉的總的工作力量得到補償。這種補償作用已在一些肌電圖研究中得到證實。如圖 17-1 所示，當肌肉在工作中由於受到重復刺激，使收縮水平有所降低時，肌電圖記錄的電活動卻在增高。這表明參與收縮的肌纖維在增多，因而雖然每個肌纖維的收縮力量在降低，但總的肌力仍可以維持在一定的水平上。當然，若手臂繼續用力進行工作，引起疲勞的肌肉範圍就會增大，肌肉收縮的力量也會越來越減弱。中樞神經的補償作用也會漸趨降低。中樞神經系統除了對肌肉疲勞早期階段具有上述補償作用之外，它本身也隨著肌肉疲勞的加深和體內活動能源的消耗而產生疲勞。在大力度或長時間的體力工作中，會引起體內血糖含量的較大下降。血糖是大腦

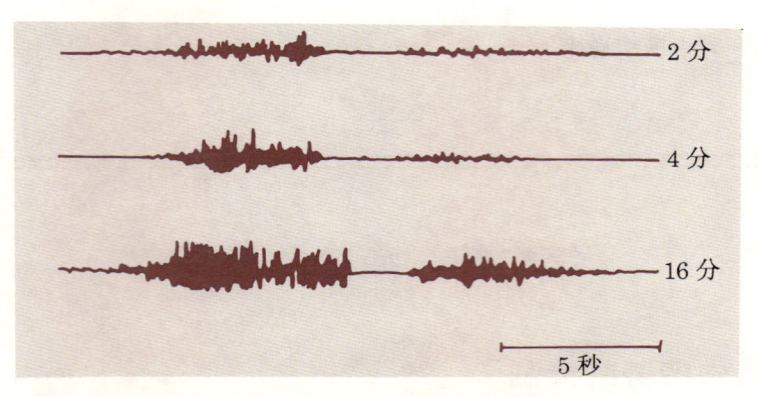

圖 17-1　上臂肌肉多次重復用力而發生疲勞時記錄的肌電圖
(採自 Grandjean, 1982)

活動的能量供應源，血糖含量減少，將導致中樞神經系統活動水平降低，同時引起大腦內的抑制性神經遞質 r－氨基丁酸含量的增加，使大腦的興奮性下降，從而使人的肢體活動的速度減慢，工作效率降低。所以，肢體長時間用力的結果，可以使局部肌肉疲勞發展成全身性疲勞。

二、整體疲勞的機制

人處於全身性疲勞時，會感到渾身疲乏無力。這時候人不僅肌肉力量減弱、操作速度減慢，而且表現出警覺性降低，注意不易集中，信息加工的能力明顯下降。若疲勞繼續發展，則會引起全身肌肉鬆弛，最後活動停止，進入睡眠狀態。全身疲勞時的這種種表現，都是與中樞神經系統的狀態，特別是與大腦活動狀態有關的。眾所周知，興奮與抑制是大腦的兩種基本神經過程。興奮是與大腦的清醒狀態相聯繫的。人在清醒狀態時，能清晰反映內外刺激的作用，能迅速有效地對各種事物的作用進行信息加工並作出反應。而人的清醒狀態是由位於腦幹中央部位的**網狀結構** (reticular formation) 的活動來維持的。網狀結構起著喚醒大腦的作用，因此也稱為**網狀激活系統** (reticular activation system，簡稱 RAS)。網狀結構不僅與大腦之間存在聯繫通路，而且也與軀體的各種感覺傳入神經存在著聯繫通路。因此來自感覺器官的神經衝動通過直接通路進入大腦皮層，同時也傳入網狀結構，激起網狀結構的活動。網狀結構的活動信號傳入大腦後使大腦保持覺醒狀態。

只有處於覺醒狀態的大腦才能對來自體內外的感覺信號進行認知加工和作出各種控制活動。

網狀結構活動與大腦活動是相互影響的。網狀結構的興奮維持大腦的覺醒狀態，大腦接受體內外的刺激引起的興奮過程也會向下傳至網狀結構以加強或維持網狀結構的激活水平。同樣，大腦若由於工作過久或能量供應不足而處於抑制狀態時，這種抑制過程也會傳入網狀結構，使網狀結構處於不同程度的抑制狀態，這時人就會漸漸失去清醒狀態，出現全身性疲勞時所發生的種種行為表現。

疲勞現象除了與大腦皮層及網狀結構的活動狀態直接有關外，還與中樞神經系統中的**邊緣系統** (limbic system) 的活動有關。例如，用高頻電流刺激杏仁核的背側部可以引起大腦皮層電位的去同步化，引起類似於刺激中腦網狀結構所出現的覺醒反應；用同一頻率電流刺激杏仁核腹側部則引起大腦皮層電位的同步化和類似睡眠狀態時的腦電圖。在疲勞時發生的肌肉緊張度下降、力量減弱、動作遲緩等現象，也與邊緣系統的扣帶回的活動有一定的關係。刺激扣帶回可以使肌肉鬆弛，刺激胼胝體膝部周圍的扣帶回，則可獲得類似睡眠樣的狀態，引起閉眼和使運動的肌肉緊張度消減等。

第三節　影響疲勞的因素

一、影響疲勞的因素

(一)　工作強度與持續時間

每個人幾乎都會有過這樣的體驗：輕鬆的工作不容易疲勞，繁重的工作就容易疲勞；工作時間短時不容易疲勞，工作時間長時就容易疲勞。**工作強度** (intensity of labour) 與工作持續時間對疲勞發展具有累積作用。工作強度越大疲勞出現得越早，工作持續時間愈長，疲勞累積得愈深。要使工作中不產生或產生較輕的疲勞，就要科學地控制工作負荷強度和合理地計畫工作時間。

(二) 心理負荷

第十六章討論心理負荷時曾說到人的心理負荷水平與精神上遭受的壓力有密切關係。人在工作或生活中遇到與自己的切身利益相衝突或對自己情感上有傷害的事件時，往往會在精神上感受到沉重的壓力，引起很高的情緒性心理負荷。這種情緒性心理負荷是導致疲勞的一個重要原因。一個人當遇到親人喪亡、事業失敗或失戀等事件時，會突然感到很大的悲哀與憂鬱而產生沉重的精神壓力，陷入極度的疲勞。

(三) 體質和健康狀態

身體是影響疲勞的重要因素。做同樣的工作，健康的人，特別是身體強壯的人不容易引起疲勞，而體弱多病的人容易發生疲勞。疲勞容易致病，有病更易引起疲勞，兩者互相影響。企業中各種工種的勞動強度和工作條件會有許多差異，分配工作時應考慮從職人員的體質與健康狀況而加以不同的使用。這不僅有利於減輕工作疲勞，維護職工的健康，而且也有利於提高工作效率。

(四) 工作方法及工作熟練度

做任何工作都要講究方法。方法好，不僅能保證工作質量和數量，而且工作起來比較省力，不容易疲勞。例如珠算，有人用三指撥珠，也有人用二指撥珠，三指撥珠就比二指撥珠算得快。計算機鍵盤輸入有許多種方法，其中有的方法輸入快，有的方法輸入慢，輸入相同的任務時，輸入快的自然要比輸入慢的省力又省時。先進生產者所以能取得成功，一個重要原因就在於他們重視工作方法的改進。工作方法包括工作程序安排，操作動作組合，工作姿勢選擇，工作時間分配等多方面的內容。若一個人不僅有合理的工作方法，而且對方法達到了熟練掌握、運用自如的程度，工作起來自然要比不熟練的時候效率高，不易疲勞。做同樣的工作，新手比熟手吃力費時，主要原因就在熟練程度上的差別。

(五) 工具設備與人的匹配程度

工具和設備設計得好壞，對操作者的工作效率有很大影響。笨重的、不順手的、大小和位置高低與操作者的身體尺寸不匹配的設備與工具，都會使操作人員工作中多費力費時，不僅容易疲勞，而且也容易引發事故。各國各地區的人群，在軀體機構、體力、文化背景、生活習俗、歷史傳統等都有各自的特點，設備、工具以及一切人所使用的事物，只有設計得與使用人群的上述各方面特點相適應，才能做到省力、方便、高效和不易疲勞。

(六) 環境因素

這裏的環境因素是指照明、噪聲、溫度、振動等物理環境因素。這些環境因素對人的疲勞有明顯的影響。在昏暗的照明下工作不僅容易產生視覺疲勞，而且也容易引起心理疲勞和整體疲勞。在毫無聲響的環境中比在適度噪聲環境中容易出現疲勞。這是因為聲音作用是維持網狀結構激活水平和大腦覺醒狀態的神經興奮活動的重要刺激源。環境噪聲水平過低時的工作效績不如中等環境噪聲水平時好，其重要原因就在前者缺少引起最佳覺醒水平的聽覺刺激。當然，若工作環境中噪聲過大，就會引起操作者的厭煩，且容易引起全身性疲勞。工作環境溫度過低和過高也容易引起疲勞。

(七) 營養狀況

人體活動需要消耗能量。能量來自能源物質。能源物質主要依賴於食物的營養成分。有人對不同類型食物對運動中能源物質利用的情形及對運動耐久性的影響作過試驗。試驗中採用了三類食物：高糖低脂型、高脂低糖型、普通型。參加試驗的人在連續幾天食用某類食物後測定其長跑運動能堅持的時間及運動中糖和脂肪利用的特點。結果如圖 17-2 所示。三類食物對長跑運動的耐受時間有明顯不同的影響。高糖低脂型、普通型、高脂低糖型三類食物使運動員能堅持跑到筋疲力盡的時間分別為 4 小時、2 小時和 1 小時 25 分。這說明高糖食物比普通食物及高脂食物能為體力運動提供更充分的能量而不容易疲勞。圖中曲線反映出運動中糖和脂肪兩種能源物質的利用情況也因食物類型而不同。採用高糖型食物，提供能量時優先利用的是糖，採用高脂肪低糖型食物時優先利用的是脂肪，採用普通型食物（約含糖

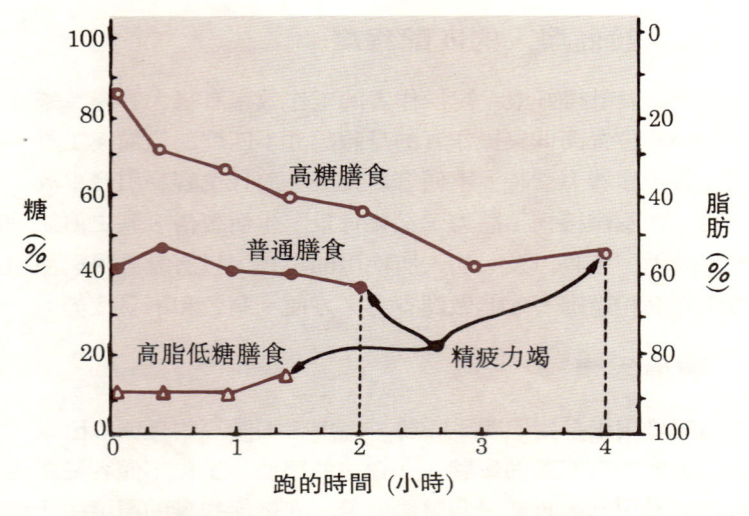

圖 17-2　不同類型膳食對運動時糖和脂肪利用及運動耐久性的影響
(採自王步標等譯，1981)

55%、脂肪 30%、蛋白質 15%) 時，糖與脂肪均得到比較適中的利用。這結果表明膳食營養成分是影響工作耐力和疲勞的重要因素。

二、過度疲勞的後果

如前所述，從生物學角度說，疲勞是機體的一種防禦性反應。出現疲勞現象，無異於向人發出體能消耗已達到臨界水平的信號，告誡當事人應該在這時進行休息。當事人若對這種告誡信號置若罔聞而繼續進行工作，體能將會更快地消耗而引起過度疲勞。過度疲勞會對機體活動產生諸多不良作用。

（一）降低工作效績

人若在出現疲勞後繼續工作，其不良後果首先表現為工作效績的降低，工作中差錯增多，質量下降，或工作速度變慢，產出減少。因此，常有人把工作效績的變化作為評價疲勞的一種指標。自然，有時也可觀察到疲勞已發展到一定程度，而工作效績卻不見降低的情形。這往往是當事人付出額外努力的結果。付出額外的努力，到頭來會引起更嚴重的疲勞。

(二) 增多操作事故

　　生產中的多數事故與人有關。疲勞是事故的重要誘因。這是由於人進入疲勞狀態時，信號容易漏檢，較難發覺事故徵兆，發生險情時，不能迅速採取正確對策而釀成事故。疲勞引發事故的情形在交通中是常見的現象。有人分析 1024 起駕駛員為主要責任者的交通死亡事故，其中有 52 起（占 5.1％）是由於駕駛員疲勞造成的。許多駕駛員都發生過疲勞瞌睡開車的情況。有些翻車事故就是在駕駛員瞌睡的片刻中發生的。長途運輸中駕駛員連續開車，很容易產生疲勞。有人曾觀察 11 名 24 小時未睡眠的男駕駛員在駕駛模擬器上駕駛的情況，看到他們在 45 至 60 分鐘時大多數人都打起瞌睡來。在工業生產中有不少單調的、重復的工作，容易使人陷入瞌睡。自動化系統中的監控人員也容易發生疲勞和瞌睡現象。

(三) 損害健康

　　疲勞可以累積，人若經常在疲勞發生後仍繼續堅持工作，最後可能導致疾病，即所謂"積勞成疾"。疲勞的症狀開始階段常表現為工作動機減弱、心情煩燥、對工作厭倦、迴避，此時若不加以休息治療，病狀會惡化，引起眩暈、失眠、頭痛、胃痛、食欲不振、心律不齊、神經功能紊亂等。職工健康狀況下降，缺勤率提高，企業自然蒙受損失。

第四節　疲勞測評

　　要控制疲勞，就需要對疲勞作定量測定。但疲勞是極複雜的綜合反應，很難對它進行直接測量。在現有測定疲勞的方法中，除了主觀評定法是以受測者對疲勞的切身體驗為基礎外，尚難找到直接測定疲勞的客觀方法。因此只能通過間接的方法測定工作中的疲勞情形。測量疲勞的方法有許多種，下面介紹幾種常用的測量方法。

一、疲勞的主觀評定

對疲勞的主觀評定是疲勞測量中使用最廣也是最有效的方法。人對疲勞很敏感,能根據切身體驗判斷自己所處的疲勞程度。採用主觀評定法時,要先製定疲勞量表。主觀評定疲勞的量表一般有兩種形式,一是多級量表,如圖 17-3 (a) 所示,即把疲勞程度分為多級,無疲勞感為零,而後按疲勞輕重分級,可分為五級或七級,最後一級為極度疲勞。要求受測人根據自己對疲勞程度的體驗,選擇屬於哪一級。還有一種是兩極量表,如圖 17-3(b) 所示,即在一條 10 厘米或 7 厘米長的直線兩端標以與疲勞有關的對立的名詞或形容詞。要求受測人指出當時感受到的身心狀態趨近於哪一端並在線上標出趨近的程度。

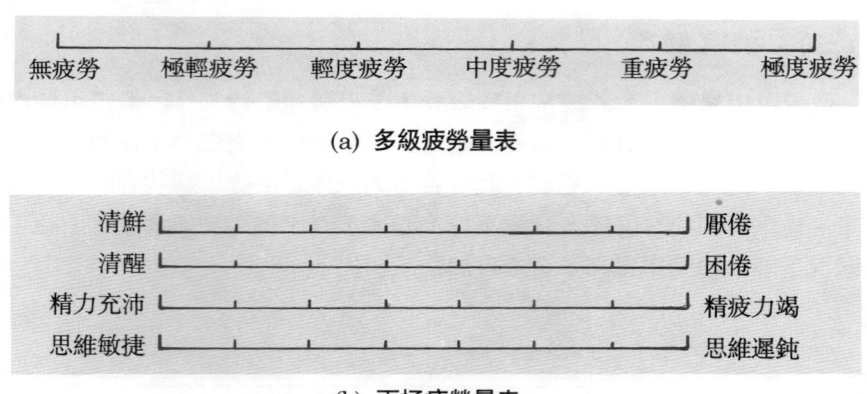

| 無疲勞 | 極輕疲勞 | 輕度疲勞 | 中度疲勞 | 重疲勞 | 極度疲勞 |

(a) 多級疲勞量表

清鮮 ├──────┤ 厭倦
清醒 ├──────┤ 困倦
精力充沛 ├──────┤ 精疲力竭
思維敏捷 ├──────┤ 思維遲鈍

(b) 兩極疲勞量表

圖 17-3　疲勞主觀評價量表舉例

二、疲勞的工作效績測定

如前所說,隨著疲勞的發生,人的工作能力會降低,因而會引起工作效績惡化,使工作產品數量減少或質量降低。疲勞愈深,工作能力降低愈大,工作效績下降愈嚴重。因此工作效績變化情形也成為人們評價疲勞程度的常用指標。但是在應用工作效績這個指標時要特別謹慎,因為工作效績變化受多種因素的影響，疲勞只是原因之一。工作效績指標應盡可能與其他測量指標結合使用。

三、疲勞的腦電圖測定

從清醒轉入睡眠要經歷興奮－鬆弛－困倦－入睡－深睡等不同的狀態。人處在這些不同狀態時，腦電圖 (electroencephalogram，簡稱 EEG) 上記錄的腦電波會發生如圖 17-4 所示的不同變化。清醒狀態時腦電圖上占優勢的是頻率 8～12Hz 波幅較低的 α 波；身心由興奮轉入鬆弛狀態時，腦電圖上由 α 波轉變為頻率為 4～7Hz，波幅較高的 θ 波；進入睡眠狀態時的腦電波的節律更趨緩慢，這時腦電圖上出現的主要是頻率小於 4Hz 的 δ 波。人在發生全身性疲勞時，腦電圖上往往能記錄到與疲勞發展深度相當的腦電波。因此，腦電圖變化被用作評價疲勞程度的一個客觀指標。

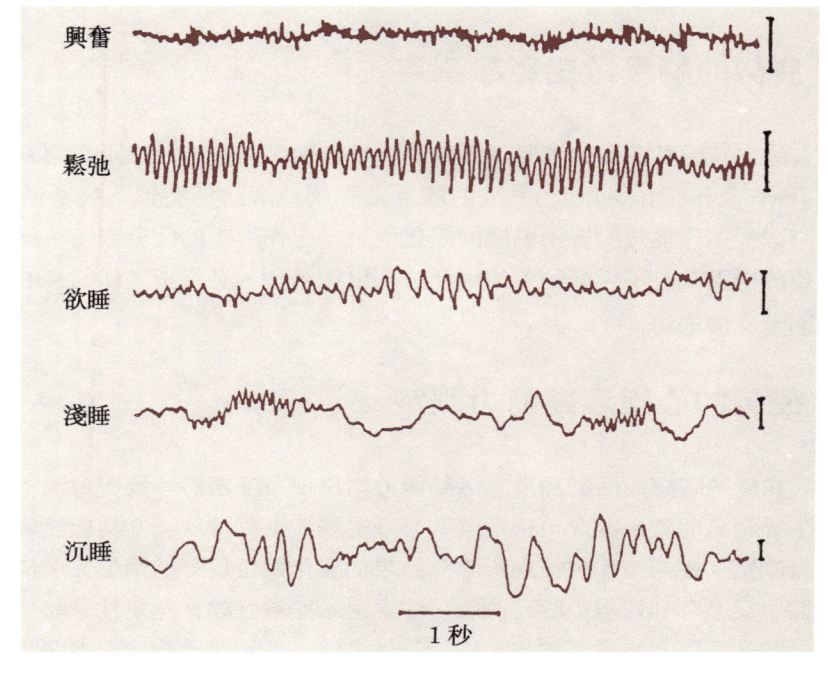

圖 17-4　從清醒到睡眠的不同狀態時的典型腦電圖

四、疲勞的閃光臨界融合頻率測定

閃光臨界融合頻率也是測定全身性疲勞的常用方法。人疲勞時閃光臨界融合頻率會有所降低。閃光臨界融合頻率降低的幅度因工作不同而有較大差別。一般說，如心算、發送電報、駕駛飛機、視覺作業，以及單調的、重複的作業產生疲勞後，閃光臨界融合頻率都會發生明顯的降低。工作前後閃光臨界融合頻率相差可高達 3～5Hz。操作活動比較自由，身心中等程度用力的工作，如辦公室工作、材料分類工作、中等程度的重複性工作等，工作前後的閃光臨界融合頻率的差別較小，有時相差不到 1Hz。一般說，閃光臨界融合頻率方法比較適合於測定中樞神經系統的疲勞。採用閃光臨界融合頻率測定疲勞時應將閃光點的範圍限制在 1～2°以內。若在同一光源範圍內採用一閃一穩兩半光區相比較的方式，可提高閃光臨界融合頻率測定法的靈敏度。

五、疲勞的觸覺敏感距離測定

人的皮膚兩點在受到觸覺刺激時能辨認為兩點刺激的最小距離稱為**兩點閾限** (two-point threshold)。人的觸覺兩點閾清醒狀態時低，疲勞時高。因此可以從工作前後觸覺兩點閾的變化值判定工作引起的疲勞程度。皮膚不同部位的兩點閾是不相同的，使用此法測定疲勞時，必須把工作前後的測定放在同一皮膚部位。

六、疲勞的心理運動能力測定

人在疲勞時認知活動和反應活動能力均出現下降趨勢。疲勞愈深，這類能力下降得愈明顯。因此可選用某些心理運動能力測驗或認知功能測驗對疲勞進行測定，根據工作前後進行施測結果的變化判定疲勞的情形。這類測驗包括簡單反應時和複雜反應時測驗、注意速示測驗、動作穩定性測驗、叩擊測驗、時間間隔時長估判測驗、短時記憶測驗、計算測驗等。只要在清醒和疲勞時能反映出結果差別的各種心理運動測試方法都可用來評價疲勞。

第五節　工作單調與厭煩

一、厭煩概述

厭煩 (boredom) 是由單調的工作情境所引起的身心鬆弛並對工作發生饜足情緒的現象。常有人把厭煩與疲勞混為一談。兩者在表現上確有許多共同的地方，例如當人對工作產生厭煩時，也和疲勞時一樣，會表現出工作效績下降，身心緊張度降低，肌肉鬆弛，思維緩慢，反應遲鈍等現象，但兩者仍有其不同的地方。兩者的主要差別在於：(1) 疲勞是由工作努力引起的。人在疲勞時所發生的效績下降、身心鬆弛、反應緩慢等是工作中能量消耗的自然結果。工作愈繁重、複雜，能量消耗愈多，疲勞現象就愈早發生。而厭煩則是由於單調重復的工作引起的。與疲勞相反，引起厭煩的工作一般都比較容易，只要很少努力就能完成。繁重、複雜的工作不會發生厭煩。(2) 厭煩具有強烈的情緒色彩。人產生厭煩時，往往對工作抱怨，想迴避或抵制工作。厭煩有時在工作開始時就會產生，而疲勞一般不會在工作剛開始時就發生。(3) 厭煩隨工作而異，對一種工作厭煩時，若調換另一種工作，厭煩可能頓時烟消雲散，轉為富有生氣。而人在陷入全身疲勞後，往往不是調換一下工作就能消除，只有通過休息才可能完全消除疲勞。

單調、重復的工作為什麼會引起厭煩呢？厭煩是機體對周圍情境的適應 (adaptation) 或習慣化 (habituation) 行為。從生物學意義上說，適應和習慣化行為對機體具有保護作用。動物或人當遇到新穎的情境或碰到新異的刺激物作用時，中樞神經系統會引起興奮，對刺激物作出各樣的反應，以探明新異刺激對機體的利害關係。若發現刺激對機體有利或有害，機體就會作出無條件性的或條件性的趨利避害的反應活動。這種反應活動反饋至中央神經系統的網狀結構及大腦，使大腦保持著清醒狀態，以準備對繼續發生的刺激作出適當的反應。若發現刺激物對機體沒有什麼利害關係，那麼當這種刺激物重復作用時在大腦皮層相應部位的神經過程就會由興奮轉向抑制，機體自然也就逐漸停止對刺激作出反應。這時若突然出現一種不同於原有刺激的另一新異刺激，機體會立即清醒過來，並作出相應的反應。若發現這個新刺激也與機體無利害關係，也會很快對它停止作出反應。因此適應行為能使機體避免為應付大量無意義刺激而浪費身心能量。單調、重復的工作所以容易引起人的厭煩反應，正是由於單調重復的工作情境類似於產生適應行為的情境，使人的中樞神經系統發生保護性抑制的結果。

二、影響厭煩的因素

人對工作的厭煩反應受多種因素的影響，其中有客觀的因素，也有工作者本身的主觀因素。

（一） 引起厭煩的客觀因素

引起厭煩的客觀因素主要與工作特點有關。一般說，具有下列特點的工作容易引起厭煩：

1. 簡單重復的工作 例如郵局中打印郵戳，食品工業中洗刷瓶子，用糖果紙包裝糖果，向冲床連續遞送相同的冲件，以及企業生產流水線上的工作若分工過細，每個工人只做其中某項簡單操作等，此類工作都只是不斷地重復同一簡單的動作，容易使操作者產生厭煩情緒。

2. 過於容易的工作 工作難易是相對而言的，同樣做一件事，對能力低的人可能並不容易，而對能力高的人可能覺得過於容易。工作過於容易就沒有挑戰性，一個能力高的人要他去做毫無挑戰性的工作時，就容易產生厭煩情緒。

3. 操作負荷很低的工作 例如雷達監視員，自動控制系統中央控制室中的監控人員，都是需要時刻警戒但又很難碰到需要他進行干預的情況。這類工作也容易使操作者產生厭煩情緒。

（二） 引起厭煩的主觀因素

具有上述特點的工作，不同操作者的反應不盡相同。一些人可能比另一些人更容易產生厭煩情緒。同一個人在不同時間的反應也可能有所不同，同樣的工作，一個時候可能比另一個時候更容易引起厭煩情緒。這是因為厭煩除了受工作性質的影響外，還受操作者的性格特點、能力、動機、疲勞狀態等多方面主體因素的影響。例如具有外傾性格特點的人比內傾者容易對工作發生厭煩，能力高的人比能力低的人容易厭煩，工作動機低的人比工作動機高的人容易厭煩，疲勞時或健康狀況不佳時也容易發生厭煩。因此，要防止厭煩，不僅需要合理地組織工作，而且還要善於根據職工的特點安排工作。

第六節　防止疲勞與厭煩

疲勞與厭煩會降低工作效率，不利於安全生產，因此在工作中必須注意防止引起疲勞與厭煩。疲勞主要源於工作中身心能量的消耗。因此防止或消除疲勞主要應從節約能量和恢復能量兩方面著手。做同樣的工作，善於注意節約能量消耗的人，疲勞就會來得晚一些，疲勞程度也會輕一些。但對能量資源採取節約措施，只能延遲疲勞發生進程，不能消除疲勞。要消除疲勞，就必須恢復工作中消耗了的能量。

一、節約能量消耗延緩疲勞發生

一個人工作中若能節約能量消耗，就可減輕疲勞或延緩疲勞的發生。節約能量消耗可以從以下幾方面考慮：

（一）　控制工作強度和難度

工作強度或工作難度對人的身心能量消耗有很大的影響。一般說，強度大、難度高的工作消耗的能量多，容易引起疲勞。但不能從這裏作出相反的推論，認為工作越輕、越容易、就越不容易疲勞。許多研究表明，工作負荷過重或過輕都不能取得最大的工作效率，只有中等程度的工作負荷，才能進行最有效的工作。譬如搬運重物，要求一個人在一天內把每包 5 公斤重，共 1000 包重物不用工具從一間庫房搬到相距 30 米的另一間房內。如何搬？可以一包一包搬，每次搬一包，共搬 1000 次；也可以每次搬 4 包，共搬 250 次；還可以每次搬 8 包，共搬運 125 次。假使要每個人從這三種搬法中挑選一種方法去完成這個任務，大家將會作何選擇？顯然，大多數人將會選擇第二種搬法。因為第三種搬法，每次重量太重，一般人徒手搬不動，即使搬動也要用極大氣力，幾次後就可能精疲力竭，堅持不了。第一種搬法雖然每次很輕，但搬運次數多，搬完重物，往返行程 60 公里，必須有相當快速度才能完成此任務，許多能量消耗在徒手返回的行程上。第二種搬法，每次搬運重量 20 公斤，搬運次數比較適中，全天往返行程 15 公里，是三種搬法中最有效、最省力、因而也是疲勞程度最輕的方法。需要注意的一點是工作強度、難度是否適中，必須結合工作者的個體承受能力加以考慮。人的體力和能力大小有差異，對甲是強度或難度適中的工作，對乙可能顯得強度過大或難度過高。只有根據個體差異，調整工作強度或難度，才能做到避免能量資源浪費，達到最有效地發揮人力資源的目的。

(二) 選擇省力與有效的工作方法

做任何事都需要依靠方法。方法好壞大有講究，有的方法好，有的方法差。一種工作可用多種方法完成時，自然應選擇效率高、氣力省、使用方便的方法。許多先進生產者都是由於創造並使用了省力而高效的方法，才使他們比別人工作得快，工作得好。戴泰和拉曼拿什 (Datta & Ramanathan, 1971) 曾對 7 種不同搬運重物方法的能量消耗進行過比較，結果表明搬運同樣重的東西，不同方法消耗的能量有很大的差別。如圖 17-5 所示，把重

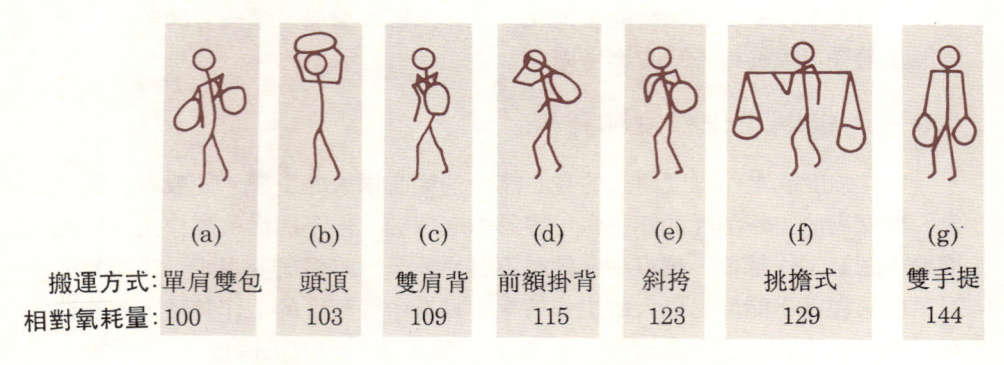

	(a)	(b)	(c)	(d)	(e)	(f)	(g)
搬運方式：	單肩雙包	頭頂	雙肩背	前額掛背	斜挎	挑擔式	雙手提
相對氧耗量：	100	103	109	115	123	129	144

圖 17-5　不同搬運重物方法能耗比較
(採自 Datta & Ramanathan, 1971)

物分成兩袋，前後放在肩上搬運是 7 種方法中能耗最小的方法。若兩重物用兩手提攜搬運，能量消耗要比放在肩上搬運多增加 44%。

(三) 合理設計工具

工具設計得是否合理對能量消耗有很大的影響。優良的工具，一般具有使用安全、高效、省力、方便的特點。工具若要具有這些特點，其形態、性能就要與人的身心特點相匹配，即要根據使用者的身心特點設計工具。譬如說：設計靠體力操縱的工具，就要根據操縱者群體的體力特點進行設計。兒童、成人、男性、女性、青年、老年，體力大有差異，其體力操縱工具的設計就應有所區別。再如，根據人體生物力學的研究，足踏板所能施展的腿力與踏板離坐位參照點(seat reference point) 的高度及膝部彎曲角度有密切關係。據克羅默 (Kroemer, 1975) 的資料，如圖 17-6、圖 17-7 所示，踏板位於比坐位參照點低 10 厘米以內的高度、膝部彎曲成 160° 角時能施展最大的腿力。足舉到這個高度與膝部構成此角度時，足能伸及的距離自然因人的高度和腿的長度不同而異。因此坐位與踏板的距離要隨著使用者的身高而有所不同。否則，適合於高身材者使用的設計，低身材者使用起來很費

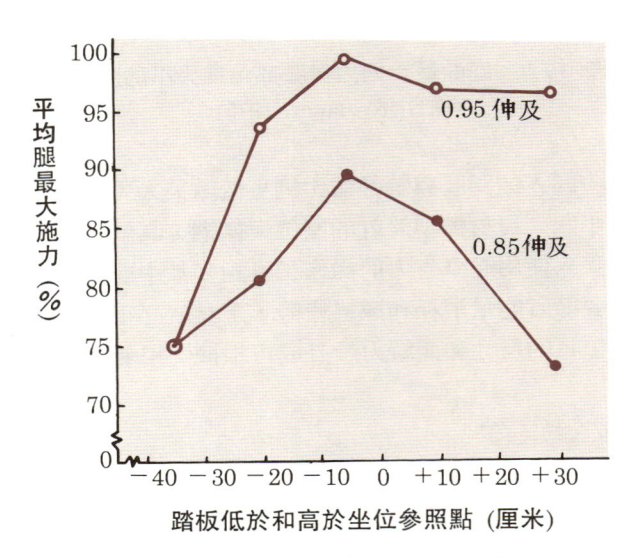

圖 17-6　腿的最大施力與踏板高度的關係
(採自 Kroemer, 1975)

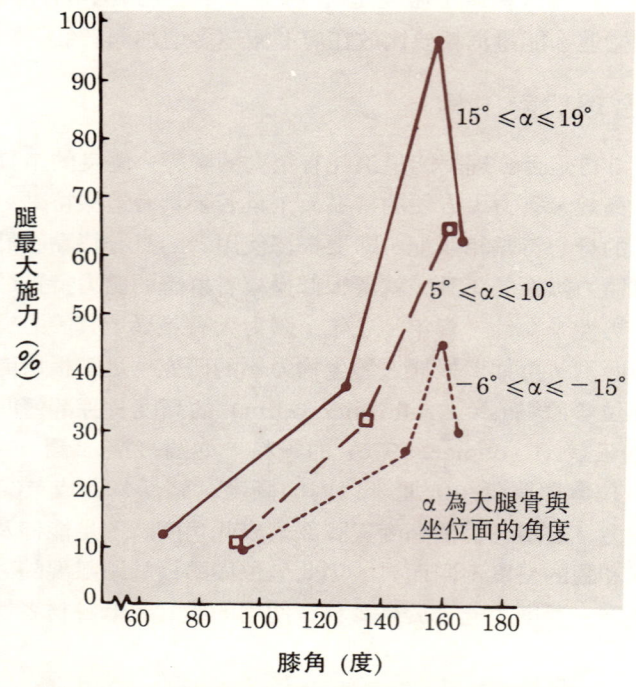

图 17-7 腿的最大施力与膝部角度大小的关系
(采自 Kroemer, 1975)

力,反之也然。中国人的四肢与躯干的比例小于欧美人,加上后者的身材高于前者,因而按中国人身材标准设计的座位与操纵工具就不适用于多数欧美人。反之,对欧美人使用起来省力的操作工具对多数中国人也会感到费力和不顺手。因此,要节省能量消耗和减轻疲劳,工具就必须按使用者群体的特点设计。最好把工具的尺寸和操纵力设计成可根据使用者要求进行调节的。

二、休息与疲劳消除

人在工作中出现疲劳后若不休息,疲劳就会积累起来,由轻度疲劳变成重度疲劳。若经常发生过度疲劳而得不到必要的休息,就会成为慢性疲劳,积劳成疾。

（一） 休息是消除疲勞的最有效方法

要消除疲勞，必須進行休息。疲勞愈深，需要休息的時間也越久。有的人以為休息時間不做工作，影響工作效率，因此他們捨不得給職工休息的時間。其實不然，休息雖然占用了時間，但只要安排得合理，工作效績不僅不會降低，而且還能有所提高。有人作過一個研究，被研究的工人從事一項需要手指靈巧和可以自己調節進度的工作。在研究開始前，休息由工人自己掌握，休息時間約占整個工作日的 11%，還有 7.6% 的輔助工作時間。研究開始後規定每個工人每小時休息 5 分鐘（總共 30 分鐘），但不禁止工人進行額外的休息（由自己控制）。結果發現工人額外休息時間占 6%，加上規定休息時間，總共休息時間占工作日時間的 12%，比研究開始前多 1%。但值得注意的是研究開始後，輔助工作時間從原來的 7.6% 降至 2.7%，因此實際有效工作時間反而有所增加，日產量也從 3043 個提高到 3114 個。合理的休息所以能提高工作效績，是因為工人從休息中使消耗了的能量得到了恢復，及時消除了疲勞，因而在有效的工作時間內提高了效率。

（二） 休息的時間安排

休息需要多長時間，要看工作中能耗量大小與工作時間的久暫而定。國內外都曾有人對休息時間、工作時間與能耗量的關係進行過研究。例如張殿業等 (1987) 曾對鞍山鋼鐵公司六個冶金工廠的 68 個工種的工人勞動時間和能量代謝率進行過調查，並對其中部分崗位工人的能量代謝率從工作後恢復到安靜時所需的休息時間進行了測量。他們得到了休息時間、工作時間與工作能量代謝率的關係式如下：

$$T = 0.02 \times (M-3)^{1.3} \times t^{1.1}$$

T：休息時間
M：工作時的平均能量代謝率
t：工作時間

默雷爾 (Murrell, 1965) 根據他對工作時間、工作能耗率及休息時間三者關係的研究，提出了如下的休息時間計算式：

$$R = \frac{T(K-s)}{K-1.5}$$

R：休息時間
T：工作時間
K：平均每分鐘工作的能耗量
s：標準能耗率限度
1.5：是休息時的能耗率

　　圖 17-8 是標準能耗率為每分鐘 3、4、5、6 千卡時，能耗率不同的工作一天 8 小時工作中所需休息時間的圖示。

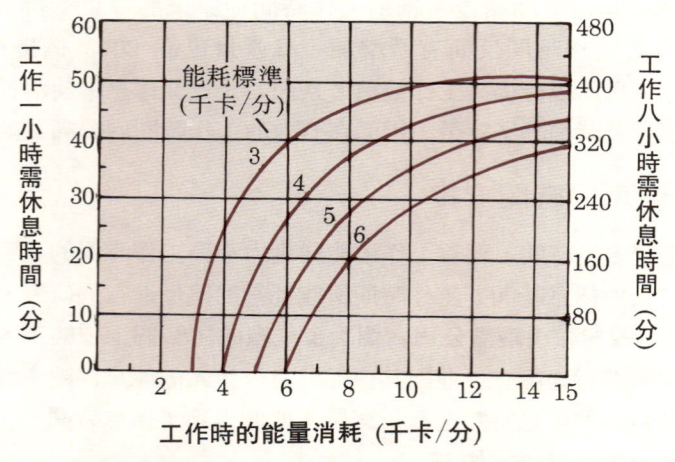

圖 17-8　不同能耗標準下工作能耗量與休息時間的關係
(採自 Murrell, 1965)

　　休息不僅要有足夠的時間，而且要適當安排好休息的次數與進行休息的時機。安排休息需要注意以下兩點：

　　1. 休息時間不宜過於集中　若一種工作按能耗量需在 8 小時工作中有 2 小時休息時間，說明這種工作比較繁重，自然不可把 2 小時休息時間放在 6 小時工作之後，也不宜每工作 3 小時後作休息 1 小時的安排。

最好能把工作分成幾段，每段工作時間與休息時間都安排得短一點。

　　2. 要及時安排休息　每次休息時間不可放在產生過度疲勞之後，而應安排在產生過度疲勞之前。這樣做只要短時間的休息，就可使身心能量消耗得到恢復。若到過度疲勞後再進行休息，即使增加額外休息時間，也不容易恢復。

三、豐富工作內容

　　單調重復或過於簡單容易的工作容易使人發生厭煩，因此，應儘量避免長時間作單調重復的工作。為了避免工作單調，可以採用如下措施：

（一）　工作內容豐富化

　　所謂工作內容豐富化是指讓一個人完成的工作任務中包括著多種不同的內容。譬如說，工人裝配一個產品可以有多種不同的作法：一種作法是讓每個工人只裝配產品中的某一個固定的零件；第二種做法讓每個工人裝配產品中若干個零件以組裝成某個組合件；第三種做法是由每個工人獨立裝配成完整的產品。在這三種方法中，工人的操作內容有很大差別。哪一種方法效果好？很值得研究。從防止厭煩來說，第三種方法內容豐富多變，有利於防止厭煩的發生。

（二）　工作輪換

　　工作輪換是指一個人某一種工作做了一定時間後，去做另一種工作。譬如說一個小組 4 個人，每人做不同的工作，工作了一定時間後，可以按一定順序，輪替交換每個人的工作。假使一個人手頭有多項工作要做，譬如有體力性的工作，有智力性的工作，有室外的工作，有室內的工作，若能把這些工作作適當的交替，有利於減輕疲勞和防止引起厭煩。

（三）　音樂對消除厭煩的作用

　　許多人喜歡在播放音樂的環境中工作。特別在單調的工作情境中，音樂具有消除厭煩的作用。它能使厭煩於單調工作的操作者的中樞神經的興奮性得到提高。音樂的作用，可能因人因工作而異。有的人喜歡在工作時播放音樂，也有人容易受音樂的干擾，不喜歡工作中播放音樂。一般人多歡迎體力工作時播放音樂，而且喜歡播放有強烈節奏感，並與體力工作節奏一致的音樂。從事需要集中注意和比較複雜的工作時，多數人不喜歡播放音樂。

本 章 摘 要

1. **疲勞**是由於工作中經受的活動力度較大或時間較長而引起能力降低的現象。疲勞是一種自然的防禦性反應。
2. 疲勞可分為**整體疲勞**、**局部疲勞**、**肌肉疲勞**和**心理疲勞**。整體疲勞具有多維內容，它包含著身體疲勞與心理疲勞。人產生局部疲勞後若得不到休息，就會發展成整體疲勞。
3. 肌肉疲勞也稱**生理疲勞**，是由於人體肌肉持續或反復發生緊張狀態引起的。肌肉緊張收縮時需要消耗能量，收縮力度越大，消耗能量越多。肌肉進行能量代謝時，能源物質糖酵解過程中產生乳酸，乳酸積累導致肌肉收縮能力降低，引起肌肉疲勞。
4. **整體疲勞**是與中樞神經系統的抑制狀態，特別是與大腦皮層與腦幹中的網狀結構的抑制狀態相聯繫的。網狀結構的興奮使大腦皮層保持一定的覺醒狀態，使人對外界的刺激作用能正確及時地作出反應。網狀結構處於抑制狀態時，大腦皮層就會失去覺醒狀態，就不能意識到任何刺激作用。人在疲勞時傳入網狀結構的神經衝動減弱，從而使大腦皮層的警覺性降低，興奮過程減弱，抑制過程加強，最後停止反應，陷入睡眠。
5. 疲勞的產生與發展受多種因素影響。工作負荷和持續時間是影響疲勞的主要因素。人在體質差、健康狀態不佳、營養不足時容易引起疲勞。工作熟練程度低、工作姿勢不正確、工具設計得與使用者的身心特點不匹配，以及惡劣的物理環境因素等都會使工作中加速發生疲勞。
6. 產生疲勞後，若繼續工作，疲勞不斷積累，就會引起過度疲勞。過度疲勞會引起工作效績惡化，操作事故增多，損害操作者身心健康。
7. 疲勞可通過多種方法進行測定。常用的測定方法有主觀評定、工作效績測定、腦電圖測定、閃光臨界融合頻率測定、觸覺敏感距離測定、心理運動能力測定等。

8. 厭煩與疲勞都會有工作效績降低、肌肉鬆弛、反應遲鈍等相似的外部表現，但兩者的性質和產生的原因却不同。疲勞是由於身心努力、身心能量資源消耗而引起的；厭煩是工作單調引起的。厭煩具有強烈的情緒色彩，工作改變厭煩就可消除。疲勞要經過一定時間的休息後才能消除。

9. 單調的工作引起厭煩可解釋為機體對重復刺激作用的適應現象。人遇新異刺激時，會引起中樞神經系統的興奮，作出趨利避害的反應。若刺激對機體無利害關係，這種刺激重復發生時，機體會停止對它發生反應。這種適應行為是大腦抑制過程的表現，具有保護機體避免浪費能量的作用。

10. 人對工作厭煩取決於主客觀兩方面的因素。工作簡單重復、過於容易、操作負荷過低是引起工作厭煩的客觀因素。操作者的性格特點、能力、動機和疲勞狀態是影響工作厭煩的主觀因素。外傾性格、能力高、工作動機低的人容易對工作產生厭煩情緒。

11. 防止工作疲勞，一要節約工作中的能量消耗，以延緩疲勞發生和減輕疲勞程度，二要在疲勞發生後使消耗的能量得到恢復。

12. 節約能量消耗需要做好三方面的工作：(1) 控制工作負荷，中等負荷的工作能獲得最大的工作效率；(2) 選擇省力有效的工作姿勢和方法；(3) 工具設計必須與操作者的身心特點相匹配。

13. 休息是消除疲勞的最有效方法。休息時間取決於工作時的能耗率及工作時間長短。耗能量大和工作時間長的工作，應分段休息。休息應安排在疲勞開始時，不可安排在過度疲勞之後。

14. 工作內容豐富化和工作輪換是防止工作厭煩的有效方法。工作時播放音樂對消除工作厭煩也有一定的作用。

建議參考資料

1. 朱祖祥（主編）(1990)：工程心理學。上海市：華東師範大學出版社。
2. 朱祖祥（主編）(1994)：人類工效學。杭州市：浙江教育出版社。
3. 楊學涵 (1988)：管理工效學。瀋陽市：東北工學院出版社。
4. Davies, D. R., & Parasuraman, R. (1982). *The psychology of vigilance.* London: Academic Press.
5. Grandjean, E. (1982). *Fitting the task to the man.* London: Taylor.
6. Grandjean, E., Wotzka, G., Schead, R., & Gilden, A. (1971). Fatigue and stress in air traffic controllers. *Ergonomics,* 14, 159~165.
7. Hashimoto, K., Kogi, K., & Grandjean, E. (Eds.) (1971). *Methodology in human fatigue assessment.* London: Taylor & Francis.
8. Hockey, R. (Ed.) (1983). *Stress and fatigue in human performance.* New York: John Wiley.

第十八章

生產安全與事故預防

本章內容細目

第一節 安全與事故模型
一、基本概念 573
二、事故致因模型 574

第二節 安全與人的差錯
一、人的差錯 577
二、人的差錯分類 578
　(一) 按差錯行為意識狀態分類
　(二) 按差錯行為內容分類
三、人的差錯原因 580
　(一) 外在原因
　(二) 內在原因

第三節 安全分析和危險性評價
一、什麼是安全分析 582
二、安全分析的內容 583
三、安全分析的步驟 584
四、安全檢查表的使用 587

第四節 事故分析
一、事故分類 588
　(一) 按有無人員傷害分類
　(二) 按人員傷害程度分類
　(三) 按事故性質分類
二、事故原因分析 589
　(一) 事故的直接原因
　(二) 事故的間接原因
　(三) 事故的主要原因
三、事故分析的步驟和方法 590
　(一) 事故分析的步驟
　(二) 事故分析的方法

第五節 事故預防
一、實行安全目標管理 596
　(一) 制定安全管理目標
　(二) 檢查和考核
二、人員選配與教育 597
　(一) 人員選配
　(二) 實施安全教育與安全培訓
三、合理設計機具設施 598
四、健全安全規章制度 599

本章摘要

建議參考資料

求安全、保生存乃人類之天性。人類的大量活動都是為了保護自己，避受侵害。侵害人類安全的大敵有三：一為自然災禍，如地震、洪水及野獸侵襲；二為人類相互間的爭鬥，如國家間、民族間和宗教間的戰爭，個人間的格鬥；三為生活和工作中發生的各種事故。三者中以事故對人類的危害更為常見、更為廣泛。全世界每年受各種事故之害者在百萬人以上，其中尤以生產事故危害最廣，受害人數最多。我國 1994 年僅交通事故死亡者就達 66,362 人，礦山事故死亡 11,484 人。人是最寶貴的資源，事故造成的損失中，人員傷亡是最大的損失。因此保障生產安全是企業工作中的首要工作，防止生產者的人身傷害更是工作中的重中之重。

俗語云：天有不測風雲，人有旦夕禍福，說明事故之難以預測和不易防止。自然，我們不能坐待事故發生。事故發生雖有其突然性和偶然性，但並非毫無規律可尋。只要思想上重視，行動上謹慎，工作中細心，仍可使許多事故得以避免。許多企業由於認識統一，認真貫徹以預防為主的方針，人人重視生產安全，因而使事故發生率控制在最低水平上，就是證明。

防止事故，關鍵在於控制事故原因。事故發生往往是多方面的因素促成的，其中有人的因素、物的因素和環境的因素。人的因素是大多數事故發生的主要原因或重要原因。人的操作錯誤、設計錯誤、管理錯誤等都可能成為引發事故的重要或主要原因。因此，在事故研究和事故預防中，對於事故原因，特別對人的原因要給以特別的注意。本章各節內容，從事故致因模型、安全和危險性分析、人的差錯行為，直至事故預防，均圍繞事故原因展開。讀者通過閱讀本章可以對下列各點有所了解：

1. 生產安全和防止事故在企業工作中的重要意義。
2. 人的差錯特點及其與事故的關係。
3. 安全分析與危險性評價的內容和方法及其對防止事故的作用。
4. 事故原因及其分析方法。
5. 企業中預防事故的基本途徑。

第一節　安全與事故模型

一、基本概念

　　安全、危險、事故是有關生產安全的三個基本概念。

　　事故 (accident) 指可能使人或物遭受損害的意外事件。常有人把安全與無事故狀態等同看待，認為無事故就是安全。對安全作這樣的理解，未免過於簡單。實際上，不安全未必產生事故，不發生事故並不就是安全。譬如說，一個女工披著長髮俯身觀察傳動皮帶的運轉情形，或一個操作工把手伸入無保護裝置的沖床拿取沖件。這樣做不一定會發生頭髮捲入皮帶或手被沖斷的事故。但沒有人會說這是安全的行為。人們都會說這是不安全行為。因為這種行為雖然不是必然發生傷害事故，但存在著產生傷害事故的可能性。一個工人若經常發生這種冒險行為，遲早會發生事故。事故狀態和產生事故的可能狀態都屬不安全狀態。為了區分這兩種不安全狀態，一般把可能產生事故的不安全狀態稱為**危險** (danger) 狀態。只要有導致事故的因素存在，就存在著危險狀態。危險一旦受到激發，就會發生事故。因此要消除事故，就要從消除危險因素著手。只有不存在危險因素的情形下，才稱得上**安全** (safety)。

　　科學技術的發展，使人類在防止事故、消除危險上取得了很大的進步。但在科學技術的發展過程中又出現了許多新的危險源。例如，工業生產的發展，使空氣、飲水受到日益嚴重的污染；化學工業的發展，在為人類增添新的物質產品的同時也生產了大量對人體有害的物質；核電站的發展，為人類提供了巨大的電能與熱能，但核能不容易控制，若一旦失控，就可能造成災難性的後果。即使在今日科學技術這樣高度發達的時代，人類要預測事故、控制災禍，仍是相當困難的事。我國工礦企業每年因事故災禍而遭受的經濟損失達數百億元。消除危險和防止事故是企業管理者和全體職工們共同的責任，只要對事故加強研究，在工作中提高警惕，採取有力預防措施，就可以把發生事故的概率降低到最小限度。

二、事故致因模型

　　為什麼會發生事故？對這個問題有不同的看法。有的人強調事故發生之物的原因，有的人強調事故發生之人的原因。譬如說，車床加工某一工件，工件突然從車床卡盤上飛出，造成打傷操作工人的工傷事故；吊車起吊一塊超大型的混凝土構件，吊車的鋼繩突然斷裂，混凝土構件墜地而壓死了地面行人。強調物的原因者認為發生上述事故的原因在於卡盤鬆動或鋼繩強度不足。強調人的原因者，則認為工件所以從卡盤飛出，原因在於操作工人沒有將工件卡緊；吊車鋼繩所以斷裂，原因在於操作者沒有將已超壽命使用的鋼繩及時更換，或由於沒有注意到起吊重量超過了鋼繩的額定負荷強度。實際上，事故的發生往往不是由單一因素決定，而是人、物、環境等多方面因素相互作用的結果。例如上述吊車鋼繩斷裂壓死行人事故，就是由人、物、環境諸因素中的薄弱環節交錯結合造成的。即一個不夠謹慎的操作工人，使用了一根超過壽命的鋼繩，起吊一個超大型的混凝土構件，因而發生了鋼繩斷裂、重物墜地壓死行人的事故。若操作者是一個做事很謹慎的工人，起吊前他能了解一下起吊物的重量和鋼繩的強度，他一定不會冒險用這個吊車去起吊這個重物，自然也就不會發生這起事故。自然，若吊車的鋼繩強度足夠，或起吊的不是超重的物件，事故也不會發生。再說，假使工地管理嚴格，吊車施工場地上阻隔行人通過，那麼即使起吊物墜地，也不會發生壓死行人的事故。所以生產中的人員傷亡事故往往是多方面因素作用的結果。要預防事故，就需要對多方面的有關情況進行分析，發現其中的薄弱環節，採取有效措施，消除事故隱患。這樣就能防患於未然，事故自然就可避免。

　　事故可分為可控事故和不可控事故。例如由突然發生的地震、雷電、狂風、暴雨等事故，人們往往無法預測，因而也很難控制。幸而這類事故發生的機會很少。事故前的危險狀態大都有其發展過程，人若能及早發現這種危險因素，並及時採取阻止危險因素發展的有效措施，就可防止事故的發生。遺憾的是由於各種的主觀原因或客觀原因，人並不總是能及時發現險情，有時發現了險情也不及時採取措施，因而仍然發生各種的事故。事故的發展過程可以用圖 18-1 來表述：

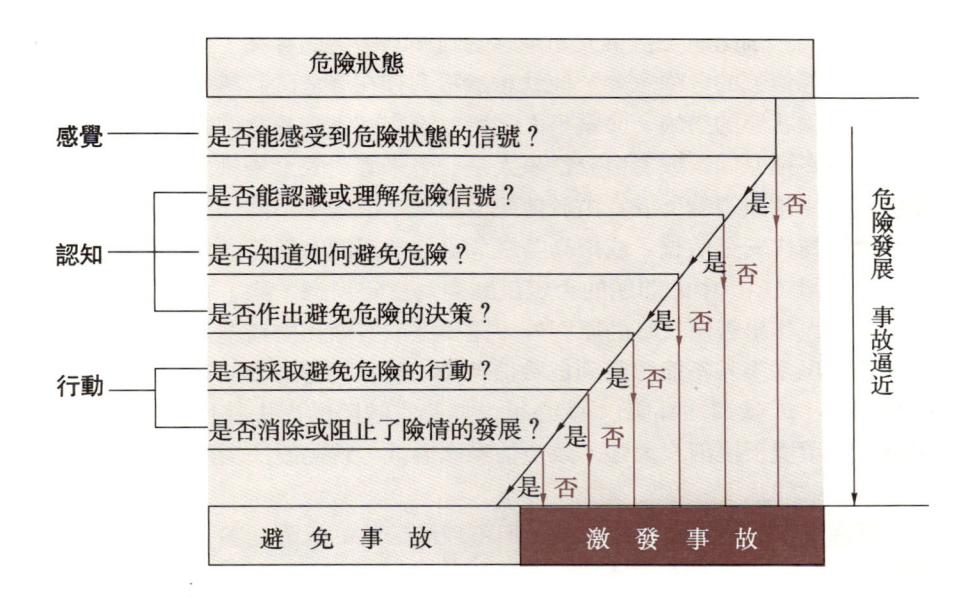

第十八章　生產安全與事故預防　**575**

```
                    ┌─────────────────────────────────┐
                    │          危險狀態                │
                    └─────────────────────────────────┘
感覺 ──── 是否能感受到危險狀態的信號？                          ┐
                                                是│否          │
        ┌ 是否能認識或理解危險信號？                             │ 危
認知 ───┤                                      是│否           │ 險
        │ 是否知道如何避免危險？                                │ 發   事
        └ 是否作出避免危險的決策？           是│否              │ 展   故
                                                                │      逼
        ┌ 是否採取避免危險的行動？      是│否                   │      近
行動 ───┤                                                        │
        └ 是否消除或阻止了險情的發展？  是│否                   │
                                        是│否                   ┘
                    ┌──────────────┬──────────────────┐
                    │  避 免 事 故 │   激 發 事 故    │
                    └──────────────┴──────────────────┘
```

圖 18-1　存在潛在危險狀態時人的活動與事故危險發展的關係

　　圖 18-1 表明，存在可能發生事故的危險因素時，事故是否發生主要取決於人的認知與行動。人若對上述序列的問題，能逐個作出肯定的反應，危險狀態就會受到抑制，事故就能防止。反之，若上述序列的各問題中有一個作出否定的回答，危險狀態就會發展，事故就會越來越逼近，最後就會措手不及而發生事故。

　　圖 18-1 只是表明事故危險的發展過程對當事人的認知與行動的依賴關係，而沒有反映事故危險發展的原因。要防止事故，就必須進一步了解不能阻止事故危險發展的原因，也就是說必須了解當事人在上述序列問題上為什麼作出否定的反應。只有了解作出否定反應的原因，才能採取有效措施，變否定反應為肯定反應。也只有了解作出否定反應的原因，才能分清事故的責任。當事人對每個問題作出否定反應可能有主觀原因，也可能有客觀原因。譬如第一個問題，若當事人對異常狀態信號沒有感受到，可能有多種原因，例如，當事人對信號變化的感覺能力不靈敏；當事人的操作任務過於繁重，注意力高度集中於任務的主要環節；信號過弱或信號模糊不清；環境中的干擾因素掩蔽了危險信號等等，都可能成為當事人不能及時覺察危險信號的原

因。再如第二個問題，當事人如果感受到異常信號的存在，但不理解感受到的異常狀態信號的危險意義，他就意識不到存在著危險狀態，因而不可能採取消除危險狀態的措施。而當事人之所以沒有認識到異常信號的危險意義，也可能有多種原因，或者由於當事人是一名未經受安全培訓的新工人，對危險信號缺少知識經驗；或者由於他記憶錯亂，混淆了不同信號的意義，把危險信號錯認作安全信號；或把高等級危險信號誤認為低等級危險信號。

　　要把圖 18-1 中的問題的否定反應變為肯定反應，除了必須了解和分析導致當事人作出否定反應的原因外，還要採取有效預防措施。例如第一個問題，若發現當事人不能感受到危險信號是由於他的感覺器官存在缺陷 (例如紅綠色盲，或職業性耳聾)，就必須由無感官缺陷的人去替代他。若發現原因是由於環境干擾因素太強，致使信噪比過低，就需設法消除環境干擾因素或增強信號的強度。

　　若當事人能感受到異常信號，但不理解信號的危險涵義，或雖然理解到信號的危險涵義，但不知道該採取什麼措施去消除這種危險。出現這種情形的原因顯然是由於當事人缺乏安全知識和安全訓練，其主要責任可能在於當事者本人不圖學習，也可能在於上級主管對安全教育不力，或不向職工提供學習安全知識技能的條件。

　　有時當事人發現了險情，而且也知道應該如何去消除險情，卻沒有立即作出消除險情的決策，或雖然作出了決策，但沒有立即採取行動。碰到這種情形，也要問個究竟。其原因可能是當事人思想麻痺，以為險情雖然存在，但不會發展成事故；也可能是當事人權衡了損益輕重後作出的具有一定風險性的決策行為。譬如說，他清醒地估計由危險發展成事故的概率為 5%，若發覺險情後立即採取排除險情的措施，要付出停工減產的代價；反之，若不立即採取排險行動，則可減少停工排險造成的損失。權衡輕重後他可能作出暫緩採取排除險情的決策。當然，在這個暫緩排險期間，可能不發生事故，也可能正好在此時發生事故，這時當事人就要承擔事故責任，所以這是一種風險行為。有些企業對企業內的某些險情沒有及時採取有力的排險措施，原因就在企業主管當事人採取了這種風險決策之故。

第二節　安全與人的差錯

如前所說，事故的發生有人、物、環境等諸方面的原因。在各種事故原因中，人的因素占有很大的比重。據我國秦皇島港務局安檢處的統計，1980年以來，該港務局系統的各類工傷事故中，約有 95% 是由人為差錯造成的。據英國《國際飛行》周刊報導，1994年全球飛機失事47起，死亡1385人，其中有31起事故是由於飛行員的失誤所致，只有16起是由惡劣氣候造成的。總的說，大多數事故的根源在於人的差錯。

一、人的差錯

人的差錯(human error) 一般表現在行為中。差錯行為是指不符合要求的行為。例如，按操作規程，工人上班時應先打開總的電源開關，再啟動單機開關，若先打開單機開關，再去打開總的開關，就違反了操作規程，就是錯誤的操作行為。錯誤行為有的不產生有害的後果，有的釀成事故。但人的差錯行為的特點並不因是否釀成事故而有所不同。人的差錯行為可分成兩類，一類是該做而不做的行為，另一類是不該做而做的行為。例如，汽車司機在不容許停車的地方停了車或在要求慢速通過的地方高速行車，一個工人在斷電檢修機器時打開了電源開關，一個人在禁止入內的地方闖門入內，學生作文在不應該使用標點符號的地方，點上了標點等，都是不該做而做的行為。反之，燒飯後不關閉煤氣開關，修理機器時不切斷電源，通風管道修理後不打開進風閘門，司機見紅燈不煞車等，均屬該做而不做的行為。

人的行為抱括輸入、中樞加工和反應輸出等環節。每一個環節都可能發生差錯。輸入差錯多表現為感知覺的錯誤。中樞加工的差錯主要表現為記憶錯誤、判斷錯誤和決策錯誤。錯誤的決策，自然會產生錯誤的反應，但執行正確的決策也有可能做出錯誤的反應，例如汽車行駛中，突然從左邊竄出一個人時，司機正確地作出汽車急煞車的決策，但在做煞車動作時卻把腳踩到加速器踏板上，就是反應輸出環節發生的差錯。人的每個行為環節發生的差錯都可能引發人機系統的事故。

二、人的差錯分類

人的差錯可以從不同的角度進行分類。下面是常見的幾種分類：

(一) 按差錯行爲意識狀態分類

按人對差錯行爲的意識狀態，可把差錯分爲無意差錯和有意差錯。**無意差錯** (unintentional error) 是指人發生差錯行為時並不意識到自己的行為是錯誤的，只是在差錯行為發生後才發覺自己發生了差錯。例如一個人作文或寫信時寫錯了字，炒菜時把醋錯作酒用，車床加工中把順轉按鈕誤作倒轉按鈕等，這些動作當事人往往在收到反饋信息時才意識到自己的錯誤。**有意差錯** (intentional error) 與此相反，它是當事人在行為發生時甚至在行為發生前就意識到自己的行為是不該做的，但他還是做了，即"明知故犯"。明知故犯引起的事故，其事故責任自然要比由無意差錯行為所引起的事故重些。但是有意差錯行為仍有各種不同的情形。犯罪行為是最嚴重的明知故犯行為，因此要承擔刑事責任。違背操作規程，如司機開車前喝酒，工人維修車床時不切斷動力開關，實驗員使用精密儀器時不按規定程序進行操作等，都屬明知故犯的有意差錯行為，但與犯罪行為有質的不同。還有一類有意差錯行為，當事人雖然知道自己的行為不符合規定要求，但他認為自己的做法是正確的或正當的，例如司機為了救護病人而超速開車，工人上班途中仗義救人而耽誤了上班時間等就屬這類行為。這類有意差錯行為包含著正確的因素。對此類差錯要分析具體情形，有的可以以功抵過，有的功大於過，還應加以獎賞。

(二) 按差錯行爲內容分類

人的差錯可以按作業內容分為設計差錯，製作差錯，檢測差錯，維護差錯，管理差錯，輸送差錯等。

設計差錯 (design-induced error) 多為設計人員在設計過程中發生的差錯。設計差錯有多種不同的表現，其中有設計思想的差錯和設計內容與設計技術上的差錯。從人機系統的角度看，主要關心的是有關人機匹配的設計差錯。有些差錯表面看來是由人的操作失誤引起的，實際上是由於機器設計時沒有考慮到人的特點才發生的。設計人員若缺乏人的因素思想，就很容易把機器設計成超過人的工作能力限度，例如把顯示器顏色編碼設計得超過人能正確辨認顏色數目的範圍，把裝配線的速度設計成人難以適應，把控制器的操縱力設計成超出一般人的用力限度，或把它設置在人的手腳不易伸及的地方，諸如此類設計都容易使操作者發生差錯。因此在分析人為差錯引起的事故時，務須分析造成人的操作差錯與設計的關係。設計者應承擔由於設計不適於人的操作特點而發生事故的相應責任。

製作產品一般要求按設計的藍圖進行。在製作過程中，除了可能保持著原設計的差錯外，還會增加一些由製作操作造成的差錯，例如接錯了接線，漏焊了接點，裝錯了零件，使用了與設計要求不符的劣質材料或元件等。**製作差錯** (manufacture-induced error) 是造成廢品、次品的主要原因。

產品製作後，一般都需進行測試和檢查。工廠中都設有專職的產品檢驗人員。檢驗的目的是要把製作得不符合要求的產品挑出來，其中有的產品可能成為廢品，有的產品性能沒有達到要求，成為次品或等外品，降級使用。完全依靠人的感官檢驗的產品，檢驗師的主觀判斷標準對產品質量分級起著關鍵的作用。人的主觀判斷標準會受多種因素影響而發生變化。企業應創造條件使檢驗師保有靈敏的、穩定的質量判斷標準。

產品檢驗後，或需要進庫保管或直接輸向銷售商場或用戶。一個完好的產品可能會由於保管工作中的差錯或運輸中的差錯而遭受損失。例如倉庫溫濕度控制不當，通風不好，就會引起產品變質。運輸中產品包裝不當、裝卸野蠻、或防風雨、防曝曬措施不當都會引起產品破損、變質。我國的產品有相當大的部分損耗在倉庫和運輸途中，其中有許多是由人的差錯造成的。

維護的重要性人皆盡知。許多工廠企業都設有設備維修部或專職維修人員。許多機器失效是由於維護上的差錯造成的。例如電子儀器長期不通電，機器零件鬆動不及時緊固，精密儀器不注意防塵防潮，傳動或轉動的機床不及時加添滑潤油，機器不按說明書定期裝拆清洗驗收，維修後沒有按原位裝配，維修中沒有把老化的元件及時更換，使用不符合要求的工具來進行維修等，**都屬維護差錯** (maintenance-induced error) 行為。維護中的差錯會縮短機器的使用壽命，甚至造成重大事故。

人的差錯中有許多可歸之為管理的差錯。例如各種決策差錯，人員調整工作中的差錯，制定制度或制定操作規程中的差錯，發展規劃上的差錯等，都屬**管理差錯** (management-induced error)。管理上的差錯影響面較大，牽涉的人和事多，造成的損失也比較嚴重。越是上層管理人員，一旦發生差錯，造成的損失越大。因此管理工作應該挑選水平高、能力強和具有良好心理品質的人承擔。

三、人的差錯原因

了解人的差錯原因是預防差錯的關鍵。人發生差錯，有多方面的原因。有時同樣的差錯現象可能起於不同的原因。在處理差錯引起的事故時，正確分析差錯原因是很重要的。差錯原因可分外在原因和內在原因。

（一） 外在原因

1. 不適當的環境因素 人無時無刻不處在各式各樣的環境中。環境有自然環境和社會環境。當自然環境中的氣溫、濕度、氣壓、光照、空氣污染、噪聲、風雨等因素發生急劇變化時，都會使人難以很快適應，容易發生差錯。例如，光線過強會引起眩目效應，使視覺靈敏度下降；光照過低容易引起視覺疲勞；夜間很容易觀察的燈光信號，在白天陽光直照環境下容易發生信號誤認；噪聲過高，言語通訊容易受到干擾。高溫、低溫環境，都會使人的操作能力降低，使**事故率** (accident rate) 上升。因此對異常的物理環境，必須採取防護措施。人的行為還受社會環境的影響。社會環境因素包括國家的重大事變，政府的政策、法令，社會輿論，社會風氣，親朋同事間的關係，家庭經濟收益與家屬成員間的關係，工作中的上下左右關係，以及工資、獎金、福利等等。政治不穩定，政策多變，物價高漲，社會風氣不好，生活不安定，工作不受重視，困難無人關心，親朋關係冷淡，家庭失和，夫妻吵架，戀愛發生變故，同事鄰里矛盾等都會影響人的工作情緒，分散人的注意，都容易使人發生差錯。企業不僅要為職工創設適宜的物理環境，而且更要重視各種社會環境因素對職工情緒的影響，關心和幫助他們解決實際問題和思想問題。這不僅有利於激勵職工的工作積極性，也會對減少差錯、降低事故率發生很好的作用。

2. 人機不匹配 人機不匹配是造成操作失誤的又一外在原因。做衣服要量身裁衣，設計工具、用具也何嘗不需要考慮使用者的身體尺寸、力量大小。不按使用者特點設計的產品所造成的事故幾乎每日每時都有發生。飛行中常有因飛行員讀錯儀表而發生機毀人亡的事故,火車司機也有因看錯信號而發生撞車事故的。此類事故責任誰負?有人認為這是駕駛員的責任事故,應該由駕駛員承擔責任。但從事故的誘因說,很可能是由於設計者缺乏人的因素思考而引起使用者發生差錯行為,設計者對事故應負有一定的甚至主要的責任。現在,工程技術工作者和管理工作者有這種認識的人並不多,許多事故分析往往只停留在事故當事人的行為和環境條件的分析。

3. 管理因素 例如作業制度、操作規程、安全教育、作息安排、檢查監督、人事分配、獎懲措施等都屬管理因素。此類因素都會對人的操作差錯發生這樣或那樣的影響。

(二) 內在原因

一般說,人發生差錯有客觀原因和主觀原因。客觀因素是使人發生差錯的外在條件。外在條件不好會增加人發生錯誤的可能性。主觀因素則是差錯發生的決定因素。在同樣的客觀誘因下,有的人發生差錯,有的人不發生差錯,就是由於主觀因素不同之故。人發生差錯的主觀因素,概括起來主要有如下幾個方面:

1. 意識水平 人在覺醒狀態時意識水平高,疲勞時意識水平低,瞌睡時意識水平更低。一般說,人處在過於興奮激動狀態或疲勞瞌睡時,都會使意識水平降低,自我控制能力減弱,因而容易發生差錯。人處於中等覺醒水平時發生差錯的可能性最小,能取得最好的工作效績。

2. 是否集中注意 能集中注意,又能將注意加以適當分配的人,工作中的差錯少。有的人工作時不能集中注意,所謂心不在焉,視而不見,聽而不聞,自然容易發生差錯。有些工作需要操作人員眼看四面,耳聽八方,這時需要人具有集中一點兼顧其餘的注意分配能力。不然,就容易顧此失彼,引起失誤。

3. 能力與知識經驗的多寡 人的許多錯誤都與能力知識有關,能力低、知識經驗少的人要比能力強、知識經驗多的人更有可能發生差錯。做不同的事需要有不同的能力和不同的知識。領導知人善任,按人的能力與知識分配工作,就能使下屬少犯錯誤。能力與知識均得自教育和學習,善於學習的人可以少犯錯誤。

4. 性格類型與差錯 事故在有些人身上很少發生，而在另一些人身上卻發生得較多。有人提出事故的發生與人的性格特點有關。根據對交通事故的研究，具有**場依存性**(field dependence) 特點的駕駛員比具有**場獨立性** (field independence) 特點的駕駛員容易發生事故。有場依存性傾向的駕駛員跟隨別的車後面駕車時，比較多的把注意集中在他前面的一輛車上，而很少注意從更前面的車輛狀況中去獲取行車情況的信息，因而容易發生撞車事故。另外，做事細心、處事慎重的人比脾氣急燥、行動魯莽的人發生差錯的可能性要低些。這是因為細心、謹慎的人，按規章辦事的多，違反操作規程的少，而脾氣急燥、魯莽的人，容易違章越規，做出不該做的行為。

除了上述主觀因素外，其他如思想麻痺，違反操作規程，不良習慣和疲勞等，都容易引起差錯。尤其思想麻痺和違反操作規程是釀成大量事故的原因。為了防止人為差錯事故，加強安全教育和防止事故訓練是非常必要的。

第三節　安全分析和危險性評價

為了保障生產安全，就必須對與生產和工作有關的各方面的情況進行安全分析和危險性評價，以便在事故發生前就能發現不安全的徵兆，做到防患於未然。

一、什麼是安全分析

安全分析 (safety analysis) 指從安全的角度對生產中的有關情況進行全面而系統的分析。這種分析包括物質設施、工作環境、管理措施、操作過程、行為與思想等各個方面的情形。安全分析的目的是為了發現存在於上述各方面中的不安全因素和危險狀態，便於及時採取消除危險和防止事故的措施，以達到生產安全的目的。

安全分析和**危險性評估**(danger assessment)是密切相關的。在對一個對象或一個系統作安全分析時，對所發現的不安全因素必然要對它作危險性評價。因為不安全因素有各種不同的情形，其對安全造成的威脅程度可以有很大的差別。例如一個高於地面的平台或腳手架若無防跌裝置，則不論其高度如何都屬不安全因素，但不同的高度其危險度不一樣，高度低的危險性小，高的危險性大。因此在安全分析過程中，不僅要檢查出不安全因素的所在，而且還應評定其危險度。

安全分析和危險性評估應從空間上和時間上展開。從空間上展開是指要對被分析的對象或系統的組成部分逐項進行分析。要從各組成部分的結構、功能和相互作用的關係上分析其是否能勝任所承擔的任務。例如欲用一台起重機起吊某種大型混凝土構件，在進行安全分析時就要對起重機的吊臂、傳動件、吊索等各種組成部分，從其材料強度、結構和功能特點、使用期長短等方面逐項進行分析並計算其承受力是否能承載這批待吊物的重量。若要對一個人機系統進行安全分析，就不僅要對這個系統中的機器部分進行分析，而且還要對操作者的有關素質特點，以及對人和機的匹配關係進行分析。只有從空間上進行全面而系統的分析，才可能把顯現的和掩蔽的不安全因素檢查出來。安全分析從時間上展開，是指要對所分析對象的存在與發展的各個階段進行分析，就是說要對一個對象或系統從其規劃、研究、設計、製造、使用、維修全過程的各個階段進行分析。只有從空間和時間上對一個對象進行全面而系統的分析和評價，才可能使生產安全得到可靠的保障。

二、安全分析的內容

安全分析的內容因分析對象的性質不同而異。安全分析的對象可以是單一的物質產品，也可以是複雜的系統，還可以是某種生產過程或某種工作情境。不同的對象包含著不同的內容，安全分析的重點和要求也應有所不同。對一個物質產品的安全分析，主要分析其功用、製作原材料、體積、重量、外形特徵、牢固度、易碎易損易燃性、毒性、使用方便性等等。對一個系統的安全分析，除了先按分析產品的要求分析其每個組成部件外，還要著重分析各部分的關係和分析系統的可控制性。一個系統的各組成部分，從單個部件來看，可能不存在不安全因素，但把這些部分組合成一個系統後，各組成部分間可能存在著有礙安全的不協調關係。例如飛機駕駛艙或電站中央控制室的儀表板上安裝的各種視覺顯示器，一個個分別進行測試，可能都沒有問題，但放在一個儀表板上集中使用時，就可能出現因顯示標誌不統一而發生互相干擾的現象。這種關係的不協調是造成許多操作事故的原因。因此在對一個系統作安全分析時必須重視對系統不同部分相互關係的分析。

對操作過程或作業過程的安全分析，不僅要從安全的觀點對作業對象和工作系統進行分析，而且還要對操作方法、操作者的選擇與培訓、工作人員的知識、經驗、能力、體質、個性特點和教育等情形作安全分析。

對工作環境作安全分析時，不僅要分析工作場地大小，場地上的物件放置、排列，工作中的照明、噪聲、振動、空氣成分、溫度等物理環境因素的情形，還要分析組織氣氛、上下級關係、社會風氣等社會環境因素的影響。

生產安全與否也與管理有密切關係。上述各方面是否存在不安全因素，以及種種不安全因素是否能及時消除，最後都可以直接或間接從管理上找到原因。許多事故之所以發生主要是由於管理上對安全不夠重視。因此要搞好生產安全和做好安全分析，必須從管理入手。

三、安全分析的步驟

安全分析需要有計畫有步驟地進行。一般說，安全分析需要經歷以下幾個步驟：

1. 確定分析對象 這是安全分析首先要做的一步。一個企業若需要對多個對象作安全分析而又不可能同時進行時，就要按這些對象對生產安全的重要性及事故頻度安排先後，即把事故頻度高對企業生產安全影響大的對象先進行安全分析。

2. 了解對象的一般情況 例如企業的生產任務，勞動組織，安全管理制度，職工教育培訓，以往事故情況等，都應在進行安全分析以前或在安全分析前期作一般的了解。

3. 確定分析的內容 如前面所說，安全分析的內容要根據分析對象的性質加以確定。

4. 對確定的內容逐項進行安全分析 對已確定的分析內容，要逐項地作安全分析，找出其中的不安全因素，並對不安全因素所構成的危險性進行評定，而後從不安全因素引發事故的可能性大小和事故後果的嚴重性評定危險度等級。表 18-1 就是按這兩個指標評定危險度等級的評估表。表中根據發生事故危險的概率和事故後果的嚴重度列出 20 種組合，並把這 20 種組合按危險嚴重性排成 1 至 20 的序列，再歸成四個等級：1～5 為一級，極度危險；6～9 為二級，高度危險；10～17 為三級，中度危險；18～20 為四級，輕度危險。

表 18-1　危險度等級評估表

存在事故危險的概率＼事故後果嚴重性	慘重	嚴重	輕	輕微
連續發生	1	3	7	13
經常發生	2	5	9	16
有時發生	4	6	11	18
可能發生	8	10	14	19
幾乎不會發生	12	15	17	20

(採自徐江、吳穹編，1993)

5. 分析存在不安全因素的原因　分析原因十分重要，因為只有找到導致存在不安全因素及其造成危險度的原因，才能在採取防止事故對策時做到有的放矢。一個機器的動力傳動系統不安裝防護罩是一種不安全因素，它使任何靠近它的人都有可能發生被傳動皮帶捲入機器的危險。但一個缺乏安全知識的人要比一個受過安全訓練的人發生這種事故的可能性大多得。動力傳動裝置不安裝防護罩和操作人員缺乏安全知識，都可從管理上找到共同的原因，即對安全不夠重視，但二者顯然還有其不同的原因。

6. 提出消除不安全或減輕危險度的對策　制定對策一要有的放矢，即要針對不同問題和不同原因採取不同的對策；二要切實可行；三要嚴格執行。不做到這三點，就不能消除危險。

表 18-2　車間安全檢查表

車間名稱：×××車間
檢查日期：　　年　　月　　日
檢查者姓名（簽名）：

序號	檢查項目	應達到的要求	檢查結果	改進意見
1	車間作業場所	保持整齊、清潔，通道平坦、暢通。		
2	進出口處	應設置安全標誌、限速標誌。		
3	作業區	作業區場地應整齊、防滑、無凹陷凸起及嚴重油污現象。		
4	通風和採光	車間應有良好的自然通風和採光，照度大於 30lx。		
5	交流電氣設備接地接零	交流電氣設備接地接零幹線，可利用直接埋入地中的金屬構件，但不得利用輸送可燃易燃物質的管道。		
6	接地線埋入件	應具有足夠的機械強度，良好的導電性和熱穩定性，連接牢固可靠。		
7	臨時線路	需用良好的橡膠套電纜，長度不超過10米，線上面不得有接頭。		
8	粉塵濃度	車間粉塵濃度不大於規定標準。		
9	噪聲	噪聲≤85 分貝（或不超過規定標準）。		
10	溫度	保持在規定的標準限度以內。		
11	安全管理	車間應設專職或兼職安全員，或設安全領導小組。		
12	安全教育	新入廠人員未經安全教育或安全培訓者，不準參加生產或單獨進行操作。		
13	勞保用品	上崗操作前必須按規定穿戴好防護用品。女工須將長髮辮放入帽內，旋轉機床嚴禁戴手套操作。		
14	安全防護設施	各種防護裝置不得缺少或隨意拆除，並保證防護裝置齊全、靈敏、可靠。調整或檢查設備需要拆卸防護罩時要先停電關車，不准無罩開車。		
15	檢修設備	檢修機械、電氣設備時必須掛停電警告牌，並要有人監護。		
16	電氣設備裝修	非電氣人員不准裝修電氣設備或線路。使用的手持電動工具必須絕緣可靠，並有良好的接地接零措施。		
17	易燃易爆場所	嚴禁在易燃易爆場所吸烟或明火作業。		
18	塵毒場所	生產粉塵和有毒物質場所，必須設有塵毒處理裝置和安全保護措施。		
19	消防設施	各種消防器材、工具應按消防規定配置，不准隨便動用。		
20 ⋮	要害部位	發電機房、變配電室、空壓機站、油庫、危險品庫等部位，非崗位人員未經批准不得入內。		

四、安全檢查表的使用

安全檢查表 (checklist for safety) 是為了分析和檢查安全情況而設計的項目清單。檢查表中的內容應包括需要檢查的全部項目。對每個項目都規定檢查的內容和要求。每次檢查時要把每項內容的檢查結果填入表內。一個複雜的人機系統，往往有很多項目需要檢查。為了保證安全，必須每個項目都檢查到。使用安全檢查表時，檢查人員只要按照檢查表規定的內容逐項進行檢查，就可避免遺漏。它是一種在安全管理中被普遍採用的有效的安全檢查方法。

安全檢查表可按檢查的目的區分為不同的類型。例如，供設計人員使用的稱為設計用安全檢查表，用於檢查車間或工作崗位安全的分別稱為車間安全檢查表或崗位安全檢查表。不同的安全檢查表包含的檢查內容和要求有所區別。但不管什麼類型的安全檢查表，一般都要包括下列各項：檢查對象，檢查項目，對受檢項目的要求，檢查結果，改進意見。檢查表還要寫明檢查的時間和檢查人員的姓名，參加檢查的人須在檢查表上簽字。表 18-2 是一個生產車間安全檢查表格式的例子。

安全檢查需要經常進行。有的檢查對象需要過一段時間作一次檢查，有的對象要求使用一次後就進行一次檢查。因此每一種安全檢查表，要備有一定的數量，使用後的檢查表要按檢查日期順序排列，這樣便於了解每個受檢項目安全狀況的發展變化情形。

有的檢查表包含的檢查項目多，地點分散。為了提高安全檢查效率，要合理地制定檢查路線，把位置靠近的項目或性質相近的項目就近組合。應力求使檢查過程用時最少，行程最短，費力最小。為了避免漏檢，檢查表的序號應盡可能與實際檢查的順序相一致。

第四節　事故分析

　　事故是一種不希望發生的意外變故或災禍。前面討論的安全分析和安全檢查的目的都是為了防止發生事故。但要完全避免事故是很不容易的事。我們對事故的態度是：一、不希望發生；二、是以預防為主，使事故發生率盡可能減至最低限度；三、事故萬一發生，就要嚴肅對待，對事故進行認真地分析，從中吸取教訓。**事故分析** (accident analysis) 即是對事故特別是對傷害事故的事實、過程、原因的分析。

一、事故分類

　　事故可以從有無人員傷害、人員傷害程度、事故的性質以及事故發生的原因等方面進行分類。

(一)　按有無人員傷害分類

　　事故可以按人員有無傷害分為人員傷害事故和非人員傷害事故。事故中有無人員傷害都帶有某種偶然性，例如建築工程中常有腳手架(鷹架)斷裂坍落的事故，若腳手架坍落時正巧有工人站在腳手架上施工，或在腳手架下面施工，自然就會導致人員傷亡。事故的嚴重性評估不僅要考慮人員有無傷亡，及人員傷亡的程度，而且還要考慮到財物損失及工程延誤的程度。

(二)　按人員傷害程度分類

　　人員傷害程度有兩種計算標準：

　　1. 按人員傷害引起損失的工作日數評價事故傷害的嚴重程度。可把傷害程度分為如下三類：

　　輕傷：損失工作日一日以上（包括一日）、105 日以下的失能傷害。
　　重傷：損失工作日在 105 日至 6000 日以下的失能傷害。
　　死亡：損害工作日達 6000 日以上。

把一個工作人員死亡事故損失的工作日定為 6000 日是根據我國職工的平均退休年齡和平均死亡年齡推算出來的。這裏需要說明一點，損失的工作日數包括負傷後因治療和休息而停止工作的日數，以及職工由於事故造成工作能力受損或減退，復工後不能承擔正常人員工作量所引起的工作日損失。這種計算法比較符合實際情形。

2. 按傷害輕重和傷亡人數，可把事故傷害程度分成下列四等：

輕傷事故：只引起工作人員輕度傷害的事故。
重傷事故：引起工作人員重傷而未發生人員死亡的事故。
重大傷亡事故：引起 1～2 人死亡的事故。
特大傷亡事故：引起 3 人以上死亡的事故。

（三） 按事故性質分類

事故性質可作多種歸類。常見的事故類別有：物體打擊事故，高處墜落事故、灼燙事故、觸電事故、淹溺事故、坍塌事故、焚燒事故、爆炸事故，交通事故，跌撞事故，中毒事故，窒息事故，捲入事故，擠壓事故等。

二、事故原因分析

事故發生後必須及時分析原因，以確定事故性質，分清事故責任。只有原因清，才能責任明。也只有認清事故原因，才能真正從事故中吸取教訓。事故發生往往有多方面的原因，它們與事故發生的關係，有的是直接的，有的是間接的，有的是主要的，有的是次要的。

（一） 事故的直接原因

事故的直接原因指直接導致事故發生的因素。物的不安全狀態和人的不安全行為都可能成為事故的直接原因。例如有缺損的防護裝置或信號裝置，有缺陷的設備，雜亂的施工場地，不良的環境因素等引發的事故，都可歸之為直接由不安全的物的因素引發的事故；而操作失誤，違反操作規程和使用不安全設備等引發的事故，則屬於直接由於人的不安全行為引發的事故。

(二) 事故的間接原因

　　事故的間接原因一般指使事故直接原因得以產生和存在的因素。例如，一個有缺陷的設備或裝置可能是引發事故的直接原因，但是設備所以有缺陷又要歸因於設計上的考慮不合理，因而設計不合理就成了產生事故的間接原因。其他如缺少安全教育與培訓，勞動組織不合理，操作規程不完善，安全檢查執行不嚴格，勞動紀律鬆弛等都可能構成發生某一事故的間接原因。事故的間接原因往往與管理工作有關。因而要防止事故，除了消除導致事故的直接原因外，還必須從管理上下功夫。

(三) 事故的主要原因

　　事故的各種原因在引發事故中的作用可能很不相同。在諸多原因中必有一種或幾種對事故發生起主導作用的原因。分析事故原因時必須著力找出事故的主要原因。事故的主要原因在不同的事故中不可能相同。不論是直接原因還是間接原因，或是人的不安全行為還是物的不安全狀態或者是管理上的原因都可能成為事故的主要原因。譬如說，工人違章操作發生了傷人事故，違章操作自然是事故的直接原因，但工人為什麼會發生違章操作呢？進一步的分析表明，這個工人所以發生違章操作，是因為他剛進廠，還沒有對他進行上崗前的技能培訓和安全教育，由於管理人員把關不嚴，讓他上崗操作，因而事故的主要原因無疑是在管理上面。反之，若工人經過培訓，規章制度健全，管理人員嚴格按規章辦事，但這個工人由於貪圖省力而違章操作引發事故，那麼事故的主要原因自然是在工人的不遵守操作規程。

三、事故分析的步驟和方法

　　有時事故複雜，事故的原因一時不容易看清，若不採取正確的分析步驟和科學的分析方法，是很難將事故原因揭示出來的。

(一) 事故分析的步驟

　　事故分析，一般需要採取以下步驟：

　　1. 調查事故現場。事故發生後一般要進行現場勘察和對有關人員與知情人進行調查。調查中應重點查明以下事實：(1) 事故發生的時間和地點；(2) 事故現場的情境，包括與事故有關的物的狀態和環境狀態；(3) 事故當事人的姓名、年齡、性別、工種、工齡、技術等級、安全知識、個性特點、傷害部位及程度等；(4) 事故發生時受害人和其他有關人員的行為特點；(5) 事故發生時人和物的關係。調查此等情形時，均須遵從客觀事實，避免主觀猜想，並要盡可能採用照相、錄像、錄音和筆錄等方法取得人證、物證。掌握事實材料是進一步分析的基礎，應盡可能了解得具體、詳細。

2. 了解事故發生的過程，確定事故的性質。

3. 分析事故發生的直接原因和間接原因。分析事故原因，關鍵是要確定事故發生時人、物、環境等方面存在的不安全因素，以及這些不安全因素在事故中的作用。若事故發生與多種因素有關，就要分析和確定對事故發生起主要作用的因素。

4. 分析事故造成的損失和後果，確定事故的嚴重程度。

5. 分析事故責任。在分析事故責任時，要分清事故的直接責任者、間接責任者和主要責任者。

6. 整理事故資料，作成事故檔案。

（二）事故分析的方法

分析事故原因要採用科學方法。可採用的方法有許多種，下面介紹幾種最常用的方法。

1. 因果圖分析法 因果圖 (schemata of causality) 是與事故發生有關的所有因素之間的邏輯關係圖。可通過分析因果圖所表示的邏輯關係，找出事故原因。因果圖由主線、支線、次支線、再次支線相連，它們分別表示促使事故發生的不同層次的因果關係。層層相促，形成一個如圖 18-2 所示的魚刺骨架狀的圖形，因此有人把事故因果圖稱為魚刺圖。

製作事故因果圖要從與事故有關的人、物、環境、管理四個方面入手。對每個方面盡可能多地列舉出可能促使事故發生的因素，並分析出現每種因素的原因。一種現象既是後一現象的原因，又是前一現象的結果。經過層層分析，找出發生事故的直接原因與間接原因。

2. 事件樹分析法 事件樹分析 (events tree analysis，簡稱 ETA) 是

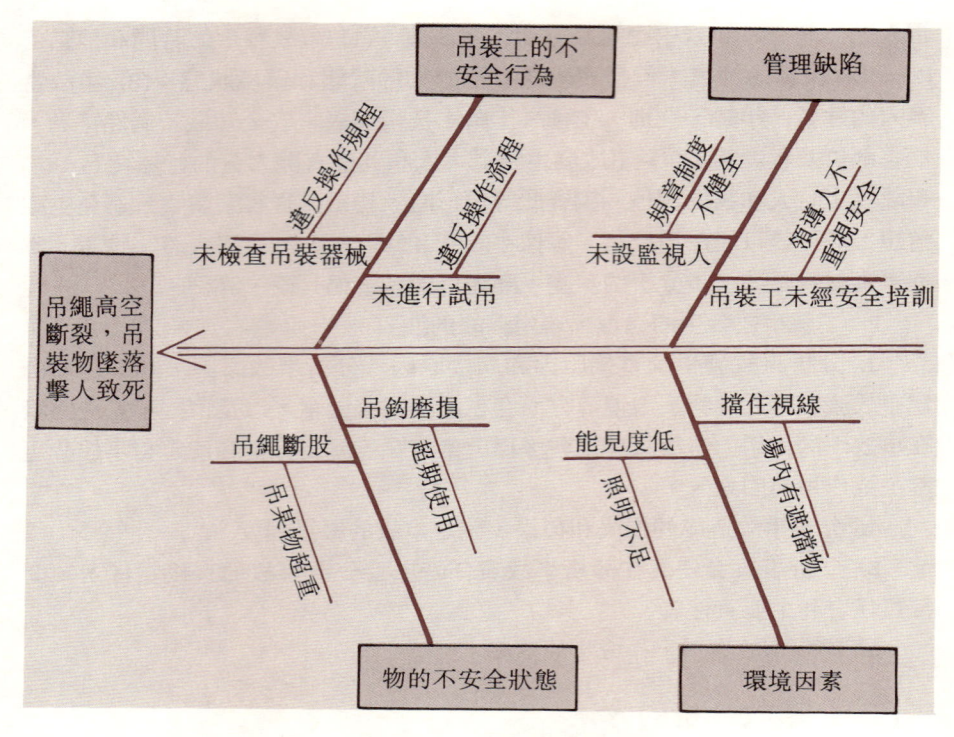

圖 18-2　事故因果圖

通過事件隨時間演變的過程分析事故的方法。一個事件的發展有好、壞兩種可能。在事件發展過程中若能及時發現不安全因素，採取消除事故隱患的措施，就可避免事故的發生。若事件發展過程中，事故隱患不能及時發覺和排除，事件就會向壞的方面變化，最終引發事故。事件發展中的每個環節和每一步變化都可從好壞兩種發展可能進行分析。圖 18-3 是鍋爐爆炸事故的事件樹分析的例子。

3. 故障樹分析　故障樹分析 (fault tree analysis，簡稱 FTA) 是事故分析中普遍使用的方法。故障樹分析是一種圖形演繹方法，是對一種故障或失效狀態在一定條件下的邏輯推理方法。故障樹能把一個系統的各種失效狀態和原因聯繫起來，通過層層分析，找出系統的薄弱環節，提高系統的可靠性。這種方法既可對已發生的事故進行分析和核查，以找出事故的原因，也可用來分析潛在的事故隱患，以便有的放矢地採用事故預防措施。

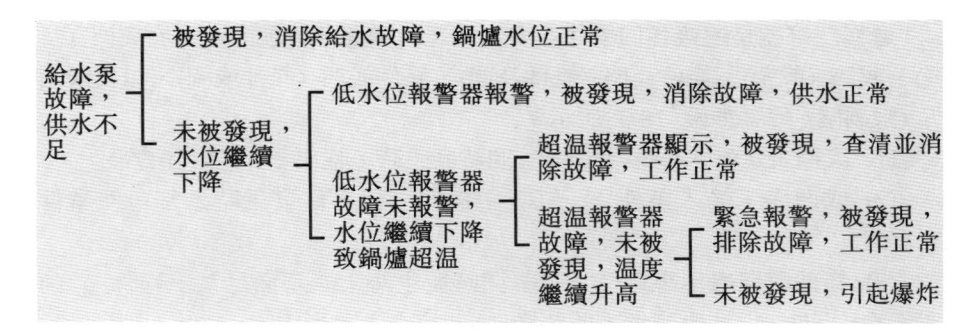

第十八章　生產安全與事故預防　**593**

```
給水泵    ┬ 被發現，消除給水故障，鍋爐水位正常
故障，    │
供水不    └ 未被發現，┬ 低水位報警器報警，被發現，消除故障，供水正常
足          水位繼續  │
            下降      └ 低水位報警器   ┬ 超溫報警器顯示，被發現，查清並消
                        故障未報警，   │  除故障，工作正常
                        水位繼續下降   │
                        致鍋爐超溫     └ 超溫報警器   ┬ 緊急報警，被發現，
                                         故障，未被   │  排除故障，工作正常
                                         發現，溫度   │
                                         繼續升高     └ 未被發現，引起爆炸
```

圖 18-3　鍋爐爆炸事件樹分析圖示

　　故障樹是由事件符號同與其連接的**邏輯門**(或**邏輯閘**) (logic gate) 組成的。編製故障樹時經常使用三類基本符號：事件符號、邏輯門符號和轉移符號。

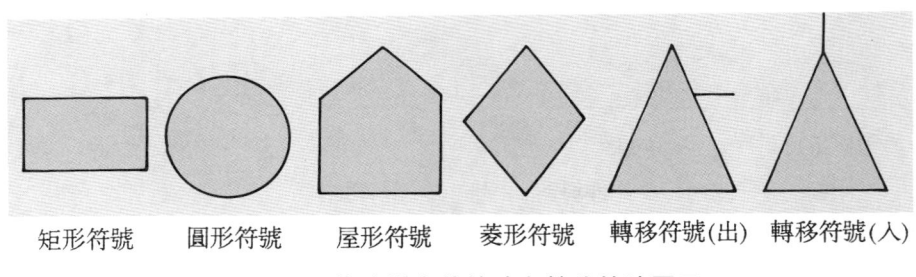

矩形符號　　圓形符號　　屋形符號　　菱形符號　　轉移符號(出)　轉移符號(入)

圖 18-4　故障樹事件符號與轉移符號圖示

　　事件符號和轉移符號如圖 18-4 所示，有矩形、圓形、屋形、菱形、三角形等。各符所代表的意義簡述如下：

　　(1) 矩形是表示頂上事件或中間事件的符號，一般指所要分析的事故事件或失誤事件。

　　(2) 圓形是表示底事件的符號，通常表示構成引發故障或事故的原因事件。它可以是人的差錯，也可以是機械故障、環境因素等。

　　(3) 屋形符號表示正常事件。

　　(4) 菱形符號表示省略事件。

　　(5) 三角形為**轉移符號**。當編製的故障樹很大，需要分段作圖時用以指示轉向何處或從何處轉入。

邏輯門符號是連接各個事件並表示其邏輯關係的符號，主要有與門（及閘）、或門（或閘）、條件與門（條件及閘）、條件或門（條件或閘）、以及限制門（限制閘）等，如圖 18-5 所示。

(1) 與門表示輸入事件 B_1、B_2 同時發生時，輸出事件 A 才會發生。

(2) 或門表示輸入事件 B_1、B_2 中任何一個事件發生時，都可使事件 A 發生。

(3) 條件與門表示事件 B_1、B_2 同時發生時，必須滿足某一條件 a 的情況下，事件 A 才會發生，並將條件 a 寫在六邊形內。

(4) 條件或門表示在事件 B_1、B_2 中任一事件發生時，必須滿足條件 b 的情形下，事件 A 才會發生，並將條件 b 寫在六邊形內。

(5) 限制門表示當輸入事件滿足某種給定條件時，直接引起輸出事件，否則輸出事件不發生，給定的條件寫在橢圓形內。

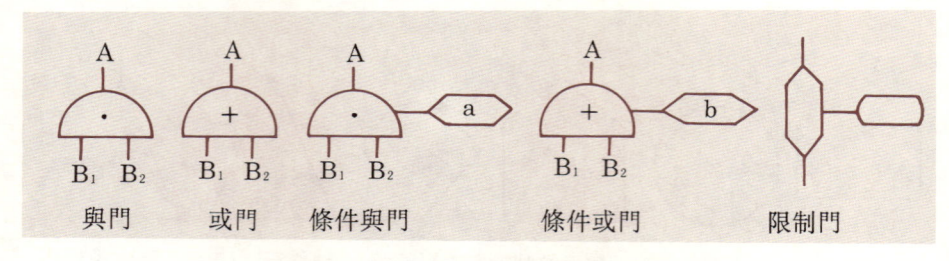

圖 18-5　故障樹邏輯門符號圖

編製故障樹時要把所分析的事故作頂上事件，寫在第一層長方框內。頂上事故事件要具體，例如對鉗工事故分析，不要籠統地寫上"鉗工事故"，而要寫明"銼刀傷人"或"砂輪傷人"等。頂上事故寫得愈具體，愈便於分析。確定頂上事件後，在它下面的一層並列寫出造成頂上事件所有可能的直接原因。它們可以是機械故障，人的失誤或環境因素。上下層之間用邏輯門連接，若下層事件必須全部同時出現時頂上事件才出現，就用與門連接，若下層事件中只要一個出現時頂上事件就會出現，則用或門連接。與此相似，把構成第二層各事件的可能的直接原因，分別寫在第三層上。如此類推，層層相連接，直至寫出最下層的原因事件。這樣就構成了一個故障樹。下面以砂輪傷害事故為例，說明故障樹編製過程。圖 18-6 是一個砂輪傷害的故障樹分析圖。這圖表明"砂輪破碎飛出"和"防護裝置不起作用"兩事件是造

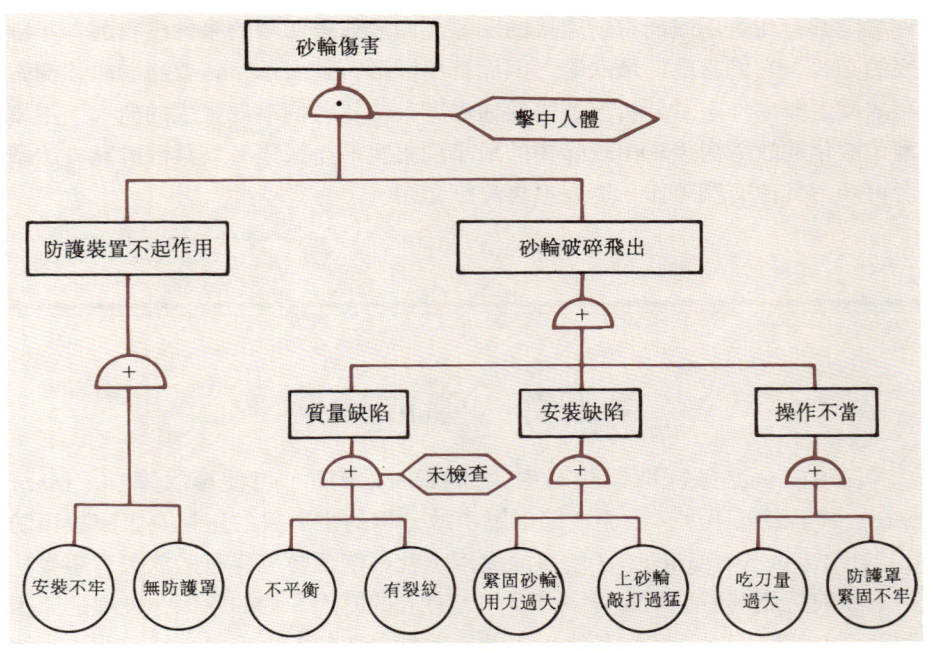

圖 18-6　砂輪傷害事故的故障樹圖
(採自國家建材局生產管理司編，1992)

成傷害事件的直接原因，二者必須同時存在而且又擊中人體的情況下才發生傷害事件。"擊中人體"成為砂輪傷害事件的條件。因此三者用條件與門符號連接。"防護裝置不起作用"可由於"安裝不牢固"或"無防護罩"而發生，因此把它們畫在第三層。二者只要其中之一存在就會使"防護裝置不起作用"，因而三者間用或門符號連接。"砂輪破碎飛出"事件可以由於"質量缺陷"、"安裝缺陷"或"操作不當"所造成，而且三者中只要有任一項發生，就可造成"砂輪破碎飛出"，因而三者成為砂輪飛出事件的原因，寫在第三層內，並用或門符號與上一層的"砂輪破碎飛出"事件相連接。砂輪質量存在缺陷，又有其自身的原因，如"砂輪不平衡"、"砂輪有裂紋"等缺陷而沒有被檢查出來，因而把"不平衡"與"有裂紋"寫在第四層即最底層，並用條件或門符號把三者聯繫起來。與此相似，"安裝缺陷"、"操作不當"也各分別由"緊固砂輪用力過大"、"上砂輪敲打過猛"和"吃刀量過大"、"防護罩緊固不牢"等基本事件所引起，而且在各自的三、四層事件之間都存在著用或門符號連接的關係。由於對第四層的事件沒有進一步細究的必要，它們都處於最底層，因而都用圓形符號表示。若要通過故障樹對事故發生概率作定量分析，還需要通過調查估算各個事件發生的概率，用布爾代數化簡故障樹後求出故障樹的最小割集與最小徑集。其具體計算方法讀者可參考其他有關著作，這裏不再詳細介紹。

第五節　事故預防

保障安全必須採取以防為主。加強事故預防，可使**事故率** (accident rate) 減至最低限度。上面一節討論事故分析的主要目的正是為了**事故預防** (accident prevention)。了解事故原因，就可使預防工作有的放矢，事半功倍。如前所述，事故原因是多方面的，有人的原因、物的原因、環境的原因和管理上的原因。人和物相比，人的原因是主要的。大多數事故又都可直接或間接從管理上找到根源。因此事故預防應以加強安全管理為重點。

一、實行安全目標管理

安全目標管理 (management by objective for safety) 是企業目標管理的重要組成部分。企業實行安全目標管理主要應做好以下工作：

（一）　制定安全管理目標

首先要制定企業安全管理總目標。總目標要全面地反映安全管理工作應該達到的要求。這種要求還應具體化為各種指標。例如，對職工安全教育和安全培訓的人數和次數，各類傷亡程度人次率限度，以及事故引起的工作日和財產損失以及其他方面的最高或最低限額指標。

要把安全管理總目標自上而下層層分解，制定各級各部門直至每個班組或每個職工的安全目標。形成自上而下層層相屬的安全目標管理體系和自下而上的層層安全保證體系。每個人每個部門都有自己應該實現的目標和應該完成的指標。這樣就能動員全企業職工都積極參與安全管理工作，使企業的生產安全目標轉化為每個職工的行動目標。

(二) 檢查和考核

在實行安全目標過程中要不斷進行檢查。對檢查中發現的矛盾和問題，要分析原因，採取有力措施，及時予以解決。還應對每個部門、每個班組和職工個人執行安全管理的情形定期進行考核和評價。對安全管理中的優秀典型和先進經驗要認真進行總結和推廣。只有通過對安全目標管理執行情形的檢查、考核、評價和獎懲，才能使安全目標管理的作用真正發揮出來。

二、人員選配與教育

(一) 人員選配

如前所述，企業發生的事故中有很多是由於人的不安全行為造成的。人做出不安全行為，有的是由於缺乏知識，有的則與人的個性特點有關。知識可通過學習去獲得，個性特點則是在長期的生活中形成的，不易改變。例如粗心大意、性情急躁的人工作中較易發生不安全行為，發生事故的可能性就大一些。工作仔細、冷靜的人工作中發生不安全的行為少一些，因而發生事故的可能性也就小一些。從事故防護的角度說，不同工作之間也存在差別，有的工作容易存在事故隱患或容易導致人產生風險行為，這種工作發生事故的可能性就大些。有的工作很少事故隱患，發生事故的可能性就小些。假使容易發生不安全行為的人去從事事故隱患多的工作，自然就會使事故發生的可能性增大；反之，若選擇很少發生不安全行為的人去從事事故隱患多的工作，事故發生率就會低一些。因此根據工作安全要求，對從職人員進行選配是很必要的。**人員選配** (personnel selection and job assignment) 主要是兩方面的工作，一是為各種工作確定從職人員的身心素質要求或職業適應性要求，二是根據工作的職業適應性要求對未參加或已參加工作的人進行職業適應性測定，把具有不同職業適應性素質的人選擇去從事不同的工作。

(二) 實施安全教育與安全培訓

事故發生的原因中，許多是由於事故當事人缺乏安全知識，或思想麻痺對生產安全不夠重視。克服這類事故隱患的主要辦法是加強安全教育和安全培訓。企業不僅要對剛進企業的新進人員進行**安全教育** (safety education) 與**安全培訓** (safety training)，而且對已經在崗的人員也要不斷進行教育與培訓。安全教育與培訓的對象，不能只是著眼於企業中的全體工人，而且也應包括一切管理人員。有些事故發生在工人身上，究其責任可能主要在管理者身上。當然安全教育和培訓的內容與方法應隨對象不同而有所區別。安全教育的內容主要是三大方面，即安全態度教育，安全知識教育和安全技能教育。安全態度教育的內容和要求對每個企業的人員是一致的。它包括勞動保護方針政策、安全法規、安全制度、勞動紀律等。要求通過勞動態度教育提高企業全體職工對生產安全的認識，消除有礙生產安全的錯誤思想，樹立生產安全的責任感，提高參與事故預防工作的自覺性。安全知識與安全技能的教育，應根據管理人員、技術人員和工人的工作性質與工作內容而有不同的要求。企業的管理人員，除了負責生產安全的管理人員需要全面掌握企業生產中的各種具體的安全知識和技能外，其他管理人員只要求他們大致掌握本企業有關的安全知識與技能。而對生產第一線的工人，則要求他們對自己工作有關的安全知識和技能有特別深刻的了解，不僅知道什麼情形容易發生危險，而且還要求熟練掌握消除危險的技能。對一些特種作業或危險作業的操作人員，在上崗前必須先進行專門的培訓，並經受嚴格的考試，取得特種作業安全操作證書後才能上崗操作。

三、合理設計機具設施

為了生產安全，企業中使用的種種機具、器材和場地設施都要從保障安全和預防事故的觀點進行設計。在人的操作失誤中有不少是由於所操作的機具設計沒有考慮到使用者的身心特點而引起的。一個設計人員若懂得一點安全工效學知識，別人使用他設計的器物時就會少發生一些錯誤，多增加幾分安全。為了保障安全，人所使用的一切機具、器物和設施應滿足如下要求：(1) 要有足夠的牢固度或較高的安全係數；(2) 機具設施等的大小高低要與使用者的人體尺寸相匹配；(3) 機具操作力的設計要與使用者的力量特點相適應；(4) 需要依賴人的認知活動的工作，對人的認知要求不可超過人的信息加工能力的限度；(5) 一切有可能出現危險的地方，**都應設置安全防護裝置或危險告警裝置**；(6) 對人容易發生操作錯誤的系統，應採用防誤操作設計；(7) 人員集中的工作和娛樂場所，必須有足夠大的空間，良好的通風和能快速疏散的通道。

四、健全安全規章制度

為了保障生產安全，國家制定了許多有關生產安全的法律、規程、和標準。每個企業也都制定了這樣那樣的安全規章制度。一個企業若能嚴格執行國家有關的安全法規和企業自己制定的規章制度，發生事故的可能性就會減少。安全規章制度能否嚴格執行，關鍵在於領導。對生產安全的態度方面，企業的領導人中常可碰到兩種情形：一種領導是真正認識到生產與安全的關係，他們在思想上和工作中既重視生產，又重視安全，既抓生產，又抓安全管理和事故預防；另一種領導是重視生產忽視安全。領導不重視安全，安全規章制度就不能嚴格執行。教人者要先教己，管人者須先管己。一個企業要保障生產安全，首先必須要有一個重視生產安全的領導。

本 章 摘 要

1. 安全對生產發展具有重要意義。要保障安全就要排除險情，防止**事故**。
2. 對事故發生的原因有不同的觀點。有的強調物的因素，有的強調人的因素，也有的認為事故是由人、物、環境諸方面因素交錯結合造成的。
3. 人的差錯是導致事故的重要因素。人的差錯是指不符合要求的行為。該做而不做，不該做而做都屬差錯行為。
4. 人的差錯按差錯時的意識狀態可分為**無意差錯**和**有意差錯**；按信息加工的觀點可分為信息輸入差錯，信息中樞加工差錯，信息輸出差錯；按作業性質，可分為設計差錯、製作差錯、檢測差錯、維護差錯、貯運差錯和管理差錯等。
5. 人的差錯原因有外在原因和內在原因之分。外在的原因是引起差錯的條件，內在原因是發生差錯的根源。不利的環境和人機界面失配是引起人的差錯的主要外在原因。過度興奮、意識水平低下、注意分散、能力不足、知識缺乏、性格不適應等是引起人的差錯的內在原因。
6. **安全分析**是指從安全的角度對生產中的情形進行全面而系統的分析。對安全分析過程中所發現的不安全因素的危險程度進行的測評稱為**危險性評價**。
7. 安全分析和危險性評價應從空間和時間兩個方面展開。空間上展開是指要對被分析對象的組成部分逐項進行分析，時間上展開是指要從被分析對象在各時間階段的發展變化過程進行分析。
8. 根據不安全因素引發事故可能性大小與事故發生後果的嚴重性，可把不安全因素的危險度分為極度危險、高度危險、中度危險、輕度危險。
9. 安全分析的內容隨對象不同而異。對物質產品的安全分析主要分析它的原材料及組成部件的牢固度、易燃性、毒性、可控性、使用方便性、功能協調性等。對作業的安全分析，不僅要分析其作業對象和機具的安全性，而且還要分析作業的方法和操作者的身心行為等因素。
10. 安全分析一般步驟是：確定分析對象；了解與對象有關的一般情況；確定分析的內容；逐項進行檢查並對檢出的不安全因素作出危險度評價；分析存在不安全因素及其危險度的原因；提出消除不安全因素或減輕危險度的對策等。
11. **安全檢查表**是用來進行安全分析的項目清單。使用安全檢查表，可以防止項目漏檢和減輕安檢人員的記憶負擔。
12. 安全檢查表一般包含下列內容：檢查對象，檢查項目，受檢項目的安全要求，檢查結果，改進意見，檢查人姓名，檢查日期等。前三項內容須事前設計並印製在檢查表上。
13. 事故可作下列分類：按有無人員傷害可分人員傷害事故與非人員傷害事故；按人員傷害程度可分輕傷事故，重傷事故，重大傷亡事故，特大傷亡事故；按事故性質可分物體打擊、高處墜落、灼傷、觸電、淹溺、塌方、焚燒、爆炸、跌撞、中毒、窒息、捲入、擠壓等事故。

14. 分析事故原因是事故分析的**關鍵**。事故原因有直接原因和間接原因。直接導致事故發生的因素稱為事故直接原因，使事故直接原因得以產生和存在的因素稱為事故的間接原因。
15. **事故分析**一般須按以下步驟進行：調查事故現場狀況；了解事故發生過程，確定事故性質；分析事故的直接原因、間接原因和主要原因；分析事故造成的損失和後果，確定事故的嚴重度；分析事故責任；整理事故資料，作成事故檔案。
16. 分析事故原因的方法有多種。因果圖、事件樹、故障樹等是事故分析中比較常用的方法。**因果圖分析**是通過與事故發生有關的所有因素之間的邏輯關係圖分析事故原因的方法。**事件樹分析**是通過事件隨時間演變過程分析事故發生原因的方法。**故障樹分析**是用事件符號和邏輯門連接的圖，通過邏輯推理分析事故原因的方法。
17. 保障生產安全必須重視**事故預防**。實行**安全目標管理**與合理的**人員選配**及進行**安全教育**與**安全培訓**、合理設計機具和嚴格執行安全規章等對預防事故有重要作用。

建議參考資料

1. 何存道、欣兆生 (主編) (1989)：道路交通心理學，第六編。合肥市：安徽人民出版社。
2. 金磊、徐德蜀、羅雲 (1995)：中國現代管理新編。北京市：人民郵電出版社。
3. 金磊、蔣維、葉偉勝、金碩 (1992)：失誤學與人為災害研究導論。北京市：城鎮防災、建築防火編輯部。
4. 孫桂林、臧吉昌 (主編) (1989)：安全工程手冊。北京市：中國鐵道出版社。
5. 徐江、吳穹 (1993)：安全管理學。北京市：般空工業出版社。
6. 國家建材局生產管理司 (1992)：建材企業系統安全管理與事故預測預防。北京市：中國建材工業出版社。
7. 羅雲、劉京平、李平 (1995)：安全行為科學。廣州市：廣州勞動保護教育中心。
8. McCormick, E. J., & Ilgen, D.R. (1985). *Industrial and organizational psychology* (8th ed.). Englewood Cliffs, NJ: Prentice Hall.
9. Tech, W.H. (1985). *Safety is no accident.* London: William Collins Sons & Co. Ltd.

第五編

工作環境與效率

環境是一切生物生存和發展的條件。人類生活的環境可分自然環境和人造環境。土地、空氣、水分、陽光、草木等各種自然物構成人類生存的**自然環境** (natural environment)。由人類活動產生的事物與現象構成人造環境。人造環境主要包括兩個方面,一類是由人類創造的或經過人類改造的物質環境,例如,人類通過移山造田、植樹造林、鎖沙蓄水等活動改造大自然環境;人類興建城市、廠礦企業,營造交通設施和房屋建築;人們佈設室內空間,控制空氣成分、氣溫、濕度、噪聲等,都屬人造物質環境。人造物質環境對人的作用在性質上與自然環境基本相同。另一類人造環境稱為**社會環境** (social environment),它是由各種社會現象構成的,主要包括社會制度、政治、法律、文化、科學、宗教、道德規範、人際關係、社團組織等。人類的活動既要受物質環境的制約,也要受社會環境的影響。

  物質環境對人類有積極作用也有消極作用。從積極方面看,人類依靠物質環境的支持,才獲得衣、食、住、行和其他物質需要的滿足。從消極方面看,物質環境的異常變化會對人類生存和發展造成有害的作用。例如,不僅地震、海嘯、颱風、暴雨等人類難以控制的自然災害會給人類的性命財產造成巨大的損失,而且環境的污染和工礦企業中的許多事故都會對人類安全、健康與工作效能產生有害的作用。人對物質環境變化的適應力是很有限的。例如環境溫度高於 36℃,就會感到熱不可耐,環境溫度低於 0℃ 則會感到冷得難以忍受;照明低於 10 lx 會感到昏暗看不清東西,高於 1000 lx 時則會引起眩目效應;沒有音響刺激,人會感到寂寞難耐,音響大於 90 分貝則會引起聽力損失。環境對人類產生有害作用的因素有的來自人類目前難以控制的大自然的力量,如地震、火山、颱風等,有的則源於人類自身的活動，例如人類為了墾荒或為了經濟收益而亂砍亂伐森林，破壞植被，導致水土流失，土地沙化；人類發展工業的同時製造出廢物、廢氣，污染空氣、水源，危害人類健康。環境工效學的一項基本任務就是要研究人對物質環境作用能耐受的範圍，確定有利於人類身心活動的最佳物質環境的質量與數量要求，並提出控制物質環境變化的對策。本篇將對工廠企業中普遍存在的物質環境因素和社會環境因素對操作人員的安全、健康、工效的影響等問題分別進行討論。

　　人在任何時候都存在於一定的空間之中。空間成為人們生活和從事各種工作最重要的環境條件。工廠企業中的廠房、車間、工位等都是進行生產活動所必需的工作空間。工作空間過小自然不利於工作的展開，但工作空間也不是越大越好，過大的工作空間不僅會造成費用上的浪費，而且還會影響職工間工作上的溝通。企業應根據各種工作的要求，為每個職工設計和提供最有效的工作空間。空間的效用不僅受空間大小的影響，而且還與利用空間的技藝有關。同樣大小的空間，可以由於擺設的不同而產生不同的效用。因此工作空間的佈設往往需要有建築師、工效學者和使用者共同參與。

　　企業中的物理環境因素包括照明、顏色、噪聲、振動、溫濕度等。這些物理環境因素若控制得宜，能成為促進生產的因素，若控制不好，則會對工作或職工身心健康帶來不良的影響。企業管理者應設法使此類物理環境因素控制在國家標準容許的限度之內。本篇第二十、二十一兩章，將分別討論此類物理環境因素的性質，特點，及其對人體生理心理和工作的影響，並對它們的設計提供工效學的原則。

　　社會環境在性質和作用上都與物質環境有很大的差別。物質環境是以物理、化學和機械等運動形式存在並對人體發生作用的，社會環境則以社會關係的形式存在並對人發生作用。社會關係雖不如物質環境那樣具體，但它對人類行為的影響，與物質環境相比，往往有過之而無不及，霍桑效應就是有力的證明。辦好一個企業，不僅要創造良好的物質環境，更要重視發展良好的社會環境。組織、群體、人際關係、企業文化等是構成企業內部社會環境的幾個主要方面，在第二十二章將分別對它們加以討論。

第十九章

工作空間

本章內容細目

第一節　活動空間概述
一、活動空間的內涵　607
二、人的活動空間類型　607
　(一) 生活空間
　(二) 工作空間
　(三) 社會交往空間
三、空間的開放性和封閉性　609

第二節　個人空間
一、個人心理空間　612
二、個人領域　614

第三節　工作空間設計的一般要求
一、空間設計的冗餘度　614
二、人的流動性與空間設計　615
三、辦公室空間設計　616

第四節　工位設計
一、工位設計的一般要求　617
　(一) 作業特點與工位設計
　(二) 人體尺寸與工位設計
　(三) 操作者在工位中的位置
二、工位上的器物安排　619
三、工作面設計　622
　(一) 工作面高度
　(二) 工作面範圍
四、工作座位設計　623
　(一) 坐姿時的脊柱形態變化與體重壓力分布
　(二) 座位與坐椅設計的工效學標準

本章摘要

建議參考資料

空間是人的生活、工作、學習、休息等一切活動所必要的基本條件。在任何情況下，人都占有一定的空間，也被一定的空間所包圍。人所占有的空間大小和包圍人的空間的特點都能對人的活動產生重要影響。因此，空間與人的心理行為關係的問題，已成為建築、美術、心理學、工效學等多種學科共同研究的內容。自然，不同的學科對空間的研究有各自的側重面。建築設計師偏重從造型、審美和功能結合的角度研究空間問題，人類工效學和工業心理學則偏重於研究空間設計與工作效能的關係。工作效能不僅與空間大小有關，而且也看人如何利用空間。同樣的空間，由於安排不同，可以對工作產生不同的影響。空間不足，行動受到限制，就會影響工作效能的發揮，因此必須為各種工作規定空間大小的限度。工作空間不可過小，也不可過大。工作空間過大，不僅增加造價，造成浪費，而且也不利於充分發揮人的工作效能。小學生在大學生的課桌上看書寫字，其勞累和不舒適的感受不會比大學生坐在小學生的課桌上所感受的輕多少。一個人使用三室一套的起居室可能不會感到多餘，但若占用一幢上千平方米的住房，不僅沒有必要，還可能產生孤寂感。一個企業不僅要合理地安排好每個員工的工作空間，同時要合理地規劃好企業內的生產車間、倉庫、辦公、飲食、文娛及其他各種必要設施的空間布局。所以空間設計是一個範圍很廣的問題。本章只限於討論個體工作空間設計中有關人的因素問題。讀者閱讀本章後可對以下內容有所了解：

1. 人的活動空間分類及影響空間開放性的因素。
2. 個人空間範圍的劃分及其意義。
3. 活動空間和辦公室設計的基本要求。
4. 應怎樣設計一個好的工位。
5. 座位與作業面的基本要求與設計原則。

第一節　活動空間概述

一、活動空間的內涵

人的**活動空間** (space for activity) 包含著**物理空間** (physical space) 和**心理空間** (psychological space) 兩種成分。物理空間是指大小可以用物理方法進行量度的空間，它獨立於人而存在。一個占有 60 立方米空間的房間，不論是否有人占用它或由什麼樣的人占用它，其可利用的物理空間都是 60 立方米，不會發生變化。人的心理空間則不同，它不能離人而獨立存在，其大小也會因人而異。例如一個占有一定大小物理空間的房間，不同人使用它時，對其大小的評價可能很不相同，有的人可能嫌它小，也有人可能嫌它大。同一個物理空間用於不同場合時，也會引起人們對它作出不同的評價。所以人的活動空間要依存於物理空間，但是並不完全由物理空間所決定。設計一個人的活動空間不僅要考慮活動對物理空間的要求，還要考慮人的心理空間要求。

人的心理空間具有主觀性。它比物理空間要複雜得多。影響心理空間的因素是多種多樣的。例如除了受物理空間影響外，照明、顏色、開放性與封閉性等因素都會影響心理空間的大小。例如空間明亮時要比暗淡時看起來大一些，開放的空間顯得比封閉的空間看起來大一些，家具等物較少的空間要比家具堆放擁擠的空間顯得大一些，牆壁裝飾有大塊鏡子的房間要比不用鏡子裝飾的房子顯得大一些。在空間設計中，應盡可能通過增強採光，增大窗戶及採用其他方法，以增大人的心理空間。

二、人的活動空間類型

人的活動空間形式是多樣的。生活空間、工作空間、社會交往空間等都是人的不同活動空間形式。不同的活動空間，在物理空間和心理空間上的要求有一定的差別。

(一) 生活空間

生活空間 (life space) 也稱**行爲空間** (behavioral space)。它有廣義和狹義之分。廣義的生活空間是指人活動中所歷涉的最大空間範圍。它包含著工作空間、社會交往空間、文化娛樂空間、起居空間等。狹義的生活空間則指人的居住空間。人的生活空間大小不僅受客觀條件的制約，同時也與人的主觀願望有關。人對空間的願望，又與性別、年齡、興趣愛好、民族文化傳統、社會風尚、個人社會地位、工作性質，以及科學技術發展水平等密切相關。因此設計人的生活空間，要從客觀條件與主觀願望兩方面加以考慮。譬如以居住空間爲例，住房的費用一般取決於居住空間的大小與居室設施的質量。居住空間越大質量越高，支付的費用自然就越高。因此設計居住空間，必須考慮住戶經濟上能承受的程度。在經濟上能承受的前提下，自然應儘量最大限度地滿足實用、方便、美觀、舒適等要求。80年代末和90年代初，我國許多大城市在郊區造了很多山莊形式的別墅式住房群。原來以爲這可以適應一批有錢人的需要。但這些山莊造好後，大都銷售不出去。爲什麼呢？主要是由於房產經營者在建造這類山莊前，既沒有對我國現有的客觀條件進行科學分析，也沒有對國人的經濟條件與願望要求作過認真調查。在我國雖然已經出現了千萬元甚至億萬元富翁，他們買得起幾百萬元一套的別墅式住宅，但這種人爲數很少。絕大多數人迫切需要的是經濟上可行，基本設施齊全、方便實用和起居舒適的住宅。居住空間的設計需要有超前意識，但不能超前太多。否則容易與人們的實際需要與承受能力脫節。

(二) 工作空間

工作空間 (work space) 是指爲開展工作所需要的空間。工作所需的空間隨工作性質不同而變化。有的工作需要較大的工作空間，有的工作需要較小的工作空間。工廠中行車工人的工作空間往往涉及整個車間，而一個磨床或鑽床工人的工作空間則主要侷限於磨床或鑽床周圍。工作空間的設計，主要應著眼於提高工作效率和保障工作安全。工作空間過小既不利於提高工作效率，也不利於生產安全。工作空間過大，費用增大，還有可能對工作效率產生不利的影響。因此工作空間固然不可設計得太小，但也不宜設計得過於寬大。

(三) 社會交往空間

社會交往空間 (social intercourse space),主要是會客廳、會議廳、娛樂廳等。這類活動空間的使用者不是固定不變的,有時進入的人少,有時進入的人多。因此這類活動空間應按可能進入的最多人數進行設計。這樣不僅可在人數較少時能自在地進行交往活動,即使在進入的人數較多時也不會給人擁擠壓抑的感受。設計社交活動的空間自然還要考慮與使用者的社會地位、工作職務相適應。

三、空間的開放性和封閉性

一個空間是否得到使用者的好評,主要取決於兩個方面:一是空間的實際大小是否能滿足使用者的要求,這是由空間的物理尺寸決定的,二是空間是否能使使用者得到心理上的滿足。譬如說,空間上大小相同的兩套房子,由於結構或採光的差異,看起來一套似乎比另一套大一些或感到舒適一些。這就是說,同樣的空間,由於其他不同因素的影響,可以在知覺上甚至情緒上引起不同的反應。空間設計者要通過變化**空間知覺** (space perception)的因素,使同樣的物理空間產生不同的心理效果。**開放性空間** (opening space) 或**封閉性空間** (enclosed space) 是影響空間知覺的重要因素。空間開放性或封閉性是指一個建築空間與其周圍空間相連接的程度。完全封閉的空間是完全與外周空間隔離的空間。完全開放的空間是指與外周空間完全連通的空間。例如公園裏的賞花亭,房子頂層上的露天陽台就是完全開放的建築空間。在一般的建築中,很少有極端封閉與極端開放的空間。住宅、辦公室、廠房以及客廳等一般採用門窗與外部空間相連接。開放窗戶主要為了採光、通風和與外界空間連通。在現代建築中,由於人工照明技術和空調設備的使用,窗戶的採光、通風功能逐漸失去作用,而與外部空間連通的功能將會日益受到更多的重視。開放性的空間與封閉性的空間相比,它不僅能給人以更多的廣闊感,而且具有可以眺望風景、獲取外界視覺信息、減輕視覺疲勞和調節心情的作用。由於開放性空間可使空間具有更豐富的意義,因此現代建築中連接內外空間的界面有增大的趨勢。自然,建築空間的開放性也有一定的限度。極端的開放或極端的封閉有可能使人產生**廣場恐怖症** (或**空曠**

恐懼症) (agoraphobia) 或閉鎖恐怖症 (或幽閉恐懼症) (claustrophobia)。建築空間的開放程度與活動的性質有關，例如供單人學習用的房間，開放度就不需要太大，而公共活動空間則應有較大的開放度。一般說，開放度小的空間適合於需要精神專一、苦心思考的工作和具有一定隱私性的活動。開放度大的空間適合作大廳、會議室、講演廳、展覽廳等。

人對空間的開放感或封閉感受到空間大小、隔牆、窗戶寬度、照度等多種因素的影響。一般說，空間大、牆小、窗戶寬、照明度高，都會使人的空間開放感增強。例如曾有人做過實驗，把一個直徑 3 米的圓形地，用寬 80 厘米、高 50 厘米的不等數量 (0～12 個) 屏風放在圓周上。照明從上方直照圓形地，地面照度從 1～1000 勒克斯分成四等。人從圍圓外側觀察，進行空間封閉度的判斷，結果如圖 19-1 所示，使用封隔圍圓的屏風數與封閉感受的強度之間呈線性關係。照明強度對圍圓封閉感的影響，在較低照明時封閉感隨照明度增大而加強，但當照明度高到一定程度後，封閉感反而有所降低。

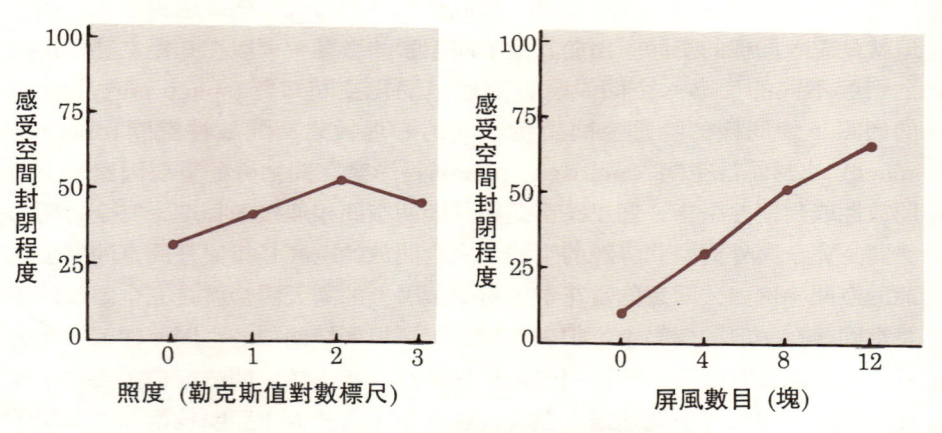

圖 19-1　進行空間封閉性實驗結果圖
(採自常懷生，1990)

窗戶是建築物內部空間與外部空間連接的主要界面，對人的空間開放感有特別重要的影響。一般說，較大的窗戶會加強人的室內空間開放感。窗戶對開放感的影響除了因其大小而不同外，還受窗戶的形式、位置和窗戶視景等因素的影響。據研究，相當於地面十六分之一大小的窗戶是人可容許的最小窗戶。窗戶過小時會使封閉感增強。若將具有一定滿意度的單窗分成總面積不變的雙窗或多窗，每個窗戶的面積相應變小，這時人對空間質量的主觀評價分就會減低。也就是說，建築上採用多窗不如採用單一大窗的視覺效果好。窗框壁厚的窗戶比薄的視覺效果好。向外傾斜的窗框壁比不傾斜的框壁引起更大的開放感。多側框壁傾斜的窗戶，其視覺效果又比單側或雙側傾斜的窗戶好。窗戶的形狀與設置高度也是影響人的滿意感的因素。對不規則形窗戶的滿意度比規則形的窗戶低。辦公室窗戶，人們喜歡橫寬大於豎高。窗台高度一般取 0.7～0.8 米，窗戶上框高度可取 1.7～2.0 米，窗戶的寬高比可取 2：1～3：1。窗戶宜設在開窗牆壁的中間。

通過窗戶看到的景觀特點也會對空間開放感發生影響。若窗外看到的是樹木風景，其開放感要比看到建築物景觀時的大。能看到遠處景觀的空間比只能看到近處景觀的空間具有更強的開放感。整個窗戶完全被景物充滿時，其開放感比部分窗戶被景觀充滿時的小。可看到遠景及部分蒼天的窗戶可獲得更大的開放感。

空間大小知覺還受空間的照明狀況及牆壁色彩配合等因素的影響。一般說，明亮的空間比昏暗的空間顯得寬敞些。淺色牆壁空間看起來比深色牆壁的空間開闊些。壁牆上飾以鏡子的房間由於鏡面反射作用，要比等容積的普通壁牆的房子寬敞得多。一個優秀的建築設計師往往能善於運用心理學的有關空間視覺的原理，採用各種技藝措施以增強空間的視覺效果。

第二節　個人空間

個人空間 (personal space) 是指以個體為中心的不容他人侵犯的有形或無形界限的空間。無形界限的個人空間稱為個人心理空間 (personal psychological space)，有形界限的個人空間稱為個人領域 (personal territory)。

一、個人心理空間

　　個人心理空間是指一個人在自己周圍按其心理尺寸所要求的不受他人侵犯的空間。個人心理空間有兩個基本特點：其一、它沒有有形的界限，且空間大小範圍會隨情境不同發生一定程度的變化；其二、它緊隨人的形體而存在，一個人走到哪裏，個人心理空間也就在哪裏存在。可把個人心理空間按離人體的距離分成大小不同的幾個範圍，即緊身區、近身區、社交區。社交區外是公共區。每個範圍又分成內外兩層。圖 19-2 是個人心理空間示意圖。**緊身區**(或親密區) (intimate zone) 是靠近人身體 45 厘米距離內的周圍區域，這一區域一般不容許非親密的他人侵入，特別是離身體 15 厘米內的內層緊身區，直接接觸身體或貼近身體，更不容許一般人侵入。**近身區**(或私交區) (personal distance zone) 是離身體 45～120 厘米的區域。這是同一般熟悉的關係較好的人進行友好交談的個人空間範圍，其內層 (45～75 厘米) 是同要好的親朋好友交談的區域，其外層 (75～120 厘米) 是與

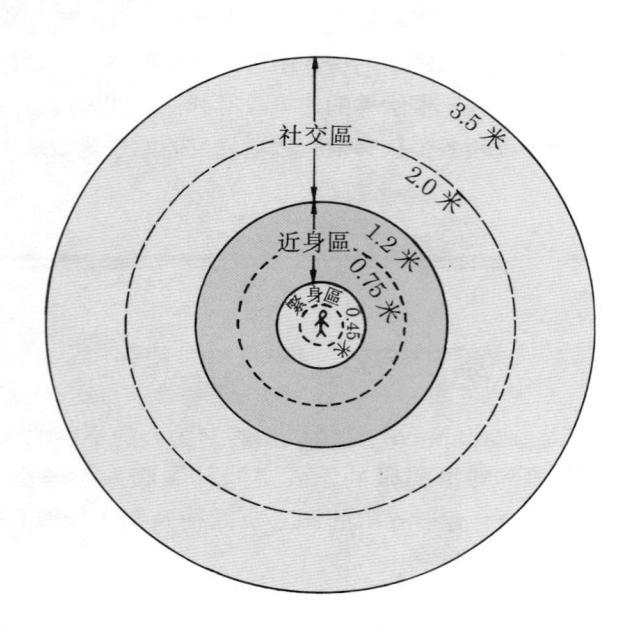

圖 19-2　個人心理空間示意圖

一般熟人進行會聚交談的區域。**社交區** (social distance zone) 是指距身體約 120～350 厘米範圍的區域。這是一般社交活動的個人心理空間。在社交中這一空間區域一般是不相識的個人間或處理一般公務時所保持的空間。在辦公室內或家內接待客人一般保持在這個空間範圍內，其內層 (120～200 厘米) 是一般交談時的距離，其外層 (200～350 厘米) 多用在更為正式的社交場合，如雙方會談、上下級之間請示匯報一般保持在這個範圍內。個人之間的交往，若相距超過 350 厘米會使人感到過於疏遠，不宜列入個人社交區域，此區稱為**公共區 (或公衆區)** (public distance zone) (Hall, 1966)。

影響個人心理空間大小的因素主要有如下幾類：一類是個體因素，如年齡、性別、個性、社會身份等因素。一般說，年長者的心理空間要比年輕人大一些，女性在和同性熟悉人交往中，其心理空間要比男性在類似情形下的心理空間小一些，而在對不熟悉的異性人交往中，則女性的心理空間要比男性的大一些。性格內向的人，其個人心理空間要比外向性格的人大一些。一個人的社會地位或職務高時，其個人心理空間要求也會有增大的傾向。第二類是情境因素。個人的心理空間要求往往隨情境不同而變化。例如一個經理在非正式場合，或在對下屬進行談心時，其心理空間一般要比下屬向他作工作匯報或他對下屬布置工作任務時的空間小一些。再如緊身區的內層範圍，在正常情形下是不容許一般人侵入的，特別不容許陌生人侵入，但在擁擠的公共汽車上，人們一般會放低要求，會在一定程度上容忍他人靠近自己的身體。再一類是文化習俗和宗教民族等因素。例如男性之間的心理空間距離，阿拉伯人比美國人的小一些，但在異性間交往中所表現的心理空間，則是阿拉伯人要比美國人的大一些，顯然這種差別是與民族及宗教因素有關的。

一個人當他的個人心理空間遭侵入時，會運用一定的方式加以排斥。排斥的方式往往因人因情境而不同。例如一個坐在公園雙人椅上正在觀賞景色的人，當碰到一個生人挨在他身旁坐下時，他可能會用瞪一下眼以示不受歡迎。但若挨他坐下的是一個熟人，他可能會表現歡迎的態度。心理空間遭侵入時，有的人可能採取避而遠之的反應，有的人可能表現出憎惡、怒視的反應，也有人可能會從言詞或行動上作出比較激烈的對抗反應。人們之間在公共場合發生的許多爭吵，其起因往往就在於個人心理空間受到侵入之故。

二、個人領域

　　空間領域不僅人有，某些動物如黑猩猩、猴子等也有與人相似的領域行為。動物當它們的空間領域遭受同類動物侵入時，會發生互相爭鬥。人類的空間領域更是神聖不可侵犯。國家之間和地區之間的許多爭端就是由於一方的領域被他方侵犯而引起的。**個人領域**所不同於個人心理空間的地方在於心理空間是無形的，它像影子一樣隨人而走，領域則是相對穩定的，一般都有明確的界限。例如個人住宅，個人辦公室、床位、工位等均屬個人領域。這類個人領域均界限清楚，相對固定，即使領域主一時不在其中，他人也不可任意占用。

　　個人領域可用種種不同的標誌加以圈定，如住宅周圍的籬笆，大辦公室內用以分隔各人工作場所的屏風，甚至學生在教室課桌上放的一個書包或一張字條也被看作已有人占用桌位的標誌。個人領域有正式和非正式的區別。正式的個人領域一般受到法規保護，長遠有效。非正式的個人領域多為臨時性質，例如火車上的臥舖位和飛機上的座位，旅客對號入位，只是在旅程期間有效。

第三節　工作空間設計的一般要求

一、空間設計的冗餘度

　　空間設計 (space design) 必須考慮人在使用空間時的行為特點和心理效應。除了要考慮正常狀態下的行為特點外，還需要考慮人在異常狀態或非常狀態時的行為特點。正常、異常、非常三種情況下人的行為特點有很大的差別。正常狀態下能滿足使用要求的空間，往往不能滿足異常狀態或非常狀態時的要求。這裏講的異常狀態或非常狀態主要是指兩類情形，一類是空間不變，而使用者驟然增多。例如百貨商場在節日期間顧客猛增，醫院在某種疾病流行期間病人驟增，工廠突然來了大量參觀者需要在食堂用膳，等等。碰上這類情況時平時能滿足要求的商場、病床、食堂這時就會發生供不應求的矛盾。另一類情形是空間的使用人數並不增加，正常情況時，人們是分散使用或有秩序地使用，而在發生異常或非常情況時，平時分散使用的人突然都要在同一時間使用，這時空間與使用要求可能發生很大矛盾。例如一座公寓的電梯、樓梯、過道、出入口等公用空間，平時使用不感到擁擠，但在遇到空襲警報、火警、地震等情況時，會突然顯得空間過小而發生擁擠。解決此種矛盾現象的理想辦法自然是擴大空間，即在設計空間時就按可能出現的最大人群容量進行設計。但上述兩類情形有很大的差別，解決的辦法也應有所不同。商場、食堂等的空間若按非常情形下人的流量作設計的依據，就會造成很大浪費。因此一般不會按非常情形下的最高人流量進行設計。譬如說，非常時的最高人流量與正常時的人流量之比若為 6∶1，實際設計時則可按 4∶1 或 3∶1 進行設計。也就是說，非常情形下的最大人流量，將採取其他臨時辦法進行分流，例如旅館可以臨時增設舖位，商場可採用延長時間，食堂可以分批吃飯等。但在遇到火警、警報等緊急情況需要快速疏散人群的通道出口等則必須按可能在短時間內同時使用這種空間的最大人流量進行設計，即使這種非常情況很少發生，也不可減小這類空間。這類空間不僅要求足夠寬敞，而且要求時刻保持暢通。有的企業決策者，由於安全觀念不強，為了節省投資或為了增加工作空間，在用房建設中把應該有兩道樓梯的建築物改為只造一道樓梯，應該 2.5 米寬的通道改為 2 米或 1.5 米，或者把現有的公共空間改作別的用處，這都是不安全的做法。在 1994 年廣州、新疆、吉林等地公共娛樂場所或工人宿舍發生的火警中都發生數百人傷亡，就是由於對建築空間的設計和使用不當造成的。

二、人的流動性與空間設計

人與空間的關係可從靜態、動態兩個方面加以討論。靜態的人空關係是指固定的人和固定空間的關係。例如辦事員與辦公室、居住者與住宅、工人與工位的關係等。在靜態人空關係中人和空間都是相對穩定的。這種空間的設計與安排要適應固定使用者的活動內容、行為習慣與個性特點。動態的人空關係是指使用空間的人是流動的。公共活動場所的人空關係均屬於動態人空關係。在設計動態人空關係的空間時，首先要適應使用人群中各類人的要求。這些人中有男人和女人，有健壯的青年與年老的體弱者，有高個子和矮個子，有瘦者和胖者，有健康人和殘疾人。這類空間場所及其附屬設施的設計必須兼顧不同使用者的身體條件及性別、年齡上的差異。譬如說，工作台宜低些，坐椅面宜寬些，門要做得高些寬些，台階要做得平一些。其次，要考慮使用空間的人流密度。人流密度大的應安排大的空間，人流密度小的可安排小的空間。例如一個醫院中，內科的病人流動密度一般比外科的大，因此門診室和病房空間設計，內科的應比外科的大。第三、要考慮人群流動的速度。人群流動速度一般用每米每分鐘流經的人數表示。人的流動速度慢表明在空間中滯留的時間長。人群流動的速度與人群的密度有關。人群密度在1.2 人／平方米以下時，流動速度受人群密度的影響不明顯，人群密度超過1.2 人／平方米時，則隨著密度的提高，流動速度明顯降低。第四、要考慮人流的方向和路線。許多公共活動場所，人的流動都有一定的方向性和順序性。例如去車站乘車，要按售票處→檢票處→登車月台這樣的方向順序移動。工廠生產機件一般要經過翻砂造型───→粗加工───→精加工───→組裝───→包裝───→驗收───→入庫這樣的工序。有些沒有邏輯順序的活動，也可安排一定的先後順序。安排活動空間應與這種人或物的流動方向和流經順序結合起來考慮。把前後連續的活動空間安排在最靠近的地方。這樣做可以縮短人或物的流動路線，並可避免人流或物流的交叉和混亂。越是大的場所，這種人流、物流與空間的有秩序安排就越是必要。

三、辦公室空間設計

辦公室中人與空間的關係屬靜態人空關係。因此辦公室空間設計所要考慮的主要是工作內容與辦公人員的愛好、習慣等因素。

目前流行的辦公室可分為大、中、小三類。大型辦公室主要指辦公人數達十人至數十甚至更多人的辦公室，中型辦公室是辦公人員為 3～10 人的辦公室，小型辦公室是只有 1～2 人使用的辦公室，又稱個人辦公室。辦公室是大好還是小好？這是常引起人們討論的問題。有的人主張採用大辦公室，也有人主張採用小辦公室。大辦公室和小辦公室各有優點，同時也各有缺點。大辦公室的好處主要是一起辦公，互相聯繫方便，辦公室內發生的事大家都看得見，有助於相互了解，有利於增強集體感和互助精神。它的缺點是容易分散注意，人多走動頻繁，噪聲大，特別是會聽到不停的電話聲、談話聲和鍵盤敲擊聲。這都會對工作發生不利的影響。需要安靜思考的工作，在這種環境中特別容易受到干擾。60 年代以後開始發展起來的**庭園式辦公室** (landscaped office)，是大型辦公室的變式。在這種辦公室裏每個人可以把個人使用的辦公桌椅及其他物品用綠樹盆景或屏風與別人用的空間分隔開來。這樣，每個人都有自己的一個分隔空間。在庭園式辦公室中，人員之間的相互干擾作用有一定程度的減輕。小辦公室或個人辦公室的優點是工作不易受別人的干擾，注意容易集中，特別有助於需要安靜思考的工作，具有一定私密性的工作也適宜在個人辦公室內進行。小辦公室的擺設及安排可適合使用者的個性。企業的上層管理人員，一般都設有專供自己使用的辦公室，但為了便於集中管理，多喜歡對下屬採用大辦公室。工作人員若可以自己選擇辦公室，很少有人會選擇在大辦公室工作。曾有人對 1180 名辦公人員進行調查，向他們詢問喜歡多大的辦公室或幾人一間辦公室，結果大多數工作人員喜歡選擇在 10 人以下的辦公室工作。

由於計算機的普及和信息網絡的普遍建立，將會推動辦公形式的改革。國外少數公司已開始作在家辦公的試驗。隨著信息科學技術的發展，家庭辦公及其他分散辦公形式將日益受到人們的歡迎。

第四節　工位設計

工位 (work place) 是企業職工在生產活動中最切近的空間環境。一個人長時間處在一定的工位上做事，其工作效率和體能消耗自然與工位的設計特點有關。只有根據工效學原則設計的工位才有可能獲得低耗高效的效績。

一、工位設計的一般要求

設計一個好的工位主要應從三方面考慮：

(一) 作業特點與工位設計

人從事不同作業時需要有不同的設備，採用不同的方法和占有不同大小的空間。例如裝配線上的工人，每人只做某一種或某幾種固定的零件裝配操作，並且一般都在一個固定的位置等待著傳送帶輸送來的待裝配件，因此每個工人的工位空間比一般車床工人的工位小。動態工作的工作空間一般比靜態工作的工位大。織布廠中每個織布女工往往要操作多台紡織機，她們需要對分管的各台紡織機進行巡視，具有流動操作的特點，因此她們的工作空間都比較大。作業的特點決定著工位的特點。工位的大小和工位中需要安排什麼工具設備，都須服從工作的需要。

(二) 人體尺寸與工位設計

很多工作的工位空間設計都需要參照使用者的人體尺寸數據。**人體尺寸**(body dimension) 是指在人體特定的起、止點，用專用儀器測量得到的尺寸。特別在一些工位空間受到限制的工作中，人體尺寸更是工作空間設計的依據。男性身體尺寸一般大於女性。女性專用的工位可以根據女性身體尺寸進行設計，若男女都可能上崗的工位，除座寬外，一般應根據男性的身體尺寸進行設計。人體尺寸隨年齡不同而變化，兒童、少年、成人使用的工作空間應分別根據各年齡階段身體發展特點進行設計。人種和體型也是工位空間設計中需要考慮的因素。例如黃種人的身體骨架比白種人的小一些，但黃種人的軀幹對四肢長度的比例值又大於白種人。因此專為白種人或專為黃種人使用的座位空間設計應有不同的要求。專供黃種人使用的座位，座面高度和前後座位間距可以比白種人使用的座位低一點或小一點，但座面以上部位的高度應做得高一點，至少不能低於白種人用的高度。但若一個容量有限的座位，例如飛機駕駛艙的座位，若黃、白人種需要兼用，則座面以上部位的高度應按黃種人的尺寸設計，座位寬度和座面以下部位的尺寸需要按照白種人的尺寸設計。有的工作空間要以使用者總體樣本的第 5 百分位的人體尺寸為依據；有的工作空間要以使用者人體測量尺寸的第 95 百分位的數據為依據；有的工作空間要以使用者人體測量第 50 百分位的尺寸為依據。另外，在使用人體尺寸數據時必須留有一定的餘量，因為人體尺寸測量一般是在裸體或穿單衣的情形下測定的，而根據測量尺寸製作的工作空間實際上不僅要適用於夏日穿單衣者,而且要適用於寒冷季節全副冬裝的使用者。

工位空間的設計還需考慮工作時的行為姿勢特點。許多工作採取坐姿、也有工作採取立姿或坐立結合姿勢,設備檢修等工作中有時還需採用跪姿、俯姿、臥姿等不同姿勢。顯然,採取不同姿勢對占用空間有不同的要求。

(三) 操作者在工位中的位置

在工位設計中必須把操作者的身體位置安排好。設計操作者位置的一條基本原則是要把它安排在最便於操作的地方。例如設計汽車駕駛室就要先確定駕駛員座位的位置。我國汽車駕駛員座位放在駕駛室左側,英國汽車駕駛員的座位放在駕駛室的右側,這是因為我國交通規則中規定汽車必須靠右側行駛,而英國則規定要靠左側行駛。靠右側行駛的汽車,駕駛員坐在駕駛室左側,就能更準確地觀測與對面開來的車子的間距,有利於避免車輛間發生碰撞。操作者在工位空間中的體位安排應滿足以下要求:

1. 盡可能使操作者處於最能發揮工作效能的位置。

2. 要使操作者的身體處於比較自然的狀態,儘量避免使其頭部、軀幹和四肢長期處於歪斜、屈身等不舒服或容易引起疲勞的狀態。

3. 儘量使操作者位於不移動身體位置或不改變身體姿勢就能清楚觀看到需要他觀察的設備和情境。

4. 避免使操作者的手長時間地處於高於肘部的地方。

5. 避免使操作者位於高輻射、高溫、強風、高噪聲、有害氣體或過量塵埃的地方,若不可能避開時應採取可靠的防護措施。

6. 避免使運動裝置中的操作者處於容易受撞擊或容易滑跌的位置。高速運載裝置中的操作者與使用者的座位上應設置安全帶或快速充氣袋等防撞設施。

7. 避免使操作者位於不安全的位置,若必須處在有危險性的位置工作時,必須採取可靠的防護措施。

二、工位上的器物安排

確定了操作者在工位上的位置後,就要考慮操作者必須使用的顯示器、控制器、工具、元器件等各種器物的位置安排。器物安排不當,不僅影響工作效率，而且還容易發生事故。工位中人機界面上的器物愈多，愈需要講究對它們的空間安排。

人的肢體和感官器官在進行操作中都有各自最有利的位置。人所使用的器物只有把它們放置在最有利於操作位置時，才可能產生最好的績效。因此應把重要的信息顯示器、控制器、工具和操作中使用的重要元件、材料盡可能放置在最有利的位置上。據研究，人的正常視線一般低於水平線 15° 左右。圍繞正常視線 15° 範圍是最有利於接收視覺信息的區域，因此最重要的視覺信息顯示應安排在這個視野範圍內。手控操作的最佳位置因操作方式不同而異。垂直儀表板上的按鈕、開關、旋鈕等控制器的最佳操作位置如圖 19-3 所示，位於儀表板左側 25° 左右，相當於坐位參考點以上 60 厘米左右高度的地方。表 19-1 是根據多種研究資料綜合的信息顯示和手、足操作活動的最佳範圍，可供工位設計參考。

工位上的器物數量少時容易把它們安排到最有利的空間位置上。當需要安排的器物較多或有多個器物需要安排在最佳位置時，就發生空間位置安排的優先權問題。在第三編論述顯示器和控制器的安排時，曾分別討論了顯示器與控制器排列的優先原則。這些原則也適用於工位上其他器物的安排，這裏不再重述。

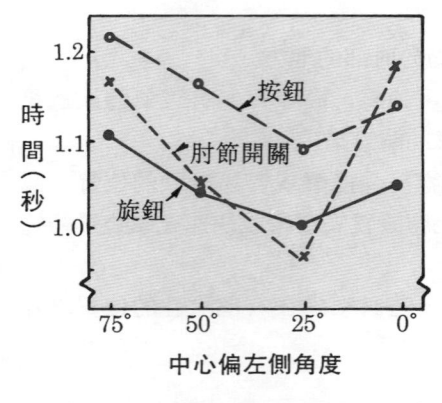

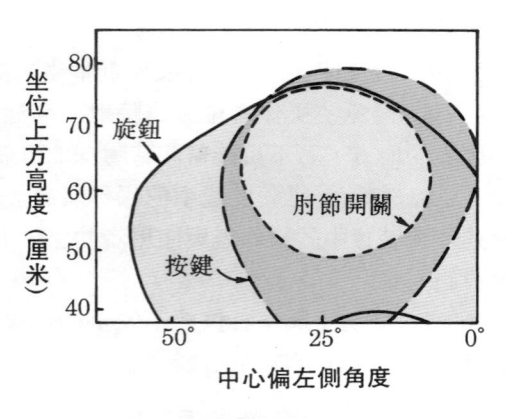

(a) 在坐位參考點以上 63 厘米的位置上三種控制器安裝角度與操時間的關係

(b) 三種控制器操作耗時最短的安裝區域

圖 19-3　垂直儀表板上安置按鈕、開關、旋鈕的最佳區域

表 19-1　視聽信息顯示和手足操作活動的最佳範圍

操作內容與要求	最佳範圍
視覺辨認細節	圍繞視線 2°範圍以內
監視視覺信號	圍繞正常視線 15°範圍內
聽覺辨認方位	左、右側
儀表板手控反應速度優勢區	第四象限，身位中心線偏左 25°
手控儀表板距離	軀幹前 75cm
側面控制板傾側角	65°
一般輕操作工作台高度	肘部等高，或低於肘部 5～10cm
精細操作工作台高度	高於肘部 5～10cm
重作業工作台高度	低於肘部 20～35cm
盲目定位方位	身體前側 0°
盲目定位高度	與肩等高
手輪位置	操作手側，偏斜 30°，與肘等高
坐姿前臂平伸握垂直手柄：	
右手最大拉力	肘角 150°
右手最大推力	肘角 180°
右手向右側最大用力	肘角 60°
右手向左側最大用力	肘角 150°
右手向上最大用力	肘角 120°
右手向下最大用力	肘角 120°
坐姿前臂下伸手腕向下握水平手柄：	
右手最大拉力	肘角 60°
右手最大推力	肘角 60°
右手向外側最大用力	肘角 60°
右手向內側最大用力	肘角 60°
右手向上最大用力	肘角 120°
右手向下最大用力	肘角 120°
坐姿前臂下伸手腕向上握水平手柄：	
右手最大拉力	肘角 60°
右手最大推力	肘角 60°
右手向外側最大用力	肘角 60°
右手向內側最大用力	肘角 60°
右手向上最大用力	肘角 180°
右手向下最大用力	肘角 150°
坐姿腿足最大推力	膝角 135～155°
坐姿足踏板角度：	
輕踏	膝角 15～25°
重踏	膝角 25～35°

(採自朱祖祥，1997)

三、工作面設計

人的很多作業都在一定的**工作面**(或作業面) (work plane) 上進行。工作面是否設計得符合人的使用要求，對工作效率有很明顯的影響。工作面的高度和大小又是影響工作效率的最重要因素。

(一) 工作面高度

作業面的高度必須根據人體尺寸和作業特點來進行設計。工作面設計得太高，操作時就要抬起上臂，時間久了就會引起肩膀酸痛。工作面設計得過低，操作時就要低頭弓背，時間一長就會頸酸腰痛。人在操作時最好能上臂自然地下垂，前臂接近水平或稍微下傾地放在工作面上，這樣就要使工作面高度低於肘部 5～10 厘米。採用這種姿勢，工作起來耗能少，力氣省。當然，設計工作面高度還需考慮作業的特點。若從事精細的視力要求高的精密裝配作業，為了保持最有利的視距，就需把工作面設計得高一點，一般高於肘部 5～15 厘米。若從事需要較大氣力的重作業，則應把工作面的高度設計得低一些，可低於肘部 15～30 厘米甚至更低些。因為較低的工作面有利於使用手臂力量。

由於人們在人體尺寸上存在明顯的個體差異，工作面應盡可能做成能讓使用者根據自己的要求調節其高度。

(二) 工作面範圍

工作面的設計不僅要考慮其高度與人體高度的配合，同時要考慮人用手操作所伸及的範圍。一般把水平工作面分為**最大作業面** (maximum work area) 和**正常作業面** (normal work area)。最大作業面是軀幹靠近工作面邊緣時，以肩峰點為軸，上手臂伸直作迴旋運動時手指所能伸及的範圍。圖 19-4 描繪了這兩種作業面範圍。有人認為當前臂由裏側向外側作迴旋運動時，肘部位置發生一定程度的相隨運動，因此前臂作迴旋運動時手所伸及範圍的界線是圖上所示的外擺線。

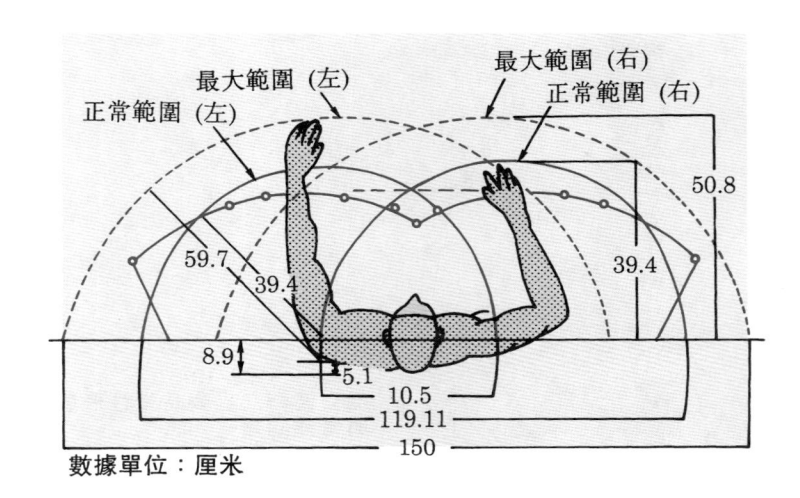

圖 19-4　水平工作面上正常作業範圍與最大作業範圍
(採自 McCormick & Sanders, 1982, p.327)

四、工作座位設計

　　坐、立兩種姿勢，坐姿比立姿消耗的能量少，因此人在休息和在一切可採取坐姿的場合一般均採取坐姿，或以坐姿為主，坐、立交替。坐姿時的工作效率和人感受的舒適性與**座位設計** (seat design) 有直接關係。一個設計不好的座位，會給使用者帶來腰酸背痛之苦。工作座位與工作椅的設計中有很多工效學問題，下面作一簡要介紹。

（一）　坐姿時的脊柱形態變化與體重壓力分布

　　人的脊柱在正常立姿狀態時，從前面或後面看是上下豎直的，而從左、右側則可看到它呈前後彎曲形態，即頸椎略向前彎，胸椎向後彎曲，腰椎又向前彎，骶骨又向後彎。脊柱呈這種自然形態時，椎間盤所受的壓力和脊柱各區段的靜態負荷處於最佳的狀態。當人取坐姿時，脊柱的這種自然彎曲形態會發生很大變化，如圖 19-5 所示，表現為大腿骨位置由豎置轉向橫置，腰椎部從向前彎凸變為向後彎凸。取不同坐姿時脊柱形態又有不同的變化。若長時處於某種坐姿狀態，就會加重有關脊柱部位的負荷，容易引起疲勞。

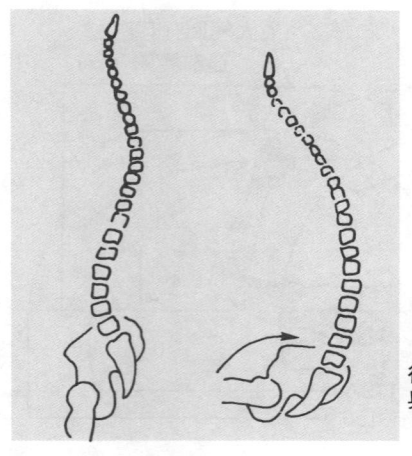

圖 19-5
從立姿轉向坐姿時脊柱形態
與骨盤的變化
(採自朱祖祥，1994)

設計座位和坐椅除了需要考慮脊柱狀態的變化外，還要考慮體重在座位面上的壓力分布情形。人就坐時，臀部骨盤上緣向後平移，坐骨向上，這時與座位面接觸最緊密的部位是坐骨隆起部分，身體上身重量的大部分都由這隆起部分及其附著的肌肉支撐。若雙腿交叉著坐，臀部一側坐骨隆起部分及其附著肌肉將會受到更大的壓力。

(二) 座位與坐椅設計的工效學標準

座位與坐椅，不論什麼類型與式樣，設計時都需要遵照以下的**工效學標準** (ergonomics standard)：

1. 座位與坐椅的大小和高低應與使用者的人體尺寸相適應。設計前首先要明確座位供誰使用。要把使用者群體的人體尺寸數據作為確定座位設計參數的主要依據。

2. 座位、坐椅應盡可能設計成使就坐者能保持自然的或接近自然的姿勢，並且要讓使用者有可能在座位上變換坐姿。

3. 座位、坐椅的結構與形態要有利於人體重力的合理分布和有利於防止背部與脊柱的疲勞與變形。

4. 座位、坐椅應設計得使入坐著操作方便、體感舒適。

5. 座位、坐椅要牢固、穩定，不會傾翻。

一個座位或坐椅要滿足上述要求，就必須對座位的坐面、靠背、腰腹、扶手、椅腳等不同構件進行合理的設計。下面對座位主要構件的設計要求作一簡單介紹：

1. 座位面的高度及深度和寬度 座位面高度是指座位面距離地面的高度。如果座位上放置軟襯墊，應以人就坐時坐墊面至地面距離計算座位面高度。一般把座位面高度設計得比膕窩低 5 厘米左右。這樣的高度可避免就坐者的大腿緊壓在椅面前緣上。不同用途的坐椅，高度可以有不同要求。工作椅的椅面高度要使坐者的雙足能平放在地面上。根據我國的人體尺寸測量數據，成年人使用的工作椅面離地高度不宜超過 40 厘米。專用休息的坐椅則應設計成使就坐者的腿能前伸，使大、小腿的肌肉與關節可以放鬆，因此休息椅的高度應設計得比工作椅低一些。比較理想的設計是具有**座位可調性** (seat adjustability)，讓使用者可以任意調節其座位面的高度。座位與坐椅的深度要設計成使就坐者的腰背能自然地倚靠在靠背上時椅面前緣不會抵到小腿。設計座位與坐椅深度一般取臀膝距測量的第 5 百分位數據為依據。按照我國人體尺寸測量數據，座位深度以取 40 厘米為宜。當然，若能把座位靠背設計成前後可以調節就更能適應不同使用者的要求。座位或坐椅的寬度應按大身材人的體寬或臀部寬度進行設計。一般以成年女性臀寬測量的第 95 百分位測量數值作為座位寬度設計的依據。我國成人使用的座位面寬度不宜小於 40 厘米。對左右連接排列成行的座位寬度應參照坐姿兩肘間寬測量的第 95 百分位測量值進行設計，不宜小於 50 厘米。座位面一般都設計成有一定的傾斜度。不同用途的座位面傾角有不同的要求。供休息用的坐椅面，一般後傾 20° 左右，會議室、講演廳的坐椅面以 5°～15° 後傾角為宜。工作坐椅面的傾角，一般設計成後傾 2°～3°。但因人作業時上身一般取前傾姿勢，故而也有人主張工作椅面應設計成略向前傾。稍有前傾或後傾椅面的工作椅，各有一定的優點，也各有其弱點，若能設計成前、後傾可以調節變換的椅面，就兼有兩者的優點，消除兩者的缺點。

2. 靠背 座位或坐椅設置靠背的目的是為了使就坐者身體的一部分體重壓在靠背上以減輕脊柱的負荷，同時使脊柱能保持自然的彎姿。坐椅靠背可分低、中、高和全靠背等四類。低靠背主要用在工作椅上，只支撐腰部，故又稱腰靠，其大小一般取高 15～25 厘米，寬 30～40 厘米。腰靠宜放置在第 3 和第 4 腰椎部位，因為坐姿工作時脊柱這部分最容易疲勞。中靠背支撐部位包括腰椎部和胸椎下半部，其高度約 40 厘米左右，一般用在學校課堂及辦公室、會議室的坐椅設計。高靠背指可以支撐從腰到肩部的靠背，其形狀可設計成與脊柱自然彎度相一致。可使就坐者全身肌肉放鬆、省力。高靠背加上頭靠就成為全靠背。這兩種靠背坐椅一般用在休息室、飛機客艙和長途汽車等場合。靠背的形狀應設計成與脊柱的自然彎曲狀態相適應。靠背與椅面的夾角稱靠背角，它對坐姿及對脊柱、背肌的負荷有重要影響。靠背角增大時腰椎間盤承受的壓力減小，背肌放鬆。靠背角大於 110°後，再增大其角度時腰椎間盤壓力和背肌放鬆度的變化不大。靠背角的大小一般在 95°～110° 範圍內選取。不同用途坐椅的靠背角也應有所差別，辦公椅以 100° 左右為宜，而休息椅靠背角可取 105～110° 範圍，甚至還可更大一些。

3. 扶手 扶手主要用以放置手臂。入坐和起立時有扶手支撐，不僅省力，且可防跌。扶手對年老體弱者尤為必要。在影院、禮堂等需將座位連接成行的場合，扶手還具有分割座位、防止相鄰坐者相互碰撞的作用。扶手高度一般取坐者上臂下垂時的肘部高度或略低於肘部高度，寬度不小於 10 厘米。扶手一般用於休息室、會議室、客廳、辦公室等處的坐椅上。

4. 坐墊與靠墊 設置坐墊的主要目的是為了使體重壓力能較均勻地分布在座位面上。使用坐墊時由於坐者的臀部按其形態陷入柔軟坐墊內，可使坐姿更為穩定，在具有較大顛簸的場合，這種穩定作用是很重要的。坐墊與靠墊必須選用合適的製作材料。若材料過於鬆軟，會使坐者的臀部或軀幹陷入過深，不便調整坐姿。坐墊、靠墊都應有較好的透氣性，使臀部和背部的汗氣熱氣能透過坐墊靠墊的蒙層排放出去。坐墊靠墊的蒙層應有冬夏之分，冬天可使用有貯熱作用的絨毛織物材料，夏季則應換用散熱性好的材料作蒙層。不透氣的普通塑料，冬涼夏熱，最不宜用作坐墊、靠墊的蒙層。

本 章 摘 要

1. 空間是人活動的基本條件。人的**活動空間**除了物理空間外，還包含著心理空間。**物理空間**是客觀存在的，可用物理方法度量。**心理空間**是主觀的，它隨條件不同而變化。

2. 人的活動空間可從生活、工作、社會交往等作多側面分析。廣義的生活空間包含著**工作空間**、**社會交往空間**、文化娛樂空間、居住空間等，狹義的生活空間指生活起居空間。

3. **工作空間**是為開展工作所需要的空間。不同工作對空間大小有不同的要求。每種工作所必須的最低限度的空間稱為該種工作的最小空間。

4. 人對空間的評價取決於空間的實際大小能否滿足使用要求和空間能給使用者獲得心理滿足的程度。可以通過變化照明、色彩、線條、隔離物等影響人空間知覺的因素，使同樣的物理空間產生不同的視覺效果。

5. **開放性空間**與**封閉性空間**是影響人對空間評價的重要因素。人的空間開放感或封閉感受空間容量、照明、分隔物、窗戶及窗外景物等多種因素的影響。

6. 窗戶是建築物內部空間與外部空間連接的主要界面。窗戶大小、式樣、位置等的變化都會影響人的空間開放感。人能接受的最小窗戶的面積相當於房間地面面積的十六分之一。當能通過窗戶看到遠處自然景色和蒼天時，能獲得更大的空間開放感。

7. 建築物空間內上下四周色彩的調配和照明變化可以影響人對空間的開闊感。明亮的照明，協調的淺色調，飾以較寬的壁鏡都會增強人的空間開闊感。

8. 以個體為中心不容許他人侵犯的空間稱為**個人空間**。無形界限的個人空間又稱**個人心理空間**，有形界限的個人空間稱**個人領域**。

9. 個人心理空間緊隨個人形體而存在。個人心理空間可分為緊身區、近身區和社交區。**緊身區**不容許非親密的人侵入。**近身區**是與親密朋友進行友好交談的空間範圍。一般社交活動在近身區外的**社交區**內進行。

10. 心理空間範圍受年齡、性別、個性、社會身份等個體因素及情境因素和文化習俗等因素的影響而發生變化。個人心理空間受到侵入時會引起排斥反應。排斥的方式因人因情境不同而異。
11. 為個人所有而且有明確界限的空間稱為個人領域。個人領域有長期穩定的，也有短期暫時的。個人領域一般不隨個體移動而變化。
12. 人使用的空間要有一定的冗餘度。一般空間的冗餘度可有較大的彈性。與安全密切有關的空間如出口、通道、安全門、樓梯等的冗餘度設計應以人在非常狀態時的行為表現和最大人流量為依據。
13. 人與空間的關係有靜態性關係和動態性關係的區別。靜態性人空關係中的人與空間均穩定不變。這種空間的設計要適應固定使用者的活動內容與行為特點。在動態性人空關係中，使用空間的人是流動的。這種空間的設計要考慮使用者群體的行為特點、人流密度和流動速度、流動方向等因素。
14. 辦公室可以按空間大小和辦事人員的數量分成大、中、小三種類型。大型辦公室有助於辦事人員間的相互了解，有利於增強集體感和發揚互助精神，但環境噪聲較大，容易互相干擾。小辦公室或個人辦公室，環境安靜，適合作私密性的和靜心思考的工作，但不利於與其他人的溝通。大多數人喜歡在 10 人以下的中、小型辦公室工作。
15. 工位是最切近個人的工作空間。工位要根據作業內容、使用者的人體尺寸與行為特點進行設計。在工位設計中首先要把操作者的體位安排好。
16. 操作者的體位應按照有利於提高工效、節省能量消耗與體力支出、以及保障安全等原則進行安排。
17. 工位上操作者使用的器物應根據其在工作中的重要性和使用頻次進行安排，把最重要或使用頻次最高的器物安排在最便於操作的位置。
18. 工作面應根據操作者的人體尺寸進行設計。工作面的高度一般參照上臂自然下垂時的肘部高度進行設計。需要精細視力的作業面應位於肘部高度之上，需要用力操作的作業面應位於肘部高度之下。
19. 座位與坐椅要根據坐姿人體尺寸與脊柱形態特點進行設計。不同用途的座位與坐椅在坐面高度、深度、寬度和傾角、靠背的高度和靠背角，以及扶手設置等方面應有不同的要求。

建議參考資料

1. 朱祖祥（主編）(1994)：人類工效學。杭州市：浙江教育出版社。
2. 朱寶良、朱鐘炎（主編）(1991)：室內環境設計。上海市：同濟大學出版社。
3. 常懷生（編譯）(1990)：建築環境心理學。北京市：中國建築工業出版社。
4. McCormick, E. J., & Sanders, M. S. (1982). *Human factors in engineering and design* (5th ed.). New York: McGraw-Hill.
5. Oborne, D. J. (1982). *Ergonomics at work*. New York: John Wiley.

第二十章

照明與色彩

本章內容細目

第一節　照明光源性質與視覺工效
一、自然光與人工光照明　633
　㈠ 自然光照明
　㈡ 人工光照明
二、照明光性質對辨認顏色的影響　634
三、照明光性質對視敏度的影響　635
四、照明光性質對視覺疲勞的影響　636

第二節　照明強度和亮度對比與視覺工效
一、照明水平對視覺作業效績的影響　637
二、照度和對比度與視標大小的相互代償作用　639
三、照明分布對視覺作業效績的影響　641
四、眩　光　643
　㈠ 眩光分類
　㈡ 影響眩光效應的因素

第三節　顏色的生理心理效應
一、人對顏色的愛好　645
二、顏色的冷暖效應　646
三、顏色的距離效應　647
四、顏色的生理效應　647

第四節　色彩調配
一、色彩配合　648
　㈠ 色彩的類似協調
　㈡ 色彩的對比協調
二、色彩在工業的應用　650
　㈠ 生產環境的色彩選配
　㈡ 生產設備配色
　㈢ 焦點色的處理

本章摘要

建議參考資料

眼睛是人從外部世界獲得信息的最主要的感受器官。假使沒有照明，即使最好的眼睛也無法從外界獲取信息。因此，照明是人類生活和工作中必不可少的基本條件。照明可分自然光照明和人工光照明。太陽是最重要的自然光源。它包涵有全部可見光譜，具有最好的顯色性。日光作為照明，美中不足的是它晝升夜落，夜間無法利用。它還容易受氣候變化的影響。長期以來，人類一直在尋求具有日光照明優點而無日光照明缺點的人工照明光源。從鎢絲白熾燈，到螢光燈，到鹵化物燈，再到氙燈等。現在人類已掌握了製造光色好、顯色性高、使用壽命長的人工照明光源的技術。但是有了好的照明光源並不等於就有好的照明，因為光源雖然重要，但它不是決定照明優劣的唯一因素。有了優質照明光源後還需對照明的強度、照明分布、亮度對比度等方面進行優化設計才能取得良好的照明效果。

　　人類具有愛美的本性，色彩正是使人產生美感的最重要因素。而人對色彩的感受仍離不開照明的作用。一幅色彩艷麗的畫面，必須配以優質的照明才能向人顯示出它美在什麼地方。另外，色彩之惹人喜愛，不在花色眾多，而在配色協調。在建築和工業設計中，若能根據不同場合的要求，善於利用各種顏色的視覺特點進行合理的調配組合，就可達到調節心情，增進身心健康和提高工效的作用。讀者閱讀本章後，可進一步增進對以下問題的了解：

1. 照明光源性質對視敏度、顏色辨認會發生什麼影響？
2. 照明水平、亮度對比、視標大小如何影響人的視覺功能？
3. 照度分布和亮度分布均勻度對作業效績會產生什麼影響？
4. 什麼情況下會產生眩光效應？如何防止眩光效應？
5. 顏色刺激會引起人什麼樣的心理效應與生理效應？
6. 色彩如何進行調配才能產生協調感？
7. 工廠企業中應如何利用色彩以提高工作效率？

第一節　照明光源性質與視覺工效

一、自然光與人工光照明

（一）　自然光照明

照明 (illumination) 是一切視覺活動的最基本條件。沒有照明，人的視覺無法進行活動。照明有自然光照明和人工光照明的區分。自然光照明主要來自陽光。人的眼睛是我們的祖先在太陽光作用下經過千百萬年的演化而發展起來的。因此人類在陽光下具有最好的視覺功能。日光包含有全部可見光譜成分，具有最好的**顯色性能**，任何顏色在日光下顯得更為鮮艷逼真。因此，人們在可能情形下都要利用自然光照明。但是自然光照明有其侷限性。它不僅容易受氣候的影響，晴天亮，雨天暗，夜間更無日光可言，而且還受建築物結構的限制，近窗處亮，遠窗處暗，無窗的封閉空間，更無法依靠自然光照明。因此，人類除了利用自然光照明外，還創造了各種人工光照明。

（二）　人工光照明

在現代都市生活中，不僅夜間燈火輝煌，即使在白天，也有許多工作在人工照明下進行。隨著工業和科學的進步，人工照明技術發展很快。現在已經製造成許多種高效優質的人工光源。最常見的人工照明光源有白熾燈、螢光燈、碘鎢燈、氙燈、鏑燈、高壓汞燈、高壓鈉燈等。評價照明光源主要看它的發光效率、光源顏色和顯色性能等。**發光效率** (luminous efficiency) 是指一個光源所發出的**光通量** (luminous flux) 和該光源所消耗的電功率之比（單位：流明／瓦）。對於照明光源，發光效率越高越好。**光源色** (light-source color) 是指人眼直接觀看光源時所看到的光色，又稱光源的**色表** (color appearance)。例如氙燈、鏑燈、螢光燈的光看起來均與日光相近呈白色。白熾燈則隨通過鎢絲的電流由小到大變化而引起光色由紅──黃白──白變化。光源的**顯色性** (color rendering property) 是指光源的光照射到物體上時顯示物體表面顏色的性能,一般用**顯色指數** (color rendering index) 表示。如果各種有色物體受一定照明光源照射時顯示的顏色與日光或標準光源下顯示的顏色愈接近,光源的顯色指數就愈高。反之,如果有色物體受光源照射時顏色失真,表明該照明光源的顯色指數就低,顯色性差。光源的顯色性取決於光源中所包含的光譜成分。光源發射的光中包含的可見光譜成分愈齊全,顯色指數就愈高。光源的色表與顯色指數高低並無一致關係。譬如白熾燈、螢光燈、高壓汞燈和鏑燈,其光色看上去都呈白色或接近白色,其色表差別很小,但它們的顯色性有很大差別。白熾燈的顯色指數為 95～100,鏑燈為 85～95,螢光燈為 70～80,高壓汞燈為 30～40。有的光源色表與顯色性都好,如氙燈、鏑燈。有的光源色表較差,但顯色性卻很好,如普通的鎢絲白熾燈。有的光源色表好而顯色性差,如高壓汞燈。有的光源色表與顯色性都差,如鈉燈。光源色表與顯色性所以不一致,是由於兩者的機制不同。光源色表是光源光譜成分在視覺中混合的結果。按顏色混合規律,不同的色光按不同的比例混合可以產生同一種顏色感覺。因此色表相同的光源,其包含的光譜成分可以很不相同,這稱為同色異譜。顯色性是由物體表面對照明光源光譜成分的反射特性決定的。一個紅色的物體,當受到光源照射時,反射光源中的長波光譜,吸收其他光譜,因此物體看起來呈紅色,即把該物體所固有的顏色顯示出來。若照射紅色物體的光源中缺乏長波光譜,該物體的固有顏色就顯示不出來,物體看起來就成黑色。因此只有包含著各種可見光譜成分的光源才會有好的顯色性。

二、照明光性質對辨認顏色的影響

人對顏色的辨認受照明光譜能量分布的影響。在能量分布均勻、顯色指數高的照明光下,由於物體顏色失真小,顏色辨認的錯誤少,效果好。博伊斯和西蒙斯 (Boyce & Simmons, 1977) 曾對照明光源顯色指數與顏色色調辨認的關係進行研究,證明隨著顯色指數的提高,辨認中錯誤明顯減少。

本書作者 (1982) 曾對白熾燈照明光色溫與單色光照明對顏色辨認的關係進行過研究。圖 20-1 是在低照明 (10 L_x) 條件下對紅、橙、橙黃、黃、綠、淡藍、藍、深藍、紫、白、黑等 11 種顏色目標辨認的結果。可見白熾燈照明下的顏色辨認效果明顯優於色光照明。白熾燈光的**色溫** (即光源的

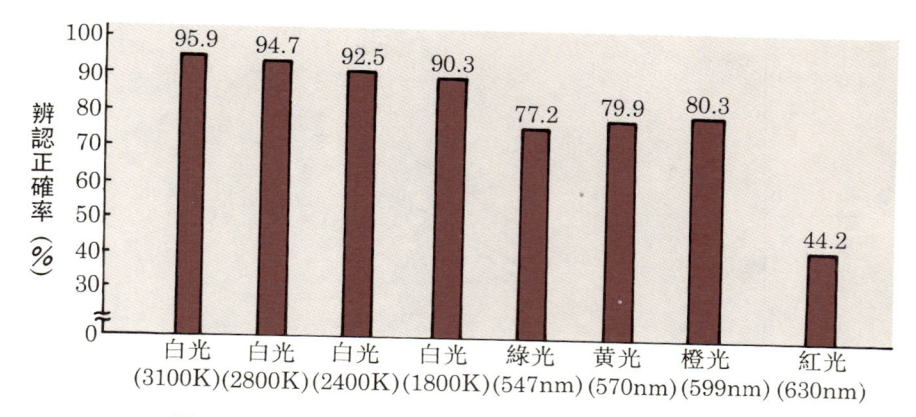

圖 20-1　不同照明光源下辨認顏色目標效果的比較
(採自朱祖祥、許躍進，1982)

顏色溫度) (color temperature) 變化對辨色也有影響，高色溫照明比低色溫照明更有利於辨色。

三、照明光性質對視敏度的影響

　　照明光性質對視敏度的影響問題，曾有過不少研究。張國棟、任少珍等 (1964) 比較了白熾燈與螢光燈對學生視覺功能的影響，指出在相同的照明強度下螢光燈的視覺效果優於白熾燈。喻柏林、焦書蘭等人 (1980) 曾在多種照明強度下 (10～2160 Lx) 比較自然光、白熾燈與螢光燈照明對視敏度的影響，結果如圖 20-2 所示。表明自然光的結果優於白熾燈和螢光燈。後兩者相比，照明強度在 60 Lx 以下時，白熾燈略優於螢光燈，在 60 Lx 以上時，兩者無差異。

　　楊公俠、陳偉民等人 (1984) 比較了白熾燈、螢光燈、高壓鈉燈和高壓汞燈四種照明光源對於視敏度的影響。結果表明，在 $7.5 cd/m^2$ 時，高壓鈉燈與高壓汞燈照明下的視敏度明顯優於螢光燈與白熾燈。張彤、朱祖祥等 (1985) 研究了不同色溫 (1800K、2400K、3000K) 白熾燈照明與紅、黃、綠 (波長峰值分別為 623nm、580nm、553nm) 單色光照明下辨認黑、白視標的視敏度，發現當亮度達到 $0.3 cd/m^2$，辨認細節大於 2′ 視角時，各種照明光下都能達到很高的辨認正確率，但當亮度低於 $0.3 cd/m^2$、辨認

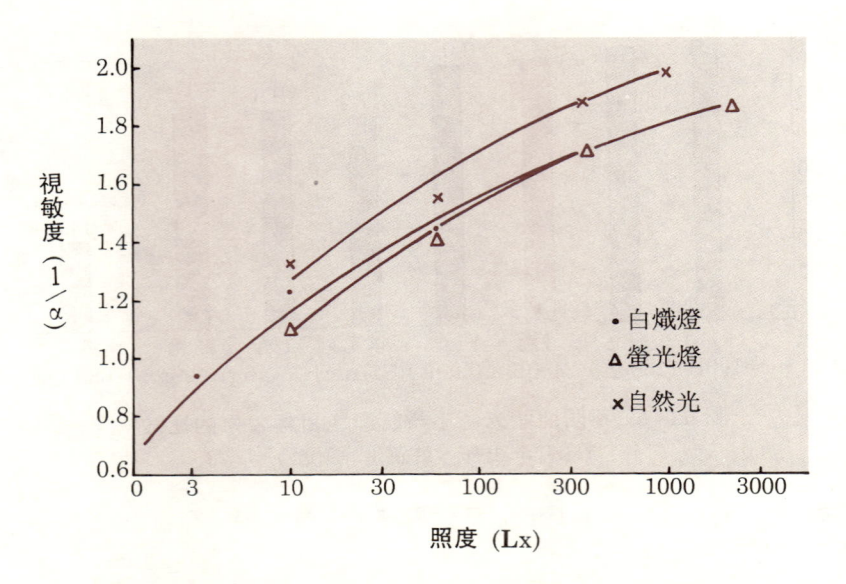

圖 20-2 自然光、白熾燈、螢光燈三種光源下視敏度的比較
(採自喻柏林、焦書蘭，1980)

細節小於 2′ 視角時，六種照明下的視敏度表現出一定的差別，以黃光下的視敏度最優，其次為紅光、綠光與 3000K 白光，2400K 與 1800K 白光又次之。

四、照明光性質對視覺疲勞的影響

不同的照明光源對**視覺疲勞** (visual fatigue) 也會產生不同的影響。彭瑞祥、羅勝德等人 (1966) 研究自然光、白熾燈和螢光燈三種光源對小學生閱讀視覺疲勞的影響，表明三種光源之間存在一定差別，自然光優於白熾燈與螢光燈，螢光燈又略優於白熾燈。一般認為白熾燈照明光比單色光不易引起視覺疲勞。據梁寶勇、許連根 (1986) 的研究結果，如圖 20-3 所示，紅光照明明顯比白光照明容易引起視覺疲勞。在作同樣的視覺作業時，10 cd／m² 紅光照明下的視覺疲勞大致與 2 cd／m² 白光照明下產生的視覺疲勞相當。而在不同色溫白光下進行相同作業所產生的視覺疲勞的差異並不明顯。

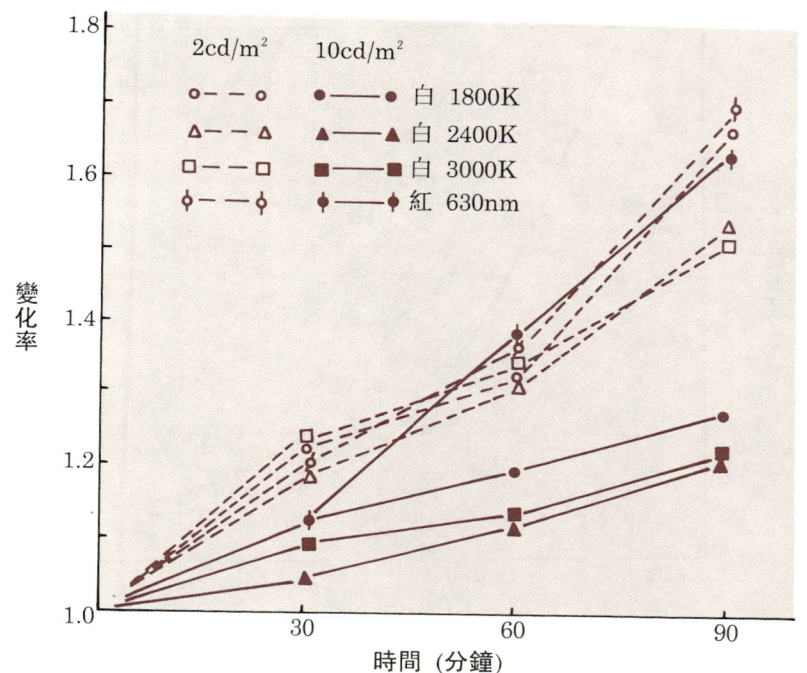

圖 20-3　不同色溫白熾燈光與紅光照明下的眼肌調節時間變化率比較
(採自梁寶勇、許連根，1986)

第二節　照明強度和亮度對比與視覺工效

一、照明水平對視覺作業效績的影響

　　照明水平 (illumination level) 是指視覺作業工作面上的照明強度。其與視覺作業效績的關係密切，已有過不少的研究。比較一致的結論是隨著照明水平的提高，作業效績的改進變得越來越小。也就是說，照明水平提高所得到的效益隨照明水平的增高而遞減。龐蘊凡和張紹綱等人 (1986) 曾在速視條件下（呈現時間 0.25 秒）研究照明水平對不同筆畫數常用漢字辨讀效

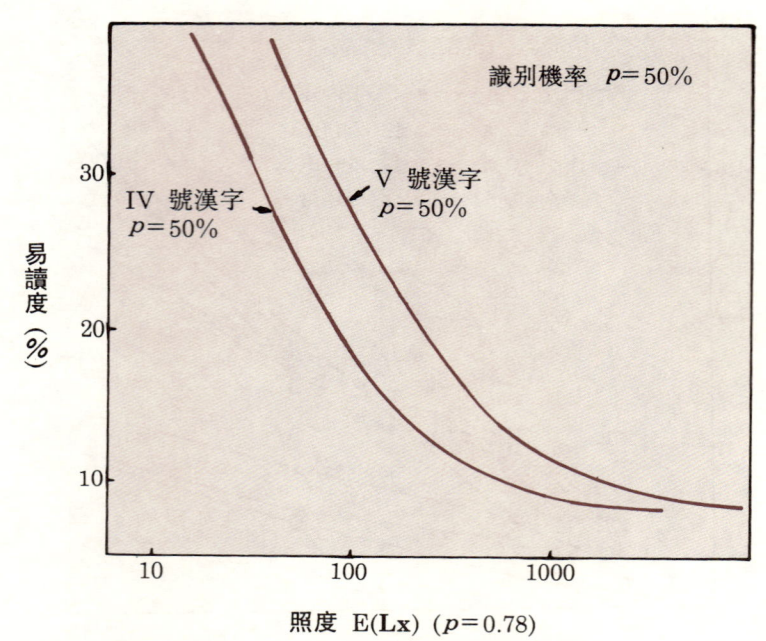

圖 20-4 漢字易讀度與照度的關係
(採自龐蘊凡、張紹綱，1986)

續的關係。他們以漢字筆畫數的倒數表示漢字的易讀度，結果如圖 20-4 所示，表明漢字易讀度越低，達到一定認讀正確率所需的照度要求越高。且照明水平對易讀度的影響在不同照度時有很大差別。10～100 Lx 範圍的照度變化引起漢字易讀度的變化要比 100～1000 Lx 照度範圍時所引起的變化大得多。

照明收效遞減現象表明照明達到較高水平後，若繼續用提高照度去改善作業效績可能會出現能源消耗大而收效甚微的結果。有的研究表明，照明水平超過一定程度後，可能會發生**眩光**而使視覺作業效績有所降低。楊公俠、池根興等人 (1982) 在研究電站控制室照明對電表判讀速度與準確性的影響中就發現了這種效應，如圖 20-5 (a)、(b) 所示。表明照明水平與視覺作業效績的關係不僅存在著照明收效遞減現象，而且還存在著最佳照明水平。照明在達到最佳水平後若繼續提高，作業效績反而有所下降。這表明在視覺作業中，照明水平並非越高越好。

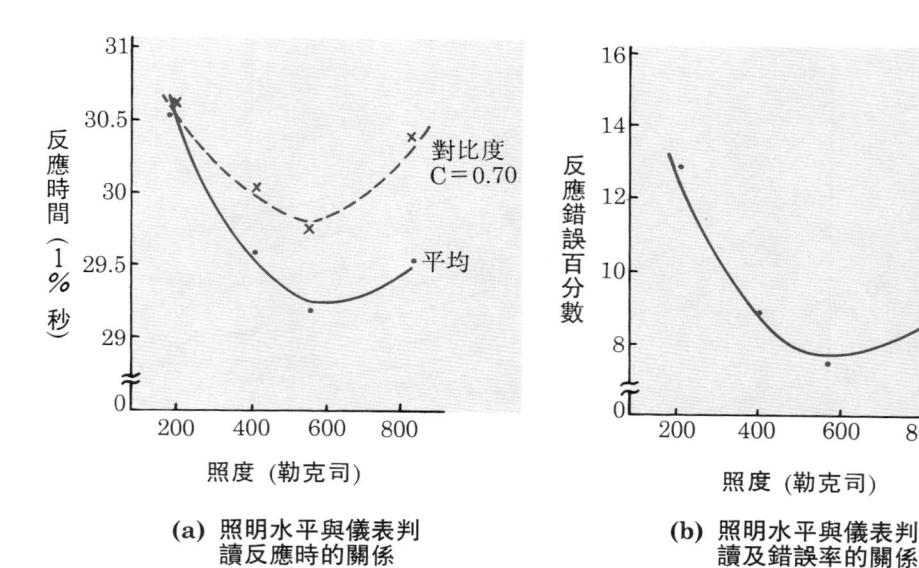

(a) 照明水平與儀表判讀反應時的關係　　**(b)** 照明水平與儀表判讀及錯誤率的關係

圖 20-5 照明水平與視覺作業效績的關係
(採自楊公俠、池根興，1982)

二、照度和對比度與視標大小的相互代償作用

　　照明的水平或**照度** (illuminance)、**亮度對比** (luminance contrast) 和視標細節大小是影響視覺作業工效的三個主要因素。荊其誠等 (1980) 和葛列衆等 (1987) 曾分別對這三種變量對視覺功能的影響進行了研究。圖 20-6 是根據葛列衆研究數據所作的視功能曲線。它表明照明水平、亮度對比度與視標細節大小三變量在對視覺作業工效的影響中存在著相互代償的關係。即辨認一定大小視標時，當照明水平降低或提高時，可通過對比度的增大或減小，使其辨認的效績保持不變；反之，當對比度減小或增大時，可通過提高或降低照明的照度使作業效績保持不變。同樣視標大小與對比度之間，以及照度與視標大小之間也存在著類似的相互代償關係。

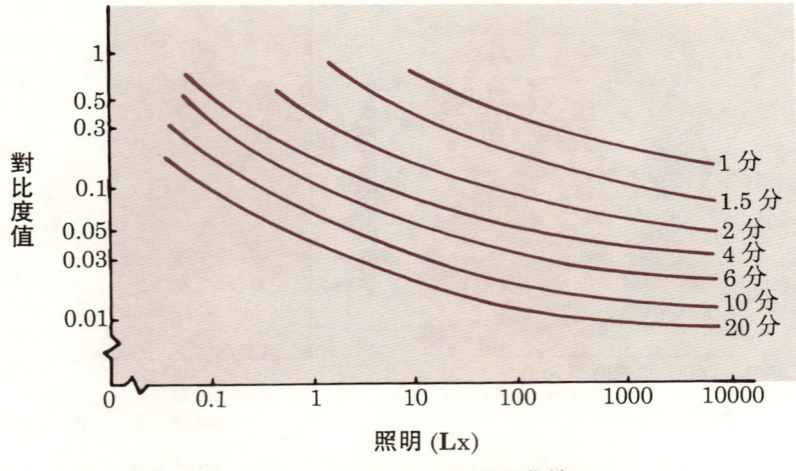

50% 正確辨認視功能曲線

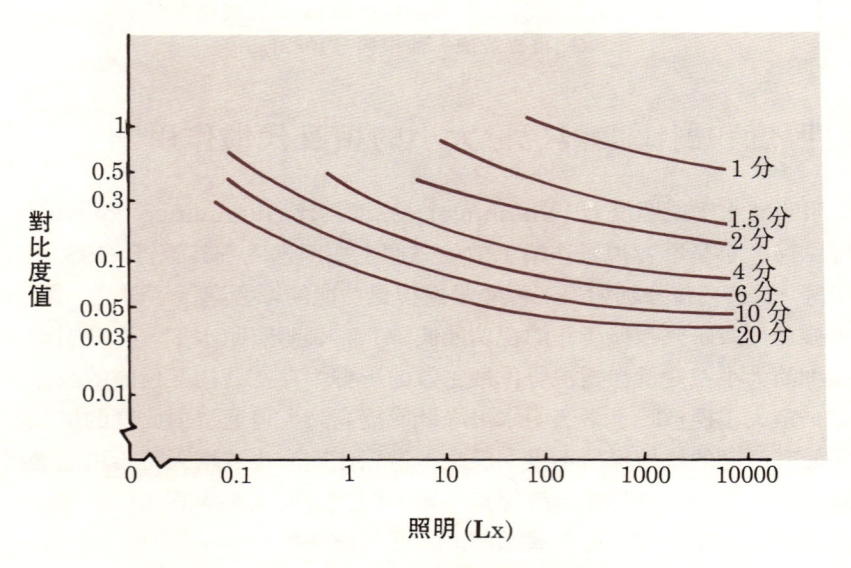

95% 正確辨認視功能曲線

圖 20-6　視覺辨認中照度、對比度與視標大小的關係
(採自葛列衆、朱祖祥，1987)

三、照明分布對視覺作業效績的影響

照明分布 (illumination distribution) 有兩方面的含義:一是指投光量的分布,或稱**照度分布** (illuminance distribution),二是指受照體表面的**亮度分布** (luminance distribution)。物體表面的亮度取決於投射到物體上的照度與物體表面的**反光係數** (reflectance)。若物體表面的反光係數很小,那麼即使投射到上面的照度很高,亮度仍然不可能高。照度分布與亮度分布都會對視覺發生影響,但對視覺作業來說,亮度分布比照度分布有更大的影響。亮度分布又有兩種情形:一種是限於直接視覺作業區內不同部位的**亮度均勻度** (uniformity ratio of illuminance),例如一個儀表盤面不同數字、刻度的亮度均勻度,或一台計算機終端監示屏、鍵盤和輸入文本之間的亮度均勻度。另一種情形是指直接視覺作業區與相鄰區域之間的亮度分布,例如工作台上書本、圖紙與工作台上其他區域,甚至工作室內其他區域的亮度分布。亮度分布有三種計算方法:一是最低亮度均勻度,是視場中最暗點與最亮點亮度值之比;二是平均亮度均勻度,是視場中最暗點亮度值與平均亮度值之比;三是亮度比,指視覺作業區與鄰近區域亮度值之比。若亮度完全均勻分布,三種計算方法的比值均為 1:1。若亮度不是均勻分布,三種方法計算的均勻度值就不一致。當然,不管哪一種計算,比值越小表示亮度分布越均勻。關於視場中照明分布的均勻度會影響視覺作業的效績方面,下面舉兩個例子說明。

焦書蘭、荊其誠等人 (1979) 研究了不同亮度比對於**視覺對比感受性** (visual contrast sensitivity) 的影響。實驗中的視覺作業為辨認對比度不等的黑環白底蘭道爾環開口方向。視場分成亮場與暗場兩個時相,亮暗時相視場亮度之比分為 1:1,10:1,20:1,50:1,100:1 五等。被試在兩種情形下判讀蘭道爾環:第一種情形,視場亮度變化時相為:亮場 (1 分鐘)⟶暗場 (4 分鐘)⟶亮場 (同時呈現視標 0.6 秒);第二種情形,視場亮度變化時相為:亮場 (1 分鐘)⟶暗場 (同時呈現視標 0.6 秒)。在兩種情形下,各等亮度比時的相對對比度感受性結果 (以 1:1 時為 100) 見表 20-1。可見不論視場亮度高或低時,也不管視覺由暗場轉向亮場或由亮場轉向暗場,視覺的對比感受性均隨前後視場亮度變化差異的增大而降低。

表 20-1 相繼視場亮度比變化對視覺對比感受性的影響

視場時相亮度	視場亮度變化	不同視場亮度比時的相對對比度感受性				
		1∶1	10∶1	20∶1	50∶1	100∶1
78 cd/m²	由暗⟶亮 由亮⟶暗	100 100	69 64	54 46	41.5 38	41.5 38
32 cd/m²	由暗⟶亮 由亮⟶暗	100 100	67 79.9	47 58.8	44 43.5	38 36.4

(採自焦書蘭，荊其誠等，1979)

　　張彤、朱祖祥等人 (1990) 研究了儀表盤面亮度分布均勻度對判讀雙針儀表的影響。實驗用的圓形儀表直徑為 5 厘米，亮區與暗區亮度之比分為 2:1，3:1，4:1，5:1，7:1，9:1，12:1，15:1，25:1，共 9 等。對儀表亮區亮度 10 cd/m² 和 5 cd/m² 兩種條件分別進行了實驗。實驗時儀表顯示時間為 0.6 秒。結果如圖 20-7 所示，表明儀表判讀工效隨亮度分布不均勻性的增大而降低，亮度不均勻性對判讀工效的不良影響又因儀表亮度水平不同而表現出明顯差異。

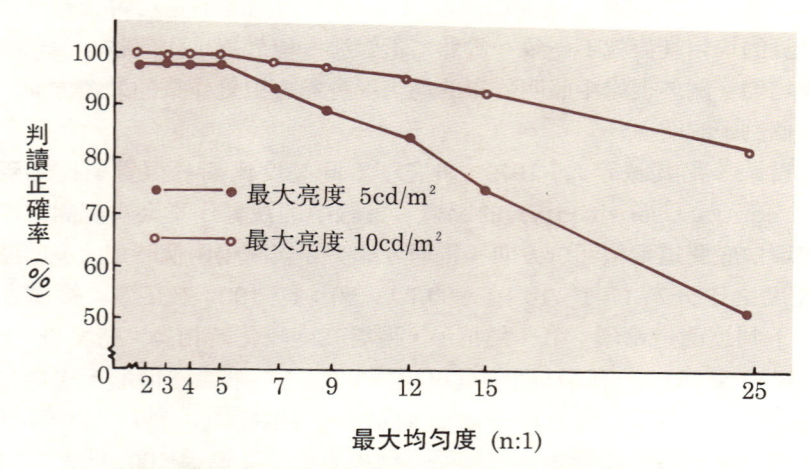

圖 20-7 在限定最大亮度為 10 cd/m² 和 5 cd/m² 的照明條件下均勻度與判讀正確率的關係

(採自張彤、朱祖祥，1990)

四、眩　　光

(一)　眩光分類

　　眩光 (glare) 是由於視野中的光源或反射體亮度過大，或光源與其背景之間亮度比過大引起視覺不適或使視標能見度 (visibility) 下降的現象。引起眩光效應的光源稱為眩光源。

　　眩光可分為直接眩光和反射眩光。光源的光線直接射入眼睛產生的眩光稱**直接眩光** (direct glare)。光線經由反射面射入眼睛所產生的眩光稱為**反射眩光** (reflected glare)。眩光也可按其對視覺的影響不同而分為不舒適眩光、失能眩光和失明眩光。**不舒適眩光** (discomfort glare) 只是引起視覺的不舒適感。**失能眩光** (disability glare) 引起視野中物體的能見度下降，影響視覺作業的效績。**失明眩光** (blinding glare) 往往發生在亮度很高的眩光源作用下，引起一定時間內不能看清視野內的物體。

(二)　影響眩光效應的因素

　　一般認為眩光源亮度、眩光源立體角、眩光源背景亮度和眩光源與視線夾角是影響眩光不舒適度的四種主要因素。四者與**眩光指數** (glare index) 的關係式如下：

$$G = \frac{L_s^a \, \omega^b}{L_f^c \, P^d}$$

　　G：為眩光指數
　　L_s：為眩光源亮度
　　ω：為眩光源立體角
　　L_f：為眩光源背景亮度
　　P：為眩光與視線夾角
　　(a、b、c、d 為常數)

　　不同研究者得出的數據有較大差別。我國龐蘊凡、張紹綱等人 (1982)

曾對此作過研究，得到如下關係式：

$$G = \frac{L_s}{L_f^{0.28}} \frac{\omega^{0.63}}{P(\theta)}$$

失能眩光除了引起視覺不舒適感覺外，同時引起視野中觀察目標能見度下降，相應於降低視標的對比度，因而導致視覺作業效績惡化。研究表明，失能眩光效應的強度與觀察者的年齡、眩光源投入眼內的光量、眩光源與視線的夾角三因素有關。它們間的關係如下所示：

$$失能眩光效應 = \frac{K \times 眩光源投入觀察者眼內的光量}{眩光源與視線的夾角}$$

式中 K 為年齡係數，其值隨年齡增加而增大。

失明眩光多表現為**閃光盲**(flash blindness) 現象。人在很強的閃光突然照射眼睛時，會在一定的時間內看不見眼前的物體。失明眩光效應強度取決於多種因素。方芸秋、毛守金等人 (1981) 研究了閃光速度、閃光時間對失明眩光視覺功能恢復的影響，結果表明：(1) 無論在暗適應，還是在亮適應條件下，視覺恢復時間隨閃光亮度提高而延長，二者之間呈線性關係；(2) 若曝光時間相同，則引起同樣恢復時間的失明眩光亮度明適應時為暗適應時的 3～5 倍。人眼受強閃光作用 0.12～4.9 毫秒後，辨別精細目標所需的視覺恢復時間僅決定於亮度和曝光時間的乘積。

除了上面提到的閃光強度、閃光曝光時間、人眼的適應狀態等因素之外，失明眩光效應還與閃光照明面積、光照射的視網膜部位、視標大小以及人眼瞳孔大小等因素有關。

降低眩光效應是照明環境設計中的重要一環。常見的措施有：(1) 選用眩光指數小的燈具；(2) 用較多的低亮度光源代替高亮度光源；(3) 提高眩光源周圍環境的亮度，減小亮度反差；(4) 眩光源盡可能遠離視線；(5) 用擋光板、燈罩等遮擋眩光源光線；(6) 為了防止失明眩光效應，可佩戴固定減光護目鏡。

第三節　顏色的生理心理效應

人類生活的世界到處充滿著色彩。色彩已經成為人的生活環境中對人的各種活動發生影響的重要因素。色彩不僅可以豐富認識，調節情緒，陶冶人格，還能影響人的工作，改變人的活動。因此，色彩設計已成為心理學、工效學、建築學、工藝美學等許多學科關心的問題。

人對顏色的感受是一定波長的電磁波作用於人的視覺器官的結果。眼睛能感受的光波的波長範圍為 400nm～700nm，短波段為藍色，長波段為紅色。不同的光波作用引起不同的顏色感覺。作用於人眼睛的光波有的來自發光體，有的來自反光體。由於各種物體發射或反射的光譜成分及其比例的不同，使我們看到的物體顏色千差萬別，色彩繽紛。

光波的作用除了使人產生顏色的感知外，還會引起人的其他多種不同反應。這些反應中有心理的反應和生理的反應，有認知的反應和情感的反應，有積極的增力反應和消極的減力反應。人類可通過色彩的合理設計，達到調節身心，促進工作的目的。

一、人對顏色的愛好

人對不同色彩有不同的偏愛。在生活與工作環境及各種物品的設計中，若能考慮到人的顏色愛好，設計的產品自然容易受到用戶的歡迎。人們的顏色偏好存在明顯的個別差異，例如有的人喜愛紅色而不喜愛藍色，也有人喜歡藍色而不喜愛紅色。一般說，紅、綠、藍、黃、橙、紫等基本色要比其他顏色受人喜愛的多。艾遜克 (Eysenck, 1941) 總結許多人對不同民族人群顏色愛好的調查結果，愛好的顏色次序為藍、紅、綠、紫、橙、黃。男女性只在橙、黃次序有顛倒，男性喜愛順序為橙、黃，女性為黃、橙。據陳立、汪安聖 (1965) 的研究，我國學前兒童對基本色的愛好較一致，其喜愛順序為紅、藍、綠、黃。大學生對顏色愛好的次序就不如兒童那樣表現得一致，且男、女表現出一定差異，愛好的顏色次序男性為紅、藍、綠、黃，女性為藍、紅、綠、黃。當然這只是顏色愛好的一般傾向。由於人對顏色的喜好受性別、年齡、民族習俗、文化傳統、宗教信仰、家庭環境、生活經歷,以及色彩的配合等多種因素的影響,人們對顏色愛好之間仍存在較大的差異。例如非洲很多國家忌用黑色,而伊朗、沙特阿拉伯、科威特及西班牙等國家的人卻喜用黑色。紅色是很多地區、民族喜用的顏色,而多哥、乍得、尼日利亞、貝寧等國切忌用紅色,德國人也不喜歡使用紅色。個人的顏色愛好還會受個性和生活經歷的影響,有人喜歡重彩濃抹,有人則喜愛素淡清雅。有人愛好暖色,有人愛好冷色。總之,人對色彩的愛好是一個比較複雜的問題。不可能有放之四海皆一致的喜愛色。為了使產品色彩適應人們的愛好,就要定期地對用戶進行調查,既要了解多數人的愛好傾向,同時也要有不同色彩的產品設計,以便使具有不同顏色愛好的人對色彩有選擇的餘地。

二、顏色的冷暖效應

人們常把顏色作冷、暖色的區分。例如把藍綠色歸為冷色,把紅橙色歸為暖色。當一個人走入一個採用紅光照明,牆壁、地板塗以紅色的房間時,比走入一個用藍、綠光照明,牆壁、地板塗以藍綠色的房間時,似乎會感到熱一點。即使把房內溫度控制在同一水平,仍會使許多人產生在紅色房內比在藍綠色房內暖和的感受。因此在夏天人們一般不喜歡在紅光或橙光下或在充滿紅色的房間內工作或休息。少見有把冷飲室的四周或桌面塗以紅色的。在冬天則相反,人們不喜歡在藍、綠光下工作和休息。紅、橙色引起人的暖和感和藍、綠色引起人的冰冷感,可能出於物理和心理兩方面的原因。從物理上看,紅色物體能吸收短波段光輻射和反射長波段光輻射。長波段光輻射往往與熱源連在一起。人體本身也是一個熱源,它向四周輻射的紅外線,也會被紅色物體所反射。藍、綠色物體會吸收長波段光和人體的紅外線輻射。因而在兩種顏色環境下,可能會引起人的熱感受的差異。從心理原因上看,在人的生活經歷中,紅、橙色是與火光相聯繫的顏色,藍、綠色是與樹木、草地、清水等相聯繫的顏色。火光自然與發熱相聯繫,草木、水則往往與吸熱相聯繫。按照條件反射的原理,心理上的聯想,會引起生理上的反應,這與"望梅止渴"是同樣的道理。在生活與工作環境的色彩設計中,若合理地利用**顏色冷暖效應** (cold and warm effect of color),就能在一定程度上起到調節身心的作用。

三、顏色的距離效應

顏色的調配，有助於改變對空間尺寸比例的感受。**顏色距離效應** (distance effect of color) 是指不同的顏色會使人產生不同的擴縮或進退的感受。海梅斯 (Hames, 1960) 和威廉斯 (Williams, 1972) 先後研究過不同顏色的視覺距離感差別問題。海梅斯的研究中比較了紅、黃、綠、藍、黑、淡灰、中灰、白等八種顏色。結果表明，黑色離得最遠，黃色離得最近。八色的近遠次序為黃、綠、紅、白、淡灰、藍、中灰、黑。威廉斯的實驗中考慮到顏色的色調、濃度、明度三種因素，從**孟塞爾表色系統** (Munsell color system) 中按五種色調、三種明度和二種濃度選用了 30 種顏色對它們的視覺距離感進行比較，結果表明紅、黃、綠、藍、紫五種色調的距離感變化有如下特點：(1) 在明度低、濃度中等時近遠次序為紅、黃、綠、紫、藍，高濃度時上列次序中只是綠、紫調了位置；(2) 中等明度，高、中濃度時五種色調的近遠次序均為紅、黃、綠、紫、藍；(3) 在高明度，高、中濃度時五種色調的近遠次序與中等明度時相比，只是紅與黃調換了位置，即高明度時，高、中兩種濃度的近遠次序均為黃、紅、綠、藍、紫。根據他的研究，各種顏色在濃度和明度都高時比中等濃度、明度時看起來顯得近些，濃度、明度中等時又顯得比濃度、明度低等時離得近些。但是紅色在濃度等級增大時，中等明度比高等明度時顯得更加近些。在空間環境的顏色設計中，若能合理地運用人對不同顏色距離感差別的知識，就可通過空間不同側面的顏色調配，使人對空間的長寬、高低和深度的感受上發生一定程度的變化。這對空間環境設計工作是很有意義的。

四、顏色的生理效應

一般認為顏色不僅影響人的心理，也對人的生理狀態發生影響，稱為**顏色的生理效應** (physilogical effect of color)。不同的顏色會使人的某些生理過程發生不同的變化。例如，紅橙等暖色能提高人的興奮水平，並有助長血壓升高和脈搏加快的作用。而青、藍、綠等冷色則有使人趨向寧靜，有降低血壓、減緩脈搏的作用。有人用賽馬做實驗,將一個賽馬的馬厩分成兩部分,一部分塗以藍色,另一部分塗以紅橙色。賽後進入藍色厩房的馬匹,能較快地安靜下來,而進入紅、橙色厩房的馬匹較長時間處於興奮狀態,安靜不下來。有人在醫院中觀察病房環境顏色對病人疾病的治療作用,發現紫色可安定孕婦情緒,淡藍色也具有穩定病人情緒的作用。

第四節 色彩調配

一、色彩配合

色彩配合 (color matching) 是指對一定空間內的物體顏色加以組合安排,使之協調一致,以達到優化視覺效果,調節心理狀態和提高工作效績的目的。

色彩配合中最重要的一點是要使人對色彩的組合產生協調感。協調的色彩配合會給人以優美舒適的感受。色彩配合是否能給人以協調感,關鍵在於是否能處理好整體與部分的關係或統一與變化的關係。顏色配合若沒有整體觀,不從整體上考慮,顏色之間就會缺乏組織而顯得散亂。但若過於強調整體與統一,就會使顏色組合顯得單調、呆板,失去協調的美感。只有做到整體統一而不單調呆板,有變化而不淹沒整體,才能使人產生協調感。色彩配合協調可分類似協調和對比協調。兩者設計得法都可產生良好的視覺效果。

(一) 色彩的類似協調

色彩配合的類似協調 (harmonious relations on similar color match) 是指視覺環境內配合的色彩要有相似的因素或共性因素。視覺環境內的色彩通過這種共性因素的作用使人產生整體協調感。類似協調的色彩變化是在共性基礎上發生的,是緩和的,漸變的。類似協調又可分同色調配色協調和近似色配色協調。同色調配色協調是指所選用的顏色色調上相同而明度與濃度上不同,這是一種最明顯的配色協調。它是以同為主,同中有異,異中顯同的色配合。例如實驗室用淺灰綠色牆面,深灰綠色地面的配色,或接待室採用淡棕色牆面、淺棕色地毯和深棕色茶几與木質沙發邊框等就屬這類配色。它能給人以很強的整體感、統一感。人處在這種空間色環境中容易引起寧靜和安適的感覺。這種配色常使用於高雅、莊重的建築環境。同色調配色協調若設計不好,就容易引起單調感。因此在採用這種配色協調時要注意設計好顏色明度、濃度的變化,或用黑、白、灰等非彩色對色彩進行調節,同時用空間內家具等物體的形狀變化以增強其共性中的變異性。例如設計臥室的顏色配合時,若用藍色作基色,牆面、地面用淡藍、桌、椅、床框家具採用淺藍色,這個室內環境會顯得格外寧靜、安適,但略嫌單調。為了不致引起單調感,地面可改為中灰或淡灰,窗簾可用黑色,還可採用花式變化較多的沙發、家具及床罩、靠墊、坐墊、燈罩等,就能加強臥室內的變化成分,就可取得良好的視覺效果。

　　近似色配色協調是指色調上相接近的顏色協調配合,例如紅、橙、黃色配合;綠、黃綠、黃色配合;藍、藍紫、紫色配合。由於這些顏色的色調相近,容易配合得協調。近似色配合一般只選用二、三種相近顏色。每種顏色加上明度、濃度的變化,可使色彩配合得豐富多彩。例如用綠、黃綠、黃三種色調及其明度、濃度變化作客廳配色設計時,可用綠色做背景,以黃綠色與黃色作重點色,天棚用淡綠色,牆面用淺綠色,地面用綠色,再配以黃色茶几,黃綠色椅墊,就可使坐在客廳裏的人產生清新、寧靜、明快的感受。

(二)　色彩的對比協調

色彩的對比協調 (harmonious relations on color contrast match) 是一種重視顏色對比變化,同時注意共性因素,以達到顏色協調的色彩配合。對比配合又可分為補色對比配色和非補色對比配色。

　　補色對比配色是指用一種顏色和它的補色及補色鄰近色所作的色彩的配合。每種基本色都可從色環上找到它的補色。例如紅與綠、黃與紫、橙與藍都互為補色。互補色配合要以一色為主色,配以補色。這種配色具有強烈的對比性和鮮明的差別感,是一種醒目、生動、極富表現力的色彩配合。互補色配合一般用於要求具有強烈的總體基調並需要渲染室內艷麗、歡快、活潑氣氛的視覺環境的設計。在需要通過顏色變化以加強室內的空間層次和部位層次的場合，也適宜採用互補色配色。互補色對比配色是一種難度較大的配色，處理不好容易造成過度的色刺激，產生不協調感。若在同一空間內存在幾對互補色，容易使人產生五光十色、眼花潦亂。因此，互補色配色要注意分清主次輕重，儘量不要讓互補色平分秋色，分庭抗禮。互補色配色能否做到協調，關鍵在於各色的明度、濃度和占用面積比例的選擇。假如色調差別過大，可以通過色濃度的不同變化以縮小其差別，也可通過面積比例變化協調顏色刺激強度。萬綠叢中一點紅的顏色對比配合可能要比大片紅、大片綠對比配色給人以更協調舒適的感受。

非補色對比配色指用與主體色具有不同遠近色距的顏色與之進行配合。可以採用一遠二近、一近二遠、二遠二近、一遠三近、一近三遠等不同的顏色配合，構成絢麗多彩、活潑歡快的色彩環境。這種對比配色雖然具有選擇配色的較大自由，但同時也帶來容易分散注意的問題。只有實踐經驗豐富的色彩設計師才能設計出色彩豐富而又協調的配色環境。

二、色彩在工業的應用

在工業設計中很多地方需要利用色彩。例如廠房建築、機器設備、產品式樣、包裝設計、管道布設、安全標誌等的設計和製造都要考慮色彩因素。色彩設計得好，能達到改善生產場地的視覺環境、激發人的工作熱情、提高工作效率和減少生產事故的作用。反之，色彩設計不好，會對工作情緒、生產效率和勞動安全產生不利的影響。因此，色彩的應用已越來越受到工業設計者和企業管理者的重視。

色彩在工業生產中的應用與非生產場所的色彩設計相比，既有共同的地方，也有不少不同的要求。在非生產場合，色彩設計側重於從審美舒適、感情愛好等角度上考慮。在生產環境中色彩設計雖然也要注意這些要求，但首先需要考慮色彩對工作效率和生產安全的影響。上述兩方面發生矛盾時必須服從效率與安全的要求。

工業生產中的色彩設計可以因著色對象不同而分成三類：環境色、設備色和焦點色。

(一) 生產環境的色彩選配

生產中的**環境色**(environment color) 主要是指生產場地內的牆面、地面、天棚、建築構配件以及工位周圍器物的顏色。設計生產場地的環境色特別要考慮如下幾點：(1) 有利於採光，(2) 避免引起注意分散，(3) 色彩配合協調，並應與場地環境的整體布局協調和諧。為了滿足這幾點要求，生產場地環境色變化不宜多，不可採用太艷麗的色彩。顏色濃度不能過深，明度不宜過低。廠房頂棚和側牆可採用濃度低、明度高的顏色。頂棚一般可採用白或乳白、淺黃、淡黃、淡灰等反射係數大的顏色，這樣可增加來自上側的反射光。牆面顏色的濃度和明度或與頂棚一致，或比頂棚深一點，牆面避免採用深暗色。地面的顏色可以採用濃度和明度中等的，即反射率較小的顏色。頂棚、牆面、地面的反射率按次以 0.7～0.8，0.5～0.6，0.2～0.3 為宜。牆面、地面的色調選擇要和機器設備相協調，同時也要看作業的性質，可採用暖色、冷色或中性色。在高溫作業環境宜採用冷色調，低溫作業環境宜採用暖色調，常溫作業環境冷、暖、中色調可任意選用。

(二) 生產設備配色

生產設備色(equipment color) 選擇需要考慮幾方面的情形：其一、生產設備處於一定的環境中，其顏色選擇應與周圍環境配色統一考慮，使之互相協調。車間地面、牆面與設備構成背景與對象的關係，設備的顏色應與牆面、地面背景顏色在色調與明度上產生一定的對比。設備一般採用比牆面色暗、比地面色亮的顏色。譬如牆面採用淡黃色，地面採用紫紅色或深灰色，則設備宜採用綠色或中灰色。這樣可使整個生產環境中不同部分的色調與明度層次分明，對比協調。其二、操作人員與生產設備接觸頻繁，表面顏色不宜過於鮮艷或刺激過強，否則容易分散注意。其三、設備不同部分要根據有利於提高工效和保障生產安全的原則進行配色。例如設備上的動力或傳動裝置等容易引發事故的部位應配以容易引人注意的警戒色，設備上的按鈕、開關、手柄等控制裝置應配以與機器表面色有較強對比的顏色，以免誤認或錯誤操作。功能上相同的設備，顏色上應盡可能一致，不同功能的設備，色彩上可適當有所區別。機床等設備一般多選用有一定明亮度的柔和顏色。

(三) 焦點色的處理

焦點色 (focal point color) 指生產過程中操作人員注視的加工件、操作中心和機器運行部分的顏色。不同的生產作業有不同的焦點色。焦點色的設計要著重從顏色對比上，使注視對象從背景中明顯區分出來。如加工件為深暗色，背景應選淺亮色，加工件為淺亮色，背景應選深暗色。在焦點色的處理中，明度上對象高明度背景低明度的又比對象低明度背景高明度的更為有利。

企業生產除了生產場地的空間與設備需要進行色彩選配外，還需對產品色彩及產品包裝的色彩進行精心設計。產品及其包裝的色彩設計與生產場地的色彩設計又有不同的要求。生產場地的色彩設計要以提高工作效率，保障安全和有利於工作人員的良好身心效應為目的。產品及其包裝的色彩設計，則需要從有利於銷售的角度考慮。產品包裝的式樣和色彩必須符合用戶的需要。顧客來自千家萬戶，一種商品是否能贏得顧客的青睞，色彩起著重要的作用。要使企業生產的產品成為暢銷的商品，就需要研究人們的購買心理和行為，其中包括對商品和商品包裝色彩的愛好和要求。限於篇幅，這裏不想多作討論。讀者若需要了解這方面的知識，可以參考有關商業心理學或消費心理學的資料。

本 章 摘 要

1. **照明**是人的視覺活動最重要的條件。照明可以分自然光照明和人工光照明。人的視覺一般在自然光下能發揮最好的功能。
2. 人工照明光源的質量主要從**發光效率**、**色表**和**顯色性**等指標進行評價。
3. 相同的光源色表可以由不同的光譜組成。光源顯色性取決於光源的光譜成分。具有相同色表的光源，可能具有不同的顯色性。
4. 照明光性質對顏色辨認有明顯影響。在**顯色**指數高的照明光下辨色效果好。白熾燈照明下的辨色效果受**色溫**的影響，色溫高的辨色效果好。

5. 不同性質照明光對視敏度的影響與照明水平高低有關，在低照度時，高壓汞燈與高壓鈉燈照明下的視敏度高於同水平的白熾燈與螢光燈照明。黃光照明下的視敏度高於紅、綠光與白光照明。
6. 不同照明光對**視覺疲勞**的影響有一定差別。一般認為自然光照明比人工光照明下不易引起視覺疲勞。白熾燈、螢光燈照明又比單色光照明不易疲勞。單色光中紅光照明最容易引起視覺疲勞。
7. 一般說，人的視覺作業效績隨照明水平增大而提高，但其提高率隨照明增強而降低。照明水平過高，會引起眩光。
8. 照明的**照度**、**亮度對比**和視標大小是影響視覺作業效績的三個重要的因素。三者在對視覺作業效績的作用中存在著相互代償關係。
9. **照明分布**有兩種含義，一指投光量分布，即**照度分布**；二指受照體表面的亮度分布。亮度分布又分兩類情形，一指視覺作業區內不同部位的亮度分布，稱**亮度均勻度**，二指視覺作業區與相鄰區域間的亮度分布。
10. **亮度分布**有三種表示法：一是最低亮度均勻度，指視場中最暗點與最亮點的亮度值之比；二是平均亮度均勻度，指視場中最暗點亮度值與平均亮度值之比；三是亮度比，指視覺作業區與鄰近區域亮度值之比。亮度分布越均勻，視覺作業效果愈好。
11. 眩光可分**直接眩光**和**反射眩光**，還可分**不舒適眩光**、**失能眩光**和**失明眩光**。失能眩光除了引起不舒適感外，還引起視野目標能見度的下降。
12. 眩光引起的不舒適度主要受光源亮度、眩光源立體角、眩光源背景亮度和眩光源與視線夾角等四因素的影響。失能眩光效應的強度與觀察者的年齡、眩光源投入眼睛的光量、眩光源與視線夾角等因素有關。
13. 失明眩光的視覺恢復時間長短因人在眩光作用前視覺所處的明、暗適應狀態而不同。同樣強度的眩光作用，處於明適應的眼睛視力恢復時間要比暗適應的眼睛快 3～5 倍。失明眩光的視力恢復時間取決於眩光強度與曝光時間的長短。
14. 顏色具有多種生理、心理效應。較為常見的有顏色的情緒效應、冷暖效應、距離效應等。
15. 人對顏色的愛好受年齡、性別、民族、宗教信仰、文化傳統及個人生活經歷等因素的影響。顏色愛好具有較大的個別差異。多數人都喜愛紅、橙、黃、綠、藍、紫等基本色。

16. 顏色有冷、暖色的區別。偏於可見光譜長波段的紅色、橙色易引起人的溫暖感，偏於光譜短波段的藍色、綠色易引起涼冷感。暖色往往具有提高人的興奮水平，加快心率和增高血壓的作用。冷色則有降低血壓、放慢心率、使人趨向安靜的作用。
17. 人對有色物體的距離感因顏色不同而有差異。黃色、紅色使人感到比其他顏色近一些，藍色、黑色會顯得比其他顏色遠一些。可以利用顏色的遠近效應，通過顏色調配的合理設計改變人對空間尺寸比例的感受。
18. 色彩調配得宜會使人產生優美、舒適的感受。人的色彩協調感取決於顏色調配中是否能善於處理好整體與部分的關係和統一與變化的關係。只有做到統一而不單調、變化而不淹沒整體，才容易使人產生空間色彩的協調感。
19. **色彩配色配合**可分類似配色協調和對比配色協調。**色彩配合的類似協調**是指色彩配合中通過色彩中的共性或類似因素使人產生色彩的協調感。類似配色協調又分同色配色協調和近似色配色協調，前者是對同一色調在明度和濃度上的配合協調，後者是指相近顏色的配合協調。
20. 色彩的**色彩的對比協調**可分補色對比配色協調和非補色對比配色協調。補色對比配色是指使用一種顏色時，用它的補色或補色鄰近色與之進行配合。補色配色難度較大，若處理不好容易產生過度的色彩刺激而失去協調感。非補色對比配色是指用與主體色具有不同遠近色距的顏色與之進行配合。
21. 工業生產中的色彩可分環境色、設備色和焦點色三類。生產的**環境色**主要指生產場地的牆面、地面、天棚、建築構配件和工位周圍景物等的顏色。生產場地環境色的設計應注意有利於採光，避免分散作業人員的注意，色彩配合協調等。**設備色**的選用應與環境色的設計統一加以考慮。**焦點色**指操作人員在作業中重點注視的對象顏色。

建議參考資料

1. 朱祖祥 (主編) (1994)：人類工效學，二十三章。杭州市：浙江教育出版社。
2. 杰・皮・波爾、特・費舍 (劉南山、錢典祥、吳初瑜、肖輝乾譯，1989)：室內照明。北京市：輕工業出版社。
3. 施淑文 (1991)：建築環境色彩設計。北京市：中國建築工業出版社。
4. 龐蘊凡 (1993)：視覺與照明。北京市：中國鐵道出版社。
5. McCormick, E. J., & Sanders, M. S. (1982). *Human factors in engineering and design* (5th ed.). New York: McGraw-Hill.

第二十一章

噪聲與振動及溫度

本章內容細目

第一節 噪聲與噪聲測量
一、噪聲和噪聲源 659
　(一) 噪 聲
　(二) 噪聲源
　(三) 噪聲類型
二、噪聲測量 660
　(一) 噪聲的物理強度
　(二) 噪聲響度與聲級測量

第二節 噪聲效應和噪聲控制
一、噪聲與聽力損失 663
二、噪聲對神經系統和心血管系統的影響 665
三、噪聲對作業的影響 666
四、噪聲煩擾度 667
五、噪聲控制 668
　(一) 制定噪聲標準
　(二) 採取有效防治措施

第三節 振 動
一、振動與振動覺 670
二、振動的生理心理效應 672
　(一) 人體振動特性
　(二) 振動對身體健康的影響
　(三) 振動對視覺作業的影響
　(四) 振動對操作動作的影響
三、振動控制 675
　(一) 制定振動標準
　(二) 採取防振及隔振措施

第四節 溫 度
一、環境氣候的幾個基本概念 677
　(一) 空氣溫度和濕度與風速
　(二) 熱輻射
　(三) 有效溫度
二、人體溫度和熱平衡 679
　(一) 人的體溫
　(二) 皮膚溫度
　(三) 人體熱平衡
三、環境溫度變化與人體反應 681
四、冷與熱環境對人作業的影響 682
　(一) 冷環境對手工作業效績的影響
　(二) 高溫環境對作業效績的影響
五、至適溫度 686
六、防暑降溫與防寒保暖 687
　(一) 制定防暑防寒標準
　(二) 採取有效降溫防寒措施
　(三) 使用個體防護用具
　(四) 根據氣溫變化增減衣著

本章摘要

建議參考資料

人的周圍環境中充滿著多種形式的物質。其中最常見的光、聲、電磁輻射、氣體等物質形式，構成了人類生活和工作的物理環境。人類活動依賴於物理環境。物理環境變化對人類的活動和生存具有重大的影響。人類在長期演化過程中雖然學會適應地球物理環境的能力，但這種適應能力是很有限的。若物理環境變化超過一定範圍，不僅人類活動能力會受到嚴重影響而降低，而且有可能危害性命。因此人類必須學會控制物理環境，使物理環境的變化至少要控制在無害於人類性命的範圍內。

要控制物理環境的作用，就要研究物理環境變化與人的生理、心理變化和工作效績變化的關係。物理環境因素強度過低會滿足不了人類維持生存和工作需要的要求，但強度過大則會超過人類的耐受限度，對人體產生傷害作用。例如光照不足會影響視覺信息的獲得，光照過強，則會產生眩目現象，嚴重時還會損壞視網膜；聲音過輕會妨礙聽覺信息的獲得，聲音過響，則會產生噪聲，甚至導致耳朵鼓膜穿孔；空氣稀薄將會引起高山反應，吸氧過多則會引起氧中毒，等等。因此對物理環境因素不但要作定性研究，而且更要作定量研究，即要確定對人類身心活動影響的最佳值和容許值。本章將有選擇地介紹噪聲、振動、氣候等環境因素與人的身心行為和工作能力關係的有關知識。讀者閱讀本章後將對下列問題有所了解：

1. 噪聲的性質以及噪聲強度的測量。
2. 噪聲對人的生理和心理的影響及防治噪聲的途徑。
3. 振動的特性及人體不同部位振動頻率的特殊性。
4. 振動對人體健康與工作的影響及防止振動的基本方法。
5. 工作環境氣候的基本組成因素及其對人體的綜合熱效應。
6. 高溫和低溫環境對人體生理、心理的影響及防暑禦寒的主要方法。

第一節　噪聲與噪聲測量

聽覺是人們進行言語交往和享受音樂旋律美的感覺通道。但若音響刺激設計不好或控制不好，就可能成為嚴重干擾人的生活、工作和身心活動的噪聲。隨著工業、交通的發展和人類交往活動的增多，環境噪聲日益嚴重。現在，噪聲已成為城市環境的三大污染之一。噪聲的生理、心理效應及其對工效的影響，已成為環境心理學研究的重要內容。

一、噪聲和噪聲源

(一) 噪聲

噪聲 (或噪音) (noise) 可從物理上和心理上作不同的描述。噪聲在物理學上指頻率和振幅雜亂的聲振盪，在心理學上則指干擾人的工作、學習、休息，並使人感到煩躁的聲音。物理上的噪聲固然容易使人感到煩躁，而引人煩躁的聲音不只限於物理噪聲。對一個正在靜心思考或專心學習的人，不僅身旁別人的談話聲會使他煩躁不安，就是隔牆傳來的正使聆聽者陶醉的音樂也會被他看成是干擾其思考或學習的噪聲。可見心理噪聲比物理噪聲的含義更為廣泛。對非物理噪聲的聲刺激是否感受為噪聲，主要取決於個體當時的心理狀態。例如有的人喜歡在安靜的環境中看書，不能容忍別人在他身旁播放音樂，但也有人喜歡看書時播放音樂。人對物理噪聲作用引起的煩躁程度也很不相同，有的人很敏感，有的人較能容忍。因此對噪聲作用的評價容易受當事人主觀狀態的影響。

(二) 噪聲源

噪聲來自物體的振動。引起噪聲的振動源稱為**噪聲源** (noise source)。噪聲源有的存在於自然界，有的則與人類活動相伴生。來自大自然的噪聲，如雷鳴聲、風雨聲、海浪波濤聲、山崩地裂聲等。這類噪聲可能異常強烈，但出現的機會比較少。人所碰到的大量噪聲都來自人類自身的各種活動。生產活動又是人為噪聲的重要來源,其中工業生產和交通運輸更是噪聲最為集中的地方。噪聲成為城市環境三大危害之一,其來源主要出自工業噪聲和交通噪聲。

(三) 噪聲類型

噪聲按照聲波作用的時間持續特點可以區分為**連續噪聲** (continuous noise) 和**脈衝噪聲** (impulse noise)。連續噪聲是指噪聲源持續發出聲波所構成的噪聲,如交通噪聲,機床馬達噪聲,鋸床噪聲,噴氣飛機噪聲等都是連續噪聲。脈衝噪聲指持續時間長於 1 毫秒而短於 1 秒的噪聲,例如槍聲、鞭炮聲、爆炸聲、沖床衝擊聲等。脈衝噪聲或持續短時的定時或不定時地間隔出現的噪聲稱為**間歇噪聲** (intermittent noise)。

二、噪聲測量

(一) 噪聲的物理強度

噪聲的物理特性主要表現在強度與頻率兩個方面。噪聲強度的物理度量通常用**聲壓** (sound pressure) 表示。聲壓是聲波傳播媒質(空氣)發生疏密交替所產生的壓力。媒質稠密時壓力增大,媒質稀疏時壓力減小。聲壓越大,聲波包含的能量越多,聲音強度越強,傳播距離越遠。聲壓的單位為帕 (Pa)。1 帕相當於每平方米施以 1 牛頓的力,或相當於每平方厘米施以 10 達因的力。人耳的聽閾為 2×10^{-5} 帕,引起人耳聽閾與痛閾的聲壓之比為 $1:10^6$。用聲壓值表示聲音強度變化,使用起來頗為不便,因此通常採用聲壓的對數標度,稱為**聲壓級** (sound pressure level)。其表示式為

$$Lp = 20 \log (P / P_0)$$

Lp:為聲壓級,單位為分貝 (dB)
P:為聲壓
P_0:為基準聲壓

通常 P_0 值取 2×10^{-5} 帕,即以人耳的聽閾為基準聲壓。表 21-1 是不同場合測定的噪聲聲壓和聲壓級,可供參考。

表 21-1　一些噪聲源的噪聲環境聲壓及聲壓級

噪聲源或噪聲環境	聲壓 (帕)	聲壓級 (dB)
噴氣飛機噴口附近	630	150
噴氣飛機附近	200	140
鉚釘機附近	63	130
大型球磨機附近	20	120
8－18 鼓風機進風口	6.3	110
織布車間	2	100
地鐵	0.63	90
公共汽車內	0.2	80
繁華街道	0.063	70
普通談話	0.02	60
微電機附近	0.0063	50
安靜房間	0.002	40
輕聲耳語	0.00063	30
樹葉沙沙聲	0.0002	20
農村靜夜	0.000063	10
聽閾	0.00002	0

(採自方丹群等，1986)

(二)　噪聲響度與聲級測量

人對聲音強弱的反映稱為**響度** (loudness)。聲音響度不僅取決於聲音的物理強度，而且也依賴於聲音的頻率特性。物理強度相等但頻率不同的聲音聽起來響度上不相等。或者說，不同頻率的聲音達到相等響度時，其物理強度是有差別的。一般說，同等強度的高頻聲和低頻聲，高頻聲聽起來要比低頻聲響。表示聲音響度相等時聲音頻率與強度的關係圖，稱之為等響曲線圖 (見第十章圖 10-4)。這說明人對不同頻率聲音的感受性存在著很大差異。人對 4000 赫的聲音具有最高的感受性。為了使聲音強度的測量與人對聲音的聽覺特性相適應，在設計聲音測定儀器時應參照人耳的聲波響應特性，採取一定的濾波技術，對不同頻率聲音作不同程度的衰減，即所謂**計權網絡** (weighting network)。這種測聲儀器稱為**聲級計** (sound level meter)，其測定值稱為**聲級** (sound level)。聲級計的計權網絡分為 A、B、C、D 四類。A、B、C 三類計權網絡分別參照 40、70 和 100 純音等響曲線進行設計。D 計權網絡是與測量航空噪聲有關的。用不同計權網絡測得的聲級分別記以 dBA、dBB、dBC、dBD，并分別稱為 A 聲級、B 聲級、C 聲級和 D 聲級。A 聲級測得的結果與噪聲對人的煩擾度、對言語的干擾、以及對聽力的損害程度有比較好的相關性，因此人們把 A 聲級作為評價噪聲的主要指標。圖 21-1 是一些不同聲音的 A 聲級測定值。

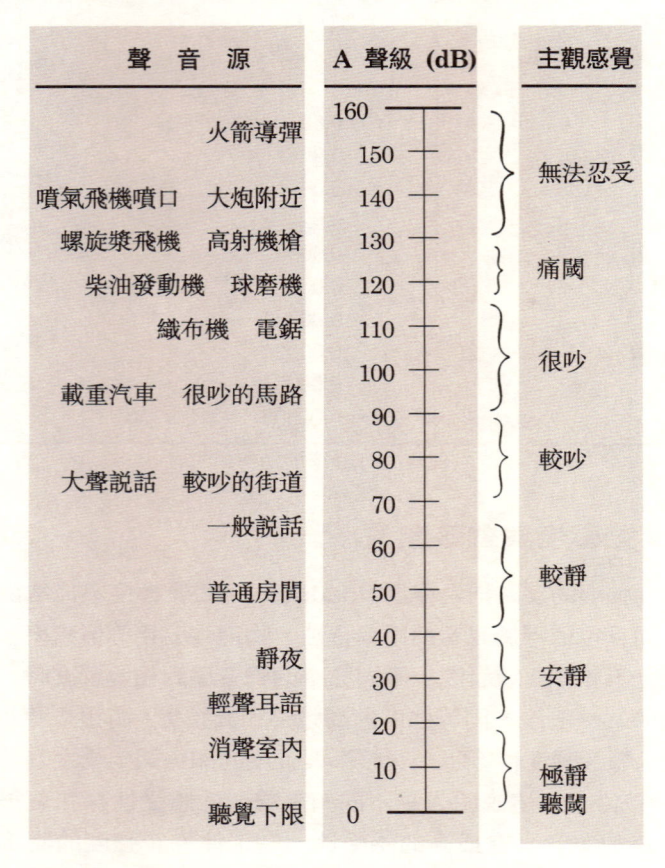

聲 音 源	A 聲級 (dB)	主觀感覺
火箭導彈	160	無法忍受
	150	
噴氣飛機噴口　大炮附近	140	
螺旋漿飛機　高射機槍	130	痛閾
柴油發動機　球磨機	120	
織布機　電鋸	110	很吵
	100	
載重汽車　很吵的馬路	90	
	80	較吵
大聲說話　較吵的街道		
一般說話	70	
	60	較靜
普通房間	50	
	40	
靜夜	30	安靜
輕聲耳語	20	
消聲室內	10	極靜 聽閾
聽覺下限	0	

圖 21-1　不同聲音的 A 聲級測定值
(採自方丹群等，1986)

第二節　噪聲效應和噪聲控制

噪聲對人發生什麼影響，主要取決於它的強度。噪聲強度若超過一定限度，不僅會使人感到心煩，影響工作，而且會損害聽力和身體健康。但若環境中不存在聲音刺激，也會使人感到過於靜寂，難以忍受。

一、噪聲與聽力損失

噪聲過強或一定強度的噪聲作用時間過久，都會引起聽力下降。聽力下降可分暫時性下降和永久性下降。暫時性聽力下降也叫**聽覺疲勞** (auditory fatigue)，它在安靜環境中停留一段時間可以得到消除。若長年累月處於強噪聲環境中，聽覺長期不斷發生暫時性疲勞，久而久之就會引起永久性聽

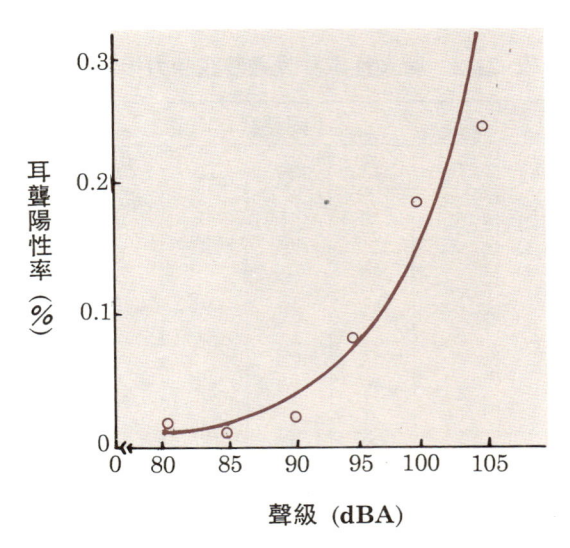

圖 21-2　職業性噪聲暴露強度與耳聾陽性率的關係
(採自方丹群、孫家其等，1981)

損失,即**噪聲性耳聾**(noise deaf)。噪聲性耳聾有暴露性耳聾和慢性噪聲性耳聾的區別。前者指受一次強噪聲刺激所造成的永久性聽力損失。若噪聲強度超過 150dBA 就可能造成暴露性耳聾。慢性噪聲性耳聾是指長期反復暴露在強噪聲環境所產生的聽力損失。方丹群等人 (1981) 曾對長期暴露於 80～100dBA 工業噪聲的工人聽力損傷進行測定。他們將暴露於噪聲條件的工人下班 16 小時後的聽力與無強噪聲環境中工作的對照組工人的聽力進行對比,並以噪聲組工人在 500、1000、2000 赫三個頻率的平均聽力水平低於對照組 25dBA 作為職業性噪聲耳聾呈陽性的標準。其結果如圖 21-2 所示,耳聾陽性率隨噪聲強度增大而急劇增高。90dBA 是個轉折點。

表 21-2 是國際標準化組織公布的,在不同強度噪聲環境中暴露不同年限的職業噪聲暴露者,比同年齡非職業噪聲暴露者聽力受損 25dBA 以上超過的人數百分率。表明聽力損害有隨暴露環境噪聲強度增強和暴露年限延長而增大的趨勢。可以看到在 85dBA 噪聲環境中工作的工人,工作 30 年後的耳聾陽性率約為 8%,而在 90 和 95dBA 噪聲環境中工作 30 年後的工人耳聾陽性率分別可達 20% 和 30% 左右。

噪聲性聽力損失因頻率而不同。圖 21-3 是噪聲對不同頻率聲音的聽力

表 21-2　職業性工業噪聲暴露聽力損害率 (%)

噪音強度 (dBA)	不同暴露年限聽力損害率							
	5	10	15	20	25	30	35	40	45
80	0	0	0	0	0	0	0	0	0
85	1	3	5	6	7	8	9	10	7
90	4	10	14	16	16	18	20	21	15
95	7	17	24	28	29	31	32	29	23
100	12	29	37	42	43	44	44	41	33
105	18	42	53	58	60	62	61	54	41
110	26	55	71	78	78	77	72	65	45
115	36	71	83	87	84	81	75	64	47

(採自:International Organization for Standardization, Acoustics-Assessment of Occupational Noise Exposure for Hearing Conservation Purposes ISO 1969～1975 (E))

影響的典型圖，稱為**噪聲聽力圖**(noise audiogram)。可見人對 4000 赫聲音的聽力最容易受噪聲損害。頻率愈靠近 4000 赫，受損害愈大。暴露年限越久，受損害愈嚴重。

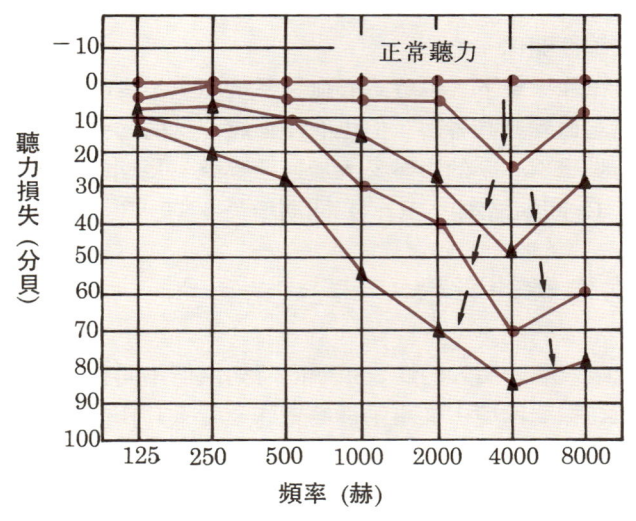

圖 21-3 噪聲聽力圖
(採自朱智賢主編，1989)

二、噪聲對神經系統和心血管系統的影響

長期暴露在強噪聲環境中的人容易引發神經衰弱症候群，其症狀表現為頭痛、頭暈、失眠、乏力、記憶衰退、心悸、噁心等。方丹群、孫家其等人(1980)對暴露於不同強度噪聲的工人組與不在強噪聲下工作的對照組進行了對比調查，結果如表 21-3 所示，可見神經衰弱症候群的陽性率隨噪聲強

表 21-3 噪聲強度與神經衰弱症候群的關係

	噪聲組			對照組
噪聲暴露強度 (dBA)	80～85	90～95	100～105	
神經衰弱症候群陽性率 (%)	16.2	20.8	28.3	11.0

(採自方丹群、孫家其等，1980)

度的提高而增大。

封根泉、宋子中等 (1981) 對於職業性噪聲暴露強度與腦電功能指數的關係進行了研究。受測者的噪聲暴露時間在 10 年以上，噪聲暴露強度為 75、85、90、95dBA。結果表明，腦電功能指數隨噪聲強度增大而減小，兩者間呈反比線性關係。

長期暴露在強噪聲下，也會對心血管系統產生不良的影響。強噪聲對血壓的影響，引起血壓升高者多，但也有使血壓降低的。強噪聲作用還可使心率加快。脈衝噪聲對心率的影響又大於連續噪聲。長期的強噪聲暴露還可引起心電圖 R－R 間期縮短，R－Q 間期增長，ST－T 波變形等變化。

三、噪聲對作業的影響

聽覺的掩蔽效應表明人的聽覺很難同時對兩個不同聲音進行信息處理。因此當一個人在噪聲環境中從事某種聽覺作業時，其作業效績容易受噪聲的影響而降低。若噪聲強度大於聽覺信號，兩者的頻率又比較接近時，這種干擾作用特別明顯。噪聲越強，干擾作用越大。言語通訊容易受噪聲的影響。環境噪聲中進行面對面的言語通訊時，必須根據噪聲強度提高話聲或縮短交談距離，使信噪比大於 10dBA 才能使雙方順利進行交談。

馬謀超、何存道 (1987) 曾用**信號檢測論**(或訊號偵測論)(signal detection theory，簡稱 SDT) 方法研究交通噪聲對語音再認作業的影響。在他們的實驗中採用 45、55、65、75 和 85dBA 共五等噪聲強度。語音採用中科院心理研究所錄製的五種語音平衡字表及相應的五種反應字表。語音強度為 65dBA。結果如圖 21-4 所示，噪聲強度與語音再認能力 (d′) 之間存在著負線性關係。研究者分析了字表語音聲級與噪聲級之差 (λ)、反應標準 (β) 和噪聲煩擾度 (A) 三因素在影響語音再認能力上的作用，發現字表語音聲級與噪聲級之差 (λ) 的作用是主要的，其次為噪聲引起的煩擾度的影響，反應標準的作用比前二者小。

李紹珠、蔡楓等人 (1985) 對暴露於不同強度的穩態噪聲或脈衝噪聲環境五年以上工人的瞬時記憶能力進行了測定，並與非噪聲暴露的對照組工人作了對比。噪聲暴露者按暴露強度分為 95dBA 以上和 75～85dBA 兩個組。測試的瞬時記憶材料有數字、符號、漢字、圖形、姓名、年齡等。結果

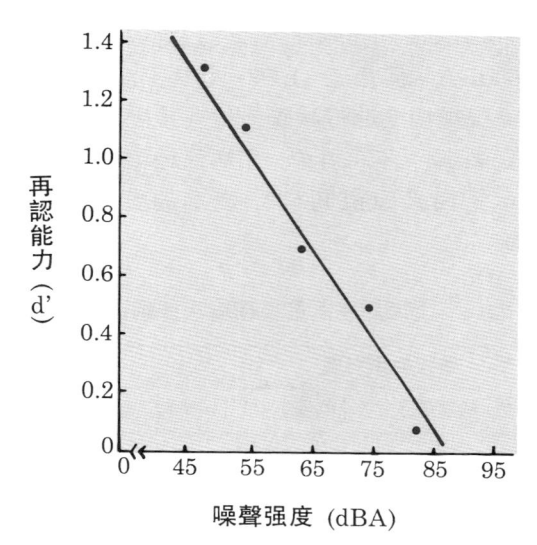

圖 21-4 噪聲級對語音再認能力的影響
(採自馬謀超、何存道，1987)

是噪聲組對各項材料的瞬時記憶成績均顯著低於對照組。暴露於 95dBA 以上的強噪聲組的記憶成績又顯著低於暴露於 75～85dBA 的噪聲組。穩態噪聲與脈衝噪聲的結果無明顯差異。

四、噪聲煩擾度

噪聲煩擾度 (annoyance of noise) 是指噪聲引起人的煩躁、焦慮、討厭、生氣等不愉快情緒的程度。噪聲煩擾度與噪聲強度、頻率、持續時間、方向、情境，以及個體主觀狀態等因素有關。噪聲強度越大，越易煩擾人。脈沖噪聲比連續噪聲更易使人煩惱。高頻噪聲一般比低頻噪聲更惱人。晚上的噪聲比白天的噪聲容易使人心煩。一個人心情不好、身體健康不佳時噪聲更易引起他煩惱。人對噪聲的態度存在著個別差異，有的人對噪聲很敏感，容易引起煩惱，有的人則比較能夠容忍。

方丹群、孫家其等 (1981) 曾調查北京居民對環境噪聲煩擾度的感受。調查採用四級評價量表 (靜、比較靜、吵、很吵)。被調查人所處的環境噪聲強度白天為 40～60dBA，夜間為 35～55dBA。結果是居民回答吵鬧的人數百分率與環境噪聲強度間呈線性關係，白天與夜間的噪聲吵鬧感受閾分別為 50dBA 與 60dBA。何存道 (1983) 曾對上海居住在環境噪聲強度 40～80dBA 居民的噪聲煩惱度進行調查。他要接受調查者使用五級量表 (安靜、比較安靜、鬧、很鬧、不可容忍) 對居住地環境噪聲煩惱度進行評價，結果如表 21-4 所示。白天與夜間 50% 概率的噪聲煩擾度閾值分別約為 60dBA 與 55dBA。

表 21-4　上海居民對晝夜環境噪聲煩擾度的評價

環境噪聲強度 (dBA)	晝噪聲煩擾度 評價人數	感到煩擾人數	煩擾概率 (%)	夜噪聲煩擾度 評價人數	感到煩擾人數	煩擾概率 (%)
40	—	—	—	27	0	0
45	9	0	0	76	4	5.26
50	85	16	18.82	126	24	19.05
55	252	79	31.35	222	130	58.56
60	290	160	55.17	133	95	71.43
65	156	143	91.67	162	156	96.30
70	106	103	97.17	156	154	98.72
75	244	242	99.18	23	23	100.00
80	82	82	100.00	8	8	100.00

(採自何存道，1983)

五、噪聲控制

許多工廠企業都存在著噪聲問題。為了保護工人健康和提高工作效率，必須對工業噪聲進行控制。如何控制噪聲？已有不少有關噪聲控制 (noise control) 的專著可供參考。這裏只作一簡要介紹。

(一)　制定噪聲標準

為了防治噪聲危害，許多國家都制定了限制噪聲水平的標準。國際標準化組織 (International Standardization Organization，簡稱 ISO) 提出等效連續噪聲暴露不同時間的噪聲限值標準，如表 21-5 所示。若一天連續暴露

表 21-5　國際標準化組織 (ISO) 推薦的連續噪聲暴露標準

連續噪聲暴露時間	8 小時	4 小時	2 小時	1 小時	0.5 小時	最高限
允許等效連續聲級(dBA)	85～90	88～93	91～96	94～99	97～102	115

(採自方丹群、王文奇、孫家麒，1986)

八小時，限值為 85～90dBA，若暴露時間減半，允許噪聲提高 3dBA。

我國自 1979 年以來已制定了《工業企業噪聲衛生標準》、《工業企業噪聲設計標準》、《機動車輛噪聲標準》、《城市區域環境噪聲標準》等多種與工業生產有關的噪聲標準。表 21-6、表 21-7 是幾個現有標準規定噪聲限值的例子。

表 21-6　新建、改進企業噪聲標準參照值

每個工作日接觸噪聲時間 (小時)	允許噪聲 (dBA)
8	85
4	88
2	91
1	94
最高限度	不得超過 115

(採自方丹群、王文奇、孫家麒，1986)

表 21-7　城市區域環境噪聲標準 (dBA)

適用區域	晝 (7～21 時)	夜
特殊住宅區	45	35
居民、文教區	50	40
一類混合區	55	45
二類混合區，商業中心區	60	50
工業集中區	65	55
交通幹線道路兩側	70	55

(採自方丹群、王文奇、孫家麒，1986)

(二) 採取有效防治措施

為了把噪聲控制在標準範圍以內，就必須對噪聲採取有效的防治措施。噪聲防治可從下列方面著手：

1. 控制噪聲源 噪聲必有源，控制噪聲源是防治噪聲最有效的途徑。噪聲源可以通過改進設備設計，或在產生噪聲的設備上使用防振材料或裝設消聲、隔聲裝置。工廠噪聲主要來自機械運動過程中撞擊、摩擦產生的噪聲和空氣動力性噪聲。提高機械裝配精度、及時增添潤滑劑、採用防振措施等都可消減機械運動引起的噪聲。空氣動力性噪聲可通過改變氣流通道形狀、大小、長度、方向或增裝消聲器等得以減輕。

2. 控制噪聲傳送途徑 從噪聲源發出的噪聲，都要通過空氣傳播。噪聲強度隨傳送距離增長而減弱。因此應盡可能使噪聲源放置在離人較遠的地方。在噪聲傳播途徑上設置屏障，以及在傳聲管道襯以吸聲材料也可減弱噪聲的影響。

3. 使用個體防護器物 耳塞、耳罩、防噪帽等都是常用的個體防噪聲裝置。若能養成正確使用個體防噪聲裝置，可以有效地防止聽覺受到強噪聲的傷害。

第三節　振　　動

一、振動與振動覺

一個質點或一個物體沿直線或弧線相對於基準位置作來回運動稱為**振動** (vibration)。例如敲擊音叉或敲鑼擊鼓時音叉或鑼鼓都會發生振動。人對物體振動的感覺稱為**振動覺** (vibration sensation)。

振動對人的影響取決於振動方向、振動強度和振動頻率。這裏的振動方向是指人體受振的方向。一般以人體心臟原點的三個坐標軸表示振動方向，如圖 21-5 所示。X 軸表示胸－背方向或前－後方向振動，符號為 $\pm g_x$；Y 軸表示左－右方向振動，符號為 $\pm g_y$；Z 軸表示頭－足方向振動，符號為 $\pm g_z$。振動強度，以加速度 g (cm/s^2) 或重力加速度 (g) 等表示。振動頻率指每秒振動次數，單位為赫 (Hz)。

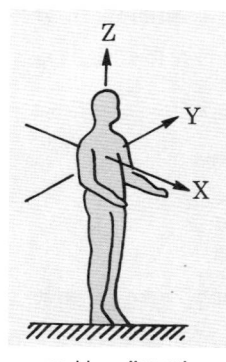

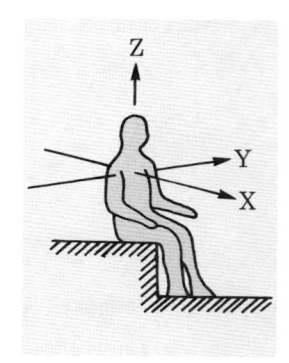

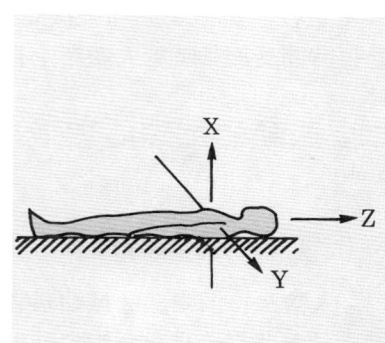

X 軸＝背至胸； Y 軸＝右側至左側； Z 軸＝腳至頭

圖 21-5　人體受振方向表示法
(採自朱祖祥主編，1990)

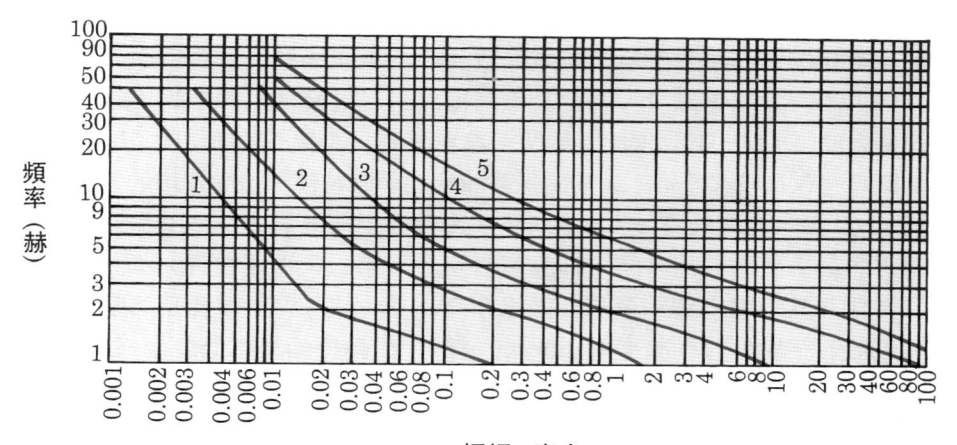

圖 21-6　等振動覺曲線
(採自朱祖祥主編，1994)

人的振動覺強度不僅取決於振動的強度，而且也與振動的頻率有關。不同的振動頻率與振動強度的某些組合可以引起相同強度的振動感覺。若以振動頻率為縱坐標，以振動強度為橫坐標，把引起等強振動覺的坐標值聯接起來，就成為**等振動覺曲線** (equal vibration sensation curve)，如圖 21-6 所示。圖中曲線 1 為剛被感覺到的振動閾值曲線，曲線 2 和曲線 3 分別為人產生較明顯振動感和強振動感的等振動覺曲線。曲線 4 和曲線 5 分別是長時間受振動時對人體產生有害影響或對人體絕對有害的等振動覺曲線。

二、振動的生理心理效應

(一) 人體振動特性

人體是一個複雜的振動系統。外界物體振動傳給人體時，整個人體或人體中的某些部分也會發生振動。人體發生振動的強度與接振的頻率有關。有的振動頻率傳向人體時會引起振動的加強，有的振動頻率傳向人體時會引起振動的減弱。人體接受振動時，其振動強弱變化主要取決於接振的頻率與人體自身固有的振動頻率的關係。若兩者頻率一致或相近，外界振動作用於人體時就會引起人體共振，使人體發生的振動加強。一般說，若外界輸向人體的振動頻率與人體共振頻率的比值為 1.414 或更小些，就會引起人體振動加強；若兩者比值為 1，就會發生共振，引起人體最大的振動；若兩者的比值大於 1.414，振動傳給人體時，就會減弱。人體不同部位或不同器官的共振頻率存在較大差別。人體對振動頻率的響應特性隨振動作用的方向而不同。Z 軸方向振動時，主要在 4～6 赫發生共振，稱為第一共振峰，它涉及人體最重要的共振系統，即胸腹腔系統。第二共振峰在 10～12 赫，涉及脊柱及其附屬組織。第三共振峰在 17～25 赫，主要涉及頭部眼、鼻、喉腔等。手臂的共振頻率為 30～40 赫。Z 軸振動頻率低於 2 赫時，人體作為單一的質點運動，沒有內部共振。人體發生 X 軸和 Y 軸振動時，共振發生在 1～2 赫。自然，外部對人體的作用因人體姿勢、肌肉緊張狀況等不同而異。例如人在受到全身振動時，頭部、頸部、腰部發生的振動會因當時人是坐姿還是立姿而存在很大的差別。如圖 21-7 所示，人處於坐姿時，頭、頸、腰部的受振程度隨不同接振頻率而異，在接受 1～5 赫範圍的振動時,振動都得到增大,但其增強峰值在 3.5 赫左右。而人處於立姿時,則在各頻率時均表現出振動明顯減弱的趨勢。立姿時的減弱效應顯然是由於人的腿足各關節的不同阻尼作用而緩和了振動之故。

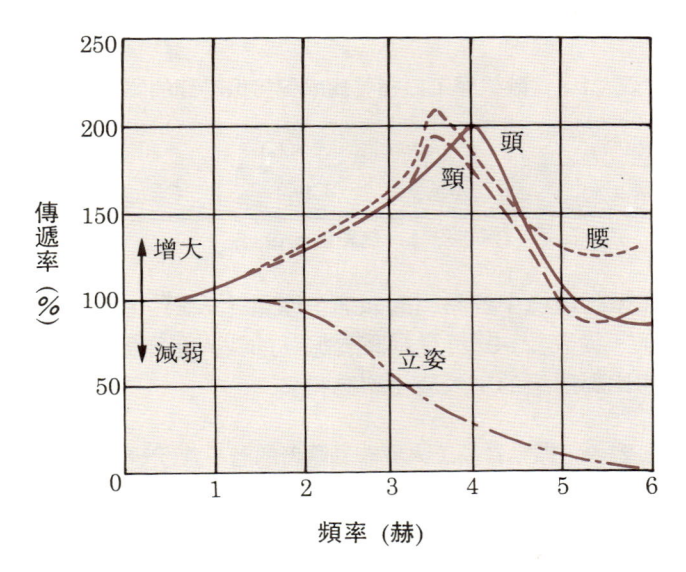

圖 21-7　全身受垂直振動,人取坐、立姿時的振動加強、減弱效應
(採自 McCormick & Sanders, 1982)

(二)　振動對身體健康的影響

人長期暴露於振動環境或使用振動工具,容易使身體受到危害。其危害的程度取決於振動的頻率、強度、接振時間和人體接振部位。長期受振動傷害會導致振動病。振動對神經系統、心血管系統、內分泌系統、消化系統和骨關節肌肉系統等都會發生不等程度的影響。振動的早期影響主要表現在神經系統的障礙上。先是神經末梢功能受損,引起對痛、振動、觸摸、溫度等感受性降低,反應潛伏期增長。人體若繼續暴露於振動中,會引起中樞神經系統的障礙,出現大腦皮層功能下降,條件反射潛伏期延長等現象。振動還會引起心動過緩,竇性心律不齊和手腿等接振部位毛細血管的病變。振動對骨骼肌肉系統的影響表現為肌肉無力、疼痛、萎縮和骨關節受損變形等。許

多長期使用有強烈振動的手控工具的工人，由於手部毛細血管受振損傷，血液循環發生障礙而發生**白指病**(white finger disease)。據王林、劉麗雪等人 (1984) 對砂輪磨工白指病的調查，結果如表 21-8 所示，表明白指病發生率明顯隨接振時間的增長而升高。

表 21-8　砂輪磨工白指發病率與接振時間的關係

接振時間 (小時)	～4000	～8000	～12000	～16000
白指病發生率 (%)	9.1	17.4	37.5	50.0

(採自王林、劉麗雪，1984)

長期暴露在振動環境中容易引起頭痛、頭暈、失眠、嗜睡、易激動以及記憶減退等症狀。從表 21-9 可見暴露於振動的工人，不論其是否引起白指病，上述症狀均比對照組的工人發生率高得多。

表 21-9　振動暴露工人與非暴露者的若干症狀發生率

症　狀	振動白指組 (25 例) 例數	%	振動非白指組 (50 例) 例數	%	對照組 (41 例) 例數	%
頭痛	10	40.0	23	59.0	7	17.1
頭暈	15	60.0	31	52.5	8	19.5
失眠	13	52.0	27	45.8	6	14.5
嗜睡	5	20.0	16	27.1	1	2.4
易激動	19	76.0	32	54.2	0	0
記憶減退	18	72.0	39	66.1	2	4.9
注意不能集中	2	8.0	11	18.6	0	0

(採自王林、劉麗雪，1984)

(三)　振動對視覺作業的影響

人進行視覺作業時需要將作業對象穩定地投射到視網膜的一定位置。當視覺目標或作業者發生振動時，或視標和作業者都發生振動時，就會使視標在網膜上的投射點發生跳動而不能清晰地感知它。因此在振動環境中進行視覺作業，不但會影響視覺作業的速度與精度，而且特別容易引起視覺疲勞。當視覺目標處於振動狀態時，作業者為了精確地把注視中心穩定在視標的一定部位，眼睛就要追蹤振動的視標。若振動的頻率低於 1 赫，人眼可以精確追蹤振動的視標，只是容易引起疲勞。若視標振動的頻率高於 1 赫，精確追蹤就很困難。振動頻率高於 5 赫時，被試覺察視標細節的錯誤隨振動頻率和振動強度的提高而增多。

當視標處於穩定而作業者處於振動狀態時，也同上述視標振動時一樣，會給視覺作業效績帶來不良影響。在全身受振而振動頻率低於 2～3 赫的時候，頭與眼以相同方式運動，振動頻率提高時，頭和眼可能發生諧振而對視覺作業產生更大的不良影響。若視標與作業者均處於振動狀態下，人的視覺作業受到的影響要比視標或作業者單獨受振時嚴重得多。

(四) 振動對操作動作的影響

振動對操作動作的影響取決於振動的頻率和強度。一般認為振動在 20 赫以下時，振動對操作的影響與人體受振強度有很高的相關。振動頻率對操作影響的峰值在 4～5 赫。高於或低於 4～5 赫的振動對操作的影響逐漸減弱。除了頻率和強度外，振動對操作的影響程度也與振動方向有關，例如一個處在垂直振動中的人，他的垂直追蹤操作的效績會明顯減低，而他的水平追蹤操作效績很少受到影響。反之，處於左右振動中的人，其振動對垂直追蹤作業的影響要比左右追蹤作業時的影響小得多。了解這種關係，對設計振動環境中使用的控制器操作方向無疑是有意義的。

三、振動控制

隨著工業、交通、建築業的發展，振動對人的影響範圍日益擴大。為了創造良好的工作環境，必須對振動進行控制。這需要從建立振動標準和採取防減振動措施兩方面著手。

(一) 制定振動標準

振動標準是為限制振動超過某種限度而制定的。目前，許多國家都採用國際標準化組織於 1974 年推薦的一項振動標準《人承受全身振動的評價指南》。這個標準從振動強度、振動頻率、振動方向和接振時間四個方面規定了振動暴露的限度。振動強度用加速度值表示，為 0.1～20 米/秒²，振動頻率範圍為 1～80 赫，振動方向分前後 (X)、左右 (Y)、上下 (Z) 三個方向，接振時間從 1 分鐘到 24 小時。該標準按上面四個維度將人體的全身振動分為以下三種不同要求的界限：

1. 疲勞-效率降低界限　振動若超過這個界限，人容易引起疲勞，並使工效降低。

2. 健康界限　振動超過這個界限，就會影響人的健康與安全。它比相應的疲勞-效率界限的振動級高 6dB。

3. 舒適性降低界限　振動超過此界限，將會使人產生不舒適的感受。這一界限比疲勞-效率界限的振動級低 10dB，它主要用於評價乘坐交通工具的振動舒適感。

圖 21-8 描繪了 ISO 2631 制定的有關全身振動的疲勞-效率降低界限。

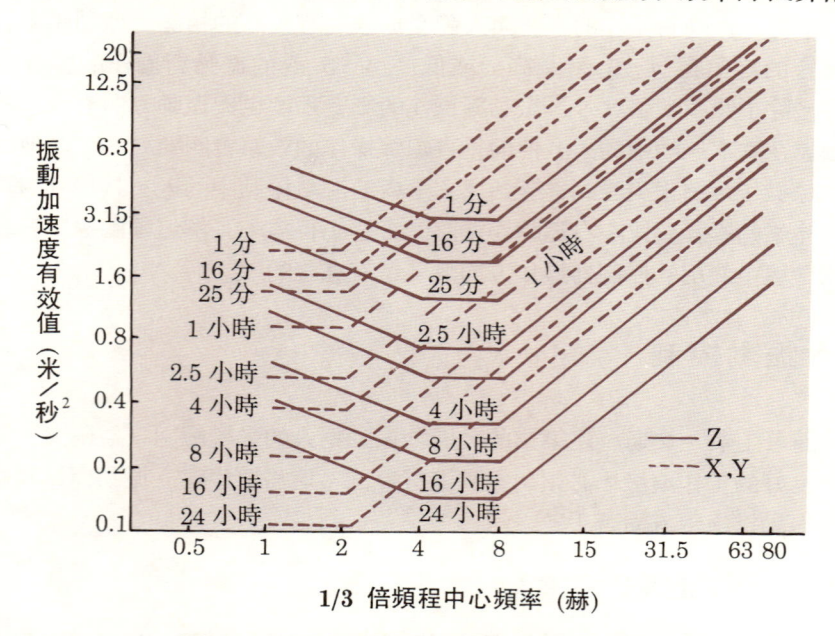

圖 21-8　全身振動的疲勞-效率降低界限

(採自朱祖祥主編，1994)

圖中實線為上下 (Z 軸) 方向的疲勞-效率降低界限，點線為水平振動 (X 軸、Y 軸) 方向的疲勞-效率降低界限。

(二) 採取防振及隔振措施

為了使振動控制在上述允許的界限範圍以內，必須採取有效的防振、隔振措施。通常採用如下措施：

1. 隔離振源 把產生振動的動力設備及其他振動源用隔振材料加以隔離，以消除或減輕其振動向人體傳播的強度。例如可以把機器、發動機等安裝在彈性支承基礎上，使其減小基座振動強度。

2. 增加設備的振動阻尼 例如利用橡皮等高阻尼材料作填層，以減弱振動的傳遞。

3. 採用個體防振用具 例如穿防振鞋對防減全身振動、戴防振手套對防護手部振動，以及採用泡塑的坐墊、靠墊等都有一定的防振作用。

第四節　溫　　度

環境氣候包括溫度、濕度、風速等因素。若是室內作業，環境氣候就是工廠車間、工作艙、工作室等的溫度、濕度和氣流速度。環境氣候對人的生理、心理狀態和工作效績都有一定的影響。為了保證產品質量和提高工作效率，許多工作都需要對環境氣候條件進行控制。本節主要對有關環境氣候條件對人的生理、心理和工作效績的關係作一簡要討論。

一、環境氣候的幾個基本概念

(一) 空氣溫度和濕度與風速

1. 氣溫 (air temperature) 環境氣溫不但受當時當地的大氣溫度的制

約,而且與環境的空間物理結構特點及環境中存在的熱源有關。氣溫用攝氏溫標 (°C)、華氏溫標 (°F) 和絕對溫標 (K) 表示。

2. 濕度 (humidity)　濕度有絕對濕度和相對濕度兩種表示法。絕對濕度是指單位容積空氣中所包含的水汽量,常用單位為克／米^3。相對濕度是指空氣中實際所含水汽密度與同一溫度條件下飽和水汽密度的百分比。相對濕度高於 80% 稱為高濕度,低於 30% 稱為低濕度。

3. 風速 (windspeed)　空氣流動形成風。氣流或風的速度通常用米／秒表示。風的人體效應用**風冷指數** (wind-chill index) 表示。其表示式為:

$$I = h(t_{皮} - t_{空})$$

I：為風冷指數,單位為 KJ／(m^2·h)
h：為傳熱係數 (取決於風速)
$t_{皮}$：為皮膚溫度
$t_{空}$：為環境氣溫

(二) 熱輻射

熱輻射 (heat radiation) 指物體溫度大於絕對溫度零度時所輻射的能量。物體溫度高時輻射的能量大。人周圍物體溫度高於體表溫度時,熱量向人體放射,反之,人體熱量向周圍放射。

(三) 有效溫度

人對溫度的感受,不但依賴於氣溫,同時也與空氣濕度與氣流速度 (風速) 有很大關係。為了評價人體對氣溫、濕度、風速三因素的綜合效應,有人提出**有效溫度** (effective temperature,簡稱 ET) 概念。有效溫度是指風速小於每秒 0.1 米、相對濕度 100% 時的溫度值。若某一環境氣候條件下,人對它的溫度感受相當於上述風速和濕度下的某一攝氏溫度值,就把此溫度值作為該環境的有效溫度。

圖 21-9 是經過**美國採暖製冷和空調工程師協會** (American Society of Heating, Refrigeration and Air-Conditioning Engineers,簡稱 AS-HRAE) 修正過的有效溫度圖。圖中的虛斜線表示有效溫度。從人所處環境

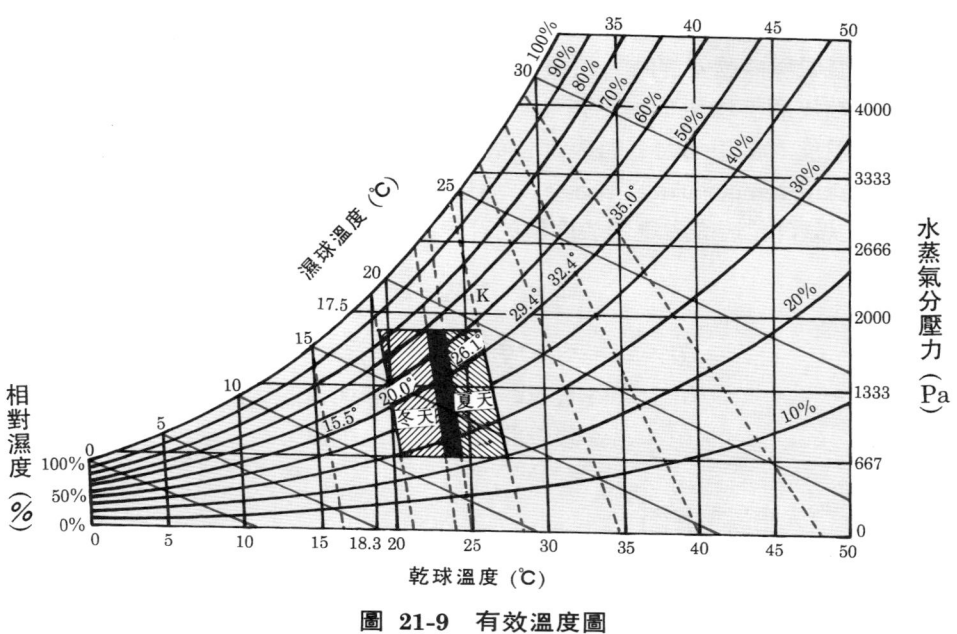

圖 21-9　有效溫度圖
(採自馬江彬，1993)

的相對濕度、乾球溫度和水蒸氣分壓力 (Pa)，就可查得相應的有效溫度。

二、人體溫度和熱平衡

(一) 人的體溫

　　人的體溫 (body temperature) 是指人體內部溫度，通常以口腔溫度、直腸溫度或腋下溫度表示。直腸溫度較接近於內部器官平均溫度，正常範圍在 36.9～37.9℃，平均約為 37.5℃。口腔溫度比直腸溫度低 0.2～0.3℃，正常範圍為 36.7～37.6℃，平均約 37.2℃。腋下溫度比口腔溫度約低 0.3～0.5℃。人的體內溫度比較穩定。

(二)　皮膚溫度

　　皮膚溫度 (skin temperature) 是指體表溫度。它比體內的溫度要低得多。人的皮膚溫度因體表部位不同而異，而且隨外界環境溫度變化而不同。人在室溫環境裸體安靜時，頭額部皮膚溫度約為 33.5℃，胸部約 33.4℃，四肢末端皮膚溫度更低，手指端約為 28.5℃，腳趾端約為24.4℃。人的整體皮膚溫度通常用人體各體表部位的加權平均皮膚溫度或稱**平均皮膚溫度** (mean skin temperature) 表示。平均皮膚溫度是由人體各部位皮膚測得的溫度乘以該部位體表占總體表面積的百分比值後相加得到的。其計算式為：

$$T_{皮} = \Sigma K_i \cdot t_i$$

T：為平均皮膚溫度

K_i：為各體表部位占人體表面積的比值或加權值

t_i：為各體表部位的皮膚溫度值。

(三) 人體熱平衡

人體熱平衡 (human body heat thermal equilibrium) 是身體與周圍環境熱交換相當時的狀態。

人體為了保持穩定的體溫，需要不斷地與周圍環境進行**熱交換** (heat exchange)。人體內產生的熱量和從體外獲得的熱量與向環境散發的熱量保持平衡。人體與環境的熱交換可用熱平衡方程表示：

$$\pm S = M \pm R \pm C_\circ \pm C - E - W$$

M：為人體代謝產熱量

R：為人體通過輻射與周圍環境交換的熱量

$C_\circ$：為人體皮膚通過傳導方式與周圍環境交換的熱量

C：為通過熱對流形式人體與周圍環境交換的熱量

E：為汗液在皮膚表面蒸發時從人體帶走的熱量

W：為人體對外做功所消耗的熱量

S：為人體蓄熱量

當人體產熱量、吸熱量同散熱量相等時，$S=0$，這時人體處於熱動態平衡。當產熱和吸熱大於散熱量時，S 為正，導致體溫升高。當產熱、吸熱小於散熱量時，S 為負，導致體溫下降。

人體與環境的熱平衡主要是通過人體溫度調節中樞、溫度感受器和體溫調節效應器的活動來實現的。從對體溫調節的作用看，心血管系統、汗腺、肌肉系統都是調節體溫的效應器。當外界溫度變化時，溫度感受器把信息傳向中樞，中樞根據傳入的溫度變化的信息，向效應器發出調節體溫活動的指令。例如通過皮膚外周血管的收縮或舒張以減少或增大外周的血流量，使體表和體內的散熱量減少或增加。在高溫環境中，人體主要通過汗腺活動進行體溫調節。據估計蒸發 1 公斤汗液可散熱 580 千卡。在冷環境中人體通過提高代謝率或增加衣服使人體溫度保持穩定。

三、環境溫度變化與人體反應

當環境發生冷熱急劇變化時，人體會發生一系列的生理反應。人從熱環境轉向冷環境時，會引起外周血管收縮，外周血流量減少，皮膚溫度下降，骨骼肌發生不隨意性收縮而打寒顫，皮膚出現雞皮疙瘩等反應。人從冷轉向熱時則發生外周血管擴張，血流量增加，皮膚溫度上升，體溫升高，汗腺活動增強等反應。如果環境冷熱變化很大，就可能使人體的上述各種反應發生得過快過猛，容易造成嚴重不良後果。

人若長期暴露於某種高溫或寒冷氣候環境中，機體就會發生生理上的調整，以適應所處環境的氣候。人體對熱環境的適應主要表現為體溫調節能力提高，出汗增多，體內的產熱量少，體溫降低，代謝率下降。熱適應後，心血管系統的緊張性下降，心率減慢，而每脈搏輸出量增加。人體對冷環境適應的明顯反應是寒顫次數減少。人體對冷、熱氣候適應需要有一定的時間。人對熱環境，4～7 天就能基本適應，12～14 天就可完全適應，而對冷環境 7 天只能有很少適應，完全達到適應可能需要幾個月甚至幾年時間。當然，人體對冷、熱氣候達到適應的時間長短，以及人體能耐受冷、熱氣候的限度都存在著明顯的個別差異。

人對環境冷、熱變化都有一定的耐受限度。若冷、熱超過限度，就容易導致機體病理性變化。人的冷熱耐受限度與空氣濕度有關。空氣濕度高時人耐受冷、熱的能力降低。氣溫高濕度大時，汗水不容易從皮膚表面蒸發，使人感到悶熱難受。江浙一帶的人對六月梅雨氣候感到難受的程度往往不下於七、八月炎夏季節，就是因為梅雨期間濕度過大之故。在高濕高溫季節，人的食欲、睡眠、健康、工作都容易受到影響。人在低溫高濕時比在低溫低濕時感到更冷些。

四、冷與熱環境對人作業的影響

(一) 冷環境對手工作業效績的影響

許多作業都需要依靠裸露的手進行操作。在寒冷環境中，裸露手的皮膚溫度容易發生較大的降低而影響手指動作的靈敏性和手指運動的力量。據荊岩村等人的研究 (1985)，潛水員用零度冷水浸泡 30 分鐘後，優勢手的握力下降 31.9%，手指觸覺敏感性的閾值提高 71.6%。手和手指的感受性與力量的下降自然會引起手工操作效能的降低。洛克哈特等人 (Lockhart, et al., 1975) 研究用冷水冷卻手的皮膚溫度對手工作業效績的影響。實驗中皮

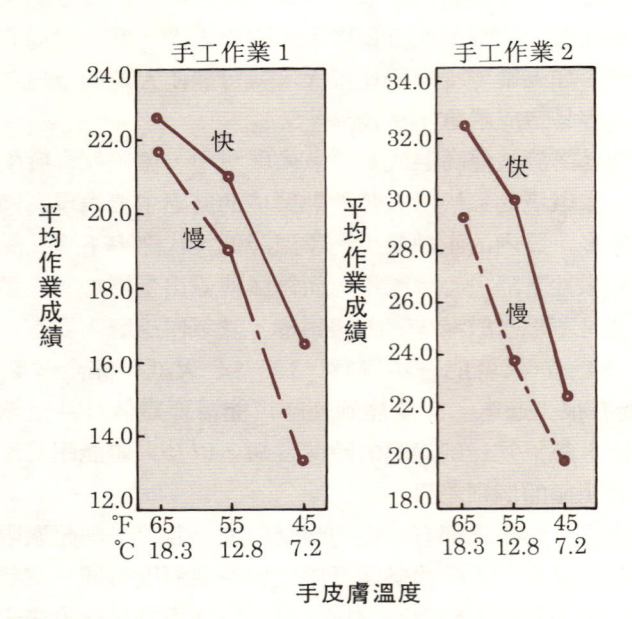

圖 21-10 手的皮膚溫度對旋緊螺釘作業效績的影響
(採自 Lockhart, Kiess, & Clegg, 1975)

膚溫度用冷水進行快速冷卻(浸泡5分鐘)和慢速冷卻(浸泡50分鐘)。一半被試用快速冷卻,另一半被試用慢速冷卻。被試在手的不同冷卻皮溫下進行小木塊裝箱、用針線穿扎木塊、把螺絲刀放入金屬桿小孔、旋緊螺釘、裝配墊圈、用繩打結等六種不同的手工作業。結果表明,冷卻手的皮膚溫度對不同手工操作效績發生不同程度的不良影響。圖 21-10 是在旋緊螺釘操作中手的皮膚溫度與作業成績的關係。

(二) 高溫環境對作業效績的影響

熱環境對操作效能的影響因作業性質、暴露時間長短和個體特點等因素不同而異。熱環境對體力勞動的影響已有不少研究。郎云英 (Lang Yanying, 1988),研究了不同熱環境中從事不同強度體力活動可允許的熱暴露時間。她以人體水分耗失率 (water loss rate,簡稱 WLR) 作評價指標。所得結果如圖 21-11 所示,表明人體的水分耗失率與熱暴露強度(氣溫)及心率(體力活動強度指標)呈線性相關。一般認為人體的水分耗失量應限制在 4000 克／天或 500 克／小時以內。根據這個要求,求得在不同氣溫下進行不同強度體力活動可容許的持續熱暴露時間如圖 21-12 所示。

我國根據不同熱環境中不同體力勞動熱暴露時間容限的研究結果,制定

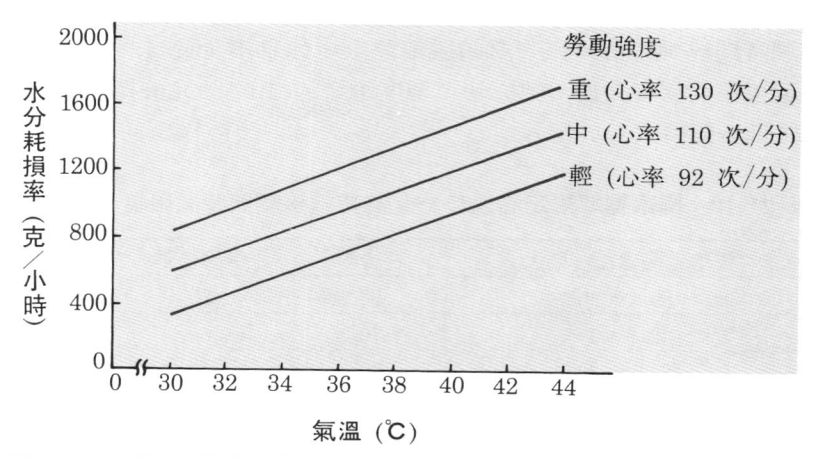

圖 21-11 不同勞動強度時環境氣溫與人體水分耗失率的關係
(採自 Lang Yanying, 1988)

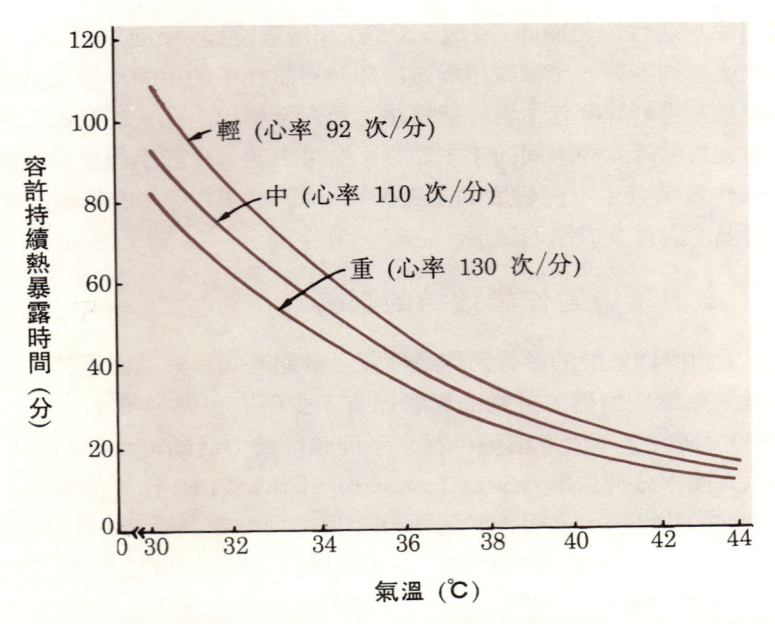

```
        120

        100     輕 (心率 92 次/分)
容
許
持    80        中 (心率 110 次/分)
續
熱
暴    60          重 (心率 130 次/分)
露
時
間    40
（
分    20
）
         0
          0  30   32   34   36   38   40   42   44
                        氣溫（℃）
```

圖 21-12 不同環境氣溫下輕、中、重體力活動可容許熱暴露時間
(採自 Land Yanying, 1988)

了《高溫作業允許持續接觸熱時間限值》國家標準，見表 21-10。在持續熱接觸時間達到容許時限後必須脫離熱環境休息不少於 15 分鐘。若高溫作業環境相對濕度大於 75% 時，濕度每增加 10%，允許持續接觸熱時間相應降低一個檔次。

表 21-10 國家標準規定高溫作業允許持續接觸熱時間限值（時間單位：分）

工作地點溫度（℃）	輕勞動	中等勞動	重勞動
30 ～ 20	80	70	60
>32 ～ 34	70	60	50
>34 ～ 36	60	50	40
>36 ～ 38	50	40	30
>38 ～ 40	40	30	20
>40 ～ 42	30	20	15
>42 ～ 44	20	10	10

熱環境對心理負荷作業也有明顯的影響。貝沙爾等人 (Beshir, et al., 1981) 研究熱環境對追踪作業的影響，證明追踪效績因環境溫度高低和熱暴露時間長短不同而發生不同影響。研究中被試在 20℃、26℃、30℃ 環境溫度中暴露 120 分鐘，進行三個工作周期，每個周期作追踪操作作業 30 分鐘。結果如圖 21-13 所示，追踪中發生的錯誤分數隨環境溫度提高而增大，並且隨著環境溫度提高，作業錯誤隨作業時間延長而增多的趨勢越為明顯。不同學者的研究也都證明熱環境對腦力作業存在著明顯影響。愛波斯坦等人 (Epstein, et al., 1980) 在不同環境溫度下作計算機作業的研究表明，環境溫度由 21℃ 增至 35℃ 時，被試的作業效績明顯下降，作業越難效績下降越明顯。

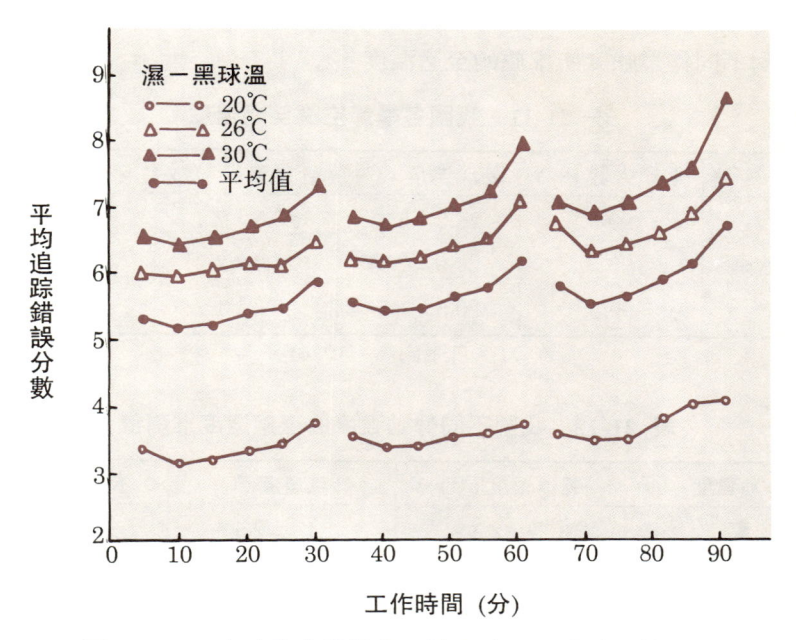

圖 21-13　追踪作業效績與環境溫度及作業時長的關係
(採自 Beshir & El-Sabagh, 1981)

五、至適溫度

至適溫度(optimum temperature) 也稱**舒適溫度**(comfortable temperature)。人的舒適溫度為 24℃ 左右。不過舒適溫度受多種因素的影響而變化。例如夏季的舒適溫度略高於冬季。張國高 (1986) 研究，一年四季室內至適溫度如表 21-11 所示。我國《室內空調至適溫度》標準規定至適溫度範圍夏季為 24～28℃，冬季為 19～22℃。勞動強度自然也對人的至適溫度產生明顯影響。陳安洛等人 (1986) 提出輕度和中等勞動強度的至適溫度範圍如表 21-12 所示。國外學者推薦的不同勞動強度的至適溫度略低於我國學者研究的結果。表 21-13 是瑞士工效學家格蘭德琴 (Grandjean, 1982) 對不同作業強度所推薦的至適溫度。

表 21-11　我國各季節空調至適溫度

季節	至適人數 (%)	乾球溫度 (℃)	計算溫度 (℃)	衣服隔熱 (clo)
夏季	90	26.2±2.4	26.5±2.4	0.25±0.55
春、秋季	99	24.9±2.5	24.7±2.2	0.50±0.85
冬季	99.3	20.5±1.5	20.6±1.2	1.20±1.80

(採自張國高，1986)

表 21-12　我國不同勞動強度的至適溫度推薦值

勞動強度	乾球溫度 (℃)	計算溫度 (℃)	衣服隔熱 (clo)
輕	24±2.5	24±2.5	0.8±0.15
低	24±2.5	24±2.5	0.7±0.15
中	22±2.5	22.5±2.5	0.7±0.15

(採自陳安洛等，1986)

空氣濕度是影響人對溫度舒適感的重要因素。例如在氣溫 21℃，空氣相對濕度為 40% 時能產生舒適的感受，而當濕度提高到 90% 就會產生不舒適感。氣溫 24℃，相對濕度達 20% 時一般不會有不舒適的感受，但相對濕度達 65% 時就會使人產生稍不舒適的感受，濕度達 80% 時會引

表 21-13　不同作業強度的至適溫度

工作類型	室內舒適溫度 (°C)
坐着腦力工作	21
坐着輕手工作業	19
站着輕手工作業	18
站立重手工作業	17
繁重工作	15～16

(採自 Grandjean, 1982)

起明顯的不舒適感，若相對濕度達 100%，會使重體力勞動感到困難。而在氣溫 30°C，濕度 65% 時，重體力勞動就會感到困難。

其他如衣著、生長地區的環境氣溫高低、年齡、性別、以及個體差異等也都會對舒適溫度感受產生一定的影響。

六、防暑降溫與防寒保暖

我國地域遼闊，不同地區的環境氣溫和濕度有很大差異。企業根據地區氣候特點，做好冬、夏季節的防寒保暖或防暑降溫工作，對提高職工工作熱情和促進生產有重要作用。

（一）　制定防暑防寒標準

防暑防寒工作要以國家對工廠企業規定的有關標準為依據，把職工工作場所的溫、濕度控制在規定的限度範圍內。我國《工業企業設計衛生標準》中規定夏季車間工作地點的容許溫度按車間內外溫差計算。根據各地夏季通風進行計算而確定的室內外溫差的限度值，如表 21-14 所示。

表 21-14　生產車間工作地點夏季溫度限值

當地夏季通風室外計算溫度 (°C)	容許工作點與室外溫差 (°C)
22 及 22 以下	不得超過 10
23 ～ 28	不得超過 9、8、7、6、5、4
29 ～ 32	不得超過 3
33 及 33 以上	不得超過 2

(採自馬江彬，1993)

（二）採取有效降溫防寒措施

為了能使夏天生產現場的溫度控制在標準限度以內，企業必須採取有效的散熱降溫措施。例如合理佈設熱源，盡可能將熱源佈設在下風側；採用水幕、隔熱牆、遮熱板等把熱源與操作人員加以隔離；採用人工通風排風，加速工地熱量散發；採用空調冷風以吸收熱量、降低氣溫等，都是企業使用較多的防暑降溫方法。在冬季氣溫過低的地區，一般採用電熱或熱氣管道等措施提高室內溫度。

（三）使用個體防護用具

某些情況下，操作人員必須在溫度特別高或溫度特別低的環境中進行作業，例如鋼鐵廠高爐修理、冷庫作業、高空或深水作業等，都需在遠超過標準規定限度的環境溫度下進行操作。這時必須穿戴防護服、防護手套及防護鞋等個體防護裝備。

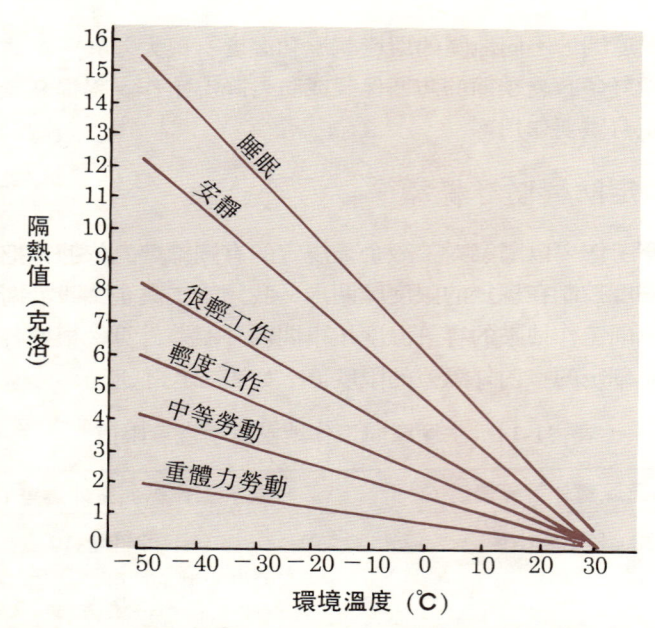

圖 21-14　不同氣溫和不同工作強度時所需的服裝總隔熱值
(採自歐陽驊，1985)

(四) 根據氣溫變化增減衣著

一般情況下，人們習慣採用增減衣著以調節體內外溫度的平衡。環境溫度高時減少衣著，環境溫度低時增加衣著。通常用服裝隔熱值評價不同環境氣候中應穿著的服裝量。服裝隔熱值的單位稱**克洛** (clo)。一個靜坐或從事輕度腦力勞動的人 (代謝產熱量約 210 千焦／小時／平方米)，在室溫 20~21°C、相對濕度小於 50%、風速不超過 0.1 米／秒的環境中，人感到舒適時的衣著隔熱值為 1 克洛。夏季空調條件下，人體感到舒適的衣著量約為 0.5 克洛，冬季使人感到舒適的衣著量為 1.5 克洛左右。根據在寒冷環境中進行不同強度作業所要求的衣著理論計算值如圖 21-14 所示。不過實際所要求的衣著克洛值比理論計算值要低一些。例如在零下 30°C 無風環境中從事輕度工作的人，按理論計算需有 4.65 克洛值的衣著量，但實際上沒有穿這麼多衣著的必要。目前世界上最冷地區的軍人防寒服，實際隔熱值約為 4.30 克洛。它已能保護人在零下 35°C 無風環境中停留八小時而不發生凍傷。

寒冷環境中，人體不同部位為維持熱平衡所要求的服裝隔熱值有較大的差別。表 21-15 列舉了在氣溫零下 1~2°C 和零下 6~8°C 兩種寒冷環境中人體不同部位為維持熱平衡所要求的穿著隔熱值。可見手、足、頭部要求較低，軀幹要求最高。表 21-16 是普通服飾的隔熱值。

表 21-15　不同冷環境中維持人體熱平衡時人體不同部位所要求的衣著隔熱值

氣　溫	隔熱值 (克洛)					
	頭	軀幹	臂	腿	手	足
−1~−2°C	1.50	5.16	3.23	3.74	0.89	1.23
−6~−8°C	2.60	6.28	4.64	4.63	1.60	1.74

(採自歐陽驊，1985)

表 21-16　夏秋二季普通服裝的隔熱值（克洛）

男裝		隔熱值	女裝		隔熱值
短褲		0.05	乳罩和短褲		0.05
汗衫		0.06	裙	全身	0.19
短袖襯衣	薄	0.14		半身	0.13
	厚	0.25	短袖襯衣	薄	0.10
長袖襯衣	薄	0.22		厚	0.22
	厚	0.29	短袖運動衫	薄	0.15
短袖運動衫	薄	0.18		厚	0.33
	厚	0.33	長袖運動衫	薄	0.17
長袖運動衫	薄	0.20		厚	0.37
	厚	0.37	短袖毛線衣	薄	0.20
毛線背心	薄	0.15		厚	0.63
	厚	0.29	長袖毛線衣	薄	0.22
茄克式上衣	薄	0.22		厚	0.69
	厚	0.49	短罩衫	薄	0.20
長褲	薄	0.26		厚	0.29
	厚	0.32	茄克式上衣	薄	0.17
襪子	短	0.04		厚	0.37
	長	0.10	長褲	薄	0.26
涼鞋		0.02		厚	0.44
便鞋		0.04	襪子	短	0.01
輕便靴		0.08		長	0.02
			涼鞋		0.02
			便鞋		0.04
			輕便靴		0.08

（採自歐陽驊，1985）

本 章 摘 要

1. **噪聲**在物理學上指頻率、振幅雜亂的聲振盪，在心理學上則指干擾人的工作、學習、休息，並使人感到煩惱的聲音。
2. 噪聲按其時間持續特點可分為**連續噪聲、脈衝噪聲**和**間歇噪聲**。
3. 噪聲的物理特性主要表現在強度和頻率兩個方面。噪聲的物理強度用**聲壓**表示。噪聲聲壓越大，包含的能量也越大。實際使用中噪聲強度用聲壓的對數值表示，稱為**聲壓級**，單位為分貝 (dB)。聲壓級一般以人的聽閾為基準。
4. 人對聲音強弱的反映稱為**響度**。聲音的響度因聲音的強度與頻率不同而異。強度相同頻率不同的聲音，響度不相同。
5. 噪聲過強和暴露時間過長會損害人的聽力。噪聲對聽力的損害可分暫時性聽力損失和永久性聽力損失。由噪聲暴露引起的永久性聽力損失稱**噪聲性耳聾**。短時噪聲強度超過 150dB，或長期暴露於 90 dB 以上的環境噪聲，均可引起噪聲性聾。
6. 人長期暴露在強噪聲下，容易影響神經系統的功能，引起神經衰弱症候群。噪聲越強，影響越大。長期強噪聲暴露也會對心血管系統產生不良影響。
7. 噪聲容易對言語通訊或其他聽覺作業產生干擾。當噪聲強於聽覺作業信號並且頻率接近時，干擾作用更為明顯。強噪聲也對瞬時記憶產生不良的影響。
8. **噪聲煩擾度**與噪聲強度、頻率、持續時間、個體心境狀態等因素有關。噪聲強度越大，引起煩擾度也越大。脈衝噪聲比連續噪聲更煩人，高頻噪聲的煩擾度高於低頻噪聲。噪聲煩擾度閾值白天為 50～60dBA，夜間為 45～55dBA。
9. 振動對神經系統、心血管系統、內分泌系統、消化系統、骨肌系統等都會產生不良影響。振動對人體的影響取決於人體接振的方向、強度和頻率。上下頭足向 ($\pm g_z$) 振動對人體的影響甚於前後向 ($\pm g_x$) 和左右向（±g_y）振動。

10. 振動頻率與人體共振頻率一致時能對人體產生最大的影響。人體的共振頻率因部位而不同，胸、腹腔為 4～6 赫，脊柱為 10～12 赫，頭部、眼、鼻、喉腔為 17～25 赫，手臂為 30～40 赫。振動對人體的影響還因接振時的姿勢而不同，坐姿臥姿時受到的影響大於立姿。

11. 視覺作業的操作動作容易受振動的影響。振動在人體受振而視標穩定時對作業發生的影響大於人體穩定視標振動時發生的影響。人體與視標均振動又比人體或視標單獨受振對作業有更大的不良影響。

12. 振動對操作動作的影響與振動的頻率、強度、方向有關。4～5 赫的振動對操作具有最大的不利影響。振動強度愈大，影響愈甚。操作動作當它的運動方向與振動方向相異時比兩者方向相同時更容易受影響。

13. 氣候因素包括**氣溫**、**濕度**和**風速**。環境氣候因素變化若引起人體與環境的**熱交換**失去平衡，那麼就會對人的工作效績與身體健康發生不良影響。

14. 環境發生冷、熱急劇變化時，人體會發生一系列生理變化。人從熱環境轉向冷環境時，會引起外周血管收縮，外周血流減少，皮膚溫度下降，骨骼肌發生不隨意性收縮，皮膚出現雞皮疙瘩等反應。從冷環境轉向熱環境時則發生與上述相反的反應。

15. 寒冷環境中進行裸手作業時，由於手的**皮膚溫度**降低，手指動作靈巧性和手指力量下降，對手工作業有較大不良影響。

16. 熱環境對人體和人作業的影響因熱暴露強度、熱暴露時間和作業強度等不同而異。

17. 人在舒適溫度下工作能獲得最好的工效。**舒適溫度**因季節不同而異，春、秋季約為 24℃，夏季略高，冬季略低。舒適溫度也因作業強度而不同，勞動強度愈大，舒適溫度愈偏低。

18. 衣著在調節人體熱平衡上具有重要作用。夏季空調條件下人體感到舒適時約需穿戴相當於 0.5 克洛隔熱值的衣著。冬季使人產生舒適感時則需穿戴相當於 1.5 克洛隔熱值的衣著。

建議參考資料

1. 方丹群、王文奇、孫家麒 (1986)：噪聲控制。北京市：北京出版社。
2. 朱祖祥 (主編) (1994)：人類工效學。杭州市：浙江教育出版社。
3. 張家志 (1983)：噪聲與噪聲病防治。北京市：人民衛生出版社。
4. 歐陽驊 (1985)：服裝衛生學。北京市：人民軍醫出版社。
5. McCormick, E.J., & Sanders, M.S. (1982). *Human factors in engineering and design* (5th ed.). New York; McGraw-Hill Book Company.

第二十二章

企業中的社會環境

本章內容細目

第一節 企業中的組織環境
一、組織概念 697
　(一) 組織的定義
　(二) 組織的類型
　(三) 組織的效能
二、影響個體行為的組織因素 699
　(一) 組織目標對個體目標的影響
　(二) 組織對個體的角色要求
　(三) 組織對個體工作條件的制約
　(四) 組織規範的作用
三、組織與個體間的矛盾 701
　(一) 個體行為個性化與組織要求一體化的矛盾
　(二) 組織目標與個體目標間的矛盾
　(三) 個體貢獻與組織報償間的矛盾

第二節 群體及其對個體行為的影響
一、群體概念 702
　(一) 群體的定義
　(二) 正式群體與非正式群體
二、群體凝聚力及影響凝聚力的因素 703
三、群體對個體行為的影響 704
　(一) 群體對個體行為的感染力
　(二) 群體中的社會促進效應和社會抑制效應
　(三) 群體中的從眾行為

第三節 企業中的人際關係
一、人際關係概念 707

二、人際關係對群體和個體行為的影響 708
　(一) 人際關係與群體凝聚力
　(二) 人際關係對個體行為的影響
三、影響人際關係的因素 709
　(一) 時空距離
　(二) 相似性
　(三) 互補性因素
　(四) 情境因素
　(五) 外表容貌
四、人際關係測量 711

第四節 企業文化環境
一、企業文化概念 713
二、企業文化的作用 714
　(一) 促進企業職工提高文化素質
　(二) 促進企業內職工思想認識的統一
　(三) 提高企業整體素質及增強企業競爭力
三、如何建設企業文化 715
　(一) 正確處理民族傳統文化與外來文化的關係
　(二) 動員企業全體職工參與企業文化建設
　(三) 總結建設企業文化經驗並提高企業文化水平

本章摘要
建議參考資料

對職工的工作和行為發生影響的環境因素，除了前面幾章所論述的因素外，還有社會環境因素。社會環境包括很多方面，諸如國際政治經濟形勢、國家方針政策、社會治安狀況、工作單位的組織人事制度、親朋好友來往、合作共事的同事關係、家庭鄰里關係、社會風氣、公衆輿論、社團活動、班組集體等都是社會環境的構成因素。人的思想和行為無時無刻不受社會環境因素的影響。

社會環境對人的影響和人對社會環境作用的反應都要比物理環境因素複雜得多。人與物理環境因素的相互作用都是比較直接的和軀體性的，而社會環境因素對人行為的影響一般都以認識為中介的，首先影響人的認識，而後引起行為的變化。人對社會環境作用的反應容易受人的思想、感情、個性等因素的影響而帶有主觀性和可變性。因此，社會環境因素對個體行為往往比物理環境因素產生更明顯更複雜的影響。辦好一個企業，不僅需要控制物理環境因素對員工的影響，更需要在改善有利於提高職工生產積極性的社會環境因素上下功夫。

對企業員工發生影響的社會因素有的存在於企業之外，有的則在企業之內。企業對外部社會環境因素只能適應而難以控制，對企業內部的社會環境因素則可根據需要加以創設。企業內部有多方面的社會環境因素。本章著重就企業組織環境、企業內的群體、人際關係和企業文化等社會環境因素的作用作一簡要論述。讀者讀了本章後，將會對下列問題有所了解：

1. 企業組織環境及其對職工個體行為的影響。
2. 企業內群體的作用及影響群體凝聚力的因素。
3. 群體對個體行為的主要影響。
4. 企業內的人際關係及影響人際關係的因素。
5. 如何進行人際關係測量。
6. 企業文化的內容和作用。

第一節　企業中的組織環境

一、組織概念

（一）　組織的定義

每個人都生活在一定的社會中。組織 (organization) 是社會存在的形式。每個人不是隸屬於這個組織就隸屬於那個組織，許多人還隸屬於多種不同的組織。譬如，某個人必是家庭的成員，同時又是某個工廠的工人或某個學校的學生，還可能是某個社團的成員。脫離組織的個人與沒有組織的社會都是不可想像的。

人類社會存在著各種各樣組織。軍隊、政府機關、學校、工廠、公司、社團、家庭等都是不同種類的社會組織。每一類組織又包括著許多不同的組織。每種組織在其性質、結構、功能、活動方式、規模大小和參加的成員上都有不同的特點。但一切組織都有一共同的特點，即它們都是人們為實現共同目標按一定關係組合在一起的社會構成單位。一切組織，大如跨國公司，小如工廠內的生產班組，無不具有上述特點。組織成員、組織目的和組織結構關係是構成組織的三個基本因素，三者缺一就不成組織。

（二）　組織的類型

社會上存在的組織可以從不同的角度加以歸類，例如，以組織成員的年齡為標準，可分為兒童組織、少年組織、青年組織、老年組織等；從法治角度，可把各種組織分成合法組織、不合法組織或非法組織；從組織的開放程度，可把組織分為開放性組織和封閉性組織，或公開組織和秘密組織。組織分類中最常見也是最主要的是按組織的功能進行的分類。人們創建各種組織的主要目的就是為了執行各種不同的社會功能。例如為了培育人才而建立學校，為了生產物質產品而創辦工廠，為交流商品而設立商店，為了金融流通而設立銀行，為了保衛國家而建立軍隊，如此等等。一個組織的性質、結構形式、活動方式、組織制度等都要服從於組織的社會功能。按組織的社會功能，可將組織分為政治組織、經濟組織、軍事組織、文化組織、教育組織、衛生組織、體育組織等。每一類組織又可按功能分別作進一步分類，例如可以把經濟組織再分為生產、產品銷售和資金流通等組織。在生產組織中又可分為工業生產組織、農業生產組織等。工業生產又可分為重工業生產和輕工業生產組織。重工業和輕工業還可繼續細分，直至每一個企業或工廠。工廠企業是工業生產組織系統中的基層組織，它在生產上自主經營，在經濟上獨立核算。工廠為了有效地進行生產，就要建立專司生產、銷售、採購、財務等不同的職能部門。工廠企業內部又設有並列的橫向組織和上下層次的縱向組織。縱橫組織形成了企業內部的組織網絡。企業規模愈大，橫向組織的面愈寬，縱向組織層次愈多。企業只有在橫向組織間做到密切配合，縱向組織間能夠上下溝通，才有可能獲得發展。

(三) 組織的效能

組織的生命力取決於它的效能。組織效能高生命力就強，就能在不斷變化的環境中求得發展。一個組織的效能高低主要取決於下列因素：

1. 實現組織目標的能力 任何組織都是為了實現一定的目標而建立的。組織若能實現預定的目標，就能對組織成員產生凝聚力。實現目標能力愈強，組織發展就越快。不能實現預定目標的組織是不能長期存在的。

2. 適應環境變化的能力 一個組織要生存發展，就必須根據組織內外環境變化，及時對自身活動作出必要的調整，使之與環境變化相適應。適應環境變化的能力越高，組織的生命力越強。

3. 協調能力 即協調組織內部各部門的關係和工作，使之步調一致，避免相互發生矛盾和衝突。若缺乏這種協調能力，組織就會行動緩慢，缺乏活力。

4. 提高組織成員積極性及增強組織凝聚力的能力 組織成員的活動是組織力量的基礎。組織只有當它具有凝聚力並能將組織成員的工作積極性提升起來為實現組織目標而奮力時，才會充分顯示出它的效能。

企業組織的發展快慢，主要取決於上述各項能力。一個企業領導者能否取得成功就看他是否能夠發展組織的上述各項能力。

二、影響個體行為的組織因素

個體作為組織的成員，必須在組織規定的範圍內活動，因而其行為不能不受組織的限制。組織對個體行為的影響主要表現在下列方面：

（一）　組織目標對個體目標的影響

任何組織都有自己的**目標** (goal)。組織目標需要依靠組織的每個成員去實現。因此個體進入組織時，組織就要把組織目標告訴他們，並期望每個成員把組織目標作為自己的行動目標。一個組織的效率如何，很大程度上取決於能否使組織目標轉化為組織成員自願為之奮鬥的個體行動目標。要使組織目標轉化為個體目標，就需要將組織目標層層分解，建立目標體系，實行目標管理。譬如一個工廠，把工廠總的目標分解為部門目標或車間目標。每個車間又把目標分解到各班組，產生班組目標。班組再將目標分解到組員，確立每個成員的目標。這樣就使組織目標落實到個體身上。為了使組織目標能被個體樂意地和自覺地接受，最好能讓個體參與制定各層組織目標。個人參與將使組織目標具有一定的個體意義，有助於增強個體實現組織目標的責任感和自覺性。

（二）　組織對個體的角色要求

組織為實現自己的目標，一般要求個體在參加組織時，就簽訂一定形式的契約或合同。契約規定雙方承擔各自的權利和義務。個體與組織簽約後，就必須按契約規定的權利和義務辦事。一個工廠設有廠長、經理、科長、車間主任、工人等職務和工作崗位。一個被任命為廠長或別的職務的人，就在工廠內扮演一個與其職務相應的**角色** (role)，或稱為組織角色。一個人擔任了一定的組織角色後，組織和別的人就會從角色的角度來看待他，要求他。就如演員扮演戲劇中的某個角色，他在舞台上所說所做的就要符合角色的要求，即所謂進入角色。進入角色愈深，戲就演得愈逼真，效果愈好。一個人被工廠組織分派擔任某個職務後，他的言論行動就必須與他承擔的職務相適應。組織為每個職務規定了職責和要求，同時也賦予每個職務角色承擔者以必需的權力和報償。就是說，組織中的人，其行為表現必然受他的組織角色地位所制約。一個人若長期處於某種組織角色地位，並全心全意投入到組織角色中去，那麼不僅他在職時的行為受組織角色的影響，而且這種影響會在他以後的生活中長期發生作用。

(三) 組織對個體工作條件的制約

組織不僅規定每個成員在組織中擔任什麼角色，同時要為每個成員提供開展活動的條件。正如演戲需要舞台和配備服裝道具，組織中的個體為了扮演好組織角色，也需要有為完成角色任務所必需的條件。一個被組織聘用的個體，工作中所需要的條件自然應由組織負責提供。例如一個醫院不能只有醫生而沒有醫療設備，一個學校不能只有教師而沒有教學設施。同樣，一個工廠也不能只有工人而無機器等生產工具。組織為個體提供的條件主要有下列幾類，一類是工作賴以進行的物質條件，包括工作場地、生產工具、原材料等。這一類物質條件屬於組織所有，個人只有在執行組織所分配的任務時才能使用。另一類條件是組織為個體成員提供學習的機會，如舉辦技術培訓班，開辦業餘學校，離崗進修等。組織提供的設備條件和學習條件的好壞都會對個體成員的工作發生明顯的影響。組織為個體提供工作所必需的條件，實際上是一種投資，即設備投資，人力資源投資。有遠見的企業家都非常重視這兩方面的投資。

(四) 組織規範的作用

組織為了使個體成員的行為能與它所期望的相一致，一般都採用制定各式各樣的行為規範以引導成員的行為。這種行為規範一般以工作制度、工作守則、工作紀律、集體公約等形式作用於個體成員。每一個人進入組織時，組織就會以各種方式讓他們知道這類行為規範。行為規範對個體的行為具有約束作用。行為規範為組織內的成員接受後，就會形成輿論力量。一個人的行為符合行為規範時就會得到輿論的認可或稱頌，不符合或違背行為規範時就會受到輿論的譴責。社會輿論的褒貶能對人的行為產生其他方法代替不了的特有的鼓勵作用或鞭撻作用。

三、組織與個體間的矛盾

組織和它的成員,在利害關係上有一致的地方也有不一致的地方。利害上的共同性,使它們彼此相容、互相聯繫和互相依靠。利害上的不同,使它們發生分歧,產生矛盾。組織與其成員之間最容易發生的有三類矛盾:

(一) 個體行為個性化與組織要求一體化的矛盾

如前所說,組織內的任何個體都只是某種組織角色的扮演者。組織只要求個體扮演好他所承擔的角色,並要求個體行為須與他所承擔的組織角色相符合,而對個體所表現的與組織角色要求不一致的行為則加以排斥或拒絕。從組織的角度說,這是很自然的事。但對個體來說,他不會因為承擔某種組織角色而放棄自己的個性。因此,組織中的個體除了表現組織角色所規定的非個性的工作行為外,還會表現個性化的行為。這種個性化的行為,可能與組織所要求的組織角色行為無多大關係,也可能與組織角色行為存在矛盾。若組織只要求將個體行為限制在組織角色的界限以內而對個體的其他個性行為加以拒絕,就會對個體產生一定的壓力。這時在組織與個體之間就會發生矛盾。若這種壓力超過一定限度,就會使組織與個體間的矛盾激化,引發衝突。一般說,組織與個體都不希望相互之間發生矛盾,更不願讓矛盾激化而發生衝突。如何避免發生這類矛盾呢?在企業組織管理上有所謂的 X 理論 (X-theory) 和 Y 理論 (Y-theory) 的爭論。這兩種理論對人性持有相反的觀點。X 理論把人的本性與組織要求完全對立起來,認為必須用強制的方法實現對個體行為的控制,根本無視個體個性化的要求。Y 理論則強調人的本性與組織要求的統一,認為實現組織要求要與滿足個體人性要求結合起來。這種理論反對對個體行為的強制而主張啟發人的自覺。在我國的企業管理中有以 X 理論作為指導思想的,也有以 Y 理論作為指導思想的。從解決組織要求與個體個性化的矛盾來看,Y 理論顯然比 X 理論更可取。

(二) 組織目標與個體目標間的矛盾

組織和個體都有自己為之奮鬥的目標。組織成員在參加組織時就同意為實現組織目標而努力,但每個人並不會因承擔實現組織目標的義務而放棄自己的目標。因此，組織內每個人的行為往往受組織和個體雙重目標的制約。對個人來說，組織目標是外在的，個體目標是內在的。組織目標和個體目標一致時，對個體行為會產生加力作用，兩者不一致或矛盾時，會對個體行為產生減力作用。在組織目標與個體目標不統一的情況下，要同時最大限度地既實現組織目標又實現個體目標是不可能的。當然，目標的外在與內在的區別不是絕對的。在一定的條件下外在的目標可以轉化為內在的目標，組織目標也可在一定條件下轉化為個體目標。要消除矛盾就要在實現這種轉化上多下功夫。

(三) 個體貢獻與組織報償間的矛盾

組織與個體結合在一起是由於二者存在互利關係，例如工人為工廠製作產品，工廠則付給工人工資和獎金。組織向個體成員支付的償酬應與個體對組織所作的貢獻相適應。個體貢獻大而得益少，或個體貢獻小而要求組織付給的報償多，就會發生矛盾。工廠企業中的許多勞資糾紛就是這類矛盾激化的表現。在勞動報償分配方面，我國曾一度採用平均主義的方法。實踐證明平均主義分配不利於激發人的工作積極性。勞動報償分配是一個比較複雜的問題。目前我國企業正在進行這方面的改革。試驗結果表明，一個企業要取得成功，就必須在得益分配上貫徹按勞分配、論功行賞的原則。

第二節　群體及其對個體行為的影響

一、群體概念

(一) 群體的定義

群體(或**團體**)(group)是由若干目標相同或思想感情相投、行為上互相支持的個體聚合體。群體和組織雖然都由個體組成，但二者有其區別。組織是個體根據一定的組織原則並按照某種確定的關係組合在一起的，組織和個體都必須按照明文規定的權利與義務行事。而群體內的個體所以聚合在一起主要是由於彼此或志同道合，感情相投，或利害相關，休戚與共。群體雖然不如組織那樣有明確規定的組織原則、組織結構和權利義務，但由於它建立在感情和利害關係基礎上，因而往往具有更大的凝聚力。

　　組織對群體的形成有一定的影響。一般說，同一組織內的個體之間接觸和交往的機會多。人們之間經常在一起交談就容易互相了解，增進感情。因此，同一個組織內的個體容易結成群體。

（二）　正式群體與非正式群體

　　群體有正式群體和非正式群體的區別。**正式群體** (formal group) 一般是經由組織倡導或根據正式文件和法定程序建立的。它的活動目標與組織的目標基本上是一致的。**非正式群體** (informal group) 又稱自然群體，它是由情投意合者自發形成的。這種群體的目標不一定受組織目標的影響，有時還會對實現組織目標發生消極的作用。因此對非正式群體應抱什麼態度，是一個意見不容易統一的問題。

二、群體凝聚力及影響凝聚力的因素

　　群體凝聚力 (group cohesiveness) 是指群體吸引個體成員留在群體內的力量。它是評價群體發展水平和群體穩定性的重要指標。凝聚力大的群體比凝聚力小的群體更為穩定，也更具有活力。

　　群體凝聚力大小主要取決於下列因素：

　　1. 群體目標與個體成員目標的一致度　二者的一致度高，群體凝聚力就大，一致度低，群體凝聚力就小。個體之間若失去共同目標，群體就會瓦解。

　　2. 群體能夠滿足個體成員需要的程度　個體參加群體，往往與個體的某些需要能從群體活動中獲得滿足有關。如人際交往、互助、友誼等需要都能從參加群體活動中獲得滿足。群體活動愈能滿足個體成員的此類需要，群體對個體就愈有吸引力，群體凝聚力也會越大。

3. **群體中個體成員間的關係融洽程度**　個體成員間的關係愈融洽、密切，群體凝聚力越大。

4. **群體領導者的能力、品德與領導風格**　群體領導人的能力強，品德高，容易受到群體成員的愛戴和信任，有利於增強群體凝聚力。具有民主領導風格的群體比專制領導風格的群體更有利於增強凝聚力。

5. **群體規模大小**　群體中個體間的交往，總要受到空間以及時間的限制。因此規模小、成員少的群體，一般比規模大、成員多的群體有更大的凝聚力。

6. **群體外部環境的誘惑力與壓力**　當群體之外存在著這樣或那樣的誘惑力，特別當這種誘惑力比較大時，就會對群體凝聚力產生不利影響。有的成員可能會離開原來的群體而參加更有吸引力的群體。當群體的外部環境中不存在誘惑力而存在對群體的壓力時，則會增強群體凝聚力。在市場經濟環境下，企業間互相競爭，其中人才的競爭更為劇烈。一個企業只有設法增強企業內部的凝聚力，並使之大於外部環境的誘惑力，才能吸引優秀人才，使企業立於不敗之地。

三、群體對個體行為的影響

（一） 群體對個體行為的感染力

大家都知道，兒童在學校中的行為與在家中的行為有很大的差異。在家吃飯要大人餵的孩子，在幼兒園卻用不著大人幫助能夠和別的孩子一樣好地自己獨立用餐。兒童在幼兒園的行為比在家時表現得好，是因為兒童在幼兒園時的行為受到幼兒群體行為的影響，他看到別的小朋友都自己獨立用餐，他也就跟著自己吃起飯來。在成人中個體行為受群體行為影響的現象也是普遍存在的。例如一個不大喜歡學習的人，和愛學習的人經常在一起後，也會慢慢喜歡起學習來。一個人若和吸烟的朋友在一起，或與愛跳舞、打牌的同事在一起，久而久之，在他身上也會形成這種吸烟、跳舞、打牌的行為。工廠中也不乏類似的例子。一個原來表現很好的青年工人，由於結識了幾個表現不好的朋友，逐漸同流合污，終於走上犯罪的道路。相反，一個表現不好的工人，把他安排在一個先進的班組，由於優良班風和其他工人優秀品質對他的潛移默化作用，經過一年半載他變成了一個優秀的工人。所謂"近朱者赤，近墨者黑"，正是對群體影響個體行為現象的高度概括。

(二) 群體中的社會促進效應和社會抑制效應

社會促進效應 (或社會助長作用) (effect of social facilitation) 是指在群體中個人的某種行為由於別人做同樣行為而得到加強。例如小孩子吃飯，獨個兒吃時往往不如幾個兒童一起吃時吃得快而多。一個怕黑暗不敢黑夜在野外行走的人，若有幾個人一起，他就會壯起膽子和別人走得一樣自在。自行車比賽，車手在有多人同時比賽時往往要比單人計時比賽的成績好。工人勞動也是如此，單個人勞動往往不及有多人在一起勞動時有勁。諸如此類的群體對個體行為的促進或助長作用在群體活動中普遍存在。企業管理者若能合理組織群體作業，就可利用這種社會促進效應，使每個工人的勞動效率得到一定程度的提高。

社會抑制效應 (effect of social inhibition) 是指群體中個人的某種行為由於其他人的影響而消除或減弱。例如，一個愛吸烟的人會因群體中無人吸烟而少吸或不吸。一個嗓門很大，習慣用高聲與人談話的人，當他進入一個安靜的人群與人交談時，他的話聲也會比平時低得多。一個缺少經驗的教師會在觀摩教學中把事先準備的講課內容講得丟三倒四。缺少經驗的工人當有人參觀他的操作表現時會因緊張而做錯動作。諸如此類現象，均屬社會抑制效應。社會抑制效應對缺少經驗的人從事不熟練的作業時特別容易發生。

(三) 群體中的從衆行爲

從衆行爲 (conformity behavior) 指群體中的個體在認知和行為上表現出與群體的多數人相一致的現象。阿希 (Asch, 1951) 曾做過一個從衆行為的研究。實驗中把被試分成若干組，每組 7～9 人，但其中只有一人是真正被觀察的被試，其他人都是實驗者事先有意安排的陪襯者。實驗中要求每組被試觀察如圖 22-1 所示的左、右兩張卡片，要求每個人判斷左邊卡片的豎線與右邊卡片上三條豎線中的哪一條是一樣長。每組被試都面對卡片，從左而右就坐。那個真的被試安排在左側位置。要求被試按從右至左順序，每人口報自己的判斷結果。這樣，真的被試就在最後回答。前面陪襯者的回答都是事先布置好的，一律回答左邊卡片中的線條 X 與右框中的線條 C 等

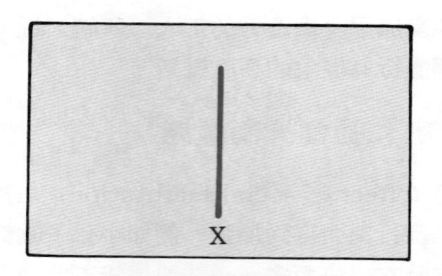

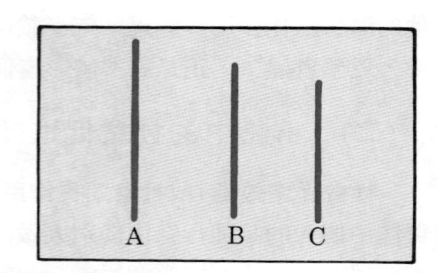

圖 22-1　阿希研究從眾行為實驗中的刺激圖示
(採自 Asch, 1951)

長，實際上他們都知道與 X 等長的是 B 而不是 C。各組中真正被試者都不知道這個圈套。他們雖然看得出 X 不與 C 等長，但卻有 35% 的人由於受前面眾人回答一致性的影響而作出與眾人一致的回答。

這類從眾行為在人們的日常生活中是經常可以看到的。例如，一個小學班級中若有一部分學生穿上一種新式樣的服裝，其他學生也會先後跟著要求家長為自己做這種式樣的衣服。社會上風行的所謂流行色、流行髮型、流行曲等等，所以能夠流行起來，都與人的從眾行為有關。在會議討論和表決過程中，常可見到有的人受多數人意見一致的影響而放棄自己的意見去遵從多數人的意見。在商場上也常見有人原不想購買某種商品，後來看到眾多人排隊購買該種商品，因而跟著加入購買行列的情形。有的不法商人在市場上故意設置假的爭購場面以推銷其滯銷商品和劣質產品，正是利用了人們的從眾心理。

個人在群體中所表現的從眾行為受多種因素的影響。群體中眾人表現的一致性程度是一個重要因素，眾人表現愈一致，愈容易使人產生從眾行為。群體中行為表現一致的人數多時對從眾行為的影響力比行為表現一致性人數少時大。例如用一包中等質量茶葉泡茶，由三人進行品嚐評價，當第一個人評為特級茶，第二個人也跟著評為特級茶的可能性比較小，若前面二人評為特級，那麼第三個人跟著評為特級茶的可能性就會提高。若有五人品評，前四人都把此茶評為特級，第五人就很有可能作出與前四人相同的評價。

群體凝聚力也是影響從眾行為的因素。凝聚力愈大的群體愈容易發生從眾行為現象。因為凝聚力大的群體中，個人都更希望自己的意見能和群體中眾人的意見保持一致。

從眾行為的強度還與個體自身的條件有關。一個人對自己的想法很有信心，從眾的程度就會低些。對那些沒有把握的事就容易發生從眾行為。因此一個人對自己專業範圍內的事，不容易從眾，對非自己專業範圍內的問題，容易跟從眾人意見行事。從眾行為也受個體的能力、性格特點的影響。能力強的人比能力弱的人不易從眾。自尊心、主觀性強的人也不易從眾。獨立型的人比易受暗示的人從眾行為要少一些。

　　從眾行為若引導得好，有助於形成社會輿論和群體行為規範，能在形成優良廠風、班風中起促進作用。但在領導軟弱無力和風氣不好的群體中，從眾行為可能會對不正之風起推波助瀾作用。

第三節　企業中的人際關係

一、人際關係概念

　　人際關係 (interpersonal relation) 是人們在交往過程中形成的交互關係。人際關係中包含有認識、感情和行為的因素。認識是建立人際關係的基礎，互不相識的人之間談不上什麼人際關係。感情在人際關係中起著核心作用，人與人之間建立什麼樣的關係，主要取決於感情因素。感情上相容的人之間容易建立良好的人際關係。感情愈相投的人建立的人際關係愈穩固，行為上愈會有團結互助的表現。所以，人際關係是認識、情感、行為三者共同作用的結果。

　　人際關係可以分為縱向人際關係和橫向人際關係。例如工廠中的廠長、車間主任、班長、工人之間的關係，機關中的局長、科長、辦事員之間的關係，學校中的校長、教師、學生之間的關係，均為上下級人際關係。師徒之間、老工人與新工人之間、老人與年輕人之間、父母與子女之間的關係均屬長幼輩的人際關係。橫向人際關係是指一個組織內同輩人之間的關係或不同組織系統人員之間的關係，前者如同一工廠內車間主任之間或工人之間的關係，同一個學校內教師之間或同學之間的關係，後者如不同工廠職工之間，或不同學校教師之間的關係。

一個人與別人之間的關係可能是和諧的、相容的，也可能是不和諧的、不相容的。尊重、信任、親近、友愛、團結、互助、合作、同情等是人們之間存在和諧的良好關係的表現。猜疑、妒忌、對立、疏遠、懷恨、分裂等則是不良人際關係的表現。

二、人際關係對群體和個體行為的影響

(一) 人際關係與群體凝聚力

群體內的人際關係是群體凝聚力的基礎。一個群體若成員之間能夠團結友愛，互相體諒，互相幫助，群體的凝聚力就大。相反，若群體成員之間互不信任，互相猜疑，或面和心不和，表面客客氣氣，暗中勾心鬥角，這樣的群體，必然人心渙散，不可能有凝聚力。要增強群體凝聚力，就必須調整好群體內的人際關係。

(二) 人際關係對個體行為的影響

人際關係好壞會對一個人的生活和工作發生重要的影響。例如，人的情緒狀態容易受人際關係好壞的影響。譬如說你進商店購物，若售貨服務員態度和氣，笑臉相迎，主動為你提供商品信息，雙方愉快地做成了買賣，這時你和這位服務員都會有一個好的心情。若你遇上的服務員是另一種態度，白眼待客，問價不答，愛理不理，這時你會憋一肚子氣，情緒自然不會好。在人際交往中，有時一句不愉快的話會使人整天不高興。一個待人熱情友好、人際關係良好的人，自然也容易受到別人的良好對待，這使他在生活與工作中遇到不愉快的人和事就會比人際關係不好的人少得多。

良好的人際關係是做好工作的重要條件。人與人之間感情融洽，工作上就能互相配合、協調，遇到困難就能互相幫助。因此人際關係好的人，工作容易取得成功。相反，人際關係不好的人，就不容易得到別人的幫助。有的工廠，生產班組由工人自由組合，那些人際關係不好的人，往往遭到冷遇，不容易找到願意吸收他們的班組。

三、影響人際關係的因素

人際關係的建立與發展是受許多因素制約的。其中有些因素有利於形成良好的人際關係，另一些因素則不利於形成良好的人際關係。下面是幾類對人際關係有明顯影響的因素。

(一) 時空距離

人際關係是在人與人交往中形成的。空間距離相近的人比距離遠的人往往會有更多的交往機會。交往多了就會增進了解，產生感情。所謂"遠親不如近鄰"，鄰居之間由於空間上鄰近容易建立良好的關係。學校中鄰座的同學之間，工廠中同一班組內的工人之間，機關中同一科室的人員之間也都由於空間相近，容易形成良好的關係。

(二) 相似性

我國有句俗語："物以類聚，人以群分"，這是說人和物都會因具有某種相似特點而聚集在一起。**相似性** (similarity) 是一個人能否與其他人建立良好關係的重要原因之一。年齡、性別、職業、性格、能力、愛好、文化修養、社會經歷、思想、信仰、價值觀念等都可以成為人們之間相似性大小的因素。人往往喜歡與自己相似的人交朋友。例如年齡相近的人容易談得來。兒童碰在一起，即使原來互不相識，也會很快成為朋友。青年人、老年人也是年齡相近的容易相互溝通。這是因為年齡相近的人往往還會有較多其他相似的地方，例如有較多相似的生活經歷，有較多共同的語言，容易有相似的價值觀念。人們之間相似處愈多，愈容易相聚在一起。不過，相似的人之間容易相吸也是有條件的，不能絕對化。有相似特點的人是否相容或相吸，要看相似的是什麼特點。有些特點使相似的人容易相聚，另一些特點，可能使相似的人不容易相容。例如兩個都具有寬宏大量善於聽取不同意見的人容易相處得好，而兩個都具有武斷專橫，容不得別人不同意見的人就很難相處。具有謙遜特點的人之間容易交朋友，妒忌心重、待人不誠、幸災樂禍的人之間很難建立良好的人際關係。因此確切地說，只有相容性特點相似的人容易互相吸引，若是不能容人的特點，則愈相似的人愈不容易相處。

(三) 互補性因素

需要是人活動的原動力，人為了滿足物質需要和精神需要而進行各種活動。人們之間進行交往也是為了滿足一定的需要。你能滿足他的這種需要，他能滿足你的那種需要。這樣，兩人由於在需要上能夠互相補償，相互之間就產生一定的吸引力，雙方之間自然就容易形成良好的關係。**互補性** (complementarity) 因素在人際關係中的作用也見諸於個性方面，例如兩個都具有強烈支配欲的人之間不易相處得好，而強烈支配欲者與具有順從性格特點的人之間往往能和睦相處。

(四) 情境因素

人的處境往往也是影響人際關係的重要因素。所謂"患難之交"，"同病相憐"，都是說處在相同或相似**情境** (context) 中的人容易建立良好的人際關係。為什麼處境相同或相似的人之間容易相處得好呢？主要因為共同的處境使他們有共同的感受、也容易產生共同的思想。《水滸傳》中的 108 條好漢的出身、武藝專長、個性都很不相同，為什麼他們能相聚梁山稱兄道弟呢？其原因就在他們都受封建王朝貪官污吏的壓迫。共同受壓迫的遭遇，使他們產生了反抗統治者的共同要求。窮人與窮人容易結成朋友，富人與富人也容易結成朋友，但難得見到窮人與富人結成朋友的，原因就在貧者與富者所處境遇和地位不同之故。

(五) 外表容貌

人都有愛美的本性。容貌儀表美的人容易討人喜歡。例如幼兒園中容貌好看的兒童和學校中長得漂亮的學生都容易得到教師更多的喜愛和關心。青年男女往往把容貌作為選友擇偶的重要因素甚至首要因素。這說明容貌儀表在形成人際關係中的魅力。曾有人對容貌因素在大學生選擇舞友中的作用做過研究。研究者讓男女大學生各 332 名，男女各一配對，進行 2 個半小時舞會後，分別要求每個學生回答一個問題：是否希望再次與舞伴相會。在配對跳舞前，對每個學生進行了性格、學歷、態度的測試。因此可以把學生的這幾項特點與容貌特點在回答上述問題中的作用進行比較。結果表明男女學生希望再次與舞伴相會的因素中起決定作用的是容貌因素而不是氣質、性格、智力、態度等因素。不論男女大學生，在再次希望與之相會的異性舞伴中，美貌者被選中的比例要比貌醜的或容貌一般的選中比例高得多。在人際關係中，容貌因素的作用是客觀現象，不能迴避，但必須慎重對待，不然容易陷入"美人計"圈套，貽誤大事。

四、人際關係測量

　　人際關係測量法(method of interpersonal relations measurement)又稱**社會測量法**(或社會計量法)(sociometry)，是美國心理學家莫瑞諾(Moreno, 1934) 提出的測量群體中人際關係的方法。它用數量表示群體中人際間相互吸引或排斥的關係。可通過這種測量很快地發現群體中誰是最受歡迎的人，誰是最孤立的人。群體中是否存在非正式小群體的情形也可從測量結果中看得一清二楚。

　　使用這種社會關係測量法，首先要設計好受測人回答的問題。通過問題內容指引受測人根據自己的意見對群體中其他人作出選擇。問題內容分強弱兩類標準。強標準問題指對受測者生活、工作有重要意義、能在較長時間內起作用的問題。弱標準指對受測者生活、工作意義不大，只在短時間內起作用的問題。例如："你願意和誰一起工作？" "你願意選舉誰作為你班的班長？" "你願意同誰做鄰居？" 都屬強的問題，因為一起工作的人、班長、鄰居等都會在較長時間內對自己的生活或工作發生影響。這類問題的回答，能反映出所選擇對象對受測者較強的吸引力。弱標準問題，如 "你願意和誰一起去聽報告？" "你願意推舉誰去參加工會會議？" 對這類問題不管回答中選擇誰都與受測者無長遠的或重大的影響。這類問題的回答並不反映被選中的人對受測者有多大的吸引力。測量中，一般都採用強標準問題。受測者回答問題後，把答案逐個填入表 22-1 所示的人際關係矩陣內。各人對別人喜歡或不喜歡的程度分別記分，譬如最喜歡者記為 3 分，其次為 2 分、1 分，把最不喜歡者記為 -3 分，其次為 -2 分、-1 分。表 22-1 中所舉的是每人分別就自己喜歡與不喜歡程度對別人打分數的結果。群體內誰喜歡誰，誰不喜歡誰，誰吸引力最大，威信最高，誰最孤立，從此矩陣表內可看得很清楚。

　　群體內的人際關係測量結果也可用**社會關係圖**(sociogram) 表示。

表 22-1　人際關係矩陣

選者＼被選者	A	B	C	D	E	F
A		3	2	1	−1	−2
B	3		2	1		−2
C	2	1		−1	3	−1
D	2	−1	1		3	−2
E	3	2	−1	1		−3
F	1	−1	2	−2	−3	
分類合計	+11	+6	+7	+3	+6	
		−2	−1	−3	−4	−10
合　　計	11	4	4	0	2	−10

(採自方向新、劉林平、萬向東，1990)

圖 22-2 是一個假想的 8 人群體成員相互之間好惡感的測量結果。

　　圖中對成員間的關係，實線表示好感，虛線表示反感，無連線表示關係淡漠無好惡感；單向實線箭頭表示只單向有好感，雙向實線箭頭表示相互有好感；單向虛線箭頭表示只單向有反感，雙向虛線箭頭表示互相反感。從圖可看到所測群體內存在著兩個小群體，一個是以 A 為中心由 A、B、C、D、F 五人組成，另一個由 E、G、H 三人組成。圖中還可明顯看出 A 是這個群體中吸引力最大的人，群體中的大多數人對他有好感，沒有人對他

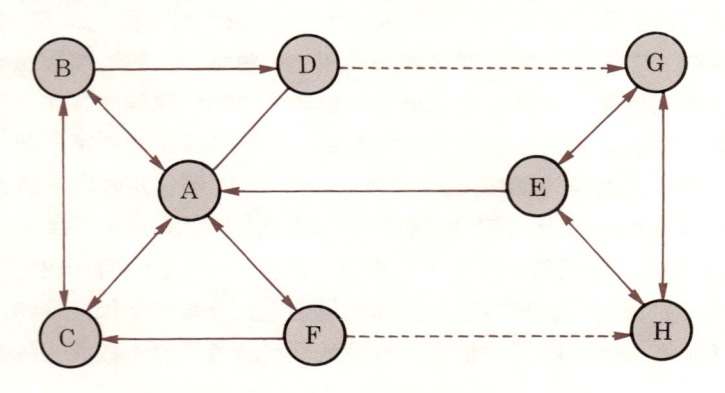

圖 22-2　群體內社會關係測量結果圖例

抱反感。他與 G、H 二人的關係比較淡漠，但可通過 E 對 G、H 發生影響。因此選拔 A 作為這個群體的領導人是最合適的。所以，用這種社會關係圖可方便地了解到群體內的人際關係的情形和每個成員在群體內的影響力。社會關係測量及其結果表示法，簡便易行，是研究小型組織或小型群體人際關係的有效方法，在許多場合都可使用。

第四節　企業文化環境

一、企業文化概念

文化 (culture) 一詞，可作廣義和狹義理解。廣義文化指人類所創造的生活方式和物質及精神財富的總和。狹義文化，一般指文學、語言、藝術、科學、哲學、教育、倫理、道德等。文化是人類創造的，其中必然包含著人類共性的東西，例如藝術求美、科學求真、倫理求善。人類創造的文化又受時間、地點和條件的限制而表現出差異性。例如，文化因歷史時代不同而區分為古代文化、現代文化等；因國家與地域不同而區分為東方文化、西方文化、亞洲文化、歐洲文化、中國文化、日本文化等；因民族不同而有漢族文化、藏族文化、維吾爾族文化等。不同行業、不同階級也會在文化上表現出不同的特點。

企業文化 (enterprise culture) 是企業根據自身發展需要和為實現企業目的在企業內部建立的具有企業特質的文化。企業文化包括了企業的目的、宗旨、指導思想、經營哲學、價值觀念、道德規範、職工教育、企業精神、風格、作風等。企業文化除了具有一般意義上的文化特點外，還要反映企業自身的特點。譬如說，企業文化中的道德規範，除了人們所應共同遵守的一般道德規範外，還需特別強調行業道德或職業道德，例如工廠企業要保證產品質量，不能以假亂真，以次充好；商業企業要講價格公道、童叟無欺、服務周到；交通運輸企業則要快裝輕卸、按時起運、準時到達，等等。

二、企業文化的作用

(一) 促進企業職工提高文化素質

許多企業的實踐證明，企業成敗不單純是企業經濟行為的結果，而是與企業職工的文化素質有很大的關係。職工素質包括身體素質、心理素質和文化素質。文化素質與心理素質又互相影響，文化素質好，能促進心理素質的提高。企業管理水平的高低，職工的工作能力和從業精神，產品設計與製造的質量，企業與顧客的關係，以至整個企業的社會形象，無不受企業內職工文化素質的影響。職工的文化素質從何而來？主要來自兩個方面：其一、依靠職工自己學習，其二、得自企業內外環境與教育的影響，特別是企業內的文化環境對職工文化素質有重大影響。良好的企業文化能為職工學習文化和提高文化素質創造良好的環境，並可為職工提供實際的學習內容。現在，許多有遠見的企業家都十分重視企業文化在提高職工文化素質上的作用，不惜在企業文化建設上投以重資。

(二) 促進企業內職工思想認識的統一

人的行為以認識為基礎。諺語云："人心齊，泰山移"。要人心齊就要有統一的認識。認識統一，就能緊密團結，大家向著一處使勁，力量自然增大。企業文化為職工的認識與行為提出了統一的目標，確立了統一的指導思想，規定了統一的行為規範和評價標準。認識一致，行動統一，職工的凝聚力自然增強。

(三) 提高企業整體素質及增強企業競爭力

企業文化建設是一項涉及企業多方面工作的系統工程。從企業的指導思想、經營哲學和企業精神的確立到企業制度的制定和行為規範的形成，從企業領導作風的改變到企業職工文化素質的提高，從企業產品設計的新穎性到產品售後服務的好壞，無不受企業文化水平高低的影響。因此企業文化對提高企業整體素質，增強企業的競爭能力起著重要作用。

現在，企業文化的意義和作用正日益為人們所認識。有一些企業已在企業文化建設上取得成功的經驗。在市場經濟的環境中,競爭是企業發展的動力。只有重視發展企業文化,企業才能在全球競爭的時代立於不敗之地。

三、如何建設企業文化

企業文化應如何建設?企業文化建設必須要有利於企業的發展,並且要使企業職工樂於接受。為了實現這一要求,在企業文化建設過程中需要注意以下幾點:

(一) 正確處理民族傳統文化與外來文化的關係

在企業文化建設中容易發生兩種傾向:或者因強調本民族的文化傳統而忽視借鑑和吸取外國文化,或者因強調學習外國企業管理經驗而輕視繼承本國的文化傳統。要建設優秀的企業文化,這兩種傾向都要防止。建設我國的企業文化自然要重視吸取我國民族文化的優秀內容,並且要以我國民族文化作為建設企業文化的基礎。中華民族有幾千年的歷史,中國人民在長期發展過程中,創造了燦爛的文化,造就了許多卓越的思想家和實業家。在我國文化寶庫中有許多可供構建我國企業文化的東西。有些外國企業家對我國文化遺產十分重視,他們從我國文化中吸取了許多對發展企業文化有益的東西,特別是日本的企業管理很多地方吸取了我國孔孟之道。我國企業家在企業文化建設中自然更應重視利用我國自己文化中對發展我國企業有益的東西。當然,在強調以中華民族文化作為建設我國企業文化的基礎時,仍要重視吸取外國企業文化中對我有用的東西。國外一些工商業發達的國家,確實創造了許多企業管理和經營的成功經驗。其中有不少是很值得我們借鑑的。我們應該認真吸取外國經驗中對我們有用的內容。這樣,我們就能在我國企業中建立起以中華民族文化為基礎的同時吸取外國企業文化中對我有用成分的中國企業文化。

(二) 動員企業全體職工參與企業文化建設

企業文化只有當它為企業職工群眾接受時才能在企業發展中發揮重要作用。使職工接受企業文化的最有效的辦法是讓職工直接參與建設企業文化的活動。職工參與企業文化建設不僅可增進他們對企業文化的關心和認識,而且能增強他們對企業文化的感情，堅定他們實現企業文化的信心。例如制定企業各種規範，一種辦法是由企業中的少數人制定後向職工群眾宣布執行。另一種辦法是企業領導出題目、提出要求，由職工提出建議，參與擬定。一般說，第一種辦法比較省時省事，但效果不一定好。第二種辦法比較費時，但會增強職工的參與感，提高責任心，並能集思廣益，使企業規範制定得更全面更切實可行。由職工群眾參與制定的規範，職工會樂於接受和遵守。

（三） 總結建設企業文化經驗並提高企業文化水平

建設企業文化非一時之計，也非一日之功。它是企業建設中的一項長遠工作。我們對建設企業文化還缺乏經驗。建設中國企業文化的經驗，只有靠我們自己去創造。我國有的企業已在這方面進行探索，並已取得不少好的經驗。只要我們重視企業文化建設，善於總結經驗，具有中華民族特色的中國企業文化之花定將在我國千萬企業中盛開。

本章摘要

1. 企業中對人活動發生影響的社會環境因素主要有組織、群體、人際關係和企業文化等。
2. 組織是人們為了實現共同的目標按一定關係組合起來的社會構成體。它是社會存在的基本形式。
3. 組織的生存與發展主要取決於它的如下能力：實現組織目標的能力，適應環境變化的能力，協調組織內部關係的能力，激勵成員積極性和增強組織凝聚力的能力。
4. 企業中的個體行為易受組織目標、組織規範、組織角色及組織對個體工作條件控制等組織因素的影響。
5. 企業中的組織與個體除了有利害一致的關係外，還容易發生如下矛盾：個體個性多樣性要求與組織要求一體化的矛盾；組織目標與個體目標的矛盾；個體貢獻與組織報償不一致的矛盾。

6. **群體**是由感情相投或利害一致的個體組成的。群體可分正式群體與非正式群體。**正式群體**是由組織倡導或根據法定程序建立的，**非正式群體**是由情投意合者自發形成的。
7. 群體吸引個體成員留在群體內的力量稱**群體凝聚力**。群體凝聚力主要受下列因素的制約：群體目標與個體目標的一致度，群體對個體需要的滿足度，群體成員間關係的融洽度，群體首領的能力、品德與領導風格，群體規模，群體的外部境遇等。
8. 群體行為對個體行為可以產生促進作用，也可發生抑制作用。個體的行為由於群體中別人的行為而得到加強的現象稱為**社會促進效應**，個體行為由於群體中別人的行為而受到抑制的現象稱為**社會抑制效應**。
9. **從眾行為**指群體中的個體在認知和行為上表現出與群體中的多數人相一致的現象。從眾行為現象有利於社會輿論與群體行為規範的形成，但對個體獨創思維的發揮容易產生消極影響。從眾行為容易受群體中行為一致人數多少，群體凝聚力大小，以及個體的能力、知識、自尊心、自信心等因素的影響。
10. **人際關係**是人們交往過程中形成的交互關係。人際關係是認識、感情、行為三者共同作用的結果。感情在人際關係形成中起核心作用。認識相通、感情相容、行為相助的人之間容易形成良好的人際關係。
11. 人際關係對群體凝聚力與個人行為有重要影響。人際關係好的群體，凝聚力大。人際關係好的人，遇困難時容易得到別人的幫助。
12. 人際關係容易受空間距離、接觸頻次、特點相似性、需要滿足互補性、情境共同性、以及外表容貌等因素的影響。
13. 人際關係可用**社會測量法**進行測量。使用社會測量法必須先設計人際關係問卷，要求群體中的每個成員填寫問卷。把問卷結果作成人際關係矩陣或**社會關係圖**，據以分析群體內的人際關係狀況。
14. 企業中的個體行為受企業文化的影響。企業文化在內容和形式上除了包含一般意義的文化外，還要反映企業的特點，即要反映出一個企業的目的、宗旨、指導思想、經營哲學、道德規範、價值觀念、企業精神、企業風格和職工教育等。
15. **企業文化**的作用主要表現為：促進企業職工文化素質的提高；有助於統一企業內職工的思想認識；提高企業的整體素質，增強企業的競爭力。

16. 建設企業文化要注意處理好民族傳統文化與外來文化的關係；要動員企業全體職工參與企業文化建設；要總結建設企業文化的經驗，不斷推動企業文化的提高與發展。

建議參考資料

1. 方向新、劉林平、萬向東 (1990)：人性因素、生存環境——組織社會學。上海市：知識出版社。
2. 王加微 (1987)：班組管理與人際關係。杭州市：浙江人民出版社。
3. 古畑和孝 (編) (王康樂譯，1986)：人際關係社會心理學。天津市：南開大學出版社。
4. 杰‧爾‧弗里德曼、特‧奧‧西爾斯、杰‧默‧卡爾史密斯 (高地、高佳譯，1984)：社會心理學。哈爾濱市：黑龍江人民出版社。

參 考 文 獻

于子明 (1986)：現代人力資源開發與管理。北京市：中國展望出版社。

于永中、王肇滇、朱寶華、李天麟 (1982)：職業勞動能量消耗手册。北京市：中國醫學科學院衛生研究所。

上海第一醫學院 (主編) (1978)：人體生理學。北京市：人民衛生出版社。

王永明 (1993)：五筆字型。北京市：中國科學技術出版社。

王加微 (1986)：行為科學。杭州市：浙江教育出版社。

王加微 (1987)：班組管理與人際關係。杭州市：浙江人民出版社。

王　林 (1984)：振動病。北京市：人民衛生出版社。

王　林、劉麗雪、王慶標、高　健 (1984)：砂輪磨光局部振動危害勞動衛生學調查報告。工業衛生與職業病，42 期，219～221 頁。

王重鳴 (1988)：勞動人事心理學。杭州市：浙江教育出版社。

王重鳴 (1990)：心理學研究方法。北京市：人民教育出版社。

王　堅 (1994)：人-機界面：計算機系統設計中新的挑戰。計算機世界 (週報)，480 期，9～11 頁。

王　堅 (1994)：用户界面的工效學理論、應用與發展。計算機世界 (週報)，480 期，131～133 頁。

王　甦、汪安聖 (1992)：認知心理學。北京市：北京大學出版社。

王極盛 (1987)：人事心理學。瀋陽市：遼寧人民出版社。

方丹群、董金英、李　琳 (1980)：工業噪聲標準研究。勞動保護技術，1 期。

方丹群、陳　潛、封根泉、吳　堅 (1980)：噪聲職業性暴露對血壓的影響。環境科學，1 卷，6 期，70～71 頁。

方丹群、孫家其、董金英等 (1981)：噪聲標準研究方向探討。中國環境科學，1 期，54～59 頁。

方丹群等 (1982)：109 個工廠噪聲調查與分析。噪聲與振動控制，3 期。

方丹群、王文奇、孫家其 (1986)：噪聲控制。北京市：北京出版社。

方向新、劉林平、萬向東 (1990)：人性因素、生存環境──組織社會學。上海市：知識出版社。

方芸秋、毛守金、楊振玉、陳　明、王厚華、王秉光、宣恆銳、郭元興 (1981)：關於閃光盲的研究 II ── 短時強閃光對中心視覺恢復時間的影響。心理學報，46 期，419～423 頁。

中科院心理所勞動心理組 (1959)：促進發明創造的嘗試經驗。心理學報，9 期，36～41 頁。

日本人類工效學會人體測量編委會 (編) (奚振華譯，1983)：人體測量手冊。北京市：中國標準出版社。

日本照明學會 (編) (照明手冊翻譯組譯，1985)：照明手冊，48～66 頁。北京市：中國建築工業出版社。

皮・斯・迪隆 (牟致忠、謝秀玲、吳福邦譯，1990)：人的可靠性。上海市：上海科學技術出版社。

古畑和孝 (編) (王康樂譯，1986)：人際關係社會心理學。天津市：南開大學出版社。

朱祖祥 (1961)：勞動競賽中的幾個心理學問題。心理學報，17 期，245～258頁。

朱祖祥、許躍進 (1982)：照明性質對辨認色標的影響。心理學報，48 期，211～217 頁。

朱祖祥、顏來音 (1985)：飛機座艙白光儀表照明暗適應效應的亮度寬容度研究。見杭州大學工業心理學研究所：飛機駕駛艙白光照明的工程心理學研究，37～39 頁。

朱祖祥 (1987)：計算機顯示終端 CRT 亮度對比度對視覺功能的影響。心理學報，69 期，221～227 頁。

朱祖祥、許 為、顏來音、王 堅 (1988)：VDT 背景色的視覺工效比較。應用心理學，3 卷，4 期，15～21 頁。

朱祖祥 (1988)：人機系統。見陳 立 (主編)：工業管理心理學。上海市：上海人民出版社。

朱祖祥、吳劍明 (1989)：視覺顯示終端屏面亮度水平和對比度對視疲勞的影響。心理學報，75 期，35～40 頁。

朱祖祥 (主編) (1990)：工程心理學。上海市：華東師範大學出版社。

朱祖祥、許連根、許百華 (1990)：模擬日光照射下飛機顏色信號燈的亮度變化對辨認信號的影響。見杭州大學工業心理學研究所：飛機座艙綜合告警工效學研究，14～30 頁。

朱祖祥、沈模衛 (1991)：VDT 點陣尺寸對漢字顯示工效的影響。心理學報，86期，380～386 頁。

朱祖祥 (主編) (1994)：人類工效學。杭州市：浙江教育出版社。

朱寶良、朱鐘炎 (主編) (1991)：室內環境設計。上海市：同濟大學出版社。

李心天 (主編) (1991)：醫學心理學。北京市：人民衛生出版社。

李春田 (主編) (1992)：工業工程 (IE) 及其應用。北京市：中國標準出版社。

李家鎬 (主編) (1992)：企業成功案例集萃。上海市：文匯出版社。

李紹珠、蔡　楓、戴曉紅、郭又五 (1985)：工業噪聲對人的瞬時記憶與注意的影響。心理科學通訊，38 期，45～50 頁。

何存道 (1983)：噪聲煩惱度調查研究。心理科學通訊，26 期，41～44 頁。

何存道、欣兆生 (主編) (1989)：道路交通心理學。合肥市：安徽人民出版社。

吳諒諒 (1988)：勞動人事心理學。北京市：知識出版社。

吳劍明、朱祖祥 (1988)：VDT 作業中屏面背景亮度與對比度的交互作用。應用心理學，3 卷，1 期，16～22 頁。

吳·依·皮·貝弗里奇 (陳　捷譯，1983)：科學研究的藝術。北京市：科學出版社。

沈模衛、朱祖祥、金文雄 (1990)：漢字字高對判讀效果的影響。見杭州大學工業心理學研究所：飛機座艙電光顯示工效學研究，101～109 頁。

沈模衛、朱祖祥、金文雄 (1990)：漢字的筆劃寬度對判讀效果的影響。見杭州大學工業心理學研究所：飛機座艙電光顯示工效學研究，110～114 頁。

汪安聖 (主編) (1992)：思維心理學。上海市：華東師範大學出版社。

汪慧麗、郭素梅、趙惠玲 (1988)：不同的第二任務在心理負荷測量中敏感性的比較。心理學報，73 期，277～282 頁。

宋維真、張　瑤 (主編) (1991)：心理測驗。北京市：科學出版社。

辛　格 (1984)：生物化學測定用於緊張狀態的評定和處理。心理學報，58 期，409～415 頁。

邵瑞珍 (主編) (1983)：教育心理學。上海市：上海教育出版社。

邵象清 (1985)：人體測量手冊。上海市：上海辭書出版社。

金文雄、葉燕來 (1990)：航空儀表刻度線寬、間距閾值、最佳值的研究。見杭州大學工業心理學研究所：飛機座艙電光顯示工效學研究，139～147 頁。

金文雄、朱祖祥、沈模衛 (1992)：漢字字體對判讀效果的影響。應用心理學，7 卷，2 期，8～11 頁。

金　磊、蔣　維、葉偉勝、金　碩 (1992)：失誤學與人為災害研究導論。北京市：城鎮防災、建築防火編輯部。

金　磊、徐德蜀、羅　雲 (1995)：中國現代安全管理新編。北京市：人民郵電出版社。

依·杰·麥考密克、特·爾·伊爾根 (盧盛忠、王重鳴、鄭全全譯，1991)：工業與組織心理學。北京市：科學出版社。

依·爾·福克斯 (王步標、華　明、馮煒權譯，1981)：運動生理學。長沙市：湖南師範學院體育系編印。

杰‧爾‧弗里德曼、特‧奧‧西爾斯、杰‧默‧卡爾史密斯（高　地、高　佳譯，1984）：社會心理學。哈爾濱市：黑龍江人民出版社。

杰‧皮‧波爾‧特‧費舍（劉南山、錢典祥、吳初瑜、簫輝乾譯，1989）：室內照明。北京市：輕工業出版社。

帕‧赫‧林賽、特‧埃‧諾曼（孫　曄、王　甦等譯，1987）：人的信息加工——心理學概論。北京市：科學出版社。

周　謙（主編）(1992)：學習心理學。北京市：科學出版社。

勃‧甫‧洛莫夫（李家治、赫葆源、徐聯倉、封根泉、楊德庄譯，1965）：工程心理學概論。北京市：科學出版社。

紀桂萍、赫葆源、馬謀超、許宗惠、陳永明 (1980)：中國人眼光譜相對視亮度函數的研究 III——不同大小視野對 $V(\lambda)$ 的影響。心理學報，41 期，307～310 頁。

封根泉 (1966)：低負荷下信號察覺效率的研究。心理學報，34 期，71～78 頁。

封根泉 (1980)：人體工程學。蘭州市：甘肅人民出版社。

封根泉、宋子中、孫家其 (1981)：噪聲暴露對自發腦電圖傳遞函數和功能指數的影響。中國環境科學，4 期。

范中志（主編）(1991)：工作研究。廣州市：華南理工大學出版社。

施淑文 (1991)：建築環境色彩設計。北京市：中國建築工業出版社。

俞文釗 (1981)：人眼對彩色正弦光栅的對比敏感性及其適應後效。心理學報，45 期，327～332 頁。

俞文釗 (1989)：實驗心理學。杭州市：浙江教育出版社。

若‧默‧巴恩斯（單秀媛譯，1978）：操作方法入門。北京市：機械工業出版社。

孫桂林、臧吉昌（主編）(1989)：安全工程手冊。北京市：中國鐵道出版社。

馬大猷，沈　豪 (1983)：聲學手冊。北京市：科學出版社。

馬江彬（主編）(1993)：人機工程學及其應用。北京市：機械工業出版社。

馬謀超、何存道 (1987)：噪聲對語音再認的影響。心理科學通訊，48 期，13～17 頁。

徐聯倉 (1963)：水平排列信號的組合特點對信息傳遞效率的影響。心理學報，25 期，321～329 頁。

徐聯倉、凌文輇（主編）(1991)：組織管理心理學。北京市：科學出版社。

時　勘 (1990)：現代技術培訓心理學。昆明市：雲南教育出版社。

荊其誠、焦書蘭、喻柏林、胡維生 (1979)：色度學。北京市：科學出版社。

荊岩村、姜宇橋、曲青林 (1985)：冷浸泡對潛水員手功能的影響。中華勞動衛生職業病雜誌，4 期。

埃・蘇克利夫 (陳家正、龔杰民譯，1991)：人-計算機界面設計。西安市：西安電子科技大學出版社。

陳　立、朱作仁 (1959)：細紗工培訓中的幾個心理學問題。心理學報，9 期，42～50 頁。

陳　立、汪安聖 (1965)：色、形愛好的差異。心理學報，32 期，264～269 頁。

陳　立 (主編) (1988)：工業管理心理學。上海市：上海人民出版社。

張一中 (1984)：光源顯色性對視覺辨認的影響。心理學報，56期，193～203頁。

張　彤、朱祖祥、鄭錫寧、顏來音 (1986)：不同性質照明光的視覺功能比較。應用心理學，1 卷，3 期，19～24 頁。

張　彤、朱祖祥、鄭錫寧 (1990)：亮度均勻度對雙針儀表判讀的影響。應用心理學，5 卷，4 期，23～28 頁。

張　彤、朱祖祥、鄭錫寧 (1990)：飛機言語告警信號語速研究。見杭州大學工業心理學研究所：飛機座艙綜合告警工效學研究，84～92 頁。

張武田、彭瑞祥、司馬賀 (1986)：漢語字詞的短時記憶容量。心理學報，64 期，133～139 頁。

張述祖、沈德立 (1987)：基礎心理學。北京市：教育科學出版社。

張春興 (1991)：現代心理學。台北市：東華書局 (繁體字版)。上海市：上海人民出版社 (1994) (簡體字版)。

張春興 (1996)：教育心理學——三化取向的理論與實踐。台北市：東華書局 (繁體字版)。杭州市：浙江教育出版社 (1997) (簡體字版)。

張家志 (1983)：噪聲與噪聲病防治。北京市：人民衛生出版社。

張國棟、任少珍 (1964)：自然光、螢光燈和白熾燈在不同照度下對學生視覺功能影響的研究。中華衛生雜誌，9 卷，4 期。

張國高 (1986)：我國室內空調至適溫度標準的研究。工業衛生與職業病，1 期。

張智君 (1987)：提舉重物勞動負荷的工效學研究。杭州大學工業心理學碩士學位論文。

張智君 (1991)：次任務測定技術在心理負荷評定中的作用。應用心理學，6 卷，2 期，38～44 頁。

張智君 (1993)：心理負荷的主觀評定技術。心理學動態，35 期，6～13 頁。

張智君 (1994)：追蹤作業、監控作業心理負荷評估技術的敏感性及多維評估研究。杭州大學工業心理學博士論文。

張殿業、李健勝等 (1987)：人機工程學分析方法在體力勞動負荷評價中的應用。工業衛生與職業病，3 期。

許　為、朱祖祥 (1989)：環境照明強度、色溫及色標亮度對螢光屏 (CRT) 顯示顏色編碼的影響。心理學報，78 期，369～377 頁。

許　為、朱祖祥 (1990)：CRT 顯示顏色編碼與色標大小、亮度關係的實驗研究。心理學報，81 期，260～266 頁。

許宗惠、赫葆源、馬謀超、張增慧、汪慧麗、張嘉棠、陳永明、紀桂萍 (1980)：中國人眼光譜相對視亮度函數的研究 II ——暗視函數。心理學報，39 期，57～62 頁。

梁寶勇、許連根 (1986)：關於幾種照明的視覺疲勞的實驗研究。心理學報，63 期，25～34 頁。

梁寶林 (編) (1988)：論人-機-環境系統工程。北京市：人民軍醫出版社。

莫　雷 (1986)：關於短時記憶編碼方式的實驗研究。心理學報，64 期，166～173 頁。

崔克訥、趙黎明 (1988)：現代勞動定額學。天津市：天津科技翻譯出版公司。

常懷生 (編譯) (1990)：建築環境心理學。北京市：中國建築工業出版社。

曹　琦 (主編) (1991)：人機工程。成都市：四川科學技術出版社。

國際標準 ISO TC108 (機械工業部標準化研究所譯，1984)：人承受全身振動的評價指南。見機械振動與沖擊國際標準譯文集，78 頁。北京市：機械工業部標準化研究所。

國家建材局生產管理司 (1992)：建材企業系統安全管理與事故預測預防。北京市：中國建材工業出版社。

湯慈美、海密爾頓、辛　格 (1989)：工作負載的測量與評定。心理學報，76 期，156～162 頁。

斯·謝爾 (孫大高譯，1984)：電子顯示器。北京市：科學出版社。

彭和平等 (編譯) (1991)：人事心理學。北京市：中國人民大學出版社。

彭瑞祥 (1961)：技術革新中如何促進創造思維的初步探討。心理學報，14 期，13～19 頁。

彭瑞祥、羅勝德、喻柏林、王曙納、林若慈、龍元清 (1966)：中小學普通教室自然光、白熾燈、螢光燈課桌面照明的研究。心理學報，35 期，85～93頁。

彭聃齡 (主編) (1991)：語言心理學。北京市：北京師範大學出版社。

程　莎、湯慈美、李心天 (1990)：人格類型對應激反應影響的實驗研究 (自然應激源部分)。心理學報，80 期，197～204 頁。

程　莎、湯慈美、李心天 (1990)：人格類型對應激反應影響的實驗研究 (實驗室應激源部分)。心理學報，82 期，413～420 頁。

喻柏林、焦書蘭、荊其誠、張武田 (1980)：不同光源對視覺辨認的影響。心理學報，39 期，46～56 頁。

喻柏林、荊其誠、司馬賀 (1985)：漢語語詞的短時記憶廣度。心理學報，62 期，361～368 頁。

焦書蘭、荊其誠、喻柏林 (1979)：視場亮度變化對視覺對比感受性的影響。心理學報，36 期，47～54 頁。

傅肅良 (1985)：人事心理學。台北市：三民書局。

越履寬 (主編) (1986)：人事管理學概要。北京市：勞動人事出版社。

湖南醫學院 (主編) (1978)：生理學。北京市：人民衛生出版社。

楊公俠、池根興、江厥中、俞文釗 (1982)：儀表顯示器的照度、對比度、色飽和度對檢察速度的影響。心理學報，50 期，391～396 頁。

楊公俠、陳偉民、黃德明、唐瑞駿、楊慈龍 (1984)：高壓鈉燈、高壓汞燈、螢光燈和白熾燈對視敏度的影響。心理學報，58 期，402～409 頁。

楊公俠、薛加勇 (1991)：亮度分布對於視覺能力的影響。同濟大學學報，3 期，19 卷，1 期。

楊治良 (主編) (1988)：基礎實驗心理學。蘭州市：甘肅人民出版社。

楊　俊、林葆城、王成海、宋朝佑、朱鶴年 (1989)：心理性應激對人體血壓、心率、呼吸及血漿、腦脊液中精氨酸加壓素免疫活性物質含量的影響。心理學報，76 期，191～194 頁。

楊國樞、文崇一、吳聰賢、李亦園 (1987)：社會及行為科學研究法。台北市：東華書局。

楊學涵 (1988)：管理工效學。瀋陽市：東北工學院出版社。

運動生理學教材編寫組 (1986)：運動生理學。北京市：高等教育出版社。

葛列衆、朱祖祥 (1987)：照明水平、亮度對比和視標大小對視覺功能的影響。心理學報，69 期，270～281 頁。

葛　林 (主編) (1988)：行為科學在企業中的應用 100 例。北京市：中國經濟出版社。

葉椒椒、時　勘、王新超 (1991)：勞動心理學。北京市：北京經濟學院出版社。

董　奇、申繼亮 (1997)：心理與教育研究法。台北市：東華書局。

赫葆源、張厚粲、陳舒永 (1983)：實驗心理學。北京市：北京大學出版社。

赫葆源、王緝志、成美生、焦書蘭 (1966)：開關板儀表刻度線粗細、長短、間隔與觀察距離的研究。心理學報，34 期，59～70 頁。

赫葆源、馬謀超、陳永明、許宗惠、紀桂萍、張嘉棠、張增慧、汪慧麗 (1979)：中國人眼光譜相對視亮度函數的研究。心理學報，36 期，

39~46 頁。

鄭全全 (1984)：獎勵制度影響職工工作積極性作用的調查。杭州大學工業心理學碩士學位論文。

鄭全全 (1992)：彈性工時的現場研究。心理科學，75 期，1~5 頁。

鄭延平、楊德森 (1983)：生活事件、精神緊張與神經症。中國神經精神疾病雜誌，9 卷，2 期，65 頁。

鄭　謙 (1985)：基礎代謝。見中國醫學百科全書，生理學卷，167~168 頁。上海市：上海科學技術出版社。

劉余善 (1991)：勞動人事心理學。北京市：機械工業出版社。

歐陽驊 (1985)：服裝衛生學。北京市：人民軍醫出版社。

盧盛忠 (主編) (1985)：管理心理學。杭州市：浙江教育出版社。

龍升照 (主編) (1993)：人-機-環境系統工程研究進展，第一卷。北京市：北京科學技術出版社。

韓進之 (主編) (1989)：教育心理學。北京市：人民教育出版社。

簫　惠、滑東紅 (1993)：人體尺寸開發利用研究——人體二維模板產品設計與開發。北京市：中國標準化與信息分類編碼研究所研究報告。

龐蘊凡、張紹綱、彭明元、高履泰 (1982)：關於不舒適眩光的初步研究。心理學報，47 期，92~98 頁。

龐蘊凡、張紹綱等 (1986)：照度對兒童少年視功能影響的研究。心理學報，66 期，365~370 頁。

龐蘊凡 (1993)：視覺與照明。北京市：中國鐵道出版社。

羅　雲、劉京平、李　平 (1995)：安全行為科學。廣州市：廣州勞動保護教育中心。

嚴　進、王春安、葉阿莉、陳宜張 (1991)：軀體性和心理性應激對大鼠血漿皮質酮變化的影響。心理學報，86 期，419~425 頁。

Adams, J. S. (1965). Inequity in social exchange. In L. Berkowit (Ed.). *Advances in experimental social psychology,* Vol. 2. New York: Academic press.

Adamson, R. E. (1952). Functional fixedness as related to problem-solving. *Journal of experimental psychology,* 49, 288~291.

Alden, D. G., Daniels, & Kanarick. A. (1972). Keyboard design and operation: A review of major issues. *Human Factors,* 14 (4), 275~293.

Alderfer, C. P. (1969). *Existence, relatedness, and growth: Human needs in organizational setting.* New York: Free Press.

Anastasi, A. (1982). *Psychological testing* (5th ed.). New York: Macmillan.

Barnes, R. M. (1969). *Motion and time study: Design and measurement of work* (6th ed.). New York: John Wiley & Sons.

Beshir, M. Y., El-Sabagh, A. S., & El-Nawawy, M. A. (1981). Time on task effect on tracking performance under heat stress. *Ergonomics, 24* (2), 95~102.

Best, J. B. (1989). *Cognitive psychology* (2nd ed.). New York: West.

Borg, G., Ljunggren, G., & Ceci, R. (1985). The increase of perceived exertion, aches and pain in the legs, heart rate and blood lactate during exercise on a bicycle. *European Journal of Physiology, 54*, 343~349.

Borg, G. (1978). Subjective aspects of physical and mental load. *Ergonomics, 21*, 215~220.

Boyce, P. R., & Simmons, R. H. (1977). Hue discrimination and light sources. *Lighting Research and Technology, 9* (1) 25.

Bradley, J. V. (1969). Desirable dimensions for concentric controls. *Human Factors, 11* (3), 213~226.

Bradley, J. V. (1969). Optimum knob diameter. *Human Factors, 11* (4), 353~360.

Bradley, J. V. (1969). Optimum knob crowding. *Human Factors, 11* (3), 227~238.

Campbell, D. T., & Stanley, J. C. (1966). *Experimental and quasi-experimental designs for research.* Chicago: Rand McNally.

Card, S. K., Moran, T. P., & Newell, A.(1983). *The psychology of human-computer interaction.* London: Lawrence Erlbaum Associates Publishers.

Cascio, W. F. (1987). *Applied psychology in personnel management.* Englewood Cliffs, NJ: Prentice-Hall.

Chapanis, A. (1959). *Research techniques in human engineering.* Baltimore: The Johns Hopkins University Press.

Chapanis, A., & Lindenbaum, L. (1959). A reaction time study of four control-display linkages. *Human Factors, 1* (1), 1~7.

Chapanis, A., & Kinkade, R. G. (1972). Design of controls. In H. P. Van Cott, & Kinkade, R. (Eds). *Human engineering guide to equipment design.* Washington, D. C.: U. S. Government Printing Office.

Chapanis, A. (Ed.) (1975). *Ethnic variables in human factors engineering.* Baltimore: The Johns Hopkins University Press.

Ching, C. C., Yu, B. L., Jiao, S. L., Kuau, L. R., & Chao, K. M. (1980).

Visual performance of young Chinese observers. *Lighting Research and Technology,* 12 (2), 59~63.

Cook, T. D., & Campbell, D. T. (1979). *Quaso-Experimentation: Design & analysis issues for field settings.* Boston: Houghton Mifflin.

Craig, R. L. (Ed.). (1976). *Training and development handbook* (2nd ed.). New York: McGraw-Hill.

Datta, S. R., & Ramanathan, N. J. (1971). Ergonomics comparison of seven modes of carring loads on the horizontal plane. *Ergonomics,* 14 (2), 269~278.

Dunnette, M. D. (1983). *Handbook of industrial and organizational psychology.* New York: John Wiley & Sons.

Dvorak, A., Marrick, N., Dealey, W., & Ford, G. (1936). *Typewriting behavior: Psychology applied teaching and learning typewriter.* New York: American Book Company.

Epstein, Y., Keren, G., Moisseiv, J., Gasko, O., & Yachin, S. (1980). Psychomotor deterioration during exposure to heat. *Aviation, Space, and Environment Medicine,* 51 (6), 607~610.

Eysenck, A. J. (1941). A critical and experimental study of color preference. *American Journal of Psychology,* 54, 384~394.

Fidell, S., & Teffeteller, S. (1981). Scaling the annoyance of intrusive sounds. *Journal of Sound and Vibration,* 78, 291~298.

Fitts, P. M. (1947). A study of location discrimination ability. In P. M. Fitts (Ed.), *psychological research on equipment design.* Army Air Force, Aviation psychology program.

Fitts, P. M. (1954). The information capacity of the human motor system in controlling the amplitude of movement. *Journal of Experimental Psychology,* 47, 381~391.

Gentner, D. R. (1981). Skilled finger movements in typing. University of California, San Diego, *CHTP Report* 104.

Ghiselli, E. E. (1966). *The validity of occupational aptitude tests.* New York: John & Wiley.

Gillberg, M., Anderzen, I., Akerstedt, T., & Sigurdson, K. (1986). Urinary catecholamine responses to basic types of physical activity. *European Journal of Applied Physiology and Occuptional Physiology,* 55, 575~578.

Glass, S. W., & Suggs, C. W. (1977). Optimization of vehicle accelerator-brake pedal foot travel time. *Applied Ergonomics,* 8, 215~218.

Goldstein, I. L. (1974). *Training: program development and evaluation.*

Monterey, CA: Brook/Cole.

Grandjean, E. (1982). *Fitting the task to the man.* London: Taylor & Francis.

Hancock, P. A., & Meshkati, N. (Eds.) (1988). *Human mental workload.* North Holland: Elsevier Science Publisher.

Harold, P. Van Cott, & Kinkade, R. G. (Ed.) (1972). *Human engineering guide to equipment design.* Los Angeles: Tams Book Inc.

Hart, S. G., & Hauser, J. R. (1987). In flight application of three pilot workload measurement techniques. *Aviation, Space, and environment medicine,* 58 (5), 402~410.

Hertzberg. H. T. E., & Burke. F. E. (1971). Foot forces exerted at various brake-pedal angles. *Human Factors,* 13 (5), 445~456.

Herzberg, F., Mausner, B., & Snyderman, B. B. (1959). *The motivation to work.* New York: John Wiley.

Hick, W. E. (1952). On the rate of gain of information. *Quarterly Journal of experimental psychology,* 4, 11~26.

Hilgard, E. R., Atkinson, R. L., & Atkinson, R. C. (1979). *Introduction to psychology* (7th ed.). New York: Harcourt Brace Jovenovich Inc.

Hitt, W. D. (1961). An evaluation of five different abstract coding methods. *Human Factors,* 3 (2), 120~130.

Hockey, R. (Ed.) (1983). *Stress and fatigue in human performance.* New York: John Wiley & Sons.

Hohnsbein, J., Piekarski, C., Kampmann, B., & Noack, Th. (1984). Effects of heat on visual acuity. *Ergonomics,* 27 (12), P1239.

Holmes, T. H., & Rahe, R. H. (1967). The social readjustment rating scale. *Journal of psychosomatic research,* 11 (2), 213~218.

Huchingson, R. D. (1981). *New horizons for human factors in design.* New York: McGraw-Hill.

Hunsicker, P. A. (1955). Arm strength at selected degrees of elbow flexion. *Technical report* 54~548, U.S. Air Force, WADC.

Hyman, R. (1953). Stimulus information as a determinant of reaction time. *Journal of experimental psychology,* 45, 423~432.

Isreal, J. B., Wickens, C. D., Chesney, G. L., & Donchin, E. (1980). The event–related brain potential as an index of display-monitoring workload. *Human Factors,* 22, 211~224.

Johanssen, G., Aronsson, G., & Lindstrom, B. O. (1978). Social psychological and neuroendocrine stress relations in highly mechanised work. *Ergonomics,* 21 (8), 583~599.

Johanssen, G. (1979). Workload and workload measurement. In Neville Moray (Ed.), *Mental workload.* New York: Plenum press.

Kantowitz, B. H., & Sorkin, R. D. (1983). *Human factors: Understanding people-system relationships.* New York: John Wiley & Sons.

Kroemer, K. H. E. (1972). Human-engineering the keyboard. *Human Factors,* 14 (1), 51~63.

Kroemer, K. H. E. (1975). Muscles strength as a criterion in control design for diverse populations. In Chapanis, A. (Ed.), *Ethnic variables in human factors engineering.* Baltimore: The Johns Hopkins University Press.

Landy. F. J., & Trumbo. D. A. (1980). *Psychology of work behavior.* Pacific Grove, CA: Brooks/Cole.

Lang Yanying (1988). An ergonomics study on working time in hot environment. In *Proceedings of international conference on ergonomics, occupational safety and health and the environment,* October, Beijing.

Lockhart, J. M., Kiess, H.O., & Clegg, T. J. (1975). Effect of rate and level of lowered finger-surface temperature on manual performance. *Journal of Applied Psychology,* 60 (1), 106~113.

Loftus, E. F. (1979). *The eyewitness testimony.* Cambridge, MA: Havard University Press.

Luchins, A. S.(1946). Classroom experiments on mental set. *American Journal of Psychology,* 59, 295~298.

Maslow, A. H. (1970). *Motivation and personality* (2nd ed.). New York: Harper & Row.

McCormick, E. J., & Ilgen, D. R. (1985). *Industrial and organizational psychology* (8th ed.). Englewood Cliffs, NJ: Prentice-Hall.

NcCormick, E. J., & Sanders, M. S. (1982). *Human factors in engineering and design* (5th ed.). New York: McGraw-Hill.

Mead, P. G., & Sampson, P. B. (1972). Hand steadiness during unrestricted linear arm movements. *Human Factors,* 14 (1), 45~50.

Meddick, R. D. W., & Griffin, M. J. (1976). The effect of two-axis vibration on the legibility of reading material. *Ergonomics,* 19 (1), 21~33.

Miller, G. A., & Isard, S. (1963). Some perceptual consequence of linguistic rules. *Journal of verbal learning and verbal behavior,* 2, 217~228.

Moore, T. G. (1975). Industrial push-buttons. *Applied Ergonomics,* 6, 33~38.

Muchinsky, P. M. (1993). *Psychology applied to work* (4th ed.). Pacific Grove, CA: Brooks/Cole.

Mundel, M. E. (1978). *Motion and time study–improving productivity* (5th ed.). Englewood Califfs, NJ: Prentice-Hall.

Murrell, K. F. H. (1965). *Human preformance in industry.* New York: Reinhold.

Navon, D. (1977). Forests before trees: The precedence of globle features in visual perception. *Cognitive Psychology,* 9, 353～383.

Navon, D. (1981). The forest revisited: More on globle precedence. *Psychological Research,* 43, 1～32.

Oborne, D. J. (1982). *Ergonomics at work.* New York: John Wiley.

Park, K.S. (1987). *Human reliability-analysis, prediction, and prevention of human errors.* New York: Elsevier.

Patterson, R. D., Nimmo-Smith, I., Weber, D. L., & Milroy, R. (1982). The deterioration of hearing with age: Frequency selectivity, the critical ratio, the audiogram, and speech threshold. *Journal of the Acoustical Society of America,* 72, 1788～1803.

Reid, G. J., & Nygven, T. E. (1988). The subjective workload assessment technique. A scaling procedure for measuring mental workload. In Hancock, P. A., & Meshkati, N. *Human mental workload.* North Holland: Elsevier.

Salvendy, G. (1987). *Handbook of human factors.* New york: John Wiley & Sons.

Schmidt, R. A., Zelaznik, H. N., & Frank, J. S. (1978). Sources of inaccuracy in rapid movement. In G.E. Stelmach (Ed.), *Information processing in motor control and learning.* New York: Academic.

Schultz, D. P. (1978). *Psychology and industry today.* New York: Macmillan.

Slight, R. B.(1948). The effect of instrument dial shape on legibility. *Journal of Applied Psychology,* 32.

Smith, S. L., & Thomas, D. W. (1964). Color versus shape coding in information displays. *Journal of Applied Psychology,* 48, 137～146.

Snook, S. H. (1978). The design of manual handling tasks. *Ergonomics,* 21 (12),963～985.

Steers, R. M., & Porter, L. W. (Eds.) (1983). *Motivation and work behavior* (2nd ed.). New York: McGarw-Hill.

Taylor, H. G., & Russell, J. T. (1939). The relationship of validity coefficients to the practical effectiveness of tests in selection: Discussion and tables. *Journal of Applied Psychology,* 22, 565~578.

Tech, W. H. (1985). *Safety is no accident.* London: William Collins.

Tesch, P. A., Colliander, E. B., & Kaiser, P. (1986). Muscle metabolism during intense, heavy resistance exercise. *European Journal of Applied Psychology,* 55, 362~366.

Van Cott, H. P., & Warrick, M. J. (1972). Man as a system component. In Van Cott, H. P., & Kinkade, R. G. (Eds.). *Human engineering guide to equipment design.* Washington, D. C.: U.S. Government Printing Office.

Vroom, V. J. (1964). *Work and motivation.* New York: John Wiley.

Webster, J. C. (1978). Speech interference aspects of noise. In D. M. Lipscomb (Ed.), *Noise and audiology,* 193~228. Baltimore: University Park Press.

Wickens, C. D. (1984). *Engineering psychology and human performance.* Columbus, Ohio: Charles E. Merrill Publishing Company.

Williams, P. C. (1972). The effect of surface color on apparent surface distance. *Lighting Research and Technology,* 4 (1).

Wilson, J. R., & Corlett, E. N. (Eds.). (1990). *Evaluation of human work: A practical ergonomics methodology.* London: Taylor & Francis.

Wong, K. W., & Yacoumelos, N. G. (1973). Identification of cartographic symbols form TV display. *Human Factors,* 15 (1), 21~31.

Woodson, W. E. (1981). *Human factors design handbook.* New York: McGraw-Hill.

Woodworth, R. S., & Sells, S. B. (1935). An atmosphere effect in formal syllogistic reasoning. *Journal of Experimental Psychology,* 18, 451~460.

Yu Yongzhong, & Lu Simei (1990). The acceptable load while marching at a speed of 5km/h for young Chinese males. *Ergonomics,* 33 (7), 885~890.

Zhang Zhijun, & Zhu Zuxiang (1988). Ergonomical study on workload of lifting. In *Proceedings of international conference on ergonomics, occupational safety and health and the environment,* October, Beijing.

Zhu Zuxiang, & Zhang Zhijun (1990). Maximum acceptable repetitive lifting workload by Chinese subjects. *Ergonomics,* 33 (7), 875~884.

索 引

說明：1.每一名詞後所列之數字為該名詞在本書內出現之頁碼。
2.由英文字母或數字起頭的中文名詞排在漢英名詞對照之最後。
3.同一英文名詞而海峽兩岸譯文不同者，除在正文內附加括號有所註明外，索引中均予同時編列。

一、漢英對照

二 畫

二因子設計　two-factor design　59
二因素實驗設計　two-factor design　59
二磷酸腺苷　adenosine diphosphate　484
人-工作環境關係　man-work environment interrelation　6
人因素分析　analysis of human factors　274
人事心理學　personnel psychology　11,55
人事資料　personal file　211
人的可靠性　human reliability　7
人的因素　human factors　6,318,375
人的差錯　human error　577
人的體溫　body temperature　679
人-計算機界面　human-computer interface　401
人-計算機相互作用　human-computer interaction　26,402
人-計算機對話　human-computer dialogue　18
人員比較法　employee comparison methods　214
人員定向問卷　worker-oriented questionnaire　152
人員培訓　personnel training　148,183
人員選配　personnel selection and job assignment　597
人格測量　personality measure　45
人格測驗　personality test　49,167
人際關係　interpersonal relation　5,6,707
人際關係測量法　method of interpersonal relations measurement　711
人機工程學　human-machine engineering　17,260
人機匹配　man-machine match　7,276
人機功能分配　function distribution between man and machine　276
人機合一系統　man-machine system　262
人機系統　man-machine system　6,131,262,264
人機系統工程　man-machine system engineering　262
人機系統的可靠性　man-machine system reliability　7
人機系統評價　man-machine evaluation　285

人機界面　man-machine interface　260,267
人機界面匹配　man-machine interface match　276
人-機-環境系統　man-machine-environment system　13
人機聯合操作程序圖　man-machine process chart　453
人-機關係　man-machine interrelation　6
人類工效學　ergonomics　375
人類因素工程學　human factors engineering　17,260
人體尺寸　body dimension　76,618
人體模板　templetes of human body　80
人體熱平衡　human body heat thermal equilibrium　680
力量　force　244

三　畫

三磷酸腺苷　adenosine triphosphate　484
下丘腦　hypothalamus　69
下肢骨　ossa extremitatis inferioris　72
上肢骨　ossa extremitatis superioris　72
口述隨機數測量法　random-number generation measure　534
大腦半球　cerebral hemisphere　69
大腦皮層　cerebral cortex　69
大腦皮層誘發電位　cerebral cortex evoked potential　536
小腦　cerebellum　69
工位　work place　617
工作士氣　morale of work　228,236
工作分析　job analysis　11,147
工作分類　job classification　154
工作生活品質　quality of work life　10,18
工作充實法　job enrichment　18
工作成效　performance　210
工作定向問卷　job-oriented questionnaire　152
工作空間　work space　608
工作研究　work study　435
工作負荷　workload　10,531
工作面　work plane　622
工作效率　work efficiency　7
工作記憶　working memory　109
工作動機　job motivation　18
工作強度　intensity of labour　551
工作描述　job description　150
工作程序　sequence of operation　437
工作結果　job outcomes　244
工作須備條件　job requirement　150
工作滿意感　job satisfaction　18
工作樣本測驗　work sample test　168
工作豐富化　job enrichment　18
工具性　instrumentality　244
工效學　ergonomics　17,260
工效學標準　ergonomics standard　624
工程心理學　engineering psychology　9,12.17,55,260,375
工程心理學　human engineering　17,260
工業心理學　industrial psychology　6
工業管理心理學　industrial management psychology　12

四　畫

不可避免的遲延　unavoidable de-

lay 458
不等同控制組設計 nonequivalent control group design 61
不舒適眩光 discomfort glare 643
不滿意 dissatisfaction 241
不確定性決策 decision-making under uncertainty 129
中央凹 fovea 96
中央溝 central fissure 69
中央窩 fovea 96
中間色 intermediary color 304
中間色律 law of intermediary colors 304
中腦 midbrain 69
中樞神經系統 central nervous system 69
互補性 complementarity 710
仁慈效應 positive leniency effect 214
內在動機 instrinsic motivation 228,229
內容因素 content factors 243
內容效度 content validity 53, 159
內容效度比 content validity ratio 54
內部一致信度 internal consistent reliability 52
公平理論 equity theory 246
公共區 public distance zone 613
公衆區 public distance zone 613
分貝 decibel 348
分辨率 resolving power 327
反光係數 reflectance 641
反射眩光 reflected glare 417,643
反應 reaction 94
反應 response 248
反應時 reaction time 133
反應變量 response variable 45
反應變項 response variable 45

心向 mental set 123
心肌 cardiac muscle 71
心每搏輸出量 stroke volume 74
心率 heart rate 75,496,535
心率變異 heart rate variance 535
心理工作負荷 mental workload 516
心理定勢 mental set 123
心理空間 psychological space 607
心理負荷 mental workload 516, 517
心理訓練 mental training 524
心理疲勞 mental fatigue 548
心理測量 psychological measurement 45
心理測驗 psychological test 45, 47
心理感受逼真度 psychological fidelity 62
心理資源 mental resource 530
心理-運動性操作 psychomotor operation 266
心理圖示 psychogram 155
心理圖析 psychogram 155
心理特徵 psychological 45
心理特性 psychological 45
心理逼真度 psychological fidelity 199
心算作業測量法 mental arithmetic task measure 534
心輸出量 cardiac output 74
手柄 handgrip 390
手段-目的分析法 means-end analysis method 121
手控式人機系統 manual control mode man-machine system 265
手控制器 hand controls 387
文化 culture 713
文本編輯 text editing 403,423

文字測驗　verbal test　47
方法時間測量法　methods time measurement　471
比例量表　equal ratio scale　46
比特　bit　91
水分耗失率　water loss rate　683

五　畫

丘腦　thalamus　69
主任務　primary task　533
主動學習　active learning　190
主導動機　dominative motivation　231
主題統覺測驗　Thematic Apperception Test　50
主觀工作負荷評價法　subjective workload assessment technique　539
主觀評定法　subjective assessment　537
主觀評價　subjective assessment　212
加權檢核表　weighted checklists　216
功能人體尺寸　functional human dimensions　78
功能固著　functional fixedness　124
卡特爾16種個性因素問卷　Sixteen Personality Factor Questionnaire　49
可見光　visible light　303
可重復性　repetitiveness　29
可靠性　reliability　160,280
可避免遲延　avoidable delay　458
古珀-哈珀量表　Cooper-Harper Scale　539
外來動機　extrinsic motivation　231
外周神經系統　peripheral nervous system　69
外部效度　external validity　59
失明眩光　blinding glare　643
失真　distortion　113
失能眩光　disability glare　643
平均皮膚溫度　mean skin temperature　680
平移式控制器　translation controls　374
平滑肌　smooth muscle　71
本文編校　text editing　403,423
本能行為　instinctive behavior　235
正式群體　formal group　703
正後像　positive afterimage　300
正常作業面　normal work area　622
正常操作區域　normal work area　462
正強化　positive reinforcement　248
正強化作用　positive reinforcement　192,193
正態分布　normal distribution　215
正寬大效應　positive leniency effect　214
正遷移　positive transfer　194
永久記憶　permanent memory　111
由下而上處理　bottom-up processing　107
由上而下處理　top-down processing　107
生存需要　existence needs　239
生存-關係-成長理論　existence-relatedness-growth theory　238
生活空間　life space　608
生活變化單位　life change units　529
生理心理學　physiological psy-

chology 55
生理疲勞 physiological fatigue 548
生理需要 physiological need 237
生態效度 bionomic validity 59
用戶界面 user interface 401,417
白指病 white finger disease 674
皮膚溫度 skin temperature 679
目標 goal 230,699
目標模型 object model 271

六 畫

交感神經系統 sympathetic system 70
休息 rest 458
任務分析 task analysis 149
企業文化 enterprise culture 713
光通量 luminous flux 633
光筆 light pen 409
光源色 light-source color 633
光適應 light adaptation 298
光環效應 halo effect 161
先進性 advanced stage 508
全屏幕編輯 full-screen editing 424
全幕式編校 full-screen editing 424
共同性 communality 154
共通性 communality 154
危險 danger 573
危險性評估 danger assessment 583
同時效度 concurrent validity 159
同質性信度 homogeneity reliability 52
名義量表 nominal scale 45
合成法 synthetic rating 437,466
合併 combination 440
合理性 rationality 508

因果圖 schemata of causality 591
因變量 dependent variable 45, 56
在職培訓 on job training 197
多人操作程序分析 multi-person process analysis 452
多人操作程序圖 multi-person process chart 450
多元迴歸 multiple regression 171
多因素實驗 multifactor experiment 56,58
多因素實驗設計 multifactor experiment design 58
多項能力測驗 multiple ability test 48
多重相關 multiple correlation 170
多重篩選法 multiple hurdle 173
多窗口編輯 multiple-window editing 424
多項截止法 multiple cutoff 172
多維刺激 multi-dimension stimulus 101
多維視覺編碼 multiple dimensions visual coding 314
多維複合編碼 multiple dimensions compound coding 315
多維餘度編碼 multiple dimensions redundant coding 314
字高寬比 width-height ratio of word 337
存儲 storage 107
安全 safety 573
安全分析 safety analysis 582
安全目標管理 management by objective for safety 596
安全培訓 safety training 598
安全教育 safety education 598
安全需要 safety need 237

安全檢查表　checklist for safety　587
成本-效益比　cost benefit ratio　202
成見差誤　halo errors　214
成見效應　halo effect　161
成長需要　growth needs　238,239
成就測驗　achievement test　48
成就需要理論　theory of needs-achievement　240
成對比較法　paired comparison method　215
有效動作元素　valid motion element　458
有效溫度　effective temperature　678
有氧氧化供能系統　aerobic oxydation system　485
有意差錯　intentional error　578
次任務方法　subsidiary task technique　533
次要動機　assistant motivation　231
考核　appraisal　187
考評　evaluation　207
考評結果反饋　feedback of appraisal results　220
耳蝸　cochlea　97
肋骨　oscostale　72
肌肉　muscle　71
肌肉疲勞　muscular fatigue　548,549
肌纖維　muscle fiber　72
自下而上加工　bottom-up processing　107
自上而下加工　top-down processing　107
自主神經系統　autonomic nervous system　69,70
自我實現需要　self-actualization need　237

自律神經系統　autonomic nervous system　70
自動化系統　automation system　266
自尊需要　self-esteem need　237
自然性動機　natural motivation　230
自然語言　natural language　423
自然環境　natural environment　603
自然觀察　naturalistic observation　31
自認勞累分級量表　scale for rating of perceived exertion　498
自變量　independent variable　45,56
自變項　independent variable　45
至適溫度　optimum temperature　686
色代替律　law of color substitution　305
色表　color appearance　633
色彩的對比協調　harmonious relations on color contrast match　649
色彩配合　color matching　648
色彩配合的類似協調　harmonious relations on similar color match　648
色溫　color temperature　634
艾森克個性問卷　Eysenck Personality Questionnaire　49
血流量　bloodflow volume　75
血液循環系統　blood circulation system　74
血壓　blood pressure　496
行式編校　line editing　423
行為　behavior　232
行為定位評級表　behaviorally anchored rating scales　217
行為空間　behavioral space　608

索引 **739**

行為表現　behavior performance　232
行為模式　behavioral model　235
行為檢核表　behavioral checklist　216
行為觀察量表　behavioral-observation scales　217
行編輯　line editing　423

七　畫

串聯式人機系統　serial man-machine system　265
位置編碼　location coding　377
伸手　reach　456
伸手動作　reach　471
似動現象　apparent movement phenomenon　335
作業分析　work analysis　435
作業活動逼真度　task fidelity　62
作業研究　work study　435
作業面　work plane　622
作業數據　performance data　211
克洛　clo　689
刪減　elimination　440
即時記憶　immediate memory　108
坐位參照點　seat reference point　563
局部特徵　local feature　105
局部疲勞　local fatigue　548
尾骨　os coccyges　72
序列運動　sequential movement　132
形狀編碼　shape coding　313
形象思維　imaginal thinking　117
昉　phon　350
折半信度　split-half reliability　52
投射測驗　projective test　49,168
抓握　grasp　456
決策　decision-making　92,127
私交區　personal distance zone 612
系列掃描模型　serial scanning model　112
系統　system　263
系統工程　systems engineering　262
系統設計　system design　6
系統誤差　systematic error　283
角色　role　699
角色扮演　role-playing　197
言語可懂度　speech intelligibility　357
言語信噪比　speech signal-to-noise ratio　360
言語控制器　speech controls　395
言語通訊　speech communication　357
貝楚德-樸爾克效應　Bezold-Brucke effect　307
足控制器　foot controls　387

八　畫

河內塔問題　Tower of Hanoi Puzzle　121
並聯式人機系統　paraller man-machine system　265
乳酸能系統　lactic acid system　485
事件樹分析　events tree analysis　591
事故　accident　573
事故分析　accident analysis　588
事故率　accident rate　580,596
事故預防　accident prevention　596
依變項　dependent variable　45
使用　use　456
使用者界面　user interface　401, 417
兒童心理學　child psychology　55
兩點閾限　two-point threshold

558
刻度間距　distance between minimum markers of scale　320
刻度數進級　numerical progressions of scales　322
刺激　stimulus　248
刺激變量　stimulus variable　45
刺激變項　stimulus variable　45
制約反射　conditioned reflex　248
呼吸系統　respiration system　73
呼吸商　respiratory quotient　488
命令語言　command language　422
固定比率強化表　fixed-ratio reinforcement schedule　249
固定比率增強方式　fixed-ratio reinforcement schedule　249
固定時距強化表　fixed-interval reinforcement schedule　249
固定時距增強方式　fixed-interval reinforcement schedule　249
孟塞爾表色系統　Munsell color system　647
定位運動　positioning movement　132
定程式思維　algorithmic thinking　118
定量顯示器　quantitative displays　309
帕　pascal　348
延腦　medulla　69
性向測驗　aptitude test　47
定性顯示器　qualitative displays　309
拉力　pull force　83
抽象思維　abstract thinking　117
拆卸　disassemble　456
放開　release load　456
明尼蘇達多相個性檢查表　Minnesota Multiphasic Personality Inventory　49

明度　brightness　303
枕葉　occipital lobe　69
注意　attention　94
注意資源　mental resource　530
物理空間　physical space　607
物理環境　physical environment　149
盲目定位運動　blind positioning movements　136
直射眩光　direct glare　417,643
直接訪談　direct interview　35
直接測熱法　direct cariometry　486
直接操縱　direct manipulation　422
直接觀測法　direct observation　437,466
直通模型　direct access model　112
直斷式思維　heuristic thinking　118
直斷法　heuristics　120
知覺　perception　92,93
社交區　social distance zone　613
社會心理學　social psychology　55
社會交往空間　social intercourse space　609
社會計量法　sociometry　711
社會重新適應量表　Social Readjustment Rating Scale　529
社會促進效應　effect of social facilitation　705
社會助長作用　effect of social facilitation　705
社會抑制效應　effect of social inhibition　705
社會性動機　social motivation　230
社會測量法　sociometry　711

索　引 **741**

社會需要　social need　237
社會輿論　public opinion　527
社會環境　social environment　149,603
社會關係圖　sociogram　711
空間知覺　space perception　609
空間兼容性　spatial compatibility　382
空間設計　space design　614
空曠恐懼症　agoraphobia　609
肺通氣量　ventilation　73,495
肺換氣　pulmonary ventilation　74
表單　menu　420
表象　representation　112
表徵　representation　112
表盤-指針式儀表顯示器　dial-pointer displays　318
表盤指針式顯示器　scale-pointer displays　309
近似性　communality　154
近身區　personal distance zone　612
長時記憶　long-term memory　107,110
長遠動機　long-term motivation　232
非文字測驗　nonverbal test　47
非正式群體　informal group　703
非乳酸能系統　alactic acid system　485
非特定人系統　speaker-independent system　410
非參與觀察　nonparticipant observation　31
非參數統計法　non-parametric statistics method　46
非結構問卷　unstructured questionnaire　39
非結構訪談　unstructured interview　35
非結構觀察　unstructural observation　31

九　畫

亮度　luminance　303,333
亮度分布　luminance distribution　641
亮度均勻度　uniformity ratio of illuminance　641
亮度對比　luminance contrast　295,639
亮適應　light adaptation　298
信度　reliability　51,158,280
信度係數　coefficient of reliability　51,158
信息　information　91
信息反饋　information feedback　94,265,373
信息加工　information processing　10,90
信息量　amount of information　91
信息傳遞率　rate of information transmission　98
信息模型　information model　271
信息論　information theory　91
信息輸入　information input　94
信息輸出　information output　131
信號燈顯示器　signal lights displays　310
信號檢測法　signal detection method　110
信號檢測論　signal detection theory　666
信道容量　information channel capacity　98,99
保健因素　hygiene factors　243
客觀性　objectivity　28
客觀評價標準　objective criterion

for evaluation 29
封閉系統 close system 263
封閉性空間 enclosed space 609
幽閉恐懼症 claustrophobia 610
後像 afterimage 300
思考 thinking 115
思維 thinking 115
按鈕 push-button 387
故障平均時間 mean time to failure 281
故障率 failure rate 281
故障間平均時間 mean time between failures 281
故障樹分析 fault tree analysis 592
施米特定律 Schmidt's Law 136
映像記憶 iconic memory 108
活動代謝 work metabloism 484
活動空間 space for activity 607
界面 interface 267
相互誘導 reciprocal induction 127
相似性 similarity 194,709
相對能量代謝率 relative metabolic rate 490
相關性 relativity 160
科學性 scientificity 27
美國國家航空暨太空總署作業負荷指數 National Aeronautics and Space Administration Task Load Index 540
美國採暖製冷和空調工程師協會 American Society of Heating, Refrigeration and Air-Conditioning Engineers 678
耐力 endurance 85
背景性因素 context factors 243
若則否則 if-then-else 427
計畫 plan 458
計算機輔助教學 computer-assisted instruction 199

計權網絡 weighting network 661
負後像 negative afterimage 300
負效應 negative effect 7
負強化 negative reinforcement 248
負強化作用 negative reinforcement 192,193
負寬大效應 negative leniency effect 214
負遷移 negative transfer 194
軌跡球 track ball 409
重排 rearrangement 441
重復運動 repetitive movement 132
重測信度係數 test-retest reliability coefficient 52
限定法 constrained method 57
面談 interview 164,221
面顴骨 ossafaciei 72
韋伯定律 Weber's Law 95
韋克斯勒成人智力量表 Wechsler Adult Intelligence Scale 47, 166
韋斯曼人員分類測驗 Wesman Personnel Classification Test 166
音色 timbre 344,348
音高 pitch 344,347
風冷指數 wind-chill index 678
風速 windspeed 678

十　畫

倒推法 backward inference method 122
個人心理空間 personal psychological space 611,612
個人空間 personal space 611
個人領域 personal territory 611,612
個別差異 individual differences

索　引 **743**

157,253
個別訪談　individual interview　35
個別測驗　individual test　47
個性測量　personality measure　45
個性測驗　personality test　49, 167
個體差異　individual differences　157,191,253
個體條件　job requirement　150
修正的古珀-哈珀評定量表　Modified Cooper-Harper Rating Scale　540
修訂韋氏成人智力量表　Wechsler Adult Intelligence-Revised in China　47
原型　prototype　272
差別感受性　difference sensitivity　95
差別閾限　difference threshold　95
差異心理學　differential psychology　11
庫德-理查森公式　Kuder-Richardson formula　52
庭園式辦公室　landscaped office　617
純音　pure tone　345,346
座位可調性　seat adjustability　625
座位設計　seat design　623
拿住　hold　458
振幅　amplitude　347
振動　vibration　670
振動覺　vibration sensation　670
效果律　law of effeciency　248
效度　validity　53,158,159
效度係數　coefficient of validity　159
效度標準　validity criterion　53

效價　valence　244
效標　validity criterion　159
效應器　effector　373
效績考評　performance appraisal　206
時差　difference of time　445
時動研究　time-motion study　15
時間序列設計　time series design　60
時間判斷測量法　time judgement measure　534
時間-動作研究　time-motion study　15
時間程序　schedule　442
時間線圖　time-line charting　442
格蘭尼特-哈珀定律　Granit-Harper's law　302
案例分析　case analyeis　200
氣溫　air temperature　677
氧債　oxygen debt　496
氧熱價　oxygen caloric value　488
泰勒-羅素函數表　Taylor-Russell Tables　176
消除法　elimination method　57
消費心理學　consumer psychology　13
特伏拉克鍵盤　Dvorak-keyboard　405
特定人系統　speaker-dependent system　410
特殊能力　special ability　166
特殊能力測驗　special ability test　48
特徵覺察器　feature detector　105
脈衝噪聲　impulse noise　660
胼胝體　corpus collosum　69
疲勞　fatigue　10,103,547
眩光　glare　416,638,643
眩光指數　glare index　643
真實驗　true experiment　56

神經系統　nervous system　69
神經衝動　neural impulse　70
素質　diathesis　274
納入法　building-it-into method　57
紙筆誠實測驗　paper-pencil test　168
胸骨　sternum　72
胸椎　vertebrae thoracales　72
能力測量　ability measure　45
能力測驗　ability test　47
能見度　visibility　643
能量代謝　energy metabolism　483
能量代謝率　energy metabolic rate　483
脊柱　columna vertebralis　72
脊神經　spinal nerve　70
脊髓　spinal cord　69
航空心理學　aviation psychology　19
記憶　memory　92,93
記憶搜尋作業測量法　memory-search task measure　534
訊息　information　91
訊息理論　information theory　91
訊息處理　information processing　10,90
訊號偵測論　signal detection theory　666
追踪球　track ball　409
配對比較法　paired comparison method　45,215
配對法　matched-pairs procedure　57
閃光　flicker　300
閃光盲　flash blindness　644
閃光融合　flicker fusion　300
骨骼肌　skeletal muscle　72

十一　畫

偵錯　error-detecting　427
偏見　prejudice　161
副交感神經系統　parasympathetic system　70
動作分析　motion analysis　436
動作思維　action thinking　116
動作與時間研究　motion and time study　434
動作經濟原則　economic principle of motion　459
動素　therblig　456
動素分析　therblig analysis　456
動態力量　dynamic strength　81
動態系統　dynamic system　263
動態視敏度　dynamic visual acuity　96
動態顯示器　dynamic displays　309
動機　motivation　227
參與觀察　participant observation　31
問卷　questionnaire　152
問卷法　questionnaire method　28,39
問題　problem　119
問題索解　problem solving　119
問題解決　problem solving　119
國際工效學聯合會　International Ergonomics Association　17
國際標準化組織　International Standardization Organization　668
基本需要　basic needs　237
基底膜　basilar membrane　97
基礎代謝　basal metabolism　483
執行-當滿足　do-while　427
常態分配　normal distribution　215
常誤　constant error　283

常模　norm　48,51
強化　reinforcement　248
強化作用　reinforcement　194,248
強化物　reinforcer　193
強化理論　reinforcement theory　248
強迫分配法　forced-distribution method　215
情節性記憶　episodic memory　111
情境　context　710
情境因素　context factors　243
控制反應比　control-response ratio　386
控制器　controls　260,266,268,374
控制器間距　distance between controls　381
控制-顯示比　control-display ratio　386
控制觀察　controlled observation　31
從衆行為　conformity behavior　705
探索法　heuristics　120
接口　interface　267
推力　push force　83
教育測驗　educational test　47
啟發式思維　heuristic thinking　118
敏感性訓練　sensitivity training　200
旋鈕　rotation knobs　388
旋轉式控制器　rotation controls　374
旋轉動作　turning　474
旋轉選擇開關　rotary seletor switch　389
條件反射　conditioned reflex　248
欲望　desire　229
清晰度指數　articulation index　358

混合色　mixed color　304
混合標準量表　mixed-standard rating scales　219
現場研究　field study　59
現場實驗　field experiment　56,59
產品工藝流程　product technical process　446
產品生產流程分析　production flow analysis　446
產品的生產流程　production process　449
移物　transport loaded　456
移動動作　movement　474
第二任務方法　secondary task technique　533
組塊　chunk　109
組織　organization　697
組織分析　organizational analysis　185
組織心理學　organizational psychology　12
組織文化　organizational culture　18
習得性行為　acquired behavior　193
習得驅力　acqaired drive　236
習慣力量　force of habit　236
習慣化　habituation　559
習慣行為　habitual behavior　235
習慣兼容性　habitual compatibility　385
習慣勢力　force of habit　236
習慣驅動力　acqaired drive　236
脫產培訓　off-the-job training　197
脫機處理　off-line processing　426
被動學習　passive learning　190
被試內設計　within-subjects design　58
被試間設計　between-subjects design　58

訪問調查　interview survey　151
訪談法　interview method　28,34
設計差錯　design-induced error　578
設備色　equipment color　651
設備逼真度　equipment fidelity　62,199
軟件　software　268
軟件心理學　software psychology　26,400
軟件界面　software interface　401
軟體　software　268
連線處理　on-line processing　426
連續式控制器　continuous controls　374
連續系統　continuous system　264
連續運動　continuous movement　132
連續噪聲　continuous noise　660
速度-準確性操作特性曲線　speed-accuracg operating characteristic curve　138
速度-精確性互換　speed-accuracy trade off　138
閉合式間接測熱法　closed indirect cariometry　486
閉環式人機系統　close-loop man-machine system　265
閉鎖恐怖症　claustrophobia　610
陳述性記憶　declarative memory　111
陸軍通用分類測驗　Army General Classification Test　17
陰極射線管　cathode-ray tube　326,411
頂葉　parietal lobe　69

十二畫

傅里葉分析法　Fourier analysis　349
最大可接受工作負荷　maximum acceptable workload　502
最大作業面　maximum work area　622
最大操作區域　maximum work area　462
最小可覺差別　just noticeable difference　95
最佳控制-顯示比　optimum control display ratio　386
創造性思維　creative thinking　117
勞動心理學　labor psychology　13
勞動定額　work quota　507
單因素實驗　single factor experiment　56,58
單位權值法　method of unit weight value　171
單位權重法　method of unit weight value　171
單維刺激　single dimension stimulus　101
單維視覺編碼　single dimension visual coding　311
場依存性　field dependence　582
場獨立性　field independence　582
尋找　search　456
復述　rehearsal　108
復習　rehearsal　108
提取　retrieval　107
握力　grip strength　81
握取動作　grasp　474
斯皮爾曼-布朗公式　Spearman-Brown formula　52
普通分類測驗　Army General Classification Test　17
普通能力性向成套測驗　General Aptitude Test Battery　48
普通能力測驗　general ability test

48
智力　intelligence　47
智力測量　intelligence measure　45
智力測驗　intelligence test　47, 166
替換　replacement　441
期望值　expectancy　244
期望-效價理論　expectancy-valence theory　243
期望理論　expectancy theory　243
椎骨　vertebrae　72
測量　measure　44
測謊器　lie detector　168
焦點色　focal point color　652
無效動作元素　invalid motion element　458
無氧糖酵解系統　anaerobic glycolysis system　485
無控制觀察　noncontrolled observation　31
無意差錯　unintentional error　578
無關變量　irrelevant variable　56
發光效率　luminous efficiency　633
發現　find　458
發散式思維　divergent thinking　117
短近動機　short-term motivation　232
短時記憶　short-term memory　107, 109
硬件　hardware　268
硬件界面　hardware interface　401
硬體　hardware　268
程式流程圖　program flowchart　426
程式模組　program module　427

程式編譯　program compilation　403
程序性記憶　procedural memory　111
程序流程圖　program flowchart　426
程序教學　programmed instruction　196, 198
程序模塊　program module　427
程序編製　program compilation　403
窗口　window　422
等比量表　equal ratio scale　46
等振動覺曲線　equal vibration sensation curve　672
等時間取樣設計　equal-time sampling design　60
等級法　rank-order method　215
等級排列法　ranking method　45
等級量表　ordinal scale　45
等級量表法　rating scales　213
等能光譜　equal energy spectrum　307
等第排列法　rank-order method　215
等距量表　equal interval scale　46
等響曲線圖　equal loudness curve　350
筆畫產生器　stroke generator　413
筆畫寬度　stroke width　327
結果反饋　results feedback　192
結果知識　knowledge of results　192
結構化程序設計　structured programming　427
結構效度　construct validity　54
結構問卷　structured questionnaire　39
結構訪談　structured interview

35
結構觀察　structural observation　31
絕對判斷　absolute judgement　100
絕對敏感性　absolute sensitivity　95
絕對感受性　absolute sensitivity　95
絕對閾限　absolute threshold　95
舒適溫度　comfortable temperature　686
菜單　menu　420
虛擬技術　virtual technique　62
視力　visual acuity　293
視敏度　visual acuity　96,293
視桿細胞　rod cell　96
視野　visual field　293
視窗　window　422
視網膜　retina　96
視錐細胞　cone cell　96
視覺　visual sense　96
視覺代碼　visual code　311
視覺對比感受性　visual contrast sensitivity　641
視覺編碼　visual coding　311,376
視覺疲勞　visual fatigue　636
視覺適應　visual adaptation　298
視覺顯示終端　visual display terminal　26,411
視覺顯示器　visual displays　309
評定量表　rating scales　213
評鑒　evaluation　207
診斷　diagnosis　208
貯存　storage　107
費里-波特定律　Ferry-Porter's law　300,328
費茨定律　Fitts' Law　134
量表法　scaling　45,49
溫德立人事測驗　Wonderlic Personnel Test　166

開放系統　open system　263
開放性空間　opening space　609
開環式人機系統　open-loop man-machine system　265
開放式間接測熱法　open indirect cariometry　487
間接訪談　indirect interview　35
間接測熱法　indirect cariometry　486
間歇噪聲　intermittent noise　660
間腦　diencephalon　69
集體訪談　collective interview　35
順序量表　ordinal scale　45
黑箱　black box　26

十三　畫

傳信通道容量　information channel capacity　98,99
嗅粘膜　olfactory epithelium　97
嗅覺　smell　97
嗅覺皮膜　olfactory epithelium　97
塑造　shaping　193
意元集組　chunk　109
意碼　semantic code　111
感受性　sensitivity　352
感受器　receptor　94
感受訓練　sensitivity training　198
感官收錄　sensory register　92,108
感覺　sensation　92
感覺神經纖維　sensory nerve fiber　70
感覺記憶　sensory memory　107,108
感覺登記　sensory register　92
暗適應　dark adaptation　298
暗適應曲線　dark adaptation curve　298

暈輪差誤　halo errors　214
業餘培訓　sparetime training　198
業績考評　performance appraisal　148
概率　probability　244
概念兼容性　conceptual compatibility　385
概念驅動加工　conceptually-driven processing　107
滑鼠　mouse　409
準實驗　quasi experiment　56
準實驗設計　quasi-experiment design　59
照明　illumination　633
照明水平　illumination level　637
照明分布　illumination distribution　641
照度　illuminance　639
照度分布　illuminance distribution　641
瑞文氏彩色圖形智力測驗　Raven's Colored Progressive Matrices Test　166
瑞文推理測驗　Raven's Progressive Matrices　47
瑞文測驗　Raven's Colored Progressive Matrices Test　166
節奏性敲擊測量法　rhythmic tapping measure　533
群體　group　702
群體凝聚力　group cohesiveness　703
腰椎　vertebrae lumbales　72
腦　brain　69
腦神經　cranial nerve　70
腦幹　brainstem　69
腦電圖　electroencephalogram　557
腦橋　pons　69
腦顱骨　cranium cerebralle　72

微巴　micro bar　345
補色　complementary color　304
補色律　law of complementary colors　304
裝配　assemble　456
運作記憶　working memory　109
運動反應　motor reaction　92
運動神經纖維　motor nerve fiber　70
運動關係兼容性　compatibility of movement relationships　383
逼真度　fidelity　199
電子顯示器　electronic displays　310
電腦輔助教學　computer-assisted instruction　199
預定時間標準模特排列　modolar arrangement of predetermined time standard　475
預定動作時間標準法　predetermined motion-time standard　471
預測作用　predictability　158
預測效度　predictive validity　54, 159, 183
預置　pre-position　458
鼓膜　ear drum　97
鼠標　mouse　409

十四　畫

像符　icon　421
厭煩　boredom　559
嘗試錯誤　trial error　119
團體　group　702
團體測驗　group test　47
圖形數字化儀　digitizing tablet　409
圖形輸入板　graphic tablet　409
圖符　icon　421
圖像記憶　iconic memory　108
圖學板　graphic tablet　409

實地研究　field study　59
實驗心理學　experimental psychology　15
實驗法　experimental method　25,55
實驗室實驗　laboratory experiment　56
實驗設計　experimental design　58
對偶比較法　paired comparison method　45
對準　position　458
構念效度　construct validity　54, 59
構思效度　construct validity　54, 159
演繹推理　deductive reasoning　121
漢諾塔難題　Tower of Hanoi Puzzle　121
滿足　satisfaction　237
滿意　satisfaction　241
監示器　monitor　411
監控式人機系統　supervisory control mode man-machine system　266
管理心理學　managerial psychology　55
管理差錯　management-induced error　580
算法式思維　algorithmic thinking　118
精氨酸加壓素免疫活性物質　Immunoreactive Arginine Vasopressin　522
緊身區　intimate zone　612
網狀結構　reticular formation　550
網狀激活系統　reticular activation system　550
網絡圖　network chart　444

維護差錯　maintenance-induced error　579
聚斂式思維　convergent thinking　117
聚斂性思考　convergent thinking　117
製作差錯　manufacture-induced error　579
語意性記憶　semantic memory　111
誤差　error　283
認知工效學　cognitive ergonomics　400
認知工程　cognitive engineering　29
認知心理學　cognitive psychology　55,90
認知框架　cognitive scheme　124
認知基模　cognitive scheme　124
誘因　incentive　235
赫　hertz　348,671
輔助性動作元素　subsidiary motion element　458
輔助動機　assistant motivation　231
需求　need　191,230,236
需要　need　191,230,236
需要層次論　need-hierarchy theory　237
魁爾梯鍵盤　Qwerty-keyboard　404

十五　畫

骶骨　os sacrum　72
價　valence　244
寬大差誤　leniency errors　214
寬容時間　ample time　445
廣告心理學　advertising psychology　14
廣場恐怖症　agoraphobia　609
數化板　digitizing tablet　409

索引 **751**

數據驅動加工　data-driven processing　107
模仿　imitation　61
模板　template　107
模特法　modolar arrangement of predetermined time standard　475
模組化　modularization　427
模塊化　modularization　427
模擬　simulation　61
模擬訓練　simulated training　199
模擬實驗　simulated experiment　56,61
樂音　musical sound　349
熱交換　heat exchange　680
熱價　caloric value　488
熱輻射　heat radiation　678
獎賞　reward　193,248
確定性決策　decision-making under certainty　129
編序教學　programmed instruction　196
編碼　encoding　110
線索　cue　113
複合分數法　compound scores　170
複合音　complex sounds　348
複相關　multiple correlation　170
複迴歸　multiple regression　171
複製性思維　reproductive thinking　117
談話法　interview survey　151
踏板　pedal　391
適用性　usability　160
適宜刺激　adequate stimulus　94
適性測驗　Adaptability Test　166
適應　adaptation　559
餘音記憶　echoic memory　108

十六　畫

噪音　noise　349,659

噪聲　noise　349,659
噪聲性耳聾　noise deaf　664
噪聲控制　noise control　668
噪聲煩擾度　annoyance of noise　667
噪聲源　noise source　659
噪聲聽力圖　noise audiogram　665
學校教育　schooling　184
學習動機　motivation to learn　190
學習遷移　learning transfer　194
操作分析　operation analysis　450
操作方法編碼　operation method coding　378
操作制約作用　operant conditioning　248
操作者　operator　264
操作條件作用　operant conditioning　248
操作測驗　performance test　47
操縱桿　control stick　390
整體特徵　global feature　105
整體疲勞　whole body fatigue　547
橫紋肌　striated muscle　71
機控式人機系統　mechanical control mode man-machine system　265
機率　probability　244
激勵因素　motivational factors　243
親密區　intimate zone　612
選單　menu　420
選擇　select　457
選擇反應時　choice reaction time　133,535
遺忘　forgetting　108
隨機法　randomization　58
隨機誤差　random error　283
霍桑效應　Hawthorne effect　16, 33

靜息代謝　resting metabolism　484
靜態人體尺寸　static human dimensions　76
靜態力量　static strength　81
靜態系統　static system　263
靜態視敏度　static visual acuity　96
靜態調節　static adjustment　133
靜態顯示器　static displays　309
頸椎　vertebrae cervicales　72
頻帶　frequency band　348

十七　畫

優勢動機　dominative motivation　231
擬人論　anthropomorphism　28
檢查　inspect　456
檢索　retrieval　107
檢驗性　verifiability　29
環境色　environment color　651
環境條件逼真度　environment fidelity　62
環境逼真度　environment fidelity　199
瞬時記憶　immediate memory　108
磷酸肌酸　phosphocreatine　485
磷酸原系統　phosphagen system　485
聲音強度差別閾限　sound intensity difference threshold　353
聲音控制器　sound controls　395
聲音掩蔽效應　sound masking effect　353
聲音頻率　sound frequency　348
聲音頻率差別閾限　sound frequency difference threshold　351
聲級　sound level　661
聲級計　sound level meter　661
聲強　sound intensity　347
聲像記憶　echoic memory　108

聲碼　acoustic code　110
聲壓　sound preasure　347,660
聲壓級　sound pressure level　348,660
聲譜分析法　sound spectrum analysis method　349
濕度　humidity　678
聯想　association　113
聯機處理　on-line processing　426
臨床測驗　clinical test　47
臨界閃光融合頻率　critical flicker fusion frequency　300
講解式　expository　198
講演法　expository　198
趨中差誤　central-tendency errors　214
點陣　dot matrix　413
擴散性思考　divergent thinking　117

十八　畫

歸因　attribution　130
簡化　simplification　441
簡單反應時　simple reaction time　133,535
職前培訓　prejob training　197
職務分析　job analysis　12,147,186
職務分類　job classification　154
職務描述　job description　150
職業品德　work ethic　151
職業倫理　work ethic　151
職業測驗　vocational test　47
軀體神經系統　somatic nervous system　70
離散式控制器　discrete controls　374
離散系統　separated system　264
離線處理　off-line processing　426
雙手操作程序圖　left and right-hand process chart　452
雙因素理論　two-factor theory

241
額葉　frontal lobe　69
顏色冷暖效應　cold and warm effect of color　646
顏色的生理效應　physilogical effect of color　647
顏色距離效應　distance effect of color　647
顏色對比　color contrast　307
顏色編碼　color coding　311
顏色適應　color adaptation　307
顏色環　color circle　304
魏氏成人智力量表　Wechsler Adult Intellingence Scale　166

十九　畫

懲罰　punishment　193,248
穩定性係數　coefficient of stability　52
羅夏墨漬測驗　Rorschach Inkblot Test　50
邊緣系統　limbic system　551
鏈結分析法　link-analysis method　380
關係需要　relatedness needs　239
關節　articulatio　73
關鍵事件法　critical incident technique　154,216
關鍵路線　key line　445
類別量表　nominal scale　45
願望　desire　229

二十　畫

覺醒狀態　wakefulness　103
觸敏屏　touch screen　408
觸幕　touch screen　408
觸覺　sense of touch　97
觸覺編碼　tactile coding　377

二十一　畫

響度　loudness　344,347,659

驅力　drive　234
驅動力　drive　234

二十二　畫

聽覺　auditory sense　97,347
聽覺差別閾限　auditory differential threshold　351
聽覺疲勞　auditory fatigue　663
聽覺絕對閾限　auditory absolute threshold　350
聽覺顯示器　auditory displays　354

二十三　畫

變相　distortion　113
變動比率式增強方式　variable-ratio reinforcement schedule　249
變動時距式增強方式　variable-interval reinforcement schedule　249
變量　variable　56
變項　variable　56
變誤　variable error　283
邏輯門　logic gate　593
邏輯閘　logic gate　593
顯示器　displays　260,266,268
顯色性　color rendering property　633
顯色指數　color rendering index　634
驗證性　verifiability　29
體力工作負荷　physical workload　494
體神經系統　somatic nervous system　70

二十四畫 ～ 二十七畫

靈敏性　sensitivity　160
靈感作用　inspiration effect　126
觀念模型　concept model　271
觀察法　observational method

30,154
顳葉　temporal lobe　69

英文字母及數字起頭名詞

C/D 比　control-display-ratio　386
CH 量表　Cooper-Harper Scale　539
ERG 理論　ERG theory　238
GOTO 語句　GOTO statement　428
GOTO 述句　GOTO statement　428
K 鍵盤　K-keyboard　406
X 理論　X-theory　701
Y 理論　Y-theory　701
16PF＝Sixteen Personality Factor Questionnaire

二、英漢對照

A

ability measure　能力測量　45
ability test　能力測驗　47
absolute judgement　絕對判斷　100
absolute sensitivity　絕對敏感性，絕對感受性　95
absolute threshold　絕對閾限　95
abstract thinking　抽象思維　117
accident　事故　573
accident analysis　事故分析　588
accident prevention　事故預防　596
accident rate　事故率　580,596
achievement test　成就測驗　48
acoustic code　聲碼　110
acquired behavior　習得性行為　193
acqaired drive　習得驅力,習慣驅動力　236
action thinking　動作思維　116
active learning　主動學習　190
Adaptability Test　適性測驗　166
adaptation　適應　559
adenosine diphosphate　二磷酸腺苷　484
adenosine triphosphate　三磷酸腺苷　484
adequate stimulus　適宜刺激　94
ADP＝adenosine diphosphate
advanced stage　先進性　508
advertising psychology　廣告心理學　14
aerobic oxydation system　有氧氧化供能系統　485
afterimage　後像　300
AGCT＝Army General Classification Test
agoraphobia　廣場恐怖症,空曠恐懼症　609
AI＝articulation index
air temperature　氣溫　677
alactic acid system　非乳酸能系統　485
algorithmic thinking　定程式思維,算法式思維　118
American Society of Heating, Refrigeration and Air-Conditioning Engineers 美國採暖製冷和空調工程師協會　678
amount of information　信息量　91
ample time　寬容時間　445
amplitude　振幅　347
anaerobic glycolysis system　無氧糖酵解系統　485

索引 **755**

analysis of human factors 人因素分析 274
annoyance of noise 噪聲煩擾度 667
anthropomorphism 擬人論 28
apparent movement phenomenon 似動現象 335
appraisal 考核 187
aptitude test 性向測驗 47
Army General Classification Test 陸軍通用分類測驗, 普通分類測驗 17
articulatio 關節 73
articulation index 清晰度指數 358
ASHRAE = American Society of Heating, Refrigeration and Air-Conditioning Engineers
assemble 裝配 456
assistant motivation 次要動機, 輔助動機 231
association 聯想 113
ATP = adenosine triphosphate
attention 注意 94
attribution 歸因 130
auditory absolute threshold 聽覺絕對閾限 350
auditory differential threshold 聽覺差別閾限 351
auditory displays 聽覺顯示器 354
auditory fatigue 聽覺疲勞 663
auditory sense 聽覺 97,347
automation system 自動化系統 266
autonomic nervous system 自主神經系統, 自律神經系統 69,70
aviation psychology 航空心理學 19
avoidable delay 可避免遲延 458

B

backward inference method 倒推法 122
basal metabolism 基礎代謝 483
basic needs 基本需要 237
basilar membrane 基底膜 97
behavior 行為 232
behavior performance 行為表現 232
behavioral checklist 行為檢核表 216
behavioral model 行為模式 235
behavioral-observation scales 行為觀察量表 217
behavioral space 行為空間 608
behaviorally anchored rating scales 行為定位評級表 217
between-subjects design 被試間設計 58
Bezold-Brucke effect 貝楚德-樸爾克效應 307
bionomic validity 生態效度 59
bit 比特 91
black box 黑箱 26
blind positioning movements 盲目定位運動 136
blinding glare 失明眩光 643
blood circulation system 血液循環系統 74
blood pressure 血壓 496
bloodflow volume 血流量 75
body dimension 人體尺寸 76, 618
body temperature 人的體溫 679
boredom 厭煩 559
bottom-up processing 由下而上處理, 自下而上加工 107
brain 腦 69
brainstem 腦幹 69
brightness 明度 303

building-it-into method　納入法　57

C

CAI＝computer-assisted instruction
caloric value　熱價　488
cardiac muscle　心肌　71
cardiac output　心輸出量　74
case analysis　案例分析　200
cathode-ray tube　陰極射線管　326,411
central fissure　中央溝　69
central nervous system　中樞神經系統　69
central tendency errors　趨中差誤　214
cerebellum　小腦　69
cerebral cortex　大腦皮層　69
cerebral cortex evoked potential　大腦皮層誘發電位　536
cerebral hemisphere　大腦半球　69
CFF＝critical flicker fusion frequency
CFFF＝critical flicker fusion frequency
checklist for safety　安全檢查表　587
child psychology　兒童心理學　55
choice reaction time　選擇反應時　133,535
chunk　組塊，意元集組　109
claustrophobia　幽閉恐懼症，閉鎖恐怖症　612
clinical test　臨床測驗　47
clo　克洛　689
close-loop man-machine system　閉環式人機系統　265
close system　封閉系統　263
closed indirect cariometry　閉合式間接測熱法　488
cochlea　耳蝸　97
coefficient of reliability　信度係數　51,158
coefficient of stability　穩定性係數　52
coefficient of validity　效度係數　159
cognitive engineering　認知工程　29
cognitive ergonomics　認知工效學　400
cognitive psychology　認知心理學　55,90
cognitive scheme　認知框架，認知基模　124
cold and warm effect of color　顏色冷暖效應　646
collective interview　集體訪談　35
color adaptation　顏色適應　307
color appearance　色表　633
color circle　顏色環　304
color coding　顏色編碼　311
color contrast　顏色對比　307
color matching　色彩配合　648
color rendering index　顯色指數　634
color rendering property　顯色性　633
color temperature　色溫　634
columna vertebralis　脊柱　72
combination　合併　440
comfortable temperature　舒適溫度　686
command language　命令語言　422
communality　共同性，共通性，近似性　154
compatibility of movement rela-

索引 **757**

tionships 運動關係兼容性　383
complementarity　互補性　710
complementary color　補色　304
complex sounds　複合音　348
compound scores　複合分數法　170
computer assisted instruction　計算機輔助教學，電腦輔助教學　199
concept model　觀念模型　271
conceptual compatibility　概念兼容性　385
conceptually driven processing　概念驅動加工　107
concurrent validity　同時效度　159
conditioned reflex　制約反射，條件反射　248
cone cell　視錐細胞　96
conformity behavior　從眾行為　705
constant error　常誤　283
constrained method　限定法　57
construct validity　結構效度，構念效度，構思效度　54,159
consumer psychology　消費心理學　13
content factors　內容因素　243
content validity　內容效度　53,159
content validity ratio　內容效度比　54
context　情境　712
context factors　背景性因素，情境因素　243
continuous controls　連續式控制器　374
continuous movement　連續運動　132
continuous noise　連續噪聲　660
continuous system　連續系統　264
control-display-ratio　控制-顯示比，C／D 比　378,386
control-response ratio　控制反應比　386
control stick　操縱桿　390
controlled observation　控制觀察　31
controls　控制器　260,266,268,374
convergent thinking　聚斂式思維，聚斂性思考　117
Cooper-Harper Scale　古珀-哈珀量表，CH 量表　539
corpus collosum　胼胝體　69
cost benefit ratio　成本-效益比　202
CP＝phosphocreatine
CPM＝Raven's Colored Progressive Matrices Test
cranial nerve　腦神經　70
cranium cerebralle　腦顱骨　72
creative thinking　創造性思維　117
critical flicker fusion frequency　臨界閃光融合頻率　300
critical incident technique　關鍵事件法　154,216
CRT＝cathode-ray tube
cue　線索　113
culture　文化　713
CVR＝content validity ratio

D

danger　危險　573
danger assessment　危險性評估　583
dark adaptation　暗適應　298
dark adaptation curve　暗適應曲線　300
data-driven processing　數據驅動加工　107

dB＝decibel
decibel　分貝　348
decision-making　決策　92,127
decision-making under certainty　確定性決策　129
decision-making under uncertainty　不確定性決策　129
declarative memory　陳述性記憶　111
deductive reasoning　演繹推理　121
dependent variable　因變量,依變項　45,56
design-induced error　設計差錯　578
desire　欲望,願望　229
diagnosis　診斷　208
dialpointer displays　表盤-指針式儀表顯示器　318
diathesis　素質　274
diencephalon　間腦　69
difference of time　時差　445
difference sensitivity　差別感受性　95
difference threshold　差別閾限　95
differential psychology　差異心理學　11
digitizing tablet　圖形數字化儀,數化板　409
direct access model　直通模型　112
direct cariometry　直接測熱法　486
direct glare　直射眩光　417,643
direct interview　直接訪談　35
direct manipulation　直接操縱　422
direct observation　直接觀測法　437,466
disability glare　失能眩光　643

disassemble　拆卸　456
discomfort glare　不舒適眩光　643
discrete controls　離散式控制器　374
displays　顯示器　260,266,268
dissatisfaction　不滿意　241
distance between controls　控制器間距　381
distance between minimum markers of scale　刻度間距　320
distance effect of color　顏色距離效應　647
distortion　失真,變相　113
divergent thinking　發散式思維,擴散性思考　117
dominative motivation　主導動機,優勢動機　231
dot matrix　點陣　413
do-while　執行-當滿足　427
drive　驅力,驅動力　234
Dvorak-keyboard　特伏拉克鍵盤　405
dynamic displays　動態顯示器　311
dynamic strength　動態力量　81
dynamic system　動態系統　263
dynamic visual acuity　動態視敏度　96

E

ear drum　鼓膜　97
echoic memory　餘音記憶,聲像記憶　108
economic principle of motion　動作經濟原則　459
educational test　教育測驗　47
EEG＝electroencephalogram
effect of social facilitation　社會助長作用,社會促進效應　705
effect of social inhibition　社會抑

制效應 705
effective temperature 有效溫度 678
effector 效應器 373
electroencephalogram 腦電圖 557
electronic displays 電子顯示器 310
elimination 刪減 440
elimination method 消除法 57
employee comparison methods 人員比較法 214
enclosed space 封閉性空間 609
encoding 編碼 110
endurance 耐力 85
energy metabolic rate 能量代謝率 483
energy metabolism 能量代謝 483
engineering psychology 工程心理學 9,12,17,55,260,375
enterprise culture 企業文化 713
environment color 環境色 651
environment fidelity 環境條件逼真度,環境逼真度 62,199
episodic memory 情節性記憶 111
EPQ＝Eysenck Personality Questionnaire
equal energy spectrum 等能光譜 305
equal interval scale 等距量表 46
equal loudness curve 等響曲線圖 350
equal ratio scale 比例量表,等比量表 46
equal-time sampling design 等時間取樣條件 60
equal vibration sensation curve 等振動覺曲線 672

equipment color 設備色 651
equipment fidelity 設備逼真度 62,199
equity theory 公平理論 246
ergonomics 工效學,人類工效學 17,262,375
ergonomics standard 工效學標準 624
ERG theory ERG 理論 238
error 誤差 283
error-detecting 偵錯 429
ET＝effective temperature
ETA＝events tree analysis
evaluation 考評,評鑒 207
events tree analysis 事件樹分析 591
existence needs 生存需要 239
existence-relatedness-growth theory 生存-關係-成長理論 238
expectancy 期望值 244
expectancy theory 期望理論 243
expectancy-valence theory 期望-效價理論 243
experimental design 實驗設計 58
experimental method 實驗法 25,55
experimental psychology 實驗心理學 15
expository 講解式,講演法 198
external validity 外部效度 59
extrinsic motivation 外來動機 231
Eysenck Personality Questionnaire 艾森克個性問卷 49

F

failure rate 故障率 281
fatigue 疲勞 10,103,547

fault tree analysis 故障樹分析 592
feature detector 特徵覺察器 105
feedback of appraisal results 考評結果反饋 220
Ferry-Porter's law 費里-波特定律 300,328
FI＝fixed-interval reinforcement schedule
fidelity 逼真度 199
field dependence 場依存性 582
field experiment 現場實驗 56,59
field independence 場獨立性 582
field study 現場研究,實地研究 59
find 發現 458
Fitts' Law 費茨定律 134
fixed-interval reinforcement schedule 固定時距強化表,固定時距增強方式 249
fixed-ratio reinforcement schedule 固定比率強化表,固定比率增強方式 249
flash blindness 閃光盲 644
flicker 閃光 300
flicker fusion 閃光融合 300
focal point color 焦點色 652
foot controls 足控制器 387
force 力量 244
forced-distribution method 強迫分配法 215
force of habit 習慣力量,習慣勢力 236
forgetting 遺忘 108
formal group 正式群體 703
Fourier analysis 傅里葉分析法 349
fovea 中央凹,中央窩 96
FR＝fixed-ratio reinforcement schedule

frequency band 頻帶 348
frontal lobe 額葉 69
FTA＝fault tree analysis
full-screen editing 全屏幕編輯,全幕式編校 424
function distribution between man and machine 人機功能分配 276
functional fixedness 功能固著 124
functional human dimensions 功能人體尺寸 78

G

GATB＝General Aptitude Test Battery
general ability test 普通能力測驗 48
General Aptitude Test Battery 普通能力性向成套測驗 48
glare 眩光 416,638,643
glare index 眩光指數 643
global feature 整體特徵 105
goal 目標 230,699
GOTO statement GOTO 述句,GOTO 語句 428
Granit Harper's law 格蘭尼特-哈珀定律 302
graphic tablet 圖形輸入板,圖學板 409
grasp 抓握,握取動作 456,474
grip strength 握力 81
group 群體,團體 702
group cohesiveness 群體凝聚力 703
group test 團體測驗 47
growth needs 成長需要 238,239

H

habitual behavior 習慣行為 235
habitual compatibility 習慣兼容

性 385
habituation 習慣化 559
halo effect 光環效應,成見效應 161
halo errors 成見差誤,暈輪差誤 214
hand controls 手控制器 387
handgrip 手柄 390
hardware 硬件,硬體 268
hardware interface 硬件界面 403
harmonious relations on color contrast match 色彩的對比協調 649
harmonious relations on similar color match 色彩配合的類似協調 648
Hawthorne effect 霍桑效應 16, 33
HCI = human-computer interaction
heart rate 心率 75,496,535
heart rate variance 心率變異 535
heat exchange 熱交換 680
heat radiation 熱輻射 678
hertz 赫 348,671
heuristic thinking 直斷式思維,啟發式思維 118
heuristics 直斷法,探索法 120
hold 拿住 458
homogeneity reliability 同質性信度 52
HR = heart rate
HRV = heart rate variance
human body heat thermal equilibrium 人體熱平衡 680
human-computer dialogue 人-計算機對話 18
human-computer interaction 人-計算機相互作用 26,402

human-computer interface 人-計算機界面 401
human engineering 工程心理學 17,260
human error 人的差錯 577
human factors 人的因素 6,318, 375
human factors engineering 人類因素工程學 17,260
human-machine engineering 人機工程學 17,260
human reliability 人的可靠性 7
humidity 濕度 678
hygience factors 保健因素 243
hypothalamus 下丘腦 69
Hz = hertz

I

icon 像符,圖符 421
iconic memory 映像記憶,圖像記憶 108
IEA = International Ergonomics Association
if-then-else 若則否則 427
illuminance 照度 639
illuminance distribution 照度分布,
illumination 照明 633
illumination distribution 照明分布 641
illumination level 照明水平 637
imaginal thinking 形象思維 117
imitation 模仿 61
immediate memory 即時記憶,瞬時記憶 108
Immunoreactive Arginine Vasopressin 精氨酸加壓素免疫活性物質 522
impulse noise 脈衝噪聲 662
incentive 誘因 235
independent variable 自變量,自

變項 45
indirect cariometry 間接測熱法 486
indirect interview 間接訪談 35
individual differences 個體差異, 個別差異 157,191,253
individual interview 個別訪談 35
individual test 個別測驗 47
industrial management psychology 工業管理心理學 12
industrial psychology 工業心理學 6
informal group 非正式群體 703
information 信息, 訊息 91
information channel capacity 信道容量, 傳信通道容量 98,99
information feedback 信息反饋 94,265,373
information input 信息輸入 94
information model 信息模型 271
information output 信息輸出 131
information processing 信息加工, 訊息處理 10,90
information theory 信息論, 訊息理論 91
inspect 檢查 456
inspiration effect 靈感作用 126
instinctive behavior 本能行為 235
instrinsic motivation 內在動機 228,229
instrumentality 工具性 244
intelligence 智力 47
intelligence measure 智力測量 45
intelligence test 智力測驗 47,166
intensity of labour 工作強度 551
intentional error 有意差錯 578
interface 界面, 接口 267
intermediary color 中間色 304
intermittent noise 間歇噪聲 660
internal consistent reliability 內部一致信度 52
International Ergonomics Association 國際工效學聯合會 17
International Standardization Organization 國際標準化組織 668
interpersonal relation 人際關係 5,6,707
interview 面談 164,221
interview method 訪談法 28,34
interview survey 訪問調查, 談話法 151
intimate zone 緊身區, 親密區 612
invalid motion element 無效動作元素 460
ir-AVP＝Immunoreactive Arginine Vasopressin
irrelevant variable 無關變量 56
ISO＝International Standardization Organization

J

j·n·d＝just noticeable difference
job analysis 工作分析, 職務分析 11,47,147,186
job classification 工作分類, 職務分類 154
job description 工作描述, 職務描述 150
job enrichment 工作充實法, 工作豐富化 18
job motivation 工作動機 18
job-oriented questionnaire 工作定向問卷 152

索　引 **763**

job outcomes　工作結果　244
job requirement　工作須備條件,個體條件　150
job satisfaction　工作滿意感　18
just noticeable difference　最小可覺差別　95

K

key line　關鍵路線　445
K-keyboard　K 鍵盤　406
knowledge of results　結果知識　192
Kuder-Richardson formula　庫德-理查森公式　52

L

laboratory experiment　實驗室實驗　56
labor psychology　勞動心理學　13
lactic acid system　乳酸能系統　485
landscaped office　庭園式辦公室　617
law of color substitution　色代替律　305
law of complementary colors　補色律　304
law of effeciency　效果律　248
law of intermediary colors　中間色律　304
LCU＝life change units
learning transfer　學習遷移　194
left and right hand process chart　雙手操作程序圖　452
leniency errors　寬大差誤　214
lie detector　測謊器　168
life change units　生活變化單位　529
life space　生活空間　608
light adaptation　光適應,亮適應　300

light pen　光筆　409
light-source color　光源色　633
limbic system　邊緣系統　551
line editing　行式編校,行編輯　423
link-analysis method　鏈結分析法　380
local fatigue　局部疲勞　548
local feature　局部特徵　105
location coding　位置編碼　377
logic gate　邏輯門,邏輯閘　593
long-term memory　長時記憶　107,110
long-term motivation　長遠動機　232
loudness　響度　344,347,659
LTM＝long-term memory
luminance　亮度　303,333
luminance contrast　亮度對比　295,639
luminance distribution　亮度分布　641
luminous efficiency　發光效率　633
luminous flux　光通量　633

M

maintenance-induced error　維護差錯　579
MAL＝maximum acceptable workload
man-machine-environment system　人-機-環境系統　13
man-machine evaluation　人機系統評價　285
man-machine interface　人機界面　260,267
man-machine interface match　人機界面匹配　276
man-machine interrelation　人-機關係　6

man-machine match 人機匹配 7, 276
man-machine system 人機系統，人機合一系統 6, 131, 262, 264
man-machine system engineering 人機系統工程 262
man-machine system reliability 人機系統的可靠性 7
man-work environment interrelation 人-工作環境關係 6
management by objective for safety 安全目標管理 596
management-induced error 管理差錯 580
managerial psychology 管理心理學 55
manual control mode man-machine system 手控式人機系統 265
manufacture-induced error 製作差錯 579
matched-pairs procedure 配對法 57
maximum acceptable workload 最大可接受工作負荷 502
maximum work area 最大操作區域，最大作業面 464, 622
MCH＝Modified Coopor-Harper Rating Scale
mean skin temperature 平均皮膚溫度 680
mean time between failures 故障間平均時間 283
mean time to failure 故障平均時間 281
means-end analysis method 手段-目的分析法 121
measure 測量 44
mechanical control mode man-machine system 機控式人機系統 265

medulla 延腦 69
memory 記憶 92, 93
memory-search task measure 記憶搜尋作業測量法 534
mental arithmetic task measure 心算作業測量法 534
mental fatigue 心理疲勞 548
mental resource 心理資源，注意資源 530
mental set 心向，心理定勢 123
mental training 心理訓練 524
mental workload 心理負荷，心理工作負荷 516, 517
menu 選單，表單，菜單 420
method of interpersonal relations measurement 人際關係測量法 711
method of unit weight value 單位權重法，單位權值法 171
methods time measurement 方法時間測量法 471
micro bar 微巴 345
midbrain 中腦 69
Minnesota Multiphasic Personality Inventory 明尼蘇達多相個性檢查表 49
mixed color 混合色 304
mixed-standard rating scales 混合標準量表 219
MMPI＝Minnesota Multiphasic Personality Inventory
MODAPTS＝modolar arrangement of predetermined time standard
Modified Cooper-Harper Rating Scale 修正的古珀-哈珀評定量表 542
modolar arrangement of predetermined time standard 預定時間標準模特排列，模特法 475

索引 **765**

modularization　模組化，模塊化　427
monitor　監示器　411
morale of work　工作士氣　228, 236
motion analysis　動作分析　436
motion and time study　動作與時間研究　436
motivation　動機　227
motivation to learn　學習動機　190
motivational factors　激勵因素　243
motor nerve fiber　運動神經纖維　70
motor reaction　運動反應　92
mouse　滑鼠，鼠標　409
movement　移動動作　474
MTBF＝mean time between failures
MTM＝methods time measurement
MTTF＝mean time to failure
multi-dimension stimulus　多維刺激　101
multi-person process analysis　多人操作程序分析　452
multi-person process chart　多人操作程序圖　450
multifactor experiment　多因素實驗　56, 58
multifactor experiment design　多因素實驗設計　58
multiple ability test　多項能力測驗　48
multiple correlation　多重相關，複相關　170
multiple cutoff　多項截止法　172
multiple dimensions compound coding　多維複合編碼　315
multiple dimensions redundant coding　多維餘度編碼　314
multiple dimensions visual coding　多維視覺編碼　314
multiple hurdle　多重篩選法　173
multiple regression　多元迴歸，複迴歸　171
multiple-window editing　多窗口編輯　424
Munsell color system　孟塞爾表色系統　647
muscle　肌肉　71
muscle fiber　肌纖維　72
muscular fatigue　肌肉疲勞　548, 549
musical sound　樂音　349

N

NASA-TLX＝National Aeronautics and Space Administration Task Load Index
National Aeronautics and Space Administration Task Load Index　美國國家航空暨太空總署作業負荷指數
natural environment　自然環境　603
natural language　自然語言　423
natural motivation　自然性動機　230
naturalistic observation　自然觀察　31
need　需求，需要　191, 230, 236
need-hierarchy theory　需要層次論　237
negative afterimage　負後像　300
negative effect　負效應　7
negative leniency effect　負寬大效應　214
negative reinforcement　負強化，負強化作用　192, 193, 248
negative transfer　負遷移　194

nervous system 神經系統 69
network chart 網絡圖 444
neural impulse 神經衝動 70
noise 噪音,噪聲 349,659
noise audiogram 噪聲聽力圖 665
noise control 噪聲控制 668
noise deaf 噪聲性耳聾 664
noise source 噪聲源 659
nominal scale 名義量表,類別量表 45
noncontrolled observation 無控制觀察 31
non-parametric statistics method 非參數統計法 46
nonequivalent control group design 不等同控制組設計 61
nonparticipant observation 非參與觀察 31
nonverbal test 非文字測驗 47
norm 常模 48,51
normal distribution 正態分布,常態分配 215
normal work area 正常操作區域,正常作業面 462,622
numerical progressions of scales 刻度數進級 322

O

object model 目標模型 271
objective criterion for evaluation 客觀評價標準 29
objectivity 客觀性 28
observational method 觀察法 30,154
occipital lobe 枕葉 69
off-line processing 脫機處理,離線處理 426
off-the-job training 脫產培訓 197
olfactory epithelium 嗅粘膜,嗅覺皮膜 97
on job training 在職培訓 197
on-line processing 連線處理,聯機處理 426
open indirect cariometry 開放式間接測熱法 487
open-loop man-machine system 開環式人機系統 265
open system 開放系統 263
opening space 開放性空間 609
operant conditioning 操作制約作用,操作條件作用 248
operation analysis 操作分析 450
operation method coding 操作方法編碼 378
operator 操作者 264
optimum control display ratio 最佳控制-顯示比 388
optimun temperature 至適溫度 686
ordinal scale 等級量表,順序量表 45
organization 組織 697
organizational analysis 組織分析 185
organizational culture 組織文化 18
organizational psychology 組織心理學 12
os coccyges 尾骨 72
os sacrum 骶骨 72
oscostale 肋骨 72
ossa extremitatis inferioris 下肢骨 72
ossa extremitatis superioris 上肢骨 72
ossafaciei 面顱骨 72
oxygen caloric value 氧熱價 488
oxygen debt 氧債 496

P

Pa = pascal
paired comparison method　配對比較法，對偶比較法，成對比較法　45,215
paper-pencil test　紙筆誠實測驗　168
paraller man-machine system　並聯式人機系統　265
parasympathetic system　副交感神經系統　70
parietal lobe　頂葉　69
participant observation　參與觀察　31
pascal　帕　348
passive learning　被動學習　190
pedal　踏板　391
perception　知覺　92,93
performance　工作成效　210
performance appraisal　業績考評，效績考評　148,206
performance data　作業數據　211
performance test　操作測驗　47
peripheral nervous system　外周神經系統　69
permanent memory　永久記憶　111
personal distance zone　私交區，近身區　612
personal file　人事資料　211
personal psychological space　個人心理空間　611,612
personal space　個人空間　613
personal territory　個人領域　611,612
personality measure　人格測量，個性測量　45
personality test　人格測驗，個性測驗　49,167
personnel psychology　人事心理學　11,55
personnel selection and job assignment　人員選配　597
personnel training　人員培訓　148,183
phon　昉　350
phosphagen system　磷酸原系統　485
phosphocreatine　磷酸肌酸　485
physical environment　物理環境　149
physical space　物理空間　607
physical workload　體力工作負荷　494
physiological effect of color　顏色的生理效應　647
physiological fatigue　生理疲勞　548
physiological need　生理需要　237
physiological psychology　生理心理學　55
PI = programmed instruction
pitch　音高　344,347
plan　計畫　458
pons　腦橋　69
position　對準　458
positioning movement　定位運動　132
positive afterimage　正後像　300
positive leniency effect　仁慈效應，正寬大效應　214
positive reinforcement　正強化，正強化作用　192,193
positive transfer　正遷移　194
pre-position　預置　458
predetermined motion-time standard　預定動作時間標準法　471
predictability　預測作用　158
predictive validity　預測效度　54,159,183

prejob training　職前培訓　197
prejudice　偏見　161
primary task　主任務　533
probability　概率,機率　244
problem　問題　119
problem solving　問題索解,問題解決　119
procedural memory　程序性記憶　111
product technical process　產品工藝流程　446
production flow analysis　產品生產流程分析　448
production process　產品的生產流程　451
program compilation　程式編譯,程序編製　405
program flowchart　程式流程圖,程序流程圖　426
program module　程式模組,程序模塊　427
programmed instruction　程序教學,編序教學　196
projective test　投射測驗　49,168
prototype　原型　272
psychogram　心理圖示,心理圖析　155
psychological　心理特性,心理特徵　45
psychological fidelity　心理感受逼真度,心理逼真度　62,199
psychological measurement　心理測量　45
psychological space　心理空間　607
psychological test　心理測驗　45,47
psychomotor operation　心理-運動性操作　266
PTS＝predetermined motion-time standard

public distance zone　公共區,公眾區　613
public opinion　社會輿論　527
pull force　拉力　83
pulmonary ventilation　肺換氣　74
punishment　懲罰　193,248
pure tone　純音　345,346
push-button　按鈕　387
push force　推力　83

Q

qualitative displays　定性顯示器　309
quality of work life　工作生活品質　10,18
quantitative displays　定量顯示器　309
quasi experiment　準實驗　56
quasi-experiment design　準實驗設計　59
questionnaire　問卷　152
questionnaire method　問卷法　28,39
Qwerty-keyboard　魁爾梯鍵盤　404

R

R＝multiple correlation
random error　隨機誤差　283
random-number generation measure　口述隨機數測量法　534
randomization　隨機法　58
rank-order method　等第排列法,等級法　215
ranking method　等級排列法　45
RAS＝reticular activation system
rate of information transmission　信息傳遞率　98
rating scales　等級量表法,評定量表　213

rationality 合理性 508
Raven's Colored Progressive Matrices Test 瑞文氏彩色圖形智力測驗，瑞文測驗 166
Raven's Progressive Matrices 瑞文推理測驗 47
reach 伸手，伸手動作 471
reaction 反應 94
reaction time 反應時 133
rearrangement 重排 441
receptor 感受器 94
reciprocal induction 相互誘導 127
reflectance 反光係數 641
reflected glare 反射眩光 417,643
rehearsal 復述,復習 108
reinforcement 強化作用,強化 194,248
reinforcement theory 強化理論 248
reinforcer 強化物 193
relatedness needs 關係需要 239
relative metabolic rate 相對能量代謝率 490
relativity 相關性 160
release load 放開 456
reliability 信度,可靠性 51,158,160,280
repetitive movement 重復運動 132
repetitiveness 可重復性 29
replacement 替換 441
representation 表徵,表象 112
reproductive thinking 複製性思維 117
resolving power 分辨率 327
respiration system 呼吸系統 73
respiratory quotient 呼吸商 488
response 反應 248
response variable 反應變量,反應變項 45

rest 休息 458
resting metabolism 靜息代謝 484
results feedback 結果反饋 192
reticular activation system 網狀激活系統 550
reticular formation 網狀結構 550
retina 視網膜 96
retrieval 提取,檢索 107
reward 獎賞 193,248
rhythmic tapping measure 節奏性敲擊測量法 533
RMR＝relative metabolic rate
rod cell 視桿細胞 96
role 角色 699
role-playing 角色扮演 699
Rorschach Inkblot Test 羅夏墨漬測驗 50
rotary seletor switch 旋轉選擇開關 389
rotation controls 旋轉式控制器 374
rotation knobs 旋鈕 388
RPE＝scale for rating of perceived exertion
RPM＝Raven's Progressive Matrices
RT＝reaction time

S

safety 安全 573
safety analysis 安全分析 582
safety education 安全教育 598
safety need 安全需要 237
safety training 安全培訓 598
SAOC＝speed-accuracy operating characteristic curve
satisfaction 滿足,滿意 237,241
scale for rating of perceived exertion 自認勞累分級量表 498

scale pointer displays 表盤指針式顯示器 309
scaling 量表法 45,49
schedule 時間程序 442
schemata of causality 因果圖 591
Schmidt's Law 施米特定律 136
schooling 學校教育 184
scientificity 科學性 27
SDT＝signal detection theory
search 尋找 456
seat adjustability 座位可調性 627
seat design 座位設計 625
seat reference point 坐位參照點 563
secondary task technique 第二任務方法 533
select 選擇 457
self-actualization need 自我實現需要 237
self-esteem need 自尊需要 237
semantic code 意碼 111
semantic memory 語意性記憶 111
sensation 感覺 92
sense of touch 觸覺 97
sensitivity 靈敏性,感受性 160,352
sensitivity training 敏感性訓練,感受訓練 200
sensory memory 感覺記憶 107,108
sensory nerve fiber 感覺神經纖維 70
sensory register 感官收錄,感覺登記 92
separated system 離散系統 264
sequence of operation 工作程序 437

sequential movement 序列運動 132
serial man-machine system 串聯式人機系統 265
serial scanning model 系列掃描模型 112
shape coding 形狀編碼 313
shaping 塑造 193
short-term memory 短時記憶 107,109
short-term motivation 短近動機 232
signal detection method 信號檢測法 110
signal detection theory 信號檢測論,訊號偵測論 666
signal lights displays 信號燈顯示器 310
similarity 相似性 194,709
simple reaction time 簡單反應時 133,535
simplification 簡化 441
simulated experiment 模擬實驗 56,61
simulated training 模擬訓練 199
simulation 模擬 61
single dimension stimulus 單維刺激 101
single dimension visual coding 單維視覺編碼 311
single factor experiment 單因素實驗 56,58
Sixteen Personality Factor Questionnaire 卡特爾16種個性因素問卷 49
skeletal muscle 骨骼肌 72
skin temperature 皮膚溫度 679
smell 嗅覺 97
smooth muscle 平滑肌 71
social distance zone 社交區 613

social environment　社會環境　149,603
social intercourse space　社會交往空間　609
social motivation　社會性動機　230
social need　社會需要　237
social psychology　社會心理學　55
Social Readjustment Rating Scale　社會重新適應量表　529
sociogram　社會關係圖　711
sociometry　社會計量法,社會測量法　713
software　軟件,軟體　268
software interface　軟件界面　401
software psychology　軟件心理學　26,400
somatic nervous system　軀體神經系統,體神經系統　70
sound controls　聲音控制器　395
sound frequency　聲音頻率　348
sound frequency difference threshold　聲音頻率差別閾限　351
sound intensity　聲強　347
sound intensity difference threshold　聲音強度差別閾限　353
sound level　聲級　661
sound level meter　聲級計　661
sound masking effect　聲音掩蔽效應　353
sound preasure　聲壓　347,660
sound pressure level　聲壓級　348,660
sound spectrum analysis method　聲譜分析法　349
space design　空間設計　616
space for activity　活動空間　607
space perception　空間知覺　609
sparetime training　業餘培訓　198

spatial compatibility　空間兼容性　382
speaker-dependent system　特定人系統　410
speaker-independent system　非特定人系統　410
Spearman-Brown formula　斯皮爾曼-布朗公式　52
special ability　特殊能力　166
special ability test　特殊能力測驗　48
speech communication　言語通訊　357
speech controls　言語控制器　395
speech intelligibility　言語可懂度　357
speech signal-to-noise ratio　言語信噪比　360
speed-accuracy operating characteristic curve　速度-準確性操作特性曲線　138
speed-accuracy trade off　速度-精確性互換　138
spinal cord　脊髓　69
spinal nerve　脊神經　70
split-half reliability　折半信度　52
SR＝sensory register
SRRS＝Social Readjustment Rating Scale
static adjustment　靜態調節　133
static displays　靜態顯示器　309
static human dimensions　靜態人體尺寸　76
static strength　靜態力量　81
static system　靜態系統　263
static visual acuity　靜態視敏度　96
sternum　胸骨　72
stimulus　刺激　248
stimulus variable　刺激變量,刺激變項　45

STM＝short-term memory
storage 存儲,貯存 107
striated muscle 橫紋肌 71
stroke generator 筆畫產生器 413
stroke volume 心每搏輸出量 74
stroke width 筆畫寬度 327
structural observation 結構觀察 31
structured interview 結構訪談 35
structured programming 結構化程序設計 427
structured questionnaire 結構問卷 39
subjective assessment 主觀評價,主觀評定法 212
subjective workload assessment technique 主觀工作負荷評價法 539
subsidiary motion element 輔助性動作元素 458
subsidiary task technique 次任務方法 533
supervisory control mode man-machine system 監控式人機系統 266
SWAT＝subjective workload assessment technique
sympathetic system 交感神經系統 70
synthetic rating 合成法 437,466
system 系統 263
system design 系統設計 6
systematic error 系統誤差 283
systems engineering 系統工程 262

T

tactile coding 觸覺編碼 377
task analysis 任務分析 149

task fidelity 作業活動逼真度 62
TAT＝Thematic Apperception Test
Taylor-Russell Tables 泰勒-羅素函數表 176
template 模板 107
templetes of human body 人體模板 80
temporal lobe 顳葉 69
test-retest reliability coefficient 重測信度係數 52
text editing 本文編校,文本編輯 403,423
thalamus 丘腦 69
Thematic Apperception Test 主題統覺測驗 50
theory of needs-achievement 成就需要理論 240
therblig 動素 458
therblig analysis 動素分析 456
thinking 思考,思維 115
timbre 音色 344,348
time judgement measure 時間判斷測量法 534
time-line charting 時間線圖 442
time-motion study 時間-動作研究,時動研究 15
time series design 時間序列設計 60
TL＝transport loaded
top-down processing 由上而下處理,自上而下加工 107
touch screen 觸敏屏,觸幕 408
Tower of Hanoi Puzzle 河內塔問題,漢諾塔難題 121
track ball 軌跡球,追踪球 411
translation controls 平移式控制器 374
transport loaded 移物 456
trial error 嘗試錯誤 119

true experiment 真實驗 56
turning 旋轉動作 474
two-factor design 二因子設計，二因素實驗設計 59
two-factor theory 雙因素理論 241
two-point threshold 兩點閾限 558

U

unavoidable delay 不可避免的遲延 458
uniformity ratio of illuminance 亮度均勻度 641
unintentional error 無意差錯 578
unstructural observation 非結構觀察 31
unstructured interview 非結構訪談 35
unstructured questionnaire 非結構問卷 39
usability 適用性 160
use 使用 456
user interface 用戶界面，使用者界面 401,417

V

valence 效價，價 244
valid motion element 有效動作元素 458
validity 效度 53,158,159
validity criterion 效度標準，效標 53,159
variable 變量，變項 56
variable error 變誤 283
variable-interval reinforcement schedule 變動時距式增強方式 249
variable-ratio reinforcement schedule 變動比率式增強方式 249

VDT＝visual display terminal
ventilation 肺通氣量 73,495
verbal test 文字測驗 47
verifiability 驗證性，檢驗性 29
vertebrae 椎骨 72
vertebrae cervicales 頸椎 72
vertebrae lumbales 腰椎 72
vertebrae thoracales 胸椎 72
VI＝variable interval reinforcement schedule
vibration 振動 670
vibration sensation 振動覺 670
virtual technique 虛擬技術 62
visibility 能見度 643
visible light 可見光 303
visual acuity 視敏度，視力 96,295
visual adaptation 視覺適應 298
visual code 視覺代碼 311
visual coding 視覺編碼 311,376
visual contrast sensitivity 視覺對比感受性 641
visual display terminal 視覺顯示終端 26,411
visual displays 視覺顯示器 309
visual fatigue 視覺疲勞 636
visual field 視野 295
visual sense 視覺 96
vocational test 職業測驗 47
VR＝variable-ratio reinforcement schedule

W

WAIS＝Wechsler Adult Intellingence Scale
WAIS-RC＝Wechsler Adult Intelligence-Revised in China
wakefulness 覺醒狀態 103
water loss rate 水分耗失率 683
Weber's Law 韋伯定律 95
Wechsler Adult Intelligence Scale

韋克斯勒成人智力量表,魏氏成人智力量表 47,166
Wechsler Adult Intelligence-Revised in China 修訂韋氏成人智力量表 47
weighted checklists 加權檢核表 216
weighting network 計權網絡 661
Wesman Personnel Classification Test 韋斯曼人員分類測驗 166
white finger disease 白指病 674
whole body fatigue 整體疲勞 547
width-height ratio of word 字高寬比 337
wind-chill index 風冷指數 678
window 窗口,視窗 422
windspeed 風速 678
within-subjects design 被試內設計 58
WLR=water loss rate
WM=working memory
Wonderlic Personnel Test 溫德立人事測驗 166
work analysis 作業分析 435
work efficiency 工作效率 7
work ethic 職業品德,職業倫理 151
work metabloism 活動代謝 484
work place 工位,工作面,作業面 617,622
work quota 勞動定額 509
work sample test 工作樣本測驗 168
work space 工作空間 608
work study 作業研究,工作研究 435
worker-oriented questionnaire 人員定向問卷 152
working memory 工作記憶,運作記憶 109
workload 工作負荷 10,531

X、Y

X-theory X 理論 701
Y-theory Y 理論 701

```
工業心理學 / 朱祖祥著. -- 第一版. -- 臺北市：
    臺灣東華書局, 1997
        面 ；    公分. -- (世紀心理學叢書之17)
    參考書目：面
    含索引
    ISBN 957－636－883－9 (精裝)

    1. 工業－心理方面

555.014                              86006764
```

張春興主編
世紀心理學叢書 17

工業心理學

著　　者	朱　祖　祥
發 行 人	卓　鑫　淼
責任編輯	徐　萬　善　徐　　憶　劉　威　德
法律顧問	蕭　雄　淋　律　師
出　　版	臺灣東華書局股份有限公司
	臺北市重慶南路一段一四七號三樓
	發行部：北市峨眉街一〇五號
	電話　(02) 3819470・3810780
	傳真　(02) 3116615
	郵撥　00064813
	編審部：北市重慶南路一段一四七號七樓
	電話　(02) 3890906・3890915
	傳真　(02) 3890869
排　　版	玉山電腦排版事業有限公司
印　　刷	正大印書館
出版日期	1997年6月
	第一版第一次印刷
行政院新聞局　局版臺業字第0725號

定價　新臺幣 750 元整（運費在外）